Allgemeine Relativitätstheorie

Torsten Fließbach

Allgemeine Relativitätstheorie

7. Auflage

Prof. Dr. Torsten Fließbach
Universität Siegen
Siegen, Deutschland
fliessbach@physik.uni-siegen.de

ISBN 978-3-662-53105-1   ISBN 978-3-662-53106-8   (eBook)
DOI 10.1007/978-3-662-53106-8

Die Deutsche Nationalbibliothek verzeichnet diese Publikation in der Deutschen Nationalbibliografie; detaillierte bibliografische Daten sind im Internet über http://dnb.d-nb.de abrufbar.

Springer Spektrum

Planung: Dr. Lisa Edelhäuser

Gedruckt auf säurefreiem und chlorfrei gebleichtem Papier

Springer Spektrum ist Teil von Springer Nature
Die eingetragene Gesellschaft ist Springer-Verlag GmbH Berlin Heidelberg
Die Anschrift der Gesellschaft ist: Heidelberger Platz 3, 14197 Berlin, Germany

Vorwort

Das vorliegende Buch entstand im Verlauf von Vorlesungen über Allgemeine Relativitätstheorie an der Universität Siegen. Es richtet sich an Physikstudenten, die die Kurse über Theoretische Mechanik und Elektrodynamik erfolgreich absolviert haben. Wie eine Vorlesung soll es als erste Einführung in das Thema dienen. Die Darstellung bewegt sich auf dem Niveau einer Kursvorlesung in Theoretischer Physik, also auf einem für das Thema eher einfachen Niveau. Dabei wird mehr Wert gelegt auf anschauliche Erläuterungen und konkrete Beispiele als auf formale Beweise und mathematische Akribie. Die Verbindung zur Elektrodynamik wird, wo immer es sich anbietet, ausführlich dargestellt. Anhand der Ähnlichkeiten und Unterschiede zu dieser dem Leser schon bekannten Theorie wird der Zugang erleichtert und eine erste Einordnung in das Gesamtgebiet der Theoretischen Physik möglich.

Ich habe einen ähnlichen physikalischen Zugang und weitgehend den gleichen mathematischen Formalismus gewählt wie Steven Weinberg in seinem Buch *Gravitation and Cosmology* [1]. Einige Anregungen habe ich ferner dem Buch [2] von Sexl und Urbantke entnommen. Das umfassendste Standardwerk *Gravitation* [3] wurde von Misner, Thorne und Wheeler verfasst. Eine weitere Empfehlung gilt den Lehrbüchern von Rindler [4], Stephani [5] und Kenyon [6]. Für die Grundlagen der Mechanik verweise ich gelegentlich auf meine *Mechanik* [7]. Übersichtsartikel zu wissenschaftlichen Fragen, die über den Rahmen dieses Buchs hinausführen, kann der Leser bei Hall und Pulham [8] finden.

In enger Anlehnung an den Text, teilweise aber auch zu dessen Fortführung und Ergänzung werden mehr als 40 Übungsaufgaben gestellt (seit der fünften Auflage mit Musterlösungen). Diese Aufgaben erfüllen ihren Zweck nur dann, wenn sie vom Studenten möglichst eigenständig bearbeitet werden. Diese Arbeit sollte daher vor der Lektüre der Musterlösungen liegen.

Alle bisherigen Experimente stimmen mit den Vorhersagen der Allgemeinen Relativitätstheorie überein. Dabei wurden die Fehlergrenzen der experimentellen Ergebnisse im Laufe der Zeit immer kleiner. Für die angeführten Ergebnisse beziehe ich mich meistens auf den Übersichtsartikel [9] von Will. Hierzu gehört auch der indirekte Nachweis von Gravitationsstrahlung über die Abbremsung von Doppelsternsystemen (speziell PSR 1913+16). Im Jahr 2015 konnte die Gravitationsstrahlung nun erstmalig auch direkt nachgewiesen werden (im LIGO-Experiment, www.ligo.caltech.edu).

Mit den großen Entdeckungen der 1960er Jahre (Quasare, kosmische Hintergrundstrahlung, Pulsare) konnte die Kosmologie sich als experimentelle Wissenschaft etablieren. Neue astronomische Experimente seit den 1990er Jahren (wie

VI

das Hubble-Space-Teleskop und andere Satelliten- und Raumsondenmissionen) haben zu einem weiteren Aufschwung und zu einer erstaunlich genauen Kenntnis der kosmologischen Parameter [10, 11] geführt.

In der vorliegenden 7. Auflage wurden die zitierten experimentellen Ergebnisse aktualisiert, einige Fehler beseitigt, und zahlreiche kleinere Ergänzungen und Verbesserungen vorgenommen. Die Behandlung der Schwarzen Löcher wurde bereits in der 6. Auflage erweitert. Dabei wird auch die Frage diskutiert, ob es eine Massenuntergrenze für Schwarze Löcher gibt, und ob in Beschleunigern potenziell gefährliche Schwarze Löcher erzeugt werden könnten.

Bei Ernst W. Behrens, Claus Lämmerzahl (Bremen), Lisa Edelhäuser (Springer Verlag), Michael Gölles, Jan Jeske, Florian Oppermann, Gerhard Schäfer (Jena), David Walker, Hans Walliser und weiteren Lesern früherer Auflagen bedanke ich mich für wertvolle Hinweise. Ein besonderer Dank gilt meinen Kollegen Yasusada Nambu, Tatsuo Shoji und Ryo Sugihara von der Universität Nagoya, die die 4. Auflage dieses Buchs ins Japanische übersetzt haben und die mir im Laufe dieser mühevollen Arbeit viele nützliche Ratschläge gegeben haben. Einige Ergänzungen und Korrekturen in den Teilen IX bis X beruhen auf Vorschlägen von David Walker (Sternwarte Lübeck).

Fehlermeldungen, Bemerkungen und sonstige Hinweise sind jederzeit willkommen, etwa über den Kontaktlink auf meiner Homepage www2.uni-siegen.de/ ~flieba/. Auf dieser Homepage finden sich auch eventuelle Korrekturlisten.

Juli 2016   Torsten Fließbach

Literaturangaben

[1] S. Weinberg, *Gravitation and Cosmology*, John Wiley and Sons, New York 1972

[2] R. U. Sexl und H. K. Urbantke, *Gravitation und Kosmologie*, 5. Auflage, Spektrum Akademischer Verlag, Heidelberg 2002

[3] C. W. Misner, K. S. Thorne, J. A. Wheeler, *Gravitation*, Freeman, San Francisco 1973

[4] W. Rindler, *Essential Relativity*, 2nd edn., Springer Verlag, New York 1977 (rev. printing 1990)

[5] H. Stephani, *Allgemeine Relativitätstheorie*, 4. Auflage, Deutscher Verlag der Wissenschaften, Berlin 1991

[6] I. R. Kenyon, *General Relativity*, 2nd edn., Oxford University Press, 1990

[7] T. Fließbach, *Mechanik*, 7. Auflage, Springer Spektrum Verlag, Heidelberg 2015

[8] G. S. Hall and J. R. Pulham (Eds.), *General Relativity*, SUSSP Publication Edinburgh and IOPP, Bristol 1996

[9] C. M. Will, *The confrontation between General Relativity and Experiment* arXiv:1403.7377v1 [gr-qc]

[10] C. L. Bennett et al., *Nine-Year Wilkinson Microwave Anisotropy Probe (WMAP) Observations: Final Maps and Results* arXiv:1212.5225v3 [astro-ph.CO]

[11] Planck Collaboration, *Planck 2015 results. XIII. Cosmological parameters* arXiv:1502.01589v3 [astro-ph.CO]

Die Referenzen [9] bis [11] (wie auch später noch zitierte Originalarbeiten) findet der Leser in dem von Physikern am meisten benutzten eprint-Archiv: Die Internetadresse lautet http://arxiv.org/ (oder auch http://de.arxiv.org/). Die ersten vier Ziffern des Zitats geben das Jahr und den Monat an (also März 2014 für [9]). Die Buchstaben in eckigen Klammern stehen für das Gebiet (hier gr-qc für general relativity and quantum cosmology). Das Archiv ist auch empfehlenswert für die Suche nach Originalarbeiten zu ausgesuchten Themen oder von bestimmten Autoren.

Inhaltsverzeichnis

I   Einleitung   **1**

   1   Newtons Gravitationstheorie   1
   2   Ziel der Allgemeinen Relativitätstheorie (ART)   4

II   Spezielle Relativitätstheorie   **7**

   3   Lorentztransformationen   7
   4   Relativistische Mechanik 15
   5   Tensoren im Minkowskiraum 20
   6   Elektrodynamik 26
   7   Relativistische Hydrodynamik 30
   8   Energie-Impuls-Tensor 36

III   Physikalische Grundlagen der ART   **41**

   9   Bezugssysteme 41
  10   Äquivalenzprinzip 49
  11   Bewegung im Gravitationsfeld 54
  12   Gravitationsrotverschiebung 60
  13   Geometrische Aspekte 68

IV   Mathematische Grundlagen der ART   **75**

  14   Tensoren im Riemannschen Raum 75
  15   Kovariante Ableitung 81
  16   Parallelverschiebung 85
  17   Verallgemeinerte Vektoroperationen 91
  18   Krümmungstensor 95

V   Grundgesetze der ART   **101**

  19   Kovarianzprinzip 101
  20   Gesetze mit Gravitation 108
  21   Einsteinsche Feldgleichungen 116
  22   Struktur der Feldgleichungen 124

VI   Statische Gravitationsfelder   **131**

23   Isotrope statische Metrik 131
24   Schwarzschildmetrik 136
25   Bewegung im Zentralfeld 140
26   Lichtablenkung 147
27   Periheldrehung 152
28   Radarechoverzögerung 158
29   Geodätische Präzession 162
30   Thirring-Lense-Effekt 167
31   Tests der ART 176

VII   Gravitationswellen   **181**

32   Ebene Wellen 181
33   Teilchen im Feld der Welle 188
34   Energie und Impuls der Welle 192
35   Quadrupolstrahlung 196
36   Quellen der Gravitationsstrahlung 204
37   Nachweis von Gravitationsstrahlung 215

VIII Statische Sternmodelle   **223**

38   Sterngleichgewicht 225
39   Innere Schwarzschildmetrik 236
40   Relativistische Sterne 242
41   Newtonsche Sterne 247
42   Weißer Zwerg 251
43   Neutronenstern. Pulsar 256

IX   Dynamische Sternmodelle   **261**

44   Isotrope zeitabhängige Metrik und Birkhoff-Theorem 261
45   Schwarzschildradius 265
46   Isotrope zeitabhängige Metrik in Gaußkoordinaten 269
47   Gravitationskollaps. Supernova 272
48   Schwarzes Loch. Quasar 281
49   Massenuntergrenze für Schwarze Löcher? 293

X   Kosmologie   **300**

50   Kosmologisches Prinzip und Robertson-Walker-Metrik 300
51   Rotverschiebungs-Abstands-Relation 308

52   Kosmische Entfernungsleiter 316
53   Weltmodelle 322
54   Weltzustand 329
55   Kosmologisches Standardmodell 338

Lösungen der Aufgaben   **351**

Register   **377**

I Einleitung

1 Newtons Gravitationstheorie

Im Jahr 1687 veröffentlichte Newton seine „Philosophiae naturalis principia mathematica", in denen er die Mechanik und die Gravitationstheorie behandelt. Newtons Gravitationstheorie war ein wichtiger Schritt zur Vereinheitlichung der Physik: Sie erklärte die Fallgesetze und die Keplergesetze im Rahmen einer einzigen Theorie.

Die Allgemeine Relativitätstheorie (ART) ist eine relativistische Verallgemeinerung der Newtonschen Gravitationstheorie. Wir beginnen daher mit einer kurzen Einführung in Newtons Theorie.

In Newtons Gravitationstheorie wird die Bewegung von N Massenpunkten, die sich gegenseitig durch Gravitation anziehen, durch

$$m_i \, \frac{d^2 r_i}{dt^2} = -G \sum_{j=1, \; j \neq i}^{N} \frac{m_i \, m_j \, (r_i - r_j)}{|r_i - r_j|^3} \qquad (1.1)$$

beschrieben. Dabei gibt $r_i(t)$ die Position des i-ten Körpers zur Zeit t an, und m_i seine Masse. Die Gravitationskonstante G ist experimentell zu

$$G = (6.67408 \pm 0.00031) \cdot 10^{-11} \, \frac{\text{m}^3}{\text{kg s}^2} \qquad \text{Gravitationskonstante} \qquad (1.2)$$

bestimmt[1]. Für die in (1.1) eingeführte Gravitationskraft gilt:

- Sie ist anziehend und wirkt in Richtung des Vektors $r_j - r_i$.

- Sie ist proportional zum Produkt der beiden Massen.

- Sie fällt mit dem Quadrat des Abstandes ab.

---

[1]*2014 CODATA Recommended Values* unter http://physics.nist.gov/cuu/Constants. Einen Überblick über die Methoden zur Bestimmung der Gravitationskonstanten gibt G. T. Gillies, Rep. Progr. Phys. 60 (1997) 151.

Die Beziehung (1.1) kann als Grundgleichung der Newtonschen Gravitationstheorie angesehen werden. Hiermit können etwa Wurfparabeln, Keplerellipsen und Kometenbahnen beschrieben werden. Wir bringen diese Grundgleichung in eine andere Form, die für die angestrebte Verallgemeinerung besser geeignet ist. Dazu führen wir das skalare Gravitationspotenzial $\Phi(r)$ ein:

$$\Phi(r) = -G \sum_j \frac{m_j}{|r - r_j|} = -G \int d^3r' \, \frac{\varrho(r')}{|r - r'|} \tag{1.3}$$

Im letzten Ausdruck wurde über die einzelnen Beiträge $dm = \varrho(r')\, d^3r'$ der Massendichte ϱ summiert. Den Bahnvektor des herausgegriffenen i-ten Massenpunkts in (1.1) bezeichnen wir nun mit $r = r(t) = r_i(t)$. Aus (1.1) und (1.3) folgt dann

$$\boxed{m \, \frac{d^2 r}{dt^2} = -m \, \nabla \Phi(r) \qquad \begin{array}{l} \text{Bewegungsgleichung} \\ \text{in Newtons Theorie} \end{array}} \tag{1.4}$$

Dies ist die *Bewegungsgleichung* eines Teilchens im Gravitationsfeld. Das Gravitationspotenzial $\Phi(r)$ wird durch die Massen aller anderen Teilchen bestimmt. Aus (1.3) folgt die *Feldgleichung* für $\Phi(r)$,

$$\boxed{\Delta \Phi(r) = 4\pi G \varrho(r) \qquad \begin{array}{l} \text{Feldgleichung in} \\ \text{Newtons Theorie} \end{array}} \tag{1.5}$$

Dies ist eine lineare partielle Differenzialgleichung zweiter Ordnung; als Quelle des Felds tritt auf der rechten Seite die Materiedichte $\varrho(r)$ auf. Im Folgenden betrachten wir (1.5) und (1.4) als die Grundgleichungen der Newtonschen Gravitationstheorie.

Diese Gleichungen (1.5) und (1.4) haben dieselbe Struktur wie die Feldgleichung der Elektrostatik,

$$\Delta \Phi_e = -4\pi \varrho_e \tag{1.6}$$

und die nichtrelativistische Bewegungsgleichung eines geladenen Teilchens:

$$m \, \frac{d^2 r}{dt^2} = -q \, \nabla \Phi_e \tag{1.7}$$

Dabei ist ϱ_e die Ladungsdichte und Φ_e das elektrostatische Potenzial. Als Kopplungskonstante der Wechselwirkung tritt in (1.7) die Ladung q auf, also eine von der Masse m auf der linken Seite unabhängige Größe; die Masse m und die Ladung q sind unabhängige Eigenschaften des betrachteten Körpers. Analog dazu wäre es denkbar, dass die an die Gravitation gekoppelte *schwere Masse* (m rechts in (1.4)) sich von der *trägen Masse* (m links in (1.4)) unterschiede. Dies ließe die Struktur der Newtonschen Gravitationstheorie ungeändert. Experimentell stellt man jedoch mit hoher Präzision fest, dass die Gravitationskraft proportional zur trägen Masse ist. Galilei formulierte dies so: „Alle Körper fallen gleich schnell". Sofern dies gilt, sind schwere und träge Masse zueinander äquivalent. Diese Äquivalenz erscheint in der Newtonschen Theorie zufällig; in der ART ist sie dagegen ein grundlegender Ausgangspunkt.

Die Gleichungen (1.4) und (1.5) der Newtonschen Gravitationstheorie sind für viele Zwecke ausreichend, zum Beispiel für die Berechnung einer Fahrt zum Mond. Es ist jedoch auch klar, dass diese Gleichungen nicht streng gültig sein können; denn sie sind nicht relativistisch. Daher ist die Newtonsche Gravitationstheorie aus heutiger Sicht nur als Grenzfall einer allgemeineren Theorie akzeptabel. Die ART ist eine solche allgemeinere Theorie.

2 Ziel der Allgemeinen Relativitätstheorie

Das Ziel der Allgemeinen Relativitätstheorie (ART) ist die relativistische Verallgemeinerung der Newtonschen Gravitationstheorie (1.5, 1.4). Diese Verallgemeinerung kann verglichen werden mit dem Übergang von der Elektrostatik (1.6, 1.7) zur Elektrodynamik. Eine Skizze der Ähnlichkeiten und der Unterschiede zwischen diesen Verallgemeinerungen ermöglicht eine erste, vorläufige Beschreibung der Struktur der aufzustellenden Gravitationstheorie.

Die folgende Diskussion setzt die Kenntnis der Speziellen Relativitätstheorie (SRT) und der Elektrodynamik voraus; im Gegensatz zum Vorgehen in den folgenden Kapiteln werden die eingeführten Größen hier nicht näher erläutert. Die für die Entwicklung der ART relevanten Aspekte der SRT und der Elektrodynamik werden aber in Teil II in einiger Ausführlichkeit dargestellt.

Wir skizzieren die wohlbekannte Verallgemeinerung der Elektrostatik zur relativistischen Theorie, der Elektrodynamik. In einer dynamischen Theorie hängen die Ladungsdichte $\varrho_e(\boldsymbol{r}, t)$ und das Potenzial $\Phi_e(\boldsymbol{r}, t)$ von der Zeit t ab. Wenn man nun lediglich $\varrho_e = \varrho_e(\boldsymbol{r}, t)$ und $\Phi_e = \Phi_e(\boldsymbol{r}, t)$ in (1.6) einsetzt, erhält man ein Fernwirkungsgesetz; das heißt eine Änderung der Ladungsdichte ϱ_e an einem Ort würde ein gleichzeitige Änderung des Felds Φ_e an allen anderen Orten implizieren. Damit sich solche Änderungen nur mit Lichtgeschwindigkeit c fortpflanzen, muss der Laplace-Operator in (1.6) durch den d'Alembert-Operator ersetzt werden,

$$\Delta \quad \Longrightarrow \quad \Box = \frac{1}{c^2} \frac{\partial^2}{\partial t^2} - \Delta \tag{2.1}$$

Lässt man relativ zueinander bewegte Inertialsysteme zu, so ist die Ladungsdichte ϱ_e zwangsläufig mit einer Stromdichte verknüpft; Ladungsdichte und Stromdichte transformieren sich ineinander. In der vollständigen Theorie tritt daher an die Stelle der Ladungsdichte ϱ_e die Stromdichte j^α,

$$\varrho_e \quad \Longrightarrow \quad \left(\varrho_e c, \, \varrho_e v^i \right) = \left(j^\alpha \right) \tag{2.2}$$

Dabei bezeichnet v^i die kartesischen Komponenten der Geschwindigkeit $\boldsymbol{v}$. Der Verallgemeinerung der Quellterme (2.2) entspricht eine analoge Verallgemeinerung der Potenziale,

$$\Phi_e \quad \Longrightarrow \quad \left(\Phi_e, \, A^i \right) = \left(A^\alpha \right) \tag{2.3}$$

Die relativistische Verallgemeinerung der Feldgleichung lässt sich somit durch

$$\Delta \Phi_e = -4\pi \varrho_e \quad \Longrightarrow \quad \Box A^\alpha = \frac{4\pi}{c} j^\alpha \tag{2.4}$$

4

ausdrücken. Die 0-Komponente der vier rechten Gleichungen reduziert sich im statischen Fall auf die linke Gleichung. Die rechten Gleichungen sind äquivalent zu den Maxwellgleichungen. Sie sind noch zu ergänzen durch die zugehörige Eichbedingung der Potenziale und die relativistische Verallgemeinerung der Bewegungsgleichung (Kapitel 6). Für gegebene Quellen werden sie durch die retardierten Potenziale gelöst.

Da Elektrostatik und Newtonsche Gravitationstheorie die gleiche mathematische Struktur haben, liegt der Versuch nahe, die Gravitationstheorie in analoger Weise zu verallgemeinern. Im Vergleich zum Vorgehen in (2.1) – (2.4) ergeben sich Ähnlichkeiten und Unterschiede, die wir kurz skizzieren.

Zunächst wird man die Ersetzung (2.1) auch in (1.5) vornehmen. Der nächste Punkt ist dann die (2.2) entsprechende Verallgemeinerung der Massendichte. Hier ergibt sich ein erster, wesentlicher Unterschied: Die Ladung q eines Teilchens ist unabhängig davon, wie sich das Teilchen bewegt; dies gilt nicht für seine Masse. Als Beispiel betrachte man ein Wasserstoffatom, das aus einem Proton (Ruhmasse m_p, Ladung $q_p = e$) und einem Elektron (Ruhmasse m_e, Ladung $q_e = -e$) besteht. Im Atom haben das Elektron und das Proton endliche Geschwindigkeiten. Die Ladung des Atoms ist $q = q_p + q_e = 0$, für die Masse gilt dagegen $m \neq m_p + m_e$. Formal bedeutet dies, dass die Ladung ein Lorentzskalar ist; deshalb können wir Elementarteilchen auch eine Ladung (und nicht etwa nur eine Ruhladung) zuordnen. Im Gegensatz dazu ist nur die Ruhmasse eine Eigenschaft eines Elementarteilchens.

Da die Ladung ein Lorentzskalar ist, transformiert sich die Ladungsdichte $\varrho_e = \Delta q / \Delta V$ wie die 0-Komponente eines Lorentzvektors (der Stromdichte j^α); denn $1/\Delta V$ erhält wegen der Längenkontraktion einen Faktor γ. Eine analog zu ϱ_e definierte Energie-Massendichte $\varrho = \Delta m / \Delta V$ transformiert sich dagegen wie die 00-Komponente eines Lorentztensors, den wir als Energie-Impuls-Tensor $T^{\alpha\beta}$ bezeichnen. Dies liegt daran, dass die Energie selbst die 0-Komponente eines 4-Vektors (des Viererimpulses p^α, Kapitel 4) ist. Daher tritt an die Stelle von (2.2) die Ersetzung

$$\varrho \quad \Longrightarrow \quad \begin{pmatrix} \varrho\,c^2 & \varrho\,c\,v^i \\ \varrho\,c\,v^i & \varrho\,v^i\,v^j \end{pmatrix} \sim \left(T^{\alpha\beta} \right) \tag{2.5}$$

Die hier nur unvollständig eingeführten Größen (Energie-Massendichte, Energie-Impuls-Tensor $T^{\alpha\beta}$) werden in Kapitel 7 definiert. Die Ersetzung (2.5) impliziert eine analoge Verallgemeinerung des Gravitationspotenzials Φ zu einer zweifach indizierten Größe, die wir als metrischen Tensor $g^{\alpha\beta}$ bezeichnen. Daraus ergäbe sich folgende Struktur der relativistischen Feldgleichung der Gravitation:

$$\Delta \Phi = 4\pi\,G\,\varrho \quad \Longrightarrow \quad \Box\,g^{\alpha\beta} \sim G\,T^{\alpha\beta} \tag{2.6}$$

Die numerische Konstante in der rechten Gleichung ist so zu bestimmen, dass die 00-Komponente im statischen Fall mit der linken Gleichung übereinstimmt. Für schwache Felder werden wir in der Tat relativistische Feldgleichungen mit ähnlicher Struktur erhalten.

Wegen der Masse-Energie-Äquivalenz kommt eine grundlegende Komplikation hinzu, die in der Elektrodynamik nicht auftritt: Da das Gravitationsfeld auch Träger von Energie ist, stellt es selbst eine Quelle des Felds dar. Dies führt zu einer *Nichtlinearität* der exakten Feldgleichungen. Im Gegensatz dazu ist das elektromagnetische Feld nicht Quelle des Felds; die elektromagnetischen Felder (oder die Photonen) tragen keine Ladung.

Wir fassen die wesentlichen Punkte, die die Struktur der gesuchten Gravitationstheorie bestimmen, zusammen:

1. Die ART ist eine relativistische Verallgemeinerung der Newtonschen Gravitationstheorie. Die identische Struktur der Newtonschen Theorie und der Elektrostatik führt zu zahlreichen Analogien zwischen der ART und der Elektrodynamik.

2. Weil die Energie-Massendichte sich wie die 00-Komponente eines Lorentztensors transformiert, führt die Verallgemeinerung von (1.5) zu einer Tensorfeldgleichung und nicht wie in der Elektrodynamik zu einer Vektorfeldgleichung.

3. Weil das Gravitationsfeld Energie enthält, stellt es selbst eine Quelle des Felds dar. Dies bedingt nichtlineare Feldgleichungen.

II Spezielle Relativitätstheorie

3 Lorentztransformationen

Das Verständnis der Allgemeinen Relativitätstheorie (ART) setzt die Kenntnis der Speziellen Relativitätstheorie (SRT) voraus. In den folgenden Kapiteln 3 – 8 werden die wichtigsten Ergebnisse der SRT zusammengestellt[1]. Diese Zusammenstellung orientiert sich daran, was später für die Darstellung der ART gebraucht wird.

Relativitätsprinzip: Galilei oder Einstein

Die Beschreibung physikalischer Vorgänge erfordert ein Bezugssystem. So müssen etwa für die Beschreibung der Bahn $x(t)$, $y(t)$, $z(t)$ eines Teilchens kartesische Koordinaten x, y, z und eine Zeitkoordinate t eingeführt werden. Ein Bezugssystem ist zum Beispiel durch einen konkreten Laborraum gegeben, dessen eine Ecke mit drei orthogonalen Kanten das kartesische Koordinatensystem bildet und in dem eine Uhr die Zeit t anzeigt. Ein Bezugssystem mit festgelegter Koordinatenwahl nennen wir auch Koordinatensystem.

In bestimmten Bezugssystemen, die *Inertialsysteme* (IS) genannt werden, erscheinen physikalische Vorgänge einfacher als in anderen Bezugssystemen. Insbesondere gelten die Newtonschen Bewegungsgleichungen nur in IS. Experimentell stellt sich heraus, dass IS solche Systeme sind, die sich relativ zum Fixsternhimmel mit konstanter Geschwindigkeit bewegen. Nicht-IS sind Bezugssysteme, die relativ dazu beschleunigt sind (zum Beispiel ein Karussell).

Die Beschreibung physikalischer Vorgänge in einem IS ist unabhängig von der Geschwindigkeit, mit der das IS sich gegenüber dem Fixsternhimmel bewegt. Dieser experimentelle Befund wurde von Galilei als *Relativitätsprinzip* formuliert: „Alle IS sind gleichwertig". Unter Gleichwertigkeit wird dabei verstanden, dass grundlegende physikalische Gesetze in allen IS die gleiche Form haben. Formal heißt dies, dass die Gesetze *kovariant* sind unter den Transformationen, die von einem IS zu einem anderen IS′ führen. Kovariant bedeutet hier forminvariant; die Gleichungen sind also in jedem IS von derselben Form. Wir betrachten zunächst die Transformationen zwischen den IS, wie sie von Galilei angenommen wurden.

---

[1]Der Inhalt der Kapitel 3 – 5 ist wesentlich ausführlicher in Teil IX meiner *Mechanik* [7] dargestellt.

Mit x, y, z, t (im Folgenden auch mit x^1, x^2, x^3, t bezeichnet) wird ein *Ereignis* in IS definiert. Damit kann etwa der Ort eines bestimmten Teilchens zur Zeit t gemeint sein, oder der Ort, an dem zwei Teilchen zur Zeit t zusammenstoßen. Dasselbe Ereignis hat dann in einem anderen IS' andere Koordinaten x', y', z', t'. Die allgemeine *Galileitransformation* zwischen den Koordinaten dieses einen Ereignisses in IS und IS' lautet:

$$x'^i = \alpha^i_k x^k + a^i + v^i t \tag{3.1}$$

$$t' = t + t_0 \tag{3.2}$$

Dabei sind x^i, v^i und a^i die kartesischen Komponenten von Vektoren (etwa $v = v^i e_i$ mit den Einheitsvektoren $e_1 = e_x$, $e_2 = e_y$ und $e_3 = e_z$). Als *Summenkonvention* führen wir ein, dass über gleiche Indizes, von denen einer hoch und einer tief gestellt ist, summiert wird. Dies bedeutet, dass in (3.1) über k zu summieren ist; der freie Index i nimmt dagegen wahlweise einen der Werte 1, 2 oder 3 an. Als Konvention wird ferner vereinbart, dass lateinische Indizes die Werte 1, 2, 3 annehmen, griechische dagegen 0, 1, 2, 3.

In (3.1, 3.2) gibt v die Relativgeschwindigkeit zwischen IS und IS' an, a und t_0 eine konstante räumliche und zeitliche Verschiebung, und α^i_k eine relative Drehung der Koordinatenachsen. Die Matrix $\alpha = (\alpha^i_k)$ ist durch die Bedingung

$$\alpha^i_n \left(\alpha^T\right)^n_k = \delta^i_k \quad \text{oder} \quad \alpha\, \alpha^T = 1 \tag{3.3}$$

eingeschränkt. Die inverse Matrix ist gleich der transponierten, $\alpha^{-1} = \alpha^T$; eine solche Matrix heißt orthogonal. Die Bedingung $\alpha\, \alpha^T = 1$ garantiert die Invarianz des Wegelements $ds^2 = dx^2 + dy^2 + dz^2$. Die durch α beschriebene Drehung lässt sich durch drei Eulerwinkel festlegen. Insgesamt stellen (3.1) und (3.2) eine 10-parametrige Gruppe von Transformationen dar (Galileigruppe).

Im Folgenden sehen wir von relativen Verschiebungen und Drehungen ab und legen die Relativgeschwindigkeit in x-Richtung. Dann erhalten wir die spezielle Galileitransformation für die in Abbildung 3.1 gezeigten Inertialsysteme:

$$x' = x - vt, \qquad t' = t \tag{3.4}$$

In der Formulierung von Galilei gilt das Relativitätsprinzip insbesondere für die Mechanik: Die Transformationen (3.1, 3.2) ändern nicht die Form der Newtonschen Bewegungsgleichungen; diese Gleichungen sind also kovariant. Die Maxwellgleichungen sind dagegen nicht kovariant unter Galileitransformationen, denn sie implizieren die feste Geschwindigkeit $c = 3 \cdot 10^8$ m/s für eine Wellenfront. Maxwell selbst betrachtete sie daher als nichtrelativistisch; sie sollten nur gültig sein in dem speziellen IS, das relativ zum tragenden Medium (wie etwa Luft für Schallwellen) ruht; dieses hypothetische Medium wurde *Äther* genannt. Überraschenderweise stellten Michelson und Morley 1887 experimentell fest, dass die Lichtgeschwindigkeit unabhängig von der Bewegung relativ zum hypothetischen Äther immer gleich

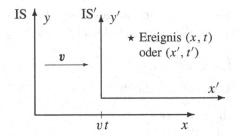

Abbildung 3.1 Ein bestimmtes Ereignis (⋆) habe die Koordinaten x, t im Inertialsystem IS. Welche Koordinaten x', t' hat dasselbe Ereignis dann in IS', das sich relativ zu IS mit der Geschwindigkeit v bewegt?

c ist, es also kein derartiges Medium gibt. Dieses und andere Experimente führen zu dem Befund, dass Licht sich in allen IS mit derselben Geschwindigkeit c ausbreitet.

Daher postulierte Einstein ein neues, modifiziertes Relativitätsprinzip: Die physikalischen Gesetze *inklusive* der Maxwellgleichungen gelten in allen IS. Dieses *Einsteinsche Relativitätsprinzip* erfordert eine andere Transformation zwischen den IS; die Galileitransformation wird durch die *Lorentztransformation* ersetzt. Dies impliziert dann auch andere mechanische Gesetze. Im Folgenden bestimmen wir diese Lorentztransformationen.

Mit den Minkowskikoordinaten

$$x^0 = ct, \quad x^1 = x, \quad x^2 = y, \quad x^3 = z \tag{3.5}$$

führen wir die Komponenten x^α eines Vektors in einem abstrakten 4-dimensionalen Raum ein. Wir werden Vierervektoren selbst (etwa $r = x^\alpha e_\alpha$) nicht verwenden, sondern lediglich ihre Darstellung durch die Komponenten x^α. Konkrete Rechnungen werden ohnehin in einem Bezugssystem und damit für die Größen x^α ausgeführt. In einer verkürzenden Sprechweise wird x^α selbst im Folgenden als Vektor (oder 4-Vektor) bezeichnet, anstelle von „Komponenten eines Vierervektors".

In dem betrachteten IS sind die Koordinaten x, y und z gleich den physikalischen Abständen, die der Raumpunkt relativ zu den Koordinatenebenen hat; diese Abstände werden mit ruhenden Maßstäben vermessen. Die Koordinate t ist die Zeit, die in IS ruhende Uhren anzeigen.

Wir betrachten ein bestimmtes Ereignis mit den Koordinaten x^α in IS und x'^α in IS'. Der Zusammenhang zwischen diesen Koordinaten wird nach Galilei durch (3.1, 3.2) und nach Einstein durch eine Lorentztransformation (LT) gegeben. Die Homogenität von Raum und Zeit bedingt, dass die Transformation zwischen x^α und x'^α in jedem Fall *linear* ist:

$$x'^\alpha = \Lambda^\alpha_\beta x^\beta + a^\alpha \tag{3.6}$$

Hierbei steht a^α für eine räumliche und zeitliche Translation. Die relative Drehung und Bewegung werden durch die 4×4 Matrix $\Lambda = (\Lambda^\alpha_\beta)$ beschrieben. Die Homogenität von Raum und Zeit impliziert zum Beispiel, dass die Transformation der Geschwindigkeit eines Teilchens nicht von dem Raum-Zeit-Punkt abhängen kann, an dem sich das Teilchen gerade befindet. Dies ist genau dann gewährleistet, wenn die Koeffizienten Λ^α_β nicht von x^α abhängen, also wenn die Transformation linear ist.

Im Folgenden betrachten wir (3.6) als Ansatz für die gesuchten Lorentz-transformationen. Wir bestimmen die Λ^{α}_{β} so, dass sich das Quadrat des Weg-elements

$$ds^2 = \eta_{\alpha\beta}\, dx^{\alpha}\, dx^{\beta} = c^2 dt^2 - d\boldsymbol{r}^2 \tag{3.7}$$

bei der Transformation (3.6) nicht ändert. Dabei ist $\eta_{\alpha\beta}$ durch

$$\left(\eta_{\alpha\beta}\right) = \begin{pmatrix} +1 & 0 & 0 & 0 \\ 0 & -1 & 0 & 0 \\ 0 & 0 & -1 & 0 \\ 0 & 0 & 0 & -1 \end{pmatrix} \tag{3.8}$$

definiert. Der vierdimensionale Raum mit dem Wegelement (3.7) heißt *Minkowski-raum*.

Wir beziehen uns auf die spezielle, in Abbildung 3.1 gezeigte Anordnung und erläutern hierfür den Unterschied zwischen Galilei- und Lorentztransformation. Für beide Transformationen gilt $y' = y$ und $z' = z$; in Frage steht nur die Beziehung zwischen (x, t) und (x', t'). Wir betrachten eine Lichtwellenfront, die sich in IS' mit der Geschwindigkeit $c = dx'/dt'$ bewegt. Die Geschwindigkeit in IS hängt dann davon ab, ob man die Galilei- oder die Lorentztransformation verwendet:

$$\frac{dx'}{dt'} = c \qquad \xrightarrow[\text{Galileitransformation}]{x' = x - vt, \ t' = t} \qquad \frac{dx}{dt} = c + v \tag{3.9}$$

$$\frac{dx'}{dt'} = c \qquad \xrightarrow[\text{Lorentztransformation}]{c^2 dt'^2 - dx'^2 = c^2 dt^2 - dx^2} \qquad \frac{dx}{dt} = c \tag{3.10}$$

Die Experimente (Michelson und andere) zeigen, dass die Geschwindigkeit von Licht in jedem IS gleich c ist. Damit scheidet die Galileitransformation aus. Der Michelsonversuch verifiziert die Invarianz von ds^2 speziell für $ds^2 = 0$. Andere Experimente (etwa die Messung von ds^2 für ein materielles Teilchen) bestätigen die Invarianz von ds^2 auch für $ds^2 \neq 0$.

Transformationsmatrix der LT

Wir bestimmen jetzt die Transformationsmatrix Λ^{α}_{β} in (3.6). Dazu setzen wir (3.6) in die Invarianzbedingung $ds'^2 = ds^2$ ein:

$$ds'^2 = \eta_{\alpha\beta}\, dx'^{\alpha}\, dx'^{\beta} = \eta_{\alpha\beta}\, \Lambda^{\alpha}_{\gamma}\, \Lambda^{\beta}_{\delta}\, dx^{\gamma}\, dx^{\delta} \overset{!}{=} \eta_{\gamma\delta}\, dx^{\gamma}\, dx^{\delta} \tag{3.11}$$

Hieraus folgt

$$\Lambda^{\alpha}_{\gamma}\, \Lambda^{\beta}_{\delta}\, \eta_{\alpha\beta} = \eta_{\gamma\delta} \quad \text{oder} \quad \Lambda^{\mathrm{T}} \eta\, \Lambda = \eta \tag{3.12}$$

Dies ist mit (3.3) zu vergleichen; ebenso wie dort haben wir auch die zugehörige Matrixschreibweise angegeben. Die Translationen a^{α} spielen in (3.11) keine Rolle, da sie in den Differenzialen

$$dx'^{\alpha} = \Lambda^{\alpha}_{\beta}\, dx^{\beta} \tag{3.13}$$

wegfallen. Die Rotationen sind als Spezialfall

$$x'^\alpha = \Lambda^\alpha_\beta x^\beta \quad \text{mit} \quad \Lambda^i_k = \alpha^i_k, \quad \Lambda^0_0 = 1 \quad \text{und} \quad \Lambda^i_0 = \Lambda^0_i = 0 \tag{3.14}$$

in Λ enthalten. Hierbei haben die α^i_k die gleiche Bedeutung wie in (3.1). Die volle Gruppe der Lorentztransformationen heißt Poincaré-Gruppe; sie enthält wie die Galileigruppe 10 Parameter. Die Translationen und Rotationen bilden eine Untergruppe sowohl der Galileigruppe wie der Poincaré-Gruppe. Durch die Festlegungen $\det \alpha = 1$ und $\det \Lambda = 1$ schließen wir räumliche und zeitliche Spiegelungen aus (obwohl sie das Wegelement invariant lassen).

Im Folgenden betrachten wir keine Translationen und Rotationen, da sich die Galilei- und Lorentztransformationen bezüglich dieser Untergruppe (mit 7 Parametern) nicht unterscheiden. Wir nehmen also $a^\alpha = 0$ und $\alpha^i_k = \delta^i_k$ an und beschränken uns auf die Abhängigkeit von der Relativgeschwindigkeit v zwischen IS und IS$'$ (3 Parameter).

Für die spezielle Lorentztransformation von Abbildung 3.1 ist Λ wegen $x^2 = x'^2$ und $x^3 = x'^3$ von der Form

$$\Lambda = (\Lambda^\alpha_\beta) = \begin{pmatrix} \Lambda^0_0 & \Lambda^0_1 & 0 & 0 \\ \Lambda^1_0 & \Lambda^1_1 & 0 & 0 \\ 0 & 0 & 1 & 0 \\ 0 & 0 & 0 & 1 \end{pmatrix} \tag{3.15}$$

Wir schreiben (3.12) im x^0-x^1-Unterraum an:

$$\begin{pmatrix} \Lambda^0_0 & \Lambda^1_0 \\ \Lambda^0_1 & \Lambda^1_1 \end{pmatrix} \begin{pmatrix} 1 & 0 \\ 0 & -1 \end{pmatrix} \begin{pmatrix} \Lambda^0_0 & \Lambda^0_1 \\ \Lambda^1_0 & \Lambda^1_1 \end{pmatrix} = \begin{pmatrix} 1 & 0 \\ 0 & -1 \end{pmatrix} \tag{3.16}$$

Ausmultipliziert sind dies vier Bedingungen, von denen aber zwei gleich sind. Die drei verbleibenden Bedingungen lauten

$$\left(\Lambda^0_0\right)^2 - \left(\Lambda^0_1\right)^2 = 1, \quad -\left(\Lambda^1_1\right)^2 + \left(\Lambda^0_1\right)^2 = -1, \quad \Lambda^0_0 \Lambda^0_1 - \Lambda^1_0 \Lambda^1_1 = 0 \tag{3.17}$$

Ohne Einschränkung der Allgemeinheit kann $\Lambda^1_0 = -\sinh \psi$ und $\Lambda^0_1 = -\sinh \phi$ gesetzt werden. Dann folgt $\Lambda^0_0 = \pm \cosh \psi$ und $\Lambda^1_1 = \pm \cosh \phi$. Wir schließen Spiegelungen aus und beschränken uns daher auf das positive Vorzeichen. Aus der letzten Bedingung in (3.17) folgt $\phi = \psi$, also

$$\begin{pmatrix} \Lambda^0_0 & \Lambda^0_1 \\ \Lambda^1_0 & \Lambda^1_1 \end{pmatrix} = \begin{pmatrix} \cosh \psi & -\sinh \psi \\ -\sinh \psi & \cosh \psi \end{pmatrix} \tag{3.18}$$

Für den Ursprung von IS$'$ gilt (siehe Abbildung 3.1)

$$x'^1 = 0 = \Lambda^1_0 ct + \Lambda^1_1 vt \tag{3.19}$$

Hieraus folgt

$$\tanh \psi = -\frac{\Lambda^1_0}{\Lambda^1_1} = \frac{v}{c} \tag{3.20}$$

Die Lorentztransformation ist nun durch (3.15), (3.18) und (3.20) festgelegt. Als Funktion der Geschwindigkeit v lauten die Matrixelemente

$$\Lambda^0_0 = \Lambda^1_1 = \gamma = \frac{1}{\sqrt{1 - v^2/c^2}}, \qquad \Lambda^0_1 = \Lambda^1_0 = \frac{-v/c}{\sqrt{1 - v^2/c^2}} \tag{3.21}$$

Die betrachtete spezielle Lorentztransformation lässt sich damit als

$$x' = \frac{x - vt}{\sqrt{1 - v^2/c^2}}, \qquad y' = y, \qquad z' = z, \qquad ct' = \frac{ct - xv/c}{\sqrt{1 - v^2/c^2}} \tag{3.22}$$

schreiben. Diese Transformation ist nur für $v < c$ definiert. Tatsächlich lassen sich auch nur Inertialsysteme realisieren, die sich relativ zueinander mit $v < c$ bewegen; dies folgt aus den Bewegungsgleichungen von Kapitel 4. Für $v/c \ll 1$ wird (3.22) zur speziellen Galileitransformation

$$x' = x - vt, \qquad y' = y, \qquad z' = z, \qquad t' = t \tag{3.23}$$

Die Verallgemeinerung von (3.21) für eine beliebige Richtung der Geschwindigkeit lautet:

$$\Lambda^0_0 = \gamma, \qquad \Lambda^0_j = \Lambda^j_0 = -\gamma\, v^j/c, \qquad \Lambda^i_j = \delta^i_j + (\gamma - 1)\frac{v^i v^j}{v^2} \tag{3.24}$$

In diesem Fall (ohne Drehungen) ist die Matrix Λ symmetrisch, $\Lambda^{\mathrm T} = \Lambda$. Auf der rechten Seite sind die Geschwindigkeitskomponenten $(v^1, v^2, v^3) = (v_x, v_y, v_z)$ einzusetzen. Die Umkehrtransformation erhält man durch die Ersetzung $v \to -v$.

Additionstheorem

Die in (3.20) definierte Größe

$$\psi = \operatorname{artanh} \frac{v}{c} \qquad \text{Rapidität} \tag{3.25}$$

heißt *Rapidität*. Der Zusammenhang zwischen der Rapidität ψ und der Geschwindigkeit v ist in Abbildung 3.2 gezeigt.

Die Nützlichkeit der Rapidität zeigt sich unter anderem bei der Addition von Geschwindigkeiten. So ergibt die Multiplikation von zwei Matrizen (3.18) mit ψ_1 und ψ_2 wieder eine Matrix dieser Form, und zwar mit

$$\psi = \psi_1 + \psi_2 \qquad \text{Addition paralleler Geschwindigkeiten} \tag{3.26}$$

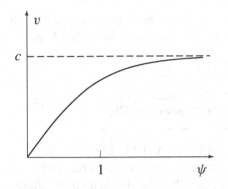

Abbildung 3.2 Zusammenhang zwischen der Geschwindigkeit v und der Rapidität ψ. Bei zwei sukzessiven, speziellen Lorentztransformationen werden die Rapiditäten addiert (3.26). Hierfür ergibt sich aus der Abbildung, dass die Gesamtgeschwindigkeit v immer kleiner als c ist (für $v_1 < c$ und $v_2 < c$).

Bei zwei sukzessiven, speziellen Lorentztransformationen können die Rapiditäten also addiert werden. Aus dem Additionstheorem des tangens hyperbolicus und aus (3.25) und (3.26) folgt für die Geschwindigkeiten:

$$v = \frac{v_1 + v_2}{1 + v_1 v_2 / c^2} \tag{3.27}$$

Dieses Resultat gilt auch für die Geschwindigkeit v eines Teilchens in IS, das in IS′ (mit v_1 relativ zu IS bewegt) die Geschwindigkeit v_2 hat. Nach der Ableitung ist (3.27) auf $v_2 < c$ beschränkt. Für ein Photon, das sich mit $v_2 = c$ in IS′ bewegt, ergibt (3.27) aber das richtige Resultat $v = c$. Daher können wir die Grenzfälle $v_2 = c$ (und auch $v_1 = c$) in (3.27) zulassen.

Für nichtparallele Geschwindigkeiten erhält man das Additionstheorem durch Multiplikation der durch (3.24) definierten Matrizen $\Lambda(\boldsymbol{v}_1)$ und $\Lambda(\boldsymbol{v}_2)$.

Die Matrix (3.18) ist zu vergleichen mit der orthogonalen Matrix für eine Drehung um einen Winkel ϕ; das Minuszeichen im Wegelement (3.7) führt dazu, dass in (3.18) anstelle der Sinus- und Cosinusfunktionen die hyperbolischen Funktionen auftreten. Zwei Drehungen um die gleiche Achse können wie in (3.26) addiert werden; ebenso wie die beiden betrachteten speziellen Lorentztransformationen vertauschen sie miteinander. Dagegen vertauschen zwei Drehungen um verschiedene Achsen oder zwei LT mit verschiedenen Richtungen der Geschwindigkeit nicht miteinander; die Multiplikation der Transformationsmatrizen ist nichtkommutativ.

Eigenzeit

Die Zeitkoordinate t von IS ist die Zeit, die ruhende Uhren in IS anzeigen. (In IS ruhende Uhren können leicht synchronisiert werden). Wir wollen die Anzeige τ einer Uhr bestimmen, die sich in einem IS mit $\boldsymbol{v}(t)$ bewegt. Zu einem bestimmten Zeitpunkt t betrachten wir ein IS′, das sich mit der konstanten Geschwindigkeit $\boldsymbol{v}_0 = \boldsymbol{v}(t)$ gegenüber IS bewegt. Während des folgenden (infinitesimal) kleinen Zeitintervalls bewegt sich die Uhr mit $\boldsymbol{v}' \approx 0$ in IS′. Sie zeigt daher dieselbe Zeit an, wie die in IS′ ruhenden Uhren, also

$$d\tau = dt' = \sqrt{1 - \frac{v_0^2}{c^2}}\, dt = \sqrt{1 - \frac{v(t)^2}{c^2}}\, dt \tag{3.28}$$

Für das nächste kleine Zeitintervall wird dann dieselbe Überlegung für das IS'' mit $v_0 = v(t+dt)$ angewendet. Die Aufsummation der angezeigten Intervalle $d\tau$ ergibt die *Eigenzeit*

$$\tau = \int_{t_1}^{t_2} dt \, \sqrt{1 - \frac{v(t)^2}{c^2}} \qquad \begin{array}{l} \text{Anzeige einer mit} \\ v(t) \text{ bewegten Uhr} \end{array} \qquad (3.29)$$

Für zwei beliebige Ereignisse 1 und 2 zeigen alle Uhren, die in IS ruhen, die Zeitspanne $t_2 - t_1$ an. Eine mit $v(t)$ bewegte Uhr zeigt zwischen diesen beiden Ereignissen dagegen die kleinere Zeit τ an; die bewegte Uhr geht also langsamer. Dieser Effekt wird auch als *Zeitdilatation* (oder relativistische Zeitdehnung) bezeichnet.

Die Anzeige einer bestimmten Uhr kann nicht vom Bezugssystem abhängen. So könnten die beiden Ereignisse 1 und 2 in (3.29) das An- und Abstellen einer Stoppuhr sein. Die resultierende Anzeige der Stoppuhr ist offensichtlich für jeden Beobachter dieselbe. Jeder Beobachter kann die Zeit τ in seinem speziellen IS gemäß (3.29) berechnen. Dabei hängen t_1, t_2 und $v(t)$ von dem gewählten IS ab; das Resultat τ ist aber unabhängig von dieser Wahl. Die Unabhängigkeit des Resultats vom Inertialsystem folgt formal daraus, dass $d\tau$ bis auf einen Faktor gleich dem invarianten Wegelement ds ist:

$$d\tau^2 = \left(ds^2/c^2 \right)_{\text{Uhr}} = \left(dt^2 - d\mathbf{r}^2/c^2 \right)_{\text{Uhr}} \qquad (3.30)$$

4 Relativistische Mechanik

Wir geben die relativistische Verallgemeinerung der Newtonschen Bewegungsglei-
chung für einen Massenpunkt an und diskutieren die Äquivalenz von Masse und
Energie. Für eine ausführlichere Behandlung wird auf Kapitel 38 und 39 meiner
Mechanik [7] verwiesen.

Bewegungsgleichung

Wir gehen davon aus, dass die Newtonschen Bewegungsgleichungen im Grenzfall
$v \to 0$ gültig sind. Dazu betrachten wir das momentan mitbewegte Inertialsystem
IS$'$, in dem das Teilchen momentan ruht ($v' = 0$). In IS$'$ ist dann das Newtonsche
Axiom

$$m \, \frac{dv'}{dt'} = F_{\mathrm{N}} \qquad \text{in IS}' \qquad (4.1)$$

auch relativistisch richtig. Die Definition der Masse m und der Kraft F_{N} erfolgt wie
in der Newtonschen Mechanik[1]. Diese Definition wird jetzt aber auf das momentane
Ruhsystem IS$'$ bezogen. Die dadurch definierte *Ruhmasse m* ist ein Lorentzskalar.

Durch eine Lorentztransformation (LT) können wir aus der relativistisch richtigen Gleichung (4.1) dieselbe Aussage in einem anderen IS erhalten. Dies ist dann
die gesuchte relativistische Bewegungsgleichung. Praktisch geht man anders vor:
Man stellt eine Lorentzvektorgleichung auf, die sich in IS$'$ auf (4.1) reduziert. Dies
ist ein allgemeines Verfahren, um SRT-Gesetze aus dem nichtrelativistischen Grenzfall abzuleiten. Wir werden einen analogen Gedankengang auch zur Ableitung von
Gesetzen der ART verwenden.

Die relativistische Verallgemeinerung der Geschwindigkeit $v^i = dx^i/dt$ ist die
Vierergeschwindigkeit

$$u^\alpha = \frac{dx^\alpha}{d\tau} \qquad (4.2)$$

Da $d\tau = ds/c$ invariant ist, transformiert sich u^α wie dx^α in (3.13), also

$$u'^\alpha = \Lambda^\alpha_\beta \, u^\beta \qquad (4.3)$$

---

[1]Die Messung der Beschleunigungen, die eine unbekannte Kraft auf zwei Körper hervorruft,
ergibt das Verhältnis m_1/m_2. Eine bestimmte Masse wird willkürlich als eine Masseneinheit definiert; damit ist die Massenskala festgelegt. Kräfte können dann nach (4.1) durch die Messung der
Beschleunigung bestimmt werden.

Jede Größe, die sich so transformiert, ist ein *Vierervektor* oder *Lorentzvektor*. Mit
(4.2) sind auch du^α und die linke Seite von

$$
\boxed{m \, \frac{du^\alpha}{d\tau} = F^\alpha \qquad \begin{array}{l} \text{Relativistische} \\ \text{Bewegungsgleichung} \end{array}}
\tag{4.4}
$$

Lorentzvektoren (da $d\tau$ und m Lorentzskalare sind). Auf der rechten Seite haben
wir einen Lorentzvektor F^α eingeführt, der noch zu bestimmen ist. Für (4.4) gilt:

1. Die Gleichung ist eine Lorentzvektorgleichung. Bei einer LT wird sie zu
   $m \, du'^\alpha/d\tau = F'^\alpha$. Die Gleichung ist also kovariant (forminvariant) unter
   LT.

2. Die Gleichung reduziert sich im momentan mitbewegten IS' mit $v' = 0$ auf
   den Newtonschen Grenzfall (4.1).

Im momentan mitbewegten IS' ergibt die linke Seite von (4.4) $m \, (0, \, dv'/dt')$. Der
Vergleich mit (4.1) legt die Minkowskikraft F'^α in IS' fest:

$$
\left(F'^\alpha \right) = \left(F'^0, \, \boldsymbol{F}' \right) = \left(0, \, \boldsymbol{F}_\mathrm{N} \right)
\tag{4.5}
$$

Hieraus erhalten wir durch eine Lorentztransformation mit $-\boldsymbol{v}$ die Minkowskikraft
in dem System, in dem das Teilchen die Geschwindigkeit $\boldsymbol{v}$ hat:

$$
F^\alpha = \Lambda^\alpha_\beta(-\boldsymbol{v}) \, F'^\beta \qquad \text{(Minkowskikraft)}
\tag{4.6}
$$

Wir werten dies mit (3.21) für $\boldsymbol{v} = v^1 \boldsymbol{e}_1$ aus:

$$
F^0 = \gamma \, \frac{v^1 F_\mathrm{N}^1}{c}, \qquad F^1 = \gamma \, F_\mathrm{N}^1, \qquad F^2 = F_\mathrm{N}^2, \qquad F^3 = F_\mathrm{N}^3
\tag{4.7}
$$

Man kann die Newtonsche Kraft $\boldsymbol{F}_\mathrm{N} = \boldsymbol{F}_{\mathrm{N}\parallel} + \boldsymbol{F}_{\mathrm{N}\perp}$ in den zu $\boldsymbol{v}$ parallelen und senkrechten Teil aufspalten. Nach (4.7) erhält der parallele Anteil einen Faktor γ, der
senkrechte aber nicht. Damit lautet die Verallgemeinerung für eine beliebige Richtung von $\boldsymbol{v}$,

$$
F^0 = \gamma \, \frac{\boldsymbol{v} \cdot \boldsymbol{F}_\mathrm{N}}{c}, \qquad \boldsymbol{F} = \gamma \, \boldsymbol{F}_{\mathrm{N}\parallel} + \boldsymbol{F}_{\mathrm{N}\perp}
\tag{4.8}
$$

Energie-Impuls-Beziehung

Der *Viererimpuls* $p^\alpha = m u^\alpha$ ist ebenfalls ein Lorentzvektor. Mit Hilfe von (3.28)
drücken wir $p^\alpha = m \, dx^\alpha/d\tau$ durch die Geschwindigkeit v^i aus:

$$
\left(p^\alpha \right) = \left(\frac{mc}{\sqrt{1 - v^2/c^2}}, \, \frac{m v^i}{\sqrt{1 - v^2/c^2}} \right) = \left(\frac{E}{c}, \, \boldsymbol{p} \right)
\tag{4.9}
$$

Im letzten Schritt haben wir die relativistische Energie E und den relativistischen Impuls $\boldsymbol{p}$ eingeführt:

$$E = \frac{mc^2}{\sqrt{1 - v^2/c^2}}, \qquad \boldsymbol{p} = \frac{m\boldsymbol{v}}{\sqrt{1 - v^2/c^2}} \qquad (4.10)$$

Im nichtrelativistischen Grenzfall wird $\boldsymbol{p}$ zum Newtonschen Impuls, $\boldsymbol{p} \approx \boldsymbol{p}_{\mathrm{N}} = m\boldsymbol{v}$. Mit (4.8) wird die 0-Komponente von (4.4) zu

$$\frac{dE}{dt} = \boldsymbol{v} \cdot \boldsymbol{F}_{\mathrm{N}} \qquad (4.11)$$

Dies rechtfertigt die Bezeichnung *Energie* für die Größe $E = \gamma\, mc^2$, denn $\boldsymbol{v} \cdot \boldsymbol{F}_{\mathrm{N}}$ ist die auf das Teilchen übertragene Leistung.

Aus $ds^2 = c^2\, d\tau^2 = \eta_{\alpha\beta}\, dx^\alpha\, dx^\beta$ folgt $\eta_{\alpha\beta}\, p^\alpha\, p^\beta = m^2 c^2$ und damit

$$E^2 = m^2 c^4 + c^2 \boldsymbol{p}^2 \qquad \text{Energie-Impuls-Beziehung} \qquad (4.12)$$

Diese Energie-Impuls-Beziehung hat die Grenzfälle

$$E = \sqrt{m^2 c^4 + c^2 \boldsymbol{p}^2} \approx \begin{cases} mc^2 + p^2/2m & (p \ll mc) \\ c\, p & (p \gg mc) \end{cases} \qquad (4.13)$$

wobei $p = |\boldsymbol{p}|$. Für Teilchen mit verschwindender Ruhmasse (Photon, Neutrino) gilt exakt $E = c\, p$.

Äquivalenz von Masse und Energie

Wir können die Energie E in die Ruhenergie

$$E_0 = mc^2 \qquad \text{(Ruhenergie)} \qquad (4.14)$$

und die kinetische Energie $E_{\mathrm{kin}} = E - E_0 = E - mc^2$ aufteilen. Die kinetische Energie ist die Energie, die nötig ist, um ein ruhendes Teilchen auf die Geschwindigkeit v zu bringen.

In Prozessen mit mehreren Teilchen sind die Gesamtenergie und der Gesamtimpuls erhalten. Dies gilt aber nur für die in (4.10) definierten Größen, die daher zu Recht als Energie und Impuls bezeichnet werden. Nicht erhalten sind dagegen die Ruhenergie (oder Ruhmasse) und die kinetische Energie für sich; sie können vielmehr ineinander umgewandelt werden. Jeder Änderung ΔE eines Energiebeitrags (etwa der kinetischen oder potenziellen Energie) entspricht dabei eine Änderung Δm der Ruhmasse, also

$$\Delta E = \Delta m\, c^2 \qquad (4.15)$$

Dieser Sachverhalt wird als *Äquivalenz von Masse und Energie* bezeichnet.

Die Masse oder Massendichte tritt in einer Gravitationstheorie als Quelle des Felds auf; wir widmen ihr daher besondere Aufmerksamkeit. Unter Masse verstehen wir im Folgenden immer die Ruhmasse. Die Äquivalenz von Masse und Energie impliziert, dass in zusammengesetzten Systemen (zum Beispiel in einem Stern) verschiedene Energieformen zur Masse beitragen. Wir erläutern dies anhand einiger Beispiele:

- Atomkerne: Bei der Verschmelzung (Fusion) von zwei Deuteriumkernen (Masse m_d) zu Helium (m_{He}) wird die Energie $(2\,m_d - m_{He})\,c^2$ frei; die negative Bindungsenergie von Helium reduziert die Masse m_{He} gegenüber $2\,m_d$. Umgekehrt ist Kernspaltung möglich, weil die Ruhmasse eines Urankerns größer ist als die Summe der Massen der Spaltfragmente. Die Masse eines Atomkerns ergibt sich aus den Massen der konstituierenden Nukleonen und den Beiträgen der kinetischen und potenziellen Energien.

- Stern: Ein Stern wird durch Gravitationskräfte zusammengehalten. Die Gravitationsbindungsenergie reduziert die Masse des Sterns gegenüber der Summe der Massen der Bestandteile.

- Kasten mit Teilchen: Wir betrachten einen ruhenden Kasten, dessen Wände die Masse M_{Wand} haben. In dem Kasten seien Teilchen mit den Massen m_i und den Geschwindigkeiten v_i. Daneben gebe es Photonen mit den Energien $\hbar\,\omega_j$. Die Ruhmasse M des Kastens ist dann

$$M = M_{Wand} + \sum_i \frac{m_i}{\sqrt{1 - v_i^2/c^2}} + \sum_j \frac{\hbar\,\omega_j}{c^2} + \frac{E_{pot}}{c^2} + \dots \qquad (4.16)$$

Zur Masse des Kastens tragen alle in ihm enthaltenen Energieformen bei. Dazu gehören zum Beispiel die im Kasten enthaltene elektromagnetische Strahlung oder die Energie E_{pot} der Wechselwirkungen zwischen den Teilchen.

Die relativistischen Bewegungsgleichungen (4.4) und ihre Konsequenzen sind umfangreich getestet, insbesondere in Beschleunigern für Teilchen mit $v \approx c$, und haben sich voll bewährt.

Aufgaben

4.1   Zeitdilatation bei Raumfahrt

Ein Raumschiff werde für 5 Jahre (vom Raumschiff aus gemessen) so von der Erde weg beschleunigt, dass der Raumfahrer sein normales Erdgewicht Mg spürt (M: Masse des Raumfahrers, $g = 10\,\text{m/s}^2$). In den nächsten 5 Jahren Raumschiffzeit wird es mit $-g$ wieder zum Stillstand gebracht. Danach kehrt es mit zeitumgekehrter Bewegung zur Erde zurück. Um wieviel älter ist der auf der Erde zurückgebliebene Zwillingsbruder des Astronauten bei dessen Rückkehr? Wie weit war das Raumschiff von der Erde entfernt?

5 Tensoren im Minkowskiraum

Die relativistische Bewegungsgleichung (4.4) für einen Massenpunkt ist eine Lorentzvektorgleichung. Analog hierzu werden alle grundlegenden physikalischen Gesetze als Lorentztensorgleichungen formuliert. Sie haben damit in allen Inertialsystemen dieselbe Form, sie genügen also dem (Einsteinschen) Relativitätsprinzip.

In diesem Kapitel werden Lorentztensoren formal definiert, und zwar als indizierte Größen, die sich komponentenweise wie die Koordinaten transformieren.

Wir haben bereits die Bezeichnung *Vierervektor* eingeführt für jede Größe, die sich wie

$$V^\alpha \implies V'^\alpha = \Lambda^\alpha_\beta \, V^\beta \tag{5.1}$$

transformiert; synonym hierzu verwenden wir die Bezeichnungen 4-Vektor und Lorentzvektor. Außer diesen *kontravarianten* Komponenten (mit obenstehendem Index) definieren wir noch *kovariante* Komponenten (mit untenstehendem Index) eines Vektors, im Folgenden kurz kovarianter Vektor genannt, durch

$$V_\alpha \equiv \eta_{\alpha\beta} \, V^\beta \tag{5.2}$$

Dabei ist $\eta_{\alpha\beta}$ durch (3.8) gegeben. Die Bezeichnung *kovariant* hat auch noch die schon verwendete Bedeutung *forminvariant*.

Wir definieren die Matrix $(\eta^{\alpha\beta})$ als die zu $(\eta_{\alpha\beta})$ inverse Matrix:

$$\eta^{\alpha\beta} \, \eta_{\beta\gamma} = \delta^\alpha_\gamma = \begin{cases} 1 & (\alpha = \gamma) \\ 0 & (\alpha \neq \gamma) \end{cases} \tag{5.3}$$

Damit gilt

$$(\eta_{\alpha\beta}) = (\eta^{\alpha\beta}) = \begin{pmatrix} +1 & 0 & 0 & 0 \\ 0 & -1 & 0 & 0 \\ 0 & 0 & -1 & 0 \\ 0 & 0 & 0 & -1 \end{pmatrix} \tag{5.4}$$

Die Größen $\eta_{\alpha\beta}$ und $\eta^{\alpha\beta}$ sind damit durch konstante Zahlen definiert. Durch Multiplikation mit $\eta^{\alpha\beta}$ können wir (5.2) nach den kontravarianten Komponenten auflösen:

$$V^\alpha = \eta^{\alpha\beta} \, V_\beta \tag{5.5}$$

20

Transformation des kovarianten Vektors

Die Größen $\eta_{\alpha\beta}$ sind durch Zahlenzuweisung (5.4) festgelegt und hängen damit nicht vom IS ab. Daher transformiert sich ein kovarianter Vektor gemäß

$$V_\alpha' = \eta_{\alpha\beta}\, V'^\beta = \eta_{\alpha\beta}\, \Lambda^\beta_\gamma\, V^\gamma = \eta_{\alpha\beta}\, \Lambda^\beta_\gamma\, \eta^{\gamma\delta}\, V_\delta = \bar\Lambda^\delta_\alpha\, V_\delta \qquad (5.6)$$

Im letzten Schritt haben wir die Größen $\bar\Lambda^\delta_\alpha$ eingeführt:

$$\bar\Lambda^\delta_\alpha = \eta_{\alpha\beta}\, \Lambda^\beta_\gamma\, \eta^{\gamma\delta} \qquad (5.7)$$

Wir multiplizieren dies mit Λ^α_ϵ :

$$\bar\Lambda^\delta_\alpha\, \Lambda^\alpha_\epsilon = \eta_{\alpha\beta}\, \Lambda^\beta_\gamma\, \eta^{\gamma\delta}\, \Lambda^\alpha_\epsilon = \eta^{\gamma\delta}\, \eta_{\gamma\epsilon} = \delta^\delta_\epsilon \qquad (5.8)$$

Im vorletzten Schritt wurde (3.12) verwendet. Analog hierzu gilt

$$\Lambda^\epsilon_\delta\, \bar\Lambda^\delta_\alpha = \Lambda^\epsilon_\delta\, \eta_{\alpha\beta}\, \Lambda^\beta_\gamma\, \eta^{\gamma\delta} = \eta^{\epsilon\beta}\, \eta_{\alpha\beta} = \delta^\epsilon_\alpha \qquad (5.9)$$

Im vorletzten Schritt wurde $\Lambda^\epsilon_\delta\, \Lambda^\beta_\gamma\, \eta^{\gamma\delta} = \eta^{\epsilon\beta}$ verwendet. Dies folgt aus (3.12), $\Lambda^{\mathrm{T}}\eta\,\Lambda = \eta$, wenn man hierin die kontravarianten Komponenten von $\eta = (\eta^{\alpha\beta})$ verwendet.

Aus (5.8) folgen die Rücktransformationen

$$V^\gamma = \delta^\gamma_\beta\, V^\beta = \bar\Lambda^\gamma_\alpha\, \Lambda^\alpha_\beta\, V^\beta = \bar\Lambda^\gamma_\alpha\, V'^\alpha \qquad (5.10)$$

$$V_\gamma = \delta^\beta_\gamma\, V_\beta = \bar\Lambda^\beta_\alpha\, \Lambda^\alpha_\gamma\, V_\beta = \Lambda^\alpha_\gamma\, V_\alpha' \qquad (5.11)$$

Wir fassen zusammen: Kontravariante Vektoren werden mit Λ^α_β, kovariante mit $\bar\Lambda^\alpha_\beta$ transformiert. Die jeweils andere Größe vermittelt die Rücktransformation.

Wir gehen noch kurz auf die Matrixschreibweise ein. Für die Matrix $\Lambda = (\Lambda^\beta_\gamma)$ haben wir mit (3.15) vereinbart, dass der obere Index die Zeile angibt, und der untere die Spalte. Wenn wir die rechte Seite von (5.7) als $(\eta\,\Lambda\,\eta)^\delta_\alpha$ schreiben, dann ist α der Zeilenindex der Matrix $\eta\,\Lambda\,\eta$, und δ der Spaltenindex. Für $\bar\Lambda^\delta_\alpha$ auf der linken Seite muss dies aber genau anders herum sein. Daher wird (5.7) in Matrixschreibweise zu

$$\bar\Lambda = \left(\eta\,\Lambda\,\eta\right)^{\mathrm{T}} \qquad (5.12)$$

Da nun sowohl in Λ^δ_α wie in $\bar\Lambda^\alpha_\beta$ der obere Index der Zeilen- und der untere der Spaltenindex ist, entsprechen (5.8) und (5.9) den Matrixgleichungen $\bar\Lambda\Lambda = 1$ und $\Lambda\bar\Lambda = 1$. Hieraus folgt

$$\Lambda^{-1} = \bar\Lambda = \left(\eta\,\Lambda\,\eta\right)^{\mathrm{T}} \qquad (5.13)$$

Allgemeine Rechenregeln für Tensoren

Wir betrachten nun Größen mit r Indizes. Eine solche Größe ist ein *Tensor r-ter Stufe*, wenn sie sich komponentenweise wie die Koordinaten x^α transformiert:

$$T'^{\alpha_1 \dots \alpha_r} = \Lambda^{\alpha_1}_{\beta_1} \dots \Lambda^{\alpha_r}_{\beta_r} \, T^{\beta_1 \dots \beta_r} \tag{5.14}$$

Diese Aussage bezieht sich auf das Verhalten unter Lorentztransformationen. Die so definierten Tensoren heißen daher Lorentztensoren (oder 4-Tensoren) oder auch *Tensoren im Minkowskiraum*. Dies ist zu unterscheiden von Tensoren im dreidimensionalen euklidischen Raum, die sich unter orthogonalen Transformationen in bestimmter Weise verhalten; ein Beispiel hierfür ist der übliche Trägheitstensor eines starren Körpers.

Ein Tensor nullter Stufe ist ein Skalar, ein Tensor erster Stufe ist ein Vektor; hierfür wurde die Definition (also die Transformationsbedingung) bereits angegeben. Als weiteres explizites Beispiel geben wir die Transformation für einen Tensor dritter Stufe mit gemischten Komponenten an:

$$T'^{\alpha}_{\;\beta\gamma} = \Lambda^{\alpha}_{\delta} \, \bar{\Lambda}^{\epsilon}_{\beta} \, \bar{\Lambda}^{\nu}_{\gamma} \, T^{\delta}_{\;\epsilon\nu} \tag{5.15}$$

Man zeigt leicht, dass sich aus folgenden Operationen wieder Tensoren der entsprechenden Stufe ergeben:

1. Linearkombinationen gleichartiger Tensoren (etwa $3\,U^{\alpha\beta} + V^{\alpha\beta}$),

2. Produkten von Tensoren ($T^{\alpha\beta}\,V^{\gamma}$),

3. Kontraktionen von Tensoren ($T^{\alpha\beta}_{\;\;\;\beta}$, $T^{\alpha\beta}\,V_{\beta}$),

4. Differenziationen von Tensorfeldern ($\partial_{\alpha}\,T^{\alpha\beta}$).

Der Übergang zwischen ko- und kontravarianten Komponenten eines Tensors ist wie in (5.2) und (5.5) definiert. Man beachte, dass es dabei im Allgemeinen auf die Reihenfolge der oberen und unteren Indizes ankommt; sie dürfen also nicht übereinander geschrieben werden. In diesem Zusammenhang sei angemerkt, dass die Λ^{α}_{β} *keine* Tensoren sind. Für einen Tensor müssen ja die Komponenten sowohl in IS wie in IS′ überhaupt erst einmal definiert sein. Dies ist für Λ nicht der Fall; vielmehr gibt es nur ein Λ bezüglich zweier Inertialsysteme.

Beispiele

Aus den Rechenregeln folgt zum Beispiel, dass $V^{\alpha}\,U^{\beta}$ ein Tensor zweiter Stufe ist, sofern V^{α} und U^{β} Vektoren sind. Durch Kontraktion entsteht ein Tensor nullter Stufe, also ein Skalar. Wir zeigen explizit, dass das *Skalarprodukt* zweier Vektoren

$$V_{\alpha}\,U^{\alpha} = V^{\alpha}\,U_{\alpha} = \eta^{\alpha\beta}\,V_{\alpha}\,U_{\beta} = \eta_{\alpha\beta}\,V^{\alpha}\,U^{\beta} \tag{5.16}$$

invariant unter Lorentztransformationen ist:

$$V'^{\alpha}\, U'_{\alpha} = \Lambda^{\alpha}_{\beta}\, \bar{\Lambda}^{\delta}_{\alpha}\, V^{\beta}\, U_{\delta} = V^{\beta}\, U_{\beta} \tag{5.17}$$

Umgekehrt folgt aus der Invarianz von $V^{\alpha}\, U_{\alpha}$ und der Vektoreigenschaft einer der beiden Größen die Vektoreigenschaft der anderen: Wir setzen voraus, dass $V^{\alpha}\, U_{\alpha}$ ein 4-Skalar und V^{α} ein 4-Vektor ist. Daraus folgt

$$V'^{\alpha}\, U'_{\alpha} = V^{\beta}\, U_{\beta} = \bar{\Lambda}^{\beta}_{\alpha}\, V'^{\alpha}\, U_{\beta} \tag{5.18}$$

Der Vergleich der Koeffizienten bei V'^{α} zeigt

$$U'_{\alpha} = \bar{\Lambda}^{\beta}_{\alpha}\, U_{\beta} \tag{5.19}$$

Also ist U_{α} ein 4-Vektor.

Minkowski- und Levi-Civita-Tensor

In (5.4) wurde $\eta = (\eta_{\alpha\beta}) = (\eta^{\alpha\beta})$ als konstante Matrix eingeführt. Tatsächlich können wir η als Tensor auffassen und mittransformieren:

$$\eta'_{\alpha\beta} = \bar{\Lambda}^{\gamma}_{\alpha}\, \bar{\Lambda}^{\delta}_{\beta}\, \eta_{\gamma\delta} \overset{(3.12)}{=} \bar{\Lambda}^{\gamma}_{\alpha}\, \bar{\Lambda}^{\delta}_{\beta}\, \Lambda^{\mu}_{\gamma}\, \Lambda^{\nu}_{\delta}\, \eta_{\mu\nu} \overset{(5.9)}{=} \eta_{\alpha\beta} \tag{5.20}$$

Der Tensor η heißt Minkowskitensor. Wegen seines Auftretens im Wegelement (3.7) ist η der metrische Tensor (Kapitel 9) des hier betrachteten Minkowskiraums. Speziell ist

$$\eta^{\alpha}{}_{\beta} = \eta^{\alpha\gamma}\, \eta_{\gamma\beta} = \delta^{\alpha}_{\beta} = \eta_{\beta}{}^{\alpha} \tag{5.21}$$

Damit ist auch das Kroneckersymbol δ^{α}_{β} ein Tensor. Wegen der Symmetrie können wir in diesem speziellen Fall die Indizes übereinanderschreiben ($\eta^{\alpha}{}_{\beta} = \eta_{\beta}{}^{\alpha} = \eta^{\alpha}_{\beta}$). Eine weitere konstante Größe, die als Tensor im Minkowskiraum aufgefasst werden kann, ist der total antisymmetrische Tensor:

$$\epsilon^{\alpha\beta\gamma\delta} = \begin{cases} +1 & (\alpha, \beta, \gamma, \delta) = \text{gerade Permutation von } (0, 1, 2, 3) \\ -1 & (\alpha, \beta, \gamma, \delta) = \text{ungerade Permutation von } (0, 1, 2, 3) \\ 0 & \text{sonst} \end{cases} \tag{5.22}$$

Unter Beachtung von $\det \Lambda = 1$ zeigt man leicht, dass das *Levi-Civita-Symbol* $\epsilon^{\alpha\beta\gamma\delta}$ ein Tensor im oben definierten Sinn ist, das heißt

$$\epsilon'^{\alpha\beta\gamma\delta} = \epsilon^{\alpha\beta\gamma\delta} \tag{5.23}$$

Die kovarianten Komponenten definiert man durch

$$\epsilon_{\alpha\beta\gamma\delta} \equiv \eta_{\alpha\alpha'}\, \eta_{\beta\beta'}\, \eta_{\gamma\gamma'}\, \eta_{\delta\delta'}\, \epsilon^{\alpha'\beta'\gamma'\delta'} = -\epsilon^{\alpha\beta\gamma\delta} \tag{5.24}$$

Tensorfelder

Wir zeigen zunächst, dass sich $\partial/\partial x^\alpha$ wie ein kovarianter Vektor transformiert. Es gilt

$$\frac{\partial}{\partial x'^\alpha} = \frac{\partial x^\beta}{\partial x'^\alpha}\,\frac{\partial}{\partial x^\beta} \tag{5.25}$$

Aus (5.10) folgt

$$\frac{\partial x^\beta}{\partial x'^\alpha} = \bar{\Lambda}_\alpha^{\ \beta} \tag{5.26}$$

Damit ergibt sich

$$\frac{\partial}{\partial x'^\alpha} = \bar{\Lambda}_\alpha^{\ \beta}\,\frac{\partial}{\partial x^\beta} \tag{5.27}$$

Für partielle Ableitungen verwenden wir folgende Kurzschreibweise:

$$\partial_\alpha \equiv \frac{\partial}{\partial x^\alpha} \quad \text{und} \quad \partial^\alpha \equiv \frac{\partial}{\partial x_\alpha} \tag{5.28}$$

Nach (5.27) ist ∂_α ein kovarianter Vektor; ∂^α ist dann ein kontravarianter Vektor. Der d'Alembert-Operator

$$\Box \equiv \partial^\alpha\,\partial_\alpha = \eta^{\alpha\beta}\,\partial_\alpha\,\partial_\beta = \frac{1}{c^2}\,\frac{\partial^2}{\partial t^2} - \Delta \tag{5.29}$$

ist ein Lorentzskalar.

Die partiellen Ableitungen ∂_α wirken auf Funktionen der Raumzeitkoordinaten $x = (x^0, x^1, x^2, x^3)$. Solche Funktionen heißen *Felder*. Wir betrachten Felder, die Lorentztensoren sind. Die Funktionen $S(x)$, $V^\alpha(x)$ und $T^{\alpha\beta}(x)$ stellen jeweils Skalar-, Vektor- oder Tensorfelder dar, falls

$$S'(x') = S(x)\,, \quad V'^\alpha(x') = \Lambda_\beta^{\ \alpha}\,V^\beta(x)\,, \quad T'^{\alpha\beta}(x') = \Lambda_\gamma^{\ \alpha}\,\Lambda_\delta^{\ \beta}\,T^{\gamma\delta}(x) \tag{5.30}$$

Hierbei ist das Argument mitzutransformieren, das heißt x' steht für $(x'^\alpha) = (\Lambda_\beta^{\ \alpha}\,x^\beta)$.

Aufgaben

5.1 Lorentztensor zweiter Stufe

Die Beziehung $V^\alpha = T^{\alpha\beta} W_\beta$ gelte in jedem Inertialsystem. Es sei bekannt, dass V^α und W^α Lorentzvektoren sind. Beweisen Sie, dass dann $T^{\alpha\beta}$ ein Lorentztensor ist.

5.2 Levi-Civita-Tensor im Minkowskiraum

Zeigen Sie, dass der Levi-Civita-Tensor ein Pseudotensor 4-ter Stufe ist, also dass

$$\epsilon'^{\alpha\beta\gamma\delta} = (\det\Lambda)\, \Lambda^\alpha_{\alpha'}\, \Lambda^\beta_{\beta'}\, \Lambda^\gamma_{\gamma'}\, \Lambda^\delta_{\delta'}\, \epsilon^{\alpha'\beta'\gamma'\delta'} \qquad (5.31)$$

gleich $\epsilon^{\alpha\beta\gamma\delta}$ ist.

5.3 Ladung als Lorentzskalar

Für den Lorentzvektor $j^\alpha(x)$ gilt $\partial_\alpha j^\alpha = 0$. Zeigen Sie, dass dann die Größe $q = \int d^3r\, j^0/c$ ein Lorentzskalar ist. Überzeugen Sie sich zunächst davon, dass q in der Form

$$q = \frac{1}{c} \int_{x^0 = \text{const.}} da_\alpha\, j^\alpha \qquad (5.32)$$

geschrieben werden kann. Dabei ist

$$da_\alpha = \frac{1}{6}\, \varepsilon_{\alpha\beta\gamma\delta}\, da^{\beta\gamma\delta}$$

ein Lorentzvektor und $da^{\beta\gamma\delta}$ ein antisymmetrischer Tensor, der durch die Zuweisungen

$$da^{012} = dx^0 dx^1 dx^2, \quad da^{102} = -dx^0 dx^1 dx^2, \quad \text{und so weiter}$$

festgelegt wird. Damit stellen die $da^{\beta\gamma\delta}$ dreidimensionale „Flächenelemente" des vierdimensionalen Minkowskiraums dar.

6 Elektrodynamik

Wie bereits in Kapitel 2 gesagt, hat die zu entwickelnde Gravitationstheorie formale Ähnlichkeiten zur Elektrodynamik; daneben gibt es natürlich auch grundlegende Unterschiede. Unter dem Gesichtspunkt der Nützlichkeit für die spätere Diskussion geben wir hier die Grundgleichungen und den Energie-Impuls-Tensor der Elektrodynamik an.

Die Unabhängigkeit der Lichtgeschwindigkeit vom Inertialsystem (Kapitel 3) kann zu der Aussage verallgemeinert werden, dass die Maxwellschen Feldgleichungen

$$\operatorname{div} \boldsymbol{E} = 4\pi \varrho_e, \qquad \operatorname{rot} \boldsymbol{B} = \frac{4\pi}{c} \boldsymbol{j} + \frac{1}{c} \frac{\partial \boldsymbol{E}}{\partial t} \tag{6.1}$$

$$\operatorname{rot} \boldsymbol{E} = -\frac{1}{c} \frac{\partial \boldsymbol{B}}{\partial t}, \qquad \operatorname{div} \boldsymbol{B} = 0 \tag{6.2}$$

in allen IS gelten. Die Quellen der elektromagnetischen Felder $\boldsymbol{E}(\boldsymbol{r}, t)$ und $\boldsymbol{B}(\boldsymbol{r}, t)$ sind die Ladungsdichte $\varrho_e(\boldsymbol{r}, t)$ und Stromdichte $\boldsymbol{j}(\boldsymbol{r}, t)$. Wir verwenden das Gaußsche Maßsystem, in dem $\boldsymbol{E}$ und $\boldsymbol{B}$ in gleichen Einheiten gemessen werden.

Die Kontinuitätsgleichung $\operatorname{div} \boldsymbol{j} + \partial_t \varrho_e = 0$, die aus (6.1) folgt, lässt sich in der Form

$$\partial_\alpha j^\alpha = 0 \tag{6.3}$$

mit

$$\left(j^\alpha \right) = \left(c\varrho_e, \, j^i \right) \tag{6.4}$$

schreiben. Gleichung (6.3) drückt die Ladungserhaltung aus; aus ihr folgt für ein abgeschlossenes System $\partial_t \int d^3r \, j^0 = 0$. Mit (6.1, 6,2) gilt auch (6.3) in jedem Inertialsystem. Daher ist $\partial_\alpha j^\alpha$ ein Lorentzskalar. Da ∂_α ein kovarianter Vektor ist, muss j^α ein kontravarianter Vierervektor sein.

Wegen der Lorentzvektoreigenschaft von j^α ist die Ladung $q = \int d^3r \, j^0$ ein Lorentzskalar (Aufgabe 5.3). Die Unabhängigkeit der Ladung vom IS, oder von der Geschwindigkeit des Ladungsträgers in einem gegebenen IS, wird mit hoher Genauigkeit durch die elektrische Neutralität der Atome verifiziert.

Wir führen die antisymmetrische Matrix

$$\left(F^{\alpha\beta} \right) = \begin{pmatrix} 0 & -E_x & -E_y & -E_z \\ E_x & 0 & -B_z & B_y \\ E_y & B_z & 0 & -B_x \\ E_z & -B_y & B_x & 0 \end{pmatrix} \tag{6.5}$$

ein. Man zeigt leicht, dass die inhomogenen Maxwellgleichungen (6.1) äquivalent
zu

$$\partial_\alpha F^{\alpha\beta} = \frac{4\pi}{c} j^\beta \qquad (6.6)$$

sind. Da j^β ein 4-Vektor ist, impliziert die Gültigkeit der Maxwellgleichungen in je-
dem IS, dass $\partial_\alpha F^{\alpha\beta}$ ein 4-Vektor ist. Daraus folgt, dass $F^{\alpha\beta}$ ein Tensor ist. Er heißt
Feldstärketensor. Die Tensoreigenschaft von F legt das Transformationsverhalten
der elektrischen und magnetischen Felder fest. Die homogenen Maxwellgleichungen (6.2) werden zu

$$\epsilon^{\alpha\beta\gamma\delta} \partial_\beta F_{\gamma\delta} = 0 \qquad (6.7)$$

Nach der Umschreibung in (6.6) und (6.7) ist klar, dass die Maxwellgleichungen
unter Lorentztransformationen forminvariant sind.

Für die Lösung der homogenen Maxwellgleichungen (6.7) ist folgende Form
von $F^{\alpha\beta}$ notwendig und hinreichend:

$$F^{\alpha\beta} = \partial^\alpha A^\beta - \partial^\beta A^\alpha \qquad (6.8)$$

Die inhomogenen Maxwellgleichungen können nun alternativ für die 4-Potenzial-
felder $(A^\alpha) = (\Phi, A^i)$ formuliert werden. Aus (6.8) folgt, dass die *Eichtransformation*

$$A^\alpha \implies A^\alpha + \partial^\alpha \chi \qquad (6.9)$$

die Felder $F^{\alpha\beta}$ nicht ändert. Dies gilt für ein beliebiges skalares Feld $\chi(x)$. Diese
Freiheit erlaubt es, eine skalare Bedingung an die Potenziale zu stellen. Wählt man
hierfür die Lorenzeichung

$$\partial_\alpha A^\alpha = 0 \qquad (6.10)$$

so entkoppeln die inhomogenen Maxwellgleichungen (6.6) zu

$$\Box A^\alpha = \frac{4\pi}{c} j^\alpha \qquad (6.11)$$

Damit haben wir drei Formulierungen der Maxwellgleichungen angegeben: (6.1)
und (6.2), (6.6) und (6.7), (6.11) mit (6.10). Die erste Form kann für spezielle Anwendungen vorteilhaft sein. Für die beiden anderen ist dagegen die Kovarianz unter
LT evident. Die zweite Form hat den Vorzug, dass sie sich auf die physikalischen
Felder bezieht; die dritte ist dagegen besonders einfach zu lösen.

Außer den Feldgleichungen des elektromagnetischen Felds geben wir noch
die Bewegungsgleichung eines Teilchens mit der Ladung q im Feld an. Die i-
Komponenten der Vektorgleichung

$$m \frac{du^\alpha}{d\tau} = \frac{q}{c} F^{\alpha\beta} u_\beta \qquad (6.12)$$

lassen sich in der Form

$$\frac{d}{dt}\frac{m\,\boldsymbol{v}}{\sqrt{1-v^2/c^2}} = q\left(\boldsymbol{E} + \frac{\boldsymbol{v}}{c}\times\boldsymbol{B}\right) \tag{6.13}$$

schreiben. Die rechte Seite ist die bekannte Lorentzkraft. Auf der linken Seite steht die zeitliche Änderung des relativistischen Impulses $\boldsymbol{p} = \gamma\,m\,\boldsymbol{v}$. Im momentanen Ruhsystem IS′ reduziert sich (6.13) auf die Form (4.1),

$$m\,\frac{d\boldsymbol{v}'}{dt'} = q\,\boldsymbol{E}' = \boldsymbol{F}_{\mathrm{N}} \qquad \text{(in IS′)} \tag{6.14}$$

Die Verallgemeinerung von (6.14) zu (6.12) ergibt sich ganz analog zum Schritt von (4.1) nach (4.4).

Wir führen den Energie-Impuls-Tensor des elektromagnetischen Felds ein,

$$T_{\mathrm{em}}^{\alpha\beta} = \frac{1}{4\pi}\left(F^{\alpha}{}_{\gamma}\,F^{\gamma\beta} + \frac{1}{4}\eta^{\alpha\beta}F_{\gamma\delta}\,F^{\gamma\delta}\right) \tag{6.15}$$

Die 00-Komponente ist die Energiedichte u_{em} des Felds,

$$u_{\mathrm{em}} = T_{\mathrm{em}}^{00} = \frac{1}{8\pi}\left(\boldsymbol{E}^2 + \boldsymbol{B}^2\right) \tag{6.16}$$

Die $0i$-Komponenten ergeben die Energiestromdichte $\boldsymbol{S}$ (auch Poynting-Vektor genannt):

$$\boldsymbol{S} = c\sum_i T_{\mathrm{em}}^{0i}\,\boldsymbol{e}_i = \frac{c}{4\pi}\,\boldsymbol{E}\times\boldsymbol{B} \tag{6.17}$$

Unter Verwendung der Maxwellgleichungen erhalten wir für die Divergenz von $T_{\mathrm{em}}^{\alpha\beta}$,

$$\partial_\alpha\,T_{\mathrm{em}}^{\alpha\beta} = -\frac{1}{c}\,F^{\beta\gamma}\,j_\gamma \tag{6.18}$$

Im ladungsfreien Raum ($j_\alpha = 0$) gilt also für die Energie-Impuls-Dichte die Kontinuitätsgleichung $\partial_\alpha\,T_{\mathrm{em}}^{\alpha\beta} = 0$. So wie (6.3) die Ladungserhaltung impliziert, folgt hieraus die Erhaltung des 4-Impulses des Felds für ein abgeschlossenes System ($P_{\mathrm{em}}^\beta = \int d^3r\,T_{\mathrm{em}}^{0\beta} = \text{const.}$).

Wir fassen die räumlichen Komponenten der rechte Seite von (6.18) zu einem 3-Vektor zusammen und drücken ihn durch die Felder $\boldsymbol{E}$, $\boldsymbol{B}$ und die Quellen ϱ, $\boldsymbol{j}$ aus:

$$\frac{1}{c}\,F^{i\gamma}\,j_\gamma\,\boldsymbol{e}_i = \varrho\,\boldsymbol{E} + \frac{1}{c}\,\boldsymbol{j}\times\boldsymbol{B} = \boldsymbol{f} \tag{6.19}$$

Der Vergleich mit der Lorentzkraft in (6.13) zeigt, dass $\boldsymbol{f}$ die Lorentzkraft*dichte* ist. Damit können wir (6.18) als

$$\partial_\beta\,T_{\mathrm{em}}^{\alpha\beta} = -f^\alpha \tag{6.20}$$

mit der elektromagnetischen Minkowskikraftdichte f^α schreiben. Dies ist die Kraftdichte, die das Feld auf eine Stromverteilung ausübt. Über diese Kraftdichte kann Energie und Impuls zwischen dem Feld und den Ladungsträgern ausgetauscht werden.

Aufgaben

6.1 Relativistische Bewegungsgleichung

Die kovariante Form der Bewegungsgleichungen eines Teilchens im elektromagnetischen Feld lautet $m\,du^{\alpha}/d\tau = (q/c)\,F^{\alpha\beta}\,u_{\beta}$. Leiten Sie daraus die 3-Vektorform

$$\frac{d}{dt}\frac{m\,\boldsymbol{v}}{\sqrt{1 - v^2/c^2}} = q\left(\boldsymbol{E} + \frac{\boldsymbol{v}}{c}\times\boldsymbol{B}\right)$$

ab.

6.2 Dopplereffekt

Die freien Maxwellgleichungen $\Box\,A^{\alpha} = 0$ haben Lösungen in Form von ebenen Wellen:

$$A^{\alpha}(x) = e^{\alpha}\exp\left(i\,k^{\beta}x_{\beta}\right) \tag{6.21}$$

Begründen Sie, dass $(k^{\alpha}) = (\omega/c,\,k^i)$ ein 4-Vektor ist. Leiten Sie aus dieser Eigenschaft den relativistischen *Dopplereffekt* für Lichtwellen ab. Der Dopplereffekt ist die Frequenzänderung aufgrund der Relativbewegung (mit der Geschwindigkeit $\boldsymbol{v}$) zwischen Quelle und Empfänger. Von welcher Ordnung in v/c ist dieser Effekt für $\boldsymbol{v}\parallel\boldsymbol{k}$ und für $\boldsymbol{v}\perp\boldsymbol{k}$?

6.3 Hamiltonsches Prinzip

Die Lagrangefunktion $\mathcal{L}_0(u^{\alpha}) = -mc\,\sqrt{u^{\alpha}u_{\alpha}}$ beschreibt die relativistische Bewegung eines freien Teilchens. Für ein Teilchen in einem äußeren Vektorfeld $A^{\beta}(x)$ addiert man den einfachst möglichen lorentzinvarianten Term:

$$\mathcal{L} = -mc\,\sqrt{u^{\alpha}u_{\alpha}} - \frac{q}{c}\,A^{\beta}\,u_{\beta} \tag{6.22}$$

Leiten Sie aus dem Hamiltonschen Prinzip $\delta\int d\tau\,\mathcal{L} = 0$ die Bewegungsgleichungen $m\,du^{\alpha}/d\tau = (q/c)\,F^{\alpha\beta}\,u_{\beta}$ ab.

7 Relativistische Hydrodynamik

Die Bewegung einer idealen Flüssigkeit wird durch die Euler- und die Kontinuitäts-gleichung bestimmt. Wir stellen die relativistische Verallgemeinerung dieser Glei-chungen auf. Dies führt zum Energie-Impuls-Tensor der Flüssigkeit. In der nicht-relativistischen Gravitationstheorie ist die Massendichte die Quelle des Felds. Wie in (2.5), (2.6) skizziert, wird die Massendichte in der relativistischen Verallgemei-nerung durch den Energie-Impuls-Tensor ersetzt.

Die folgenden Überlegungen beziehen sich auf *ideale Flüssigkeiten*. Darunter verstehen wir ein physikalisches System, das durch eine Massendichte $\varrho(r, t)$, ein Geschwindigkeitsfeld $v(r, t) = v^i e_i$ und einen isotropen Druck $P(r, t)$ beschrie-ben werden kann. Nicht berücksichtigt wird dabei die Viskosität (innere Reibung) der Flüssigkeit. Die resultierenden Gleichungen können nicht nur auf Flüssigkeiten angewendet werden, sondern etwa auch auf Gase oder auf eine Staubwolke.

Die Newtonsche Bewegungsgleichung für ein Massenelement Δm der Flüssig-keit lautet $\Delta m\, dv/dt = \Delta F_N$. Wir führen die Massendichte $\varrho = \Delta m/\Delta V$ und die Newtonsche Kraftdichte $f_N = \Delta F_N/\Delta V$ ein; dabei ist ΔV das zugehörige Volu-menelement. Die Kraftdichte $f_N = -\nabla P + f_0$ teilen wir auf in den Beitrag des Druckgradienten $-\nabla P(r, t)$ und in sonstige äußere Kräfte $f_0(r, t)$ (zum Beispiel die Schwerkraft $f_0 = \varrho\, g$). Für ein herausgegriffenes Massenelement ändert sich die Geschwindigkeit zum einen, weil $v(r, t)$ explizit von der Zeit abhängt, und zum anderen, weil sich das Massenelement während dt um $dr = v\, dt$ bewegt und $v(r, t)$ vom Ort abhängt. Zur formalen Ableitung schreiben wir das totale Differenzial für $v(x, y, z, t)$ an:

$$dv = dt\, \frac{\partial v}{\partial t} + dx\, \frac{\partial v}{\partial x} + dy\, \frac{\partial v}{\partial y} + dz\, \frac{\partial v}{\partial z} = \left(\frac{\partial v}{\partial t} + (v \cdot \nabla)\, v \right) dt \qquad (7.1)$$

Für den zweiten Schritt wurde $dr = v\, dt$ eingesetzt. Wir setzen dies und die Auf-teilung der Kräfte in die Newtonsche Bewegungsgleichung $\varrho\, dv/dt = f_N$ ein:

$$\varrho \left(\frac{\partial v}{\partial t} + (v \cdot \nabla)\, v \right) = -\nabla P + f_0 \qquad (7.2)$$

Diese Gleichung heißt *Eulergleichung*. Wegen der Erhaltung der Masse gilt außer-dem die Kontinuitätsgleichung

$$\frac{\partial \varrho}{\partial t} + \nabla \cdot (\varrho\, v) = 0 \qquad (7.3)$$

Die Eulergleichung (7.2) und die Kontinuitätsgleichung (7.3) sind die nichtrelativistischen Feldgleichungen für ideale Flüssigkeiten. Die Ableitung dieser Gleichungen ist (zusammen mit einfachen Anwendungen) ausführlicher in Kapitel 32 meiner *Mechanik* [7] dargestellt.

Die vier Gleichungen (7.2) und (7.3) reichen nicht zur Bestimmung der fünf unbekannten Felder v^i, P und ϱ aus. Man benötigt zusätzlich eine Zustandsgleichung, die die Beziehung zwischen ϱ und P angibt. Dies könnten zum Beispiel $\varrho = $ const. für eine inkompressible Flüssigkeit oder $P = $ const. $\cdot \varrho$ für ein ideales Gas bei vorgegebener Temperatur T sein.

Wir wollen die relativistische Verallgemeinerung der hydrodynamischen Grundgleichungen (7.2) und (7.3) aufstellen. Dazu ist zunächst das Geschwindigkeitsfeld $v^i(r, t)$ durch das Lorentzvektorfeld $u^\alpha(x)$ zu ersetzen. Das Argument x steht für (x^0, x^1, x^2, x^3). Die linke Seite der Eulergleichung (7.2) ist quadratisch in den Geschwindigkeiten und proportional zur Dichte. Wir betrachten daher die Matrix

$$M^{\alpha\beta} = \varrho \, u^\alpha u^\beta \tag{7.4}$$

Wir präzisieren die Definition der Massendichte $\varrho(x)$ dahingehend, dass ϱ in dem IS$'$ zu bestimmen ist, in dem das betrachtete Flüssigkeitselement (ΔV bei x) momentan ruht. Die so durch

$$\varrho = \frac{\Delta m}{\Delta V} = \frac{\text{Ruhmasse}}{\text{Eigenvolumen}} \tag{7.5}$$

definierte *Massendichte* ϱ ist ein Lorentzskalar. Damit ist $M^{\alpha\beta}$ ein Lorentztensor. Mit $(u^\alpha) = \gamma \, (c, v^i)$ und $\gamma^{-2} = 1 - v^2/c^2$ können wir $M^{\alpha\beta}$ durch v^i ausdrücken

$$\left(M^{\alpha\beta} \right) = \varrho \, \gamma^2 c^2 \begin{pmatrix} 1 & v^1/c & v^2/c & v^3/c \\ v^1/c & & & \\ v^2/c & & v^i \, v^j/c^2 & \\ v^3/c & & & \end{pmatrix} \tag{7.6}$$

Die Größe

$$\widetilde{\varrho} = \frac{M^{00}}{c^2} = \gamma^2 \varrho = \frac{\varrho}{1 - v^2/c^2} \tag{7.7}$$

bezeichnen wir als *Energie-Massendichte*. Während ϱ als Lorentzskalar definiert wurde, transformiert sich $\widetilde{\varrho} = \gamma^2 \varrho = M^{00}/c^2$ wie die 00-Komponente eines Tensors. Analog dazu wird gelegentlich auch die „relativistische Masse" $\widetilde{m} = \gamma \, m = p^0/c$ anstelle des Lorentzskalars m eingeführt. Welche dieser Größen man als Masse und Massendichte bezeichnet, ist eine Konvention und eine Frage der Zweckmäßigkeit. Im nichtrelativistischen Grenzfall sind diese Größen jeweils gleich. In einer relativistischen Theorie müssen diese Größen dagegen als 4-Tensoren oder als Komponenten von 4-Tensoren definiert werden.

Die hier gewählte Definition (7.5) der Massendichte entspricht nicht derjenigen der elektrischen Ladungsdichte ϱ_e. Die elektrische Ladungsdichte wurde in Kapitel 6 als 0-Komponente eines Vektors definiert, $\varrho_e = j^0/c$, also als Ladung pro Volumen und nicht als Ladung pro Eigenvolumen. Für den Vergleich zwischen Elektrostatik und Elektrodynamik einerseits und Newtonscher Theorie und ART andererseits haben wir uns in Kapitel 2 auf die zu ϱ_e analoge Größe bezogen; dies ist die Energie-Massendichte $\widetilde{\varrho} = M^{00}/c^2$.

Wir berechnen die Divergenz von $M^{\alpha\beta}$:

$$\partial_\beta M^{0\beta} = c \left[\partial_t \widetilde{\varrho} + \partial_k \left(\widetilde{\varrho}\, v^k \right) \right] \tag{7.8}$$

$$\partial_\beta M^{i\beta} = \partial_t \left(\widetilde{\varrho}\, v^i \right) + \partial_k \left(\widetilde{\varrho}\, v^i v^k \right)$$

$$= \widetilde{\varrho} \left(\partial_t v^i + v^k \partial_k v^i \right) + v^i \left[\partial_t \widetilde{\varrho} + \partial_k \left(\widetilde{\varrho}\, v^k \right) \right] \tag{7.9}$$

Im nichtrelativistischen Grenzfall reduzieren sich diese Ausdrücke auf die linken Seiten von (7.3) und (7.2). Die relativistische Verallgemeinerung von (7.3) und (7.2) im kräftefreien Fall ($P = 0$, $f_0 = 0$) lautet daher

$$\partial_\beta M^{0\beta} = 0 \qquad \text{(Kontinuitätsgleichung)} \tag{7.10}$$

$$\partial_\beta M^{i\beta} = 0 \qquad \text{(Kräftefreie Eulergleichung)} \tag{7.11}$$

Diese Gleichungen lassen sich in der Form

$$\partial_\beta M^{\alpha\beta} = 0 \tag{7.12}$$

zusammenfassen. Diese kovarianten Gleichungen reduzieren sich im nicht-relativistischen Grenzfall auf die als richtig bekannten Gleichungen (7.2) und (7.3). Damit ist (7.12) die relativistisch gültige Gleichung (im kräftefreien Fall). Inhaltlich ist (7.10) die Kontinuitätsgleichung für die Energie und (7.11) diejenige für den Impuls. Damit ist (7.12) der differenzielle Erhaltungssatz für die Viererimpulsdichte der Flüssigkeit.

Wir wollen nun in (7.12) den Druck berücksichtigen. Die allgemeine Formulierung des Zusammenhangs „Druck mal Fläche ist gleich Kraft" lautet

$$dF^i = \sum_{j=1}^{3} P^{ij}\, dA^j \tag{7.13}$$

Eine solche Form wird für nichtisotrope Medien benötigt, bei denen die Kraft dF^i im Allgemeinen nicht parallel zum Flächenvektor dA^i ist. Für die betrachtete Flüssigkeit setzen wir im jeweiligen Ruhsystem IS' eines herausgegriffenen Flüssigkeitselements einen isotropen Druck voraus, also

$$\left(P'^{ij} \right) = \begin{pmatrix} P & 0 & 0 \\ 0 & P & 0 \\ 0 & 0 & P \end{pmatrix} \qquad \text{(im momentan mitbewegten IS')} \tag{7.14}$$

Die relativistische Verallgemeinerung dieser Größe muss ein 4-Tensor $P^{\alpha\beta}$ sein. Im lokalen, momentanen Ruhsystem IS' gelten (7.2) und (7.3); also muss (7.11) den

Zusatzterm $\partial_i' P = \partial_j' P'^{ij}$ bekommen, während (7.10) unverändert. Dazu muss auf der linken Seite von (7.12) der 4-Vektor

$$\left(\partial_\beta' P'^{\alpha\beta}\right) = (0, \ \partial_i' P) \tag{7.15}$$

hinzugefügt werden. Aus (7.15) folgt

$$\left(P'^{\alpha\beta}\right) = \begin{pmatrix} 0 & 0 & 0 & 0 \\ 0 & P & 0 & 0 \\ 0 & 0 & P & 0 \\ 0 & 0 & 0 & P \end{pmatrix} \qquad \text{(im momentan mitbewegten IS')} \tag{7.16}$$

Dabei ist P der im Ruhsystem IS' des betrachteten Volumenelements gemessene Druck. Dieser *Eigendruck* $P(x)$ ist wie die Massendichte ein Lorentzskalar; er wurde deshalb auch nicht mit einem Strich versehen.

Der Drucktensor $P^{\alpha\beta}$ in dem IS, in dem sich das Flüssigkeitselement bei x mit $u^\alpha(x)$ bewegt, ergibt sich durch eine Lorentztransformation mit $-\boldsymbol{v}$, also $P^{\alpha\beta} = \Lambda^\alpha_\gamma \Lambda^\beta_\delta P'^{\gamma\delta}$ (Aufgabe 7.1). Das Ergebnis lautet:

$$P^{\alpha\beta} = P \left(\frac{u^\alpha u^\beta}{c^2} - \eta^{\alpha\beta} \right) \tag{7.17}$$

Dieser Ausdruck ist richtig, weil er ein Lorentztensor ist und weil er sich in IS' wegen $(u'^\alpha) = (c, \ 0)$ auf (7.16) reduziert. Die kovariante Gleichung

$$\partial_\beta M^{\alpha\beta} + \partial_\beta P^{\alpha\beta} = 0 \tag{7.18}$$

reduziert sich im nichtrelativistischen Fall auf (7.2) mit $f_0 = 0$ und auf (7.3). Wir schreiben sie in der Form

$$\partial_\beta T^{\alpha\beta} = 0 \tag{7.19}$$

mit dem Energie-Impuls-Tensor

$$\boxed{T^{\alpha\beta} = M^{\alpha\beta} + P^{\alpha\beta} = \left(\varrho + \frac{P}{c^2} \right) u^\alpha u^\beta - \eta^{\alpha\beta} P} \tag{7.20}$$

Die Interpretation von $T^{\alpha\beta}$ als *Energie-Impuls-Tensor* wird im nächsten Kapitel erläutert. Falls äußere Kräfte (f_0 in (7.2)) vorhanden sind, ist die entsprechende Minkowskikraftdichte f^α hinzuzufügen:

$$\boxed{\partial_\beta T^{\alpha\beta} = f^\alpha \qquad \begin{array}{l}\text{Relativistische Verallgemei-} \\ \text{nerung von (7.2) und (7.3)}\end{array}} \tag{7.21}$$

Dies sind die relativistischen Grundgleichungen der Hydrodynamik.

In Kapitel 4 und hier haben wir eine besondere Art der Ableitung von physikalischen Gesetzen kennengelernt. Es wurden Gleichungen gesucht, die

1. kovariant unter Lorentztransformationen sind, und

2. sich für $v \ll c$ auf den bekannten Newtonschen Grenzfall reduzieren.

Dies ist ein Weg, um bekannte (nichtrelativistische) Gesetze relativistisch zu verallgemeinern. Eine solche Verallgemeinerung kann auch von der Elektrostatik zur
Elektrodynamik führen. Die Gültigkeit der so gewonnenen Gleichung ergibt sich
letztlich aus dem Vergleich der Vorhersagen der verallgemeinerten Gleichung mit
dem Experiment. Dabei sind die Vorhersagen meist viel umfangreicher als in der ursprünglichen Theorie. Dazu sei etwa auf das Magnetfeld verwiesen, das sich bei der
relativistischen Verallgemeinerung von $\Delta \Phi_e = -4\pi \varrho_e$ ergibt; analoge „magnetische" Effekte erwarten wir auch aus der Verallgemeinerung von $\Delta \Phi = 4\pi G \varrho$.

Diese Art der Ableitung folgt einem allgemeinen Prinzip, das wir in Kapitel 19
(dann vor allem im Hinblick auf die ART) noch ausführlicher diskutieren werden.
Es werden Gleichungen gesucht,

1. die kovariant unter bestimmten Transformationen sind, und

2. die sich in einem bestimmten Grenzfall auf bereits bekannte Gleichungen
   reduzieren.

Aufgaben

7.1   Drucktensor aus Lorentztransformation

Im momentanen Ruhsystem eines herausgegriffenen Flüssigkeitselements lautet der Drucktensor

$$\left(P'^{\alpha\beta}\right) = \begin{pmatrix} 0 & 0 & 0 & 0 \\ 0 & P & 0 & 0 \\ 0 & 0 & P & 0 \\ 0 & 0 & 0 & P \end{pmatrix}$$

Führen Sie hierfür eine Lorentztransformation durch. Zeigen Sie, dass das Ergebnis mit der kovarianten Form

$$P^{\alpha\beta} = P\left(\frac{u^{\alpha}u^{\beta}}{c^2} - \eta^{\alpha\beta}\right)$$

übereinstimmt.

8 Energie-Impuls-Tensor

Der Energie-Impuls-Tensor (7.20) einer idealen Flüssigkeit,

$$T^{\alpha\beta} = \left(\varrho + \frac{P}{c^2} \right) u^\alpha u^\beta - \eta^{\alpha\beta} P \tag{8.1}$$

tritt in der relativistischen Gravitationstheorie als Quelle des Felds auf. Wir bestimmen die Erhaltungsgrößen, die sich aus $\partial_\beta T^{\alpha\beta} = 0$ ergeben. Wir diskutieren die möglichen Beiträge anderer Energieformen zum Energie-Impuls-Tensor und den Anwendungsbereich von (8.1).

Energie-Impuls-Erhaltung

Wir betrachten ein abgeschlossenes System. Ein solches System hat keine Wechselwirkung mit anderen Systemen. Damit gilt $f^\alpha = 0$ in (7.21), also

$$\boxed{\quad \partial_\beta T^{\alpha\beta} = 0 \qquad \begin{array}{l}\text{Kontinuitätsgleichung} \\ \text{für Energie und Impuls}\end{array} \quad} \tag{8.2}$$

Wir beziehen dies zunächst auf den Energie-Impuls-Tensor (8.1) und später auf den allgemeinen Fall.

Das betrachtete System sei räumlich begrenzt. Dann kann ein Volumen V so gewählt werden, dass das System vollständig innerhalb von V liegt. Wir integrieren (8.2) über dieses Volumen V. Mit $\partial_\beta T^{\alpha\beta} = \partial_0 T^{\alpha 0} + \partial_i T^{\alpha i}$ erhalten wir

$$\frac{\partial}{\partial(ct)} \int_V d^3r\, T^{\alpha 0} = -\int_V d^3r\, \partial_i T^{\alpha i} = -\int_{S(V)} dS_i\, T^{\alpha i} = 0 \tag{8.3}$$

Dabei haben wir mit dem Gaußschen Satz das Volumenintegral in ein Oberflächenintegral verwandelt. Der Integrand an der Oberfläche $S(V)$ verschwindet, weil das System innerhalb von V liegt. Aus (8.3) folgt daher

$$\boxed{\quad P^\alpha = \frac{1}{c} \int d^3r\, T^{\alpha 0} = \text{const.} \qquad \begin{array}{l}\text{Energie-Impuls-Erhaltung} \\ \text{im abgeschlossenen System}\end{array} \quad} \tag{8.4}$$

Anstelle eines endlichen Integrationsvolumens, das das betrachtete System vollständig umfasst, können wir auch den gesamten Raum betrachten. Für den letzten

Schritt in (8.3) genügt es dann, dass der Integrand $T^{\alpha i}$ für große Abstände hinreichend schnell gegen null geht.

Die Größe P^α ist von der Dimension eines Impulses. Sie ist außerdem ein Lorentzvektor; dies kann analog zu Aufgabe 5.3 gezeigt werden. Damit stellt P^α den erhaltenen Viererimpuls des durch $T^{\alpha\beta}$ beschriebenen Felds dar. Somit ist $c\,P^0$ die Energie und P^i der Impuls des Felds. Daraus folgt die Interpretation der Komponenten von $T^{0\alpha}$,

$$T^{00} = \text{Energiedichte}, \qquad T^{0i}/c = \text{Impulsdichte} \qquad (8.5)$$

Damit ist Gleichung (8.2) der differenzielle Ausdruck für die Erhaltung der Energie und des Impulses.

Allgemeiner Energie-Impuls-Tensor

Energie- und Impulserhaltung gelten nur für ein abgeschlossenes System; dazu sind alle Teile des physikalischen Systems, mit denen eine Wechselwirkung besteht, zu berücksichtigen. Als Beispiel hierzu betrachten wir eine geladene Flüssigkeit, auf die elektromagnetische Kräfte wirken. Die Kraftdichte f^α ist durch die elektromagnetischen Felder gegeben. Mit (6.20) erhalten wir

$$\partial_\beta\, T^{\alpha\beta} = f^\alpha = -\partial_\beta\, T^{\alpha\beta}_{\text{em}} \qquad (8.6)$$

oder

$$\partial_\beta\, (T^{\alpha\beta} + T^{\alpha\beta}_{\text{em}}) = 0 \qquad (8.7)$$

Die Energie-Impuls-Erhaltung gilt nun nicht mehr separat für die Systeme Flüssigkeit und elektromagnetisches Feld, sondern nur für das Gesamtsystem.

Wenn es neben der geladenen Flüssigkeit und dem elektromagnetischen Feld noch weitere Bestandteile im betrachteten System gibt, so treten sie als Kräfte auf der rechten Seite von (8.7) in Erscheinung. In einem zu (8.6) $\rightarrow$ (8.7) analogen Schritt können diese Kräfte zu einem Bestandteil des Energie-Impuls-Tensors umgeformt werden. Im Prinzip sind daher alle auftretenden Energieformen im Energie-Impuls-Tensor $T^{\alpha\beta}$ zu berücksichtigen:

$$\boxed{T^{\alpha\beta} = M^{\alpha\beta} + P^{\alpha\beta} + T^{\alpha\beta}_{\text{em}} + \cdots} \qquad (8.8)$$

Für diesen allgemeinen Energie-Impuls-Tensor gilt

$$\partial_\beta\, T^{\alpha\beta} = 0, \qquad T^{\alpha\beta} = T^{\beta\alpha} \qquad (8.9)$$

Die Symmetrie der einzelnen Beiträge in (8.8) überträgt sich auf $T^{\alpha\beta}$. Der Erhaltungssatz $\partial_\beta\, T^{\alpha\beta} = 0$ gilt, wie in (8.6), (8.7) demonstriert, für das Gesamtsystem. Sofern die verschiedenen Anteile nicht miteinander koppeln, gilt der Erhaltungssatz auch für jedes Teilsystem.

Quelle des Gravitationsfelds

Wir begründen, dass der Energie-Impuls-Tensor als Quellterm in den relativistischen Feldgleichungen der Gravitation auftritt. Nach der Einführung der relevanten Größen kann die in Kapitel 2 angedeutete Argumentation hierfür präzisiert werden.

Wir beziehen uns wieder auf die Analogie zur Elektrodynamik. In der Elektrostatik ist die Ladungsdichte ϱ_e die Quelle des Felds. In einer dynamischen Theorie lautet der Erhaltungssatz für die Ladung $\partial_\alpha j^\alpha = 0$, wobei $j^0 = c\varrho_e$. Die relativistische Verallgemeinerung der Elektrostatik ist daher von der Ersetzung $\varrho_e \rightarrow j^\alpha$ im Quellterm begleitet.

In der Newtonschen Gravitationstheorie ist die Massendichte ϱ die Quelle des Felds. In Kapitel 4 wurde in einer Reihe von Beispielen diskutiert, dass alle möglichen Energieformen zur Massendichte beitragen können. Der Erhaltungssatz für alle diese Beiträge lautet $\partial_\alpha T^{\alpha\beta} = 0$.

Dem Erhaltungssatz $\partial_\alpha T^{\alpha\beta} = 0$ entspricht die Kontinuitätsgleichung $\partial_\alpha j^\alpha = 0$ der Elektrodynamik. Damit ist $\widetilde{\varrho} = T^{00}/c^2$ die zu $\varrho_e = j^0/c$ analoge Größe. Der Verallgemeinerung $\varrho_e \rightarrow j^\alpha$ (Elektrostatik zu Elektrodynamik) entspricht die Verallgemeinerung $\widetilde{\varrho} \rightarrow T^{\alpha\beta}$ (Newtonsche Gravitationstheorie zu ART). Für die rechte Seite in (1.5) bedeutet dies $\varrho \rightarrow T^{\alpha\beta}$; denn im Newtonschen Grenzfall verschwindet der Unterschied zwischen $\widetilde{\varrho}$ und ϱ.

Wegen der Äquivalenz von Masse und Energie können alle Energieformen zur Masse beitragen. Jede Energieform sollte daher als Quelle des Gravitationsfelds in Erscheinung treten; alle Beiträge sollten in (8.8) berücksichtigt werden. Offen ist allerdings, wie dies für den Energiebeitrag des Gravitationsfelds selbst geschehen soll; denn der Energie-Impuls-Tensor eines bestimmten Feldes ist aus der zugehörigen Feldtheorie abzuleiten. Wir kommen auf diese Frage bei der Aufstellung der Einsteinschen Feldgleichungen (Kapitel 21) zurück.

Anwendungen

In den späteren Anwendungen benötigen wir nicht die allgemeine Form (8.8), vielmehr werden wir immer vom Energie-Impuls-Tensor (8.1) einer idealen Flüssigkeit ausgehen. Dies ist möglich, weil der Anwendungsbereich von (8.1) weit über gewöhnliche Flüssigkeiten hinausgeht. Voraussetzung für (8.1) ist, dass das physikalische System durch eine Massendichte ϱ, ein Geschwindigkeitsfeld v und einen isotropen Druck P beschrieben werden kann (ϱ und P jeweils im lokalen und momentanen Ruhsystem). Diese Voraussetzungen können auch für ein Gas oder einen Festkörper gelten. Wir betrachten dazu einige Beispiele:

(a) Gas aus Atomen oder Molekülen: Die individuellen Geschwindigkeiten v_n der Atome tragen zur Ruhmasse eines Volumenelements bei, siehe (4.16). Außerdem bestimmen sie den Druck und tragen hierüber zum Energie-Impuls-Tensor bei. Die mittlere Geschwindigkeit $v = \langle v_n \rangle$ der Atome in einem Volumenelement ΔV bestimmt das Geschwindigkeitsfeld $(u^\alpha) = \gamma\,(c, v)$ an der Stelle des Volumenelements.

Die mittleren Geschwindigkeiten sind oft viel kleiner als die individuellen, statistisch verteilten Geschwindigkeiten. So ist zum Beispiel für Luft bei Zimmertemperatur $\langle |v_n| \rangle \approx 400\,\text{m/s}$, während für die mittlere Strömungsgeschwindigkeit etwa $v \sim 1\,\text{m/s}$ (Zugluft) oder $v \sim 30\,\text{m/s}$ (Orkan) gilt.

Die Beiträge der individuellen Geschwindigkeiten zur Massendichte sind von der Ordnung $(|v_n|/c)^2 \ll 1$. Für den Druck gelte das ideale Gasgesetz $P \approx N k_\mathrm{B} T/V$. Wegen $k_\mathrm{B} T \sim m \langle |v| \rangle^2$ ist dann $P \sim \varrho \langle |v| \rangle^2 \ll \varrho c^2$; der Beitrag des Druck ist zum Energie-Impuls-Tensor ist also auch von der Ordnung $(|v_n|/c)^2 \ll 1$. Die mittlere Geschwindigkeit kommt dagegen auch in der Ordnung v/c im Energie-Impuls-Tensor vor.

(b) Festkörper oder Flüssigkeit: Für eine Flüssigkeit oder einen Festkörper aus Atomen gilt immer $P \ll \varrho c^2$; andernfalls halten die Atomhüllen dem Druck nicht stand. Der Druckbeitrag kann daher in (8.1) vernachlässigt werden. Für einen Festkörper könnte sich das Geschwindigkeitsfeld u^α aus einer starren Rotation ergeben.

(c) Photonengas: Die Energiedichte u_em der Photonen trägt mit $\varrho_\mathrm{str} = u_\mathrm{em}/c^2$ zur Massendichte bei. Wie bereits in (4.16) erläutert, trägt die elektromagnetische Strahlung in einem Kasten (oder in einem Stern) zur Masse (Ruhmasse!) des Kastens bei. Der Druck eines Photonengases ist $P = u_\mathrm{em}/3 = \varrho_\mathrm{str} c^2/3$.

Die angegebenen Formeln setzen ein IS voraus, in dem die Impulsverteilung und damit der Druck des Photonengases isotrop sind. In diesem System ist dann $(u^\alpha) = (c, 0)$ in (8.1) zu setzen; ansonsten ist u^α die Geschwindigkeit des betrachteten IS relativ zu dem durch die Isotropie ausgezeichneten IS. Die in $\varrho_\mathrm{str} = u_\mathrm{em}/c^2$ berücksichtigten statistischen elektromagnetischen Felder treten nicht in $T_\mathrm{em}^{\alpha\beta}$ in (8.8) auf.

Wenn die auftretenden Geschwindigkeiten wie in den Beispielen (a) und (b) nichtrelativistisch sind, übersteigt die Ruhenergie der Materie die kinetischen Energiebeiträge um viele Größenordnungen. Dann gilt

$$T^{00} \approx \varrho c^2, \qquad \frac{T^{0i}}{T^{00}} \approx \frac{v^i}{c} \ll 1, \qquad \frac{T^{ij}}{T^{00}} = \mathcal{O}\big((v/c)^2,\, P/\varrho c^2\big) \ll 1 \quad (8.10)$$

Für viele Anwendungen genügt daher die Näherung

$$(T^{\alpha\beta}) \approx \begin{pmatrix} \varrho c^2 & 0 & 0 & 0 \\ 0 & 0 & 0 & 0 \\ 0 & 0 & 0 & 0 \\ 0 & 0 & 0 & 0 \end{pmatrix} \qquad \text{(nichtrelativistischer Grenzfall)} \qquad (8.11)$$

Diese Näherung ist etwa für folgende Systeme möglich:

- Erde: Die Massendichte der Erde sei $\varrho(r)$. Die Eulergleichung mit $v = 0$ ergibt $\nabla P = \varrho g$ für die Materie im (ortsabhängigen) Gravitationsfeld g.

Hieraus folgt $P \sim |\nabla P| R_E \sim \varrho g R_E = \varrho c^2 (g R_E/c^2) \lesssim 10^{-9} \varrho c^2$. Im letzten Schritt wurde der Erdradius $R_E \approx 6400$ km und die Gravitationsbeschleunigung $g \approx 10$ m/s^2 eingesetzt. Wegen $P \ll \varrho c^2$ ist der Druckbeitrag zum Energie-Impuls-Tensor vernachlässigbar klein.

Die Erddrehung führt zu Geschwindigkeiten $v^i \neq 0$, die in die u^α in (8.1) eingehen. Wegen $v^i \ll c$ können auch diese Beiträge meist vernachlässigt werden. In Kapitel 30 gehen wir allerdings einen Schritt über (8.11) hinaus und untersuchen Effekte der Ordnung v/c.

- Sonne: Es gilt $P \ll \varrho c^2$ und $v \ll c$, so dass die Näherung (8.11) möglich ist. Diese Näherung ist auch für andere Sterntypen wie etwa einen Weißen Zwerg möglich.

- Universum: Die Massen der Galaxien und Sterne können durch eine kontinuierliche Massendichte beschrieben werden, wenn man über hinreichend große Bereiche (zum Beispiel 10^8 Lichtjahre) mittelt. Im heutigen Universum gilt (8.11), während im frühen Universum (Kapitel 55) die Situation eines hochrelativistischen Gases vorlag. Die kosmische Hintergrundstrahlung trägt mit $\varrho_{str} = u_{em}/c^2$ zur Massendichte im Universum bei.

III Physikalische Grundlagen der ART

9 Bezugssysteme

Die Grundgleichungen der Speziellen Relativitätstheorie (SRT) gelten in ihrer üblichen Form nur in Inertialsystemen. Nach einer Diskussion der Inertialsysteme untersuchen wir die Modifikationen, die sich beim Übergang zu beschleunigten Bezugssystemen ergeben.

Inertialsysteme

Die Newtonschen Bewegungsgleichungen haben in allen Inertialsystemen (IS) die gleiche Form, das heißt sie sind kovariant unter Galileitransformationen (3.1, 3.2). Die Gleichungen haben dagegen eine andere Form in beschleunigten Bezugssystemen. In solchen Systemen treten zusätzliche Kräfte auf, wie etwa die Coriolis- und Zentrifugalkraft in einem rotierenden System. Die IS sind experimentell durch das Fehlen dieser Trägheitskräfte ausgezeichnet.

Die hervorgehobene Rolle der IS wurde als Beweis für die Existenz eines absoluten Raums und einer absoluten Zeit angesehen. Versetzt man einen Eimer mit Wasser in Drehung, so ist die Wasseroberfläche anfangs eben, dann gewölbt. Nach Newton zeigt dieser Versuch die beschleunigte Bewegung gegenüber dem absoluten Raum: Anfangs ruht das Wasser im absoluten Raum, dann rotiert es relativ dazu. Der absolute Raum erklärt allerdings nicht, warum relativ zueinander bewegte IS gleichberechtigt sind. Man würde ja eher ein ausgezeichnetes IS erwarten, das relativ zum absoluten Raum ruht.

Bevor Einstein 1905 die SRT aufstellte, vermutete man, dass ruhende und bewegte IS durch Experimente zur Lichtausbreitung unterschieden werden könnten. Die Galileitransformation galt als die selbstverständlich richtige Transformation zwischen den IS. Damit hatte Maxwells Theorie das Manko, nicht „relativistisch" zu sein. Maxwell selbst beanspruchte die Gültigkeit seiner Gleichungen nur für das IS, das gegenüber einem fiktiven *Äther* (lichttragendem Medium) ruht. Für relativ dazu bewegte IS wurden abweichende Lichtgeschwindigkeiten erwartet.

Experimentell zeigte sich jedoch (Michelson und Morley und andere Experimente), dass die Lichtgeschwindigkeit in allen IS gleich ist. Deshalb formulierte Einstein ein modifiziertes Relativitätsprinzip: In allen IS haben die physikalischen Grundgesetze *einschließlich der Maxwellgleichungen* dieselbe Form. Daraus folgt dann, dass die Galileitransformation nicht (exakt) richtig sein kann. Die richtigen Transformationen zwischen IS sind vielmehr die in Kapitel 3 vorgestellten Lorentztransformationen.

An der Auszeichnung der Inertialsysteme ändert dies aber nichts; die Galilei- und die Lorentztransformationen vermitteln innerhalb derselben Klasse von IS. Zwar werden die Begriffe *absolute Zeit* und *absoluter Raum* in der SRT *relativiert*, es bleibt aber bei einer *absoluten Raum-Zeitstruktur*, die bestimmte Bezugssysteme, eben die IS, auszeichnet.

Die Auszeichnung der Inertialsysteme ist unerklärt; es bleibt die Frage, gegenüber was (absoluter Raum?) diese Systeme nicht beschleunigt sind. Der durch die IS ausgezeichnete Raum führt außerdem zu folgender Schwierigkeit: Er wirkt auf die Bewegung von Körpern, es gibt jedoch keine Rückwirkung auf ihn.

Der erste konstruktive Angriff auf den absoluten Raum kam von Mach (1838-1916). Die Zentrifugalkräfte bei einer Rotation deutete Mach als Kräfte, die durch die beschleunigte Bewegung *relativ zur Erde und anderen Himmelskörpern* hervorgerufen werden. Nach Mach kommt dem Raum keine eigene Bedeutung zu, er ist lediglich eine Hilfsgröße. Was zählt, ist nur die relative Beziehung (Abstand, Bewegung) aller Körper. So sollte die träge Masse eines Körpers in irgendeiner Weise von allen anderen Massen bestimmt sein. Das IS an einer Stelle wäre dann durch ein geeignetes Mittel über die Positionen und die Bewegungen aller anderen Massen festgelegt.

Zu Newtons Eimerversuch schreibt Mach[1]: „Niemand kann sagen, wie der Versuch quantitativ und qualitativ verlaufen würde, wenn die Gefäßwände immer dicker und massiger, zuletzt mehrere Meilen dick würden." Wenn die anderen vorhandenen Massen (Erde, Sterne) tatsächlich die Inertialsysteme bestimmen, dann müsste die Krümmung der Wasseroberfläche umso mehr abnehmen, je dicker die Wände des mitrotierenden Eimers sind. Mehr philosophisch und hypothetisch formuliert könnte man sagen, wenn die Wände des Eimers *alle* Massen (alle Galaxien des Kosmos) enthalten, dann verliert die Aussage „der Eimer rotiert" ihren Sinn. Es ist nichts mehr da, gegenüber dem die Rotation wahrzunehmen ist; es sollten daher keine Zentrifugalkräfte auftreten.

Unter dem *Machprinzip* verstehen wir heute die Hypothese, dass die anderen vorhandenen Massen (Sterne, Galaxien) die IS bestimmen. Für dieses Machprinzip spricht folgender einfacher Versuch: Bei einer Pirouette unter sternklarem Himmel erfahren die Arme Zentrifugalkräfte, zugleich rotieren die Sterne für die Bezugsperson. Die Frage ist, ob die Sterne *zufällig* in dem Bezugssystem, in dem keine Zentrifugalkräfte auftreten, ruhen – oder ob sie nicht vielmehr selbst dieses IS festlegen.

Der Terminus *Machprinzip* wurde 1918 – also nach Machs Tod – von Einstein geprägt. Im Hinblick auf seine Feldgleichungen verstand Einstein darunter, dass die Quellterme (die Massen im Kosmos) die Metrik des Raums (und damit die Lokalen Inertialsysteme) bestimmen. Tatsächlich beantwortet die Allgemeine Relati-

---

[1] E. Mach, *Die Mechanik*, Seite 226, 9. Auflage, Brockhausverlag, Leipzig 1933

vitätstheorie (ART) einige der von Mach aufgeworfenen Fragen, insbesondere die Rückwirkung der Massen auf den Raum. Insgesamt stellt die ART aber keine Verwirklichung von Machs Vorstellungen dar. So wird der Raum in der ART nicht eliminiert, wie es Mach forderte. Der Raum und seine Dynamik spielen vielmehr eine zentrale Rolle; so treten Gravitationswellen als Anregungsmoden des leeren Raums auf. Die Struktur und Dynamik des Raums ist aber zugleich eng mit den vorhandenen Massen verknüpft. Masse und Raum wirken aufeinander, so wie Ladungen und elektromagnetische Felder in der Elektrodynamik.

Einstein war von Machs Ideen beeinflusst[2]. Die ART stellt jedoch keine mathematische Formulierung dieser Ideen dar, sie hat einen anderen Ausgangspunkt (Kapitel 10). Trotzdem führt sie zu einer Bestätigung und Berechenbarkeit einiger Vorstellungen von Mach. Insbesondere kann quantitativ berechnet werden, wie die Krümmung der Wasseroberfläche mit zunehmender Masse der Eimerwände abnimmt (Kapitel 30). Der Zusammenhang zwischen den Inertialsystemen und der Massenverteilung im Universum kann anhand einer Lösung der Einsteinschen Feldgleichungen geklärt werden (Kapitel 44).

Beschleunigte Bezugssysteme in der SRT

In Inertialsystemen sind die Gesetze der SRT von der bekannten, invarianten Form. Um die Auszeichnung der IS zu untersuchen, betrachten wir die Modifikationen, die sich für beschleunigte Bezugssysteme ergeben.

Die Gesetze der SRT wie (4.4), (6.6), (6.12) und (7.21) gelten in dieser Form nur in IS. Dies heißt aber *nicht*, dass andere Bezugssysteme unzulässig wären. So verwendet man ja auch in der klassischen Mechanik rotierende Bezugssysteme (etwa für die Kreiselbewegung), obwohl die Grundgesetze (Newtons Axiome) nur in IS gelten. Nicht-IS sind also zulässig, in ihnen haben die Gesetze aber nicht mehr ihre gewohnte Form. Setzt man etwa in das zweite Newtonsche Axiom eine Transformation in ein rotierendes Bezugssystem ein, so erhält die Bewegungsgleichung zusätzliche Terme (Zentrifugal- und Corioliskraft).

Als Beispiel betrachten wir ein Bezugssystem KS$'$ (mit den Koordinaten x'^ν), das gegenüber einem Inertialsystem (IS mit x^α) gleichförmig rotiert. Eine einfache, mögliche Form der Transformation zwischen den Koordinaten x^α und x'^ν ist

$$x = x'\cos(\omega t') - y'\sin(\omega t'), \qquad z = z'$$
$$y = x'\sin(\omega t') + y'\cos(\omega t'), \qquad t = t' \tag{9.1}$$

Dabei beschränken wir uns auf den Bereich $\omega^2(x'^2 + y'^2) \ll c^2$. Wir setzen (9.1)

---

[2]Ausführliche Diskussionen von Machs Ideen und ihrem Einfluss auf Einstein findet der Leser in *Mach's Principle: From Newton's Bucket to Quantum Gravity*, ed. by J. Barbour and H. Pfister, Birkhäuser, Boston 1995.

in die bekannte IS-Form des Wegelements ds ein:

$$
\begin{aligned}
ds^2 &= \eta_{\alpha\beta}\, dx^\alpha\, dx^\beta = c^2 dt^2 - dx^2 - dy^2 - dz^2 \\
&= \left[c^2 - \omega^2 \left(x'^2 + y'^2 \right) \right] dt'^2 + 2\,\omega\, y'dx'\,dt' - 2\,\omega\, x'dy'\,dt' \\
&\quad - dx'^2 - dy'^2 - dz'^2 = g_{\mu\nu}(x')\, dx'^\mu\, dx'^\nu
\end{aligned}
\tag{9.2}
$$

Im Nicht-IS hat das Wegelement ds also eine kompliziertere Gestalt. Die Form $ds^2 = \eta_{\alpha\beta}\, dx^\alpha dx^\beta$ war Grundlage der SRT; im KS′ werden die relativistischen Gesetze daher eine andere Form haben. Wir zeigen zunächst, dass ds^2 für *beliebige* Koordinaten x'^ν eine quadratische Form der Koordinatendifferenziale ist. Wir setzen eine allgemeine Koordinatentransformation zwischen x^α (in IS) und x'^ν (in KS′) an:

$$
x^\alpha = x^\alpha(x') = x^\alpha(x'^0, x'^1, x'^2, x'^3)
\tag{9.3}
$$

Damit erhalten wir

$$
ds^2 = \eta_{\alpha\beta}\, dx^\alpha\, dx^\beta = \eta_{\alpha\beta}\, \frac{\partial x^\alpha}{\partial x'^\mu}\, \frac{\partial x^\beta}{\partial x'^\nu}\, dx'^\mu\, dx'^\nu = g_{\mu\nu}(x')\, dx'^\mu\, dx'^\nu
\tag{9.4}
$$

Durch

$$
\boxed{\; g_{\mu\nu}(x') = \eta_{\alpha\beta}\, \frac{\partial x^\alpha}{\partial x'^\mu}\, \frac{\partial x^\beta}{\partial x'^\nu} \;}
\tag{9.5}
$$

definieren wir den *metrischen Tensor* des KS′. Der metrische Tensor ist symmetrisch, $g_{\mu\nu} = g_{\nu\mu}$. Er ist eine Funktion der Koordinaten $x' = (x'^0, x'^1, x'^2, x'^3)$. Die Größe $g_{\mu\nu}$ heißt *metrisch*, weil sie die Abstände ds zwischen verschiedenen Punkten des Koordinatensystems bestimmt. Auf die Bezeichnung *Tensor* kommen wir später zurück. Aus einem gegebenen Ausdruck für ds^2, wie etwa (9.2), können die $g_{\mu\nu}$ abgelesen werden.

Aus der Mechanik wissen wir, dass im beschleunigten Bezugssystem Trägheitskräfte auftreten. So ergibt sich im rotierenden Bezugssystem unter anderem eine Zentrifugalkraft $\mathbf{Z}$. Sie kann durch ein Zentrifugalpotenzial Φ beschrieben werden:

$$
\Phi = -\frac{\omega^2}{2} \left(x'^2 + y'^2 \right) \quad \text{und} \quad \mathbf{Z} = -m\, \nabla \Phi
\tag{9.6}
$$

Wir stellen fest, dass g_{00} aus (9.2) mit Φ zusammenhängt:

$$
\boxed{\; g_{00} = 1 + \frac{2\,\Phi}{c^2} \;}
\tag{9.7}
$$

Das Zentrifugalpotenzial taucht also im metrischen Tensor auf. Wie wir in Kapitel 11 im Detail sehen werden, bestimmen die ersten Ableitungen des metrischen Tensors die Kräfte in der relativistischen Bewegungsgleichung. Die $g_{\mu\nu}$ können daher als relativistische Beschleunigungspotenziale betrachtet werden.

Das Einsetzen der Koordinatentransformation in $ds^2 = \eta_{\alpha\beta}\,dx^\alpha dx^\beta$ ändert nicht die Bedeutung von ds, sondern nur den Ausdruck für ds. Insbesondere gilt für die Anzeige einer Uhr $ds_{\text{Uhr}} = c\,d\tau$, (3.30). Damit können wir den Zusammenhang herstellen zwischen der Anzeige τ einer in KS$'$ ruhenden $(dx' = dy' = dz' = 0)$ Uhr und der KS$'$-Zeitkoordinate t':

$$d\tau = \frac{ds_{\text{Uhr}}}{c} = \sqrt{g_{00}}\,dt' = \sqrt{1 + \frac{2\Phi}{c^2}}\,dt' = \sqrt{1 - \frac{v^2}{c^2}}\,dt \qquad (9.8)$$

Der letzte Ausdruck gibt an, wie die Zeit $d\tau$ im IS zu bestimmen ist, (3.28). Wegen $v = \omega\rho$ stimmt dies mit dem KS$'$-Resultat (vorletzter Ausdruck) überein.

Die Koeffizienten $g_{\mu\nu}(x')$ des metrischen Tensors sind Funktionen der Koordinaten. Eine solche Koordinatenabhängigkeit ergibt sich auch für krummlinige Koordinaten. So erhält man zum Beispiel für Zylinderkoordinaten

$$x'^0 = ct, \quad x'^1 = \rho, \quad x'^2 = \phi, \quad x'^3 = z \qquad (9.9)$$

das Wegelement

$$
\begin{aligned}
ds^2 &= c^2 dt^2 - dx^2 - dy^2 - dz^2 \\
&= c^2 dt^2 - d\rho^2 - \rho^2 d\phi^2 - dz^2 = g_{\mu\nu}(x')\,dx'^\mu dx'^\nu \qquad (9.10)
\end{aligned}
$$

und damit den metrischen Tensor $(g_{\mu\nu}) = \text{diag}\,(1, -1, -\rho^2, -1)$. Eine Koordinatenabhängigkeit des metrischen Tensors kann also auf der Beschleunigung des betrachteten Bezugssystems oder auf der Verwendung nichtkartesischer Koordinaten beruhen.

Wir zeigen an einem Beispiel, wie relativistische Effekte in einem beschleunigten Bezugssystem berechnet werden können. Dazu betrachten wir die Raumfahrer-Zwillinge aus Aufgabe 4.1. Der erste Zwilling (1) bleibt auf der Erde, die näherungsweise ein IS ist. Der zweite Zwilling (2) unternimmt eine Weltraumfahrt. Seine Rakete stellt ein beschleunigtes Bezugssystem KS$'$ dar. Die gemeinsamen Raumzeitpunkte der Abfahrt und der Rückkehr werden mit A und R bezeichnet. Die Lebensuhr von Zwilling 1 (oder eine andere physikalische Uhr auf der Erde) zeigt nach der Rückkehr die Zeitspanne

$$T_1 = \frac{1}{c}\int_A^R ds_1 = \int_A^R dt = t_R - t_A \qquad (9.11)$$

an. Die Uhr 2 an Bord der Rakete bewegt sich mit einer Geschwindigkeit $v(t)$ und zeigt daher die Eigenzeitspanne

$$T_2 = \frac{1}{c}\int_A^R ds_2 = \int_A^R dt\,\sqrt{1 - \frac{v(t)^2}{c^2}} = T_1\sqrt{1 - \frac{\langle v^2\rangle}{c^2}} < T_1 \qquad (9.12)$$

an. Hierbei ist $\langle v^2\rangle$ ein geeigneter zeitlicher Mittelwert. Die Uhr 2 zeigt also bei R weniger an als die Uhr 1; der zweite Zwilling ist nach der Rückkehr jünger als der erste. Beide Zeiten wurden im IS der Erde aus (3.29) bestimmt.

Ein scheinbares Paradoxon ergibt sich, wenn man im Bezugssystem der Rakete die Gesetze der SRT anwendet, um etwa die Eigenzeit der (von diesem Standpunkt aus) bewegten Erduhr zu berechnen. Dann müsste ja die Uhr 1 die Zeit T_2 und die Uhr 2 die Zeit T_1 anzeigen. Diese Argumentation ist jedoch falsch: Zwar kann man in ein KS' gehen, in dem die Uhr 2 ruht. Dieses ist jedoch zwangsläufig ein KS' mit $g_{\mu\nu} \neq \eta_{\mu\nu}$. Damit ist in KS' die Berechnung der Uhrzeiten komplizierter; insbesondere gilt (3.29) nicht für KS'. Die Verwendung von SRT-Gesetzen (wie (3.29)) in KS' ist vergleichbar mit der Berechnung einer Wegstrecke über $ds^2 = d\rho^2 + d\phi^2$ in Zylinderkoordinaten (anstelle von $ds^2 = d\rho^2 + \rho^2 d\phi^2$) oder mit der Erwartung eines Billardspielers, auch auf einem Karussell wie gewohnt Billard spielen zu können.

Wie sieht nun die Berechnung der Uhrzeiten in einem KS' aus, in dem die Uhr 2 ruht? Eine mögliche Transformation (für nicht zu große Zeiten) zu einem solchen KS' wäre

$$t = t', \qquad x = x' + \frac{g\, t'^2}{2}, \qquad y = y', \qquad z = z' \qquad (9.13)$$

Für kleine Zeiten bedeutet dies, dass der Ursprung von KS' relativ zu IS konstant beschleunigt ist. Das Linienelement in KS' folgt aus (9.13):

$$ds^2 = \eta_{\alpha\beta}\, dx^\alpha dx^\beta = \left(c^2 - g^2 t'^2\right) dt'^2 - 2\, g\, t'\, dx' dt' - dx'^2 - dy'^2 - dz'^2 \quad (9.14)$$

Damit zeigt die Uhr 2, die in KS' ruht ($dx' = dy' = dz' = 0$), die Zeit

$$T_2 = \frac{1}{c} \int_A^R ds_2 = \int_A^R dt' \sqrt{1 - \frac{g^2 t'^2}{c^2}} = \int_A^R dt \sqrt{1 - \frac{v(t)^2}{c^2}} \qquad (9.15)$$

Also zeigt die Uhr 2 – jetzt in KS' berechnet – genau die Zeit (9.12) an, die wir in IS berechnet haben. Sie zeigt also insbesondere nicht die KS'-Zeit $t'_R - t'_A = t_R - t_A = T_1$ an. Die in (9.13) eingeführte Zeitkoordinate t' ist zwar geeignet, verschiedene Punkte der Raketenbahn zu unterscheiden, sie ist aber nicht das physikalische Zeitmaß entlang dieser Bahn. Analog dazu kann der Winkel ϕ als Koordinate geeignet sein, $d\phi$ ist aber nicht der Abstand zwischen den beiden Punkten (ρ, ϕ, z) und $(\rho, \phi + d\phi, z)$. Über

$$t = t'^2, \qquad x = x' + g\, t'^4/2 \qquad (9.16)$$

könnten wir abweichend von (9.13) eine andere Zeitkoordinate t' einführen. Dies ändert dann (9.14) so, dass die Eigenzeit auch mit diesem t' richtig berechnet werden kann. Ebenso steht es uns frei, etwa in (9.2) Zylinderkoordinaten einzuführen:

$$ds^2 = \left(c^2 - \omega^2 \rho'^2\right) dt'^2 - 2\omega \rho'^2 d\phi' dt' - d\rho'^2 - \rho'^2 d\phi'^2 - dz'^2 \qquad (9.17)$$

Offensichtlich beschreiben die metrischen Tensoren in (9.17) und (9.2) die gleiche physikalische Situation. Für (9.17) berechnen wir noch einmal die Eigenzeit einer

Uhr, die im rotierenden KS′ ruht. Für die ruhende Uhr gilt $d\rho' = 0$, $d\phi' = 0$ und $dz' = 0$, also

$$d\tau = \left(\frac{ds}{c}\right)_{\text{Uhr}} = \sqrt{g_{00}}\, dt' = \sqrt{1 - \frac{\omega^2 \rho'^2}{c^2}}\, dt' \qquad (9.18)$$

Die Diskussion dieses Kapitels hat gezeigt:

1. Im beschleunigten System KS′ erhält man für das Wegelement die Form $ds^2 = g_{\mu\nu}(x')\, dx'^{\mu} dx'^{\nu}$. An die Stelle des konstanten Minkowskitensors $\eta_{\alpha\beta}$ tritt also der koordinatenabhängige metrische Tensor $g_{\mu\nu}(x')$.

2. Die beschleunigte Bewegung von KS′ legt die $g_{\mu\nu}$ teilweise fest. So muss die Transformation (9.3) gewährleisten, dass sich der Ursprung von KS′ mit der vorgesehenen Geschwindigkeit $v(t) = (dx/dt)_{x'=0}$ bewegt. Dadurch liegen (9.3) und damit (9.5) teilweise fest.

3. Der metrische Tensor von KS′ ist durch die vorgegebene Beschleunigung nicht vollständig festgelegt. Vielmehr können willkürliche Koordinatentransformationen die tatsächliche Form von $g_{\mu\nu}$ ändern. Hierzu vergleiche man (9.2) mit (9.17).

   Die Freiheit in der Koordinatenwahl erlaubt es, Koordinaten zu einzuführen, die dem jeweiligen Problem angepasst sind (zum Beispiel Kugelkoordinaten bei sphärischer Symmetrie).

4. Die Bedeutung der Koordinaten folgt aus $ds^2 = g_{\mu\nu}\, dx^{\mu} dx^{\nu}$. So bestimmt zum Beispiel die Längenmessung mit $d\sigma^2 = d\rho^2 + \rho^2 d\phi^2$ die Bedeutung von ρ und ϕ.

   Für eine Uhr mit den Koordinaten x^{μ} sind die angezeigten Zeitintervalle gleich $d\tau = ds/c$. Speziell für eine ruhende Uhr gilt

$$d\tau = \left(\frac{ds}{c}\right)_{\text{Uhr}} = \sqrt{g_{00}}\, dt' \qquad (9.19)$$

   Hierdurch ist die Bedeutung der Zeitkoordinate $x^0 = c\, t'$ festgelegt.

5. Im rotierenden System gilt $g_{00} = 1 + 2\Phi/c^2$, wobei Φ das Zentrifugalpotenzial ist.

Der letzte Punkt legt nahe, die $g_{\mu\nu}$ als die relativistischen Beschleunigungspotenziale anzusehen. Zusammen mit der Äquivalenz von Trägheits- und Gravitationskräften (Kapitel 10) ergibt sich hieraus, dass die Funktionen $g_{\mu\nu}(x)$ die *relativistischen Gravitationspotenziale* sind.

Aufgaben

9.1   Uhrzeit in beschleunigtem System

In einem Inertialsystem IS (mit den Koordinaten t, x, y, z) oszilliert die Position einer Uhr gemäß $r_{\text{Uhr}} = e_x\, a\, \sin(\omega t)$; es gilt $a\omega \ll c$. Zur Zeit $t = 0$ wird die Uhr mit einer IS-Uhr (etwa einer Uhr, die bei $r = 0$ ruht) synchronisiert.

Nach einer halben Schwingung ($t = t_0 = \pi/\omega$) ist die bewegte Uhr wieder bei $r = 0$ und wird mit der dort ruhenden Uhr verglichen. Welche Zeitspannen Δt und $\Delta t'$ zeigen die IS-Uhr und die bewegte Uhr an? Berechnen Sie diese Zeitspannen zunächst im IS. Setzen Sie dann eine geeignete Transformation ins Ruhsystem KS′ der bewegten Uhr an, und berechnen Sie die Uhrzeiten in diesem System. Die relativistischen Effekte sollen jeweils in führender Ordnung angegeben werden.

10 Äquivalenzprinzip

Die physikalische Grundlage der Allgemeinen Relativitätstheorie (ART) ist das von Einstein postulierte Äquivalenzprinzip[1]. Dieses Prinzip besagt, dass Gravitationskräfte äquivalent zu Trägheitskräften sind.

Wir werden folgende Feststellungen erläutern und begründen:

1. Schwere und träge Masse sind gleich.

2. Gravitationskräfte sind äquivalent zu Trägheitskräften.

3. Im Lokalen Inertialsystem (Satellitenlabor) gelten die bekannten Gesetze der Speziellen Relativitätstheorie (SRT) *ohne* Gravitation.

Punkt 1 gibt die experimentelle Voraussetzung des Äquivalenzprinzips an. Punkt 2 ist die zentrale physikalische Aussage des Äquivalenzprinzips. Punkt 3 ist eine Formulierung des Äquivalenzprinzips, die wir für das weitere Vorgehen (Aufstellung von relativistischen Gesetzen mit Gravitation) benötigen.

Die *träge Masse* m_t ist die Masse im zweiten Newtonschen Axiom, also m auf der linken Seite von (1.4). Die Gravitationskräfte sind proportional zur *schweren Masse* m_s; dies ist m auf der rechten Seite von (1.4). Für die vertikale Bewegung in einem homogenen Schwerefeld wird (1.4) damit zu $m_t \ddot{z} = -m_s g$. Die Lösung dieser Differenzialgleichung,

$$z(t) = -\frac{1}{2} \frac{m_s}{m_t} g \, t^2 \qquad (10.1)$$

beschreibt den freien Fall. Galileis Aussage „Alle Körper fallen gleich schnell" bedeutet, dass das Verhältnis m_s/m_t für alle Körper gleich ist. Anstelle des freien Falls kann man die Schwingungsperiode T eines Pendels (Länge ℓ) betrachten; für kleine Auslenkungen gilt $(T/2\pi)^2 = (m_t/m_s)(\ell/g)$. Newton zeigte experimentell mit einer Genauigkeit von 10^{-3}, dass verschiedene Körper die gleiche Schwingungsdauer T ergeben. Eötvös baute 1890 ein anderes Experiment (Torsionswaage) auf, mit dessen verbesserter Version 1922 schließlich Genauigkeiten von $5 \cdot 10^{-9}$ erreicht wurden. Neuere Experimente [9] erreichen Genauigkeiten von bis zu $2 \cdot 10^{-13}$.

---

[1]Wir verwenden den Begriff „Äquivalenzprinzip" immer in diesem Sinn. Abweichend hiervon könnte dieser Begriff auch für die Äquivalenz von Masse und Energie verwendet werden.

Sofern träge und schwere Masse zueinander proportional sind, können sie durch geeignete Wahl der Einheiten gleichgesetzt werden, also $m_t = m_s$. Für die in (1.2) angegebene Gravitationskonstante wurden $m_s = m_t$ und $[m_s] = [m_t] = $ kg vorausgesetzt.

Wegen der Äquivalenz von Energie und Masse (Kapitel 4) tragen alle Energieformen zur Masse bei. Die Feststellung $m_s = m_t$ impliziert, dass jede Energieform ΔE (etwa der Beitrag der elektromagnetischen oder der starken Wechselwirkung) mit $\Delta E/c^2$ zur trägen und zur schweren Masse beiträgt. In den gerade erwähnten Experimenten spielt allerdings die gravitative Bindungsenergie keine Rolle. In Kapitel 31 kommen wir auf die Frage zurück, ob auch der Energiebeitrag der Gravitationswechselwirkung selbst (der für planetare Körper eine Rolle spielt) dem Äquivalenzprinzip genügt.

Sofern schwere und träge Masse gleich sind, sind Gravitationskräfte äquivalent zu Trägheitskräften. Dies bedeutet, dass Schwerefelder durch einen Übergang in ein beschleunigtes Koordinatensystem (KS) eliminiert werden können. Wir demonstrieren dies an einem einfachen Beispiel. Im homogenen Schwerefeld an der Erdoberfläche lautet Newtons Bewegungsgleichung für einen Massenpunkt

$$m_t \frac{d^2 \boldsymbol{r}}{dt^2} = m_s \, \boldsymbol{g} \tag{10.2}$$

Dabei ist $\boldsymbol{g}$ die konstante Erdbeschleunigung. Diese Bewegungsgleichung gilt in einem auf der Erdoberfläche ruhenden System; für den jetzigen Zweck ist dies in hinreichend guter Näherung ein Inertialsystem (IS). Wir betrachten nun folgende Transformation zu einem beschleunigten KS,

$$\boldsymbol{r} = \boldsymbol{r}' + \frac{1}{2} \, \boldsymbol{g} \, t'^2, \qquad t = t' \tag{10.3}$$

Der Ursprung $\boldsymbol{r}' = 0$ von KS bewegt sich im IS mit $\boldsymbol{r} = \boldsymbol{g} \, t^2/2$. Das Bezugssystem KS kann durch einen „frei fallenden Fahrstuhl" realisiert werden. Wir setzen die Transformation (10.3) in (10.2) ein und erhalten

$$m_t \frac{d^2 \boldsymbol{r}'}{dt'^2} = \left(m_s - m_t \right) \boldsymbol{g} = 0 \tag{10.4}$$

Falls $m_s = m_t$ gilt, ist die resultierende Bewegungsgleichung in KS die eines freien Teilchens. Die Gleichheit von träger und schwerer Masse ermöglicht also ein KS, in dem die Gravitationskräfte wegfallen. Im Bezugssystem „frei fallender Fahrstuhl" spürt der Benutzer keine Schwerkraft.

Einstein geht von einer Verallgemeinerung dieses Befundes aus. Sein Postulat lautet: In einem frei fallenden KS laufen *alle* Vorgänge so ab, als ob kein Gravitationsfeld vorhanden sei. Damit wird zum einen der Befund von mechanischen auf *alle* physikalischen Prozesse (zu allen Zeiten, an allen Orten) ausgedehnt. Außerdem werden inhomogene Gravitationsfelder zugelassen.

Das so verallgemeinerte Äquivalenzprinzip nennen wir *Einsteinsches Äquivalenzprinzip* oder auch *starkes* Äquivalenzprinzip. Die oben diskutierte Gleichheit

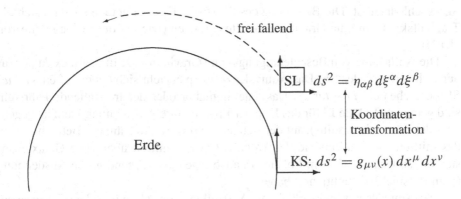

Abbildung 10.1 Nach dem Äquivalenzprinzip gelten im Satellitenlabor SL die Gesetze der SRT ohne Gravitation. Man erhält daraus die relativistischen Gesetze mit Gravitation in einem anderen Bezugssystem KS (etwa einem Labor auf der Erde), indem man eine allgemeine Koordinatentransformation einsetzt.

von träger und schwerer Masse wird dagegen *schwaches* Äquivalenzprinzip genannt. Es ist Gegenstand der wissenschaftlichen Diskussion, ob in einer konsistenten relativistischen Theorie der Gravitation das Einsteinsche Äquivalenzprinzip aus dem schwachen Äquivalenzprinzip abgeleitet werden kann. Im Folgenden verstehen wir unter Äquivalenzprinzip immer Einsteins Äquivalenzprinzip.

Ein mögliches frei fallendes System ist ein die Erde umkreisendes Satellitenlabor SL (ohne Eigenrotation). Ist das SL hinreichend klein, so können wir in ihm die Inhomogenität des Gravitationsfelds vernachlässigen. Fernsehaufnahmen aus Satellitenlabors demonstrieren anschaulich, dass hier mechanische Vorgänge so ablaufen, als sei kein Gravitationsfeld vorhanden. So bewegen sich freie Körper in SL geradlinig. Das Äquivalenzprinzip postuliert verallgemeinernd: In SL laufen *alle* Vorgänge so ab, als sei kein Gravitationsfeld vorhanden.

Die geradlinige Bewegung freier Massenpunkte in SL bedeutet, dass dort die Vorgänge so *wie in einem IS* ablaufen. Daher bezeichnen wir dieses lokale Bezugssystem, in dem sich keine Gravitationskräfte bemerkbar machen, als *Lokales IS*. Die Großschreibung von *Lokal* betont: *Das Lokale IS ist kein IS*. Ein Satellitenlabor ist ja gegenüber dem Fixsternhimmel *beschleunigt*. Nach der Einführung des Begriffs 'Lokales IS' lautet das Äquivalenzprinzip:

ÄQUIVALENZPRINZIP:

Im Lokalen Inertialsystem gelten die Gesetze der SRT.

Der Beobachter in SL stellt fest, dass physikalische Vorgänge nach den SRT-Gesetzen ablaufen; dabei treten keine Gravitationskräfte auf. Ein Beobachter auf der Erde sieht die Vorgänge im SL dagegen anders: Für ihn bewegt sich das SL im Gravitationsfeld. Dieses Feld ist etwa in 200 km Höhe nur geringfügig schwächer als auf der Erdoberfläche. Zusätzlich treten im SL Trägheitskräfte auf, weil das

SL beschleunigt ist. Die Bewegung des SL (freier Fall) ist gerade so, dass sich die Trägheitskräfte und die Gravitationskräfte aufheben (wie auf der rechten Seite von (10.4)).

Die Aufhebung von Beschleunigungs- und Gravitationskräften gilt exakt nur für den Schwerpunkt des SL. Das Äquivalenzprinzip bezieht sich daher auf ein *kleines* SL oder eben ein *Lokales* IS. Das Satellitenlabor oder der frei fallende Fahrstuhl sind geeignete Lokale IS für das Feld der Erde, da ihre Ausdehnung klein ist gegenüber der Länge (Erdradius), auf der sich das Feld wesentlich ändert. Betrachtet man das mittlere Gravitationsfeld des Weltalls (etwa gemittelt über viele Galaxienabstände), so kann hierfür ein Lokales IS auch eine entsprechend große Ausdehnung (zum Beispiel 10^5 Lichtjahre) haben.

Das Äquivalenzprinzip erlaubt die Aufstellung von *relativistischen Gesetzen mit Gravitation*. Dazu geht man von den bekannten SRT-Gesetzen aus, die die Vorgänge in SL korrekt beschreiben. Hierin setzt man eine Koordinatentransformation zu einem anderen Bezugssystem KS ein, etwa einem Labor auf der Erde (Abbildung 10.1). Man geht also nach folgendem Schema vor:

In der Koordinatentransformation ist die relative Beschleunigung zwischen SL und KS enthalten, die dem Gravitationsfeld entspricht. Die Transformation hinterlässt „Spuren" in dem betrachteten Gesetz. Diese Spuren geben die mathematische Form an, durch die das Gravitationsfeld beschrieben werden kann. Als nichtrelativistisches Beispiel betrachte man hierzu noch einmal (10.2)–(10.4) mit $m_t = m_s = m$. Gleichung (10.4) beschreibt die geradlinige Bewegung im frei fallenden Fahrstuhl (Gesetz ohne Gravitation). Die Transformation (10.3) führt zu (10.2). Als Spur dieser Transformation ergibt sich die Kraft $m\,g$ in (10.2). Im Gegensatz zu diesem einfachen Beispiel ist die Elimination des Gravitationsfelds durch eine Koordinatentransformation im realen Fall (nichthomogenes Feld) aber nur *lokal* möglich.

Riemannscher Raum

Wir bezeichnen die Minkowskikoordinaten im Lokalen IS oder im SL mit ξ^α. Nach dem Äquivalenzprinzip gelten hier die Gesetze der SRT, insbesondere

$$ds^2 = \eta_{\alpha\beta}\, d\xi^\alpha\, d\xi^\beta \qquad \text{(Lokales IS, Minkowskiraum)} \qquad (10.5)$$

Der Übergang vom Lokalen IS zu einem KS mit den Koordinaten x^μ erfolgt durch eine Koordinatentransformation,

$$\xi^\alpha = \xi^\alpha(x^0, x^1, x^2, x^3) \qquad\qquad (10.6)$$

Wir setzen diese Transformation in (10.5) ein und erhalten

$$ds^2 = g_{\mu\nu}(x)\, dx^\mu\, dx^\nu \qquad \text{(KS, Riemannscher Raum)} \qquad (10.7)$$

mit dem metrischen Tensor

$$g_{\mu\nu}(x) = \eta_{\alpha\beta} \, \frac{\partial \xi^\alpha}{\partial x^\mu} \, \frac{\partial \xi^\beta}{\partial x^\nu} \tag{10.8}$$

Die Rechnung verläuft wie in (9.3)–(9.5). Ein Raum mit einem Wegelement der Form (10.7) heißt *Riemannscher Raum*. Als Konvention verwenden wir die Indizes $\alpha, \beta, \gamma, \delta, \ldots$ im Minkowskiraum und $\kappa, \lambda, \mu, \nu, \ldots$ im Riemannschen Raum. In beiden Fällen laufen die Indizes über die Werte 0, 1, 2 und 3.

Die $g_{\mu\nu}$ sind durch die Koordinatentransformation (10.6) bestimmt. Diese Transformation hängt von der relativen Beschleunigung zwischen dem KS und dem Lokalen IS ab. Für die Lokalen IS an zwei verschiedenen Orte sind diese Beschleunigungen unterschiedlich. Daher gilt:

- Für reale Gravitationsfelder gibt es keine *globale* Transformation, die (10.7) auf die Minkowskiform (10.5) bringt.

In Kapitel 18 werden wir zeigen, dass diese Aussage gleichbedeutend mit einer *Krümmung* des durch (10.7) beschriebenen Raums ist. Umgekehrt gilt, dass der Raum eben ist, wenn es eine solche globale Transformation gibt (dies ist zum Beispiel für das rotierende System mit dem Wegelement (9.2) der Fall).

Nach dem Äquivalenzprinzip können die Gravitationsfelder lokal vollständig (das heißt für alle physikalischen Effekte) eliminiert werden. Dies bedeutet zugleich, dass sie vollständig beschrieben werden durch die allgemeinen Koordinatentransformationen, die am jeweils betrachteten Punkt zum Lokalen IS führen. In der zentralen Größe des Wegelements führen diese Transformationen zum metrischen Tensor. Dieser enthält dann die relativistische Beschreibung des Gravitationsfelds.

Wie wir in Kapitel 11 sehen werden, bestimmen die Ableitungen der $g_{\mu\nu}$ die Gravitationskräfte in der relativistischen Bewegungsgleichung. Die $g_{\mu\nu}$ sind daher die *relativistischen Gravitationspotenziale*. Insbesondere gilt (9.7),

$$g_{00}(x) = 1 + \frac{2\,\Phi(x)}{c^2} \qquad \left(|\Phi| \ll c^2 \right) \tag{10.9}$$

auch für das Newtonsche Gravitationspotenzial Φ.

Aus dem Äquivalenzprinzip folgen die relativistischen Gesetze im Gravitationsfeld. Das Äquivalenzprinzip kann aber nicht die Feldgleichungen für die $g_{\mu\nu}(x)$ festlegen; denn diese Gleichungen haben keine Entsprechung in der SRT. Die Feldgleichungen beschreiben den Zusammenhang zwischen den Gravitationsfeldern $g_{\mu\nu}(x)$ und ihren Quellen.

11 Bewegung im Gravitationsfeld

Aus dem Äquivalenzprinzip folgt die Bewegungsgleichung für ein Teilchen im Gravitationsfeld. Die Gravitationskräfte werden durch die Christoffelsymbole beschrieben, die proportional zu den ersten Ableitungen des metrischen Tensors sind. Für kleine Geschwindigkeiten und schwache statische Gravitationsfelder ergibt sich der Newtonsche Grenzfall.

Bewegungsgleichung

Nach dem Äquivalenzprinzip gelten im Lokalen Inertialsystem (Satellitenlabor) die Gesetze der SRT. Die Bewegung eines kräftefreien Massenpunkts wird daher durch

$$\frac{d^2\xi^\alpha}{d\tau^2} = 0 \tag{11.1}$$

beschrieben. Dies folgt aus (4.4) mit $f^\alpha = 0$ und $u^\alpha = d\xi^\alpha/d\tau$, wobei die $\xi^\alpha = \xi^\alpha(\tau)$ die Minkowskikoordinaten des Teilchens sind. Die Eigenzeit τ ist durch

$$ds^2 = c^2 d\tau^2 = \eta_{\alpha\beta}\, d\xi^\alpha d\xi^\beta \tag{11.2}$$

gegeben. Die Integration von (11.1) liefert eine Gerade,

$$\xi^\alpha = a^\alpha \tau + b^\alpha \tag{11.3}$$

Nach dem Äquivalenzprinzip bewegt sich Licht (oder ein Photon) im Lokalen IS geradlinig. Daher kann auch die Bahn eines Photons durch (11.3) oder (11.1) beschrieben werden. In diesem Fall darf aber der Parameter τ nicht mit der Eigenzeit identifiziert werden, denn für eine Lichtfront ist $ds = c\, d\tau = 0$. Dies bringen wir dadurch zum Ausdruck, dass wir den Bahnparameter mit λ bezeichnen,

$$\frac{d^2\xi^\alpha}{d\lambda^2} = 0 \qquad \text{(Photon)} \tag{11.4}$$

Die Bahnkurve $\xi^i(\lambda)$ kann auf den Schwerpunkt eines elektromagnetischen Wellenpakets bezogen werden, oder sie kann als Strahlkurve in der geometrischen Optik interpretiert werden. In jedem Fall wird vorausgesetzt, dass die Wellenlänge viel kleiner ist als die Länge, auf der sich das Gravitationsfeld wesentlich ändert.

Wir betrachten nun ein globales KS mit Koordinaten x^μ und der Metrik $g_{\mu\nu}(x)$. An jeder Stelle x kann das Wegelement $ds^2 = g_{\mu\nu}(x)\, dx^\mu dx^\nu$ lokal in die Form

(11.2) gebracht werden. Das heißt für jeden Punkt P existiert eine Transformation $\xi^\alpha(x) = \xi^\alpha(x^0, x^1, x^2, x^3)$ zwischen ξ^α und x^μ. Diese Transformation ist von Punkt zu Punkt verschieden; dies ist etwa für benachbarte Satellitenlabors offensichtlich. Die vollständige Notation müsste daher $\xi_P^\alpha(x)$ lauten; dies bedeutet insbesondere, dass es keine globale Transformation von x^μ zu ξ^α gibt. Die folgenden Formeln beziehen sich jeweils auf die Umgebung eines bestimmten Punkts P, so dass wir den Index P in ξ_P weglassen können.

Wir setzen die Transformation $\xi^\alpha = \xi^\alpha(x)$ in das Wegelement (11.2) ein:

$$ds^2 = \eta_{\alpha\beta}\, d\xi^\alpha d\xi^\beta = \eta_{\alpha\beta}\, \frac{\partial \xi^\alpha}{\partial x^\mu}\, \frac{\partial \xi^\beta}{\partial x^\nu}\, dx^\mu dx^\nu = g_{\mu\nu}(x)\, dx^\mu dx^\nu \tag{11.5}$$

Hieraus ergibt sich der metrische Tensor

$$g_{\mu\nu}(x) = \eta_{\alpha\beta}\, \frac{\partial \xi^\alpha}{\partial x^\mu}\, \frac{\partial \xi^\beta}{\partial x^\nu} \tag{11.6}$$

Das Bezugssystem KS mit den Koordinaten x^μ könnte auch ein rotierendes Bezugssystem sein. Dann würden die $g_{\mu\nu}$ außer Gravitationskräften auch Zentrifugal- und Corioliskräfte beschreiben. In der jetzt betrachteten Theorie sind solche Kräfte äquivalent.

Wir setzen die Transformation $\xi^\alpha = \xi^\alpha(x)$ nun in (11.1) ein:

$$0 = \frac{d}{d\tau}\left(\frac{\partial \xi^\alpha}{\partial x^\mu}\, \frac{dx^\mu}{d\tau}\right) = \frac{\partial \xi^\alpha}{\partial x^\mu}\, \frac{d^2 x^\mu}{d\tau^2} + \frac{\partial^2 \xi^\alpha}{\partial x^\mu \partial x^\nu}\, \frac{dx^\mu}{d\tau}\, \frac{dx^\nu}{d\tau} \tag{11.7}$$

Durch Multiplikation mit $\partial x^\kappa / \partial \xi^\alpha$ können wir dies wegen

$$\frac{\partial \xi^\alpha}{\partial x^\mu}\, \frac{\partial x^\kappa}{\partial \xi^\alpha} = \delta_\mu^\kappa \tag{11.8}$$

nach $d^2 x^\kappa / d\tau^2$ auflösen. Damit erhalten wir die Bewegungsgleichungen

$$\boxed{\frac{d^2 x^\kappa}{d\tau^2} = -\Gamma_{\mu\nu}^\kappa\, \frac{dx^\mu}{d\tau}\, \frac{dx^\nu}{d\tau}} \quad \begin{array}{l} \text{Bewegungsgleichung} \\ \text{im Gravitationsfeld} \end{array} \tag{11.9}$$

wobei

$$\Gamma_{\mu\nu}^\kappa = \frac{\partial x^\kappa}{\partial \xi^\alpha}\, \frac{\partial^2 \xi^\alpha}{\partial x^\mu \partial x^\nu} \tag{11.10}$$

Die Größen $\Gamma_{\mu\nu}^\kappa$ werden *Christoffelsymbole* genannt. Die Gleichungen (11.9) sind die gesuchten Bewegungsgleichungen. Sie sind Differenzialgleichungen 2. Ordnung für die Funktionen $x^\kappa(\tau)$. Die $x^\kappa(\tau)$ beschreiben die Bahn des Teilchens im KS mit $g_{\mu\nu}(x)$, also in einem Bezugssystem mit Gravitationsfeld.

Auf der rechten Seite der mit der Masse m multiplizierten Gleichung (11.9) stehen die Gravitationskräfte; dazu vergleiche man etwa (11.9) mit (4.4) oder (6.12). Die Gravitationskräfte beschreiben die Kopplung zwischen dem Gravitationsfeld

und der Materie (hier speziell ein Teilchen). Die Gleichung (11.9) wurde aus dem
Äquivalenzprinzip abgeleitet. Das Äquivalenzprinzip legt also die Kopplung zwischen Gravitationsfeld und Materie fest.

Die Geschwindigkeit $dx^\mu/d\tau$ muss wegen (11.5) zusätzlich der Bedingung

$$c^2 = g_{\mu\nu} \frac{dx^\mu}{d\tau} \frac{dx^\nu}{d\tau} \qquad (m \neq 0) \tag{11.11}$$

genügen; dabei haben wir $d\tau \neq 0$, also $m \neq 0$ vorausgesetzt. Wegen (11.11) sind
nur 3 der 4 Komponenten $dx^\mu/d\tau$ voneinander unabhängig. Diese Einschränkung
kennen wir bereits von der 4-Geschwindigkeit $u^\alpha = d\xi^\alpha/d\tau$ der SRT, die sich
durch die drei Größen v^i ausdrücken lässt, (4.9).

Für ein Photon leiten wir aus (11.4) völlig analog die entsprechende Bahngleichung ab:

$$\frac{d^2x^\kappa}{d\lambda^2} = -\Gamma^\kappa_{\mu\nu} \frac{dx^\mu}{d\lambda} \frac{dx^\nu}{d\lambda} \tag{11.12}$$

Wegen $d\tau = 0$ gilt zusätzlich

$$0 = g_{\mu\nu} \frac{dx^\mu}{d\lambda} \frac{dx^\nu}{d\lambda} \qquad (m = 0) \tag{11.13}$$

Christoffelsymbole

Der Vergleich von (11.6) und (11.10)

$$g_{\mu\nu}(x) = \eta_{\alpha\beta} \frac{\partial\xi^\alpha}{\partial x^\mu} \frac{\partial\xi^\beta}{\partial x^\nu}, \qquad \Gamma^\kappa_{\mu\nu} = \frac{\partial x^\kappa}{\partial\xi^\alpha} \frac{\partial^2\xi^\alpha}{\partial x^\mu \partial x^\nu} \tag{11.14}$$

legt nahe, dass die Christoffelsymbole durch erste Ableitungen des metrischen Tensors ausgedrückt werden können. Wir betrachten folgende Kombination von ersten
Ableitungen:

$$\frac{\partial g_{\mu\nu}}{\partial x^\lambda} + \frac{\partial g_{\lambda\nu}}{\partial x^\mu} - \frac{\partial g_{\mu\lambda}}{\partial x^\nu} = \eta_{\alpha\beta} \frac{\partial^2\xi^\alpha}{\partial x^\mu \partial x^\lambda} \frac{\partial\xi^\beta}{\partial x^\nu} + \eta_{\alpha\beta} \frac{\partial\xi^\alpha}{\partial x^\mu} \frac{\partial^2\xi^\beta}{\partial x^\nu \partial x^\lambda}$$

$$+ \eta_{\alpha\beta} \frac{\partial^2\xi^\alpha}{\partial x^\lambda \partial x^\mu} \frac{\partial\xi^\beta}{\partial x^\nu} + \eta_{\alpha\beta} \frac{\partial\xi^\alpha}{\partial x^\lambda} \frac{\partial^2\xi^\beta}{\partial x^\nu \partial x^\mu} - \eta_{\alpha\beta} \frac{\partial^2\xi^\alpha}{\partial x^\mu \partial x^\nu} \frac{\partial\xi^\beta}{\partial x^\lambda}$$

$$- \eta_{\alpha\beta} \frac{\partial\xi^\alpha}{\partial x^\mu} \frac{\partial^2\xi^\beta}{\partial x^\lambda \partial x^\nu} = 2\,\eta_{\alpha\beta} \frac{\partial^2\xi^\alpha}{\partial x^\mu \partial x^\lambda} \frac{\partial\xi^\beta}{\partial x^\nu} \tag{11.15}$$

Im Zwischenausdruck heben sich der zweite und sechste, sowie der vierte und fünfte
Term auf (α und β können ineinander umbenannt werden; die partiellen Ableitungen vertauschen miteinander). Der erste und dritte Term sind gleich und ergeben
das Resultat.

Aus (11.14) folgt

$$g_{\nu\sigma}\Gamma^{\sigma}_{\mu\lambda} = \eta_{\alpha\beta}\underbrace{\frac{\partial\xi^{\alpha}}{\partial x^{\nu}}\frac{\partial\xi^{\beta}}{\partial x^{\sigma}}\frac{\partial x^{\sigma}}{\partial\xi^{\gamma}}}_{=\delta^{\beta}_{\gamma}}\frac{\partial^2\xi^{\gamma}}{\partial x^{\mu}\partial x^{\lambda}} = \eta_{\alpha\beta}\frac{\partial\xi^{\alpha}}{\partial x^{\nu}}\frac{\partial^2\xi^{\beta}}{\partial x^{\mu}\partial x^{\lambda}}$$

$$\overset{(11.15)}{=} \frac{1}{2}\left(\frac{\partial g_{\mu\nu}}{\partial x^{\lambda}} + \frac{\partial g_{\lambda\nu}}{\partial x^{\mu}} - \frac{\partial g_{\mu\lambda}}{\partial x^{\nu}}\right) \tag{11.16}$$

Mit $(g^{\mu\nu})$ führen wir die zu $(g_{\mu\nu})$ inverse Matrix ein,

$$g^{\kappa\nu}g_{\nu\sigma} = \delta^{\kappa}_{\sigma} \tag{11.17}$$

Damit können wir (11.16) nach den Christoffelsymbolen auflösen:

$$\boxed{\Gamma^{\kappa}_{\lambda\mu} = \frac{g^{\kappa\nu}}{2}\left(\frac{\partial g_{\mu\nu}}{\partial x^{\lambda}} + \frac{\partial g_{\lambda\nu}}{\partial x^{\mu}} - \frac{\partial g_{\mu\lambda}}{\partial x^{\nu}}\right)} \tag{11.18}$$

Die Christoffelsymbole sind symmetrisch in den beiden unteren Indizes,

$$\Gamma^{\rho}_{\mu\nu} = \Gamma^{\rho}_{\nu\mu} \tag{11.19}$$

Die Gravitationskräfte auf der rechten Seite von (11.9) ergeben sich als Ableitung der Potenziale $g_{\mu\nu}$. Der Vergleich von (11.9) mit der Bewegungsgleichung (6.12) eines Teilchens im elektromagnetischen Feld zeigt, dass die $\Gamma^{\lambda}_{\mu\nu}$ den Feldern $F^{\alpha\beta}$ entsprechen, und die $g_{\mu\nu}$ den Potenzialen A^{α}.

Newtonscher Grenzfall

In Newtons Theorie lautet die Bewegungsgleichung eines Teilchens im Gravitationsfeld $m\ddot{\mathbf{r}} = -m\nabla\Phi(\mathbf{r})$ oder

$$\frac{d^2x^i}{dt^2} = -\frac{\partial\Phi}{\partial x^i} \tag{11.20}$$

Wir zeigen, dass die relativistische Bewegungsgleichung (11.9) sich im Grenzfall kleiner Geschwindigkeiten und eines schwachen, statischen Felds auf (11.20) reduziert.

Wir schreiben den metrischen Tensor in der Form

$$g_{\mu\nu} = \eta_{\mu\nu} + h_{\mu\nu} \tag{11.21}$$

Die Annahme *schwacher Felder* bedeutet

$$|h_{\mu\nu}| = |g_{\mu\nu} - \eta_{\mu\nu}| \ll 1 \tag{11.22}$$

Damit haben die Koordinaten $(x^0, x^1, x^2, x^3) = (ct, x^i)$ bis auf kleine Abweichungen die gewohnte Bedeutung; sie sind Fast-Minkowskikoordinaten. Die Größen $v^i = dx^i/dt$ sind dann die Komponenten der Geschwindigkeit des Teilchens. Für *kleine Geschwindigkeiten*,

$$v^i \ll c \quad \text{oder} \quad \frac{dx^i}{d\tau} \ll \frac{dx^0}{d\tau} \tag{11.23}$$

folgt aus (11.9)

$$\frac{d^2x^\kappa}{d\tau^2} = -\Gamma^\kappa_{\mu\nu} \frac{dx^\mu}{d\tau} \frac{dx^\nu}{d\tau} \approx -\Gamma^\kappa_{00} \left(\frac{dx^0}{d\tau}\right)^2 \tag{11.24}$$

Wir berechnen die benötigten Christoffelsymbole für *statische Felder*,

$$\left(\Gamma^\kappa_{00}\right) = \left(-\frac{g^{\kappa i}}{2} \frac{\partial g_{00}}{\partial x^i}\right) \approx \left(-\frac{\eta^{\kappa i}}{2} \frac{\partial h_{00}}{\partial x^i}\right) = \left(0, \frac{1}{2} \frac{\partial h_{00}}{\partial x^i}\right) \tag{11.25}$$

Dabei wurde nur die erste Ordnung in den kleinen Größen $h_{\mu\nu}$ mitgenommen. Wir setzen die Γ^κ_{00} in (11.24) ein:

$$\frac{d^2t}{d\tau^2} = 0 \quad \text{und} \quad \frac{d^2x^i}{d\tau^2} = -\frac{c^2}{2} \frac{\partial h_{00}}{\partial x^i} \left(\frac{dt}{d\tau}\right)^2 \tag{11.26}$$

Dies ergibt $dt/d\tau = \text{const.}$ und

$$\frac{d^2x^i}{dt^2} = -\frac{c^2}{2} \frac{\partial h_{00}}{\partial x^i} \tag{11.27}$$

Dies stimmt für $h_{00} = 2\Phi/c^2$ mit dem Newtonschen Grenzfall (11.20) überein, also

$$\boxed{g_{00}(r) = 1 + \frac{2\Phi(r)}{c^2} \qquad \left(|\Phi|/c^2 \ll 1\right)} \tag{11.28}$$

Für die anderen $h_{\mu\nu}$ erhalten wir keine Aussage. Später werden wir sehen, dass für statische, schwache Felder die h_{ii} von der Ordnung (Φ/c^2) sind und dass die Außerdiagonalelemente verschwinden.

Den Zusammenhang (11.28) hatten wir bereits in (9.7) aus einer elementaren Diskussion für das Beschleunigungspotenzial erhalten. Die jetzige Ableitung bezieht sich direkt auf das Newtonsche Gravitationspotenzial.

Die Zahl $2|\Phi|/c^2$ gibt die absolute Stärke des Gravitationsfelds an. Für ein Teilchen der Masse m ist diese Zahl das doppelte Verhältnis zwischen der Gravitationsenergie $m|\Phi|$ und der Ruheenergie mc^2. Die Zahl $2|\Phi|/c^2$ bestimmt die Abweichung von der Minkowskimetrik und die Größe der relativistischen Korrekturen der ART gegenüber der Newtons Gravitationstheorie. Wir wollen diese Zahl für einige Fälle abschätzen.

Im Grenzfall schwacher, statischer Felder gilt die Newtonsche Feldgleichung (1.5). Für eine kugelsymmetrische Massenverteilung wird sie durch

$$\Phi(r) = -\frac{GM}{r} \qquad (r > R) \tag{11.29}$$

gelöst. Dabei ist M die Gesamtmasse und r der Abstand vom Zentrum; die Masse liege innerhalb des Radius R.

Wir betrachten zunächst die Erde mit der Masse M_E und dem Radius $R_E = 6400$ km. An der Oberfläche ruft das Gravitationsfeld die Beschleunigung $g = GM_E/R_E^2 \approx 10\,\text{m/s}^2$ hervor. Damit erhalten wir für die absolute Stärke des Gravitationsfelds:

$$\frac{|\Phi(R_E)|}{c^2} = \frac{GM_E}{c^2 R_E} = \frac{g\,R_E}{c^2} \approx 7 \cdot 10^{-10} \qquad \text{(Erde)} \tag{11.30}$$

Wir vergleichen dies mit der Stärke des Potenzials an der Oberfläche einiger astronomischer Objekte:

$$\frac{2|\Phi|}{c^2} \approx \begin{cases} 1.4 \cdot 10^{-9} & \text{Erde} \\ 4 \cdot 10^{-6} & \text{Sonne} \\ \sim 3 \cdot 10^{-4} & \text{Weißer Zwerg} \\ \sim 3 \cdot 10^{-1} & \text{Neutronenstern (Pulsar)} \end{cases} \tag{11.31}$$

Der nächste zu betrachtende Sterntyp wäre ein Schwarzes Loch. Hierfür sind die relativistischen Effekte so stark, dass sie nicht mehr als Korrektur behandelt werden können.

Aufgaben

11.1 Christoffelsymbole

Berechnen Sie die Christoffelsymbole für

1. R^3 mit Kugelkoordinaten.

2. R^3 mit Zylinderkoordinaten.

3. Kugeloberfläche mit dem Wegelement $ds^2 = a^2 \left(d\theta^2 + \sin^2\theta\,d\phi^2\right)$.

11.2 Beschleunigungskräfte aus metrischem Tensor

Werten Sie die Bewegungsgleichung $d^2 x^\kappa/d\tau^2 = -\Gamma^\kappa_{\mu\nu}\,(dx^\mu/d\tau)(dx^\nu/d\tau)$ für die $g_{\mu\nu}$ eines mit konstanter Winkelgeschwindigkeit rotierenden Systems im Newtonschen Grenzfall aus. Identifizieren Sie die Zentrifugal- und die Corioliskraft in der resultierenden Bewegungsgleichung.

12 Gravitationsrotverschiebung

Wir untersuchen den Gang von Uhren in einem statischen Gravitationsfeld. Als spezielle Uhren betrachten wir Atome, die Photonen einer bestimmten Frequenz emittieren. Bei einem Beobachter außerhalb des Felds kommen diese Photonen mit kleinerer Frequenz an. Dieser Effekt heißt Gravitationsrotverschiebung, weil Spektrallinien im sichtbaren Bereich zum roten Ende des Spektrums hin verschoben sind.

Eigenzeit

Das Wegelement $ds_{\text{Uhr}} = c\, d\tau$ einer Uhr bestimmt die Anzeige τ der Uhr. Für eine Uhr im Gravitationsfeld gilt

$$\boxed{\; d\tau = \frac{ds_{\text{Uhr}}}{c} = \frac{1}{c}\left(\sqrt{g_{\mu\nu}(x)\,dx^\mu dx^\nu}\right)_{\text{Uhr}} \;} \tag{12.1}$$

Dabei beziehen sich $x = (x^\mu)$ und dx^μ auf die Koordinaten der Uhr. Eine Koordinatentransformation ändert den konkreten Ausdruck auf der rechten Seite, nicht aber den Wert von $d\tau$. Die Zeitkoordinate von KS schreiben wir immer als $x^0 = ct$. Aus (12.1) ergibt sich der Zusammenhang zwischen der Koordinatenzeit t und der Uhrzeit τ.

Im Allgemeinen wird der Gang der Uhr sowohl durch das Gravitationsfeld wie auch durch die Bewegung der Uhr beeinflusst. Das Gravitationsfeld wird durch die $g_{\mu\nu}(x)$ beschrieben. Die Bewegung der Uhr innerhalb von KS ergibt sich dagegen aus den dx^i. Wir betrachten zwei einfache Spezialfälle:

1. Es liege kein Gravitationsfeld vor und das betrachtete KS sei ein IS. Dann können wir Minkowskikoordinaten verwenden, also $g_{\alpha\beta} = \eta_{\alpha\beta}$. Für die bewegte Uhr setzen wir $dx^i = v^i\, dt$ und $dx^0 = c\,dt$ in (12.1) ein:

$$d\tau = \frac{1}{c}\left(\sqrt{\eta_{\alpha\beta}\,dx^\alpha dx^\beta}\right)_{\text{Uhr}} = \sqrt{1 - \frac{v^2}{c^2}}\,dt \qquad \begin{array}{l}\text{(bewegte Uhr,}\\ \text{kein Feld)}\end{array} \tag{12.2}$$

Damit ist die Koordinate t gleich der Zeit, die von ruhenden Uhren angezeigt wird, also gleich der IS-Zeit. Nach (12.2) gehen relativ dazu bewegte Uhren *langsamer*. Dieses Ergebnis ist als relativistische *Zeitdilatation* aus Kapitel 3 bekannt.

2. Für eine ruhende ($dx^i = 0$) Uhr wird (12.1) zu

$$d\tau = \sqrt{g_{00}(x)}\ dt \qquad \text{(ruhende Uhr im Gravitationsfeld)} \qquad (12.3)$$

Für ein schwaches, statisches Feld setzen wir (11.28) ein:

$$d\tau = \sqrt{1 + \frac{2\,\Phi(r)}{c^2}}\ dt \qquad \text{(ruhende Uhr, } |\Phi| \ll c^2) \qquad (12.4)$$

Damit ist die Koordinate t die Zeit, die eine bei unendlich ruhende Uhr anzeigt ($\Phi \xrightarrow{r \to \infty} 0$). Relativ hierzu gehen Uhren im Gravitationsfeld *langsamer*, denn das Gravitationspotenzial Φ ist negativ, siehe etwa (11.29).

Die beiden betrachteten Effekte treten im Allgemeinen zusammen auf. Im Folgenden untersuchen wir nur den zweiten Effekt.

Rotverschiebung

Für Uhrenvergleiche setzen wir geeichte Uhren voraus, also Uhren, die unter gleichen Bedingungen gleich schnell laufen. Dies könnten etwa technisch hergestellte Uhren sein, die innerhalb bekannter Fehlergrenzen gleich gehen. Als Uhren kommen aber insbesondere auch Atome in Frage, die Licht mit einer bestimmten Frequenz emittieren oder absorbieren. Die minimale Unschärfe dieser Eigenfrequenzen (also die Ungenauigkeit der Atomuhr) ist durch die natürliche Linienbreite gegeben. Diskrete Eigenfrequenzen können als Spektrallinien im Sonnen- oder Sternlicht beobachtet werden.

Wir betrachten ein statisches Gravitationsfeld. In diesem Fall hängen die Gravitationspotenziale $g_{\mu\nu}(r)$ nur vom Ort, nicht aber von der Zeit ab. Eine bei r_A ruhende Quelle sende eine monochromatische elektromagnetische Welle aus. Diese Welle werde von einem Empfänger, der bei r_B ruht, beobachtet. Bei der Quelle und beim Empfänger ruhende Uhren zeigen die Eigenzeiten

$$d\tau_A = \sqrt{g_{00}(r_A)}\ dt_A\,, \qquad d\tau_B = \sqrt{g_{00}(r_B)}\ dt_B \qquad (12.5)$$

an. Als Zeitintervalle betrachten wir die Zeitspanne zwischen zwei aufeinanderfolgenden Wellenbergen, die bei A weglaufen oder bei B ankommen. Dann sind $d\tau_A$ und $d\tau_B$ gleich den Perioden der elektromagnetischen Schwingung bei A und B, also gleich den inversen Frequenzen:

$$d\tau_A = \frac{1}{\nu_A}\,, \qquad d\tau_B = \frac{1}{\nu_B} \qquad (12.6)$$

Um von A nach B zu gelangen, braucht der erste Wellenberg die gleiche KS-Zeit Δt wie der zweite; denn es handelt sich um die gleiche Wegstrecke, und das Gravitationsfeld und damit der metrische Tensor sollen zeitunabhängig sein. Daher kommen

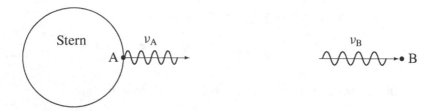

Abbildung 12.1 Von der Oberfläche eines Sterns (A) wird Licht der Frequenz ν_A ausgesandt. Am Ort B außerhalb des Gravitationsfelds wird dieses Licht mit der Frequenz $\nu_B < \nu_A$ empfangen; es ist rotverschoben.

die beiden Wellenberge in dem zeitlichen Abstand (KS-Zeit) an, in dem sie ausgesandt werden:

$$dt_B = dt_A \tag{12.7}$$

Aus (12.5)–(12.7) folgt $\nu_A/\nu_B = \sqrt{g_{00}(r_B)/g_{00}(r_A)}$. Die Frequenzänderung wird üblicherweise durch die dimensionslose Zahl

$$z = \frac{\nu_A}{\nu_B} - 1 = \frac{\lambda_B}{\lambda_A} - 1 \tag{12.8}$$

ausgedrückt. Die Größe z heißt *Rotverschiebung* oder auch Rotverschiebungsparameter. Im sichtbaren Spektrum bedeutet eine Verschiebung zum roten Ende hin $\lambda_B > \lambda_A$, also $z > 0$. Im übertragenen Sinn spricht man auch in anderen Bereichen des Spektrums von Rotverschiebung, wenn $z > 0$ gilt.

Aus (12.5)–(12.8) folgt

$$\boxed{z = \sqrt{\frac{g_{00}(r_B)}{g_{00}(r_A)}} - 1 \qquad \text{Gravitationsrotverschiebung}} \tag{12.9}$$

Für schwache Felder, $g_{00} = 1 + 2\Phi/c^2$, erhalten wir hieraus

$$z = \frac{\Phi(r_B) - \Phi(r_A)}{c^2} \qquad \left(|\Phi| \ll c^2\right) \tag{12.10}$$

Bei den betrachteten Quellen handelt es sich meistens um Atome mit bestimmten Eigenfrequenzen. Diese Atome können Photonen emittieren oder absorbieren; die oben angenommene monochromatische Welle ist eine Annäherung für die Wellenpakete dieser Photonen. Die Eigenfrequenzen werden als Spektrallinien beobachtet. Das charakteristische Muster von Spektrallinien erlaubt die Zuordnung zu bestimmten Atomen und damit die Bestimmung der Frequenzverschiebung.

Im Allgemeinen gibt es drei Effekte, die zur Frequenzverschiebung von Spektrallinien führen können:

1. Die *Dopplerverschiebung* aufgrund der Bewegung der Quelle (Aufgabe 6.2).

2. Die *Gravitationsrotverschiebung* aufgrund des Gravitationsfelds am Ort der Quelle, Abbildung 12.1.

3. Die *kosmologische Rotverschiebung* aufgrund der Expansion des Weltalls (Kapitel 51). In diesem Fall ist der metrische Tensor zeitabhängig.

In die Ableitung von (12.9) ging ein, dass Quelle und Empfänger ruhen (Voraussetzung für (12.5)), und dass das Gravitationsfeld statisch ist (Voraussetzung für die Zeitunabhängigkeit von g_{00} und für (12.7)). Dadurch wurden der 1. und 3. Effekt ausgeschlossen.

Photon im Gravitationsfeld

Wir diskutieren das Ergebnis für ein einzelnes Photon, also ein Quant des elektromagnetischen Felds mit der Energie $E_\gamma = \hbar\omega = 2\pi\hbar\nu$. Hierfür gibt (12.10) die Frequenzänderung eines Photons an, das im Gravitationsfeld von A nach B läuft. Wenn das Photon speziell im homogenen Erdfeld um die Strecke $h = h_B - h_A > 0$ nach oben fliegt, gilt

$$
z = \frac{\nu_A}{\nu_B} - 1 = \frac{\Phi(\boldsymbol{r}_B) - \Phi(\boldsymbol{r}_A)}{c^2} = \frac{g(h_B - h_A)}{c^2} = \frac{gh}{c^2} \tag{12.11}
$$

Die relative Größe der Frequenzänderung $\Delta\nu = \nu_B - \nu_A$ ist

$$
\frac{\Delta\nu}{\nu} = -\frac{gh}{c^2} \tag{12.12}
$$

Das Photon ändert seine Energie um $\Delta E_\gamma = -(E_\gamma/c^2)\,gh$, wenn es sich gegen das Gravitationsfeld (nach oben) bewegt. Dies entspricht der Verringerung der kinetischen Energie eines Teilchens mit der Masse E_γ/c^2, das gegen das Feld anläuft.

Das Ergebnis (12.12) kann man auch aus dem Energiesatz und der Äquivalenz von Masse und Energie ableiten. Dazu betrachten wir den in Abbildung 12.2 skizzierten Prozess: Ein Teilchen der Masse m ruhe zunächst bei B; seine Energie beträgt somit mc^2. Das Teilchen falle nun von B nach A; dabei wächst seine Energie auf $mc^2 + mgh$ an. Bei A werde das Teilchen in ein Photon mit der Energie $2\pi\hbar\nu_A$ umgewandelt. Dieses Photon steige nach B auf. Dort hat es eine zunächst unbekannte Frequenz ν_B und Energie $2\pi\hbar\nu_B$. Es werde bei B in ein ruhendes materielles Teilchen verwandelt. Da der Endzustand gleich dem Anfangszustand ist (und keine Energie zugeführt wurde), müssen folgende Relationen gelten:

$$
2\pi\hbar\nu_A = mc^2 + mgh \quad \text{und} \quad 2\pi\hbar\nu_B = mc^2 \tag{12.13}
$$

Hieraus folgt (12.12).

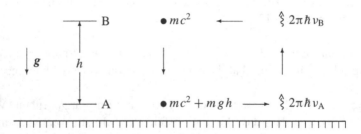

Abbildung 12.2 Zur Ableitung der Rotverschiebung im Gravitationsfeld der Erde ($g \approx$ $10\,\mathrm{m/s^2}$) wird folgender Kreisprozess betrachtet: Ein ruhendes materielles Teilchen (Energie mc^2) fällt von B nach A und erreicht die Energie $mc^2 + mgh$. Es wird in ein Photon (Frequenz ν_A) umgewandelt. Das Photon fliegt die Strecke h nach oben und hat dann die Frequenz ν_B. Es wird dort in ein ruhendes materielles Teilchen umgewandelt.

Mößbauereffekt

Wenn die hochenergetische Strahlung eines bestimmten Kernübergangs von gleichartigen Kernen wieder absorbiert werden, spricht man von Resonanzfluoreszenz. Dieser Vorgang wird im Allgemeinen dadurch behindert, dass die Energie der emittierten γ-Quanten durch den unvermeidlichen Rückstoß auf den Kern geändert wird. Im Kristall kann bei tiefen Temperaturen der Rückstoß durch den gesamten Kristall aufgenommen werden; anders ausgedrückt, bei der Emission des γ-Quants wird mit endlicher Wahrscheinlichkeit kein Phonon angeregt. Bei dieser rückstoßfreien Resonanzfluoreszenz, dem *Mößbauereffekt*, kommt es zu sehr scharfen γ-Linien. Die Linien haben dann nur noch ihre natürliche Breite, die durch die endliche Lebensdauer des angeregten Kernzustands gegeben ist.

Pound und Snider[1] haben mit Hilfe dieses Mößbauereffekts die Frequenzverschiebung (12.12) im Erdfeld nachgewiesen. In ihrem Experiment waren Quelle und Empfänger durch einen Höhenunterschied von $h = 22.6\,\mathrm{m}$ getrennt, so dass

$$\frac{\Delta\nu}{\nu} = \frac{\nu_B - \nu_A}{\nu_A} = -\frac{gh}{c^2} \overset{h=22.6\,\mathrm{m}}{=} -2.46 \cdot 10^{-15} \qquad (12.14)$$

Da die natürliche Linienbreite Γ des betrachteten Übergangs ($E_\gamma = 14.4$ keV in ^{57}Fe) immerhin noch $\Gamma/\nu \approx 10^{-12}$ beträgt, waren zusätzliche experimentelle Tricks nötig, um die viel kleinere Verschiebung (12.14) nachzuweisen. Die Analyse der Experimente[1] ergab

$$\frac{(\Delta\nu)_{\mathrm{exp}}}{(\Delta\nu)_{\mathrm{theor}}} = 1.00 \pm 0.01 \qquad (\text{Mößbauereffekt}) \qquad (12.15)$$

---

[1] R. V. Pound and J. L. Snider, Phys. Rev. 140 B (1965) 778

Sonnenlicht

Gravitationsrotverschiebung im engeren Sinn ist die Rotverschiebung von Licht, das uns von der Oberfläche von Sternen erreicht. Wir betrachten ein Photon, das von der Sonnenoberfläche (r_A) mit der Frequenz ν_A ausgesandt wird, Abbildung 12.1. Auf der Erde (r_B) kommt es dann mit der *kleineren* Frequenz ν_B an. Nach (12.10) gilt

$$z = \frac{\Phi(r_B) - \Phi(r_A)}{c^2} \approx -\frac{\Phi(r_A)}{c^2} = \frac{GM_\odot}{c^2 R_\odot} \approx 2 \cdot 10^{-6} \qquad (12.16)$$

Dabei haben wir $|\Phi(r_B)| \ll |\Phi(r_A)|$, $M_\odot = 2 \cdot 10^{33}$ g und $R_\odot = 7 \cdot 10^5$ km verwendet.

Das Plasma der Sonnenoberfläche emittiert ein kontinuierliches Spektrum (ein Plancksches Strahlungsspektrum). In kälteren Schichten der Sonnenatmosphäre werden hieraus diskrete Frequenzen absorbiert; dadurch ergeben sich Absorptionslinien (Fraunhofersche Linien). Das Spektrum mit diesen diskreten Linien wird gemäß (12.16) verschoben. Diese Verschiebung kann quantitativ bestimmt werden, wenn man die Absorptionslinien bekannten Atomübergängen zuordnet.

Die Bestimmung der Rotverschiebung aus dem beobachteten Sonnenspektrum wird durch folgende Effekte erschwert:

- Relativgeschwindigkeit Erde-Sonne
- Thermische Bewegung der Atome
- Konvektion der solaren Gase.

Der erste Effekt kann relativ leicht berücksichtigt werden. Der zweite führt zu einer erheblichen Verbreiterung der Spektrallinie: Bei einer Oberflächentemperatur der Sonne von $T \approx 6\,000$ K ist die thermische Geschwindigkeit von Kohlenstoff- oder Sauerstoffatomen von der Größe $v \sim 3$ km/s. Nun führt aber bereits eine Relativgeschwindigkeit von $v = 2 \cdot 10^{-6} c = 0.6$ km/s zu einer Dopplerverschiebung der Größe (12.16). Der dritte Effekt ist am störendsten, da er ebenfalls relativ groß ist und statistischen Schwankungen unterliegt.

Die Analyse[2] der gemessenen Frequenzverschiebung im Sonnenlicht ergibt

$$\frac{(\Delta \nu)_{\text{exp}}}{(\Delta \nu)_{\text{theor}}} = 1.01 \pm 0.06 \qquad \text{(Sonnenlicht)} \qquad (12.17)$$

Bewegte Uhren

Bisher haben wir ruhende Uhren in einem Gravitationsfeld betrachtet. Für bewegte Uhren im Gravitationsfeld $g_{\mu\nu}$ ergibt sich die Relation zwischen den Uhrzeiten und der KS-Zeit aus (12.1) durch Einsetzen der Geschwindigkeit der Uhr. Damit ist ein Vergleich aller in Frage kommenden Uhren möglich.

---

[2]J. L. Snider, Phys. Rev. Lett. 28 (1972) 853

Als Beispiel betrachten wir eine Uhr, die auf der Erdoberfläche ruht, und eine gleichartige Uhr in einem die Erde umkreisenden Satelliten. Im Vergleich zur Erduhr geht die Uhr im Satelliten

(i) *schneller*, weil das Gravitationspotenzial am Ort des Satelliten schwächer ist.

(ii) *langsamer*, weil die Geschwindigkeit des Satelliten größer ist.

Der Effekt (i) folgt aus (12.4) mit $|\Phi_{Sat}| < |\Phi_{Erde}|$. Der Effekt (ii) folgt aus (12.2) mit $|v_{Sat}| > |v_{Erde}|$.

Moderne Satelliten-Ortungssysteme müssen beide Effekte berücksichtigen[3]. Zur Berechnung des Gesamteffekts betrachtet man etwa ein IS, in dem die Bahngeschwindigkeit der Erde um die Sonne momentan (praktisch heißt das in guter Näherung für einige Wochen) verschwindet. In diesem IS ergibt sich die Geschwindigkeit für die Erduhr aus der Eigendrehung der Erde, und für die Satellitenuhr aus der Umlaufgeschwindigkeit. Für einen erdnahen Satelliten überwiegt der zweite Effekt (ii), für einen erdfernen Satelliten dagegen der erste (i), Aufgabe 12.1.

Experimente mit Uhren in Flugzeugen, Raketen und Satelliten bestätigen die theoretischen Vorhersagen, die aus (12.1) folgen. Für eine Uhr (Wasserstoffmaser) in einer Rakete konnte eine experimentelle Genauigkeit von $2 \cdot 10^{-4}$ erreicht werden (Vessot-Levine-Raketenexperiment *Gravity Probe A* von 1976). Neuere Experimente erreichen Genauigkeiten von bis zu 10^{-6} [9].

Die Behandlung der Gravitationsrotverschiebung beruht auf dem Einsteinschen Äquivalenzprinzip. Die hier diskutierten Experimente stellen daher einen Test des Äquivalenzprinzips dar. Die Feldgleichungen der ART spielen hierbei keine Rolle.

---

[3]E. W. Grafarend und V. S. Schwarze, *Das Global Positioning System*, Physik Journal 1 (2002) 39

Aufgaben

12.1   Zeitverschiebung für Satelliten

Ein Satellit (Masse m) bewegt sich auf einer Kreisbahn (Radius r_0) im Gravitationspotenzial

$$V(r) = -\frac{G M_E m}{r} = m \, \Phi(r) \qquad (12.18)$$

Hierbei ist G die Gravitationskonstante und M_E die Masse der Erde. Eine Uhr im
Satelliten zeigt die Zeit t_S an. Eine Uhr, die bei $r = \infty$ ruht, zeigt die Zeit t_∞ an.
Bestimmen Sie den Zeitunterschied aufgrund der relativistischen Zeitdilatation in
der Form $t_S/t_\infty = 1 + \delta$ in niedrigster, nichtverschwindender Ordnung in v/c.
Drücken Sie δ durch $\Phi(r_0)$ aus.

Zusätzlich beeinflusst das Gravitationsfeld den Gang der Uhr:

$$\frac{t_S}{t_\infty} = 1 + \delta + \frac{\Phi(r_0)}{c^2} \qquad (12.19)$$

Eine Uhr im Labor auf der Erdoberfläche zeigt die Zeit $t_L \approx t_\infty (1 + \Phi(R)/c^2)$ an;
die Geschwindigkeit aufgrund der Erddrehung wird vernachlässigt. Bestimmen Sie
die relative Zeitverschiebung $(t_L - t_S)/t_L$ zwischen Labor und Satellit als Funktion
von r_0/R für $\Phi/c^2 \ll 1$. Welche Größenordnung und welches Vorzeichen hat dieser
Effekt für einen erdnahen und für einen geostationären Satelliten?

13 Geometrische Aspekte

Wir diskutieren einige geometrische Aspekte der Beschreibung der Gravitationsfelder durch einen metrischen Tensor $g_{\mu\nu}$. Die Koordinatenabhängigkeit von $g_{\mu\nu}(x)$ bedeutet im Allgemeinen, dass der durch das Wegelement ds^2 definierte Raum gekrümmt ist. Die Bahnkurven von Teilchen im Gravitationsfeld sind geodätische Linien des Raums.

Krümmung des Raums

Das Wegelement eines N-dimensionalen Riemannschen Raums mit den Koordinaten $x = (x^1, x^2, \ldots, x^N)$ lautet

$$ds^2 = g_{ik}(x)\, dx^i\, dx^k \tag{13.1}$$

Die formale Untersuchung der Krümmungseigenschaften dieses Raums erfolgt in Teil IV. Für eine qualitative und anschauliche Diskussion beschränken wir uns auf den zweidimensionalen Fall

$$ds^2 = g_{11}(x^1, x^2)\left(dx^1\right)^2 + 2\,g_{12}(x^1, x^2)\, dx^1 dx^2 + g_{22}(x^1, x^2)\left(dx^2\right)^2 \tag{13.2}$$

Bekannte Beispiele sind die Ebene mit den kartesischen Koordinaten $(x^1, x^2) = (x, y)$,

$$ds^2 = dx^2 + dy^2 \tag{13.3}$$

oder mit den Polarkoordinaten $(x^1, x^2) = (\rho, \phi)$,

$$ds^2 = d\rho^2 + \rho^2\, d\phi^2 \tag{13.4}$$

und die Kugeloberfläche mit den Winkelkoordinaten $(x^1, x^2) = (\theta, \phi)$,

$$ds^2 = a^2\left(d\theta^2 + \sin^2\theta\, d\phi^2\right) \tag{13.5}$$

Es ist klar, dass (13.4) durch eine Koordinatentransformation in die Form (13.3) gebracht werden kann. Wie die folgende Diskussion zeigen wird, gibt es aber keine Koordinatentransformation, die (13.5) in die kartesische Form (13.3) bringt. Dies sind einfache Beispiele für folgende allgemeine Feststellungen:

- Der metrische Tensor bestimmt die Eigenschaften des Raums. Dazu gehört insbesondere die Krümmung.

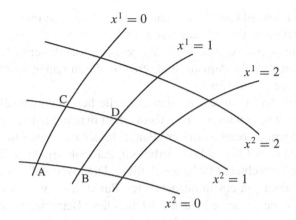

Abbildung 13.1 Zur Konstruktion eines zweidimensionalen Raums aus gegebenem $g_{ij}(x^1, x^2)$.

- Die Gestalt des metrischen Tensors ist durch die Eigenschaften des Raums nicht eindeutig festgelegt. Vielmehr kann sie durch Wahl anderer Koordinaten im gegebenen Raum verändert werden.

Wir demonstrieren jetzt, wie die g_{ij} in (13.2) die Krümmung des zweidimensionalen Raums bestimmen. Dazu konstruieren wir die zweidimensionale Fläche im dreidimensionalen Raum in der Umgebung eines herausgegriffenen Punkts [2]. Von einem Punkt ausgehend, wird die Fläche in kleinen Schritten δx^1, δx^2 konstruiert. Die g_{ij} sollen sich bei Koordinatenänderungen der Größe δx^1, δx^2 nur geringfügig ändern. Im Folgenden wird willkürlich $\delta x^1 = \delta x^2 = 1$ gesetzt.

Wir wählen einen beliebigen Punkt A des dreidimensionalen Raums als Koordinatenursprung $x^1 = x^2 = 0$ der Fläche. Bei A löten wir zwei Drähte zusammen, die die Koordinatenlinien „$x^1 = 0$" und „$x^2 = 0$" darstellen sollen (Abbildung 13.1). Auf dem Draht „$x^2 = 0$" löten wir im Abstand

$$\delta s_{AB} = \sqrt{g_{11}(0,0)}\, \delta x^1 = \sqrt{g_{11}(0,0)} \tag{13.6}$$

einen Draht „$x^1 = 1$" an (Punkt B). Alle Abstände δs sind physikalische Abstände, also Drahtlängen. Auf dem Draht „$x^1 = 0$" löten wir im Abstand

$$\delta s_{AC} = \sqrt{g_{22}(0,0)}\, \delta x^2 = \sqrt{g_{22}(0,0)} \tag{13.7}$$

einen Draht „$x^2 = 1$" an (Punkt C). Die beiden neuen Drähte werden in den Abständen $\sqrt{g_{22}(1,0)}$ und $\sqrt{g_{11}(0,1)}$ bei D zusammengelötet. Damit stehen alle Seitenlängen des Vierecks ABDC fest. Der Diagonalabstand

$$\delta s_{AD} = \sqrt{g_{11}(0,0) + 2\,g_{12}(0,0) + g_{22}(0,0)} \tag{13.8}$$

legt das Viereck als *ebenes* Flächenstück endgültig fest. Analog werden die an $\overline{BD}$ und $\overline{CD}$ angrenzenden Vierecke konstruiert. Legt man nun alle drei Vierecke auf eine Ebene, so ergibt sich ein bestimmter Winkel beim Punkt D für das fehlende Viereck. Dieses vierte Viereck ist jedoch seinerseits durch die metrischen Koeffizienten g_{ik} festgelegt. Das Einfügen dieses Vierecks bei D ist daher im Allgemeinen nur möglich, wenn man die Kanten $\overline{BD}$ und $\overline{CD}$ abknickt. Damit verlässt man die Ebene; die Fläche ist also gekrümmt. Diese Krümmung wird durch die g_{ik} festgelegt. Für die Metrik (13.5) kann man in dieser Weise die gesamte Kugeloberfläche konstruieren. Dazu beginnt man etwa am Äquator und setzt die durch Längen- und Breitenkreise begrenzten Trapeze aneinander.

Wenn man das Wegelement (13.2) um eine bestimmte Stelle herum entwickelt (hinreichende Differenzierbarkeit setzen wir voraus), dann erhält man in niedrigster Näherung eine Ebene, die Tangentialebene an diesem Punkt. In der nächsten (quadratischen) Näherung erhält man das Ellipsoid (Hyperboloid, Paraboloid), das sich an dieser Stelle optimal an die betrachtete Fläche anschmiegt. Die (eventuell noch weitergeführte) Entwicklung könnte an einem benachbarten Punkt neu aufgenommen werden, so dass sukzessive die gesuchte Fläche entsteht. Diese Betrachtung ist das analytische Pendant zu unserer geometrischen Konstruktion.

Die (geometrisch oder analytisch) so konstruierte Fläche entwickelt sich ausgehend von einem bestimmten Punkt. Wenn die gesuchte Fläche aus mehreren Teilen besteht, dann führt dieses Verfahren nur zu einer Teilfläche. Ein Beispiel hierfür ist die *Pseudosphäre*, die durch das Wegelement $ds^2 = a^2 \left(d\theta^2 + \sinh^2\theta \, d\phi^2 \right)$ definiert ist, und die aus zwei getrennten Teilen besteht. Diese Fläche hat an jedem Punkt die konstante Gaußsche Krümmung $K = -1/a^2$.

Neben der hier diskutierten Krümmung gibt es noch eine *äußere* Krümmung. Dazu betrachten wir ein Blatt Papier, das eben auf einem Tisch liegt. Es stellt eine ebene Fläche dar; wir können ein kartesisches Koordinatennetz auf das Papier zeichnen. Verbiegt man nun das Papier (etwa zu einem Zylinder), so ändern sich die Abstände *innerhalb* der Fläche nicht; die Metrik bleibt also gleich. Eine solche Verbiegung bezeichnet man als *äußere* Krümmung. Wir betrachten im Folgenden nur die *innere* Krümmung, die sich aus der Metrik innerhalb der Fläche ergibt.

Wenn man in (13.2) eine Koordinatentransformation ($x'^i = x'^i(x^1, x^2)$) einsetzt, so erhält man zwar andere Funktionen $g_{ik}(x)$, aber keine andere Fläche. Dies liegt daran, dass die Konstruktion der Fläche ja über physikalische Längen ds (siehe (13.6) – (13.8)) erfolgt, die sich bei der Transformation nicht ändern. Bei einer Koordinatentransformation erhalten lediglich die Punkte derselben Fläche andere Namen (= Koordinatenwerte). So erhält man (13.4) aus (13.3) durch die Transformation $x = \rho \cos\phi$ und $y = \rho \sin\phi$; beide Formen für ds beschreiben aber eine ebene Fläche. Auch in (13.5) könnte man andere Koordinaten einführen. Eine Transformation zu kartesischen Koordinaten ist hier aber nicht möglich.

Ein Raum ist genau dann nichtgekrümmt (oder eben oder *euklidisch*), wenn kartesische Koordinaten möglich sind:

$$\text{Kartesische Koordinaten möglich} \quad \Longleftrightarrow \quad \text{Raum nicht gekrümmt} \qquad (13.9)$$

Zur Begründung: Wenn man von kartesischen Koordinaten ausgeht, dann führt die oben gegebene Konstruktion zu lauter gleichen Quadraten, die in einer Ebene aneinander gefügt werden können. Wenn man umgekehrt von einer Ebene ausgeht, dann kann man gleichabständige Geraden nehmen und sie mit $x = 0$, $x = \pm 1$,

$x = \pm 2$ und so weiter bezeichnen. Anschließend kann man eine dazu senkrechte Gerade mit $y = 0$ bezeichnen, und die hierzu parallelen Geraden mit $y = \pm 1$, $y = \pm 2$ und so weiter. Hierdurch hat man dann kartesische Koordinaten eingeführt. Diese Argumentation lässt sich auf höhere Dimensionen übertragen.

Aus der Aussage (13.9) folgt, dass im gekrümmten Raum keine kartesischen Koordinaten möglich sind. Dies gilt insbesondere für die durch (13.5) definierte Kugeloberfläche. Für ein gegebenes Wegelement $ds^2 = g_{ik}(x)\, x^i x^k$ wird die Unmöglichkeit kartesischer Koordinaten allerdings kaum durch Probieren möglicher Koordinatentransformationen nachzuweisen sein. Stattdessen werden wir in Teil IV sehen, wie man die Krümmung des Raums operativ aus gegebenem g_{ik} berechnet.

Für eine Krümmung ist die Koordinatenabhängigkeit des metrischen Tensors notwendig aber nicht hinreichend:

$$\text{Raum gekrümmt} \quad \Longrightarrow \quad g_{ik}(x) \text{ ist koordinatenabhängig} \qquad (13.10)$$

Zur Ableitung zeigen wir, dass $g_{ik} = \text{const.}$ einen ebenen Raum impliziert. Für $g_{ik} = \text{const.}$ ist das Wegelement eine quadratische Form mit konstanten Koeffizienten. Eine solche quadratische Form kann bekanntermaßen durch eine Drehung des Koordinatensystems auf Diagonalform gebracht werden (Hauptachsentransformation). Eine Skalierung ($x_i \rightarrow c_i\, x_i$) der einzelnen Koordinaten führt dann zu $g'_{ik} = \delta_{ik}$. Damit sind kartesische Koordinaten erreicht; der Raum ist also euklidisch. Die Umkehrung von (13.10) gilt nicht: Eine Koordinatenabhängigkeit der g_{ik} könnte ja wie in (13.4) lediglich auf der Wahl von krummlinigen Koordinaten beruhen.

Wir haben aus gegebenen metrischen Koeffizienten physikalische Längen berechnet und damit die Fläche (zumindest lokal) konstruiert. Umgekehrt kann man durch Messung von Längen auf einer gegebenen Fläche nachprüfen, ob die Fläche eben ist oder nicht. Vermisst man zum Beispiel Dreiecke auf der Erdoberfläche (oder einer zweidimensionalen Kugeloberfläche), so stellt man für größere Dreiecke eine Abweichung von der Winkelsumme $180°$ fest. Eine solche Abweichung ist auch in einem dreidimensionalen Raum möglich.

Gauß (1777–1855) hat die Winkelsumme des Dreiecks Inselsberg-Brocken-Hohenhagen gemessen und $180°$ erhalten. Damit verifizierte er experimentell, dass unser dreidimensionaler Raum auf der Längenskala von etwa 100 km euklidisch ist. Die primäre Absicht von Gauß dürfte dabei allerdings nicht die Überprüfung der Euklidizität unseres Raums gewesen sein (wie vielfach berichtet wird), sondern die Landvermessung im Königreich Hannover. Gauß war sich aber der Möglichkeit eines nichteuklidischen Raums bewusst.

Nach dem Äquivalenzprinzip werden die Gravitationsfelder durch koordinatenabhängige $g_{\mu\nu}(x)$ beschrieben. Wie wir hier gesehen haben, bedeutet dies geometrisch eine Krümmung eines vierdimensionalen Raums (eine Zeit- und drei Raumdimensionen). Die noch aufzustellenden Feldgleichungen für die $g_{\mu\nu}(x)$ beschreiben den Zusammenhang zwischen dieser Krümmung und den Quellen des Gravitationsfelds (also insbesondere den Massen) quantitativ. In diesem Sinn verursachen Massen eine Krümmung des Raums.

Geodätische Linien

Die Bewegungsgleichungen eines Teilchens im Gravitationsfeld $g_{\mu\nu}(x)$ lauten

$$\frac{d^2 x^\kappa}{d\tau^2} = -\Gamma^\kappa_{\mu\nu} \frac{dx^\mu}{d\tau} \frac{dx^\nu}{d\tau} \qquad (13.11)$$

Die hierdurch bestimmten Bahnkurven sind zugleich die *geodätischen Linien* in dem durch die $g_{\mu\nu}(x)$ definierten Riemannschen Raum. Unter geodätischen Linien versteht man die kürzesten Verbindungen zwischen zwei gegebenen Punkten. Für zwei Punkte auf der Kugeloberfläche ist die kürzeste Verbindung Teil eines Groß-kreises.

Für das räumliche Wegelement $d\ell^2 = dx^2 + dy^2 + dz^2$ sind die geodätischen Linien die minimalen (kürzesten) Verbindungen zwischen benachbarten Punkten. Das sind Geraden im dreidimensionalen Raum oder Großkreise auf der Kugelober-fläche. Für das Wegelement $ds^2 = c^2 dt^2 - d\ell^2$ sind die relevanten zeitartigen geo-dätischen Linien die lokal maximalen Verbindungen (wegen des Minuszeichens). Das allgemeine $ds^2 = g_{\mu\nu} dx^\mu dx^\nu$ könnte für das räumliche Wegelement $d\ell^2$ ste-hen, für $ds^2 = c^2 dt^2 - d\ell^2$, oder für einen allgemeineren Fall (gekrümmter Raum, speziell für die Beschreibung eines Gravitationsfelds). Hierfür verwenden wir an-stelle von *minimal* oder *maximal* die in jedem Fall notwendige Bedingung *stationär*. Für eine geodätische Linie zwischen zwei Punkten A und B muss damit gelten:

$$\boxed{\delta \int_A^B ds = \delta \int_A^B \sqrt{g_{\mu\nu} dx^\mu dx^\nu} = 0 \qquad \begin{array}{l}\text{Bedingung für}\\\text{geodätische Linie}\end{array}} \qquad (13.12)$$

Die gesuchte Kurve sei $x^\mu(\tau)$. Man betrachtet nun kleine Abweichungen $\delta x^\mu(\tau)$ hiervon. Damit die Kurven $x^\mu(\tau) + \delta x^\mu(\tau)$ ebenfalls durch A und B gehen, muss gelten,

$$\delta x^\mu(A) = \delta x^\mu(B) = 0 \qquad (13.12)$$

Dann ist

$$\delta \int_A^B ds = \delta \int_A^B \sqrt{g_{\mu\nu} dx^\mu dx^\nu} = \delta \int_A^B d\tau \sqrt{g_{\mu\nu}(x) \frac{dx^\mu}{d\tau} \frac{dx^\nu}{d\tau}} = 0 \qquad (13.13)$$

eine notwendige Bedingung dafür, dass die Weglänge für die Kurve $x^\mu(\tau)$ minimal ist. Wir führen die Lagrangefunktion

$$\mathcal{L}\big(\dot{x}(\tau), x(\tau)\big) = -mc \sqrt{g_{\mu\nu}(x) \, \dot{x}^\mu \dot{x}^\nu} \qquad (13.14)$$

ein; dabei ist $x = (x^\mu)$ und $\dot{x}^\mu = dx^\mu/d\tau$. Damit wird (13.14) zum Hamiltonschen Prinzip:

$$\delta \int_A^B d\tau \, \mathcal{L}(\dot{x}, x) = 0 \qquad (13.15)$$

Die zugehörigen Lagrangegleichungen sind aus der Mechanik bekannt,

$$\frac{d}{d\tau} \frac{\partial \mathcal{L}}{\partial \dot{x}^\kappa} = \frac{\partial \mathcal{L}}{\partial x^\kappa} \tag{13.16}$$

In Aufgabe 13.1 wird gezeigt, dass dies gleichbedeutend mit (13.11) ist. Die Bahnkurven sind damit extremale Verbindungen zwischen den Punkten A und B. Ob eine gefundene Kurve minimal oder maximal ist, muss eine genauere Untersuchung zeigen.

Die Einführung der Lagrangefunktion (13.15) stellt einen Zusammenhang zwischen der geometrischen und mechanischen Interpretation von (13.11) her. Der Vorfaktor der Lagrangefunktion ist so gewählt, dass $\mathcal{L}$ ohne Gravitationsfeld in die bekannte Lagrangefunktion der SRT übergeht ((6.22) mit $A^\beta = 0$).

Die Lagrangefunktion ist meist ein besonders einfacher und skalarer Ausdruck. So ist der Zusatzterm in (6.22) der einfachste Skalar, der die Bahn mit einem äußeren Vektorfeld A^β verknüpft. Analog dazu ist (13.15) ein besonders einfacher Ausdruck, der sich mit einem gegebenen Tensorfeld $g_{\mu\nu}(x)$ bilden lässt; auch ohne die Wurzel in (13.15) ergäbe sich (13.11).

Wir geben noch eine alternative Begründung dafür, dass (13.11) geodätische Linien beschreibt. In der Umgebung eines beliebigen Punktes x_0 können wir die Näherung $g_{\mu\nu}(x) \approx g_{\mu\nu}(x_0) = $ const. verwenden. Nach (13.10) können wir in dieser Umgebung kartesische Koordinaten ξ^α einführen. Wegen $g_{\mu\nu}(x_0) = $ const. verschwinden die Christoffelsymbole und (13.11) wird *lokal* zu

$$\frac{d^2 \xi^\alpha}{d\tau^2} = 0 \tag{13.17}$$

Diese Gleichung beschreibt eine Gerade. Also ist die durch (13.11) definierte Linie oder Bahn $x^\kappa(\tau)$ *lokal gerade* und daher lokal eine kürzeste Verbindung. Aus der Fortsetzung dieser lokal kürzesten Verbindungen ergeben sich die geodätischen Linien.

Zusammenfassend stellen wir fest: Ein Teilchen in dem durch $g_{\mu\nu}$ gegebenen Gravitationsfeld bewegt sich auf einer geodätischen Linie in dem durch diese $g_{\mu\nu}$ definierten Riemannschen Raum. Dies ist eine Geodäte in einem vierdimensionalen Raum (eine Zeit- und drei Ortskoordinaten), nicht aber im gewöhnlichen dreidimensionalen Raum. Dies kann man sich etwa am Beispiel einer Wurfparabel (Aufgabe 13.3) klar machen.

Aufgaben

13.1 Euler-Lagrange-Gleichung für geodätische Linien

In einem Raum mit der Metrik $ds^2 = g_{\mu\nu}(x)\, dx^\mu\, dx^\nu = c^2\, d\tau^2$ werden die Bahn-kurven $x^\nu(\tau)$ gesucht, für die der Weg von A nach B stationär ist:

$$\delta \int_A^B \frac{ds}{c} = \delta \int_A^B d\tau\; \mathcal{L}\big(\dot{x}(\tau),\, x(\tau)\big) = 0$$

mit

$$\mathcal{L} = \sqrt{g_{\mu\nu}(x)\, \dot{x}^\mu\, \dot{x}^\nu}$$

Dies ist eine notwendige Bedingung für die kürzeste Verbindung von A nach B. Stellen Sie die Euler-Lagrange-Gleichungen für dieses Variationsprinzip auf.

13.2 Geodätische Linien

Stellen Sie die Differenzialgleichungen für die geodätischen Linien $x^\mu(\tau)$ auf, und zwar für

  – R^3 mit Kugelkoordinaten.
  – R^3 mit Zylinderkoordinaten.
  – Kugeloberfläche mit dem Wegelement $ds^2 = a^2\left(d\theta^2 + \sin^2\theta\, d\phi^2\right)$.

Geben Sie jeweils eine spezielle Lösung an.

13.3 Krümmung einer Geodäte

Die Bahn eines geworfenen Steins werde durch

$$x^0 = ct, \quad x^1 = x = vt, \quad x^2 = y = 0, \quad x^3 = z = -gt^2/2$$

beschrieben. Berechnen Sie den

  • Krümmungsradius R_1 der Bahn in der x^3-x^0-Ebene an der Stelle $x^3 = 0$.
  • Krümmungsradius R_2 der Bahn in der x^3-x^1-Ebene an der Stelle $x^3 = 0$.

IV Mathematische Grundlagen der ART

14 Tensoren im Riemannschen Raum

In Teil IV behandeln wir die Tensoranalysis im N-dimensionalen Riemannschen Raum. In diesem Kapitel definieren wir die Tensoren dieses Raums.

Durch das Wegelement

$$ds^2 = \sum_{i,k=1}^{N} g_{ik}(x^1, \ldots, x^N)\, dx^i\, dx^k = g_{ik}(x)\, dx^i\, dx^k \tag{14.1}$$

ist die Metrik eines N-dimensionalen Raums festgelegt. Wir verwenden lateinische Indizes ($i = 1, 2, \ldots, N$) und die aus Kapitel 3 bekannte Summenkonvention. Die x^i sind beliebige, im Allgemeinen krummlinige Koordinaten. Die metrischen Koeffizienten $g_{ik}(x)$ sollen differenzierbar sein. Außerdem gelte

$$g_{ik} = g_{ki} \tag{14.2}$$

Der durch das Wegelement (14.1) definierte Raum heißt *Riemannscher Raum* oder auch *Riemannsche Mannigfaltigkeit*. Die Physiker benutzen bevorzugt den ersten, die Mathematiker den zweiten Begriff. Der Begriff des Riemannschen Raums umfasst den dreidimensionalen euklidischen Raum, den Minkowskiraum und die Kugeloberfläche als Spezialfälle. Formal ist eine Mannigfaltigkeit ein topologischer Raum, der lokal einem Euklidischen R^n gleicht. Wesentlich für die *Riemannsche Mannigfaltigkeit* sind dann die Differenzierbarkeit (etwa die lokale Annäherung einer Kugeloberfläche durch eine Tangentialebene) und die Existenz eines Skalarprodukts (also die Definition von Abständen).

Die vorausgesetzte Differenzierbarkeit impliziert, dass wir ds^2 in der Umgebung eines Punktes x_0 durch eine quadratische Form mit konstanten Koeffizienten annähern können:

$$ds^2 \approx g_{ik}(x_0)\, dx^i\, dx^k = \delta_{ik}\, d\xi^i\, d\xi^k \tag{14.3}$$

Für konstante Koeffizienten kann die quadratische Form ds^2 durch eine Drehung des Koordinatensystems auf Diagonalform gebracht werden (Hauptachsentransformation). In der Diagonalform genügt dann eine einfache Skalentransformation ($x_i \rightarrow$ const. $\cdot x_i$) um kartesische Koordinaten (oder Minkowski-Koordinaten) ξ^i zu erhalten. Damit können wir alle Beziehungen übernehmen, die aus (11.14) abgeleitet wurden (insbesondere den Ausdruck für die Christoffelsymbole). Beispiele für die lokale Annäherung durch einen ebenen Raum sind eine Tangentialebene an einer Kugeloberfläche oder das Lokale IS eines Satellitenlabors im Gravitationsfeld.

Die Determinante des metrischen Tensors soll nicht verschwinden:

$$
\det(g_{ik}) = \begin{vmatrix} g_{11} & g_{12} & \cdots & g_{1N} \\ g_{21} & g_{22} & \cdots & g_{2N} \\ \vdots & \vdots & \ddots & \vdots \\ g_{N1} & g_{N2} & \cdots & g_{NN} \end{vmatrix} = \epsilon^{i_1 i_2 \ldots i_N} g_{1i_1} g_{2i_2} \cdots g_{Ni_N} \neq 0 \quad (14.4)
$$

Hierbei ist $\epsilon^{i\cdots}$ das analog zu (5.19) definierte Levi-Civita-Symbol im N-dimensionalen Raum. Wegen $\det(g_{ik}) \neq 0$ gibt es eine zu (g_{ik}) inverse Matrix (g^{ik}),

$$
g_{ip} g^{pk} = \delta_i^k \quad (14.5)
$$

Anstelle der x^i in (14.1) können wir N andere Koordinaten x'^i einführen; dies ändert nichts an der Form (14.1). Dazu betrachten wir eine allgemeine Koordinatentransformation

$$
x'^i = x'^i(x^1, \ldots, x^N) \quad (14.6)
$$

und deren Umkehrtransformation

$$
x^i = x^i(x'^1, \ldots, x'^N) \quad (14.7)
$$

Durch die Koordinatendifferenziale

$$
dx'^i = \frac{\partial x'^i}{\partial x^k} dx^k = \alpha_k^i(x) dx^k \quad (14.8)
$$

und

$$
dx^i = \frac{\partial x^i}{\partial x'^k} dx'^k = \bar{\alpha}_k^i(x') dx'^k \quad (14.9)
$$

sind koordinatenabhängige Transformationsmatrizen α und $\bar{\alpha}$ gegeben,

$$
\boxed{\alpha_k^i(x) = \frac{\partial x'^i}{\partial x^k}} \qquad \boxed{\bar{\alpha}_k^i(x') = \frac{\partial x^i}{\partial x'^k}} \quad (14.10)
$$

Aus der Produktregel

$$
\frac{\partial x'^i}{\partial x^k} \frac{\partial x^k}{\partial x'^m} = \frac{\partial x^i}{\partial x'^k} \frac{\partial x'^k}{\partial x^m} = \delta_m^i \quad (14.11)
$$

folgt

$$\alpha_k^i \,\bar\alpha_m^k = \bar\alpha_k^i \,\alpha_m^k = \delta_m^i \tag{14.12}$$

Wir drücken nun den Abstand ds durch die neuen Koordinaten x'^i aus:

$$ds^2 = g_{ik}\,dx^i dx^k = g_{ik}\,\bar\alpha_p^i\,\bar\alpha_m^k\,dx'^p dx'^m = g'_{pm}\,dx'^p dx'^m \tag{14.13}$$

Damit ist explizit gezeigt, dass das Wegelement *kovariant* (forminvariant) unter der allgemeinen Koordinatentransformation (14.6) ist; nach der Transformation hat das Wegelement dieselbe Form wie zuvor. Aus (14.13) lesen wir ab, wie sich der metrische Tensor transformiert:

$$g'_{pm} = \bar\alpha_p^i\,\bar\alpha_m^k\,g_{ik} \tag{14.14}$$

Mit (14.12) erhalten wir

$$g_{ik} = \alpha_i^p\,\alpha_k^m\,g'_{pm} \tag{14.15}$$

Bei einer Koordinatentransformation erhalten die Punkte des Raums neue Namen (Koordinatenwerte). Dies ändert auch den metrischen Tensor. Die Abstände (festgelegt durch ds^2) zwischen den Punkten bleiben aber ungeändert. Die Metrik des Raums ändert sich also nicht durch eine Koordinatentransformation. Eine Ebene bleibt daher eine Ebene, eine Kugeloberfläche bleibt eine Kugeloberfläche.

Wir vergleichen die bisher diskutierten Beziehungen mit denen des Minkowskiraums und, soweit anwendbar, mit denen des euklidischen Raums:

1. Der betrachtete metrische Raum wird durch das Wegelement definiert, also durch

$$ds^2 = \delta_{ik}\,dx^i dx^k \quad = dx^2 + dy^2 + dz^2 \qquad \text{(Euklid)}$$
$$ds^2 = \eta_{\alpha\beta}\,dx^\alpha dx^\beta \quad = c^2 dt^2 - dx^2 - dy^2 - dz^2 \qquad \text{(Minkowski)}$$
$$ds^2 = g_{ik}(x)\,dx^i dx^k \stackrel{\text{z.B.}}{=} a^2\big(d\theta^2 + \sin^2\theta\,d\phi^2\big) \qquad \text{(Riemann)}$$

$$\tag{14.16}$$

2. Es werden diejenigen Transformationen betrachtet, die das Wegelement invariant lassen. Dies sind orthogonale Transformationen im euklidischen Raum, Lorentztransformationen im Minkowskiraum und allgemeine Koordinatentransformationen im Riemannschen Raum.

3. Die Transformation der Koordinatendifferenziale lautet

$$dx'^\alpha = \Lambda_\beta^\alpha\,dx^\beta \text{ (LT)} \quad \text{und} \quad dx'^i = \alpha_k^i(x)\,dx^k \text{ (allgemein)}.$$

Die Matrizen Λ und $\bar\Lambda$ sind mit α und $\bar\alpha$ zu vergleichen. (Wir schreiben die analogen Beziehungen für die orthogonalen Transformationen jetzt nicht mehr mit an).

Die Λ's sind koordinatenunabhängig; daher ist hier auch die Transformation zwischen den Koordinaten linear. Dagegen sind die α's koordinatenabhängig; die Transformation hängt von der betrachteten Stelle ab.

4. Tensoren werden als indizierte Größen eingeführt, die sich komponentenweise wie die Koordinatendifferenziale transformieren. Die Tensoren haben
   unten- oder obenstehende (ko- oder kontravariante) Indizes. Die Indizes können mit dem metrischen Tensor nach oben oder unten gezogen werden.

   Die Transformationsmatrizen selbst sind keine Tensoren; ihre Indizes können
   daher übereinander geschrieben werden.

5. Die Punkte 1 – 4 weisen auf die formalen Ähnlichkeiten hin. Die Koordinatenabhängigkeit der Transformationsmatrix führt aber zu wesentlichen Unterschieden bei der Differenziation von Tensorfeldern.

Die bisherige Diskussion des Riemannschen Raums bezog sich auf die Punkte 1 –
3. In diesem Kapitel definieren wir noch die Tensoren (Punkt 4). In den folgenden
Kapiteln untersuchen wir dann die Differenziation von Tensorfeldern des Riemannschen Raums.

Wir nennen jede Größe A^i, die sich bei Koordinatentransformationen wie dx^i
in (14.8) transformiert,

$$A'^i = \alpha^i_k \, A^k \tag{14.17}$$

einen *kontravarianten Vektor*. Die ausführlichere Bezeichnung wäre „kontravariante Komponenten eines Vektors"; wie früher bezeichnen wir abkürzend die indizierte
Größe selbst als Vektor. Für Vektorfelder $A^i(x)$ soll (14.17) in jedem Punkt gelten:

$$A'^i(x') = \alpha^i_k(x) \, A^k(x) \tag{14.18}$$

Dabei hängen die Koordinaten x und x' des Punktes gemäß (14.7) zusammen. Eine
Größe $S(x)$, die invariant unter Koordinatentransformationen ist,

$$S' = S \quad \text{oder} \quad S'(x') = S(x) \tag{14.19}$$

wird dann als *Skalar* oder *Skalarfeld* bezeichnet.

Die Umkehrtransformation zu (14.17) erhalten wir mit Hilfe von (14.12):

$$A^i = \bar{\alpha}^i_k \, A'^k \tag{14.20}$$

Für jeden kontravarianten Vektor A^i definieren wir einen zugehörigen *kovarianten*
Vektor durch

$$A_i = g_{ik} \, A^k \tag{14.21}$$

Wie schon im Minkowskiraum hat *kovariant* zum einen die Bedeutung *forminvariant*, zum anderen bezeichnet es die unten stehenden Indizes. Mit (14.5) erhalten wir
die Umkehrung von (14.21):

$$A^i = g^{ik} A_k \tag{14.22}$$

Wir bestimmen das Transformationsverhalten eines kovarianten Vektors:

$$A'_i = g'_{ik} \, A'^k = \bar{\alpha}^p_i \, \bar{\alpha}^m_k \, g_{pm} \alpha^k_n A^n = \bar{\alpha}^p_i \, g_{pm} \, A^m = \bar{\alpha}^p_i \, A_p \tag{14.23}$$

Entsprechend gilt

$$A_i = \alpha_i^k \, A_k'$$ (14.24)

Wir fassen zusammen: Kontravariante Vektoren transformieren sich mit α_k^i, kovariante mit $\bar{\alpha}_k^i$. Die Rücktransformation erfolgt mit der jeweils anderen Matrix.

Wir definieren nun allgemein den Begriff des Tensors im Riemannschen Raum: Ein *Tensor der Stufe r* ist eine r-fach indizierte Größe (mit N^r Komponenten), die sich bezüglich jedes einzelnen Index wie ein Vektor transformiert. Eine nichtindizierte Größe, die sich wie (14.19) transformiert, ist ein Tensor nullter Stufe (oder eben ein Skalar). Eine einfach indizierte Größe, die sich wie (14.17) transformiert, ist ein Tensor erster Stufe (oder ein Vektor). Ein Tensor zweiter Stufe ist dann eine zweifach indizierte Größe wie T^{ik}, die sich wie

$$T'^{ik} = \alpha_p^i \, \alpha_m^k \, T^{pm}$$ (14.25)

transformiert. Für die durch

$$T_{ik} = g_{ip} \, g_{km} \, T^{pm}$$ (14.26)

definierten kovarianten Komponenten gilt dann

$$T_{ik}' = \bar{\alpha}_i^p \, \bar{\alpha}_k^m \, T_{pm}$$ (14.27)

Man kann auch noch gemischte Komponenten einführen,

$$T_i{}^k \;=\; g^{kp} \, T_{ip} = g_{ip} \, T^{pk}$$ (14.28)

$$T^i{}_k \;=\; g^{ip} \, T_{pk} = g_{kp} \, T^{ip}$$ (14.29)

Die Indizes der gemischten Komponenten dürfen nicht übereinander gesetzt werden, denn im Allgemeinen gilt $T^i{}_k \neq T_k{}^i$. Nur für einen symmetrischen Tensor sind beide Größen gleich; in diesem Fall kann man auch T_k^i schreiben.

Aus (14.14) sehen wir, dass g_{ik} die Definition eines Tensors erfüllt; dies rechtfertigt seine Bezeichnung als *metrischer Tensor*. Die gemischten Komponenten des metrischen Tensors ergeben sich mit (14.5) zu

$$g^i{}_k = g^{ip} \, g_{pk} = \delta_k^i$$ (14.30)

Wegen der Symmetrie $g_{ik} = g_{ki}$ können wir hier die Komponenten auch übereinander schreiben ($g^i{}_k = g_k{}^i = g_k^i$).

Die Kontraktion zweier Indizes (Summation über einen oberen und einen unteren Index) wird für einen Tensor Verjüngung genannt. So ergibt die Verjüngung eines Tensors zweiter Stufe einen Skalar:

$$T' = T_i'{}^i = \bar{\alpha}_i^p \, \alpha_m^i \, T_p{}^m = T_m{}^m = T$$ (14.31)

Üblicherweise wird für den entstehenden Skalar kein neuer Buchstabe eingeführt; durch die Indizes ist der Tensor $T_i{}^k$ ja eindeutig vom Skalar T zu unterscheiden.

Für $T^{ik} = A^i B^k$ ergibt die Verjüngung das *Skalarprodukt* zweier Vektoren,

$$A_i' B'^i = g_{ik}' A'^k B'^i = g_{mp} A^m B^p = A_m B^m \qquad (14.32)$$

Die hier gegebenen Beziehungen lassen sich leicht auf Tensoren höherer Stufe verallgemeinern. Die in Kapitel 5 gegebenen Regeln für Produkte und Summen von
Tensoren (am gleichen Ort) gelten entsprechend. Die Differenziation muss aber
noch gesondert betrachtet werden. Nach diesen Regeln können wir nun Tensor-
gleichungen wie etwa

$$T^{ik}{}_p = V^i A^k{}_p \qquad (14.33)$$

beurteilen: Sind T, V und A Tensoren, so ist eine solche Gleichung kovariant unter
allgemeinen Koordinatentransformationen, so wie die in der SRT behandelten Ten-
sorgleichungen invariant unter Lorentztransformationen sind. Offenbar ist es sinnvoll, solche Gleichungen zu untersuchen: Eine solche Gleichung hat dieselbe Form
im Lokalen IS und im Koordinatensystem KS mit Gravitationsfeld. Wir brauchen
daher nur eine kovariante Gleichung aufzustellen, die im Lokalen IS die bekannte SRT-Form (Gesetz ohne Gravitation) annimmt. Eine solche Gleichung gilt dann
auch in KS, sie beschreibt also das physikalische Gesetz mit Gravitation.

15 Kovariante Ableitung

Im Riemannschen Raum ist die partielle Ableitung eines Tensorfelds im Allgemeinen kein Tensorfeld (im Gegensatz zum euklidischen oder Minkowskiraum). Wir definieren eine verallgemeinerte Differenziation, die sogenannte kovariante Ableitung. Die kovariante Ableitung eines Tensorfelds ergibt dann wieder ein Tensorfeld.

Für die gesuchte kovariante Ableitung soll gelten:

1. Die kovariante Ableitung eines Riemanntensorfelds ergibt wieder ein Riemanntensorfeld einer um eins höheren Stufe.

2. Für $g_{\mu\nu} = \delta_{\mu\nu}$ (oder $g_{\mu\nu} = \eta_{\mu\nu}$) reduziert sich die kovariante Ableitung auf die einfache partielle Ableitung.

Wir bestimmen zunächst das Transformationsverhalten der aus (11.18) bekannten Christoffelsymbole,

$$\Gamma^i_{kp} = \frac{g^{in}}{2}\left(\frac{\partial g_{pn}}{\partial x^k} + \frac{\partial g_{kn}}{\partial x^p} - \frac{\partial g_{pk}}{\partial x^n}\right) = \frac{\partial x^i}{\partial \xi^q}\frac{\partial^2 \xi^q}{\partial x^k \partial x^p} \tag{15.1}$$

Wir können lokal kartesische Koordinaten ξ^q einführen (14.3) und damit (11.10) verwenden. Wir schreiben nun Γ'^i_{kp} für die Koordinaten x'^k an und setzen eine Transformation zu anderen Koordinaten x^m ein:

$$
\begin{aligned}
\Gamma'^i_{kp} &= \frac{\partial x'^i}{\partial \xi^q}\frac{\partial^2 \xi^q}{\partial x'^k \partial x'^p} = \frac{\partial x'^i}{\partial x^m}\frac{\partial x^m}{\partial \xi^q}\frac{\partial}{\partial x'^k}\left(\frac{\partial \xi^q}{\partial x^s}\frac{\partial x^s}{\partial x'^p}\right) \\
&= \frac{\partial x'^i}{\partial x^m}\frac{\partial x^m}{\partial \xi^q}\left(\frac{\partial^2 \xi^q}{\partial x^r \partial x^s}\frac{\partial x^r}{\partial x'^k}\frac{\partial x^s}{\partial x'^p} + \frac{\partial^2 x^s}{\partial x'^k \partial x'^p}\frac{\partial \xi^q}{\partial x^s}\right) \\
&= \frac{\partial x'^i}{\partial x^m}\frac{\partial x^r}{\partial x'^k}\frac{\partial x^s}{\partial x'^p}\Gamma^m_{rs} + \frac{\partial x'^i}{\partial x^m}\frac{\partial^2 x^m}{\partial x'^k \partial x'^p}
\end{aligned}
\tag{15.2}
$$

Mit (14.10) erhalten wir

$$\Gamma'^i_{kp} = \alpha^i_m\,\bar{\alpha}^r_k\,\bar{\alpha}^s_p\,\Gamma^m_{rs} + \alpha^i_m\,\frac{\partial \bar{\alpha}^m_k}{\partial x'^p} \tag{15.3}$$

Ohne den letzten Term wäre dies das Transformationsverhalten eines Tensors dritter Stufe. Die Koordinatenabhängigkeit der Transformationsmatrix α führt zum letzten Term und impliziert, dass die Christoffelsymbole keine Tensoren sind.

81

Wir untersuchen nun das Transformationsverhalten von $\partial A^i / \partial x^k$ und von $\Gamma^i_{kp} A^p$. Es ist

$$\frac{\partial A'^i}{\partial x'^k} = \frac{\partial}{\partial x'^k} (\alpha^i_m A^m) = \alpha^i_m \frac{\partial A^m}{\partial x^r} \frac{\partial x^r}{\partial x'^k} + \frac{\partial \alpha^i_m}{\partial x'^k} A^m$$

$$= \alpha^i_m \bar{\alpha}^r_k \frac{\partial A^m}{\partial x^r} + \frac{\partial \alpha^i_m}{\partial x'^k} A^m \tag{15.4}$$

$$\Gamma'^i_{kp} A'^p = \alpha^i_m \alpha^p_n \bar{\alpha}^r_k \bar{\alpha}^s_p \Gamma^m_{rs} A^n + \alpha^i_m \frac{\partial \bar{\alpha}^m_k}{\partial x'^p} \alpha^p_n A^n$$

$$= \alpha^i_m \bar{\alpha}^r_k \Gamma^m_{rn} A^n + \alpha^i_m \alpha^p_n \frac{\partial \bar{\alpha}^m_p}{\partial x'^k} A^n \tag{15.5}$$

Im letzten Schritt wurde

$$\frac{\partial \bar{\alpha}^m_k}{\partial x'^p} = \frac{\partial^2 x^m}{\partial x'^p \partial x'^k} = \frac{\partial \bar{\alpha}^m_p}{\partial x'^k} \tag{15.6}$$

benutzt, was aus der Definition von $\bar{\alpha}$ und der Vertauschbarkeit der partiellen Ableitungen folgt. Die Differenziation von (14.12) ergibt

$$\frac{\partial (\bar{\alpha}^m_p \alpha^i_m)}{\partial x'^k} = 0, \quad \text{also} \quad \frac{\partial \bar{\alpha}^m_p}{\partial x'^k} \alpha^i_m = -\bar{\alpha}^m_p \frac{\partial \alpha^i_m}{\partial x'^k} \tag{15.7}$$

Wir multiplizieren dies mit α^p_n und verwenden das Ergebnis im zweiten Ausdruck auf der rechten Seite von (15.5):

$$\Gamma'^i_{kp} A'^p = \alpha^i_m \bar{\alpha}^r_k \Gamma^m_{rn} A^n - \frac{\partial \alpha^i_m}{\partial x'^k} A^m \tag{15.8}$$

Wir addieren (15.4) und (15.8):

$$\frac{\partial A'^i}{\partial x'^k} + \Gamma'^i_{kp} A'^p = \alpha^i_m \bar{\alpha}^r_k \left(\frac{\partial A^m}{\partial x^r} + \Gamma^m_{rn} A^n \right) \tag{15.9}$$

Diese Summe transformiert sich wie ein Tensor zweiter Stufe; sie wird *kovariante Ableitung* genannt. Wir kürzen die partielle Ableitung durch einen senkrechten Strich vor dem Index ab,

$$A^i_{|k} \equiv \frac{\partial A^i}{\partial x^k} \tag{15.10}$$

Für die kovariante Ableitung verwenden wir einen senkrechten Doppelstrich:

$$\boxed{A^i_{\|k} \equiv A^i_{|k} + \Gamma^i_{kp} A^p \qquad \text{Kovariante Ableitung}} \tag{15.11}$$

Gleichung (15.9) ist äquivalent zu

$$A'^i_{\|k} = \alpha^i_p \bar{\alpha}^m_k A^p_{\|m} \tag{15.12}$$

Die kovariante Ableitung transformiert sich also wie ein gemischter Tensor zweiter Stufe. Analog zeigt man, dass sich

$$A_{i||k} \equiv A_{i|k} - \Gamma_{ik}^{p} A_{p} \tag{15.13}$$

wie ein kovarianter Tensor transformiert.

Wir definieren noch die kovariante Ableitung für Tensorfelder anderer Stufen. Für ein Skalarfeld ergibt die Ableitung von (14.19)

$$\frac{\partial S'}{\partial x'^{i}} = \frac{\partial S}{\partial x^{k}} \frac{\partial x^{k}}{\partial x'^{i}} = \bar{\alpha}_{i}^{k} \frac{\partial S}{\partial x^{k}} \tag{15.14}$$

Diese Größe transformiert sich bereits wie ein kovarianter Vektor. Wir definieren daher als kovariante Ableitung

$$S_{||i} \equiv S_{|i} = \frac{\partial S}{\partial x^{i}} \tag{15.15}$$

Um die kovariante Ableitung eines Tensors zweiter Stufe zu bestimmen, gehen wir von der Form

$$T^{ik} = A^{i} B^{k} \tag{15.16}$$

aus. Dies ist keine Einschränkung der Allgemeinheit; denn ein Tensor zweiter Stufe ist ja gerade dadurch definiert, dass er sich komponentenweise wie ein Vektor transformiert. Die kovariante Ableitung soll die Kettenregel erfüllen:

$$T^{ik}{}_{||p} = \left(A^{i} B^{k} \right)_{||p} \equiv A^{i}{}_{||p} B^{k} + A^{i} B^{k}{}_{||p} \tag{15.17}$$

Da rechts ein Tensor steht, ist die hierdurch definierte Größe $T^{ik}{}_{||p}$ auch ein Tensor. Wir werten dies mit (15.11) aus:

$$T^{ik}{}_{||p} = A^{i}{}_{|p} B^{k} + A^{i} B^{k}{}_{|p} + \Gamma_{pm}^{i} A^{m} B^{k} + \Gamma_{pm}^{k} B^{m} A^{i} \tag{15.18}$$

Damit erhalten wir

$$\boxed{T^{ik}{}_{||p} = T^{ik}{}_{|p} + \Gamma_{pm}^{i} T^{mk} + \Gamma_{pm}^{k} T^{im}} \tag{15.19}$$

Unter Beachtung der Vorzeichen in (15.11) und (15.13) folgt entsprechend

$$T_{ik||p} = T_{ik|p} - \Gamma_{ip}^{m} T_{mk} - \Gamma_{kp}^{m} T_{im} \tag{15.20}$$

$$T^{i}{}_{k||p} = T^{i}{}_{k|p} + \Gamma_{pm}^{i} T^{m}{}_{k} - \Gamma_{kp}^{m} T^{i}{}_{m} \tag{15.21}$$

Analog hierzu erhält man die kovarianten Ableitungen höherer Tensoren.

Für die jetzt definierte kovariante Ableitung gilt:

1. Die kovariante Ableitung ergibt wieder einen Tensor entsprechender Stufe im Riemannschen Raum. Die entsprechende kontravariante Ableitung ergibt sich aus

$$T_{ik}{}^{\|p} = g^{pl}\, T_{ik\|l} \tag{15.22}$$

2. Im Minkowskiraum oder im Lokalen Inertialsystem reduziert sich die kovariante Ableitung wegen $g_{ik} = \eta_{ik}$ (also $\Gamma^i_{kp} = 0$) auf die partielle Ableitung.

3. Es gelten die üblichen Rechenregeln für die Ableitung, insbesondere die Kettenregel.

Wir bilden noch die kovariante Ableitung des metrischen Tensors

$$g_{ik\|p} \overset{(15.20)}{=} \frac{\partial g_{ik}}{\partial x^p} - \Gamma^m_{ip}\, g_{mk} - \Gamma^m_{kp}\, g_{im} = 0 \tag{15.23}$$

Wenn man (11.16) für die Terme $\Gamma^._{..}\, g_{..}$ einsetzt, heben sich alle Terme auf.

Die kovariante Verallgemeinerung des Differenzials $dA^i = A^i{}_{|p}\, dx^p$ ist

$$DA^i \equiv A^i{}_{\|p}\, dx^p \qquad \text{(kovariantes Differenzial)} \tag{15.24}$$

Nach Konstruktion ist dies wieder ein Vektor, was für $dA^i = A^i{}_{|p}\, dx^p$ im Allgemeinen nicht gilt. Dieser Sachverhalt wird im nächsten Kapitel eingehender diskutiert.

16 Parallelverschiebung

Wir interpretieren den Zusatzterm in der kovarianten Ableitung geometrisch und diskutieren seinen Zusammenhang mit der Raumkrümmung anhand von Beispielen. Die mathematische Behandlung der Krümmung des Raums erfolgt unabhängig hiervon in Kapitel 18; das jetzige Kapitel kann daher auch übersprungen werden.

Das totale Differenzial

$$dA^i = A^i{}_{|p}\, dx^p = A^i(x+dx) - A^i(x) \qquad (16.1)$$

eines Vektorfelds $A^i(x)$ ist im Allgemeinen kein Vektor, weil $A^i(x+dx)$ und $A^i(x)$ sich *verschieden transformieren*, nämlich mit $\alpha(x+dx)$ und $\alpha(x)$. Damit die Differenz zweier Vektoren wieder einen Vektor ergibt, müssen wir zwei Vektoren am selben Punkt x betrachten. Hierzu müssen wir zunächst den Vektor $A^i(x+dx)$ von $x+dx$ nach x *verschieben*. Dieses Verschieben muss so geschehen, dass sich für kartesische Koordinaten kein Beitrag ergibt; denn für kartesische Koordinaten ist (16.1) bereits ein Vektor. Für ungeänderte kartesische Komponenten ist der verschobene Vektor *parallel* zum nicht verschobenen. Die betrachtete Verschiebung bedeutet daher geometrisch eine *Parallelverschiebung*. Wir bezeichnen:

$$\delta A^i = \text{Änderung der } A^i \text{ bei Parallelverschiebung um } dx \qquad (16.2)$$

Damit können wir die infinitesimale Differenz zweier Vektoren *am selben Punkt* bilden:

$$
\begin{aligned}
DA^i &= \big(A^i(x+dx),\ \text{verschoben nach } x\big) - A^i(x) \\
&= A^i(x+dx) - \delta A^i - A^i(x) = dA^i - \delta A^i \qquad (16.3)
\end{aligned}
$$

Die Größe δA^i muss proportional zu A^k und zur Verschiebung dx^p sein. Dies begründet folgenden Ansatz mit zunächst unbekannten Koeffizienten Γ^i_{kp}:

$$\boxed{\delta A^i = -\Gamma^i_{kp}\, A^k\, dx^p} \qquad \text{Parallelverschiebung} \qquad (16.4)$$

Die Koeffizienten Γ^i_{kp} sind so zu bestimmen, dass DA^i ein Vektor ist. Nun wissen wir aus (15.11), dass $A^i{}_{\|p}\, dx^p = dA^i + \Gamma^i_{kp}\, A^k dx^p$ ein Vektor ist; hierin sind die Γ^i_{kp} die Christoffelsymbole. Dieser Ausdruck ist von der Form (16.3) mit (16.4). Also sind die Koeffizienten Γ^i_{kp} in (16.4) die bereits bekannten Christoffelsymbole.

Wir geben noch die entsprechenden kovarianten Formen an:

$$DA_i = A_{i\|k}\, dx^k = dA_i - \delta A_i \qquad (16.5)$$

$$\delta A_i = \Gamma_{ik}^p A_p\, dx^k \qquad (16.6)$$

Beispiel: Polarkoordinaten

Wir erläutern die Interpretation von δA als Parallelverschiebung an einfachen Beispielen. Wir betrachten zunächst einen zweidimensionalen euklidischen Raum und verwenden Polarkoordinaten:

$$x^1 = \rho, \qquad x^2 = \phi \qquad (16.7)$$

Das Wegelement ist durch

$$ds^2 = g_{ik}\, dx^i\, dx^k = d\rho^2 + \rho^2\, d\phi^2 \qquad (16.8)$$

gegeben. Daraus ergeben sich die metrischen Koeffizienten zu

$$(g_{ik}) = \begin{pmatrix} 1 & 0 \\ 0 & \rho^2 \end{pmatrix}, \qquad (g^{ik}) = \begin{pmatrix} 1 & 0 \\ 0 & 1/\rho^2 \end{pmatrix} \qquad (16.9)$$

Die meisten partiellen Ableitungen der g_{ik} verschwinden,

$$\frac{\partial g_{ik}}{\partial x^p} = 0 \qquad \text{außer} \qquad \frac{\partial g_{22}}{\partial x^1} = 2\rho \qquad (16.10)$$

Hieraus bestimmen wir die Christoffelsymbole (15.1). Nur die folgenden Γ_{kp}^i sind ungleich null:

$$\Gamma_{22}^1 = -\frac{g^{11}}{2}\frac{\partial g_{22}}{\partial x^1} = -\rho, \qquad \Gamma_{21}^2 = \Gamma_{12}^2 = \frac{g^{22}}{2}\frac{\partial g_{22}}{\partial x^1} = \frac{1}{\rho} \qquad (16.11)$$

Wir entwickeln den Wegelementvektor nach Basisvektoren e_i:

$$ds = dx^i\, e_i = dx_i\, e^i \qquad (16.12)$$

Aus

$$ds^2 = ds \cdot ds = (e_i \cdot e_k)\, dx^i\, dx^k = g_{ik}\, dx^i\, dx^k \qquad (16.13)$$

können wir ablesen, wie das Skalarprodukt der Basisvektoren mit den metrischen Koeffizienten verknüpft ist:

$$e_i \cdot e_k = g_{ik}, \qquad e^i \cdot e^k = g^{ik} \qquad (16.14)$$

Für orthogonale Koordinaten (wie Kugel- oder Zylinderkoordinaten) werden meist normierte Basisvektoren eingeführt. Für Polarkoordinaten hängen die normierten Basisvektoren e_ρ und e_ϕ gemäß

$$e_\rho = e^1 = e_1, \qquad e_\phi = \frac{e_2}{\rho} = \rho\, e^2 \qquad (16.15)$$

mit den hier verwendeten Basisvektoren zusammen.

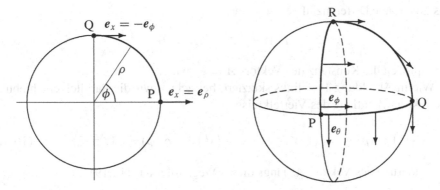

Abbildung 16.1 Linke Seite: In einem zweidimensionalen ebenen Raum werden Polarkoordinaten ρ und ϕ verwendet. Der Vektor $A = e_x$ wird von P nach Q parallel verschoben. Obwohl der Vektor konstant ist, ändern sich seine Komponenten, und zwar von $A := (1, 0)$ zu $A := (0, -1)$. Längs eines geschlossenen Wegs (wie etwa dem gezeigten Kreis) führt eine solche Parallelverschiebung zum ursprünglichen Vektor zurück. Rechte Seite: Als Beispiel für einen gekrümmten zweidimensionalen Raum wird eine Kugeloberfläche betrachtet. Der Vektor e_ϕ wird auf Großkreisen (Geodäten) längs des Wegs P $\to$ R $\to$ Q $\to$ P verschoben und ergibt e_θ (Aufgabe 16.2). Bei dieser Parallelverschiebung ist der Winkel zwischen dem Vektor und der Geodäte konstant. Die Änderung eines Vektors bei Parallelverschiebung längs des geschlossenen Wegs ist ein Charakteristikum eines gekrümmten Raums.

Wir wollen nun die Parallelverschiebung des konstanten Vektors

$$A = e_x = e_1 \cos \phi - e_2 \, \frac{\sin \phi}{\rho} = A^i \, e_i \tag{16.16}$$

untersuchen. Dieser Vektor hat die Komponenten

$$A^1 = \cos \phi = \cos \left(x^2\right), \qquad A^2 = -\frac{\sin \phi}{\rho} = -\frac{\sin \left(x^2\right)}{x^1} \tag{16.17}$$

Die Koordinatenabhängigkeit der Komponenten A^i beruht auf der Wahl von krummlinigen Koordinaten. Der Vektor $A = e_x$ selbst ist dagegen ortsunabhängig. Dieses Beispiel macht klar, dass $dA^i = A^i{}_{|p} \, dx^p$ kein Maß für die Änderung von A zwischen x und $x + dx$ ist. Speziell für die Verschiebung

$$\left(dx^i\right) = \left(dx^1, \, dx^2\right) = (0, \, d\phi) \tag{16.18}$$

erhalten wir

$$\left(dA^i\right) = \left(\frac{\partial A^i}{\partial x^p} \, dx^p\right) = \left(-\sin \phi, \, -\frac{\cos \phi}{\rho}\right) d\phi \tag{16.19}$$

und

$$\begin{aligned}
\left(\delta A^i\right) &= \left(-\Gamma^i_{kp} A^k dx^p\right) = \left(-\Gamma^1_{22} A^2 \, d\phi, \, -\Gamma^2_{12} A^1 \, d\phi\right) \\
&= \left(-\sin \phi, \, -\frac{\cos \phi}{\rho}\right) d\phi
\end{aligned} \tag{16.20}$$

Das kovariante Differenzial verschwindet,

$$DA^i = dA^i - \delta A^i = 0 \tag{16.21}$$

Dies spiegelt die Konstanz des Vektors $A = e_x$ wider.

Wie in Abbildung 16.1 links skizziert, betrachten wir die Parallelverschiebung des Vektors A entlang des Viertelkreises

$$\left(x^i\right) = (\rho,\, \phi) = (1,\, 0) \xrightarrow{\; d\rho = 0 \;} \left(x^i\right) = (\rho,\, \phi) = (1,\, \pi/2) \tag{16.22}$$

Die Änderung des Vektors A^i längs dieses Wegs folgt aus (16.19),

$$\int \left(dA^i\right) = \int_0^{\pi/2} d\phi \, (-\sin\phi,\, -\cos\phi) = (-1,\, -1) \tag{16.23}$$

Dies bedeutet, dass die Komponenten des konstanten Vektors $A = e_x$ sich längs des Wegs (16.22) ändern:

$$\left(A^i\right) = (1,\, 0) \longrightarrow \left(A^i\right) = (0,\, -1) \tag{16.24}$$

Die Änderung aufgrund der Parallelverschiebung folgt aus (16.20),

$$\int \left(\delta A^i\right) = \int_0^{\pi/2} d\phi \, (-\sin\phi,\, -\cos\phi) = (-1,\, -1) \tag{16.25}$$

Für den konstanten Vektor A spiegelt also die Koordinatenabhängigkeit $A^i(x)$ nur die Änderung der Komponenten bei Parallelverschiebung wider; es ist $dA^i = \delta A^i$ oder $DA^i = 0$.

Beispiel: Kugeloberfläche

Für eine geodätische Linie $x^i(s)$ führen wir den Tangentenvektor

$$u^i = \frac{dx^i}{ds} \tag{16.26}$$

ein. Damit können wir (13.11) in der Form

$$\frac{du^i}{ds} = -\Gamma^i_{kp}\, u^k \, \frac{dx^p}{ds} \tag{16.27}$$

schreiben. Dies bedeutet

$$du^i = -\Gamma^i_{kp}\, u^k \, dx^p = \delta u^i \tag{16.28}$$

und

$$Du^i = 0 \qquad \text{(Tangentenvektor } u^i \text{ einer geodätischen Linie)} \tag{16.29}$$

Die Änderung der Komponenten u^i ergibt sich aus der Änderung durch Parallelverschiebung, $du^i = \delta u^i$. Also ist der Tangentenvektor zugleich ein längs der geodätischen Linie parallelverschobener Vektor. Für die Parallelverschiebung eines anderen Vektors A^i längs einer geodätischen Linie bedeutet dies, dass der Winkel
zwischen u^i und A^i konstant bleibt. In einem zweidimensionalen Raum legt dies
die Parallelverschiebung fest.

Als einfachstes Beispiel betrachten wir die in Abbildung 16.1 links skizzierte
Verschiebung im ebenen zweidimensionalen Raum. Die Geodäte ist hier eine Gerade, die durch P und Q geht. Bei der Parallelverschiebung ist der Winkel zwischen
e_x und dieser Geraden konstant.

Als nichttriviales Beispiel betrachten wir den gekrümmten zweidimensionalen
Raum der Kugeloberfläche, Abbildung 16.1 rechts. Wir wollen den Vektor e_ϕ längs
des Wegs

$$(\theta, \phi) = (\pi/2, 0) \rightarrow (\epsilon, 0) \rightarrow (\epsilon, \pi/2) \rightarrow (\pi/2, \pi/2) \rightarrow (\pi/2, 0) \qquad (16.30)$$

parallel verschieben. Alle Wegstücke sollen Teile von Großkreisen sein, also geodätische Linien. Anhand von Abbildung 16.1 sieht man, dass

$$A = e_\phi \quad \longrightarrow \quad A = e_\theta \qquad \text{(Parallelverschiebung)} \qquad (16.31)$$

Dies wird im Detail in Aufgabe 16.2 berechnet. Der Endvektor bildet einen Winkel
$\pi/2$ mit dem Ausgangsvektor. Dem entspricht eine Winkelsumme von $3\pi/2$ für das
vom Weg (16.30) eingeschlossene Dreieck.

Krümmung des Raums

Das Beispiel mit den Polarkoordinaten behandelte einen *euklidischen* oder *nichtgekrümmten* Raum. Mit den hier eingeführten Begriffen kann ein solcher Raum
dadurch definiert werden, dass die Parallelverschiebung längs eines beliebigen geschlossenen Wegs jeden Vektor in sich selbst überführt, also

$$\oint \delta A^i = 0 \qquad \text{(euklidischer Raum)} \qquad (16.32)$$

Der Gegensatz dazu ist ein *gekrümmter Raum*,

$$\oint \delta A^i \overset{\text{i.a.}}{\neq} 0 \qquad \text{(gekrümmter Raum)} \qquad (16.33)$$

Zur Veranschaulichung diente das Beispiel „Kugeloberfläche".

Die spätere Definition der Krümmung (Krümmungstensor) erfolgt ohne Bezug
auf die hier gegebene geometrische Deutung. Die Anschaulichkeit ist in dem zu be-
handelnden vierdimensionalen Raum ohnehin nicht mehr gegeben. Man kann den
Krümmungstensor auch über die hier diskutierte Parallelverschiebung definieren:
Dazu betrachtet man die Änderung δA_i eines Vektors längs einer geschlossenen

Kurve, die eine infinitesimale Fläche df^{pm} umgrenzt. Diese Änderung muss proportional zu dieser Fläche und natürlich zum Vektor selbst sein:

$$\oint \delta A_i = \oint \Gamma_{ip}^k A_k \, dx^p = -\frac{1}{2} R^k{}_{ipm} A_k \, df^{pm} \tag{16.34}$$

Wenn eine endliche Fläche betrachtet wird (anstelle der infinitesimalen Fläche df^{pm}), dann ist auf der rechten Seite das Integralzeichen hinzuzufügen.

Die linke Seite in (16.34) kann eine Differenz von zwei Vektoren am selben Ort aufgefasst werden, da über eine geschlossene Kurve summiert wird. Damit ist diese Größe ein Vektor. Der Proportionalitätskoeffizient $R^k{}_{ipm}$ muss dann ein Tensor vierter Stufe sein. Es ist der sogenannte *Krümmungstensor*. Für den nichtgekrümmten Raum folgt aus (16.32) und der Beliebigkeit von A und df in (16.34) $R^k{}_{ipm} = 0$. Man kann zeigen, dass (16.34) mit der Definition der $R^k{}_{ipm}$ in Kapitel 18 übereinstimmt (siehe etwa Landau-Lifschitz, Band II (1989), § 91).

Aufgaben

16.1 Basisvektoren auf Kugeloberfläche

Auf einer Kugeloberfläche werden die Koordinaten $(x^1, x^2) = (\theta, \phi)$ verwendet. Drücken Sie die Basisvektoren e_i und e^i durch e_θ und e_ϕ aus. Wie hängen ihre Skalarprodukte mit dem metrischen Tensor zusammen?

16.2 Parallelverschiebung auf Kugeloberfläche

Berechnen Sie die Parallelverschiebung des Vektors $A = e_\phi$ längs des Wegs

$$(\theta, \phi) = (\pi/2, 0) \xrightarrow{1} (\epsilon, 0) \xrightarrow{2} (\epsilon, \pi/2) \xrightarrow{3} (\pi/2, \pi/2) \xrightarrow{4} (\pi/2, 0)$$

auf einer Einheitskugel. Dies ist der Weg P $\to$ R $\to$ Q $\to$ P in Abbildung 16.1.

17 Verallgemeinerte Vektoroperationen

Wir untersuchen die Eigenschaften der Determinante des metrischen Tensors und die Verallgemeinerung der Operationen Gradient, Rotation und Divergenz im Riemannschen Raum.

Determinante des metrischen Tensors

Wie in (14.4) setzen wir voraus, dass die Determinante des metrischen Tensors nicht verschwindet:

$$g = \det(g_{ik}) = \epsilon^{i_1 i_2 \ldots i_N} \, g_{1i_1} \, g_{2i_2} \cdots g_{Ni_N} \neq 0 \qquad (17.1)$$

Die Elemente der total antisymmetrischen Größe $\epsilon^{i_1 \ldots i_N}$ sind wie in (5.19) durch die Zahlen 0 und ± 1 festgelegt. In die Ableitung der Determinante

$$\frac{\partial g}{\partial x^l} = \sum_{k=1}^{N} \epsilon^{i_1 i_2 \ldots i_N} \, g_{1i_1} \, g_{2i_2} \cdots \frac{\partial g_{ki_k}}{\partial x^l} \cdots g_{Ni_N} \qquad (17.2)$$

setzen wir

$$\frac{\partial g_{ki_k}}{\partial x^l} = \frac{\partial g_{km}}{\partial x^l} \, \delta_{ik}^m = \frac{\partial g_{km}}{\partial x^l} \, g^{mr} \, g_{ri_k} \qquad (17.3)$$

ein. An die Stelle des in (17.2) herausgefallenen Faktors g_{ki_k} tritt g_{ri_k}. Für $r \neq k$ enthält (17.2) dann das Produkt $g_{ri_r} \, g_{ri_k}$, das symmetrisch in i_r und i_k ist. Dieser Beitrag verschwindet wegen der Antisymmetrie von ϵ bezüglich dieser beiden Indizes. Daher überlebt nur der Term mit $r = k$:

$$\frac{\partial g}{\partial x^l} = \frac{\partial g_{km}}{\partial x^l} \, g^{mk} \, g \qquad (17.4)$$

Das Christoffelsymbol mit einer Kontraktion lässt sich hierdurch ausdrücken:

$$\Gamma_{kl}^k = \frac{g^{km}}{2} \left(\frac{\partial g_{mk}}{\partial x^l} + \frac{\partial g_{ml}}{\partial x^k} - \frac{\partial g_{kl}}{\partial x^m} \right) = \frac{g^{km}}{2} \frac{\partial g_{mk}}{\partial x^l}$$

$$\overset{(17.4)}{=} \frac{1}{2g} \frac{\partial g}{\partial x^l} = \frac{1}{2|g|} \frac{\partial |g|}{\partial x^l} = \frac{1}{\sqrt{|g|}} \frac{\partial \sqrt{|g|}}{\partial x^l} = \frac{\partial \ln \sqrt{|g|}}{\partial x^l} \qquad (17.5)$$

Die Terme $\partial g_{ml}/\partial x^k$ und $-\partial g_{kl}/\partial x^m$ in der ersten Zeile heben sich auf (Vertauschung der Summationsindizes). Der resultierende Ausdruck gilt unabhängig vom Vorzeichen von g, also insbesondere auch für $g < 0$ (etwa im Minkowskiraum).

Wir bestimmen die Transformationseigenschaft von $g = \det(g_{ik})$. Die Beziehung

$$g'_{ik} = \bar{\alpha}^l_i\, \bar{\alpha}^m_k\, g_{lm} \tag{17.6}$$

lautet in Matrixschreibweise

$$G' = \bar{\alpha}^{\mathrm{T}} G\, \bar{\alpha} \qquad \text{mit} \quad G = \begin{pmatrix} g_{11} & \cdots & g_{1N} \\ \vdots & \ddots & \vdots \\ g_{N1} & \cdots & g_{NN} \end{pmatrix} \tag{17.7}$$

Hiervon bilden wir die Determinante,

$$g' = \left(\det \bar{\alpha}\right)^2 g = \left(\det \frac{\partial x^i}{\partial x'^k}\right)^2 g \tag{17.8}$$

Wir setzen hierbei $\det \alpha > 0$ voraus; dies bedeutet zum Beispiel den Ausschluss von Spiegelungen bei orthogonalen Transformationen. Für $\det \alpha > 0$ wird (17.8) zu

$$\sqrt{|g'|} = \det \bar{\alpha}\, \sqrt{|g|} \tag{17.9}$$

Die *Jacobideterminante* $\det \bar{\alpha}$ tritt bei der Transformation des Volumenelements auf:

$$d^N x = dx^1 \ldots dx^N = \det\left(\frac{\partial x^i}{\partial x'^k}\right) dx'^1 \cdots dx'^N = \left(\det \bar{\alpha}\right) d^N x' \tag{17.10}$$

Mit (17.9) wird dies zu

$$\sqrt{|g'|}\, d^N x' = \sqrt{|g|}\, d^N x \tag{17.11}$$

Damit ist die Größe $\sqrt{|g|}\, d^N x$ ein Skalar. Sie ist das unter Koordinatentransformationen kovariante Volumenelement. Als Beispiel betrachten wir den Übergang von kartesischen Koordinaten x, y und z (mit $g = 1$) zu Kugelkoordinaten r, θ und ϕ mit dem metrischen Tensor $g'_{ik} = \operatorname{diag}(1, r^2, r^2 \sin^2\theta)$ und $g' = r^4 \sin^2\theta$. Hierfür wird (17.11) zu

$$r^2 \sin\theta\, dr\, d\theta\, d\phi = dx\, dy\, dz \tag{17.12}$$

Die total antisymmetrische Größe $\epsilon^{i_1 \ldots i_N}$ wird durch Zahlenzuweisung definiert. Die Zahlenzuweisung gilt unabhängig von den verwendeten Koordinaten, also $\epsilon'^{i_1 \ldots i_N} = \epsilon^{i_1 \ldots i_N}$. Hieraus folgt die obere Zeile in

$$\left(\frac{\epsilon^{i_1 \ldots i_N}}{\sqrt{|g|}}\right)' = \left\{ \begin{array}{l} \epsilon^{i_1 \ldots i_N} / \sqrt{|g'|} \\ \alpha^{i_1}_{j_1} \cdots \alpha^{i_N}_{j_N}\, \epsilon^{j_1 \ldots j_N} / \sqrt{|g|} \end{array} \right\} = \frac{\epsilon^{i_1 \ldots i_N}}{\sqrt{|g|}}\, \det \alpha \tag{17.13}$$

Die untere Zeile ergibt sich, wenn wir die linke Seite wie einen Tensor behandeln. Da dies zum selben Ergebnis führt, gilt

$$\frac{1}{\sqrt{|g|}}\, \epsilon^{i_1 \ldots i_N} \quad \text{ist ein Tensor} \tag{17.14}$$

Die kovarianten Komponenten der antisymmetrischen Größe $\epsilon^{i_1\cdots i_N}$ definieren wir durch

$$\epsilon_{i_1\ldots i_N} = g_{i_1 j_1} \cdots g_{i_N j_N}\, \epsilon^{j_1\ldots j_N} = g\, \epsilon^{i_1\ldots i_N} \tag{17.15}$$

Im Minkowskiraum (mit $(x^i) = (ct, x, y, z)$, $g_{ik} = \mathrm{diag}(1, -1, -1, -1)$ und $g = -1$) bedeutet dies $\epsilon_{0123} = -\epsilon^{0123}$. Im dreidimensionalen euklidischen Raum (mit kartesischen Koordinaten, $g_{ik} = \mathrm{diag}(1, 1, 1)$ und $g = 1$) erhalten wir $\epsilon_{123} = \epsilon^{123}$. Im dreidimensionalen Unterraum des Minkowskiraums (mit $(x^i) = (x, y, z)$, $g_{ik} = \mathrm{diag}(-1, -1, -1)$ und $g = -1$) gilt dagegen $\epsilon_{123} = -\epsilon^{123}$.

Gradient

Die Vektoroperationen Gradient, Rotation und Divergenz bestehen alle aus ersten partiellen Ableitungen von Feldern. Wir untersuchen die Modifikationen, die sich ergeben, wenn diese partiellen Ableitungen durch kovariante Ableitungen ersetzt werden.

Die kovariante Ableitung eines Skalars ist identisch mit der partiellen Ableitung. Daher können wir den Gradienten durch die Komponenten

$$S_{||k} = S_{|k} = \frac{\partial S}{\partial x^k} \tag{17.16}$$

definieren. Hierbei ist zu beachten, dass im Allgemeinen $S_{|2} \neq S^{|2}$. Für Polarkoordinaten $(x^1, x^2) = (\rho, \phi)$ gilt zum Beispiel $S_{|2} = \partial S/\partial x^2 = \partial S/\partial \phi$ und $S^{|2} = \partial S/\partial x_2 = \rho^{-2}\,\partial S/\partial \phi$. Dies steht im Gegensatz zum üblichen Vorgehen bei den orthogonalen Koordinaten im euklidischen Raum (etwa Kugel-, Polar- oder elliptische Koordinaten). Hier führt man meist *normierte* Basisvektoren ein; dann ist für Polarkoordinaten $(\mathrm{grad}\,S)_\phi = \rho^{-1}\,\partial S/\partial \phi$ anstelle von $S^{|2}$ oder $S_{|2}$. Entsprechende Unterschiede zwischen der Formulierung mit ko- und kontravarianten Basisvektoren einerseits und normierten Basisvektoren andererseits ergeben sich auch für die Rotation und die Divergenz.

Rotation

Aus den kovarianten Ableitungen eines Vektors lässt sich ein antisymmetrischer Tensor bilden:

$$A_{i||k} - A_{k||i} = A_{i|k} - \Gamma^p_{ik} A_p - A_{k|i} + \Gamma^p_{ki} A_p = A_{i|k} - A_{k|i} \tag{17.17}$$

Hierbei heben sich die Terme mit den Christoffelsymbolen gerade auf.

Speziell im dreidimensionalen Raum ist die Zusammenfassung der nichtverschwindenden unabhängigen Komponenten des antisymmetrischen Tensors (17.17) zu einem 3-Vektor möglich, der dann mit rot A bezeichnet wird. Für kartesische Koordinaten gilt $(\mathrm{rot}\,A)^i = \epsilon^{ikl} A_{l|k}$. Aus (17.14) ergibt sich dann der zugehörige Riemannvektor:

$$(\mathrm{rot}\,A)^i = \frac{\epsilon^{ikl}}{\sqrt{|g|}}\,\frac{1}{2}\left(A_{l||k} - A_{k||l}\right) = \frac{1}{\sqrt{|g|}}\,\epsilon^{ikl} A_{l|k} \qquad (N = 3) \tag{17.18}$$

Divergenz

Mit (17.5) können wir die kovariante Divergenz $A^i{}_{\|i}$ kompakt schreiben:

$$A^i{}_{\|i} = A^i{}_{|i} + \Gamma^i_{ip} A^p = \frac{\partial A^i}{\partial x^i} + \frac{1}{\sqrt{|g|}} \frac{\partial \sqrt{|g|}}{\partial x^p} A^p = \frac{1}{\sqrt{|g|}} \frac{\partial}{\partial x^i} \left(\sqrt{|g|}\, A^i \right)$$

$$\tag{17.19}$$

Hieraus und aus

$$\int_V dx^1 \cdots dx^N \, \frac{\partial \left(\sqrt{|g|}\, A^i \right)}{\partial x^i} = \int_{F(V)} df_i \, \sqrt{|g|}\, A^i \tag{17.20}$$

ergibt sich der *Gaußsche Satz* mit dem invarianten Volumenelement (17.11),

$$\int_V d^N x \, \sqrt{|g|}\, A^i{}_{\|i} = \int_{F(V)} df_i \, \sqrt{|g|}\, A^i \tag{17.21}$$

Aufgaben

17.1 *Kovariante Maxwellgleichungen*

Werten Sie die kovariante Form der inhomogenen Maxwellgleichung

$$E^i{}_{\|i} = 4\pi \varrho_e \quad \text{und} \quad \frac{1}{\sqrt{g}} \epsilon^{ikl} B_{l|k} = \frac{4\pi}{c} j^i + \frac{1}{c} \frac{\partial E^i}{\partial t}$$

für Kugelkoordinaten $(x^1, x^2, x^3) = (r, \theta, \phi)$ aus.

18 Krümmungstensor

Das Äquivalenzprinzip führt dazu, dass das Gravitationsfeld durch den metrischen Tensor beschrieben wird. In Kapitel 13 haben wir plausibel gemacht, dass koordinatenabhängige metrische Koeffizienten $g_{ik}(x)$ im Allgemeinen eine Krümmung des Raums bedeuten. In diesem Kapitel wird ein Tensor eingeführt, der die Krümmung quantitativ beschreibt. Dieser Krümmungstensor wird zur Aufstellung der Feldgleichungen der Allgemeinen Relativitätstheorie benötigt.

Wir rufen uns zunächst einige bereits bekannte Punkte in Erinnerung. Die metrischen Koeffizienten g_{ik} hängen von

- den Eigenschaften des Riemannschen Raums

- der Wahl der Koordinaten

ab. Ein Beispiel für die Abhängigkeit von der Koordinatenwahl ist der zweidimensionale, euklidische Raum mit dem Wegelement

$$ds^2 = dx^2 + dy^2 = d\rho^2 + \rho^2 \, d\phi^2 \qquad (18.1)$$

Ein Raum ist genau dann euklidisch, wenn es eine Koordinatentransformation gibt, die *global* zum metrischen Tensor $g_{ik} = \delta_{ik}$ führt. Falls durch eine solche Transformation $g_{ik} = \eta_{ik}$ erreicht werden kann, handelt es sich um einen Minkowskiraum; in beiden Fällen ist der Raum eben. Ein gekrümmter Raum ist dadurch charakterisiert, dass es keine solche Transformation zu kartesischen (oder Minkowski-) Koordinaten gibt. Ein Beispiel für einen gekrümmten Raum ist die zweidimensionale Kugeloberfläche mit der Metrik

$$ds^2 = a^2 \, d\theta^2 + a^2 \sin^2\theta \, d\phi^2 \qquad (18.2)$$

Dabei sind θ und ϕ die üblichen Winkelkoordinaten und a ist ein konstanter Parameter. Ein gekrümmter Raum kann wie in (18.2) endlich sein, oder auch unendlich, wie etwa der zweidimensionale Raum eines Hyperboloids.

Einem gegebenen, koordinatenabhängigen metrischen Tensor $g_{ik}(x)$ ist es nicht ohne weiteres anzusehen, ob eine Transformation zu kartesischen Koordinaten möglich ist oder nicht. Aus den $g_{ik}(x)$ kann man aber den Krümmungstensor berechnen. Genau dann, wenn dieser Tensor verschwindet, ist der Raum eben.

Zur Aufstellung des Krümmungstensors gehen wir von der Differenz $A_{i\|k\|p}$ − $A_{i\|p\|k}$ aus. In dieser Differenz fallen, wie wir noch im Einzelnen sehen werden, alle partiellen Ableitungen des Felds A_i weg; so gilt zum Beispiel $A_{i|k|p} - A_{i|p|k} = 0$ (stetige Differenzierbarkeit von $A_i(x)$ wird vorausgesetzt). Damit bleiben nur Terme übrig, die linear im Vektorfeld A_i sind. Die betrachtete Differenz ist daher von der Form

$$A_{i\|k\|p} - A_{i\|p\|k} = - R^m{}_{ikp} A_m \qquad (18.3)$$

Da die linke Seite ein Tensor und A_m ein Vektor ist, ist hierdurch ein Tensor $R^m{}_{ikp}$ definiert. Wegen

$$R^m{}_{ikp} = 0 \qquad \text{für einen nicht gekrümmten Raum} \qquad (18.4)$$

erhält dieser Tensor den Namen *Krümmungstensor*. Wir begründen (18.4): Im ebenen Raum sind kartesische Koordinaten möglich. Hierfür wird die linke Seite von (18.3) zu $A_{i|k|p} - A_{i|p|k} = 0$. Damit gilt $R^m{}_{ikp} = 0$. Da $R^m{}_{ikp}$ ein Tensor ist, gilt dies dann auch für beliebige Koordinaten. In einem gekrümmten Raum verschwindet der Tensor $R^m{}_{ikp}$ dagegen nicht.

Wir werten (18.3) mit Hilfe von

$$A_{i\|k} = A_{i|k} - \Gamma^m_{ik} A_m , \qquad T_{ik\|p} = T_{ik|p} - \Gamma^m_{ip} T_{mk} - \Gamma^m_{kp} T_{im} \qquad (18.5)$$

aus:

$$A_{i\|k\|p} = A_{i\|k|p} - \Gamma^m_{ip} A_{m\|k} - \Gamma^m_{kp} A_{i\|m} = A_{i|k|p} - \Gamma^m_{ik|p} A_m - \Gamma^m_{ik} A_{m|p}$$

$$- \Gamma^m_{ip} A_{m|k} - \Gamma^m_{kp} A_{i|m} + \Gamma^m_{ip} \Gamma^r_{mk} A_r + \Gamma^m_{kp} \Gamma^r_{im} A_r \qquad (18.6)$$

Der 1., (3. + 4.), 5. und 7. Term auf der rechten Seite sind symmetrisch in k und p, sie fallen also bei der Differenzbildung in (18.3) fort. Es bleiben nur der 2. und 6. Term übrig:

$$A_{i\|k\|p} - A_{i\|p\|k} = - \left(\Gamma^m_{ik|p} - \Gamma^m_{ip|k} - \Gamma^r_{ip} \Gamma^m_{rk} + \Gamma^r_{ik} \Gamma^m_{rp} \right) A_m \qquad (18.7)$$

Damit ist die in (18.3) angenommene Form bestätigt, und zwar mit

$$R^m{}_{ikp} = \frac{\partial \Gamma^m_{ik}}{\partial x^p} - \frac{\partial \Gamma^m_{ip}}{\partial x^k} + \Gamma^r_{ik} \Gamma^m_{rp} - \Gamma^r_{ip} \Gamma^m_{rk} \qquad (18.8)$$

Hieraus folgt sofort (18.4), weil die Christoffelsymbole für kartesische Koordinaten verschwinden. Mit der linken Seite von (18.7) muss auch die rechte ein Tensor sein. Da A_m ein Vektor ist, muss $R^m{}_{ikp}$ ein Tensor sein.

Man kann zeigen (Kapitel 6.2 in [1]), dass $R^m{}_{ikp}$ der *einzige* Tensor ist, der aus dem metrischen Tensor und seinen ersten und zweiten Ableitungen gebildet werden kann und der linear in der zweiten Ableitung ist. Man geht dazu an einem Punkt in ein lokal kartesisches Koordinatensystem (dort ist dann $\Gamma^{\cdot}_{\cdot\cdot} = 0$), schreibt das Transformationsverhalten von $\partial \Gamma^{\cdot}_{\cdot\cdot}/\partial x^{\cdot}$ an und bildet diejenige Linearkombination dieser Ableitungen, die sich wie ein Tensor transformiert. Dies legt die ersten beiden Terme in (18.8) fest; die anderen folgen dann aus der Forderung, dass die gesuchte Größe ein Tensor ist.

Folgende Kontraktionen von (18.8) sind auch Tensoren: Der sogenannte *Ricci-Tensor*

$$R_{ip} = R^m{}_{imp} = g^{km} R_{kimp} \tag{18.9}$$

und der *Krümmungsskalar*

$$R = R^i{}_i = g^{ik} R_{ik} \tag{18.10}$$

Dagegen verschwindet die Kontraktion $R^i{}_{ikp} = g^{im} R_{imkp} \equiv 0$ wegen $R_{imkp} = -R_{mikp}$.

Wir drücken die $R_{mikp} = g_{ms} R^s{}_{ikp}$ noch explizit durch die zweiten Ableitungen des metrischen Tensors aus. Dazu setzen wir die Definition der Christoffelsymbole in die Ableitungen $\partial \Gamma^{\cdot}_{\cdot}/\partial x^{\cdot}$ in (18.8) ein. Nach einigen Zwischenrechnungen (Aufgabe 18.1) erhalten wir:

$$\boxed{\begin{aligned} R_{mikp} = {} & \frac{1}{2}\left(\frac{\partial^2 g_{mk}}{\partial x^i\, \partial x^p} + \frac{\partial^2 g_{ip}}{\partial x^m\, \partial x^k} - \frac{\partial^2 g_{ik}}{\partial x^m\, \partial x^p} - \frac{\partial^2 g_{mp}}{\partial x^i\, \partial x^k} \right) \\ & + g_{rs}\left(\Gamma^r_{km}\Gamma^s_{ip} - \Gamma^r_{pm}\Gamma^s_{ik} \right) \qquad \text{Krümmungstensor} \end{aligned}} \tag{18.11}$$

An dieser Form lassen sich folgende Symmetrieeigenschaften ablesen:

$$R_{mikp} = R_{kpmi} \tag{18.12}$$

$$R_{mikp} = -R_{imkp} = -R_{mipk} = R_{impk} \tag{18.13}$$

$$R_{mikp} + R_{mpik} + R_{mkpi} = 0 \tag{18.14}$$

Die Zahl der unabhängigen Komponenten R_{mikp} ergibt sich aus folgenden Überlegungen: Wegen der Antisymmetrie (18.13) kann jeder Doppelindex (mi) oder (kp) genau $M = N(N-1)/2$ unabhängige Werte annehmen. Bezüglich dieser zwei Doppelindizes ist R_{mikp} wegen (18.12) eine symmetrische $M \times M$-Matrix mit

$$\frac{M(M+1)}{2} = \frac{N(N-1)(N^2-N+2)}{8} \tag{18.15}$$

Elementen. Damit haben wir (18.12) und (18.13) berücksichtigt. Zur Untersuchung der Einschränkung aus (18.14) ersetzen wir jeden Term gemäß

$$R_{mikp} = \frac{1}{8}\left(R_{mikp} - R_{imkp} - R_{mipk} + R_{impk} + R_{kpmi} - R_{kpim} - R_{pkmi} + R_{pkim} \right) \tag{18.16}$$

In (18.14) erhalten wir dann $3 \cdot 8 = 4!$ Terme mit jeweils verschiedener Reihenfolge der vier Indizes. Da dabei jede Permutation ein Minuszeichen ergibt, ist dies eine bezüglich der vier Indizes total antisymmetrische Summe. Daher bedeutet (18.14) nur dann eine zusätzliche Bedingung für die R_{ipkm}, falls alle vier Indizes verschieden sind. Es gibt

$$\binom{N}{4} = \begin{cases} \dfrac{N!}{(N-4)!\,4!} & (N \geq 4) \\[2mm] 0 & (N < 4) \end{cases} \tag{18.17}$$

Möglichkeiten, vier verschiedene Indexwerte aus N möglichen auszuwählen. Für jede solche Auswahl ergibt (18.14) genau eine einschränkende Bedingung. Daher ist

$$c_N = \frac{N(N-1)(N^2 - N + 2)}{8} - \binom{N}{4} = \frac{N^2(N^2 - 1)}{12} \tag{18.18}$$

die Zahl der unabhängigen Komponenten. Für $N < 4$ verifiziert man den letzten Ausdruck direkt; für $N \geq 4$ setzt man die obere Zeile von (18.17) ein und formt um. Aus (18.18) folgt insbesondere

$$c_1 = 0, \qquad c_2 = 1, \qquad c_3 = 6, \qquad c_4 = 20 \tag{18.19}$$

Auf einer Kurve ($N = 1$) kann die Weglänge als Koordinate x gewählt werden, $ds^2 = dx^2$. Damit ist $g_{11} = 1$ und der Krümmungstensor verschwindet ($c_1 = 0$). Die *äußere* Krümmung der Kurve in einem höherdimensionalen Raum spielt dabei keine Rolle; denn die Abstände auf einer Geraden verändern sich nicht, wenn die Gerade zu einer Kurve verbogen wird. Wir bezeichnen die hier betrachtete Krümmung, die sich allein aus der Metrik (den g_{ik}) ergibt, daher auch als *innere* Krümmung.

Wir betrachten noch speziell den zweidimensionalen Fall. Die Indizes nehmen die Werte 1 und 2 an. Wegen (18.13) müssen das vordere und das hintere Indexpaar verschiedene Werte enthalten. Die einzigen nichtverschwindenden Elemente sind daher:

$$R_{1212} = -R_{2112} = -R_{1221} = R_{2121} \tag{18.20}$$

Für $N = 2$ ist der Krümmungstensor also durch eine einzige Größe bestimmt, $c_2 = 1$. Er lässt sich in der Form

$$R_{mikp} = \left(g_{mk}\, g_{ip} - g_{mp}\, g_{ik} \right) \frac{R_{1212}}{g} \tag{18.21}$$

schreiben, wobei $g = g_{11} g_{22} - g_{21} g_{12} = \det(g_{ik})$. Man überzeugt sich leicht, dass (18.21) die Symmetriebedingung (18.20) erfüllt und dass die rechte Seite für $m = i$ oder $k = p$ verschwindet. Aus (18.21) folgt der Ricci-Tensor

$$R_{ip} = g^{km}\, R_{mikp} = g_{ip}\, \frac{R_{1212}}{g} \tag{18.22}$$

und der Krümmungsskalar

$$R = \frac{2\, R_{1212}}{g} \tag{18.23}$$

Als Beispiel betrachten wir die Kugeloberfläche. Wir verwenden die üblichen Winkelkoordinaten $x^1 = \theta$ und $x^2 = \phi$. Aus dem Wegelement (18.2) lesen wir den metrischen Tensor ab:

$$(g_{ik}) = \begin{pmatrix} a^2 & 0 \\ 0 & a^2 \sin^2\theta \end{pmatrix} \qquad (18.24)$$

Die einzige nichtverschwindende Ableitung ist

$$\frac{\partial g_{22}}{\partial x^1} = 2a^2 \sin\theta \cos\theta \qquad (18.25)$$

Damit sind nur die Christoffelsymbole mit den Indizes $(2,2,1)$ ungleich null. Wir werten (18.11) aus:

$$R_{1212} = \frac{1}{2}\frac{\partial^2 g_{22}}{\partial x^1 \partial x^1} + g_{rs}\left(\Gamma_{11}^r \Gamma_{22}^s - \Gamma_{12}^r \Gamma_{12}^s\right) = \frac{1}{2}\frac{\partial^2 g_{22}}{\partial \theta^2} - g_{22}\left(\Gamma_{12}^2\right)^2 = -a^2 \sin^2\theta \qquad (18.26)$$

Im letzten Schritt wurden $\partial^2 g_{22}/\partial\theta^2 = 2a^2(\cos^2\theta - \sin^2\theta)$ und $\Gamma_{12}^2 = \cot\theta$ eingesetzt. Mit $g = a^4 \sin^2\theta$ erhalten wir schließlich

$$R = \frac{2R_{1212}}{g} = -\frac{2}{a^2} \qquad \text{(Kugeloberfläche)} \qquad (18.27)$$

Die Krümmung einer zweidimensionalen Fläche im Dreidimensionalen kann lokal durch zwei Hauptkrümmungsradien, ρ_1 und ρ_2, beschrieben werden. In Aufgabe 18.2 wird gezeigt, wie die *Gaußsche Krümmung* K mit dem Krümmungsskalar R zusammenhängt:

$$K = \frac{1}{\rho_1 \rho_2} = -\frac{R}{2} \qquad (18.28)$$

Die Krümmungsradien legen die innere und äußere Krümmung der Fläche fest. Beispiele sind die Kugeloberfläche mit $\rho_1 = \rho_2 = a$ und die Ebene mit $\rho_1 = \rho_2 = \infty$. Wird die Ebene zu einem Zylinder verbogen, so bleibt jeweils einer der beiden Krümmungsradien unendlich; der Krümmungsskalar bleibt also null. Die Metrik der Fläche wird durch eine solche Verbiegung nicht geändert: Man nehme etwa ein Blatt Papier und zeichne kartesische Koordinatenlinien darauf. Es ist dann offensichtlich, dass sich die Metrik innerhalb des zweidimensionalen Raums nicht ändert, wenn man das Blatt im Dreidimensionalen verbiegt. Die Verbiegung betrifft nur die äußere Krümmung.

Die Behauptung der Einleitung, dass für die Kugeloberfläche keine kartesischen Koordinaten existieren, fassen wir nun etwas allgemeiner:

$$R^i{}_{kpm} \neq 0 \qquad \longleftrightarrow \qquad \text{kein kartesisches KS} \qquad (18.29)$$

Dies bedeutet: Ein nichtverschwindender Krümmungstensor ist äquivalent zur Nichtexistenz eines kartesischen KS. Zur Schlussrichtung $\rightarrow$ zeigt man, dass die Existenz eines kartesischen KS im Widerspruch zur Voraussetzung $R^i{}_{kpm} \neq 0$

steht: In einem kartesischen KS wäre $R^i_{\ kpm} = 0$. Da $R^i_{\ kpm}$ ein Tensor ist, gilt dies aber dann für beliebige Koordinaten. Zur Schlussrichtung $\leftarrow$ zeigt man, dass für $R^i_{\ kpm} = 0$ kartesische Koordinaten möglich sind: Ausgehend von den gegebenen Koordinaten führt man zunächst eine Transformation durch, die an einem Punkt ein *lokales* kartesisches System ergibt. Dann ist an dieser Stelle $\Gamma_{..}^{.} = 0$. Wegen $R^i_{\ kpm} = 0$ gilt außerdem $\partial\Gamma_{..}^{.}/\partial x^{\cdot} = 0$, so dass das lokale kartesische KS zu einem globalen fortgesetzt werden kann.

Aufgaben

18.1   Umformung des Krümmungstensors

Leiten Sie

$$R_{mikp} = \frac{1}{2}\left(\frac{\partial^2 g_{mk}}{\partial x^i\,\partial x^p} + \frac{\partial^2 g_{ip}}{\partial x^m\,\partial x^k} - \frac{\partial^2 g_{ik}}{\partial x^m\,\partial x^p} - \frac{\partial^2 g_{mp}}{\partial x^i\,\partial x^k}\right) + g_{rs}\left(\Gamma_{km}^r\,\Gamma_{ip}^s - \Gamma_{pm}^r\,\Gamma_{ik}^s\right)$$

aus

$$R^m_{\ ikp} = \frac{\partial\Gamma_{ik}^m}{\partial x^p} - \frac{\partial\Gamma_{ip}^m}{\partial x^k} + \Gamma_{ik}^r\,\Gamma_{rp}^m - \Gamma_{ip}^r\,\Gamma_{rk}^m$$

ab. Zeigen Sie dazu zunächst

$$\frac{\partial g_{ms}}{\partial x^p} = g_{ks}\,\Gamma_{pm}^k + g_{km}\,\Gamma_{ps}^k \tag{18.30}$$

und

$$g_{ms}\,\frac{\partial g^{sr}}{\partial x^p} = -g^{sr}\,\frac{\partial g_{ms}}{\partial x^p} \tag{18.31}$$

18.2   Gaußsche Krümmung

Berechnen Sie den Zusammenhang zwischen dem Krümmungsskalar R und der Gaußschen Krümmung $K = 1/(\rho_1\rho_2)$ für eine zweidimensionale Fläche. Dazu kann ohne Einschränkung der Allgemeinheit die Fläche

$$z = \frac{x^2}{2\rho_1} + \frac{y^2}{2\rho_2}$$

mit den Hauptkrümmungsradien ρ_1 und ρ_2 verwendet werden. Bestimmen Sie die Metrik $ds^2 = g_{11}\,dx^2 + g_{22}\,dy^2 + 2g_{12}\,dx\,dy$ innerhalb der Fläche, und berechnen Sie aus den g_{ik} den Krümmungsskalar R.

V Grundgesetze der ART

19 Kovarianzprinzip

Ausgehend vom Äquivalenzprinzip stellen wir das Kovarianzprinzip auf. Das Kovarianzprinzip ist ein Verfahren, physikalische Gesetze mit Gravitation aus den bekannten SRT-Gesetzen abzuleiten. Wir beginnen mit analogen Verfahren im dreidimensionalen euklidischen Raum und im Minkowskiraum.

Für ein elektrisches Feld, das in einem kartesischen Koordinatensystem KS$'$ parallel zur x'-Achse ist ($E = E'_x e'_x$), sei die Gültigkeit der Gleichung

$$\frac{\partial E'_x(r)}{\partial x'} = 4\pi \varrho_{\mathrm{e}}(r) \qquad (19.1)$$

vorausgesetzt. Wie sieht dann diese Beziehung bei beliebiger Richtung von E aus? Nimmt man die Isotropie des Raumes an, so müssen grundlegende Gesetze so formuliert werden, dass sie kovariant unter Drehungen im dreidimensionalen euklidischen Raum sind. Hierzu führt man 3-Tensoren ein, die durch ihre Transformationseigenschaften unter orthogonalen Transformationen (Drehungen) definiert sind. Da ϱ_{e} in (19.1) ein 3-Skalar ist, $\partial/\partial x$ und E_x aber die 1-Komponenten von 3-Vektoren sind, lautet die naheliegende Verallgemeinerung von (19.1)

$$\partial_i E^i(r) = 4\pi \varrho_{\mathrm{e}}(r) \qquad (19.2)$$

Die Gültigkeit dieser Verallgemeinerung ergibt sich aus folgender Überlegung: Man betrachtet die Umgebung eines bestimmten Punktes r und wählt dort ein kartesisches KS$'$ so, dass das Feld parallel zu e'_x ist. Die Gleichung (19.2) ändert ihre Form nicht bei einer orthogonalen Transformation. Daher reduziert sie sich lokal zu (19.1), ist also nach Voraussetzung gültig. Da der Punkt r beliebig ist und Differenzialgleichungen lokale Aussagen sind, gilt dann (19.2) generell.

Allgemein erhalten wir aus der Isotropieannahme eine Vorschrift zur Aufstellung gültiger Gesetze: Die gesuchte Gleichung muss folgende Bedingungen erfüllen:

- Kovarianz gegenüber orthogonalen Transformationen.

- Gültigkeit in einem speziell orientierten Koordinatensystem.

In dem einfachen Beispiel (19.2) können wir noch einen Schritt weitergehen und die Möglichkeit betrachten, statt kartesischer Koordinaten beliebige andere Koordinaten (zum Beispiel Kugelkoordinaten) einzuführen. Die Gleichung (19.2) kann in folgender *koordinatenunabhängiger* Form geschrieben werden:

$$\operatorname{div} \boldsymbol{E}(\boldsymbol{r}) = 4\pi \varrho_{\mathrm{e}}(\boldsymbol{r}) \tag{19.3}$$

Die Divergenz sei hierfür koordinatenunabhängig definiert, also etwa über den Gaußschen Satz für ein infinitesimales Volumen. Die Gültigkeit von (19.3) ergibt sich dann aus:

- Kovarianz unter allgemeinen Koordinatentransformationen.

- Gültigkeit für spezielle Koordinaten (kartesische Koordinaten in (19.2)).

Der Struktur nach analoge Betrachtungen haben wir zum Aufstellen der Gesetze der Speziellen Relativitätstheorie (SRT) benutzt. Die Gleichwertigkeit gedrehter KS wird zur Gleichwertigkeit verschiedener Inertialsysteme; anstelle der Kovarianz gegenüber orthogonalen Transformationen verlangen wir die Kovarianz gegenüber Lorentztransformationen. Die richtigen Gesetze müssen dann die beiden Forderungen erfüllen:

- Kovarianz gegenüber Lorentztransformationen (etwa (4.4)).

- Gültigkeit in einem speziellen IS′ (etwa (4.1)).

In allen betrachteten Fällen wird die Kovarianz (gegenüber orthogonalen Transformationen, allgemeinen Koordinatentransformationen, Lorentztransformationen) durch die mathematische Form der Gleichungen gewährleistet. Der Grenzfall, für den die betrachtete allgemeine Gleichung sich auf eine bekannte reduziert, ist dabei häufig nur lokal (im Ort oder in der Zeit) zu verwirklichen. Dies genügt für Differenzialgleichungen, weil sie lokale Aussagen sind.

Ein analoges Verfahren verwenden wir auch zur Aufstellung von Gesetzen der Allgemeinen Relativitätstheorie (ART). Als Grenzfall, für den die Gleichungen bekannt sind, dient jetzt das Lokale Inertialsystem (etwa ein Satellitenlabor) an der jeweils betrachteten Stelle. Die Transformation zu dem Koordinatensystem, das wir tatsächlich benutzen wollen, ist dann eine Transformation zwischen relativ zueinander beschleunigten Bezugssystemen; formal ist es eine der in Kapitel 14 betrachteten allgemeinen Koordinatentransformationen. In Teil IV haben wir untersucht, wie wir Gleichungen formulieren müssen, damit sie *kovariant* (oder auch *allgemein kovariant*), also forminvariant unter solchen allgemeinen Koordinatentransformationen sind. Dazu haben wir kovariante Größen (die Riemanntensoren) und kovariante Differenzialoperationen eingeführt. Damit folgt aus dem Äquivalenzprinzip (Kapitel 10) das *Kovarianzprinzip*: Die im Gravitationsfeld gültigen Gleichungen sind durch folgende Bedingungen bestimmt:

1. Kovarianz unter allgemeinen Koordinatentransformationen. Dies bedeutet, dass das Gesetz die Form einer Riemann-Tensorgleichung haben muss.

2. Gültigkeit im Lokalen Inertialsystem. Dies bedeutet, dass sich beim Einsetzen von $g_{\mu\nu} = \eta_{\mu\nu}$ das entsprechende Gesetz der SRT ergeben muss.

Ein Bezugssystem mit $g_{\mu\nu} = \eta_{\mu\nu}$ kann nur lokal verwirklicht werden, etwa durch lokale Elimination der Gravitationskräfte im Satellitenlabor. Ähnlich dazu ist die Reduktion der relativistischen Bewegungsgleichung auf den Newtonschen Grenzfall nur (zeitlich) lokal möglich; denn ein momentan mitbewegtes IS gibt es für einen beschleunigten Massenpunkt nur zu einem bestimmten Zeitpunkt.

In Kapitel 10 hatten wir aus dem Äquivalenzprinzip folgendes Schema zur Aufstellung von relativistischen Gesetzen mit Gravitation erhalten:

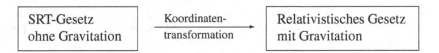

Man kann das (mühsame) Einsetzen einer allgemeinen Koordinatentransformation in ein SRT-Gesetz folgendermaßen umgehen: Man schreibt das SRT-Gesetz in allgemein kovarianter Form. Danach ändert es seine Form nicht mehr unter der Koordinatentransformation. Es stellt damit bereits das gesuchte relativistische Gesetz mit Gravitation dar. Dieses Verfahren wird Kovarianzprinzip genannt. Das Äquivalenzprinzip ist die dem Verfahren zugrunde liegende physikalische Annahme, so wie es in den obigen Beispielen die Annahme der Isotropie des Raums oder das Einsteinsche Relativitätsprinzip war.

Definition von Riemanntensoren

Wir geben zunächst an, wie bekannten Lorentztensoren die entsprechenden Riemanntensoren zugeordnet werden. Dies ist der jeweils erste Schritt bei der Anwendung des Kovarianzprinzips.

In der ART gehen wir von einem vierdimensionalen Riemannschen Raum mit den Koordinaten x^μ aus. An jedem Punkt des Raums gibt es eine Transformation $x^\mu = x^\mu(\xi)$ zu den Koordinaten ξ^α eines Lokalen IS. Im Riemannschen Raum bezeichnen wir die Indizes mit μ, ν, λ, ..., im lokalen Minkowskiraum dagegen mit α, β, γ, ...; alle griechischen Indizes laufen über die Werte 0, 1, 2 und 3.

Die Koordinatentransformation $x^\mu = x^\mu(\xi)$ legt die Beziehung zwischen dem Lorentzvektor $d\xi^\alpha$ und dem Riemannvektor dx^μ fest:

$$dx^\mu = \frac{\partial x^\mu}{\partial \xi^\alpha}\, d\xi^\alpha \quad \text{und} \quad d\xi^\alpha = \frac{\partial \xi^\alpha}{\partial x^\mu}\, dx^\mu \tag{19.4}$$

Wenn wir dies in das Wegelement einsetzen,

$$ds^2 = \eta_{\alpha\beta}\, d\xi^\alpha\, d\xi^\beta = \eta_{\alpha\beta}\, \frac{\partial \xi^\alpha}{\partial x^\mu}\, \frac{\partial \xi^\beta}{\partial x^\nu}\, dx^\mu dx^\nu = g_{\mu\nu}(x)\, dx^\mu dx^\nu \tag{19.5}$$

erhalten wir den metrischen Tensor

$$g_{\mu\nu}(x) = \eta_{\alpha\beta} \frac{\partial \xi^\alpha}{\partial x^\mu} \frac{\partial \xi^\beta}{\partial x^\nu} \tag{19.6}$$

Dieses Ergebnis ist aus (11.6) bekannt. Es entspricht der Zuordnung eines Riemann-tensors $g_{\mu\nu}$ zum Lorentztensor $\eta_{\alpha\beta}$. Das Wegelement ds ist sowohl ein Lorentz- wie auch ein Riemannskalar.

Analog zu (19.4) ordnen wir jedem Lorentzvektor A^α den Riemannvektor A^μ zu:

$$A^\mu \equiv \frac{\partial x^\mu}{\partial \xi^\alpha} A^\alpha \qquad \text{Definition eines} \atop \text{Riemannvektors} \tag{19.7}$$

Wir zeigen, dass A^μ tatsächlich ein Riemannvektor ist:

$$A'^\mu = \frac{\partial x'^\mu}{\partial \xi^\alpha} A^\alpha = \frac{\partial x'^\mu}{\partial x^\nu} \frac{\partial x^\nu}{\partial \xi^\alpha} A^\alpha = \alpha^\mu_\nu A^\nu \tag{19.8}$$

Die Größen α^μ_ν (und die inversen Größen $\bar{\alpha}^\mu_\nu$) sind wie in (14.10) definiert. Für einen kovarianten Vektor gilt

$$A_\mu = g_{\mu\nu} A^\nu = \eta_{\alpha\beta} \frac{\partial \xi^\alpha}{\partial x^\mu} \frac{\partial \xi^\beta}{\partial x^\nu} \frac{\partial x^\nu}{\partial \xi^\gamma} A^\gamma = \frac{\partial \xi^\alpha}{\partial x^\mu} A_\alpha \tag{19.9}$$

Riemanntensoren werden analog zu den Vektoren definiert, zum Beispiel

$$F^{\mu\nu} \equiv \frac{\partial x^\mu}{\partial \xi^\alpha} \frac{\partial x^\nu}{\partial \xi^\beta} F^{\alpha\beta} , \qquad F_{\mu\nu} \equiv \frac{\partial \xi^\alpha}{\partial x^\mu} \frac{\partial \xi^\beta}{\partial x^\nu} F_{\alpha\beta} \tag{19.10}$$

Ein Lorentzskalar (wie etwa ds) ist zugleich ein Riemannskalar. Ein Lorentzskalar-feld $S(\xi)$ wird zum Riemann-Skalarfeld $S(x)$,

$$S(x^0, \ldots, x^3) \equiv S(\xi^0(x), \ldots, \xi^3(x)) \tag{19.11}$$

Diese Änderung der Argumente gilt entsprechend für (19.10) und (19.7), wenn wir Tensorfelder betrachten. Da $S(x)$ eine andere Funktion der Argumente ist als $S(\xi)$, müsste eigentlich ein anderer Buchstabe verwendet werden. Wie in der Physik üb-lich, verzichten wir aber auf eine solche Unterscheidung in der Notation.

Verschiedene KS (mit den Koordinaten x oder x') sind mit dem Lokalen IS (mit ξ) durch eine Koordinatentransformation ($\xi(x)$ oder $\xi(x')$) verbunden. Daraus ergibt sich das Transformationsverhalten des Riemann-Skalarfelds (19.11):

$$S'(x') = S(\xi(x')) = S(\xi(x'(x))) = S(\xi(x)) = S(x) \tag{19.12}$$

Für die jetzt definierten Riemanntensoren gelten die in Teil IV gegebenen Regeln. Sie betreffen insbesondere das Hoch- und Herunterziehen von Indizes mit dem me-trischen Tensor, das Transformationsverhalten, die Bildung neuer Tensoren und die Differenziation von Tensorfeldern.

Bewegung im Gravitationsfeld

Als erste physikalische Anwendung des Kovarianzprinzips betrachten wir die Bewegung eines Teilchens im Gravitationsfeld. Im Lokalen IS mit den Minkowskikoordinaten ξ^α gilt

$$\frac{du^\alpha}{d\tau} = \frac{d^2\xi^\alpha}{d\tau^2} = 0 \qquad \text{im Lokalen IS} \qquad (19.13)$$

wobei $d\tau = ds/c$. Das Lokale IS ist etwa ein frei fallendes Satellitenlabor am Ort ξ^α des Teilchens. Die Gültigkeit von (19.13) wird im Äquivalenzprinzip postuliert; sie beruht auf der Äquivalenz von Gravitations- und Beschleunigungskräften. Nach dem Kovarianzprinzip müssen wir nun eine kovariante Gleichung aufstellen, die sich für $g_{\mu\nu} = \eta_{\mu\nu}$ auf (19.13) reduziert.

Durch

$$u^\mu \equiv \frac{\partial x^\mu}{\partial \xi^\alpha} u^\alpha = \frac{\partial x^\mu}{\partial \xi^\alpha} \frac{d\xi^\alpha}{d\tau} = \frac{dx^\mu}{d\tau} \qquad (19.14)$$

definieren wir den zur Vierergeschwindigkeit u^α gehörigen Riemannvektor. Zur Aufstellung der Bewegungsgleichung müssen wir u^μ differenzieren. Das kovariante Differenzial

$$Du^\mu = u^\mu{}_{||\nu}\, dx^\nu = du^\mu - \delta u^\mu = du^\mu + \Gamma^\mu_{\nu\lambda} u^\nu\, dx^\lambda \qquad (19.15)$$

ist ein Riemannvektor; dies gilt nicht für du^μ. Als kovariante Verallgemeinerung von (19.13) bietet sich

$$\frac{Du^\mu}{d\tau} = 0 \qquad (19.16)$$

an; ebenfalls üblich ist die Schreibweise $Du^\mu/D\tau = 0$. Diese Gleichung erfüllt das Kovarianzprinzip: Sie ist kovariant und sie reduziert sich für $g_{\mu\nu} = \eta_{\mu\nu}$ auf (19.13). Daher ist (19.16) die richtige Beschreibung der Bewegung im Gravitationsfeld. Ausführlicher lautet diese Gleichung

$$\boxed{\frac{du^\mu}{d\tau} = -\Gamma^\mu_{\nu\lambda} u^\nu u^\lambda} \qquad \begin{array}{l}\text{Bewegung im}\\ \text{Gravitationsfeld}\end{array} \qquad (19.17)$$

In Kapitel 11 haben wir dieses Ergebnis durch explizites Einsetzen einer allgemeinen Koordinatentransformation in (19.13) erhalten. Der Vergleich mit Kapitel 11 zeigt, dass das Kovarianzprinzip (zusammen mit der in Teil IV eingeführten Mathematik) das Aufstellen der Gesetze mit Gravitation *wesentlich vereinfacht*. Diese Vereinfachung ist praktisch unerlässlich, wenn wir kompliziertere Gesetze betrachten.

Bianchi-Identitäten

Folgende kovariante Gleichungen heißen *Bianchi-Identitäten*:

$$R_{iklm||n} + R_{ikmn||l} + R_{iknl||m} = 0 \qquad (19.18)$$

Wir werden diese Riemanntensorgleichung später benötigen. Wir beweisen sie hier, indem wir analog zum Kovarianzprinzip vorgehen.

Wir wählen einen beliebigen Punkt P mit den Koordinaten $x_0 = (x_0^0, x_0^1, x_0^2, x_0^3)$ und entwickeln das Wegelement nach Potenzen von $\xi'^\nu = x^\nu - x_0^\nu$,

$$ds^2 = g_{\mu\nu}(x_0)\, d\xi'^\mu\, d\xi'^\nu + \ldots = \delta_{\mu\nu}\, d\xi^\mu\, d\xi^\nu + \ldots \qquad (19.19)$$

Wegen $g_{\mu\nu}(x_0) = $ const. ist der Raum lokal eben, und es gibt eine Transformation $(\xi'^\nu \to \xi^\nu)$ zu kartesischen Koordinaten ξ^ν. In dem lokalen Koordinatensystem KS_0 (mit den Koordinaten ξ^ν) gilt $\Gamma^i_{kl} = 0$. Hieraus und aus (18.13) folgt

$$R_{iklm\|n} = \frac{1}{2} \frac{\partial}{\partial \xi^n} \left(\frac{\partial^2 g_{il}}{\partial \xi^k\, \partial \xi^m} + \frac{\partial^2 g_{km}}{\partial \xi^i\, \partial \xi^l} - \frac{\partial^2 g_{kl}}{\partial \xi^i\, \partial \xi^m} - \frac{\partial^2 g_{im}}{\partial \xi^k\, \partial \xi^l} \right) \quad \text{in } \mathrm{KS}_0$$

$$(19.20)$$

Der 1. und 4. Term ergeben $(\partial^3 g_{il}/\partial \xi^k\, \partial \xi^m\, \partial \xi^n - \partial^3 g_{im}/\partial \xi^k\, \partial \xi^n\, \partial \xi^l)/2$. In (19.18) ist hiervon die zyklische Summe bezüglich der Indizes l, m, n zu bilden (Originalterm + ($lmn \to mnl$) + ($lmn \to nlm$)). Von den entstehenden sechs Termen heben sich dann jeweils zwei auf. Dies gilt ebenso für den 2. und 3. Term in (19.20). Also sehen wir durch explizites Einsetzen, dass

$$R_{iklm\|n} + R_{ikmn\|l} + R_{iknl\|m} = 0 \qquad \text{in } \mathrm{KS}_0 \qquad (19.21)$$

Hierin können wir eine allgemeine Koordinatentransformation vornehmen. Die resultierende Gleichung ist von derselben Form. Also gilt (19.18) für beliebige Koordinaten in der Umgebung von P. Unsere Argumentation kann nun für jeden Punkt P des Raumes wiederholt werden, also gilt (19.18) allgemein.

Zusammenfassung

Wir haben in diesem Kapitel als allgemeines Prinzip zur Aufstellung physikalischer Gesetze die Bedingungen aufgestellt:

1. Das Gesetz ist kovariant unter bestimmten Transformationen (orthogonale Transformationen, Lorentztransformationen, allgemeine Koordinatentransformationen). Dieser Forderung liegt eine physikalische Symmetrieannahme (Isotropie des Raums, Relativitätsprinzip, Äquivalenzprinzip) zugrunde.

2. Die Gleichung ist richtig in einem bekannten Grenzfall (etwa im KS mit bestimmter Orientierung, im momentanen Ruhsystem, im Lokalen IS), der durch die zugehörige Transformationen mit dem allgemeinen Fall verbunden ist.

Diese parallelen Strukturen sind noch einmal in Tabelle 19.1 zusammengefasst. In einem Punkt unterscheidet sich das Äquivalenzprinzip aber von den beiden anderen Symmetrieprinzipien: Die Gesetze der SRT sind nicht nur in ihrer Form, sondern

Tabelle 19.1 Parallelität bei der Ausnutzung von Symmetrien. Die hier betrachteten Symmetrieprinzipien (erste Spalte) sind Annahmen über die Gleichwertigkeit verschiedener Bezugssysteme. Die Transformationen (zweite Spalte) zwischen den verschiedenen Bezugssystemen ändern nicht die Form (14.16) des Wegelements im jeweiligen Raums. Physikalische Gesetze werden nun so formuliert, dass sie unter diesen Transformationen forminvariant (kovariant) sind. Dazu werden Tensoren (dritte Spalte) eingeführt; dies sind indizierte Größen, die sich bezüglich jedes Index wie die Koordinatendifferenziale transformieren. Damit ein physikalisches Gesetz gültig ist, muss es kovariant sein und in einem speziellen Bezugssystem (dem in der vierten Spalte angegebenen Grenzfall) gelten.

Symmetrieprinzip	Transformation	Tensor	Grenzfall
Isotropie des Raums	Orthogonale Transformationen	gewöhnliche Vektoren, 3-Tensoren	KS mit spezieller Orientierung der Achsen
Relativität der Raum-Zeit	Lorentztransformationen	Lorentz- oder 4-Tensoren	Momentanes Ruhsystem
Äquivalenzprinzip	Allgemeine Koordinatentransformationen	Riemanntensoren	Lokales Inertialsystem

auch in ihrer Aussage invariant unter LT. So hängen die einer LT mit v unterzogenen Maxwellgleichungen nicht von v ab (oder bei Drehungen vom Drehwinkel). In der ART gilt dies nur für die *Form* der Gleichung. So ändert sich zwar die Form von (19.16) nach einer allgemeinen Koordinatentransformation nicht, auch im neuen System KS′ gilt $Du'^\mu/d\tau = 0$. Die tatsächliche Aussage hängt jedoch von der vorgenommenen Transformation ab. Die hier betrachteten Bezugssysteme (insbesondere das Lokale IS und ein KS mit $g_{\mu\nu}$) sind relativ zueinander beschleunigt und damit *physikalisch nicht gleichwertig*. Die physikalischen Effekte in verschiedenen IS sind gleich, nicht aber etwa die im IS und im rotierenden System. Unter diesem Gesichtspunkt kann der Name ART, der in Analogie zur SRT geprägt wurde, kritisiert werden.

Als operatives Prinzip zur Aufstellung von physikalischen Gesetzen ist das Kovarianzprinzip von gleicher Struktur wie das Relativitätsprinzip. Abschließend sei es noch einmal formuliert:

- *Kovarianzprinzip*: Gesetze im Gravitationsfeld $g_{\mu\nu}(x)$ sind kovariante Gleichungen, die sich ohne Gravitationsfeld (also für $g_{\mu\nu} = \eta_{\mu\nu}$) auf die Gesetze der SRT reduzieren.

20 Gesetze mit Gravitation

Mit Hilfe des Kovarianzprinzips verallgemeinern wir bekannte relativistische Gesetze ohne Gravitation zu den entsprechenden Gesetzen mit Gravitation. Wir betrachten die in Teil II angegebenen Gesetze der Mechanik, Elektrodynamik und Hydrodynamik.

Mechanik

Im letzten Kapitel wurden bereits die relativistischen Bewegungsgleichungen für ein Teilchen im Gravitationsfeld angegeben. Wir lassen jetzt neben der Gravitation noch andere Kräfte zu. Außerdem untersuchen wir die Bewegung des Eigendrehimpulses (Spin) eines Teilchens.

In einem Inertialsystem gilt die Bewegungsgleichung (4.4) der SRT:

$$m \frac{du^\alpha}{d\tau} = F^\alpha \qquad \text{in IS} \tag{20.1}$$

Nach dem Äquivalenzprinzip gilt diese Gleichung auch in einem Lokalen Inertialsystem. Die Minkowskikraft F^α könnte zum Beispiel die elektromagnetische Kraft $(q/c)\,F^{\alpha\beta} u_\beta$ sein. (Sowohl die Kraft (force) wie der elektromagnetische Feldstärketensor werden üblicherweise mit dem Buchstaben F bezeichnet; wegen der unterschiedlichen Anzahl der Indizes kann es nicht zu Verwechslungen kommen). Die Kraft F^α enthält keine Gravitationskräfte; denn die verschwinden ja im Lokalen IS. Dem Lorentzvektor F^α ordnen wir gemäß (19.7) den Riemannvektor F^μ zu,

$$F^\mu \equiv \frac{\partial x^\mu}{\partial \xi^\alpha}\, F^\alpha \tag{20.2}$$

Die kovariante Verallgemeinerung von (20.1) lautet

$$m \frac{Du^\mu}{d\tau} = F^\mu \tag{20.3}$$

In der ausführlicheren Darstellung

$$\boxed{m \frac{du^\mu}{d\tau} = F^\mu - m\, \Gamma^\mu_{\nu\lambda}\, u^\nu u^\lambda} \qquad \text{Bewegungsgleichung} \tag{20.4}$$

treten auf der rechten Seite explizit die Gravitationskräfte $-m\,\Gamma^\mu_{\nu\lambda}\, u^\nu u^\lambda$ auf. Diese Gleichung ist nach dem Kovarianzprinzip gültig, denn

- sie ist kovariant

- sie reduziert sich für $g_{\mu\nu} = \eta_{\mu\nu}$ auf (20.1).

Die vier Komponenten von u^α in (20.1) sind nicht alle unabhängig, vielmehr gilt

$$\eta_{\alpha\beta}\, u^\alpha u^\beta = u^\alpha u_\alpha = c^2 \qquad \text{in IS} \qquad (20.5)$$

Diese Gleichung wird nach dem Kovarianzprinzip zu

$$\boxed{g_{\mu\nu}\, u^\mu u^\nu = u^\mu u_\mu = c^2 \qquad \begin{array}{l}\text{Nebenbedingung an} \\ \text{die Geschwindigkeit}\end{array}} \qquad (20.6)$$

Für jede Lösung der Bewegungsgleichungen (20.3) gilt $g_{\mu\nu}\, u^\mu u^\nu = $ const. (Aufgabe 20.1). Es genügt daher, die Anfangsbedingung $u^\mu(\tau = 0)$ so zu wählen, dass (20.6) erfüllt ist; danach muss (20.6) nicht mehr explizit berücksichtigt werden.

Aus $u^\mu(\tau) = dx^\mu/d\tau$ erhält man durch eine Integration die Bahnkurve $x^\mu(\tau)$. Löst man dann $x^0(\tau) = ct$ nach $\tau = \tau(t)$ auf und setzt dies in $x^i(\tau)$ ein, so erhält man die eigentliche Bahnkurve $x^i(t)$. Dabei setzen wir voraus, dass $x^0 = ct$ die Bedeutung einer Zeitkoordinate hat. Der Zusammenhang zwischen t und den Uhrzeiten in KS mit x^μ wurde in Kapitel 12 hergestellt.

Spinbewegung

Für spätere Anwendungen betrachten wir den Fall, dass das Teilchen einen klassischen Eigendrehimpuls hat, den wir als Spin $\mathbf{s} = s^i \mathbf{e}_i$ bezeichnen. Wir ordnen diesem Spinvektor s^i einen Lorentzvektor s^α zu. Dazu gehen wir in das momentan mitbewegte IS′ (das momentane Ruhsystem) des betrachteten Teilchens und definieren dort:

$$\left(s'^\alpha\right) = \left(0,\, s'^i\right) \qquad \text{in IS}' \qquad (20.7)$$

Hieraus ergibt sich durch eine Lorentztransformation der Spinvektor s^α in einem beliebigen IS. Im Ruhsystem ist $(u'_\alpha) = (c,\, 0)$ und damit

$$u'_\alpha s'^\alpha = 0 \qquad \text{in IS}' \qquad (20.8)$$

Da dies ein Lorentzskalar ist, gilt

$$u_\alpha s^\alpha = 0 \qquad (20.9)$$

in einem beliebigen IS.

Wir betrachten zunächst den kräftefreien Fall; es soll kein Drehmoment auf den Spin und keine Kraft auf das Teilchen wirken. Im Ruhsystem IS′ gilt

$$s' := \left(s'^1, s'^2, s'^3\right) = \text{const.} \qquad \text{(kräftefrei)} \qquad (20.10)$$

Dies bedeutet $ds'^i/dt' = 0$ und $ds'^\alpha/d\tau = 0$. Die Transformation in ein beliebiges IS ergibt

$$\frac{ds^\alpha}{d\tau} = 0 \qquad \text{(kräftefrei)} \tag{20.11}$$

Gemäß (19.7) definieren wir den Riemannvektor $s^\mu \equiv (\partial x^\mu/\partial \xi^\alpha)\, s^\alpha$. Nach dem Kovarianzprinzip wird (20.11) zu $Ds^\mu/d\tau = 0$, also zu

$$\boxed{\frac{ds^\mu}{d\tau} = -\Gamma^\mu_{\nu\lambda}\, u^\nu s^\lambda \qquad \begin{array}{l}\text{Spinpräzession im}\\ \text{Gravitationsfeld}\end{array}} \tag{20.12}$$

Diese Bewegungsgleichung beschreibt die *Drehung* oder *Präzession* des Spinvektors im Gravitationsfeld.

Die Bedingung (20.9) wird zu $u_\mu s^\mu = 0$. In Aufgabe 20.1 wird gezeigt, dass die Lösung von (20.12) den Betrag des Spinvektors erhält ($s^\mu s_\mu = $ const.).

In der Ableitung wurde vorausgesetzt, dass im Lokalen IS keine Kräfte auf das Teilchen wirken; in (20.12) sind also nur Gravitationskräfte berücksichtigt. Die Gleichung beschreibt daher die Präzession des Spins eines Teilchens, das im Gravitationsfeld frei fällt. Es könnte sich zum Beispiel um die Präzession einer Kreiselachse in einem Erdsatelliten handeln.

Wenn wir von einem direkten Drehmoment auf den Spin (im momentanen Ruhsystem) absehen, können wir folgende Fälle unterscheiden:

1. Teilchen im Gravitationsfeld, (20.12).

2. Teilchen in einem anderen Kraftfeld (Thomas-Präzession).

3. Teilchen im Gravitationsfeld und einem anderen Kraftfeld (Fermi-Transport).

Wir benötigen in den folgenden Kapiteln nur den ersten Fall. Der Vollständigkeit halber geben wir aber noch die Bewegungsgleichungen für die anderen Fälle an.

Thomas-Präzession

Nach (20.1) gilt für ein Teilchen unter dem Einfluss der Kraft F^α,

$$m\,\frac{du^\alpha}{d\tau} = F^\alpha \tag{20.13}$$

Dabei steht F^α zum Beispiel für die Coulombkraft, unter der sich ein klassisches Elektron mit dem Spin s^α bewegt. Die Gleichung (20.13) gilt in einem IS oder in einem Lokalen IS. Wir führen nun ein relativ zu IS mit konstanter Geschwindigkeit bewegtes IS' ein, in dem das Teilchen momentan ruht. In IS' wirke kein Drehmoment auf den Spin, also

$$\frac{ds'}{dt} = 0 \qquad \text{in IS'} \tag{20.14}$$

Dies bedeutet, dass wir nur die Spinänderung studieren, die durch die beschleunigte Bewegung des Teilchens im Kraftfeld F^α hervorgerufen wird. In IS' gilt

$$\left(\frac{ds'^\alpha}{d\tau}\right) = \left(\frac{ds'^0}{d\tau}, 0\right), \qquad (u'^\alpha) = (c, 0) \tag{20.15}$$

Die Lorentztransformation ins Bezugssystem IS ergibt $u^\alpha = \Lambda^\alpha_0\, c$ und

$$\frac{ds^\alpha}{d\tau} = \Lambda^\alpha_0\, \frac{ds'^0}{d\tau} = \frac{u^\alpha}{c}\, \frac{ds'^0}{d\tau} = g(\tau)\, u^\alpha \tag{20.16}$$

Dabei ist $g(\tau)$ eine zunächst unbekannte Funktion. Wir multiplizieren (20.16) mit u_α und summieren über α. Daraus folgt $g(\tau) = (ds^\alpha/d\tau)\, u_\alpha/c^2$. Wir differenzieren (20.9) nach τ,

$$\frac{ds^\alpha}{d\tau}\, u_\alpha + s^\alpha\, \frac{du_\alpha}{d\tau} = 0 \tag{20.17}$$

Damit erhalten wir $g(\tau) = -(du_\alpha/d\tau)\, s^\alpha/c^2$. Wir setzen dieses $g(\tau)$ in (20.16) ein:

$$\frac{ds^\alpha}{d\tau} = -\frac{1}{c^2}\, \frac{du_\beta}{d\tau}\, s^\beta\, u^\alpha \qquad \text{(Thomas-Präzession)} \tag{20.18}$$

Dies ist die Spinpräzession eines beschleunigten $(du^\beta/d\tau \neq 0)$ Teilchens ohne Gravitationsfeld; sie wird *Thomas-Präzession* genannt (Aufgabe 20.2). Dabei wurde angenommen, dass kein Drehmoment auf das Teilchen (im momentanen Ruhsystem) wirkt.

Die Thomas-Präzession führt zu einem bekannten Effekt für die Spinbewegung eines Elektrons im Atom. Bewegt sich das Elektron mit der Geschwindigkeit v, so ergibt das Coulombfeld E des Kerns das Magnetfeld $B(\text{IS}') \approx -v \times E/c$ im jeweiligen Ruhsystem des Elektrons. Die Wechselwirkung dieses B-Feldes mit dem magnetischen Moment $\mu = \text{const.} \cdot s$ bewirkt dann das Drehmoment $M = \mu \times B$. Die Thomas-Präzession führt in diesem Fall dazu, dass die Spinpräzession aufgrund dieses Drehmoments halbiert wird.

Fermi-Transport

Wir lassen nun neben äußeren Kräften F^μ noch Gravitationskräfte zu. Dann gilt (20.18) im Lokalen Inertialsystem, und aus dem Kovarianzprinzip folgt

$$\frac{Ds^\nu}{d\tau} = -\frac{1}{c^2}\, \frac{Du^\mu}{d\tau}\, s_\mu\, u^\nu \qquad \text{(Fermi-Transport)} \tag{20.19}$$

Dies beschreibt die Spinpräzession eines beschleunigten $(Du^\mu/d\tau \neq 0)$ Teilchens, auf das ein Gravitationsfeld wirkt. Diese Präzession wird als *Fermi-Transport* bezeichnet.

Elektrodynamik

Nach dem Äquivalenzprinzip gelten die Maxwellgleichungen (6.6) und (6.7) im Lokalen Inertialsystem. Nach dem Kovarianzprinzip werden diese Gleichungen zu

$$F^{\mu\nu}{}_{||\mu} = \frac{4\pi}{c}\, j^\nu \quad \text{und} \quad \epsilon^{\mu\nu\lambda\kappa}\, F_{\lambda\kappa||\nu} = 0 \tag{20.20}$$

Der nach (17.14) auftretende Faktor $1/\sqrt{|g|}$ wurde gekürzt. Die Definition der Riemanntensoren j^ν und $F^{\mu\nu}$ erfolgt gemäß (19.7) und (19.10).

Durch (20.20) sind die Maxwellgleichungen im Gravitationsfeld gegeben. Das Gravitationsfeld geht über die Γ's in die kovarianten Ableitungen ein. Andererseits geht ein elektromagnetisches Feld auch in die Einsteinschen Feldgleichungen (Kapitel 21) ein, weil es als Energieform Quelle des Gravitationsfelds ist. Daher stellen (20.20) und die Einsteinschen Feldgleichungen im Prinzip ein gekoppeltes System für die Felder $A_\mu(x)$ und $g_{\mu\nu}(x)$ dar. Der Beitrag des elektromagnetischen Feldes zur Energiedichte kann aber meist gegenüber vorhandenen Massen vernachlässigt werden. Dann sind die $g_{\mu\nu}$ in den Maxwellgleichungen (20.20) vorgegebene äußere Felder.

Die $g_{\mu\nu}$ hängen vom Gravitationsfeld und von den gewählten Koordinaten ab. Daher stellt (20.20) auch die richtigen Maxwellgleichungen für krummlinige Koordinaten dar, zum Beispiel für Kugelkoordinaten im euklidischen Raum (also ohne Gravitationsfeld). Das gelegentlich mühevolle Umschreiben von Vektorgleichungen auf spezielle nichtkartesische Koordinaten ist in dieser Form der Maxwellgleichungen allgemein und kompakt gelöst (siehe hierzu auch Aufgabe 17.1).

Die Maxwellgleichungen im Gravitationsfeld (oder in krummlinigen Koordinaten) lassen sich noch vereinfachen. Nach (15.19) gilt

$$F^{\mu\nu}{}_{||\mu} = F^{\mu\nu}{}_{|\mu} + \Gamma^\mu_{\mu\rho}\, F^{\rho\nu} + \Gamma^\nu_{\mu\rho}\, F^{\mu\rho} \tag{20.21}$$

Der letzte Term verschwindet wegen der Symmetrie der $\Gamma^\nu_{\mu\rho}$ und der Antisymmetrie der $F^{\mu\rho}$ bezüglich der Summationsindizes μ und ρ. Mit Hilfe von (17.5) erhalten wir

$$F^{\mu\nu}{}_{||\mu} = F^{\mu\nu}{}_{|\mu} + \Gamma^\mu_{\mu\rho}\, F^{\rho\nu} = F^{\mu\nu}{}_{|\mu} + \frac{1}{\sqrt{|g|}}\frac{\partial\sqrt{|g|}}{\partial x^\rho}\, F^{\rho\nu} = \frac{1}{\sqrt{|g|}}\frac{\partial(\sqrt{|g|}\, F^{\mu\nu})}{\partial x^\mu} \tag{20.22}$$

Damit lauten die inhomogenen Maxwellgleichungen

$$\frac{1}{\sqrt{|g|}}\frac{\partial(\sqrt{|g|}\, F^{\mu\nu})}{\partial x^\mu} = \frac{4\pi}{c}\, j^\nu \tag{20.23}$$

Die homogenen Maxwellgleichungen vereinfachen sich ebenfalls: Wir schreiben zunächst die kovariante Ableitung gemäß (15.20) an:

$$\epsilon^{\mu\nu\lambda\kappa}\, F_{\lambda\kappa||\nu} = \epsilon^{\mu\nu\lambda\kappa}\left(F_{\lambda\kappa|\nu} - \Gamma^\rho_{\kappa\nu}\, F_{\lambda\rho} - \Gamma^\rho_{\lambda\nu}\, F_{\rho\kappa}\right) \tag{20.24}$$

Die Christoffelsymbole sind symmetrisch in den unteren Indizes, so dass diese Terme wegfallen. Damit sind die homogenen Maxwellgleichungen von derselben Form wie in der SRT:

$$\epsilon^{\mu\nu\lambda\kappa}\, F_{\lambda\kappa|\nu} = 0 \tag{20.25}$$

Wir geben noch die Bewegungsgleichung eines massiven und geladenen Teilchens (Masse m, Ladung q) im äußeren Feld an. Die kovariante Verallgemeinerung von (6.12) lautet

$$m\,\frac{Du^\mu}{d\tau} = \frac{q}{c}\, F^{\mu\nu}\, u_\nu \tag{20.26}$$

oder

$$m\,\frac{du^\mu}{d\tau} = -m\, \Gamma^\mu_{\nu\lambda}\, u^\nu u^\lambda + \frac{q}{c}\, F^{\mu\nu}\, u_\nu \tag{20.27}$$

Die elektromagnetischen Kräfte werden durch den Feldstärketensor $F^{\mu\nu}$, die Gravitationskräfte durch die Christoffelsymbole $\Gamma^\mu_{\nu\lambda}$ ausgedrückt. Diese Kräfte ergeben sich als Ableitungen der Potenziale $g_{\mu\nu}$ und A_μ.

Die Kontinuitätsgleichung (6.3) wird nach dem Kovarianzprinzip zu

$$j^\mu{}_{||\mu} = 0 \qquad \text{oder} \qquad \frac{\partial(\sqrt{|g|}\, j^\mu)}{\partial x^\mu} = 0 \tag{20.28}$$

Energie-Impuls-Tensor

Die Grundgesetze der Hydrodynamik können in der Form $\partial_\beta\, T^{\alpha\beta} = 0$ ausgedrückt werden, wobei $T^{\alpha\beta}$ der Energie-Impuls-Tensor ist. Wir geben die kovariante Verallgemeinerung dieser Gleichung an.

Dem Energie-Impuls-Tensor (8.1) einer idealen Flüssigkeit wird der Riemanntensor

$$\boxed{\; T^{\mu\nu} = \left(\varrho + \frac{P}{c^2}\right) u^\mu u^\nu - g^{\mu\nu} P \qquad \text{Energie-Impuls-Tensor} \;} \tag{20.29}$$

zugeordnet. Die (Riemann-) Tensoreigenschaft der Größen u^μ und $g^{\mu\nu}$ wurde bereits diskutiert. Der Eigendruck P und die Massendichte ϱ wurden in Kapitel 7 als Lorentzskalare definiert; ihnen werden gemäß (19.11) Riemann-Skalarfelder zugeordnet.

In der SRT tragen alle Energieformen außer der Gravitation zum Energie-Impuls-Tensor $T^{\alpha\beta}$ bei, (8.8). Dies gilt dann auch für den zugehörigen Riemanntensor

$$T^{\mu\nu} = T^{\mu\nu}_{(20.29)} + T^{\mu\nu}_{\text{em}} + \cdots \tag{20.30}$$

In einem Inertialsystem (wie auch im Lokalen IS) gilt für den Energie-Impuls-Tensor $T^{\alpha\beta}$ der Erhaltungssatz $T^{\alpha\beta}{}_{|\beta} = 0$, (8.9). Nach dem Kovarianzprinzip wird dies zu

$$T^{\mu\nu}{}_{||\nu} = 0 \tag{20.31}$$

Dies beschreibt zum Beispiel die relativistische Bewegung einer Flüssigkeit im Gravitationsfeld. Das Gravitationsfeld geht über die Γ's in die kovariante Ableitung ein. Andere Kräfte (neben der Gravitation) sind über ihren Beitrag in (20.30) berücksichtigt, siehe (8.6) – (8.8).

Der durch (8.8) definierte Energie-Impuls-Tensor $T^{\alpha\beta}$ ist die relativistische Verallgemeinerung der Energie-Massendichte $\tilde{\varrho} = T^{00}/c^2$. Der zugehörige Riemanntensor $T^{\mu\nu}$ tritt in der relativistischen Theorie als Quelle des Gravitationsfelds auf. Er enthält alle relevanten Energieformen *außer dem Gravitationsfeld selbst*. In praktischen Anwendungen reduziert sich $T^{\mu\nu}$ meist auf (20.29).

Aufgaben

20.1   Konstanten der Bewegung

Im Gravitationsfeld gelten die Bahn- und Spin-Bewegungsgleichungen

$$\frac{du^\mu}{d\tau} = -\Gamma^\mu_{\nu\lambda}\,u^\nu u^\lambda \quad \text{und} \quad \frac{ds^\mu}{d\tau} = -\Gamma^\mu_{\nu\lambda}\,u^\nu s^\lambda \tag{20.32}$$

Zeigen Sie, dass $u^\mu u_\mu$ und $s^\mu s_\mu$ hierfür Erhaltungsgrößen sind.

20.2   Thomas-Präzession

Ein Teilchen bewegt sich mit konstanter Winkelgeschwindigkeit ω auf der Kreisbahn

$$\left(x^\alpha\right) = \left(ct,\ R\cos(\omega t),\ R\sin(\omega t),\ 0\right)$$

Das Teilchen hat einen Spin s^α, auf den kein Drehmoment wirkt. Dann wird die Spinbewegung durch $ds^\alpha/d\tau = -c^{-2}\,(du_\beta/d\tau)\,s^\beta u^\alpha$ beschrieben. Zeigen Sie, dass die Lösung dieser Bewegungsgleichung (bei geeigneter Anfangsbedingung) von der Form

$$s^1 = \sigma\cos\left(\omega_{\text{Th}}t\right), \qquad s^2 = -\sigma\sin\left(\omega_{\text{Th}}t\right) \tag{20.33}$$

ist , wobei $\omega_{\text{Th}} = \omega\,(\gamma - 1)$. Leiten Sie dazu zunächst die Beziehung $d^3s^0/dt^3 = -\omega^2\gamma^2 ds^0/dt$ ab, wobei $\gamma^{-2} = 1 - v^2/c^2$. Vernachlässigen Sie Korrekturen der Größe v^2/c^2 in den Amplituden.

21 Einsteinsche Feldgleichungen

Die Einsteinschen Feldgleichungen können nicht mit Hilfe des Kovarianzprinzips abgeleitet werden; denn im Lokalen Inertialsystem gibt es keine Feldgleichung, deren kovariante Verallgemeinerung zu finden wäre. Die Einsteinschen Feldgleichungen können aber weitgehend dadurch festgelegt werden, dass sie kovariant und möglichst einfach sind und dass sie den Newtonschen Grenzfall enthalten.

Bedingungen für die Feldgleichungen

Wir formulieren zunächst eine Reihe von Forderungen, die wir an die gesuchten Feldgleichungen stellen.

Der Newtonsche Grenzfall (1.5),

$$\Delta \, \Phi(r) = 4\pi \, G \varrho(r) \tag{21.1}$$

ist durch Beobachtungen im Sonnensystem gut bestätigt. Er muss sich daher als Grenzfall aus der aufzustellenden Theorie ergeben. Aus dem nichtrelativistischen Grenzfall der Bewegungsgleichung hatten wir

$$g_{00} \approx 1 + \frac{2\,\Phi}{c^2} \tag{21.2}$$

erhalten. Der Energie-Impuls-Tensor ist im nichtrelativistischen Grenzfall durch (8.10) gegeben,

$$T^{00} \approx \varrho \, c^2 \qquad \frac{T^{0i}}{\varrho \, c^2} \approx \frac{v^i}{c} \ll 1 \,, \qquad \frac{T^{ij}}{\varrho \, c^2} = \mathcal{O}\big((v/c)^2\big) \ll 1 \tag{21.3}$$

Der Newtonsche Grenzfall (21.1) lässt sich daher in der Form

$$\Delta \, g_{00} = \frac{8\pi G}{c^4} \, T_{00} \tag{21.4}$$

schreiben. Wegen $|g_{00} - 1| \ll 1$ ist $T_{00} \approx T^{00}$.

Die naheliegende relativistische Verallgemeinerung von (21.4) ist

$$\Box \, g_{\alpha\beta} = -\frac{8\pi G}{c^4} \, T_{\alpha\beta} \qquad \text{(vorläufig)} \tag{21.5}$$

Gleichungen ähnlicher Form werden wir später als Grenzfall der Einsteinschen Gleichungen für *schwache* Gravitationsfelder erhalten. Im Gegensatz zu den analogen Gleichungen der Elektrodynamik ist (21.5) aber nicht gültig. Dies liegt daran, dass *jede* Energieform einen Beitrag zur Masse ergibt, und daher eine Quelle des Gravitationsfelds darstellt. Es ist klar, dass Gravitationsfelder Energie enthalten; diese wird zum Beispiel in einem Gezeitenkraftwerk nutzbar gemacht. Der Energiebeitrag des Gravitationsfelds ist aber auf der rechten Seite von (21.5) nicht enthalten. Man könnte nun versuchen, diesen fehlenden Beitrag hinzuzufügen,

$$\Box\, g_{\alpha\beta} = -\frac{8\pi G}{c^4}\left(T_{\alpha\beta} + t_{\alpha\beta}^{\text{grav}}\right) \qquad \text{(vorläufig)} \qquad (21.6)$$

Hiervon wäre jetzt zu einer kovarianten Form überzugehen. An dieser Stelle kommen wir jedoch erst einmal nicht weiter: Zum einen kennen wir $t_{\alpha\beta}^{\text{grav}}$ nicht; der Ausdruck für den Energie-Impuls-Tensor kann erst aus der (noch aufzustellenden) Feldtheorie abgeleitet werden. Zum anderen würde die kovariante Verallgemeinerung von $\Box\, g_{\alpha\beta} = \eta^{\gamma\delta} g_{\alpha\beta|\gamma|\delta}$ wegen $g_{\mu\nu||\lambda} = 0$, (15.23), kein sinnvolles Resultat ergeben. Wir umgehen diese beiden Schwierigkeiten, indem wir den Term mit $t_{\alpha\beta}^{\text{grav}}$ auf die linke Seite von (21.6) bringen, und deren kovariante Verallgemeinerung mit einem zunächst unbekannten Riemanntensor $G_{\mu\nu}$ bezeichnen:

$$G_{\mu\nu} = \frac{8\pi G}{c^4}\, T_{\mu\nu} \qquad\qquad\qquad (21.7)$$

In Analogie zur Elektrodynamik erwarten wir in $t_{\alpha\beta}^{\text{grav}}$ Terme, die quadratisch in den partiellen Ableitungen ($\partial g_{\mu\nu}/\partial x^\lambda$) sind. Der Tensor $G_{\mu\nu}$ sollte solche Terme enthalten. Als kovariante Verallgemeinerung der linken Seite von (21.6) sollte er außerdem linear in der zweiten Ableitung von $g_{\mu\nu}$ sein. Nach dieser Diskussion stellen wir folgende Forderungen an $G_{\mu\nu}$ auf, die teils notwendig, teils plausibel sind:

1. $G_{\mu\nu}$ ist ein Riemanntensor.

2. $G_{\mu\nu}$ wird aus den ersten und zweiten Ableitungen des metrischen Tensors $g_{\mu\nu}$ gebildet. Dabei soll $G_{\mu\nu}$ linear in der zweiten und quadratisch in den ersten Ableitungen sein.

3. Für den Energie-Impuls-Tensor gilt die Symmetrie $T_{\mu\nu} = T_{\nu\mu}$ und der Erhaltungssatz $T_{\mu\nu}{}^{||\nu} = 0$. Wegen (21.7) übertragen sich diese Eigenschaften auf $G_{\mu\nu}$:

$$G_{\mu\nu} = G_{\nu\mu} \qquad\qquad\qquad (21.8)$$

$$G_{\mu\nu}{}^{||\nu} = 0 \qquad\qquad\qquad (21.9)$$

4. Für ein schwaches, stationäres Feld muss sich der Grenzfall (21.4) ergeben, also

$$G_{00} \approx \Delta\, g_{00} \qquad\qquad\qquad (21.10)$$

Ableitung der Feldgleichungen

Die Feldgleichungen können aus den aufgestellten Forderungen abgeleitet werden. Der Krümmungstensor

$$R^{\rho}{}_{\mu\lambda\nu} = \frac{\partial \Gamma^{\rho}_{\mu\lambda}}{\partial x^{\nu}} - \frac{\partial \Gamma^{\rho}_{\mu\nu}}{\partial x^{\lambda}} + \Gamma^{\sigma}_{\mu\lambda}\,\Gamma^{\rho}_{\sigma\nu} - \Gamma^{\sigma}_{\mu\nu}\,\Gamma^{\rho}_{\sigma\lambda} \tag{21.11}$$

erfüllt, abgesehen von seinem Rang, die Bedingungen 1 und 2 für $G_{\mu\nu}$. Dies gilt dann auch für den Ricci-Tensor

$$R_{\mu\nu} = R^{\rho}{}_{\mu\rho\nu} = g^{\kappa\rho}\,R_{\kappa\mu\rho\nu} \tag{21.12}$$

und den Krümmungsskalar

$$R = R^{\mu}{}_{\mu} \tag{21.13}$$

Aus $R_{\sigma\mu\rho\nu} = R_{\sigma\nu\rho\mu}$ folgt, dass $R_{\mu\nu}$ symmetrisch ist; dies gilt auch für $g_{\mu\nu}$. Damit erfüllt der Ansatz

$$G_{\mu\nu} = a\,R_{\mu\nu} + b\,R\,g_{\mu\nu} \tag{21.14}$$

die Punkte 1 und 2 und (21.8). Die Bedingungen (21.9) und (21.10) legen dann die Konstanten a und b fest.

Zur Auswertung von (21.9) gehen wir von den Bianchi-Identitäten (19.18) aus,

$$R^{\rho}{}_{\mu\sigma\nu||\lambda} + R^{\rho}{}_{\mu\nu\lambda||\sigma} + R^{\rho}{}_{\mu\lambda\sigma||\nu} = R^{\rho}{}_{\mu\sigma\nu||\lambda} - R^{\rho}{}_{\mu\lambda\nu||\sigma} - R^{\rho}{}_{\mu\sigma\lambda||\nu} = 0 \tag{21.15}$$

Dabei haben wir (18.13) für die Vertauschung von Indizes verwendet. Hieraus folgt durch die Kontraktion der Indizes ρ und σ:

$$R_{\mu\nu||\lambda} - R^{\rho}{}_{\mu\lambda\nu||\rho} - R_{\mu\lambda||\nu} = 0 \tag{21.16}$$

Eine weitere Kontraktion von μ und ν ergibt

$$R_{||\lambda} - 2\,R^{\rho}{}_{\lambda||\rho} = 0 \qquad \text{oder} \qquad R_{\mu\nu}{}^{||\nu} = \frac{R_{||\mu}}{2} \tag{21.17}$$

Hiermit und mit $g_{\mu\nu}{}^{||\nu} = 0$ schreiben wir die Bedingung (21.9) für (21.14) an:

$$G_{\mu\nu}{}^{||\nu} = a\,R_{\mu\nu}{}^{||\nu} + b\,g_{\mu\nu}{}^{||\nu}\,R + b\,g_{\mu\nu}R^{||\nu} = \left(\frac{a}{2} + b\right)R_{||\mu} = 0 \tag{21.18}$$

Damit muss $a = -2b$ oder $R_{||\mu} = 0$ gelten. Aus $R_{||\mu} = 0$ würde nach (21.7) $T_{||\mu} = 0$ folgen; dies ist für eine gegebene Massenverteilung in der Regel nicht der Fall. Also gilt $a = -2\,b$ und

$$G_{\mu\nu} = a\left(R_{\mu\nu} - \frac{R}{2}\,g_{\mu\nu}\right) \tag{21.19}$$

Die Konstante a kann durch den Newtonschen Grenzfall festgelegt werden. Dazu betrachten wir schwache Felder,

$$g_{\mu\nu} = \eta_{\mu\nu} + h_{\mu\nu} \quad \text{mit} \ |h_{\mu\nu}| \ll 1 \tag{21.20}$$

und nichtrelativistische Geschwindigkeiten,

$$|T_{ik}| \ll T_{00} \quad \overset{(21.7)}{\longrightarrow} \quad |G_{ik}| \ll |G_{00}| \tag{21.21}$$

Wir berechnen zunächst die Spur von $G_{\mu\nu}$,

$$g^{\mu\nu} G_{\mu\nu} = \begin{cases} \overset{(21.19)}{=} a\,(R - 2R) = -aR \\[2mm] \overset{(21.21)}{\approx} g^{00} G_{00} \overset{(21.19)}{\approx} a\,(R_{00} - R/2) \end{cases} \tag{21.22}$$

Der Vergleich der beiden Ergebnisse ergibt $R = -2\,R_{00}$ und damit

$$G_{00} = a\,(R_{00} - g_{00}\,R/2) \approx 2a\,R_{00} \tag{21.23}$$

Für schwache Felder fallen die in $h_{\mu\nu}$ quadratischen Terme im Krümmungstensor (21.11) weg,

$$R_{\mu\nu} = R^{\rho}{}_{\mu\rho\nu} = \frac{\partial \Gamma^{\rho}_{\mu\rho}}{\partial x^{\nu}} - \frac{\partial \Gamma^{\rho}_{\mu\nu}}{\partial x^{\rho}} \qquad (|h_{\mu\nu}| \ll 1) \tag{21.24}$$

Für schwache, stationäre Felder erhalten wir daraus

$$R_{00} = -\frac{\partial \Gamma^{i}_{00}}{\partial x^{i}} \quad \text{wobei} \quad \Gamma^{i}_{00} \overset{(11.25)}{=} \frac{1}{2}\frac{\partial g_{00}}{\partial x^{i}} \tag{21.25}$$

Nun können wir (21.23) mit (21.10) vergleichen:

$$G_{00} = -2a\,\frac{\partial \Gamma^{i}_{00}}{\partial x^{i}} = -a\,\Delta g_{00} \overset{!}{=} \Delta g_{00} \tag{21.26}$$

Dieser Vergleich ergibt $a = -1$. Die oben aufgestellten Forderungen werden durch

$$\boxed{R_{\mu\nu} - \frac{R}{2}\,g_{\mu\nu} = -\frac{8\pi G}{c^4}\,T_{\mu\nu} \qquad \begin{array}{l} \text{Einsteinsche} \\ \text{Feldgleichungen} \end{array}} \tag{21.27}$$

erfüllt. Diese Gleichungen wurden 1915 von Einstein aufgestellt. Sie sind zusammen mit den Bewegungsgleichungen (19.17) die gesuchten Grundgleichungen der ART. Durch Kontraktion folgt aus (21.27)

$$R^{\mu}{}_{\mu} - \frac{R}{2}\,\delta^{\mu}_{\mu} = -R = -\frac{8\pi G}{c^4}\,T^{\mu}{}_{\mu} = -\frac{8\pi G}{c^4}\,T \tag{21.28}$$

Hiermit ersetzen wir R in (21.27) durch T. Dies führt zu einer etwas anderen Form:

$$\boxed{R_{\mu\nu} = -\frac{8\pi G}{c^4}\left(T_{\mu\nu} - \frac{T}{2}\,g_{\mu\nu}\right) \qquad \begin{array}{l} \text{Einsteinsche} \\ \text{Feldgleichungen} \end{array}} \tag{21.29}$$

Modifikationen der Feldgleichungen

Ohne Beweis stellen wir fest, dass die Einsteinschen Feldgleichungen durch die im Anschluss an (21.7) aufgestellten Forderungen 1–4 eindeutig festgelegt sind (Kapitel 6.2 in [1]). Um dies zu zeigen, geht man am betrachteten Punkt in ein Lokales Inertialsystem mit $\Gamma^{\cdot}_{\cdot\cdot} = 0$. Dann ist $G_{\mu\nu}$ allein aus den partiellen Ableitungen $\partial\Gamma^{\cdot}_{\cdot\cdot}/\partial x^{\cdot}$ zu bilden. Die Forderung 1 lässt nur eine bestimmte Kombination dieser Ableitungen zu; dies sind gerade die ersten beiden Terme auf der rechten Seite von (21.11). Damit ist der Krümmungstensor der einzige Tensor, aus dem ein Ausdruck gebildet werden kann, der linear in der zweiten Ableitung ist.

Um zu alternativen Gravitationstheorien zu kommen, muss man also von den aufgestellten Forderungen abweichen. Eine Möglichkeit ist, in $G_{\mu\nu}$ einen in $g_{\mu\nu}$ linearen Term zuzulassen (abweichend von der Forderung 2). Eine weitergehende Modifikation ist die Einführung zusätzlicher Felder neben $g_{\mu\nu}$. Im Folgenden diskutieren wir beide Möglichkeiten.

Kosmologische Konstante

Eine naheliegende Verallgemeinerung der Forderung 2 ist ein Zusatzterm, der linear in $g_{\mu\nu}$ ist. Dann lauten die Feldgleichungen

$$R_{\mu\nu} - \frac{R}{2}\,g_{\mu\nu} + \Lambda\,g_{\mu\nu} = -\frac{8\pi G}{c^4}\,T_{\mu\nu} \qquad (21.30)$$

Dabei ist Λ ein Riemannskalar. Die oben aufgestellten Bedingungen 1 bis 3 werden (nach der Verallgemeinerung von Punkt 2) durch (21.30) befriedigt. Die Bedingung 4 (Reduktion auf den Newtonschen Grenzfall) ist aber nicht mehr erfüllt. Da $R_{\mu\nu}$ zweite Ableitungen nach den Koordinaten enthält, hat Λ die Dimension $1/\text{Länge}^2$. Nun funktioniert Newtons Theorie im Sonnensystem bestens. Hierfür muss der Zusatzterm also sehr klein sein. Als hinreichende Bedingung können wir zum Beispiel annehmen, dass die Länge $\Lambda^{-1/2}$ größer als der Durchmesser der Milchstraße ist:

$$\frac{1}{\sqrt{\Lambda}} > 10^5\,\text{Lichtjahre} \qquad (21.31)$$

Wegen dieser Einschränkung werden wir die *kosmologische Konstante* Λ erst wieder bei der Behandlung der großräumigen Bewegung des Universums betrachten. Die aktuellen Weltmodelle favorisieren eine nichtverschwindende kosmologische Konstante in der Größenordnung $\Lambda^{-1/2} \sim 10^{10}$ Lj (Kapitel 54).

Für $\mu = \nu = 0$ wird die rechte Seite von (21.30) mit (8.10) zu $-(8\pi G/c^2)\,\varrho$. Wir können den kosmologischen Zusatzterm $\Lambda g_{00} \approx \Lambda$ auf die rechte Seite bringen und als Beitrag zur Massendichte betrachten. Dies bedeutet die Ersetzung $\varrho \rightarrow \varrho + \varrho_\Lambda$, wobei

$$\varrho_\Lambda = \frac{c^2}{8\pi G}\,\Lambda \qquad (21.32)$$

Die Konstante Λ entspricht damit einer Energiedichte $\varrho_\Lambda\, c^2$ des Vakuums (des leeren Raums). Der gravitative Einfluss dieser Vakuumenergiedichte wird in den Kapiteln 53 und 54 untersucht.

Alternative Feldtheorien

Die Entwicklung alternativer Feldtheorien geht üblicherweise von einem Ansatz für die Lagrangedichte aus. Die freien Feldgleichungen der ART folgen aus dem Variationsprinzip $\delta \int d^4x \sqrt{|g|}\, R = 0$; dabei ist $\sqrt{|g|}\, d^4x$ das kovariante Volumenelement und R der Krümmungsskalar. Die Lagrangedichte $\mathcal{L}_{\mathrm{grav}} \propto R$ dieses Variationsprinzips ist offenbar der einfachste Riemannskalar, den man in diesem Zusammenhang betrachten kann. Die Lagrangedichte $\mathcal{L}_{\mathrm{mat}}$ der Materie erhält man, wenn man vom SRT-Ausdruck ausgeht und beliebige Koordinaten einführt (effektiv wird $\eta_{\alpha\beta}$ durch $g_{\mu\nu}$ ersetzt). Das Variationsprinzip $\delta \int d^4x \sqrt{|g|}\, (\mathcal{L}_{\mathrm{grav}} + \mathcal{L}_{\mathrm{mat}}) = 0$ ergibt dann die Feldgleichungen der ART. Eine ausführlichere Diskussion dieser Zusammenhänge findet man etwa im Abschnitt 3.4 von [2].

Die Einführung zusätzlicher Felder in der Lagrangedichte $\mathcal{L} = \mathcal{L}_{\mathrm{grav}} + \mathcal{L}_{\mathrm{mat}}$ führt zu alternativen, von der ART abweichenden Theorien. Ein Beispiel hierfür wird im folgenden Abschnitt gegeben. Dabei liegt es nahe, zusätzliche Felder zu betrachten, die ausschließlich in $\mathcal{L}_{\mathrm{grav}}$ eingehen; denn zusätzliche Felder in $\mathcal{L}_{\mathrm{mat}}$ verletzen im allgemeinen das mit hoher Genauigkeit (10^{-12}) verifizierte Äquivalenzprinzip. Aus dem Äquivalenzprinzips folgen ja die Bewegungsgleichungen der ART und damit die (metrische) Kopplung zwischen Feld und Materie. Im Variationsprinzip ergibt sich diese Kopplung aus den $g_{\mu\nu}$ in $\mathcal{L}_{\mathrm{mat}}$.

Durch $\mathcal{L}_{\mathrm{grav}}$ wird der Inhalt ($g_{\mu\nu}$ und andere Felder), die Selbstwechselwirkung (Nichtlinearität) und die Dynamik des Gravitationsfelds bestimmt. Konsequenzen des Einsteinschen Ansatzes $\mathcal{L}_{\mathrm{grav}} \propto R$ sind mit einer Genauigkeit von etwa 10^{-3} verifiziert (Kapitel 31), so dass der Spielraum für Modifikationen hier größer ist als bei der Kopplung zwischen Feld und Materie.

Nachdem die Einsteinsche Theorie durch alle Experimente bestätigt wird (mit einer Genauigkeit von 10^{-12} für das Äquivalenzprinzip und 10^{-3} für die Dynamik des Felds), stellt sich die Frage, warum man überhaupt alternative Theorien betrachten sollte. Ein wesentlicher Grund ist, dass nahezu alle Versuche, den gegenwärtigen Rahmen der Theoretischen Physik zu erweitern (Kaluza-Klein-Theorie, Stringtheorien, supersymmetrische Theorien) neue Felder implizieren, die zur Gravitation beitragen. Diese neuen Felder ändern zum einen die Dynamik des Feldes selbst (also $\mathcal{L}_{\mathrm{grav}}$). Meistens ändern sie aber auch die Wechselwirkung zwischen dem Feld und der Materie, das heißt sie verletzen das Äquivalenzprinzip[1]. Dabei gibt es Theorien, bei denen die theoretisch zu erwartende Verletzung des Äquivalenzprinzips kleiner als 10^{-12} ist.

---

[1] T. Damour, *Testing the equivalence principle: why and how?*, Class. Quantum Grav. 13 (1996) A33 oder E-Print gr-qc/960680 im Archiv www.arxiv.org.

Brans-Dicke-Theorie

Brans und Dicke führten zusätzlich zu den Feldern $g_{\mu\nu}$ ein skalares Feld Ψ ein. Als motivierende Idee betrachten wir dazu den Zusammenhang

$$G\,M_{\rm K} \sim c^2\,R_{\rm K} \qquad (21.33)$$

zwischen der Masse $M_{\rm K}$ und der Ausdehnung $R_{\rm K}$ eines Körpers. Dieser Zusammenhang ergibt sich gerade dann, wenn das Gravitationsfeld des Körpers relativistisch ist, also $\Phi \sim G M_{\rm K}/R_{\rm K} \sim c^2$. Aufgrund von (21.33) kann man vermuten, dass die Stärke G der Gravitationswechselwirkung durch die vorhandenen Massen ($M_{\rm K}$ in Bereichen der Größe $R_{\rm K}^3$) des Kosmos bedingt wird. Dieser Gedanke kann als Erweiterung des Machschen Prinzips aufgefasst werden. Wenn die Stärke des Gravitationsfelds tatsächlich durch die Massen des Kosmos hervorgerufen wird, dann sollte G keine Konstante sein. In der Skalar-Tensor-Theorie wird G durch ein skalares, langreichweitiges Feld Ψ ersetzt, das durch die vorhandenen Massen bestimmt wird. Die einfachste kovariante Feldgleichung für Ψ lautet $\Psi^{|\nu}{}_{||\nu} \propto T = T^\nu{}_\nu$. Für die kosmischen Massen ergibt dies $\Psi/R_{\rm K}^2 \propto M_{\rm K}/R_{\rm K}^3$. Der Vergleich mit (21.33) zeigt dann $\Psi \propto 1/G$. Man wählt die Konstanten in der Feldgleichung so, dass das *mittlere* Feld gleich der inversen Gravitationskonstante ist,

$$G = \frac{1}{\langle\Psi\rangle} \qquad (21.34)$$

Im Sonnensystem ist das durch die kosmischen Massen hervorgerufene Feld $\Psi(\mathbf{r},t)$ praktisch konstant und kann durch seinen Mittelwert $1/G$ ersetzt werden.

Die Skalar-Tensor-Theorie von Brans und Dicke führt zu gekoppelten Feldgleichungen für $g_{\mu\nu}$ und Ψ. Die Theorie enthält einen dimensionslosen Parameter ω mit der Bedeutung

$$\omega = \frac{\text{Einfluss des Tensorfelds } g_{\mu\nu}}{\text{Einfluss des Skalarfelds } \Psi} = \begin{cases} \infty & \text{ART-Grenzfall} \\ \mathcal{O}(1) & \Psi\text{-Feld wichtig} \end{cases} \qquad (21.35)$$

Die Brans-Dicke-Theorie legt den Parameter ω numerisch nicht fest; sie enthält die ART als Grenzfall $\omega \to \infty$. Dabei bedeutet $\omega = \mathcal{O}(1)$, dass die vorgenommene Modifikation der Einsteinschen Feldgleichungen physikalisch wichtig ist. Nachdem neuere Experimente den möglichen Parameterbereich auf $\omega > 10^4$ einschränken, erscheint die Brans-Dicke-Theorie heute nicht mehr besonders attraktiv.

Aufgaben

21.1   Umformung der Feldgleichungen

Zeigen Sie, dass die Feldgleichungen

$$R_{\mu\nu} - \frac{R}{2}\, g_{\mu\nu} + \Lambda\, g_{\mu\nu} = -\frac{8\pi G}{c^4}\, T_{\mu\nu}$$

in der folgenden alternativen Form geschrieben werden können:

$$R_{\mu\nu} - \Lambda\, g_{\mu\nu} = -\frac{8\pi G}{c^4}\left(T_{\mu\nu} - \frac{T}{2}\, g_{\mu\nu}\right) \qquad (21.36)$$

22 Struktur der Feldgleichungen

Wir diskutieren einige formale Eigenschaften der Einsteinschen Feldgleichungen. Für schwache Felder wird der Energie-Impuls-Tensor des Gravitationsfelds aufgestellt. In diesem Grenzfall können die Feldgleichungen linearisiert werden, und ihre allgemeine Lösung kann angegeben werden.

Anzahl der unabhängigen Gleichungen

Die Tensoren $G_{\mu\nu}$ und $T_{\mu\nu}$ sind symmetrisch und haben daher 10 unabhängige Komponenten. Die Feldgleichungen (21.27) sind also 10 algebraisch unabhängige Gleichungen für die Größen $g_{\mu\nu}$. Man könnte nun vermuten, dass diese Gleichungen ausreichen, um die 10 unabhängigen Komponenten des gesuchten Feldes $g_{\mu\nu}(x)$ zu bestimmen. Dies ist jedoch nicht der Fall, da die 10 Funktionen $G_{\mu\nu}$ den 4 Bedingungen

$$G^{\mu\nu}{}_{||\nu} = 0 \tag{22.1}$$

genügen. Die $G_{\mu\nu}$ wurden im letzten Kapitel ja gerade so bestimmt, dass (22.1) für beliebige $g_{\mu\nu}$ gilt. Wegen (22.1) sind nur $10 - 4 = 6$ der Einsteinschen Gleichungen funktional unabhängig. Daher können die Feldgleichungen die 10 Funktionen $g_{\mu\nu}$ nicht vollständig festlegen. Die Unbestimmtheit in der Lösung $g_{\mu\nu}(x)$ ist eine notwendige Folge der Kovarianz der Feldgleichungen; denn aus einer Lösung $g_{\mu\nu}(x)$ ergibt sich durch eine allgemeine Koordinatentransformation $x^\mu \rightarrow x'^\mu$ wiederum eine Lösung $g'_{\mu\nu}(x')$. Eine Koordinatentransformation entspricht der Wahl von 4 Funktionen $x^\mu = x^\mu(x')$; die Feldgleichungen können und dürfen daher nur $10 - 4 = 6$ Funktionen festlegen. Als triviales Beispiel führen wir an, dass die freien Feldgleichungen $R^{\mu\nu} = 0$ sowohl durch $g_{\mu\nu} = \eta_{\mu\nu}$ wie auch durch $(g_{\mu\nu}) = \mathrm{diag}\,(1, -1, -(x^1)^2, -(x^1 \sin x^2)^2)$ gelöst werden (entsprechend kartesischen und Kugelkoordinaten im Minkowski-Raum). Diese Freiheit kann genutzt werden, um die Lösung eines Problems durch die Wahl geeigneter Koordinaten zu vereinfachen.

Auch in der Elektrodynamik sind die Potenziale nicht eindeutig durch die Feldgleichungen festgelegt. Die Maxwellgleichungen

$$F^{\alpha\beta}{}_{|\alpha} = \frac{4\pi}{c}\, j^\beta \tag{22.2}$$

stellen vier algebraisch unabhängige Gleichungen ($\beta = 0, 1, 2, 3$) für die vier unbekannten Felder A^α dar. Für beliebige A^α erfüllen die Felder die Bedingung

$$F^{\alpha\beta}{}_{|\alpha|\beta} = 0 \tag{22.3}$$

Daher sind in (22.2) nur $4 - 1 = 3$ funktional unabhängige Gleichungen enthalten. Die Bedingungen (22.3) und (22.1) entsprechen den jeweiligen Erhaltungssätzen für die Quellterme der Feldgleichung.

In der ART wie in der Elektrodynamik gibt es Transformationen in den Potenzialen ($g_{\mu\nu}$ und A_α), die die Form der Feldgleichungen nicht ändern (in der Elektrodynamik sind die Felder $F^{\alpha\beta}$ selbst invariant). Dies sind in einem Fall die allgemeinen Koordinatentransformationen und im anderen Fall die Eichtransformationen. Diese Freiheit kann dazu ausgenutzt werden, um durch eine geeignete Eichbedingung die Feldgleichungen zu entkoppeln. In der Elektrodynamik kann man die Eichbedingung $A^\alpha{}_{|\alpha} = 0$ verlangen. Damit wird (22.2) zu

$$\Box\, A^\alpha = \frac{4\,\pi}{c}\, j^\alpha \tag{22.4}$$

also zu *entkoppelten* Feldgleichungen. Analog hierzu werden wir die Freiheit in den $g_{\mu\nu}$ benutzen, um die linearisierten Feldgleichungen zu entkoppeln.

Möglichkeiten zur Lösung der Feldgleichungen

Da die Feldgleichungen *nichtlinear* sind, gibt es *kein* Standardverfahren zur Lösung dieser Gleichungen bei gegebenen Quellen (im Gegensatz zu den retardierten Potenzialen der Elektrodynamik). Es gibt jedoch:

1. Exakte Lösungen unter vereinfachenden Annahmen (wie zum Beispiel Isotropie und Zeitunabhängigkeit).

2. Lösung der linearisierten Feldgleichung für schwache Felder.

3. Post-Newtonsche Näherungen der Feld- und der Bewegungsgleichungen für schwache Felder und für langsam bewegte Teilchen.

In Kapitel 24 stellen wir eine erste exakte, nichttriviale Lösung vor; weitere solche Lösungen werden später angegeben. Die linearisierten Feldgleichungen und ihre Lösung werden im letzten Teil dieses Kapitels angegeben. Der Teil VII über Gravitationswellen bezieht sich ausschließlich auf die linearisierten Feldgleichungen.

Für die in Planeten- oder Doppelsternsystemen auftretenden Geschwindigkeiten gilt $v^2/c^2 \sim |\Phi|/c^2 \ll 1$. Die Post-Newtonsche Näherung ist eine systematische Entwicklung der Bewegungs- und Feldgleichungen nach diesen kleinen Größen. Dabei werden jeweils alle Terme konsistent bis zu einer bestimmten Ordnung berücksichtigt. Die niedrigste Ordnung ergibt den Newtonschen Grenzfall, die nächste Ordnung führt zur ersten Post-Newtonschen Näherung. Wir werden dieses Näherungsschema nicht im Einzelnen verfolgen. Bei den zu berechnenden Effekten im Sonnensystem werden wir aber – entsprechend der ersten Post-Newtonschen Näherung – jeweils die führende Korrektur zum Newtonschen Grenzfall angeben.

Energie-Impuls-Tensor des Gravitationsfelds

Für den Fall kleiner Abweichungen vom Minkowskitensor

$$g_{\mu\nu} = \eta_{\mu\nu} + h_{\mu\nu} \qquad \text{mit} \qquad |h_{\mu\nu}| \ll 1 \tag{22.5}$$

können wir $G_{\mu\nu}$ nach Potenzen von $h_{\mu\nu}$ entwickeln. Die Terme 1. Ordnung ergeben eine lineare Wellengleichung. Bei Vernachlässigung der Terme 3. Ordnung ergeben die Terme 2. Ordnung den Energie-Impuls-Tensor des Gravitationsfelds.

Wir bezeichnen die Terme verschiedener Ordnung in $h_{\mu\nu}$ gemäß

$$R_{\mu\nu} = R_{\mu\nu}^{(1)} + R_{\mu\nu}^{(2)} + \ldots \tag{22.6}$$

Natürlich ist $R_{\mu\nu}^{(0)} = 0$. Aus (18.11),

$$R_{\rho\mu\sigma\nu} = \frac{1}{2}\left(g_{\rho\sigma|\mu|\nu} + g_{\mu\nu|\rho|\sigma} - g_{\mu\sigma|\nu|\rho} - g_{\rho\nu|\sigma|\mu} \right) + \mathcal{O}(h^2) \tag{22.7}$$

erhalten wir

$$R_{\mu\nu}^{(1)} = R^{\rho\,(1)}_{\ \mu\rho\nu} = \frac{1}{2}\left(\Box h_{\mu\nu} + h^{\rho}_{\ \rho|\mu|\nu} - h^{\rho}_{\ \mu|\rho|\nu} - h^{\rho}_{\ \nu|\rho|\mu} \right) \tag{22.8}$$

Wegen (22.5) sind die betrachteten Koordinaten Fast-Minkowskikoordinaten, so dass wir mit

$$\partial^{\mu}\partial_{\mu} = \Box + \mathcal{O}(h) \tag{22.9}$$

den d'Alembert-Operator $\Box = \partial^{\alpha}\partial_{\alpha}$ einführen konnten. Der Krümmungsskalar ist in 1. Ordnung in h durch

$$R^{(1)} = \eta^{\lambda\rho}R_{\lambda\rho}^{(1)} \tag{22.10}$$

gegeben. Wir kommen nun zu den Termen 2. Ordnung in h auf der linken Seite der Feldgleichungen. Wir fassen diese Terme zu einer Größe $t_{\mu\nu}$ zusammen,

$$R_{\mu\nu}^{(2)} - \left(\frac{R\,g_{\mu\nu}}{2}\right)^{(2)} = \frac{8\pi G}{c^4}\,t_{\mu\nu} \tag{22.11}$$

und bringen sie auf die rechte Seite der Feldgleichungen. Dann lauten die Einsteinschen Feldgleichungen bei Vernachlässigung der Terme der 3. und höherer Ordnung:

$$R_{\mu\nu}^{(1)} - \frac{R^{(1)}}{2}\,\eta_{\mu\nu} = -\frac{8\pi G}{c^4}\left(T_{\mu\nu} + t_{\mu\nu} \right) \tag{22.12}$$

Dies ist eine in $h_{\mu\nu}$ lineare Wellengleichung mit den Quelltermen

$$\tau_{\mu\nu} = T_{\mu\nu} + t_{\mu\nu} \tag{22.13}$$

Die Interpretation von $t_{\mu\nu}$ ergibt sich aus folgender Überlegung: Für $G^{\mu\nu} = R_{\mu\nu} - g_{\mu\nu}R/2$ gilt $G^{\mu\nu}_{\ \ ||\nu} = 0$. Diese Gleichung ist für beliebige Felder erfüllt, und damit insbesondere auch in 1. Ordnung, also $G^{\mu\nu}_{\ \ ||\nu}{}^{(1)} = 0$. Dies ist gleichbedeutend

$$\frac{\partial}{\partial x_{\nu}}\left(R_{\mu\nu}^{(1)} - \frac{R^{(1)}}{2}\,\eta_{\mu\nu} \right) = 0 \tag{22.14}$$

Damit folgt aus (22.12)

$$\frac{\partial \tau_{\mu\nu}}{\partial x_\nu} = T_{\mu\nu}{}^{|\nu} + t_{\mu\nu}{}^{|\nu} = 0 \qquad (22.15)$$

Der Erhaltungssatz $T_{\mu\nu}{}^{||\nu} = 0$ enthält den Einfluss des Gravitationsfelds auf die in $T_{\mu\nu}$ enthaltenen Teile; für (20.29) sind dies die relativistischen Grundgleichungen der Hydrodynamik im Gravitationsfeld. Im Gegensatz dazu treten in (22.15) die nichtgravitativen ($T_{\mu\nu}$) und die gravitativen Anteile ($t_{\mu\nu}$) als Summe auf.

Für ein abgeschlossenes System ergibt sich aus $\tau_{\mu\nu}{}^{|\nu} = 0$ in bekannter Weise (Kapitel 8), dass der 4-Impuls

$$P_\mu = \int d^3r \, \tau_{\mu 0} = \text{const.} \qquad (22.16)$$

zeitlich konstant ist. Daraus folgt die Interpretation von $\tau_{\mu 0}$ als Impulsdichte und von $\tau_{\mu\nu}$ als Energie-Impuls-Tensor. Da $T_{\mu\nu}$ alle nichtgravitativen Anteile enthält, ist $t_{\mu\nu}$ aus (22.11) der Energie-Impuls-Tensor des Gravitationsfelds. Wir kennzeichnen dies durch einen Index 'grav':

$$t_{\mu\nu}^{\text{grav}} = \frac{c^4}{8\pi G} \left[R_{\mu\nu}^{(2)} - \left(\frac{R \, g_{\mu\nu}}{2} \right)^{(2)} \right] \qquad (|h_{\mu\nu}| \ll 1) \qquad (22.17)$$

Dieser Ausdruck wird in Kapitel 34 weiter ausgewertet.

Linearisierte Feldgleichungen

Wir stellen die Einsteinschen Feldgleichungen in erster Ordnung in h auf. Die Lösung der resultierenden *linearisierten Feldgleichungen* kann in der Form der retardierten Potenziale angegeben werden.

Mit (22.8) werden die Feldgleichungen in erster Ordnung in h zu

$$\Box h_{\mu\nu} + h^\rho{}_{\rho|\mu|\nu} - h^\rho{}_{\mu|\rho|\nu} - h^\rho{}_{\nu|\rho|\mu} = -\frac{16\pi G}{c^4} \left(T_{\mu\nu} - \frac{T}{2} \eta_{\mu\nu} \right) \qquad (22.18)$$

Mit der linken Seite ist auch die rechte von 1. Ordnung in h; daher kann $g_{\mu\nu}$ hier durch $\eta_{\mu\nu}$ ersetzt werden.

Da die Feldgleichungen kovariant sind, steht es uns frei, eine Koordinatentransformation durchzuführen. Da wir $|h_{\mu\nu}| \ll 1$ voraussetzen, sind dabei aber nur kleine Abweichungen von den Minkowskikoordinaten zugelassen, also Koordinatentransformationen

$$x^\mu \longrightarrow x'^\mu = x^\mu + \epsilon^\mu(x) \qquad (22.19)$$

mit kleinen ϵ^μ. Aus

$$g'^{\mu\nu} = \alpha_\lambda^\mu \, \alpha_\kappa^\nu \, g^{\lambda\kappa} = \frac{\partial x'^\mu}{\partial x^\lambda} \frac{\partial x'^\nu}{\partial x^\kappa} \, g^{\lambda\kappa} \qquad (22.20)$$

leiten wir die Transformation der $h^{\mu\nu}$ ab. Zunächst ist zu beachten, dass in

$$g^{\mu\nu} = \eta^{\mu\nu} - h^{\mu\nu} \qquad (22.21)$$

verglichen mit $g_{\mu\nu} = \eta_{\mu\nu} + h_{\mu\nu}$ ein Minuszeichen auftritt. Dies rührt daher, dass $g^{\nu\kappa}$ als Inverses von $g_{\kappa\mu}$ definiert ist, also durch die Bedingung $g^{\nu\kappa} g_{\kappa\mu} = \delta^\lambda_\mu$. Man überprüft leicht, dass (22.21) diese Bedingung in erster Ordnung in h erfüllt. Wir setzen (22.21) und

$$\frac{\partial x'^\mu}{\partial x^\lambda} = \delta^\mu_\lambda + \frac{\partial \epsilon^\mu}{\partial x^\lambda} \qquad (22.22)$$

in (22.20) ein:

$$\eta^{\mu\nu} - h'^{\mu\nu} = \left(\delta^\mu_\lambda + \frac{\partial \epsilon^\mu}{\partial x^\lambda}\right)\left(\delta^\nu_\kappa + \frac{\partial \epsilon^\nu}{\partial x^\kappa}\right)\left(\eta^{\lambda\kappa} - h^{\lambda\kappa}\right) \qquad (22.23)$$

Dies ergibt

$$h'^{\mu\nu} = h^{\mu\nu} - \frac{\partial \epsilon^\mu}{\partial x_\nu} - \frac{\partial \epsilon^\nu}{\partial x_\mu} \qquad (22.24)$$

Da dies bereits die erste Ordnung in h ist, können wir Indizes mit $g_{..} \approx \eta_{..}$ und $g^{..} \approx \eta^{..}$ nach unten oder oben ziehen. Damit gilt auch

$$h'_{\mu\nu} = h_{\mu\nu} - \frac{\partial \epsilon_\mu}{\partial x^\nu} - \frac{\partial \epsilon_\nu}{\partial x^\mu} \qquad \text{(Eichtransformation)} \qquad (22.25)$$

In Analogie zur Elektrodynamik wird diese Transformation der Potenziale $g_{\mu\nu}$ als *Eichtransformation* bezeichnet. Die Koordinatentransformation (22.19) ändert nicht die Form der Feldgleichungen (22.18). Die Möglichkeit, vier Funktionen $\epsilon^\mu(x)$ frei zu wählen, erlaubt es, folgende vier Bedingungen an die Potenziale $h_{\mu\nu}$ zu stellen:

$$2\, h^\mu{}_{\nu|\mu} = h^\mu{}_{\mu|\nu} \qquad (\nu = 0,\, 1,\, 2,\, 3) \qquad (22.26)$$

Die Bedeutung der hierdurch festgelegten Koordinaten ergibt sich aus den physikalischen Abständen $ds^2 = (\eta_{\mu\nu} + h_{\mu\nu})\, dx^\mu dx^\nu$. Ebenso wie in der Elektrodynamik sind physikalische Resultate von der Eichung (also von den benutzten Koordinaten) unabhängig.

Wir setzen die Eichbedingungen (22.26) in (22.18) ein und erhalten die *entkoppelten linearisierten Feldgleichungen*:

$$\boxed{\Box h_{\mu\nu} = -\frac{16\pi G}{c^4}\left(T_{\mu\nu} - \frac{T}{2}\, \eta_{\mu\nu}\right) \qquad \begin{array}{l}\text{Linearisierte} \\ \text{Feldgleichungen}\end{array}} \qquad (22.27)$$

Diese Gleichungen haben dieselbe Struktur wie die Feldgleichungen (22.4) der Elektrodynamik. Die Lösung hat daher die bekannte Form der retardierten Potenziale,

$$h_{\mu\nu}(\boldsymbol{r},\, t) = -\frac{4G}{c^4}\int d^3r'\, \frac{S_{\mu\nu}(\boldsymbol{r}',\, t - |\boldsymbol{r} - \boldsymbol{r}'|/c)}{|\boldsymbol{r} - \boldsymbol{r}'|} \qquad (22.28)$$

mit

$$S_{\mu\nu} = T_{\mu\nu} - \frac{T}{2}\,\eta_{\mu\nu} \qquad\qquad (22.29)$$

Die Bedeutung des retardierten Zeitarguments in $S_{\mu\nu}$ ist bekannt: Die Quellterme bei r' beeinflussen das Feld an der Stelle r nur zu einer um $|r - r'|/c$ späteren Zeit. Wenn sich die Quellterme an einer Stelle ändern, dann breitet sich die dadurch hervorgerufene Störung des Felds mit Lichtgeschwindigkeit aus.

Formal sind auch die avancierten Potenziale Lösungen der linearisierten Feldgleichungen; sie verletzen aber die Kausalitätsforderung.

Quantisierung der Feldgleichungen

Die Allgemeine Relativitätstheorie ist ebenso wie die Elektrodynamik eine klassische Feldtheorie. Für viele Phänomene ist eine solche klassische Theorie auch ausreichend. Im Elektromagnetismus gibt es aber viele Phänomene (wie den Photoeffekt, die Plancksche Strahlungsverteilung und den Compton-Effekt), für deren Beschreibung es notwendig ist, das Feld zu quantisieren. Die quantisierte Theorie ist hier die Quantenelektrodynamik, die – soweit wir wissen – alle Phänomene korrekt beschreibt. Wie steht es aber mit der ART?

Es gibt bisher keine vollständige und konsistente quantenmechanische Theorie der Gravitation[1]. Bei der Quantisierung der Feldgleichungen der ART treten Schwierigkeiten auf, die mit den nichtphysikalischen Freiheitsgraden in den $g_{\mu\nu}$ und mit der Nichtlinearität der Feldgleichungen zusammenhängen.

Die Frage der Quantisierung vereinfacht sich, wenn wir die linearisierten Feldgleichungen betrachten. In diesem Fall ist die Analogie zur Elektrodynamik besonders eng. Eine elementare Quantisierung besteht in der Annahme, dass eine Welle aus endlichen Einheiten mit der Energie $\hbar\omega$ besteht. Die oben aufgezählten Effekte des Elektromagnetismus kann man in dieser Weise behandeln. Im Rahmen einer solchen elementaren Quantisierung werden wir in Kapitel 32 die Energie-Impuls-Beziehung und den Spin von Gravitonen, den Quanten des Gravitationsfelds, behandeln. Die Abschätzung der Wahrscheinlichkeit, dass ein Atom ein Graviton emittiert (Kapitel 36), macht deutlich, dass dieser Quantisierung keine praktische Bedeutung zukommt.

Wir betrachten nun wieder die nichtlinearen Feldgleichungen der ART und schätzen ab, unter welchen Bedingungen Quanteneffekte wichtig sein könnten. Ein Teilchen der Masse M hat die Comptonwellenlänge $\lambda_C = \hbar/Mc$. Quanteneffekte der Gravitation sind dann wichtig, wenn die absolute Stärke des Gravitationspotenzials im Bereich λ_C von der Größe 1 ist, also für $GM/(c^2\lambda_C) \sim 1$ (oder, alternativ, wenn die Comptonwellenlänge und der Schwarzschildradius von derselben Größe sind). Die Masse eines Objekts, das diese Bedingung erfüllt, wird Planck-

---

[1] M. Perry, *Quantum Gravity*, Seite 377–406 in Ref. [8]

masse genannt:

$$M_P = \sqrt{\frac{\hbar c}{G}} \approx 1.2 \cdot 10^{19} \, \frac{\text{GeV}}{c^2} \qquad \text{(Planckmasse)} \qquad (22.30)$$

Diese Abschätzung lässt sich auch dadurch begründen, dass M_P die einzige Masse ist, die sich aus den Naturkonstanten c, G (relativistische Gravitationstheorie) und $\hbar$ (Quantentheorie) bilden lässt. Die Comptonwellenlänge der Planckmasse ist die Plancksche Länge,

$$L_P = \sqrt{\frac{\hbar G}{c^3}} \approx 1.6 \cdot 10^{-35} \, \text{m} \qquad \text{(Plancksche Länge)} \qquad (22.31)$$

Auf der Längenskala $L \lesssim L_P$ (oder für elementare Teilchen mit $M \gtrsim M_P$) dürften Quanteneffekte der Gravitation eine wichtige Rolle spielen. Diese Bereiche liegen um viele Größenordnungen außerhalb des Bereichs unserer technischen Möglichkeiten; in existierenden Beschleuniger können Teilchen mit einer maximalen Energie von etwa 10^3 GeV erzeugt werden. Quanteneffekte müssten aber bei der (sehr) spekulativen Behandlung des Zentrums eines Schwarzen Lochs (Kapitel 48) oder des sehr frühen Universums (Kapitel 55) berücksichtigt werden.

Zusammenfassend stellen wir fest: Es gibt keine allgemein akzeptierte quantisierte Feldtheorie der Gravitation. Es sind auch keine realen Experimente vorstellbar, in der die Quantisierung eine Rolle spielen sollte. Die Frage, wie eine konsistente Quantenfeldtheorie der Gravitation aufgebaut werden kann, ist aber von grundsätzlichem Interesse für das Gebäude der Theoretischen Physik.

Aufgaben

22.1 Eichbedingung für schwache Felder

Für schwache Felder ist $T_{\mu\nu}{}^{\|\nu} \approx T_{\mu\nu}{}^{|\nu} \approx 0$. Zeigen Sie damit, dass die retardierten Potenziale

$$h_{\mu\nu}(\boldsymbol{r}, \, t) = -\frac{4G}{c^4} \int d^3 r' \, \frac{S_{\mu\nu}(\boldsymbol{r}', \, t - |\boldsymbol{r} - \boldsymbol{r}'|/c)}{|\boldsymbol{r} - \boldsymbol{r}'|} \qquad (22.32)$$

mit $S_{\mu\nu} = T_{\mu\nu} - (T/2) \, \eta_{\mu\nu}$ die Eichbedingungen

$$2 \, h^{\mu}{}_{\nu|\mu} = h^{\mu}{}_{\mu|\nu}$$

erfüllen.

22.2 Gravitationsfeld einer rotierenden Kugel

Bestimmen Sie aus (22.28) die statischen Felder $h_{\mu\nu}(\boldsymbol{r})$ im Außenraum einer homogenen, gleichförmig rotierenden Kugel (Dichte ϱ, Radius R, Frequenz ω, Druck $P \approx 0$). Nehmen Sie nur die Terme erster Ordnung in v/c und $\omega R/c$ mit.

VI Statische Gravitationsfelder

23 Isotrope statische Metrik

Der Teil VI befasst sich mit statischen Gravitationsfeldern. Die betrachteten Felder sind mit dem Coulombfeld einer geladenen Kugel oder mit dem Magnetfeld einer rotierenden Kugel zu vergleichen.

Nach der Ableitung der isotropen statischen Metrik (Kapitel 23 und 24) diskutieren und berechnen wir eine Reihe von physikalischen Effekten. Die berechneten Vorhersagen können im Sonnensystem überprüft werden.

Standardform

Viele Anwendungen beziehen sich auf das Gravitationsfeld der Erde und der Sonne. Sehen wir von der Drehung (mit $v^i \ll c$) und der geringfügigen Abplattung ab, so stellen die Erde oder die Sonne eine *kugelsymmetrische und statische* Massenverteilung dar. Hierfür sollte es eine isotrope und statische Lösung $g_{\mu\nu}(x)$ der Feldgleichungen geben. Wir stellen zunächst die allgemeine Form einer solchen Metrik auf. Diese Standardform dient dann im nächsten Kapitel als Lösungsansatz für Einsteins Feldgleichungen.

Für $r \to \infty$ geht Newtons Gravitationspotenzial $\Phi = -GM/r$ gegen null. Asymptotisch sollte die gesuchte Metrik daher zur Minkowskimetrik werden, also

$$ds^2 = c^2 dt^2 - dr^2 - r^2 \left(d\theta^2 + \sin^2\theta \, d\phi^2 \right) \qquad (r \to \infty) \qquad (23.1)$$

Hierin sind r, θ und ϕ Kugelkoordinaten, und t ist die Zeitkoordinate. Im Bereich des Gravitationsfelds können nun metrische Koeffizienten auftreten, die von denen in (23.1) abweichen:

$$ds^2 = B(r) \, c^2 dt^2 - A(r) \, dr^2 - C(r) \, r^2 \left(d\theta^2 + \sin^2\theta \, d\phi^2 \right) \qquad (23.2)$$

Wegen der vorausgesetzten Isotropie und Zeitunabhängigkeit können die Koeffizienten nicht von θ, ϕ oder t abhängen. Andere Differenziale als in (23.1) müssen nicht berücksichtigt werden: Wegen der Isotropie darf der Abstand zwischen den Punkten (t, r, θ, ϕ) und $(t, r, \theta \pm d\theta, \phi)$ nicht vom Vorzeichen in $\pm d\theta$ abhängen. Also darf es keine in $d\theta$ (oder $d\phi$) linearen Terme geben. Einen möglichen

Term der Form $D(r)\,dr\,dt$ kann man durch Einführung einer neuen Zeitvariablen, $t \to t + \psi(r)$, eliminieren.

Die Freiheit der Koordinatenwahl erlaubt die Einführung einer neuen Radiusvariablen in (23.2). Daher können wir $C(r) = 1$ setzen, also

$$
\boxed{
\begin{array}{c}
\text{Standardform:} \\[4pt]
ds^2 = B(r)\,c^2 dt^2 - A(r)\,dr^2 - r^2\left(d\theta^2 + \sin^2\theta\,d\phi^2\right)
\end{array}
}
\tag{23.3}
$$

Dies ist ein allgemeiner Ansatz für die isotrope und statische Metrik; er wird *Standardform* genannt. Wegen des Grenzfalls (23.1) gilt

$$
B(r) \overset{r\to\infty}{\longrightarrow} 1\,, \qquad A(r) \overset{r\to\infty}{\longrightarrow} 1
\tag{23.4}
$$

Wir diskutieren die Bedeutung der Koordinaten in der Standardform: Die Freiheit, andere Koordinaten zu wählen, haben wir nur für r und t in Anspruch genommen. Die Winkelkoordinaten θ und ϕ haben daher dieselbe Bedeutung wie in (23.1), also ihre übliche Bedeutung. Praktisch können die Winkel durch die Fixsterne festgelegt werden; denn der Grenzfall (23.1) entspricht einem Inertialsystem, das wir als ruhend gegenüber dem Fixsternhimmel annehmen. Wegen (23.4) ist t die Zeit, die eine im Unendlichen ruhende Uhr anzeigt. Wegen (23.4) ist r asymptotisch die übliche Abstandskoordinate.

Wegen der vorausgesetzten Isotropie sind alle Punkte auf der Fläche $r = $ const. gleichberechtigt (wie die Punkte auf einer Kugeloberfläche). Der Inhalt dieser Fläche ist $4\pi r^2$; radiale Abstände sind dagegen mit $\Delta r = \int_{r_1}^{r_2} dr'\, A^{1/2}$ zu berechnen. Für $A \neq 1$ ist der dreidimensionalen Unterraums (mit den Koordinaten r, θ, ϕ) im Allgemeinen nicht eben. Daher hat die Fläche $r = $ const. auch nicht alle Eigenschaften einer Kugeloberfläche im euklidischen Raum.

Robertson-Entwicklung

Bereits ohne eine Lösung der Feldgleichungen können wir eine Entwicklung der Metrik (23.3) für schwache Felder außerhalb der Massenverteilung angeben. Das Feld kann von der Gesamtmasse M des betrachteten Objekts (etwa Erde oder Sonne), vom betrachteten Ort r und von den Konstanten G und c abhängen. Da die Koeffizienten $A(r)$ und $B(r)$ dimensionslos sind, können sie nur von der dimensionslosen Kombination $GM/(c^2 r)$ dieser Größen abhängen. Für $GM/(c^2 r) \ll 1$ kann man daher folgende *Robertson-Entwicklung* ansetzen:

$$
\boxed{
\begin{aligned}
B(r) &= 1 - 2\,\frac{GM}{c^2 r} + 2\,(\beta - \gamma)\left(\frac{GM}{c^2 r}\right)^2 + \ldots \\[8pt]
A(r) &= 1 + 2\gamma\,\frac{GM}{c^2 r} + \ldots \qquad \text{Robertson-Entwicklung}
\end{aligned}
}
\tag{23.5}
$$

Da die Feldgleichungen den Newtonschen Grenzfall (11.28) enthalten müssen, beginnt die Entwicklung für $B(r)$ mit $1 - 2\,GM/(c^2 r)$. Eine (kleine) Abweichung $B(r) = 1 - 2\alpha\,GM/(c^2 r)$ mit $\alpha \neq 1$ ist zwar denkbar; sie wäre aber experimentell kaum feststellbar, weil die Masse von Himmelskörpern (Erde, Sonne) faktisch nur über ihr asymptotisches Gravitationsfeld bestimmt wird; eine Abschätzung über die Größe und Dichte dieser Objekte wäre mit großen Fehlern behaftet. Die Bezeichnung des nächsten Koeffizienten in $B(r)$ mit $2(\beta - \gamma)$ (etwa anstelle von 2β) hat historische Gründe[1].

Die Robertson-Entwicklung hat folgenden Sinn: Die Lösung der Bewegungsgleichungen im Gravitationsfeld (23.5) ergibt Vorhersagen für physikalische Effekte, die von den dimensionslosen Parametern β, γ, ... abhängen. Für das Gravitationsfeld der Sonne gilt $GM/(c^2 r) \leq GM/(c^2 R_\odot) \approx 2 \cdot 10^{-6}$, so dass hier nur die Terme mit β und γ eine Rolle spielen. Die Auswertung von Experimenten ergibt dann Werte für diese Parameter, die mit den theoretischen Vorhersagen verglichen werden können. Für die Allgemeine Relativitätstheorie und die Newtonsche Gravitationstheorie gilt

$$\begin{aligned} \beta = 1, \quad \gamma = 1 \quad &\text{(ART)} \\ \beta = 0, \quad \gamma = 0 \quad &\text{(Newton)} \end{aligned} \tag{23.6}$$

In Newtons Theorie wird ein dreidimensionaler euklidischer Raum verwendet, also $A(r) = 1$ und $\gamma = 0$. Aus dem Newtonschen Grenzfall $g_{00} = B(r) \approx 1 + 2\Phi/c^2$ folgt dann $\beta = 0$. Die ART-Werte erhalten wir im nächsten Kapitel aus der Lösung der Feldgleichung.

Die Newtonsche Himmelsmechanik ergibt sich aus $\beta = \gamma = 0$ und dem nichtrelativistischen Grenzfall ($v \ll c$) der Bewegungsgleichung. In einer über Newton hinausgehenden Korrektur sind die in (23.5) explizit aufgeführten Terme zu berücksichtigen. Wegen $v^2 \sim GM/r$ müssen gleichzeitig in den Bewegungsgleichungen die Terme der Ordnung v^2/c^2 berücksichtigt werden. Für nichtrelativistische Teilchen muss die Entwicklung (23.5) für $g_{00} = B$ um eine Ordnung weiter geführt werden als für $g_{11} = A$; denn die Terme $g_{00}(u^0)^2 \sim g_{00}\,c^2$ und $g_{11}(u^1)^2 \sim g_{11}\,v^2$ sind in gleicher Ordnung zu behandeln.

Christoffelsymbole

Der metrische Tensor der Standardform ist diagonal,

$$(g_{\mu\nu}) = \begin{pmatrix} B(r) & 0 & 0 & 0 \\ 0 & -A(r) & 0 & 0 \\ 0 & 0 & -r^2 & 0 \\ 0 & 0 & 0 & -r^2 \sin^2\theta \end{pmatrix} \tag{23.7}$$

---

[1]Die Entwicklung wurde ursprünglich für die Isotrope Form (23.19) der Metrik angesetzt. Hierfür lautet sie $H = 1 - 2\alpha x + 2\beta x^2 + ...$ und $J = 1 + 2\gamma x + ...$, wobei $x = GM/c^2\rho$.

und
$$\left(g^{\mu\nu} \right) = \mathrm{diag} \left(\frac{1}{B(r)}, -\frac{1}{A(r)}, -\frac{1}{r^2}, -\frac{1}{r^2 \sin^2\theta} \right) \tag{23.8}$$

Die nichtverschwindenden Christoffelsymbole
$$\Gamma^{\sigma}_{\lambda\mu} = \frac{g^{\sigma\nu}}{2} \left(\frac{\partial g_{\mu\nu}}{\partial x^{\lambda}} + \frac{\partial g_{\lambda\nu}}{\partial x^{\mu}} - \frac{\partial g_{\mu\lambda}}{\partial x^{\nu}} \right) \tag{23.9}$$

sind:

$$\Gamma^0_{01} = \Gamma^0_{10} = \frac{B'}{2B}, \quad \Gamma^1_{00} = \frac{B'}{2A}, \qquad \Gamma^1_{11} = \frac{A'}{2A}$$

$$\Gamma^2_{12} = \Gamma^2_{21} = \frac{1}{r}, \quad \Gamma^1_{22} = -\frac{r}{A}, \qquad \Gamma^1_{33} = -\frac{r\sin^2\theta}{A} \tag{23.10}$$

$$\Gamma^3_{13} = \Gamma^3_{31} = \frac{1}{r}, \quad \Gamma^3_{23} = \Gamma^3_{32} = \cot\theta, \quad \Gamma^2_{33} = -\sin\theta\,\cos\theta$$

Aus
$$|g| = r^4 A B \sin^2\theta \tag{23.11}$$

mit $A > 0$ und $B > 0$ erhalten wir noch
$$\left(\Gamma^{\rho}_{\mu\rho} \right) = \left(\frac{\partial \ln\sqrt{|g|}}{\partial x^{\mu}} \right) = \left(0, \frac{2}{r} + \frac{A'}{2A} + \frac{B'}{2B}, \cot\theta, 0 \right) \tag{23.12}$$

Ricci-Tensor

Für den Ricci-Tensor
$$R_{\mu\nu} = \frac{\partial \Gamma^{\rho}_{\mu\rho}}{\partial x^{\nu}} - \frac{\partial \Gamma^{\rho}_{\mu\nu}}{\partial x^{\rho}} + \Gamma^{\sigma}_{\mu\rho} \Gamma^{\rho}_{\sigma\nu} - \Gamma^{\sigma}_{\mu\nu} \Gamma^{\rho}_{\sigma\rho} \tag{23.13}$$

erhalten wir

$$\begin{aligned}
R_{00} &= \frac{\partial \Gamma^{\rho}_{0\rho}}{\partial x^0} - \frac{\partial \Gamma^{\rho}_{00}}{\partial x^{\rho}} + \Gamma^{\sigma}_{0\rho} \Gamma^{\rho}_{\sigma 0} - \Gamma^{\sigma}_{00} \Gamma^{\rho}_{\sigma\rho} \\[2mm]
&= -\frac{B''}{2A} + \frac{A'B'}{2A^2} + \frac{B'^2}{2AB} - \frac{B'}{2A} \left(\frac{2}{r} + \frac{A'}{2A} + \frac{B'}{2B} \right) \\[2mm]
&= -\frac{B''}{2A} + \frac{B'}{4A} \left(\frac{A'}{A} + \frac{B'}{B} \right) - \frac{B'}{rA} \tag{23.14}
\end{aligned}$$

und

$$R_{11} = \frac{B''}{2B} - \frac{B'}{4B} \left(\frac{A'}{A} + \frac{B'}{B} \right) - \frac{A'}{rA} \tag{23.15}$$

$$R_{22} = -1 - \frac{r}{2A} \left(\frac{A'}{A} - \frac{B'}{B} \right) + \frac{1}{A} \tag{23.16}$$

$$R_{33} = R_{22} \sin^2\theta \tag{23.17}$$

$$R_{\mu\nu} = 0 \quad \text{für} \quad \mu \neq \nu \tag{23.18}$$

Aufgaben

23.1 Isotrope Form der Metrik

Gehen Sie von der Metrik

$$ds^2 = B(r)\, c^2\, dt^2 - A(r)\, dr^2 - C(r)\, r^2 \left(d\theta^2 + \sin^2\theta\, d\phi^2\right)$$

aus, und setzen Sie $A(r) = G(r) + C(r)$. Führen Sie über

$$\frac{d\rho}{\rho} = \frac{dr}{r}\sqrt{1 + \frac{G(r)}{C(r)}}$$

eine neue Radiuskoordinate ρ ein. Zeigen Sie, dass das Wegelement zu

$$ds^2 = H(\rho)\, c^2\, dt^2 - J(\rho)\left(d\rho^2 + \rho^2\, d\theta^2 + \rho^2\, \sin^2\theta\, d\phi^2\right) \qquad (23.19)$$

wird, wobei $H(\rho) = B(r)$ und $J(\rho) = r^2\, C(r)/\rho^2$. Dies ist die sogenannte *isotrope Form* der Metrik.

24 Schwarzschildmetrik

Wir bestimmen die Gravitationspotenziale $g_{\mu\nu}$ außerhalb einer sphärischen, statischen Massenverteilung. Dazu setzen wir die $g_{\mu\nu}$ der Standardform in die freien Feldgleichungen $R_{\mu\nu} = 0$ ein. Die Lösung der Feldgleichung ergibt die Schwarzschildmetrik.

Vergleich mit der Elektrodynamik

Wir erläutern unser Vorgehen am Beispiel der Elektrodynamik. Im sphärischen und statischen Fall ist die 4-Stromdichte von der Form $(j^\alpha) = (c\varrho_e(r), 0, 0, 0)$. Für das 4-Potenzial wird

$$\left(A^\alpha\right) = \left(\Phi_e(r), 0, 0, 0\right) \tag{24.1}$$

angesetzt. Dies entspricht dem Ansatz der Standardform für die $g_{\mu\nu}$. Die Ladungsverteilung sei räumlich begrenzt, $\varrho_e = 0$ für $r > r_0$. Außerhalb der Ladungsverteilung sind die freien Feldgleichungen (Maxwellgleichungen) zu lösen:

$$F^{\alpha\beta}{}_{|\beta} = 0 \quad \overset{(24.1)}{\Longrightarrow} \quad \frac{1}{r}\frac{d^2(r\,\Phi_e)}{dr^2} = 0 \quad \Longrightarrow \quad \Phi_e = \frac{a}{r} + b \tag{24.2}$$

Die Integrationskonstante a wird als Gesamtladung identifiziert; die Konstante b kann willkürlich gleich null gesetzt werden. Im Folgenden führen wir die hierzu analogen Schritte für die ART durch.

Lösung der Einsteinschen Feldgleichungen

Wir gehen von einer statischen, sphärischen und begrenzten Massenverteilung aus,

$$\varrho(r) \begin{cases} \neq 0 & (r \leq r_0) \\ = 0 & (r > r_0) \end{cases} \tag{24.3}$$

Der Druck $P(r)$ innerhalb der Massenverteilung soll ebenfalls von der Form (24.3) sein. Das mittlere Geschwindigkeitsfeld in der Massenverteilung ist im statischen Fall gleich $(u^\mu) = (u^0, 0, 0, 0)$ mit $u^0 = $ const. Damit ist der Energie-Impuls-Tensor, also der Quellterm der Feldgleichungen, zeitunabhängig und sphärisch. Daher sollte es eine statische und isotrope Lösung geben. Um sie zu finden, gehen wir von dem Ansatz (23.3) aus,

$$\left(g_{\mu\nu}\right) = \mathrm{diag}\left(B(r), -A(r), -r^2, -r^2\sin^2\theta\right) \tag{24.4}$$

Für eine Lösung *außerhalb* der Massenverteilung muss gelten

$$R_{\mu\nu} = 0 \qquad (r \geq r_0) \tag{24.5}$$

Die Quellterme treten hierbei nicht explizit auf. Ihre Eigenschaften (sphärisch, statisch) sind aber Voraussetzung für den Lösungsansatz (24.4).

Der Ansatz (24.4) führt zu einer eindeutigen Lösung von (24.5). Von dieser Lösung können wir durch eine Koordinatentransformation zu einer anderen, physikalisch gleichwertigen Lösung übergehen; dies entspricht einer Eichtransformation im Fall der Elektrodynamik. Daneben hat (24.5) auch noch physikalisch andere Lösungen (zum Beispiel Wellenlösungen).

Für den metrischen Tensor (24.4) sind die $R_{\mu\nu}$ durch (23.14) – (23.18) gegeben. Danach ist (24.5) für $\mu \neq \nu$ trivial erfüllt, und aus $R_{22} = 0$ folgt $R_{33} = 0$. Daher reduziert sich (24.5) auf die drei Gleichungen

$$R_{00} = 0, \qquad R_{11} = 0, \qquad R_{22} = 0 \tag{24.6}$$

Aus

$$\frac{R_{00}}{B} + \frac{R_{11}}{A} = -\frac{1}{rA} \left(\frac{B'}{B} + \frac{A'}{A} \right) = 0 \tag{24.7}$$

erhalten wir

$$\frac{d}{dr} \ln (AB) = 0 \tag{24.8}$$

oder

$$A(r)\, B(r) = \text{const.} \tag{24.9}$$

Aus (23.4) folgt, dass die Konstante gleich 1 ist, also

$$A(r) = \frac{1}{B(r)} \tag{24.10}$$

Wir setzen dies in R_{22} aus (23.16) und R_{11} aus (23.15) ein:

$$R_{22} = -1 + r B' + B = 0 \tag{24.11}$$

$$R_{11} = \frac{B''}{2B} + \frac{B'}{rB} = \frac{r B'' + 2B'}{2rB} = \frac{1}{2rB} \frac{d R_{22}}{dr} = 0 \tag{24.12}$$

Mit (24.11) ist (24.12) automatisch erfüllt. Wir schreiben (24.11) als

$$\frac{d(rB)}{dr} = 1 \tag{24.13}$$

und integrieren zu $rB = r + \text{const.}$ Wir bezeichnen die Konstante mit $-2a$. Damit ist das Gravitationsfeld durch

$$B(r) = 1 - \frac{2a}{r}, \qquad A(r) = \frac{1}{1 - 2a/r} \qquad (r \geq r_0) \tag{24.14}$$

gegeben. Diese Lösung der freien Einsteinschen Feldgleichungen wurde 1916 von Schwarzschild gefunden. Das Wegelement der *Schwarzschildmetrik* (SM) lautet:

Schwarzschildmetrik:

$$ds^2 = \left(1 - \frac{2a}{r}\right) c^2 dt^2 - \frac{dr^2}{1 - 2a/r} - r^2\left(d\theta^2 + \sin^2\theta \, d\phi^2\right) \tag{24.15}$$

Die Bedeutung der Integrationskonstante a ergibt sich aus dem Newtonschen Grenzfall (21.2),

$$g_{00} = B(r) \overset{r \to \infty}{\longrightarrow} 1 + \frac{2\Phi}{c^2} = 1 - \frac{2GM}{c^2 r} = 1 - \frac{2a}{r} \tag{24.16}$$

Anstelle von a benutzt man auch oft den *Schwarzschildradius* r_S,

$$r_S = 2a = \frac{2GM}{c^2} \qquad \text{Schwarzschildradius} \tag{24.17}$$

Diskussion der Schwarzschildmetrik

Wir werden die Schwarzschildmetrik (SM) unter anderem für das Gravitationsfeld der Sonne verwenden. Der Schwarzschildradius der Sonne ist

$$r_{S,\odot} = \frac{2GM_\odot}{c^2} \approx 3 \, \text{km} \tag{24.18}$$

Die Sonnenmasse $M_\odot \approx 2 \cdot 10^{30} \, \text{kg}$ ist experimentell durch das asymptotische Gravitationsfeld bestimmt. Der Schwarzschildradius ist viel kleiner als der Sonnenradius $R_\odot \approx 7 \cdot 10^5 \, \text{km}$:

$$\frac{r_{S,\odot}}{R_\odot} = \frac{2GM}{c^2 R_\odot} \approx 4 \cdot 10^{-6} \tag{24.19}$$

Da die SM nur im Bereich $r \geq r_0 = R_\odot$ gilt, sind die möglichen Abweichungen von der Minkowskimetrik sehr klein:

$$\frac{r_S}{r} \leq \frac{r_S}{r_0} \overset{\text{(Sonne)}}{=} 4 \cdot 10^{-6} \tag{24.20}$$

Wie bereits im letzten Kapitel diskutiert, haben die Winkelkoordinaten dieselbe Bedeutung wie im euklidischen Raum. Die Koordinate t ist die Zeit, die eine im Unendlichen ruhende Uhr anzeigt; für diese Uhr gilt $d\tau = ds_{\text{Uhr}}/c = dt$. Die Bedeutung der r-Koordinate weicht wegen $g_{11} \neq -1$ von der entsprechenden Radiuskoordinate in der Minkowskimetrik ab; wegen (24.20) ist diese Abweichung aber klein.

Asymptotisch geht die SM in die Minkowskimetrik über; daher können wir den Fixsternhimmel als Bezugsrahmen nehmen. Die in der Metrik berechneten Winkeländerungen (etwa für die Lichtablenkung, die Periheldrehung und die Präzession von Kreiseln) sind beobachtbare Winkeländerungen relativ zum Fixsternhimmel.

Die Koeffizienten des metrischen Tensors der SM werden bei $r = r_S$ singulär. Dies bedeutet aber nicht zwangsläufig eine Singularität des Raums. Beschreibt man zum Beispiel die Kugeloberfläche mit den üblichen Koordinaten $x^1 = \theta$ und $x^2 = \phi$, so ist $g^{22} = 1/\sin^2 \theta$ am Nordpol singulär, obwohl der Raum dort die gleichen Eigenschaften wie an jedem anderen Punkt hat. Tatsächlich ist der durch die SM beschriebene Raum bei $r = r_S$ nicht singulär (Kapitel 45). So tritt etwa in $dr/d\tau$ für ein frei fallendes Teilchen keine Besonderheit auf. Der Radius r_S ist aber physikalisch ausgezeichnet: Eine bei r ruhende Uhr zeigt die Zeit $d\tau = \sqrt{B}\, dt$ an (12.3). Daher divergiert $dt/d\tau$ für $r \to r_S$ (dabei ist t die Zeit einer im Unendlichen ruhenden Uhr). Dies bedeutet, dass ein Photon, das bei $r = r_S$ emittiert wird, eine unendlich große Rotverschiebung erleidet. Dies impliziert auch, dass t keine geeignete Zeitkoordinate für Ereignisse im Bereich $r \leq r_S$ ist.

Ein Stern mit einem Radius $r_0 \leq r_S$ heißt *Schwarzes Loch* (Kapitel 48), weil von seiner Oberfläche keine Photonen nach außen (also in den Bereich $r > r_S$) dringen können. In den Kapiteln 45 – 47 werden wir die Eigenschaften der SM bei $r = r_S$ noch näher diskutieren. Für die Anwendungen im Sonnensystem ist dieser Bereich aber wegen (24.20) ohne Bedeutung.

Die SM hat auch noch eine Singularität bei $r = 0$, die analog zu derjenigen von Φ_e in (24.2) ist. Wenn man mit $r_0 \to 0$ den Gültigkeitsbereich $r \geq r_0$ der Lösung ausdehnt, so führt dies zu einer Punktmasse bei $r = 0$. Die Singularität der SM bei $r = 0$ entspricht dieser Punktmasse.

Das Linienelement der SM kann nach Potenzen von r_S/r entwickelt werden. Der Vergleich mit der Robertson-Entwicklung (23.5) ergibt

$$\beta = 1, \quad \gamma = 1 \quad \text{(ART)} \tag{24.21}$$

Newtons Gravitationstheorie impliziert dagegen $\beta = \gamma = 0$, (23.6). Als Beispiel für eine abweichende, relativistische Feldtheorie sei die Brans-Dicke-Theorie (siehe letzter Abschnitt in Kapitel 21) erwähnt, die zu $\beta = 1$ und $\gamma = (\omega + 1)/(\omega + 2)$ mit dem weiteren Parameter ω führt. Abweichungen von (24.21) sind also durchaus denkbar. Die Werte $\beta = \gamma = 1$ sind daher eine zu testende Voraussage der ART.

Krümmung des Raums

Nach den Feldgleichungen sind die $R_{\mu\nu}$ nur im Bereich der Quellen ungleich null („Krümmung ist proportional zur Massendichte"). In der Schwarzschildmetrik gilt $R_{\mu\nu} = 0$ und $R = 0$, da diese Lösung sich auf den quellfreien Raum bezieht. Der dreidimensionale Unterraum der Schwarzschildmetrik (mit den Koordinaten r, θ, ϕ) ist jedoch gekrümmt. In der Umgebung einer gravitierenden Masse ist die Raumkrümmung daher null bezogen auf den vierdimensionalen Raum, aber ungleich null bezogen auf den dreidimensionalen Unterraum (ohne die zeitliche Dimension).

25 Bewegung im Zentralfeld

Wir untersuchen die relativistische Verallgemeinerung des klassischen Keplerproblems, also die Bewegung eines Körpers in einem zentralsymmetrischen, statischen Gravitationsfeld. Die Diskussion schließt die Bewegung von Photonen mit ein.

Bewegungsgleichungen

Nach (11.9) und (11.12) gilt für die Bahn $x^\kappa(\lambda)$ eines Teilchens im Gravitationsfeld

$$\frac{d^2 x^\kappa}{d\lambda^2} = -\Gamma^\kappa_{\mu\nu} \frac{dx^\mu}{d\lambda} \frac{dx^\nu}{d\lambda} \tag{25.1}$$

und

$$g_{\mu\nu} \frac{dx^\mu}{d\lambda} \frac{dx^\nu}{d\lambda} = \left(\frac{ds}{d\lambda}\right)^2 = c^2 \left(\frac{d\tau}{d\lambda}\right)^2 = \begin{cases} c^2 & (m \neq 0) \\ 0 & (m = 0) \end{cases} \tag{25.2}$$

Für ein massives Teilchen verwenden wir $\lambda = \tau$, für ein masseloses Teilchen muss wegen $d\tau = 0$ ein anderer Bahnparameter λ gewählt werden.

Das zentralsymmetrische, statische Gravitationsfeld wird durch die Metrik

$$ds^2 = B(r)\,c^2 dt^2 - A(r)\,dr^2 - r^2\bigl(d\theta^2 + \sin^2\theta\,d\phi^2\bigr) \qquad (r \geq r_0) \tag{25.3}$$

beschrieben. Für $A(r)$ und $B(r)$ wird später die Schwarzschildlösung oder die Robertsonentwicklung eingesetzt. Die verwendeten Koordinaten sind

$$\bigl(x^0,\, x^1,\, x^2,\, x^3\bigr) = \bigl(ct,\, r,\, \theta,\, \phi\bigr) \tag{25.4}$$

Die Gleichungen (25.1)–(25.4) definieren das relativistische Keplerproblem, das wir hier lösen wollen. Mit den Christoffelsymbolen aus (23.10) schreiben wir die einzelnen Komponenten von (25.1) explizit an:

$$\frac{d^2 x^0}{d\lambda^2} = -\frac{B'}{B} \frac{dx^0}{d\lambda} \frac{dr}{d\lambda} \tag{25.5}$$

$$\frac{d^2 r}{d\lambda^2} = -\frac{B'}{2A} \left(\frac{dx^0}{d\lambda}\right)^2 - \frac{A'}{2A} \left(\frac{dr}{d\lambda}\right)^2 + \frac{r}{A} \left(\frac{d\theta}{d\lambda}\right)^2 + \frac{r\sin^2\theta}{A} \left(\frac{d\phi}{d\lambda}\right)^2 \tag{25.6}$$

$$\frac{d^2\theta}{d\lambda^2} = -\frac{2}{r} \frac{dr}{d\lambda} \frac{d\theta}{d\lambda} + \sin\theta\,\cos\theta \left(\frac{d\phi}{d\lambda}\right)^2 \tag{25.7}$$

$$\frac{d^2\phi}{d\lambda^2} = -\frac{2}{r} \frac{dr}{d\lambda} \frac{d\phi}{d\lambda} - 2\cot\theta \frac{d\theta}{d\lambda} \frac{d\phi}{d\lambda} \tag{25.8}$$

Gleichung (25.7) kann offenbar durch

$$\theta = \frac{\pi}{2} = \text{const.} \tag{25.9}$$

gelöst werden. Dies ist keine Einschränkung an die Vielfalt der Lösungen: Zu einem bestimmten Zeitpunkt t_0 kann das Koordinatensystem so gedreht werden, dass $\theta = \pi/2$ und $d\theta/d\lambda = 0$; damit liegen der Orts- und Geschwindigkeitsvektor in der Ebene $\theta = \pi/2$. Dann folgt aus (25.7) $d^2\theta/d\lambda^2 = 0$ und somit $\theta(\lambda) \equiv \pi/2$. Damit liegt die gesamte Bahnkurve in der Äquatorebene.

Für (25.9) wird (25.8) zu

$$\frac{1}{r^2} \frac{d}{d\lambda} \left(r^2 \frac{d\phi}{d\lambda} \right) = 0 \tag{25.10}$$

Dies ergibt

$$r^2 \frac{d\phi}{d\lambda} = \ell = \text{const.} \tag{25.11}$$

Wir können (25.9) und (25.11) auch direkt mit der Isotropie des Problems begründen, wie dies im nichtrelativistischen Keplerproblem üblich ist: Wegen der Isotropie ist der Drehimpuls ℓ erhalten. Da die Richtung von ℓ konstant ist, kann das Koordinatensystem so gewählt werden, dass $e_z \parallel \ell$; daraus folgt (25.9). Da der Betrag von ℓ konstant ist, gilt (25.11); die Integrationskonstante ℓ entspricht dem Drehimpuls pro Masse.

Wir schreiben (25.5) in der Form

$$\frac{d}{d\lambda} \left(\ln \frac{dx^0}{d\lambda} + \ln B \right) = 0 \tag{25.12}$$

und integrieren dies:

$$B \frac{dx^0}{d\lambda} = F = \text{const.} \tag{25.13}$$

In der verbleibenden Gleichung (25.6) benutzen wir (25.9), (25.11) und (25.13):

$$\frac{d^2 r}{d\lambda^2} + \frac{F^2 B'}{2 A B^2} + \frac{A'}{2 A} \left(\frac{dr}{d\lambda} \right)^2 - \frac{\ell^2}{A r^3} = 0 \tag{25.14}$$

Wir multiplizieren mit $2A \, (dr/d\lambda)$ und erhalten

$$\frac{d}{d\lambda} \left[A \left(\frac{dr}{d\lambda} \right)^2 + \frac{\ell^2}{r^2} - \frac{F^2}{B} \right] = 0 \tag{25.15}$$

Die Integration liefert

$$A \left(\frac{dr}{d\lambda} \right)^2 + \frac{\ell^2}{r^2} - \frac{F^2}{B} = -\varepsilon = \text{const.} \tag{25.16}$$

Diese Radialgleichung ist die zentrale Bewegungsgleichung. Die Winkelbewegung ist durch (25.9) und (25.11) bestimmt, und der Zusammenhang zwischen t und λ durch (25.13). Damit sind alle Bewegungsgleichungen einmal integriert.

Eine weitere Integration von (25.16) ergibt $r = r(\lambda)$. Setzt man diese Funktion in (25.11) und (25.13) ein, so ergeben deren Integration $\phi = \phi(\lambda)$ und $t = t(\lambda)$. Die Elimination von λ ergibt dann $r = r(t)$ und $\phi = \phi(t)$. Zusammen mit $\theta = \pi/2$ ist dies die vollständige Lösung. Die auftretenden Integrale sind im Allgemeinen nicht elementar lösbar. Für die Schwarzschildmetrik wird die Lösung unten näher diskutiert.

Wir werten noch (25.2) aus:

$$g_{\mu\nu} \frac{dx^\mu}{d\lambda} \frac{dx^\nu}{d\lambda} = B \left(\frac{dx^0}{d\lambda}\right)^2 - A \left(\frac{dr}{d\lambda}\right)^2 - r^2 \left(\frac{d\theta}{d\lambda}\right)^2 - r^2 \sin^2\theta \left(\frac{d\phi}{d\lambda}\right)^2 = \varepsilon$$

$$(25.17)$$

Für den letzten Schritt haben wir (25.9), (25.11), (25.13) und (25.16) verwendet. Aus (25.17) und (25.2) folgt

$$\varepsilon = \begin{cases} c^2 & (m \neq 0) \\ 0 & (m = 0) \end{cases}$$

$$(25.18)$$

Effektiv verbleiben damit in (25.11), (25.13) und (25.16) zwei Integrationskonstanten, F und ℓ. In der analogen nichtrelativistischen Behandlung treten die Energie E und der Drehimpuls ℓ als Integrationskonstanten auf.

Bahnkurve

Wir bestimmen die Bahn $\phi = \phi(r)$ in der Bewegungsebene $\theta = \pi/2$. Zunächst ergibt (25.16)

$$\frac{dr}{d\lambda} = \sqrt{\frac{F^2/B - \ell^2/r^2 - \varepsilon}{A}}$$

$$(25.19)$$

Damit erhalten wir

$$\frac{d\phi}{dr} = \frac{d\phi}{d\lambda} \frac{d\lambda}{dr} = \frac{\ell}{r^2} \sqrt{\frac{A}{F^2/B - \ell^2/r^2 - \varepsilon}}$$

$$(25.20)$$

und somit das unbestimmte Integral

$$\phi(r) = \int \frac{dr}{r^2} \frac{\sqrt{A(r)}}{\sqrt{\dfrac{F^2}{B(r)\,\ell^2} - \dfrac{1}{r^2} - \dfrac{\varepsilon}{\ell^2}}}$$

$$(25.21)$$

Dies bestimmt die Bahnkurve $\phi = \phi(r)$ in der Bewegungsebene. Für ein massives Teilchen ($\varepsilon = c^2$) hängt dies von zwei Integrationskonstanten ab (F und ℓ); für eine Streuung lassen sich diese Konstanten durch den Stoßparameter und die Anfangsgeschwindigkeit ausdrücken. Für masselose Teilchen ($\varepsilon = 0$) hängt die Bahn effektiv nur von einer Integrationskonstanten (F/ℓ oder Stoßparameter) ab.

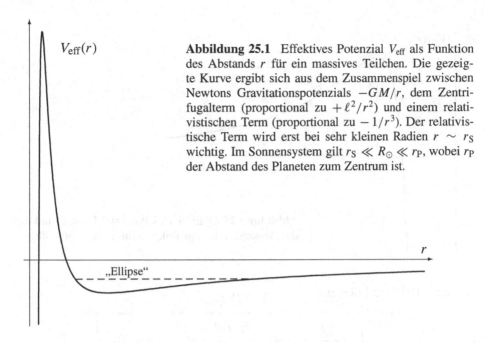

$V_{eff}(r)$

Abbildung 25.1 Effektives Potenzial V_{eff} als Funktion des Abstands r für ein massives Teilchen. Die gezeigte Kurve ergibt sich aus dem Zusammenspiel zwischen Newtons Gravitationspotenzials $-GM/r$, dem Zentrifugalterm (proportional zu $+\ell^2/r^2$) und einem relativistischen Term (proportional zu $-1/r^3$). Der relativistische Term wird erst bei sehr kleinen Radien $r \sim r_S$ wichtig. Im Sonnensystem gilt $r_S \ll R_\odot \ll r_P$, wobei r_P der Abstand des Planeten zum Zentrum ist.

„Ellipse"

r

Bewegung in der Schwarzschildmetrik

Wir setzen die Schwarzschildlösung

$$B(r) = \frac{1}{A(r)} = 1 - \frac{2a}{r} = 1 - \frac{r_S}{r} \tag{25.22}$$

und die Abkürzungen

$$\dot{t} = \frac{dt}{d\lambda}, \qquad \dot{r} = \frac{dr}{d\lambda}, \qquad \dot{\phi} = \frac{d\phi}{d\lambda} \tag{25.23}$$

in (25.9), (25.11), (25.13) und (25.16) ein:

$$\theta = \frac{\pi}{2}, \qquad c\,\dot{t}\left(1 - \frac{2a}{r}\right) = F, \qquad r^2\dot{\phi} = \ell \tag{25.24}$$

$$\frac{\dot{r}^2}{2} - \frac{a\varepsilon}{r} + \frac{\ell^2}{2r^2} - \frac{a\ell^2}{r^3} = \frac{F^2 - \varepsilon}{2} = \text{const.} \tag{25.25}$$

Durch $\theta = \pi/2$ ist die Bahnebene definiert. Die nächste Gleichung bestimmt den Zusammenhang zwischen der Zeitkoordinate t und dem Bahnparameter λ. Die letzte Gleichung in (25.24) lässt sich als Drehimpulssatz interpretieren, und (25.25) entspricht dem Energiesatz.

Wir schreiben die Radialgleichung (25.25) in der Form

$$\boxed{\frac{\dot{r}^2}{2} + V_{eff}(r) = \text{const.}} \tag{25.26}$$

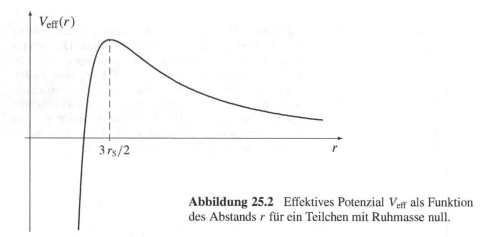

Abbildung 25.2 Effektives Potenzial V_{eff} als Funktion des Abstands r für ein Teilchen mit Ruhmasse null.

mit dem effektiven Potenzial

$$
V_{\text{eff}}(r) = \begin{cases} -\dfrac{GM}{r} + \dfrac{\ell^2}{2\,r^2} - \dfrac{GM\ell^2}{c^2\,r^3} & (m \neq 0) \\[3ex] \dfrac{\ell^2}{2\,r^2} - \dfrac{GM\ell^2}{c^2\,r^3} & (m = 0) \end{cases} \tag{25.27}
$$

Dabei haben wir $a = GM/c^2$ eingesetzt. In den Abbildungen 25.1 und 25.2 sind mögliche effektive Potenziale skizziert.

Die formale Lösung $r = r(\lambda)$ von (25.26) ist durch das Integral

$$
\lambda = \pm \int \frac{dr}{\sqrt{2\,[\text{const.} - V_{\text{eff}}(r)]}} \tag{25.28}
$$

gegeben. Wegen des relativistischen Terms ($\propto 1/r^3$) in V_{eff} ist dies ein elliptisches Integral, das nicht durch elementare Funktionen gelöst werden kann.

Der qualitative Verlauf der Lösungen lässt sich graphisch anhand einer Skizze von $V_{\text{eff}}(r)$ verstehen. Dazu zeichnet man eine horizontale Gerade mit dem Ordinatenwert const. aus (25.26) ein (zum Beispiel die gestrichelte Linie in Abbildung 25.1). Der vertikale Abstand zu $V_{\text{eff}}(r)$ gibt dann die kinetische Energie $\dot{r}^2/2$ an.

Wir diskutieren noch etwas eingehender das effektive Potenzial für $m \neq 0$. Asymptotisch dominiert das attraktive Newtonsche Gravitationspotenzial $-GM/r$. Für kleiner werdenden Radius kommt dann das Zentrifugalpotenzial $\ell^2/2r^2$ ins Spiel und führt – für nicht zu kleine ℓ – zu positiven Werten von V_{eff}. Für noch kleinere Radien dominiert schließlich der attraktive relativistische Term

$$
-\frac{GM}{r}\frac{\ell^2}{c^2\,r^2} \overset{(v \ll c)}{\sim} -\frac{GM}{r}\frac{v^2}{c^2} \tag{25.29}
$$

Das Zusammenspiel der drei Terme mit den Potenzen $1/r$, $1/r^2$ und $1/r^3$ führt zu dem in Abbildung 25.1 gezeigten Bild. Die Radialgleichung (25.26) unterscheidet sich vom nichtrelativistischen Fall einmal durch den Term (25.29), und zum anderen dadurch, dass $\dot{r} = dr/d\tau$ von dr/dt abweicht. Beide Abweichungen sind von der Ordnung v^2/c^2.

Im Bereich des Minimums gibt es gebundene Lösungen. Die graphische Diskussion der Bewegung zeigt, dass es zwei Umkehrpunkte gibt, zwischen denen die Lösung oszilliert (Abbildung 25.1). Im nichtrelativistischen Fall ist die zugehörige Bahnkurve die bekannte Keplerellipse. Wegen der relativistischen Effekte ergeben sich Abweichungen von der Ellipsenbahn, insbesondere eine Periheldrehung (Kapitel 27). Als Spezialfall ist eine Kreisbewegung mit $\dot{r} = 0$ möglich, wenn die Konstante in (25.26) gleich dem Potenzialwert im Minimum ist. Die entsprechende Lösung am Maximum ist instabil, da kleine Auslenkungen zu exponentiell wachsendem $\dot{r}$ führen. Wenn die Konstante in (25.26) positiv ist, erhält man eine ungebundene Streulösung (Hyperbel im nichtrelativistischen Fall). Wenn die Konstante größer als das Maximum des Potenzials ist, stürzt das Teilchen ins Zentrum.

Am Minimum und Maximum von $V_{\mathrm{eff}}(r)$ gilt $dV_{\mathrm{eff}}/dr = 0$. Für $m \neq 0$ folgt hieraus

$$\frac{c^2}{\ell^2}\, r^2 - 2\,\frac{r}{r_{\mathrm{S}}} + 3 = 0 \qquad (25.30)$$

Damit diese quadratische Gleichung zwei reelle Lösungen hat, muss $3\,c^2/\ell^2 < 1/r_{\mathrm{S}}^2$ gelten. Ein Minimum und Maximum wie in Abbildung 25.1 erhält man daher nur, wenn der Drehimpuls ℓ über dem kritischen Wert

$$\ell_{\mathrm{kr}} = \sqrt{3}\, r_{\mathrm{S}}\, c \qquad (25.31)$$

liegt. Für $\ell \to \ell_{\mathrm{kr}}$ wird die Drehimpulsbarriere immer kleiner, bis Maximum und Minimum für $\ell = \ell_{\mathrm{kr}}$ zusammenfallen. Für $\ell < \ell_{\mathrm{kr}}$ fällt das Potenzial dann monoton zum Zentrum hin ab; ein von außen kommendes Teilchen fällt auf jeden Fall (unabhängig von seiner Energie) ins Zentrum.

Für Photonen sind beide Terme in V_{eff} proportional zu ℓ^2, so dass der Verlauf des effektiven Potenzials (Abbildung 25.2) nicht von ℓ abhängt. Bei

$$r_{\mathrm{max}} = 3a = \frac{3\,r_{\mathrm{S}}}{2} \qquad (25.32)$$

hat das Potenzial ein Maximum. An dieser Stelle könnten Photonen sich entlang einer Kreisbahn bewegen, die allerdings instabil ist. Wenn die Konstante in (25.26) kleiner als $V_{\mathrm{eff}}(r_{\mathrm{max}})$ ist, wird ein von außen kommendes Photon gestreut. Ist sie größer, dann wird das Photon eingefangen.

Die Bewegungsgleichung (25.26) kann ohne Schwierigkeit in den Bereich $r \leq r_{\mathrm{S}}$ verfolgt werden. Für $r(\lambda)$ ist der Radius $r = r_{\mathrm{S}}$ (in der Nähe des Maximums in Abbildung 25.1 gelegen) offenbar nicht ausgezeichnet. Insofern liegt die Vermutung nahe, dass es sich bei $r = r_{\mathrm{S}}$ um eine Singularität der Koordinaten und nicht des Raums handelt. Die SM selbst ist aber für $r < r_{\mathrm{S}}$ nicht anwendbar; so wäre etwa für eine ruhende Uhr $ds^2 = c^2\,d\tau^2 = (1 - r_S/r)\,c^2 dt^2 < 0$, also $d\tau$ imaginär. Wegen $r \geq r_0$ (Gültigkeitsbereich der SM (25.3)) sind diese Fragen für „normale" Objekte (mit $r_0 \gg r_S$) nicht aktuell; wir werden sie aber bei der Diskussion von Schwarzen Löchern wieder aufgreifen.

Aufgaben

25.1 Satellitenuhr in Schwarzschildmetrik

Ein Erdsatellit befinde sich auf einer Kreisbahn mit dem Radius r. Berechnen Sie das Verhältnis $d\tau/dt$ zwischen der Satellitenuhr τ und der Zeit t einer im Unendlichen ruhenden Uhr. Vergleichen Sie dies mit den Ergebnissen von Aufgabe 12.1.

25.2 Einfang durch ein Schwarzes Loch

Ein Raumschiff fällt frei auf ein Schwarzes Loch der Masse M zu. Die asymptotische Geschwindigkeit sei $v_\infty = c/\sqrt{2}$ und der Stoßparameter sei $b = 4\,r_S$. Fällt das Raumschiff ins Zentrum?

25.3 Zentraler Fall in Schwarzschildmetrik

Im sphärischen Gravitationsfeld (Schwarzschildmetrik) soll der zentrale Fall eines massiven Teilchens untersucht werden. Zeigen Sie zunächst

$$\frac{dr}{d\tau} = -\frac{c}{\sqrt{3}}\sqrt{\frac{3\,r_S}{r} - 1} \quad \text{und} \quad \frac{dr}{dt} = -\frac{c}{\sqrt{2}}\left(1 - \frac{r_S}{r}\right)\sqrt{\frac{3\,r_S}{r} - 1} \quad (25.33)$$

Der Fall beginne mit der Geschwindigkeit null bei $r(0) = 3\,r_S$. Skizzieren Sie die Funktion $r(\tau)$. Nach welcher Eigenzeit τ_0 erreicht das Teilchen das Zentrum? Lösen Sie die Bewegungsgleichung für $r(t)$ bei $r \approx r_S$. Bestimmen Sie auch $r(t)$ bei $r \approx r_S$ für ein Photon.

26 Lichtablenkung

Lichtstrahlen erfahren im Gravitationsfeld eine Ablenkung. Wir berechnen diese Ablenkung für Lichtstrahlen, die den Rand der Sonne streifen. Für das Licht von Sternen kann diese Ablenkung während einer Sonnenfinsternis beobachtet werden; für die Radiowellen eines Quasars ist keine Sonnenfinsternis erforderlich.

Die Bahnkurven $r = r(\phi)$ im Gravitationsfeld sind durch (25.21) gegeben, wobei für Licht $\varepsilon = 0$ zu setzen ist:

$$\phi(r) = \phi(r_0) + \int_{r_0}^{r} \frac{dr'}{r'^2} \frac{\sqrt{A(r')}}{\sqrt{\dfrac{F^2}{B(r')\,\ell^2} - \dfrac{1}{r'^2}}} \tag{26.1}$$

Als Startpunkt der Integration wählen wir den minimalen Abstand r_0 und setzen hier $\phi(r_0) = 0$. Von r_0 bis $r = \infty$ ändert sich der Winkel um $\phi(\infty)$. Längs der in Abbildung 26.1 skizzierten Bahn dreht sich der Radiusvektor um $2\,\phi(\infty)$. Für eine Gerade als Bahn wäre dieser Winkel gleich π. Die gesuchte Lichtablenkung $\Delta\phi$ im Gravitationsfeld ist daher gleich

$$\Delta\phi = 2\,\phi(\infty) - \pi \qquad \big(\phi(r_0) = 0\big) \tag{26.2}$$

Wegen $A(r) \neq 1$ ist der dreidimensionale Raum nichteuklidisch; insofern ist das Bild 26.1 mit Vorbehalten zu betrachten. Für große Abstände gilt jedoch $A \to 1$ und $B \to 1$; damit sind die Lichtstrahlen hier Geraden im euklidischen Raum (wie in der Abbildung). Relativ zum Fixsternhimmel haben die beiden geraden Teilstücke etwas unterschiedliche Richtungen (Fixsterne haben in den verwendeten Koordinaten feste Winkel). Die Nicht-Euklidizität betrifft die Lichtbahn zwischen den asymptotischen, geraden Teilen; sie wird in (26.1) korrekt berücksichtigt.

Bei r_0 ist $r(\phi)$ minimal, also

$$\left(\frac{dr}{d\phi}\right)_{r_0} = 0 \tag{26.3}$$

Der Integrand in (26.1) ist gleich $d\phi/dr$. Aus (26.3) folgt daher

$$\frac{F^2}{\ell^2} = \frac{B(r_0)}{r_0^2} \tag{26.4}$$

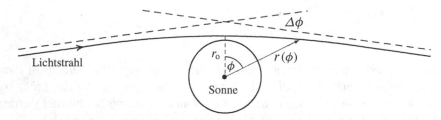

Abbildung 26.1 Im Gravitationsfeld der Sonne wird ein Lichtstrahl um den Winkel $\Delta\phi$ abgelenkt. Bezüglich des minimalen Abstands r_0 ist die Bahn symmetrisch. Der tatsächliche Ablenkungswinkel $\Delta\phi = 1.75''$ ist viel kleiner als in der Skizze. Die Skizze darf auch sonst nicht zu ernst genommen werden, denn im Gravitationsfeld ist der dreidimensionale Raum nichteuklidisch (im Gegensatz zum Bild).

Hiermit können wir die Konstante F^2/ℓ^2 zugunsten von r_0 eliminieren:

$$\phi(\infty) = \int_{r_0}^{\infty} \frac{dr}{r} \frac{\sqrt{A(r)}}{\sqrt{\dfrac{r^2}{r_0^2}\dfrac{B(r_0)}{B(r)} - 1}} \tag{26.5}$$

Wir berechnen dieses Integral für die Koeffizienten $A(r)$ und $B(r)$ der Robertson-Entwicklung,

$$A = 1 + \gamma\,\frac{2a}{r} + \ldots \quad \text{und} \quad B = 1 - \frac{2a}{r} + \ldots \tag{26.6}$$

Wir führen die Rechnung bis zur Ordnung a/r durch. Mit

$$\frac{r^2}{r_0^2}\frac{B(r_0)}{B(r)} - 1 \approx \frac{r^2}{r_0^2}\left[1 + 2a\left(\frac{1}{r} - \frac{1}{r_0}\right)\right] - 1 = \left[\frac{r^2}{r_0^2} - 1\right]\left[1 - \frac{2a\,r}{r_0\,(r + r_0)}\right] \tag{26.7}$$

erhalten wir

$$\phi(\infty) = \int_{r_0}^{\infty} \frac{dr}{\sqrt{r^2 - r_0^2}} \frac{r_0}{r}\left(1 + \gamma\,\frac{a}{r} + \frac{a\,r}{r_0\,(r + r_0)}\right)$$

$$= \left[\arccos\frac{r_0}{r} + \gamma\,\frac{a}{r_0}\frac{\sqrt{r^2 - r_0^2}}{r} + \frac{a}{r_0}\sqrt{\frac{r - r_0}{r + r_0}}\right]_{r_0}^{\infty} \tag{26.8}$$

Dies ergibt

$$\phi(\infty) = \frac{\pi}{2} + \gamma\,\frac{a}{r_0} + \frac{a}{r_0} \tag{26.9}$$

Damit erhalten wir für $\Delta\phi$ aus (26.2):

$$\boxed{\Delta\phi = \frac{4a}{r_0}\frac{1 + \gamma}{2} \qquad \text{Lichtablenkung}} \tag{26.10}$$

Für einen Lichtstrahl, der gerade an der Sonne vorbeistreift, gilt

$$r_0 \approx R_\odot \approx 7 \cdot 10^5 \, \text{km} \quad \text{und} \quad a = \frac{GM_\odot}{c^2} \approx 1.5 \, \text{km} \tag{26.11}$$

Damit und mit $\pi \widehat{=} 180 \cdot 3600''$ wird (26.10) zu

$$\Delta\phi = 1.75'' \, \frac{1+\gamma}{2} \qquad \begin{matrix} \text{(Lichtablenkung} \\ \text{an der Sonne)} \end{matrix} \tag{26.12}$$

Die klassische Beobachtungsmethode (erstmals am 29.5.1919) ist die Messung der Position von Sternen in der Nähe des Sonnenrands während einer Sonnenfinsternis. Die Positionen dieser Sterne erscheinen dann um den Winkel (26.12) gegenüber den anderen Fixsternen verschoben. Eine Sonnenfinsternis ist nötig, damit die Sterne zu sehen sind. Eine Hauptschwierigkeit bei der Analyse der Experimente ist die Berücksichtigung der Beugung der Wellen in der Sonnenaura.

Neuere Messungen benutzen Quasare (eine kurze Beschreibung dieser Objekte befindet sich am Ende von Kapitel 48). Sofern eine solche quasistellare Radioquelle geeignet steht, wird sie jedes Jahr einmal von der Sonne verdeckt; eine Sonnenfinsternis ist dann zur Beobachtung nicht nötig. Die Ablenkung der Radiosignale wird in very long baseline radio interference (VLBI) Experimenten gemessen. Die Auswertung ergibt [9]

$$\gamma - 1 = (-1.6 \pm 1.5) \cdot 10^{-4} \tag{26.13}$$

Die klassische Beobachtung von Sternen im optischen Bereich führt ebenfalls zu $\gamma = 1$, aber mit einem deutlich größeren Fehler.

Das experimentelle Resultat (26.13) bestätigt den ART-Wert $\gamma = 1$ und schließt den Newtonschen Wert $\gamma_N = 0$ aus. Der Newtonsche Wert ergibt sich aus der Standardform (23.3) mit $B = g_{00} = 1 + 2\Phi/c^2$ und $A = -g_{11} = 1$ (ebener dreidimensionaler Raum). Newton würde daher eine halb so große Lichtablenkung vorhersagen (Gleichung (26.10) mit $\gamma = 0$).

Im Rahmen von Newtons Mechanik könnte man die Lichtablenkung so berechnen: Man kürzt die Masse m in der Bewegungsgleichung $m\ddot{r} = -m\nabla\Phi$. Dann berechnet man die Ablenkung eines Objekts, das sich mit Lichtgeschwindigkeit bewegt. Das Kürzen der Masse (eigentlich gleich null für Photonen) im 2. Axiom wäre für Newton kein Problem gewesen, da er davon ausging, dass Licht aus Korpuskeln (unbekannter, aber endlicher Masse) besteht.

Gravitationslinse

Zur Lichtablenkung gibt es noch den spektakulären Effekt der *Gravitationslinse*: Hierbei werden die Radiowellen eines Quasars an einer Galaxie (zwischen uns und dem Quasar) abgelenkt. 1979 beobachteten Walsh et al.[1] zwei nahe beieinander stehende Quasare (Q0957+561) mit sehr ähnlichem Spektren. Die Übereinstimmung

---

[1] D. Walsh et al., Nature 279 (1979) 381

der beiden Spektren war größer als für irgendein Paar der damals bekannten 1500 Quasare. Nachfolgende Untersuchungen bestätigten, dass es sich nur um zwei Abbilder desselben Quasars handelt. Für einige solcher Quasarzwillinge konnte mittlerweile auch die ablenkende Galaxie nachgewiesen werden (durchschnittliche Galaxien strahlen viel schwächer als Quasare). Wenn das Zentrum des ablenkenden Gravitationsfelds genau auf der Geraden zwischen Erde und Quasar liegt, entsteht ein ringförmiges Abbild. Liegt es daneben, so entstehen zwei oder auch mehr verzerrte Abbilder. Einstein selbst hatte bereits 1936 die Möglichkeit der Aufspaltung des Bilds eines entfernten Sterns durch einen näher gelegenen betrachtet.

Wir haben hier die Lichtablenkung in statischen Gravitationsfeldern betrachtet, und insofern die Bilder von statischen Objekten. Für bewegte Objekte kommen noch andere relativistische Effekte hinzu. Solche Effekte werden für eine relativistisch bewegte Kugel (ohne Gravitationsfeld) in der nachfolgenden Aufgabe untersucht.

Aufgaben

26.1 Bild einer relativistisch bewegten Kugel

Ein Körper stellt in seinem Ruhsystem IS′ eine Kugel mit dem Durchmesser D dar. Der Körper bewegt sich mit der relativistischen Geschwindigkeit $v = v\,\boldsymbol{e}_x$ in einem Inertialsystem IS. Ein IS-Beobachter fotografiert das Objekt. Der Beobachter ist so weit entfernt ($L \to \infty$), dass die ihn erreichenden Lichtstrahlen parallel zur y-Achse (Abbildung unten) sind. Welche Gestalt (Kugel? Ellipsoid?) erscheint auf dem Foto? Welche Teile der Kugel werden abgebildet?

Hinweise: Damit ein Lichtstrahl in IS in $-\boldsymbol{e}_y$-Richtung läuft, muss er im bewegten System IS′ unter einem Aberrationswinkel φ_A relativ zur Richtung $-\boldsymbol{e}_{y'} = -\boldsymbol{e}_y$ ausgesandt werden. Nach (14.20) gilt für diesen Winkel:

$$\tan \varphi_A = \frac{v/c}{\sqrt{1 - v^2/c^2}} \overset{!}{=} \frac{dx'}{dy'} \qquad (26.14)$$

In IS′ muss dieser Lichtstrahl also die Steigung dy'/dx' haben.

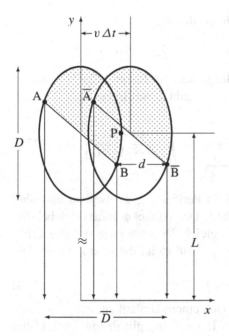

Ein Äquator der mit v bewegten Kugel erscheint wegen der Längenkontraktion in IS als Ellipse. Für die ruhende Kugel wäre P ein gerade noch sichtbarer Punkt des Äquators. Aufgrund der Aberration müsste der Lichtstrahl in IS′ aber ins Kugelinnere gerichtet sein, damit er in IS in die Richtung $-\boldsymbol{e}_y$ geht. Der P gegenüberliegende Punkt ist dagegen ohne Weiteres zu sehen. Auf dieser Seite kann man noch weiter sehen: Ein von A tangential nach unten ausgehender Strahl schließt einen bestimmten Winkel mit $-\boldsymbol{e}_{y'}$ ein. Wenn dieser Winkel gleich φ_A ist, dann ist A gerade noch sichtbar. Der durch A und B markierte Großkreis trennt die für den IS-Beobachter sichtbaren und unsichtbaren (schraffiert) Teile der Kugel voneinander.

Man berechne die Koordinaten von A und B aus der Ellipsengleichung und aus der Bedingung, dass die Ellipsentangente den Winkel φ_A relativ zu $-\boldsymbol{e}_y$ hat.

Der Fotoapparat registriert zu einem bestimmten Zeitpunkt t das Licht von A und B. Wegen der unterschiedlichen Lichtlaufzeiten muss dieses Licht von B zu einer um Δt späteren Zeit abgesandt werden als von A. In dieser Zeit Δt ist die linke Ellipse zur Position der rechten gewandert, und B hat sich nach $\overline{\text{B}}$ bewegt. Auf dem Foto markieren dann A und $\overline{\text{B}}$ den Durchmesser $\overline{D}$ des Objekts.

27 Periheldrehung

Die Bahnkurve eines Planeten um die Sonne ist in Newtons Theorie eine Ellipse. Eine Störung des $1/r$-Potenzials (Einfluss anderer Planeten, relativistische Effekte) führt in der Regel zu einer Abweichung von der geschlossenen Ellipsenbahn. Wenn diese Abweichung klein ist, kann sie als Drehung der Ellipse beschrieben werden. Experimentell wird sie als Winkeländerung des sonnennächsten Bahnpunkts, des Perihels, beobachtet. Wir berechnen die Periheldrehung, die durch relativistische Effekte verursacht wird.

Wir betrachten die Bahnellipse eines Planeten um die Sonne (Abbildung 27.1) oder eine dazu sehr ähnliche Bahn. Wir bezeichnen den maximalen und den minimalen Abstand zwischen Planet und Sonne mit

$$r_+ = r_{\text{max}} \quad \text{und} \quad r_- = r_{\text{min}} \tag{27.1}$$

Die Größen beim extremalen Abstand kürzen wir durch

$$\phi_\pm = \phi(r_\pm), \qquad A_\pm = A(r_\pm), \qquad B_\pm = B(r_\pm) \tag{27.2}$$

ab. Die relativistische Bahnkurve $r = r(\phi)$ folgt aus dem Integral (25.21) mit $\varepsilon = c^2$. Für die Winkeländerung zwischen r_- und r_+ ergibt dieses Integral

$$\phi_+ - \phi_- = \int_{r_-}^{r_+} \frac{dr}{r^2} \frac{\sqrt{A(r)}}{\sqrt{\dfrac{F^2}{B(r)\,\ell^2} - \dfrac{1}{r^2} - \dfrac{c^2}{\ell^2}}} = \int_{r_-}^{r_+} \frac{dr}{r^2} \sqrt{\frac{A(r)}{K(r)}} \tag{27.3}$$

Wir betrachten einen Bahndurchlauf, der beim Perihel r_-, ϕ_- beginnt und über r_+, ϕ_+ wieder zurück zum Perihel r_-, ϕ_- führt. Der Winkel ϕ ändert sich bei diesem Durchlauf um $2(\phi_+ - \phi_-)$. Wenn dies gleich 2π wäre (wie für eine Ellipsenbahn), dann hätte das Perihel nach einem Umlauf exakt dieselbe Position. Die Differenz

$$\Delta\phi = 2\left(\phi_+ - \phi_-\right) - 2\pi \tag{27.4}$$

gibt daher die Winkeländerung des Perihels nach einem Umlauf an.

Der Integrand in (27.3) ist gleich $d\phi/dr$. Bei $r = r_\pm$ gilt $dr/d\phi = 0$. Daher muss die mit $K(r)$ abgekürzte Größe bei $r_\pm$ verschwinden, also

$$\frac{F^2}{\ell^2 B_+} = \frac{1}{r_+^2} + \frac{c^2}{\ell^2} \quad \text{und} \quad \frac{F^2}{\ell^2 B_-} = \frac{1}{r_-^2} + \frac{c^2}{\ell^2} \tag{27.5}$$

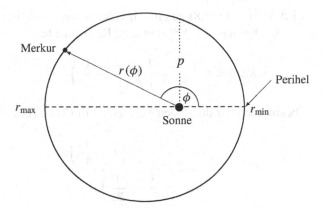

Abbildung 27.1 Im nichtrelativistischen Keplerproblem ist die Planetenbahn eine Ellipse, $p/r = 1 + \epsilon \cos\phi$. Für die abgebildete Ellipse ist die Exzentrizität $\epsilon = 1/3$, für die Merkurbahn gilt tatsächlich $\epsilon \approx 0.2$. Relativistische (und andere) Korrekturen führen zu einer Drehung dieser Ellipse, die als Periheldrehung bezeichnet wird.

Die Konstanten F und ℓ können durch r_+ und r_- ersetzt werden,

$$\frac{F^2}{\ell^2} = \frac{1/r_+^2 - 1/r_-^2}{1/B_+ - 1/B_-} = \frac{r_-^2 - r_+^2}{r_+^2 r_-^2 (1/B_+ - 1/B_-)} \tag{27.6}$$

$$\frac{c^2}{\ell^2} = \frac{B_+/r_+^2 - B_-/r_-^2}{B_+ - B_-} = \frac{r_+^2/B_+ - r_-^2/B_-}{r_+^2 r_-^2 (1/B_+ - 1/B_-)} \tag{27.7}$$

Damit wird die Größe $K(r)$ zu

$$K(r) = \frac{F^2}{B(r)\,\ell^2} - \frac{1}{r^2} - \frac{c^2}{\ell^2} = \frac{r_-^2 \left(\dfrac{1}{B(r)} - \dfrac{1}{B_-}\right) - r_+^2 \left(\dfrac{1}{B(r)} - \dfrac{1}{B_+}\right)}{r_+^2 r_-^2 \left(\dfrac{1}{B_+} - \dfrac{1}{B_-}\right)} - \frac{1}{r^2} \tag{27.8}$$

Für $A(r)$ und $B(r)$ setzen wir die Robertson-Entwicklung an:

$$A(r) = 1 + \gamma\,\frac{2a}{r} + \cdots \tag{27.9}$$

$$B(r) = 1 - \frac{2a}{r} + 2(\beta - \gamma)\,\frac{a^2}{r^2} + \cdots \tag{27.10}$$

$$\frac{1}{B(r)} = 1 + \frac{2a}{r} + 2(2 - \beta + \gamma)\,\frac{a^2}{r^2} + \cdots \tag{27.11}$$

Für die Bewegung von Planeten im Gravitationsfeld gilt $v^2/c^2 \sim a/r$. Die Terme $g_{00}\,u^0 u^0 \sim B c^2$ und $g_{11}\,u^1 u^1 \sim A v^2 \sim A c^2 a/r$ treten in $g_{\mu\nu} u^\mu u^\nu$ nebeneinander auf und müssen in gleicher Ordnung in a/r behandelt werden. Daher muss B um eine Ordnung in a/r weiter entwickelt werden als A.

Mit (27.11) wird $K(r)$ aus (27.8) zu einer quadratischen Form in $1/r$. Bei $r = r_\pm$ gilt $K_+ = K_- = 0$. Dies legt $K(r)$ bis auf eine Konstante fest:

$$K(r) = C \left(\frac{1}{r_-} - \frac{1}{r} \right) \left(\frac{1}{r} - \frac{1}{r_+} \right) \tag{27.12}$$

Die Konstante C bestimmen wir durch den Vergleich mit (27.8) für $r \to \infty$:

$$C = \frac{r_+^2 \left(1 - \frac{1}{B_+} \right) - r_-^2 \left(1 - \frac{1}{B_-} \right)}{r_+ r_- \left(\frac{1}{B_+} - \frac{1}{B_-} \right)} \tag{27.13}$$

Mit (27.11) erhalten wir

$$C = 1 - (2 - \beta + \gamma) \left(\frac{a}{r_+} + \frac{a}{r_-} \right) \tag{27.14}$$

Um C in 1. Ordnung in a/r zu bestimmen, muss $1/B$ bis zur 2. Ordnung entwickelt werden.

Das zu lösende Integral lautet nun

$$\phi_+ - \phi_- = \frac{1}{\sqrt{C}} \int_{r_-}^{r_+} \frac{dr}{r^2} \left(1 + \gamma \, \frac{a}{r} \right) \left[\left(\frac{1}{r_-} - \frac{1}{r} \right) \left(\frac{1}{r} - \frac{1}{r_+} \right) \right]^{-1/2} \tag{27.15}$$

Hierin substituieren wir

$$\frac{1}{r} = \frac{1}{2} \left(\frac{1}{r_+} + \frac{1}{r_-} \right) + \frac{1}{2} \left(\frac{1}{r_+} - \frac{1}{r_-} \right) \sin \psi \tag{27.16}$$

Den Werten $r = r_+$ und r_- entsprechen die Werte $\psi = \pi/2$ und $-\pi/2$. Mit

$$d \left(\frac{1}{r} \right) = -\frac{dr}{r^2} = \frac{1}{2} \left(\frac{1}{r_+} - \frac{1}{r_-} \right) \cos \psi \, d\psi \tag{27.17}$$

$$\frac{1}{r_-} - \frac{1}{r} = \frac{1}{2} \left(\frac{1}{r_-} - \frac{1}{r_+} \right) (1 + \sin \psi) \tag{27.18}$$

$$\frac{1}{r} - \frac{1}{r_+} = \frac{1}{2} \left(\frac{1}{r_-} - \frac{1}{r_+} \right) (1 - \sin \psi) \tag{27.19}$$

wird das Integral zu

$$\phi_+ - \phi_- = \frac{1}{\sqrt{C}} \int_{-\pi/2}^{\pi/2} d\psi \left[1 + \frac{\gamma a}{2} \left(\frac{1}{r_+} + \frac{1}{r_-} \right) + \frac{\gamma a}{2} \left(\frac{1}{r_+} - \frac{1}{r_-} \right) \sin \psi \right] \tag{27.20}$$

Wir führen den *Parameter* p der Ellipse ein,

$$\frac{2}{p} = \frac{1}{r_+} + \frac{1}{r_-} \tag{27.21}$$

Die geometrische Bedeutung der Länge p ist in Abbildung 27.1 gezeigt. Die triviale Integration von (27.20) ergibt

$$\phi_+ - \phi_- = \frac{\pi}{\sqrt{C}}\left[1 + \gamma\,\frac{a}{p}\right] = \pi\left[1 + (2 - \beta + \gamma)\,\frac{a}{p}\right]\left[1 + \gamma\,\frac{a}{p}\right]$$

$$= \pi\left[1 + (2 - \beta + 2\gamma)\,\frac{a}{p}\right] \tag{27.22}$$

Damit erhalten wir die Periheldrehung $\Delta\phi$ pro Umlauf,

$$\boxed{\Delta\phi = \frac{6\pi a}{p}\,\frac{2 - \beta + 2\gamma}{3}} \quad \text{Periheldrehung} \tag{27.23}$$

Für den sonnennächsten Planeten Merkur gilt

$$p = 55 \cdot 10^6\,\text{km} \qquad \text{(Merkur)} \tag{27.24}$$

Hiermit, mit $a = a_\odot \approx 1.5\,\text{km}$, $\pi \,\hat{=}\, 180 \cdot 3600''$ und den ART-Werten $\beta = \gamma = 1$ erhalten wir

$$\Delta\phi = \frac{6\pi a}{p} = 0.104'' \qquad \text{(Merkur pro Umlauf)} \tag{27.25}$$

Für die 415 Sonnenumläufe pro Jahrhundert summiert sich dies auf

$$\Delta\phi = 43.0'' \qquad \text{(Merkur pro Jahrhundert)} \tag{27.26}$$

Für die weiter entfernte Erde beträgt die Periheldrehung dagegen nur 5″ in einhundert Jahren.

Bereits 1882 hatte Newcomb eine Periheldrehung des Merkur von 43″ pro Jahrhundert gefunden. In einem IS misst man tatsächlich zunächst einen Wert von etwa 575″. Hiervon muss der Anteil abgezogen werden, der durch Störungen durch die anderen Planeten verursacht wird; dieser (berechnete!) Anteil beträgt 532″. Erst danach erhält man Newcombs 43″, die mit dem ART-Ergebnis zu vergleichen sind. Unter Verwendung des γ-Werts aus anderen Experimenten führt die Auswertung der Beobachtungen [9] zu

$$\beta - 1 = (4.1 \pm 7.8) \cdot 10^{-4} \qquad \text{(Periheldrehung)} \tag{27.27}$$

Dies stimmt mit dem ART-Wert $\beta = 1$ überein. Da β ein Koeffizient eines nichtlinearen Terms in der Robertson-Entwicklung ist, wird hierdurch die *Nichtlinearität* von Einsteins Feldgleichungen getestet.

Der entsprechende Effekt zeigt sich auch im System Erde-Satellit. Für LAGEOS II wurde die Satellitenbahn mit Lasertracking genau vermessen. Die von der ART vorhergesagte Drehung der Satellitenbahn konnte dadurch mit einer Genauigkeit von 0.2% nachgewiesen werden [9].

In Newtons Theorie verschwindet die Periheldrehung, $\Delta\phi_N = 0$. Dieses Resultat erhält man aber nicht durch Einsetzen von $\gamma = \beta = 0$ in (27.23). Dies liegt daran, dass (27.23) nicht nur die relativistischen Effekte des Gravitationsfelds enthält, sondern auch die der Bewegungsgleichung.

Quadrupolmoment der Sonne

Wir diskutieren noch den Einfluss des Massen-Quadrupolmoments der Sonne auf die Periheldrehung. Das Quadrupolmoment

$$Q = |Q_{33}| = 2\,J_2\,M_\odot\,R_\odot^2 \tag{27.28}$$

kann durch eine dimensionslose Größe $J_2 \ll 1$ ausgedrückt werden. Für ein homogenes Rotationsellipsoid gilt $J_2 = (2/5)\,(R_{\mathrm{eq}} - R_{\mathrm{pol}})/R_\odot$. Dabei ist R_{pol} der Radius parallel zur Drehachse ist, R_{eq} ist der Radius in der Äquatorebene, und $R_\odot$ ist durch das Volumen $V = 4\pi R_\odot^3/3$ des Ellipsoids bestimmt.

Der Effekt eines Quadrupolmoments auf das Newtonsche Gravitationspotenzial lässt sich leicht berechnen (analog zum Quadrupolpotenzial in der Elektrostatik). In der Äquatorebene erhält man das Gravitationspotenzial

$$\Phi(r) = -\frac{GM}{r} - \frac{GQ}{4\,r^3} \tag{27.29}$$

Der Zusatzterm hat die gleiche Form wie der im relativistischen Potenzial (25.27),

$$V_{\mathrm{eff}} - \frac{\ell^2}{2\,r^2} = -\frac{GM}{r} - \frac{GM\,\ell^2}{c^2\,r^3} \tag{27.30}$$

Mit $r \sim p$, $\ell \sim p\,v$ und $v^2 \sim GM/p$ können wir die relative Stärke der beiden Zusatzterme abschätzen:

$$\frac{GQ}{GM\,\ell^2/c^2} \sim \frac{J_2\,R_\odot^2}{p^2\,v^2/c^2} \sim \frac{J_2\,R_\odot^2}{p\,GM/c^2} = \frac{J_2\,R_\odot^2}{a\,p} \tag{27.31}$$

Bis auf den numerischen Faktor erklärt dies den folgenden Ausdruck für die gesamte Periheldrehung:

$$\Delta\phi = \frac{6\pi a}{p}\left(\frac{2 - \beta + 2\gamma}{3} + \frac{J_2\,R_\odot^2}{2\,a\,p}\right) \tag{27.32}$$

Man kann die Sonne als rotierenden Flüssigkeitstropfen ansehen, der durch Gravitation zusammengehalten wird. Wenn der Tropfen gleichförmig rotiert (mit der an der

Sonnenoberfläche sichtbaren Drehfrequenz), dann stellt sich ein hydrodynamisches Gleichgewicht zwischen den Zentrifugal- und Gravitationskräften ein. Ohne Rotation ist der Gleichgewichtszustand eine Kugel, ansonsten ergibt sich eine von der Drehfrequenz abhängige Deformation. Eine solche Abschätzung ergibt den Wert $J_2 \sim 10^{-7}$ für die Abplattung der Sonne. Die Beobachtung von Sonnenoszillationen ermöglicht eine Aussage über die Abhängigkeit der Winkelgeschwindigkeit vom Radius. Die Analyse dieser Beobachtungen ergibt [9]

$$J_2 \approx (2.2 \pm 0.1) \cdot 10^{-7} \tag{27.33}$$

Der Korrekturterm in (27.32) ist dann $J_2 \, R_\odot^2/(2\,a\,p) \approx 5 \cdot 10^{-4}$. Dieser Term wurde bei der Auswertung, die zu (27.27) führt, berücksichtigt.

28 Radarechoverzögerung

Ein von der Erde ausgesandtes Radarsignal kann von einem anderen Planeten oder einer Raumsonde reflektiert und bei uns wieder empfangen werden. Passiert der Radarstrahl dabei das Gravitationsfeld der Sonne, so trifft das Echo bei uns zeitlich verzögert ein. Diese Änderung der Laufzeit kann experimentell beobachtet werden.

Das geometrische Schema des Experiments ist in Abbildung 28.1 gezeigt. Wir wollen die Laufzeit von Radarstrahlen zwischen der Erde und dem Reflektor berechnen. Dazu gehen wir von der Radialgleichung (25.16) mit $\varepsilon = 0$ aus,

$$A \left(\frac{dr}{d\lambda} \right)^2 + \frac{\ell^2}{r^2} - \frac{F^2}{B} = 0 \tag{28.1}$$

Mit

$$\frac{dr}{d\lambda} = \frac{1}{c} \frac{dr}{dt} \frac{dx^0}{d\lambda} \overset{(25.13)}{=} \frac{1}{c} \frac{dr}{dt} \frac{F}{B} \tag{28.2}$$

erhalten wir

$$\frac{A F^2}{c^2 B^2 \ell^2} \left(\frac{dr}{dt} \right)^2 + \frac{1}{r^2} - \frac{F^2}{B \ell^2} = 0 \tag{28.3}$$

Beim minimalen Abstand r_0 von der Sonne ist $dr/dt = 0$. Daher gilt

$$\frac{F^2}{\ell^2} = \frac{B(r_0)}{r_0^2} \tag{28.4}$$

Wir setzen dies in (28.3) ein,

$$\frac{A}{c^2 B} \left(\frac{dr}{dt} \right)^2 + \frac{r_0^2}{r^2} \frac{B}{B(r_0)} - 1 = 0 \tag{28.5}$$

Diese Differenzialgleichung wird durch das Integral

$$t(r, r_0) = \frac{1}{c} \int_{r_0}^{r} dr' \sqrt{\frac{A(r')}{B(r')}} \left[1 - \frac{r_0^2}{r'^2} \frac{B(r')}{B(r_0)} \right]^{-1/2} \tag{28.6}$$

gelöst. Dabei ist $t(r, r_0)$ die Zeit, die der Radarstrahl von r_0 bis r benötigt. Die Zeit t wird durch eine Uhr angezeigt, die in großem Abstand (formal bei $r = \infty$) ruht. Der Zusammenhang mit der Zeit einer Uhr auf der Erdoberfläche kann leicht

158

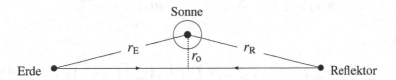

Abbildung 28.1 Ein Radarsignal wird von der Erde ausgesandt und von einem Reflektor (etwa der Venus oder einer Raumsonde) zurückgeworfen. Wenn die Sonne die Bahn des Radarsignals kreuzt, kommt es zu einer messbaren Verzögerung. Die Krümmung der Bahn des Radarstrahls ist in dieser schematischen Skizze nicht angedeutet.

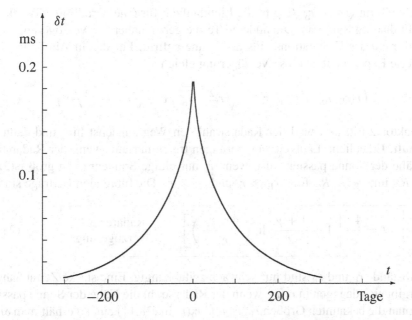

Abbildung 28.2 Verzögerung δt eines Radarechos von der Venus als Funktion der Beobachtungszeit t. Dabei ist $t = 0$ der Zeitpunkt der Konjunktion von Erde-Sonne-Venus, also der Zeitpunkt, zu dem der Radarstrahl gerade die Sonne streift.

hergestellt werden (Aufgabe 12.1). Für die zu beobachtende Verzögerung δt ist der Unterschied zwischen t und der Erdzeit zu vernachlässigen.

Mit der Robertson-Entwicklung

$$A(r) = 1 + \gamma \, \frac{2a}{r} + \dots, \qquad B(r) = 1 - \frac{2a}{r} + \dots \qquad (28.7)$$

erhalten wir

$$1 - \frac{r_0^2}{r^2} \frac{B(r)}{B(r_0)} = 1 - \frac{r_0^2}{r^2} \left[1 + 2a \left(\frac{1}{r_0} - \frac{1}{r} \right) \right] = \left[1 - \frac{r_0^2}{r^2} \right] \left(1 - \frac{2a r_0}{r(r + r_0)} \right)$$

$$(28.8)$$

Wir setzen (28.7) und (28.8) in (28.6) ein:

$$
\begin{aligned}
t(r, r_0) &= \frac{1}{c} \int_{r_0}^{r} dr' \left[1 - \frac{r_0^2}{r'^2} \right]^{-1/2} \left(1 + \frac{a r_0}{r'(r' + r_0)} + (1 + \gamma) \, \frac{a}{r'} \right) \quad (28.9) \\
&= \frac{\sqrt{r^2 - r_0^2}}{c} + \frac{a}{c} \sqrt{\frac{r - r_0}{r + r_0}} + (1 + \gamma) \, \frac{a}{c} \ln \left(\frac{r + \sqrt{r^2 - r_0^2}}{r_0} \right)
\end{aligned}
$$

Der erste Term $\sqrt{r^2 - r_0^2}/c$ gibt die Lichtlaufzeit für eine geradlinige Trajektorie im euklidischen Raum an. Die anderen Terme geben daher die Verzögerung δt an, die aufgrund des Gravitationsfelds der Sonne auftritt. Für das in Abbildung 28.1 skizzierte Experiment ist diese Verzögerung gleich

$$\delta t = 2 \left(t(r_E, r_0) + t(r_R, r_0) - \sqrt{r_E^2 - r_0^2}/c - \sqrt{r_R^2 - r_0^2}/c \right) \qquad (28.10)$$

Der Faktor 2 tritt auf, weil der Radarstrahl den Weg zunächst hin- und dann zurückläuft. Erhebliche Laufzeitverzögerungen treten nur auf, wenn der Radarstrahl die Nähe der Sonne passiert, also wenn r_0 nur einige Sonnenradien groß ist. Aus $r_E \gg R_\odot$ und $r_R \gg R_\odot$ folgt $r_E \gg r_0$ und $r_R \gg r_0$. Die führenden Beiträge sind

$$\boxed{\delta t = \frac{4a}{c} \left[1 + \frac{1 + \gamma}{2} \, \ln \left(\frac{4 \, r_E \, r_R}{r_0^2} \right) \right]} \qquad \text{Radarecho-} \atop \text{verzögerung} \qquad (28.11)$$

Die Abstände r_E und r_R sind nur schwach zeitabhängig. Eine starke Zeitabhängigkeit ergibt sich dagegen in $r_0(t)$, wenn der Radarstrahl die Nähe der Sonne passiert. Setzt man die bekannten Größen r_E, r_R und $r_0(t)$ in (28.11) ein, so erhält man δt als Funktion der Zeit. Das Ergebnis ist in Abbildung 28.2 skizziert.

Die Verzögerung δt wird maximal, wenn der Radarstrahl die Sonne gerade streift, also für $r_{0,\,\mathrm{min}} = R_\odot$:

$$\delta t_{\mathrm{max}} = \frac{4a}{c} \left[1 + \frac{1 + \gamma}{2} \, \ln \left(\frac{4 \, r_E \, r_R}{R_\odot^2} \right) \right] \approx 2 \cdot 10^{-4} \, \mathrm{s} \qquad (28.12)$$

Für den numerischen Wert wurde $r_E \sim r_R \sim 10^8\,\mathrm{km}$, $R_\odot \approx 7 \cdot 10^5\,\mathrm{km}$, $\ln(10^5) \approx$ 10 und $2a/c = 10^{-5}\,\mathrm{s}$ eingesetzt.

Die Verzögerung δt kann nicht durch Messung der tatsächlichen und Subtraktion der berechneten Laufzeit ohne Gravitationsfeld bestimmt werden; hierzu kennt man die Abstände r_E und r_R nicht genau genug. Beobachtbar ist jedoch die zeitliche Veränderung der Laufzeit, wenn der Radarstrahl aufgrund der Bewegung von Erde und Reflektor über die Sonne fährt. Das Experiment wurde 1964 von Shapiro vorgeschlagen und einige Jahre später zunächst mit der Venus (Abbildung 28.2) ausgeführt. Die größte Genauigkeit wird mittlerweile mit der Cassini Raumsonde erreicht. Der Vergleich der Messdaten mit der theoretischen Vorhersage ergibt [9]

$$\gamma - 1 = (2.1 \pm 2.3) \cdot 10^{-5} \qquad (28.13)$$

in Übereinstimmung mit der ART. Der Fehler ist hier noch einmal deutlich kleiner als bei der Lichtablenkung, (26.13). Bei der Bestimmung des β-Werts (27.27) aus der Periheldrehung (27.23) wird daher auch dieser γ-Wert benutzt.

29 Geodätische Präzession

Gravitationskräfte führen zur Präzession von Kreiseln. Wir untersuchen folgende Effekte im Gravitationsfeld der Erde:

1. *Geodätische Präzession: Dies ist die Präzession eines Kreisels, der im Gravitationsfeld frei fällt. Wir berechnen diesen Effekt für das isotrope Gravitationsfeld der Erde.*

2. *Thirring-Lense-Effekt: Dies ist die Präzession eines Kreisels im Gravitationsfeld aufgrund der Rotation der Erde. Diesen kleineren Effekt berechnen wir im nächsten Kapitel.*

Kreisel oder Gyroskope[1] sind starre Körper, die neben einer Schwerpunktbewegung auch eine Drehbewegung ausführen können; andere Freiheitsgrade bleiben unberücksichtigt. Die Drehbewegung hat einen Drehimpuls, dem ein Riemannvektor s^μ zugeordnet wird. Wenn außer der Gravitation keine Kräfte wirken, gilt im Lokalen Inertialsystem $ds^\alpha/d\tau = 0$. Nach dem Kovarianzprinzip wird dies zu $Ds^\mu/d\tau = 0$ oder

$$\frac{ds^\mu}{d\tau} = -\Gamma^\mu_{\kappa\nu}\, s^\kappa u^\nu \tag{29.1}$$

Diese Bewegungsgleichung für den Spin oder Drehimpuls ist aus Kapitel 20 bekannt. Hiermit berechnen wir die geodätische Präzession für einen Kreisel in einem Erdsatelliten. Als Kreisel könnte auch der sich drehende Satellit als Ganzes dienen. Im momentanen Ruhsystem des Satelliten gilt für den Spinvektor $(s'^\alpha) = (0, s'^i)$, wobei s' der Drehimpuls des Kreisels ist.

Für (29.1) müssen die Gravitationskräfte $\Gamma^\mu_{\kappa\nu}$ und die Geschwindigkeit u^ν des Satelliten spezifiziert werden. Wir verwenden die Standardform der Metrik mit den Koordinaten $(x^\mu) = (ct, r, \theta, \phi)$ und den metrischen Koeffizienten

$$\left(g_{\mu\nu}\right) = \mathrm{diag}\left(B(r),\, -A(r),\, -r^2,\, -r^2\sin^2\theta\right) \tag{29.2}$$

Später setzen wir für $A(r)$ und $B(r)$ die Schwarzschildlösung oder die Robertson-Entwicklung ein. Der Satellit bewege sich auf einer Kreisbahn

$$r = \text{const.}, \qquad \theta = \frac{\pi}{2}, \qquad \phi = \omega_0\,\tau \tag{29.3}$$

---

[1]Unter Gyroskop verstehen wir einen hochwertigen Kreisel, der sich auch für Präzessionsmessungen eignet.

mit der Geschwindigkeit

$$\left(u^{\mu}\right) = \left(dx^{\mu}/d\tau\right) = \left(u^0, 0, 0, u^3\right), \quad u^0 = \text{const.}, \quad u^3 = \omega_0 = \text{const.} \quad (29.4)$$

In die Christoffelsymbole (23.10) setzen wir $\theta = \pi/2$ ein. Danach sind nur noch folgende Christoffelsymbole ungleich null:

$$\Gamma^1_{00} = \frac{B'}{2A}, \qquad \Gamma^1_{11} = \frac{A'}{2A}, \qquad \Gamma^1_{22} = -\frac{r}{A}, \qquad \Gamma^1_{33} = -\frac{r}{A}$$

$$\Gamma^0_{01} = \Gamma^0_{10} = \frac{B'}{2B}, \qquad \Gamma^2_{12} = \Gamma^2_{21} = \frac{1}{r}, \qquad \Gamma^3_{13} = \Gamma^3_{31} = \frac{1}{r} \qquad (29.5)$$

Wir schreiben (29.1) komponentenweise an, wobei wir $u^1 = u^2 = 0$, $\Gamma^0_{00} = 0$, $\Gamma^0_{11} = 0$ undsoweiter berücksichtigen:

$$\frac{ds^0}{d\tau} = -\Gamma^0_{01} u^0 s^1 \qquad (29.6)$$

$$\frac{ds^1}{d\tau} = -\Gamma^1_{00} u^0 s^0 - \Gamma^1_{33} u^3 s^3 \qquad (29.7)$$

$$\frac{ds^2}{d\tau} = 0 \qquad (29.8)$$

$$\frac{ds^3}{d\tau} = -\Gamma^3_{31} u^3 s^1 \qquad (29.9)$$

Dies ist ein lineares Differenzialgleichungssystem für $s^{\mu}(\tau)$. Wegen $r = \text{const.}$ und $u^{\mu} = \text{const.}$ sind alle Koeffizienten konstant. Aus der dritten Gleichung folgt

$$s^2(\tau) = \text{const.} \qquad (29.10)$$

Die Spin- oder Drehimpulskomponente senkrecht zur Bahnebene ist also konstant. Wir differenzieren (29.7) nach τ und setzen auf der rechten Seite (29.6) und (29.9) ein:

$$\frac{d^2 s^1}{d\tau^2} = \left[\Gamma^1_{00} \Gamma^0_{01} \left(u^0\right)^2 + \Gamma^1_{33} \Gamma^3_{31} \left(u^3\right)^2 \right] s^1 = -\omega^2 s^1 \qquad (29.11)$$

In der hierdurch definierten Größe ω^2 klammern wir den Faktor $(u^3)^2 = \omega_0^2$ aus, und verwenden (29.5):

$$\omega^2 = \omega_0^2 \left[-\frac{B'^2}{4AB} \left(\frac{u^0}{u^3}\right)^2 + \frac{1}{A} \right] \qquad (29.12)$$

Die Geschwindigkeit u^{μ} aus (29.4) löst die Bahngleichung für die Bewegung im Gravitationsfeld, also insbesondere auch die Gleichung $du^1/d\tau = -\Gamma^1_{\kappa\mu} u^{\kappa} u^{\mu}$. Hieraus folgt

$$\frac{du^1}{d\tau} = -\Gamma^1_{00} \left(u^0\right)^2 - \Gamma^1_{33} \left(u^3\right)^2 = -\frac{1}{2A}\left(B'(r) \left(u^0\right)^2 - 2r \left(u^3\right)^2 \right) = 0 \quad (29.13)$$

also

$$\left(\frac{u^0}{u^3}\right)^2 = \frac{2r}{B'} \tag{29.14}$$

Wir setzen dies in (29.12) ein:

$$\omega = \omega_0 \sqrt{\frac{1}{A}\left(1 - \frac{r\,B'}{2\,B}\right)} \tag{29.15}$$

Mit

$$B = 1 - \frac{2a}{r}, \qquad A = \frac{1}{1 - 2a/r} \qquad \text{(Schwarzschildmetrik)}$$

$$B = 1 - \frac{2a}{r} + ..., \quad A = 1 + \gamma\,\frac{2a}{r} + ... \quad \text{(Robertson-Entwicklung)} \tag{29.16}$$

wird dies zu

$$\omega = \omega_0 \cdot \begin{cases} \sqrt{1 - \dfrac{3a}{r}} & \text{(Schwarzschildmetrik)} \\[3mm] \sqrt{1 - \left(1 + 2\gamma\right)\dfrac{a}{r}} & \text{(Robertson-Entwicklung)} \end{cases} \tag{29.17}$$

Das Ergebnis der Schwarzschildmetrik ist exakt. Die Robertson-Entwicklung zeigt, welcher metrische Koeffizient in einem Experiment getestet wird.

Die Anfangsbedingungen $s^1(0) = S$ und $\dot{s}^1(0) = 0$ ergeben

$$s^1(\tau) = S\cos(\omega\tau), \quad s^2 = \text{const.}, \quad s^3(\tau) = -\frac{S\omega_0}{r\omega}\sin(\omega\tau) \tag{29.18}$$

Der erste Teil folgt aus (29.11), der zweite aus (29.10) und der dritte aus (29.9). Zur Diskussion dieses Resultats betrachten wir zunächst den konstanten Vektor $A = e_x = e_r\cos(\omega_0\tau) - e_\phi\sin(\omega_0\tau)$ längs der Bahn des Satelliten. Wir schreiben die Komponenten von A in Kugelkoordinaten an (dabei ist $A_\phi = A^3/r$ zu beachten):

$$A = e_x, \qquad A^1 = \cos(\omega_0\tau), \quad A^3 = -\frac{1}{r}\sin(\omega_0\tau) \tag{29.19}$$

Die Zeitabhängigkeit von $A^1(\tau)$ und $A^3(\tau)$ beruht allein auf der Verwendung von Kugelkoordinaten und der Bewegung des betrachteten Punkts. Nach der Umlaufzeit $\tau_0 = 2\pi/\omega_0$ ergeben sich dieselben Koeffizienten A^i wie für $\tau = 0$. Wegen $\omega \neq \omega_0$ gilt dies aber nicht für den Spinvektor (29.18). Für ihn erhalten wir vielmehr nach einem Umlauf die Phasendifferenz

$$\Delta\alpha = (\omega_0 - \omega)\tau_0 = 2\pi - 2\pi\sqrt{1 - \frac{(1 + 2\gamma)a}{r}} \approx \pi\,\frac{(1 + 2\gamma)a}{r} \tag{29.20}$$

Dies ist auch der Winkel, um den sich der räumliche Spinvektor in der Bahnebene nach einem Umlauf dreht:

$$\Delta\alpha = \frac{3\pi a}{r}\frac{1+2\gamma}{3} \qquad \begin{array}{l}\text{Geodätische Präzession}\\ \text{pro Umlauf}\end{array} \qquad (29.21)$$

Wir werten dieses Ergebnis für einen erdnahen Satelliten mit $r \approx R_E = 6400\,\text{km}$ aus. Für eine Kreisbahn folgt aus $\omega_0^2 R_E = GM_E/R_E^2 = g$ die Umlaufzeit $\tau_0 = 2\pi(R_E/g)^{1/2}$; dabei ist $g \approx 10\,\text{m/s}^2$ die Erdbeschleunigung und R_E der Erdradius. Nach einer einjährigen Beobachtungszeit t ergibt sich die Winkeländerung

$$\Delta\alpha(t) = \Delta\alpha\,\frac{t}{\tau_0} = 3\pi\,\frac{g\,R_E}{c^2}\,\frac{t}{2\pi\sqrt{R_E/g}} \stackrel{t=1\,\text{a}}{=} 8'' \qquad (29.22)$$

Eine genauere Rechnung ergibt $6.6''$. Auf die zugehörigen Experimente mit Gyroskopen in Satelliten gehen wir im nächsten Kapitel ein.

De Sitter-Präzession des Mondes

Bezogen auf den gemeinsamen Schwerpunkt hat das System Erde-Mond einen bestimmten Bahndrehimpuls $\boldsymbol{\ell}$. Dieses System kann daher als Gyroskop aufgefasst werden, das die Sonne umkreist. Der Drehimpuls hat Komponenten senkrecht und parallel zur Erdbahn, $\boldsymbol{\ell} = \boldsymbol{\ell}_\perp + \boldsymbol{\ell}_\parallel$. Da die Mondbahn um die Erde nur um etwa 5 Grad gegenüber der Erdbahn um die Sonne geneigt ist, ist $\boldsymbol{\ell}_\perp$ die Hauptkomponente; sie entspricht der Spinkomponente s^2 und ist daher konstant. Dagegen zeigt die kleine Komponente $\boldsymbol{\ell}_\parallel$ die hier berechnete geodätische Präzession.

Der Drehimpuls $\boldsymbol{\ell}$ ist im Wesentlichen der Bahndrehimpuls des Mondes. Die Präzession von $\boldsymbol{\ell}_\parallel$ bedeutet, dass sich die Ebene der Mondbahn (die zur Erdbahn leicht geneigt ist) insgesamt langsam dreht; die Mondbahn präzediert. Diese Konsequenz der Allgemeinen Relativitätstheorie wurde bereits 1916 von de Sitter gesehen.

Wir berechnen den Präzessionswinkel pro Jahrhundert, also nach 100 Umläufen des Kreisels „Erde-Mond" um die Sonne:

$$\Delta\alpha_{\text{Sitter}} = 100\cdot 3\pi\,\frac{a_\odot}{r_{ES}} \approx 2'' \qquad \text{(pro Jahrhundert)} \qquad (29.23)$$

Dabei haben wir $\gamma = 1$, $a_\odot = 1.5\,\text{km}$ für die Sonne und $r_{ES} = 8$ Lichtminuten für den Abstand Erde–Sonne in (29.21) eingesetzt und das Ergebnis mit 100 multipliziert.

Bereits in der Newtonschen Theorie erhält man eine Präzession der Mondbahn (vor allem durch das Gravitationsfeld der anderen Planeten). Diese Newtonsche Präzession hat eine Periode von nur 18.6 Jahren und ist damit um etwa einen Faktor 10^7 größer als der de Sitter-Effekt. Um die de Sitter-Präzession trotzdem nachzuweisen, muss die Mondbahn sehr genau vermessen werden. Dies ist mit Hilfe von Laserechos an den Spiegeln möglich, die 1969 von der Apollomission auf dem

Mond installiert wurden. Die Analyse der Daten erfolgt auf der Grundlage einer Berechnung der Erd- und Mondbewegung, die alle anderen relevanten Effekte berücksichtigt. Mit einer Genauigkeit von 0.6% [9] bestätigt das Ergebnis der Analyse die ART-Vorhersage für die de Sitter (also die geodätische) Präzession der Mondbahn. Im Gravity Probe B Experiment (Kapitel 30) wurden Kreisel in Erdsatelliten vermessen. Hierfür wurde die ART-Vorhersage für die geodätische Präzession mit einer Genauigkeit von 0.3% bestätigt.

30 Thirring-Lense-Effekt

Der Thirring-Lense-Effekt ist die Präzession eines Kreisels im Gravitationsfeld der Erde aufgrund der Eigenrotation der Erde.

Das Gravitationsfeld der Schwarzschildmetrik entspricht dem Coulombfeld einer sphärischen Ladungsverteilung im Außenraum; beide Felder sind statisch und isotrop. Rotiert eine Ladungsverteilung mit konstanter Winkelgeschwindigkeit ω, so erhält man zusätzlich ein statisches Magnetfeld. Die Rotation einer Massenverteilung führt zu einem analogen gravitomagnetischen Feld.

Metrik der rotierenden Erde

Zunächst berechnen wir das metrische Feld der rotierenden Erde. Für dieses schwache Feld ($|h_{\mu\nu}| \ll 1$) genügen die linearisierten Feldgleichungen,

$$\Box h_{\mu\nu} = -\frac{16\pi G}{c^4}\left(T_{\mu\nu} - \frac{T}{2}\,\eta_{\mu\nu}\right) \tag{30.1}$$

Die Koordinaten $(x^\mu) = (ct, x^i) = (ct, x, y, z)$ sind bis auf Korrekturen der Ordnung h Minkowskikoordinaten.

Im Energie-Impuls-Tensor (20.29) können wir den Druck $P \ll \varrho c^2$ vernachlässigen. Da die mit der Rotation der Erde verbundenen Geschwindigkeiten v klein gegenüber c sind, lassen wir Terme der Ordnung $(v/c)^2$ weg, also

$$(T_{\mu\nu}) \approx \varrho c^2 \begin{pmatrix} 1 & v_i/c \\ v_i/c & 0 \end{pmatrix} \tag{30.2}$$

Die Terme proportional zu v_i erzeugen das gravitomagnetische Feld, ebenso wie Ströme ein Magnetfeld verursachen. Die Massenverteilung der Erde ist näherungsweise kugelförmig,

$$\varrho(\boldsymbol{r}) = \varrho(r) = \begin{cases} \varrho_0 & (r < R_{\mathrm{E}}) \\ 0 & (r > R_{\mathrm{E}}) \end{cases} \tag{30.3}$$

Die Winkelgeschwindigkeit der Erde ist

$$\boldsymbol{\omega} = \omega\,\boldsymbol{e}_3\,, \qquad \omega = \frac{2\pi}{\text{Tag}} \tag{30.4}$$

167

Die Erde rotiere als starrer Körper, also mit dem Geschwindigkeitsfeld

$$v(r) = \omega \times r \quad \text{oder} \quad v_i = \epsilon_{ikn}\,\omega^k x^n \tag{30.5}$$

Man beachte, dass in den (Fast-) Minkowskikoordinaten $(x^i) \approx -(x_i)$ und $(v^i) \approx -(v_i)$ gilt. Formal ergibt sich dies für (30.5) aus den Vorzeichen von ϵ_{ikn}; wegen (17.15) ist $\epsilon_{123} = -1$.

Damit sind die $T_{\mu\nu}$ und die Quellterme der Feldgleichungen (30.1) zeitunabhängig. Es gibt daher stationäre Lösungen, die wir im Folgenden finden wollen. Im stationären Fall wird der d'Alembert-Operator $\Box$ zu $-\Delta$ und (30.1) zu

$$\Delta h_{\mu\mu}(r) = \frac{8\pi G}{c^2}\,\varrho(r)\,, \qquad \Delta h_{0i}(r) = \frac{16\pi G}{c^3}\,\varrho(r)\,\epsilon_{ikn}\,\omega^k x^n \tag{30.6}$$

Mit Hilfe von $\Delta(1/|r - r'|) = -4\pi\,\delta(|r - r'|)$ prüft man leicht nach, dass die Integrale

$$h_{\mu\mu} = -\frac{2G}{c^2}\int d^3 r'\,\frac{\varrho(r')}{|r - r'|} \tag{30.7}$$

$$h_{0i}(r) = -\frac{4G}{c^3}\,\epsilon_{ikn}\,\omega^k \int d^3 r'\,\frac{\varrho(r')\,x'^n}{|r - r'|} \tag{30.8}$$

die Differenzialgleichungen (30.6) lösen. Dieser Schritt und die folgende Auswertung der Integrale sind aus der Elektrostatik (homogen geladene Kugel) und der Magnetostatik (homogen geladene, rotierende Kugel) bekannt. Für den Bereich $r \geq R_E$ verwenden wir die Entwicklung

$$\frac{1}{|r - r'|} = \sum_{l,m} \frac{4\pi}{2l + 1}\,\frac{r'^l}{r^{l+1}}\,Y_{lm}^*(\hat{r}')\,Y_{lm}(\hat{r}) = \frac{1}{r} - \frac{x^j x'_j}{r^3} + \dots \quad (r > r') \tag{30.9}$$

nach Kugelfunktionen oder Potenzen von x'_j. Für die kartesischen Komponenten gilt $(x_i) = (g_{ik} x^k) = -x^i + \mathcal{O}(h)$. Die Korrektur $\mathcal{O}(h)$ wird weggelassen, weil die rechten Seiten in (30.7) und (30.8) bereits von der ersten Ordnung in h sind. In (30.7) trägt nur der erste Term von (30.9) bei:

$$h_{\mu\mu} = -\frac{2G}{c^2 r}\int d^3 r'\,\varrho(r') = -\frac{2GM}{c^2 r} \quad (r \geq R_E) \tag{30.10}$$

Wegen $\varrho\,x'^n \propto Y_{1m}$ tragen in (30.8) nur die Terme mit $l = 1$ bei. Dies ist der zweite Term auf der rechten Seite von (30.9), also

$$h_{0i}(r) = \frac{4G}{c^3}\,\frac{\epsilon_{ikn}\,\omega^k x^j}{r^3}\int d^3 r'\,\varrho(r')\,x'^n x'_j = -\frac{4GMR_E^2}{5c^3}\,\frac{\epsilon_{ikn}\,\omega^k x^n}{r^3} \tag{30.11}$$

Dieses Ergebnis gilt für den Bereich $r \geq R_E$. Für eine sphärische Massenverteilung $\varrho(r')$ konnten wir im Integranden $x'^n x'_j$ durch $-\delta_j^n r'^2/3$ ersetzen (beachte $x'_1 = -x'$) undsoweiter).

Wir fassen die Komponenten h_{0i} zum Vektor $\boldsymbol{h} = h_{0i}\,\boldsymbol{e}^i$ zusammen und stellen die Differenzialgleichung und ihre Lösung noch einmal zusammen:

$$\Delta \boldsymbol{h}(r) = \frac{16\,\pi\,G}{c^3}\,\varrho\,\boldsymbol{\omega} \times \boldsymbol{r} \quad \Longrightarrow \quad \boldsymbol{h}(r) = -\frac{4GMR_{\mathrm{E}}^2}{5\,c^3}\,\frac{\boldsymbol{\omega} \times \boldsymbol{r}}{r^3} \tag{30.12}$$

In der Magnetostatik ergibt eine mathematisch äquivalente Rechnung das Vektorpotenzial $\boldsymbol{A}$ einer homogen geladenen, rotierenden Kugel (mit der Ladung q und dem Radius R):

$$\Delta \boldsymbol{A}(r) = -\frac{4\pi}{c}\,\varrho_{\mathrm{e}}\,\boldsymbol{\omega} \times \boldsymbol{r} \quad \Longrightarrow \quad \boldsymbol{A}(r) = \frac{q\,R^2}{5\,c}\,\frac{\boldsymbol{\omega} \times \boldsymbol{r}}{r^3} \tag{30.13}$$

Wenn man (30.13) als bekannt voraussetzt, dann folgt hieraus unmittelbar der Schritt vom linken Teil in (30.12) zu rechten.

Die Ergebnisse (30.10) und (30.11) legen die Metrik der rotierenden Erde fest:

$$ds^2 = \left(1 - \frac{2GM}{c^2 r}\right) c^2\,dt^2 - \left(1 + \frac{2GM}{c^2 r}\right) dr^2 + 2\,c\,h_{0i}\,dx^i\,dt \tag{30.14}$$

Dabei ist $dr^2 = -dx^i\,dx_i$; das Ergebnis gilt für $r \geq R_{\mathrm{E}}$. Diese Metrik reduziert sich in der Ordnung $GM/c^2 r$ und für $\omega = 0$ *nicht* auf die Schwarzschildmetrik; denn (30.1) setzt eine andere Koordinatenwahl als die Standardform voraus.

Drehung des Lokalen Inertialsystems

In Gleichung (9.2) wurde die Rotation eines Koordinatensystems betrachtet. Offenbar sind die h_{0i} in (9.2) von derselben Struktur wie diejenigen in (30.11). Für $r = R_{\mathrm{E}}$ kann man aus diesem Vergleich ablesen, dass (30.14) ein Koordinatensystem beschreibt, das relativ zu einem IS mit einer Winkelgeschwindigkeit der Größe $(r_{\mathrm{s}}/R_{\mathrm{E}})\,\omega \sim 10^{-9}\omega$ rotiert. Diese Überlegung wird im Folgenden quantifiziert.

Wir betrachten ein Gyroskop, also einen qualitativ hochwertigen Kreisel, der sich auch für Präzessionsmessungen eignet. Für den Spinvektor s^μ des frei fallenden Gyroskops gilt die Bewegungsgleichung

$$\frac{ds^\mu}{d\tau} = -\Gamma^\mu_{\kappa\nu}\,s^\kappa u^\nu = \left\{ \begin{array}{lcl} \text{(Terme mit } h_{ii}) & + & \text{(Terme mit } h_{0i}) \\ \text{Geodätische P.} & + & \text{Thirring-Lense-P.} \end{array} \right. \tag{30.15}$$

Die Christoffelsymbole sind für die Metrik (30.14) zu berechnen. Die rechte Seite setzt sich dann aus der geodätischen Präzession (Terme mit h_{ii}, Kapitel 29) und der Thirring-Lense-Präzession (Terme mit h_{0i}) zusammen. In der linearen Näherung (linear in h) treten beide Terme additiv auf und können unabhängig voneinander berechnet werden. Im Folgenden beschränken wir uns auf den h_{0i}-Beitrag.

In der nullten Ordnung in h und v/c gilt

$$(u^\mu) \approx (u^\alpha) \approx (c,\,0)\,, \qquad (s^\mu) \approx (s^\alpha) \approx (0,\,s^i)\,, \qquad d\tau \approx dt \tag{30.16}$$

Die Thirring-Lense-Präzession ergibt sich bereits in dieser nullten Ordnung. Wenn man über diese nullte Ordnung hinausginge, dann erhielte man Korrekturen der Ordnung v/c. Solche Korrekturen sind aber ohne besonderes Interesse, weil schon die mit (30.16) berechnete Thirring-Lense-Präzession ein kleiner Effekt ist (verglichen mit der geodätischen Präzession).

Wir setzen (30.16) in (30.15) ein:

$$\frac{ds^i}{dt} = -c\,\Gamma^i_{0j}\,s^j \tag{30.17}$$

Für zeitunabhängige $h_{\mu\nu}$ gilt in erster Ordnung

$$\Gamma^i_{0j} = \frac{\eta^{ik}}{2}\left(\frac{\partial h_{0k}}{\partial x^j} - \frac{\partial h_{0j}}{\partial x^k}\right) = \frac{1}{2}\left(\partial_j h_0{}^i - \partial^i h_{0j}\right) \tag{30.18}$$

Wegen $(u^\mu) \approx (c, 0)$ treten die Terme der geodätischen Präzession, die wir hier sowieso weglassen wollen, in (30.17) gar nicht erst auf.

An dieser Stelle gehen wir zu kartesischen Komponenten in ihrer üblichen Form über, also zu $(s_x, s_y, s_z) = (s^i) = (-s_i)$ und $(h_x, h_y, h_z) = (h_0{}^i) = (-h_{0i})$. Wir werten (30.17) für die Komponente $ds^1/dt = ds_x/dt$ explizit aus:

$$\frac{ds_x}{dt} = -\frac{c}{2}\left(\frac{\partial h_0{}^1}{\partial x^j} - \frac{\partial h_{0j}}{\partial x_1}\right) s^j = -\frac{c}{2}\left(\frac{\partial h_x}{\partial y} - \frac{\partial h_y}{\partial x}\right) s_y - \frac{c}{2}\left(\frac{\partial h_x}{\partial z} - \frac{\partial h_z}{\partial x}\right) s_z \tag{30.19}$$

Mit dem Vektorfeld

$$\boldsymbol{\Omega}(\boldsymbol{r}) = -\frac{c}{2}\,\mathrm{rot}\,\boldsymbol{h}(\boldsymbol{r}) \tag{30.20}$$

wird (30.19) zu $ds_x/dt = \Omega_y s_z - \Omega_z s_y$. Zusammen mit den anderen Komponenten erhalten wir damit

$$\boxed{\frac{d\boldsymbol{s}}{dt} = \boldsymbol{\Omega} \times \boldsymbol{s} \qquad \text{Thirring-Lense-Präzession}} \tag{30.21}$$

Dies bedeutet eine *Präzession* des Spins oder der Kreiselachse mit der Winkelgeschwindigkeit $\boldsymbol{\Omega}$.

Das Vektorpotenzial aus (30.13) ergibt das magnetische Feld $\boldsymbol{B} = \mathrm{rot}\,\boldsymbol{A}(\boldsymbol{r})$ eines magnetischen Dipols. Die ganz analoge Rechnung führt von dem Feld $\boldsymbol{h}$ aus (30.12) zur Winkelgeschwindigkeit

$$\boxed{\boldsymbol{\Omega}(\boldsymbol{r}) = \frac{2\,GMR_{\mathrm{E}}^2}{5\,c^2}\,\frac{3(\boldsymbol{\omega}\cdot\boldsymbol{r})\,\boldsymbol{r} - \boldsymbol{\omega}\,r^2}{r^5} \qquad \begin{array}{l}\text{Winkelgeschwindig-}\\ \text{keit des Lokalen IS}\end{array}} \tag{30.22}$$

Die Präzession der Kreiselachse mit $\boldsymbol{\Omega}$ wird durch die *Rotation* der Erde mit der Winkelgeschwindigkeit $\boldsymbol{\omega}$ verursacht. Diese Präzession ist gleichbedeutend mit einer *Drehung des Lokalen IS*, denn in dem Lokalen IS am Ort des Kreisels gilt

$s = \text{const.}$ Asymptotisch geht (30.14) in die Minkowskimetrik über, in der Fixsterne konstante Winkelkoordinaten haben. Die Drehung des Lokalen Inertialsystems (oder der Kreiselachse) ist daher als Drehung relativ zum Fixsternhimmel beobachtbar. Die physikalische Bedeutung der Drehfrequenz Ω ist also:

- Das Lokale IS dreht sich mit Ω gegenüber dem Fixsternhimmel.

Dies bedeutet, dass die Drehung der Erde das Lokale IS ein wenig mitzieht. Die geodätische Präzession aus Kapitel 29 wird dagegen durch die Bewegung des Satelliten verursacht. Ein mit einem Satelliten verbundenes Lokales IS dreht sich gegenüber dem Fixsternhimmel zum einen aufgrund der Satellitenbewegung im isotropen Feld (geodätische Präzession), und zum anderen aufgrund der Drehbewegung der Erde (nichtisotropes Feld, Thirring-Lense-Effekt).

Wenn wir $r = R_E$ in (30.22) einsetzen und numerische Faktoren weglassen, erhalten wir die Größenordnung des Thirring-Lense-Effekts:

$$\Omega \sim \frac{G M_E R_E^2}{c^2} \frac{\omega}{R_E^3} = \frac{g R_E}{c^2}\, \omega \approx 10^{-9}\, \omega \tag{30.23}$$

An dieser Stelle erinnern wir an die Diskussion von Newtons Eimerversuchs in Kapitel 9. Nach dem Machprinzip müsste die Krümmung der Wasseroberfläche im rotierenden Eimer abnehmen, wenn die Eimerwände nur hinreichend dick sind. Die jetzige Rechnung beschreibt diesen Effekt quantitativ. Der Eimerversuch (mit der Erde als Eimer, etwa ein mit Wasser gefülltes Loch am Nordpol) eignet sich allerdings nicht zur Überprüfung des Resultats, denn der Effekt ist zu klein.

Wir geben Ω noch speziell für den Nordpol und den Äquator an:

$$\Omega = \frac{2\,GM}{5\,c^2 R_E}\, \omega \cdot \begin{cases} 2 & \text{am Nordpol} \\ -1 & \text{am Äquator} \end{cases} \tag{30.24}$$

Am Nordpol zieht die rotierende Masse das Lokale IS mit. Am Äquator ergibt die Bewegung der benachbarten Massen den entgegengesetzten Drehsinn. Wir berechnen konkret, um welchen Winkel $\Delta\phi = \Omega \cdot 1\,\mathrm{a}$ sich ein Foucaultsches Pendel am Nordpol während eines Jahres gegenüber dem Fixsternhimmel dreht:

$$\Delta\phi = \Omega \cdot 1\,\mathrm{a} = \frac{4\,GM}{5\,c^2 R_E}\, 2\pi \cdot 365 \approx 0.2'' \qquad \begin{array}{l} \text{(Thirring-Lense-Präzession} \\ \text{während eines Jahres)} \end{array} \tag{30.25}$$

Thirring und Lense berechneten 1918 diese Präzession. 1960 übertrug L. Schiff diese Rechnung auf freie Kreisel in Satelliten. Solche Kreisel unterliegen der geodätischen *und* der Thirring-Lense-Präzession (hier auch Schiff-Effekt genannt). Dabei kann man die (etwa um einen Faktor 40) größere geodätische Präzession ausschließen, indem man den Drehimpuls s senkrecht zur Bahnebene des Satelliten wählt. Auf einer Äquatorroute wäre dann allerdings $s \parallel \omega \parallel \Omega$, und der Thirring-Lense-Effekt würde auch verschwinden. Daher wählt man eine Polroute. Hierfür kompensieren sich nach (30.24) die Dreheffekte teilweise; die Rechnung ergibt den mittleren Wert von $0.041''$ pro Jahr anstelle von (30.25).

Unter dem Namen *Gravity Probe B* (oder *Stanford Gyroscope Experiment*) wurde ein solches Experiment über Jahrzehnte hin vorbereitet und schließlich in den Jahren 2004 und 2005 durchgeführt[1]. Bei der Auswertung der Daten zeigten sich leider unerwartet große systematische Fehler. Da die Orientierung der Satelliten während des Experiments aber genau verfolgt und aufgezeichnet worden war, konnten diese Fehler durch aufwändige Analysen der Daten teilweise wieder herausgerechnet werden. Nach Abschluss der Analysen im Jahr 2011 ergab daraus eine Bestätigung des theoretisch erwarteten Thirring-Lense-Effekts mit einer Genauigkeit von etwa 20% [9]. Nach der ursprünglichen Planung sollte die zu erreichende Genauigkeit bei etwa 1% liegen.

Die durch die Rotation der Erde hervorgerufenen Felder h_{0i} haben auch einen (kleinen) Einfluss auf die Bahn von Satelliten. In neueren Analysen der Bahnen der Satelliten LAGEOS und LAGEOS II wurde der theoretisch erwartete Effekt mit einer Genauigkeit von etwa 10% [9] bestätigt.

Gravitomagnetische Kräfte

Die Ableitung zeigte die formale Analogie zwischen $\boldsymbol{h} = h_{0i}\, \boldsymbol{e}^i$ und dem Vektorpotenzial $\boldsymbol{A}$, und zwischen der Drehfrequenz $\boldsymbol{\Omega}$ des Lokalen IS und dem Magnetfeld $\boldsymbol{B}$. Diese Analogie gilt auch für die Kräfte auf bewegte Teilchen. Dazu betrachten wir die Bewegungsgleichung

$$\frac{du^\mu}{d\tau} = -\Gamma^\mu_{\kappa\nu}\, u^\kappa u^\nu \tag{30.26}$$

eines Teilchens in der Metrik (30.14). Wir vernachlässigen wieder Terme der Ordnung $\mathcal{O}(v^2/c^2)$, nehmen aber die Terme $\mathcal{O}(v/c)$ mit. Mit

$$d\tau \approx dt\,, \qquad \left(u^\nu\right) \approx \left(c,\, v^i\right) \tag{30.27}$$

wird (30.26) zu

$$\frac{dv^i}{dt} = -\Gamma^i_{00}\, c^2 - 2c\, \Gamma^i_{0j}\, v^j + \mathcal{O}\left(v^2/c^2\right) \tag{30.28}$$

Der erste Term auf der rechten Seite ergibt $-\Phi_{|i}$ mit Newtons Gravitationspotenzial Φ; dies entspricht dem in Kapitel 11 behandelten Newtonschen Grenzfall. In $(30.17)-(30.21)$ wurde $-c\,\Gamma^i_{0j}\, s^j = (\boldsymbol{\Omega} \times \boldsymbol{s})^i$ gezeigt. Diese Ableitung benutzte keine spezielle Eigenschaft von s^j und gilt daher auch für $-c\,\Gamma^i_{0j}\, v^j = (\boldsymbol{\Omega} \times \boldsymbol{v})^i$. Hiermit wird (30.28) zu

$$\boxed{\;\frac{d\boldsymbol{v}}{dt} = -\operatorname{grad}\Phi(\boldsymbol{r}) + 2\,\boldsymbol{\Omega}(\boldsymbol{r}) \times \boldsymbol{v} \qquad \begin{array}{l}\text{Bewegungsgleichung mit}\\ \text{gravitomagnetischer Kraft}\end{array}\;} \tag{30.29}$$

---

[1] Für weitere Informationen sei auf die homepage http://einstein.stanford.edu/ von Gravity Probe B verwiesen.

Die rechte Seite ist mit der Lorentzkraft $F_{\mathrm{L}} = q\,(E + v \times B/c)$ zu vergleichen. Dies erklärt die Bezeichnung *gravitomagnetisch* für den zweiten Term auf der rechten Seite. Die Form der magnetischen und gravitomagnetischen Kräfte ist gleich derjenigen von Corioliskräften, also den zur Drehfrequenz proportionalen Kräften im rotierenden Bezugssystem. Die Drehung der Ebene des Foucaultschen Pendels am Nordpol mit Ω wird durch die „Corioliskraft" $2\,\Omega \times v$ auf die Pendelmasse hervorgerufen.

Man kann das auch noch etwas anders betrachten: In einem KS, das sich relativ zum Inertialsystem (IS) mit der Winkelgeschwindigkeit Ω dreht, tritt die bekannte Corioliskraft $F_{\mathrm{Coriolis}} = -2\,\Omega \times v$ auf. Sie kompensiert in KS gerade die gravitomagnetische Kraft. Daher ist die Pendelebene in KS konstant; also dreht sich die Pendelebene in IS mit Ω.

Wir berechnen noch das Gravitationsfeld einer mit konstanter Geschwindigkeit v bewegten Masse; dies entspricht dem elektromagnetischen Feld einer bewegten Ladung in der Elektrodynamik. Wir gehen zunächst in ein Ruhsystem KS' des Teilchens (Koordinaten x'^{μ}). Der Energie-Impuls-Tensor ist von der Form (30.2) mit $v_i = 0$. Die linearisierten Feldgleichungen können wie zu Beginn dieses Kapitels gelöst werden und ergeben

$$h'_{\mu\mu} = -\frac{2\,GM}{c^2 r}\,, \qquad h'_{\mu\nu}\overset{\mu\neq\nu}{=}0 \qquad (|h_{\mu\nu})| \ll 1) \qquad (30.30)$$

Da $h_{\mu\nu}$ ein Riemanntensor ist, gilt in einem anderen Koordinatensystem KS (Koordinaten x^{μ}),

$$h_{\mu\nu} = \alpha^{\kappa}_{\mu}\,\alpha^{\lambda}_{\nu}\,h'_{\kappa\lambda} \qquad (30.31)$$

Dabei ist $\alpha = (\alpha^{\mu}_{\nu})$ die Transformationsmatrix von KS zu KS'. Die Transformation zu dem System KS, in dem sich das Teilchen mit v bewegt, ist bis auf Terme der Ordnung h eine Lorentztransformation; denn die verwendeten Koordinaten sind bis auf Terme der Ordnung h Minkowskikoordinaten. Diese Lorentztransformation ist

$$(\Lambda^{\mu}_{\nu}) = \Lambda(-v) = \begin{pmatrix} 1 & v^i/c \\ v^i/c & 1 \end{pmatrix} + \mathcal{O}\!\left(v^2/c^2\right) \qquad (30.32)$$

Mit $\alpha^{\kappa}_{\mu} = \Lambda^{\kappa}_{\mu} + \mathcal{O}(h)$ erhalten wir aus (30.31)

$$h_{\kappa\lambda} = \Lambda^{\mu}_{\kappa}\,\Lambda^{\nu}_{\lambda}\,h'_{\mu\nu} \quad\Longrightarrow\quad \begin{cases} h_{\kappa\kappa} = h'_{\kappa\kappa} + \mathcal{O}\!\left(v^2/c^2\right) \\[2mm] h_{0i} = 2\,(v_i/c)\,h'_{00} + \mathcal{O}\!\left(v^2/c^2\right) \end{cases} \qquad (30.33)$$

Bei Vernachlässigung der Terme $\mathcal{O}\!\left(v^2/c^2\right)$ folgt hieraus

$$h = -\frac{v}{c}\,\frac{4\,GM}{c^2 r} \qquad \text{(gravitomagnetisches Feld} \atop \text{einer bewegten Masse)} \qquad (30.34)$$

Wenn die Geschwindigkeit des Teilchens nicht konstant ist, treten Retardierungseffekte auf; es kommt wie in der Elektrodynamik zur Abstrahlung von Wellen. Für eine oszillierende Massenverteilung wird diese Abstrahlung in Teil VII berechnet.

Im Zweikörperproblem (etwa im System Sonne–Planet) treten auch gravitomagnetische Felder der Art (30.34) auf. Relativ zu Newtons Gravitationspotenzial ist das vom Körper 1 hervorgerufene Feld $\boldsymbol{h}$ von der Größe $\mathcal{O}(v_1/c)$, die Wirkung auf den Körper 2 gibt einen weiteren Faktor $\mathcal{O}(v_2/c)$. Damit gilt für die Größenordnung der gravitomagnetischen Kräfte

$$K_{\text{gravitomagn}} \sim \frac{v_1 v_2}{c^2} \, K_{\text{Newton}} \tag{30.35}$$

In der Himmelsmechanik sind die relativistischen Bewegungsgleichungen und die Metrik konsistent mit einer bestimmten Genauigkeit zu behandeln. Eine solche systematische Entwicklung bis zu einer bestimmten Ordnung wird *Post-Newtonsche Näherung* genannt. Wir diskutieren für einige Fälle (Doppelsternsystem, Sonne–Planet und Erde–Satellit), ob die gravitomagnetischen Kräfte in niedrigster Post-Newtonscher Näherung zu berücksichtigen sind.

In einem Doppelsternsystem mit $m_1 \approx m_2$ gilt $v_1 \sim v_2$ und $v_1 v_2/c^2 = \mathcal{O}(a/r)$. Dann ist die gravitomagnetische Kraft von der Ordnung a^2/r^2 und muss bei der Berechnung der Periheldrehung (die hier Periastrondrehung heißt) berücksichtigt werden. Die Beobachtungsdaten[2] des Systems PSR 1913+16 ergeben einen experimentellen Wert für die Periastrondrehung (etwa 4.2° pro Jahr). Der berechnete Wert stimmt mit dem experimentellen nur dann überein, wenn die gravitomagnetischen Kräfte berücksichtigt werden. In diesem Sinn wurden die gravitomagnetischen Kräfte im System PSR 1913+16 indirekt nachgewiesen.

Im System Sonne-Planet oder Erde-Satellit gilt $m_1 \gg m_2$. Wenn der gemeinsame Schwerpunkt im gewählten Bezugssystem ruht, dann ist die Geschwindigkeit des großen Partners klein, $v_1 = \mathcal{O}(v_2 m_2/m_1)$. Hieraus folgt dann $v_1 v_2/c^2 \sim (a/r)\, m_2/m_1 \ll a/r$. Relativ zur ersten über Newton hinausgehenden Korrektur ist die gravitomagnetische Kraft also von der Größe $m_2/m_1 \ll 1$. Daher durften wir die gravitomagnetischen Kräfte bei der Berechnung der Periheldrehung des Merkur (Kapitel 27) außer acht lassen.

Im System Erde-Satellit oder Erde–Mond sind die gravitomagnetischen Kräfte wegen $m_1 \gg m_2$ ebenfalls vernachlässigbar, wenn wir vom Schwerpunktsystem (Erde–Mond) mit $v_1 \approx 0$ ausgehen. Die Erde ist allerdings nur näherungsweise ein Inertialsystem (wegen der Bahnbewegung um die Sonne). In einer genaueren Behandlung muss man von einem IS ausgehen, in dem die Sonne ruht. Dann ist v_1 nicht mehr vernachlässigbar klein; das gravitomagnetische Feld der bewegten Erde führt vielmehr zu merklichen Effekten in der Satellitenbewegung. In dem Maß, in dem die Erde näherungsweise als IS angesehen werden kann, wird dieses gravitomagnetische Feld aber durch andere Terme kompensiert.

---

[2]J. H. Taylor and J. M. Weisberg, Astrophysical J. 345 (1989) 434. Neuere Arbeiten sind in [9] zitiert.

Aufgaben

30.1 Gravitomagnetische Kräfte für Merkur

Die Eigendrehung der Sonne ergibt neben dem Newtonschen Gravitationspotenzial Φ ein gravitomagnetisches Feld $\boldsymbol{\Omega}$. In führender Näherung ergibt sich daraus für Planeten die Bewegungsgleichung

$$\frac{d\boldsymbol{v}}{dt} = -\operatorname{grad}\Phi(\boldsymbol{r}) + 2\,\boldsymbol{\Omega}(\boldsymbol{r}) \times \boldsymbol{v}$$

Schätzen Sie das Verhältnis $|\boldsymbol{\Omega} \times \boldsymbol{v}|/|\operatorname{grad}\Phi|$ der Kräfte für den Merkur ab.

Merkur: Bahnradius $r \approx 58 \cdot 10^6$ km, Umlauffrequenz $\omega = 2\pi/(88\,\text{Tage})$.
Sonne: Radius ist $R_\odot \approx 0.7 \cdot 10^6$ km, Drehfrequenz $\omega_\odot = 2\pi/(25\,\text{Tage})$.

31 Tests der ART

In Teil VI wurde eine Reihe überprüfbarer Vorhersagen der Allgemeinen Relativitätstheorie (ART) vorgestellt. Wir nehmen dies zum Anlass für eine Zusammenstellung der wichtigsten experimentellen Tests der ART.

Folgende Aussagen und Effekte bieten sich zur experimentellen Überprüfung an:

1. Äquivalenzprinzip
2. Gravitationsrotverschiebung
3. Lichtablenkung
4. Periheldrehung
5. Radarechoverzögerung
6. Präzession von Kreiseln
7. Gravitationswellen.

Die Punkte 2–4 werden als die drei klassischen Tests der ART bezeichnet. Die experimentellen Ergebnisse sind aus den Übersichtsartikel [9] von Will entnommen.

Äquivalenzprinzip

Das Äquivalenzprinzip (Kapitel 10) ist die logische Voraussetzung der ART, nicht aber eine Vorhersage der ART. Die experimentelle Überprüfung des Äquivalenzprinzips kann auf vielfache Art und Weise erfolgen. Die Aussage „Alle Körper fallen gleich schnell" bedeutet, dass das Verhältnis m_t/m_s (träge zu schwerer Masse) unabhängig vom Material ist. Die Gleichheit von m_t/m_s für verschiedene Materialien wurde mit einer relativen Genauigkeit von bis zu $2 \cdot 10^{-13}$ verifiziert.

Nordtvedt-Effekt

Die Gleichheit von träger und schwerer Masse impliziert, dass alle möglichen Energiebeiträge ΔE (etwa die der elektromagnetischen oder der starken Wechselwirkung) denselben Beitrag $\Delta E/c^2$ zu m_t und zu m_s liefern. Nach der ART gilt dies auch für den Beitrag der Gravitationswechselwirkung selbst. Nordtvedt fand heraus, dass dies in alternativen Gravitationstheorien (wie der von Brans und Dicke) nicht der Fall ist.

Um die Frage zu testen, ob die Gravitationsenergie gleichermaßen zu m_t und zu m_s beiträgt, muss man große Körper betrachten (wie zum Beispiel die Erde und den Mond); denn nur dann ist der Beitrag der Gravitationsbindungsenergie ΔE_{grav} hinreichend groß. Das Verhältnis Gravitationsenergie zu Masse ist für die Erde 25 mal größer als für den Mond. Wenn nun ΔE_{grav} unterschiedlich zu m_t und zu m_s beiträgt, dann würden Erde und Mond im Feld der Sonne „unterschiedlich schnell fallen". Dieser Effekt würde zu Abweichungen in der Mondbahn von der Größe eines Meters führen. Die Mondbahn kann auf etwa 3 cm genau vermessen werden; dazu wird Laserlicht an Spiegeln reflektiert, die 1969 von der Apollomission auf dem Mond installiert wurden.

Die genaue Analyse der Mondbahndaten führt zu der Aussage, dass die relativen Beschleunigungen von Erde und Mond (im Feld der Sonne) mit einer Genauigkeit von 10^{-3} übereinstimmen. Im Rahmen dieser Genauigkeit kann man also sagen: Die Gravitationsenergie trägt in gleicher Weise wie alle anderen Wechselwirkungen zur Masse bei.

Gravitationsrotverschiebung

Für Licht, das im statischen Gravitationsfeld von A nach B läuft, ergibt sich die Frequenzänderung $v_A/v_B = \sqrt{g_{00}(r_B)/g_{00}(r_A)}$ (Kapitel 12). Aus dem Äquivalenzprinzip folgt die Bewegungsgleichung (11.9) und der Newtonsche Grenzfall $g_{00} = 1 + 2\Phi/c^2$. Für schwache Felder gilt daher

$$\frac{v_A}{v_B} = 1 + \frac{\Phi(r_B) - \Phi(r_A)}{c^2} \qquad \left(\Phi \ll c^2\right) \qquad (31.1)$$

In dieser Näherung folgt die Gravitationsrotverschiebung aus dem Äquivalenzprinzip; sie hängt daher nicht von den Feldgleichungen der ART ab. Die Experimente bestätigen die theoretische Vorhersage:

$$\frac{\Delta v_{exp}}{\Delta v_{theor}} = 1 \pm \begin{cases} 0.06 & \text{Sonnenlicht} \\ 0.01 & \text{Mößbauereffekt} \\ 2 \cdot 10^{-4} & \text{Gravity Probe A} \end{cases} \qquad (31.2)$$

Robertson-Entwicklung

Zur Diskussion der Tests 3 – 6 verwenden wir die Robertson-Entwicklung (23.5),

$$B(r) = 1 - 2\frac{GM}{c^2 r} + 2(\beta - \gamma)\left(\frac{GM}{c^2 r}\right)^2 + ..., \qquad A(r) = 1 + 2\gamma\frac{GM}{c^2 r} + ... \quad (31.3)$$

Diese metrischen Koeffizienten beschreiben ein statisches und sphärisches Gravitationsfeld, etwa das der Sonne oder der Erde. Die ART und die Newtonsche Theorie führen zu unterschiedlichen Vorhersagen für γ und β,

$$\gamma = \beta = 1 \quad \text{(Einstein)}, \qquad \gamma = \beta = 0 \quad \text{(Newton)} \qquad (31.4)$$

Daneben sind auch noch andere Gravitationstheorien möglich. Als Beispiel sei die Brans-Dicke-Theorie (Kapitel 21) erwähnt, die zu $\beta = 1$ und $\gamma = (\omega + 1)/(\omega + 2)$ mit einem zusätzlichen Parameter ω führt.

Die Messungen der Effekte 3–6 ergeben experimentelle Werte [9] für die Koeffizienten γ und β.

Lichtablenkung

Im Gravitationsfeld der Sonne wird Licht um den Winkel

$$\Delta\phi = \frac{4a}{r_0} \frac{1 + \gamma}{2} \tag{31.5}$$

abgelenkt; dabei ist $a = GM_\odot/c^2$, und $r_0 \approx R_\odot$ ist der minimale Abstand von der Sonne. Die Messungen (Quasare, VLBI) ergeben

$$\gamma - 1 = (-1.6 \pm 1.5) \cdot 10^{-4} \tag{31.6}$$

Periheldrehung

Die Bahnellipse eines Planeten dreht sich pro Umlauf um den Winkel

$$\Delta\phi = \frac{6\pi a}{p} \frac{2 - \beta + 2\gamma}{3} \tag{31.7}$$

Dabei ist $a = GM_\odot/c^2$ und p der Parameter der Bahnellipse.

Unter Berücksichtigung des γ-Werts (31.10) ergibt die Analyse der Periheldrehung des Merkur

$$\beta - 1 = (4.1 \pm 7.8) \cdot 10^{-4} \tag{31.8}$$

Radarechoverzögerung

Ein Radarstrahl von der Erde zur Venus und zurück wird im Gravitationsfeld der Sonne um die Zeit

$$\delta t_{max} = \frac{4a}{c} \left[1 + \frac{1 + \gamma}{2} \ln\left(\frac{4\, r_E\, r_R}{R_\odot^2} \right) \right] \tag{31.9}$$

verzögert, wenn er gerade an der Sonne vorbeistreift. Dabei ist $a = GM_\odot/c^2$, r_E der Abstand Sonne-Erde und r_R der Abstand Sonne-Reflektor. Die Messung der Radarreflexion an der Cassini Raumsonde ergibt

$$\gamma - 1 = (2.1 \pm 2.3) \cdot 10^{-5} \tag{31.10}$$

Präzession von Kreiseln

Das Gravity Probe B Experiment (auch Stanford-Gyroscope-Experiment genannt) bestätigt die theoretische Vorhersage für den Thirring-Lense-Präzession (also für das gravitomagnetische Feld der rotierenden Erde) mit einer Genauigkeit von etwa 20%.

Gravitomagnetische Effekte

Die Analyse von astronomischen Bahndaten (Satelliten, Monde, Planeten, Doppelsternsysteme) erfolgt in Post-Newtonscher Näherung. Das heißt, dass in konsistenter Weise alle Terme bis zu einer bestimmten Ordnung in a/r und v/c mitgenommen werden. Dies schließt insbesondere die Berücksichtigung der gravitomagnetischen Kräfte (Kapitel 30) mit ein. Der Einfluss des gravitomagnetischen Felds der Erde wurde in Satellitenbahnen mit einer Genauigkeit von etwa 5% gesehen.

Um die Bahndaten – insbesondere die Periastrondrehung – des Doppelsternsystems PSR 1913+16 zu erklären, müssen gravitomagnetische Kräfte berücksichtigt werden. Die beobachtete Bahnbewegung bestätigt die Vorhersagen der ART.

Mondbahn

Wie bereits im Abschnitt über den Nordtvedt-Effekt erwähnt, wurde die Mondbahn sehr genau vermessen. In der Analyse müssen alle relevanten Faktoren (die Parameter β, γ, ..., die geodätische Präzession, die gravitomagnetischen Kräfte) gleichzeitig und mit der erforderlichen Genauigkeit berücksichtigt werden. Für $\gamma - 1$ und $\beta - 1$ ergibt diese Analyse obere Grenzen der Größe 10^{-3}.

Starke Felder

Wir haben uns in Teil VI vorwiegend auf Experimente im Sonnensystem bezogen, also auf schwache Gravitationsfelder ($\Phi/c^2 \approx 10^{-6}$ für die Sonne). Durch Beobachtungen und die Analyse von Doppelsternsystemen wie PSR 1913+16 wurde die Theorie auch für den Fall starker Felder ($\Phi/c^2 \approx 0.2$) getestet.

Das Doppelsternsystem PSR 1913+16 wurde 1974 von Hulse und Taylor entdeckt, die für die Entdeckung und die nachfolgende Auswertung 1993 den Nobelpreis erhielten (das System wird auch Hulse-Taylor-Pulsar genannt). Mittlerweile gibt es einen ganzen Zoo [9] von binären Systemen, in denen einer der Partner ein Pulsar ist. Von herausragenden Interesse ist dabei das 2003 entdeckte System [9]

PSR J0737–3039

Dieses System besteht aus zwei Pulsaren. Das System hat eine sehr kurze Umlaufzeit (etwa 0.1 d), und damit relativ hohe Umlaufgeschwindigkeiten und Beschleunigungen. Daraus ergibt sich die Möglichkeit, die ART mit noch größerer Genauigkeit als bisher zu testen.

Gravitationswellen

Beschleunigte Massen strahlen Gravitationswellen ab (Teil VII). Erstmalig im Jahr
2015 konnten auf der Erde eintreffenden Gravitationswellen nachgewiesen werden
(LIGO Detektor, Kapitel 37). Davor gab es nur den indirekten Nachweis von Gravitationsstrahlung, und zwar über die beobachtete Abbremsung des Doppelsternsystems PSR 1913+16 (Kapitel 36) und anderer binärer Sternsysteme. Diese Beobachtungen bestätigten die Vorhersagen der ART mit einer Genauigkeit von 1%.

Zusammenfassung

Alle experimentellen Ergebnisse bestätigen im Rahmen der Messgenauigkeit die
Voraussetzung und die Vorhersagen der ART. Man kann dies so formulieren, dass
das Einsteins Äquivalenzprinzip zumindest zu $99,999\,999\,999\,9\%$ richtig ist, und
Einsteins Feldtheorie zumindest zu $99,9\%$.

VII Gravitationswellen

32 Ebene Wellen

Für schwache Felder ($|h_{\mu\nu}| = |g_{\mu\nu} - \eta_{\mu\nu}| \ll 1$) reduzieren sich Einsteins Feldgleichungen auf die linearisierten Feldgleichungen (22.27),

$$\Box h_{\mu\nu} = -\frac{16\pi G}{c^4} \left(T_{\mu\nu} - \frac{T}{2}\eta_{\mu\nu} \right) \tag{32.1}$$

Im quellfreien Raum ($T_{\mu\nu} = 0$) erhalten wir hieraus $\Box h_{\mu\nu} = 0$. Die einfachsten Lösungen dieser Gleichungen sind die ebenen Wellen, die hier abgeleitet und untersucht werden. Die folgenden Kapitel behandeln die Erzeugung und den möglichen Nachweis von Gravitationswellen.

Elektromagnetische Wellen

Für die Wellenlösungen sind die Analogien zur Elektrodynamik besonders eng. Wir beginnen daher mit einem Rückblick auf elektromagnetische Wellen. Die physikalischen Felder $F^{\alpha\beta} = A^{\beta|\alpha} - A^{\alpha|\beta}$ ändern sich nicht bei der Eichtransformation

$$A^{\alpha} \longrightarrow A'^{\alpha} = A^{\alpha} + \partial^{\alpha}\chi \tag{32.2}$$

Dies ermöglicht die Wahl einer Eichbedingung für die Potenziale A^{α},

$$A^{\alpha}{}_{|\alpha} = 0 \tag{32.3}$$

Diese Bedingung ist gerade so gewählt, dass die Maxwellgleichungen $F^{\beta\alpha}{}_{|\beta} = (4\pi/c)\,j^{\alpha}$ zu

$$\Box A^{\alpha} = \frac{4\pi}{c}\,j^{\alpha} \tag{32.4}$$

entkoppeln. Diese Gleichungen haben dieselbe Struktur wie (32.1). Eine partikuläre Lösung kann in der Form der retardierten Potenziale angegeben werden.

Wegen (32.3) sind nur drei der vier Felder in (32.4) voneinander unabhängig. Speziell für freie Felder ($j^{\alpha} = 0$) lassen (32.3) und (32.4) eine *zusätzliche* Eichtransformation (32.2) zu, und zwar mit einem χ, das selbst Lösung der Wellengleichung ist. Diese Eichfreiheit ermöglicht die Festlegung $A^0 = 0$. Damit lauten die Wellengleichungen

$$\Box A^{\alpha} = 0\,, \qquad A^0 = 0\,, \qquad A^i{}_{|i} = 0 \tag{32.5}$$

Danach gibt es nur *zwei unabhängige Felder*. Der Ansatz

$$A^\alpha = e^\alpha \exp\left(-\mathrm{i}k_\beta\, x^\beta\right) + \text{c.c.} = e^\alpha \exp\left(\mathrm{i}(\boldsymbol{k}\cdot\boldsymbol{r} - \omega t)\right) + \text{c.c.} \qquad (32.6)$$

mit $(k^\beta) = (\omega/c,\ \boldsymbol{k})$ und $(x^\beta) = (c\,t,\ \boldsymbol{r})$ löst die Wellengleichung $\Box\, A^\alpha = 0$, falls

$$k^\beta k_\beta = 0 \qquad \text{oder} \qquad \omega^2 = c^2 k^2 \qquad (32.7)$$

Dabei ist $k = |\boldsymbol{k}|$. Die ebene Welle (32.6) ist reell, weil wir das komplex Konjugierte (c.c.) addiert haben. Die Zusatzbedingungen in (32.5) schränken diesen Vektor durch

$$\left(e^\alpha\right) = (0,\ \boldsymbol{e}), \qquad \boldsymbol{e}\cdot\boldsymbol{k} = 0 \qquad (32.8)$$

ein. Der Polarisationsvektor e^α bestimmt die Amplitude der Welle und die Richtung des Felds. Im engeren Sinn wird die Bezeichnung *Polarisationsvektor* für den Einheitsvektor $\boldsymbol{e}/|\boldsymbol{e}|$ verwendet.

Wenn wir speziell die x^3-Achse des Koordinatensystems in $\boldsymbol{k}$-Richtung wählen, dann sind die beiden unabhängigen Felder die 1- und die 2-Komponente:

$$\left(A^\alpha\right) = \left(0,\ e^1,\ e^2,\ 0\right) \exp\left[\mathrm{i}k(x^3 - c t)\right] + \text{c.c.} \qquad (32.9)$$

Damit sind zwei lineare Polarisationen der Welle möglich, die durch $e^1 = A, e^2 = 0$ und $e^1 = 0, e^2 = A$ gekennzeichnet werden können. Der Vektor $\boldsymbol{A}$ (und damit auch der elektrische Feldvektor $\boldsymbol{E}$) steht senkrecht zum Wellenvektor $\boldsymbol{k}$; damit gibt es zwei unabhängige (Polarisations-) Richtungen. Folgende Linearkombinationen ergeben zirkular polarisierte Wellen:

$$\left(A^\alpha_{\text{zirk}}\right) = A\,(0,\ 1,\ \pm\mathrm{i},\ 0)\,\exp\left[\mathrm{i}k(x^3 - c t)\right] \qquad (32.10)$$

Diese Lösung transformiert sich bei Drehung des Koordinatensystems um die x^3-Achse um den Winkel ϕ gemäß

$$A^\alpha_{\text{zirk}} \xrightarrow{\text{Drehung}} \exp(\mp\mathrm{i}\phi)\,A^\alpha_{\text{zirk}} \qquad (32.11)$$

In der quantisierten Theorie wird A^α zur Wellenfunktion der Feldquanten (Photonen). Das Ergebnis (32.11) bedeutet daher, dass Photonen den Spin $\pm\hbar$ in Richtung ihres Impulses $\hbar\,\boldsymbol{k}$ haben.

Welle und Teilchen

Die Quantisierung spielt bei Gravitationswellen im Gegensatz zu elektromagnetischen Wellen praktisch keine Rolle. Die Gründe hierfür wurden am Ende von Kapitel 22 angesprochen; konkret zeigen sie sich bei der Abschätzung der möglichen Gravitationsstrahlung eines Atoms (Kapitel 36). Zur Einordnung gegenüber anderen

Teilen der Physik skizzieren wir trotzdem kurz den Zusammenhang zwischen Welle und Teilchen, also zwischen Wellengleichung und Energie-Impuls-Beziehung, und zwischen Polarisation und Spin.

Die Quantisierung einer Welle mit der Frequenz ω ergibt Energiequanten der Größe $E = \hbar\omega$. Diese Feldquanten des elektromagnetischen Felds werden Photonen genannt, die des Gravitationsfelds *Gravitonen*. Aus den Wellengleichungen folgt, dass Photonen und Gravitonen keine Ruhmasse haben: Die Wellengleichungen $\Box A^\alpha = 0$ und $\Box h_{\mu\nu} = 0$ führen beide zu $k^\beta k_\beta = 0$. Durch Einsetzen von $E = \hbar\omega = \hbar c k^0$ und $\boldsymbol{p} = \hbar\boldsymbol{k}$ erhält man hieraus $E^2 = c^2\boldsymbol{p}^2$. Der Vergleich mit der allgemeinen Energie-Impuls-Beziehung (4.12), $E^2 = m^2 c^4 + c^2 \boldsymbol{p}^2$, ergibt $m = 0$, also Ruhmasse null. Wir stellen die Teilcheneigenschaften für Photonen und Gravitonen zusammen:

	Photon	Graviton
Energie E	$\hbar\omega$	$\hbar\omega$
Masse m	0	0
Spin S	1	2

$$(32.12)$$

Hierbei wurden die Werte für die Energie und die Masse durch die Spineigenschaften ergänzt. Der Spin 1 für Photonen wurde in (32.11) und im darauf folgenden Text begründet. Der Spin 2 für Gravitonen wird im Abschnitt Helizität (am Ende dieses Kapitels) ganz analog begründet.

Der Polarisation der klassischen Wellen entspricht die Spineinstellung der Feldquanten. Der Betrag des Spins ist eine Eigenschaft der Teilchen (Photon oder Graviton); variabel ist nur die Richtung des Spins.

Der relativistische Spinvektor eines massiven Teilchens wird durch die Festlegung $(s'^\alpha) = (0, \boldsymbol{s}')$ im momentanen Ruhsystem IS' definiert. Für ein isoliertes Teilchen ist die Hamiltonfunktion (oder der Hamiltonoperator) drehinvariant. Wegen dieser Drehsymmetrie gilt $\boldsymbol{s}' = \text{const}$.

Für masselose Teilchen existiert kein Ruhsystem. Der Impulsvektor $\boldsymbol{k}$ zeichnet eine Richtung aus. Für ein isoliertes Teilchen gilt Drehsymmetrie bezüglich der $\boldsymbol{k}$-Achse. Dann ist die Spinprojektion $\boldsymbol{s} \cdot \boldsymbol{k}/k$ eine Erhaltungsgröße.

Die Spinprojektion des Teilchens entspricht der Polarisation der Welle. Dabei korrespondiert $\boldsymbol{s} \parallel \pm\boldsymbol{k}$ mit der zirkularen Polarisation, also mit (32.10) im elektromagnetischen Fall. Die Felder für die anderen Polarisationen können durch geeignete Eichtransformationen eliminiert werden; sie sind physikalisch ohne Bedeutung. Masselose Teilchen mit $|\boldsymbol{s}| \neq 0$ können daher nur die beiden Spineinstellungen $\boldsymbol{s} \parallel \pm\boldsymbol{k}$ einnehmen. In der klassischen Feldtheorie (Elektrodynamik oder ART) gibt es dementsprechend nur jeweils zwei unabhängige Felder, und zwar unabhängig von der ursprünglichen Anzahl der Felder (vier A^α oder zehn $h^{\mu\nu}$). Der Zusammenhang mit dem Spin wird am Transformationsverhalten einer polarisierten Welle unter Drehungen deutlich ((32.11) und Abschnitt „Helizität" unten).

Gravitationswellen

In Analogie zur Elektrodynamik untersuchen wir jetzt ebene Gravitationswellen. Die Koordinatentransformation

$$x^\mu \;\to\; x'^\mu = x^\mu + \epsilon^\mu(x) \qquad (32.13)$$

führt zu der Eichtransformation (22.25) der Potenziale:

$$h_{\mu\nu} \;\to\; h'_{\mu\nu} = h_{\mu\nu} - \frac{\partial \epsilon_\mu}{\partial x^\nu} - \frac{\partial \epsilon_\nu}{\partial x^\mu} = h_{\mu\nu} - \epsilon_{\mu|\nu} - \epsilon_{\nu|\mu} \qquad (32.14)$$

Ebenso wie (32.2) ist diese Transformation ohne Einfluss auf physikalische Größen. Da die linearisierten Gleichungen nur für schwache Felder gelten, sind in (32.13) nur kleine Änderungen der Koordinaten zugelassen. Formal heißt das

$$|h_{\mu\nu}| \ll 1 \quad \text{und} \quad |\epsilon_{\mu|\nu}| \ll 1 \qquad (32.15)$$

Im Folgenden wird jeweils nur die führende Ordnung in h und ϵ mitgenommen. Der Übergang zwischen ko- und kontravarianten Komponenten erfolgt daher mit $\eta_{\mu\nu}$, und eine kovariante Ableitung kann durch die partielle ersetzt werden.

In (32.13) können wir vier Funktionen ϵ^μ frei wählen. Diese Freiheit ermöglicht es, die vier Eichbedingungen

$$2\, h^\mu{}_{\nu|\mu} = h^\mu{}_{\mu|\nu} \qquad (32.16)$$

zu verlangen. Diese Bedingungen führen zur Entkopplung der linearisierten Feldgleichungen (Kapitel 22) und damit zu (32.1). Sie erfüllen also denselben Zweck wie (32.3).

Wegen der Symmetrie $h_{\mu\nu} = h_{\nu\mu}$ sind nur 10 der 16 Komponenten $h_{\mu\nu}$ voneinander unabhängig. Die vier Bedingungen (32.16) reduzieren dies auf sechs unabhängige Komponenten. Für die freien Gleichungen

$$\square\, h_{\mu\nu} = 0 \qquad (32.17)$$

sind vier *zusätzliche* Transformationen (32.14) möglich, sofern ϵ^μ die Wellengleichung $\square\, \epsilon^\mu = 0$ erfüllt. Dies reduziert die Zahl der unabhängigen Komponenten auf schließlich zwei. Wir führen im Folgenden die Reduktion von 10 auf 2 Felder explizit vor. Zunächst schreiben wir die Lösung von (32.17) in Form ebener Wellen an:

$$h_{\mu\nu} = e_{\mu\nu}\, \exp\!\big(-\,\mathrm{i}\,k_\lambda\, x^\lambda\big) + \text{c.c.} \qquad (32.18)$$

Dabei muss

$$\eta^{\lambda\kappa} k_\lambda k_\kappa = k^\lambda k_\lambda = 0 \quad \text{oder} \quad k_0^2 = \frac{\omega^2}{c^2} = k^2 \qquad (32.19)$$

gelten, wobei $k = |\boldsymbol{k}|$. Die Amplituden $e_{\mu\nu}$ der Welle werden *Polarisationstensor* genannt. Wir setzen (32.18) in die Eichbedingungen (32.16) ein:

$$2\, k_\mu\, \eta^{\mu\rho}\, e_{\rho\nu} = k_\nu\, \eta^{\mu\rho}\, e_{\rho\mu} \qquad (32.20)$$

Zusammen mit den $h_{\mu\nu}$ ist der Polarisationstensor symmetrisch,

$$e_{\mu\nu} = e_{\nu\mu} \tag{32.21}$$

Der Einfachheit halber betrachten wir wieder eine Welle in x^3-Richtung:

$$h_{\mu\nu} = e_{\mu\nu} \exp\left[ik(x^3 - ct)\right] + \text{c.c.} \tag{32.22}$$

Die Komponenten k_μ des Wellenvektors sind dann

$$k_1 = k_2 = 0, \qquad k_0 = -k_3 = k = \frac{\omega}{c} \tag{32.23}$$

Damit werden die Bedingungen (32.20) für $\nu = 0, 1, 2, 3$ zu

$$e_{00} + e_{30} = (e_{00} - e_{11} - e_{22} - e_{33})/2 \tag{32.24}$$
$$e_{01} + e_{31} = 0 \tag{32.25}$$
$$e_{02} + e_{32} = 0 \tag{32.26}$$
$$e_{03} + e_{33} = -(e_{00} - e_{11} - e_{22} - e_{33})/2 \tag{32.27}$$

Unter Berücksichtigung der Symmetrie $e_{\mu\nu} = e_{\nu\mu}$ und dieser vier Bedingungen kann der Polarisationstensor $e_{\mu\nu}$ durch sechs Komponenten festgelegt werden:

$$\text{Unabhängige Komponenten:} \quad e_{00}, \ e_{11}, \ e_{33}, \ e_{12}, \ e_{13}, \ e_{23} \tag{32.28}$$

Diese sechs Komponenten bestimmen alle anderen Komponenten, insbesondere

$$e_{01} = -e_{31}, \quad e_{02} = -e_{32}, \quad e_{03} = -\frac{e_{33} + e_{00}}{2}, \quad e_{22} = -e_{11} \tag{32.29}$$

Wir betrachten nun die *zusätzlichen* Eichtransformationen, die für Wellenlösungen möglich sind. Dies sind Transformationen (32.13) mit Funktionen $\epsilon^\mu(x)$, die Lösung der freien Wellengleichung sind:

$$\epsilon^\mu(x) = \delta^\mu \exp\left(-ik_\lambda x^\lambda\right) + \text{c.c.} \tag{32.30}$$

Wir schreiben die Eichbedingung (32.16) für $h'_{\mu\nu}$ aus (32.14) an:

$$2\,h^\mu{}_{\nu|\mu} - 2\left[\epsilon^\mu{}_{|\nu} + \epsilon_\nu{}^{|\mu}\right]_{|\mu} = h^\mu{}_{\mu|\nu} - \left[\epsilon^\mu{}_{|\mu} + \epsilon^\mu{}_{|\mu}\right]_{|\nu} \tag{32.31}$$

Die Zusatzterme mit $\epsilon^\mu{}_{|\nu|\mu}$ heben sich auf, und $\epsilon_\nu{}^{|\mu}{}_{|\mu}$ verschwindet, weil ϵ^ν Lösung der Wellengleichung ist. Eine zusätzliche Eichtransformation mit ϵ^μ aus (32.30) (mit vier beliebigen Amplituden δ^μ) ist also möglich, ohne die erste Eichbedingung (32.16) zu verletzen.

Wir wählen k_λ in (32.30) gleich dem Wellenvektor einer gegebenen Wellenlösung $h_{\mu\nu}$. Aus (32.14) und (32.30) erhalten wir dann eine neue Lösung $h'_{\mu\nu}$, in der alle Terme denselben Exponentialfaktor $\exp(-ik_\lambda x^\lambda)$ haben. Damit werden nur die

Amplituden transformiert, $e_{\mu\nu} \to e'_{\mu\nu}$. Aus (32.14) erhalten wir für die neuen Amplituden

$$e'_{\mu\nu} = e_{\mu\nu} + \mathrm{i}k_\mu \delta_\nu + \mathrm{i}k_\nu \delta_\mu \tag{32.32}$$

Mit (32.23) ergibt dies für die unabhängigen 6 Amplituden:

$$e'_{11} = e_{11} \tag{32.33}$$

$$e'_{12} = e_{12} \tag{32.34}$$

$$e'_{13} = e_{13} - \mathrm{i}k\delta_1 \tag{32.35}$$

$$e'_{23} = e_{23} - \mathrm{i}k\delta_2 \tag{32.36}$$

$$e'_{33} = e_{33} - 2\mathrm{i}k\delta_3 \tag{32.37}$$

$$e'_{00} = e_{00} + 2\mathrm{i}k\delta_0 \tag{32.38}$$

Die neue Lösung mit $e'_{\mu\nu}$ ist physikalisch äquivalent zur alten mit $e_{\mu\nu}$, da wir nur eine Koordinatentransformation vorgenommen haben. In der neuen Lösung können wir durch geeignete Wahl der δ_μ die Amplituden e'_{13}, e'_{23}, e'_{33} und e'_{00} zu null machen. Daher sind nur die Polarisationen physikalisch relevant, die den Amplituden e'_{12} und e'_{11} entsprechen. Für die allgemeine Form der ebenen Welle genügt es daher, diese beiden Amplituden zu berücksichtigen:

$$(h_{\mu\nu}) = \begin{pmatrix} 0 & 0 & 0 & 0 \\ 0 & e_{11} & e_{12} & 0 \\ 0 & e_{12} & -e_{11} & 0 \\ 0 & 0 & 0 & 0 \end{pmatrix} \exp\left[\mathrm{i}k(x^3 - ct)\right] + \text{c.c.} \tag{32.39}$$

Dabei haben wir den Strich wieder weggelassen. Diese ebene Welle ist mit (32.9) zu vergleichen.

Helizität

Wir untersuchen das Verhalten der Welle (32.39) bei Drehung um die x^3-Achse, also um die Richtung des Wellenvektors $\boldsymbol{k}$. Da wir nahezu eine Minkowskimetrik benutzen, können wir die Drehung im Rahmen einer allgemeinen Lorentztransformation beschreiben. Für eine Drehung um den Winkel φ lautet die Transformationsmatrix

$$(\bar{\Lambda}^\mu_\nu) = \begin{pmatrix} 1 & 0 & 0 & 0 \\ 0 & \cos\varphi & \sin\varphi & 0 \\ 0 & -\sin\varphi & \cos\varphi & 0 \\ 0 & 0 & 0 & 1 \end{pmatrix} \tag{32.40}$$

Der Polarisationstensor transformiert sich gemäß

$$e'_{\mu\nu} = \bar{\Lambda}^\rho_\mu \, \bar{\Lambda}^\sigma_\nu \, e_{\rho\sigma} \tag{32.41}$$

Wir gehen jetzt für einen Augenblick auf den Stand von (32.28) mit den sechs Amplituden e_{00}, e_{11}, e_{33}, e_{12}, e_{13} und e_{23} zurück. Zu ihnen äquivalent sind folgende sechs Amplituden:

$$e_{00}, \quad e_{33}, \quad f_\pm = e_{13} \pm \mathrm{i}\,e_{23}, \quad e_\pm = e_{11} \pm \mathrm{i}\,e_{12} \tag{32.42}$$

Aus (32.41) folgt das Transformationsverhalten dieser Amplituden:

$$e'_{00} = e_{00}, \quad e'_{33} = e_{33}, \quad f'_\pm = \exp(\pm \mathrm{i}\varphi)\, f_\pm, \quad e'_\pm = \exp(\pm 2\mathrm{i}\varphi)\, e_\pm \tag{32.43}$$

Hierbei wurde $e_{22} = -e_{11}$, (32.29), verwendet. Das Transformationsverhalten einer ebenen Welle gemäß

$$\Psi' = \exp(\mathrm{i}\,H\varphi)\,\Psi \tag{32.44}$$

bei Drehung um den Wellenvektor $\boldsymbol{k}$ bezeichnet man als *Helizität* H.

In einer quantisierten Theorie wird $h_{\mu\nu}$ zur Wellenfunktion der Gravitonen. Dann bedeutet das Transformationsverhalten (32.44) einen Drehimpuls der Gravitonen mit der Projektion $H\hbar$ auf die Impulsrichtung. (Man kann dies etwa mit Schrödingers Wellenfunktion vergleichen, die bei Drehsymmetrie um die x^3-Achse proportional zu $\exp(\mathrm{i}m\varphi)$ ist, wobei $m\hbar$ die Projektion des Bahndrehimpulses auf die x^3-Achse ist.) Die in (32.43) auftretenden Werte $H = 0$, ± 1, ± 2 zeigen, dass die Gravitonen Teilchen mit Spin 2 sind.

Wie wir oben gesehen haben, können wir die Beiträge mit e_{00}, e_{33}, e_{13} und e_{23} durch eine geeignete Koordinatenwahl eliminieren. Diese Beiträge sind damit physikalisch nicht relevant. Nach (32.42) und (32.44) sind dies gerade die Helizitäten $H = 0$ und $H = \pm 1$, oder im Teilchenbild die Drehimpulsprojektionen 0 und $\pm\hbar$. Die Stärke dieser Anteile kann willkürlich durch Koordinatentransformationen geändert werden; insbesondere kann sie zu null gemacht werden. Dagegen bezeichnet $H = \pm 2$ eine physikalische Polarisation der Welle, oder einen physikalischen Zustand eines Gravitons. Im Teilchenbild bedeutet dies, dass der Spinvektor parallel oder antiparallel zum Impuls ist.

33 Teilchen im Feld der Welle

Eine elektromagnetische Welle übt Kräfte auf geladene Teilchen aus. Analog dazu übt eine Gravitationswelle Kräfte auf massive Teilchen aus. Wir berechnen die Auslenkungen von freien Teilchen im Feld einer Gravitationswelle.

Wir gehen von einer ebenen Welle der Form

$$\left(h_{\mu\nu}(x^3, t)\right) = \begin{pmatrix} 0 & 0 & 0 & 0 \\ 0 & e_{11} & e_{12} & 0 \\ 0 & e_{12} & -e_{11} & 0 \\ 0 & 0 & 0 & 0 \end{pmatrix} \exp\left[ik(x^3 - ct)\right] + \text{c.c.} \qquad (33.1)$$

aus. Die Bedeutung der verwendeten Koordinaten folgt aus

$$ds^2 = \left[\eta_{\mu\nu} + h_{\mu\nu}(x^3, t)\right] dx^\mu dx^\nu \qquad (33.2)$$

Die Bahnen $x^\sigma(\tau)$ von Teilchen im Feld der Welle genügen der Bewegungsgleichung

$$\frac{d^2 x^\sigma}{d\tau^2} = -\Gamma^\sigma_{\mu\nu} \frac{dx^\mu}{d\tau} \frac{dx^\nu}{d\tau} \qquad (33.3)$$

Die Christoffelsymbole $\Gamma^\sigma_{\mu\nu}$ sind mit den $h_{\mu\nu}$ aus (33.1) zu berechnen. Außer den Gravitationskräften wirken keine weiteren Kräfte auf die Teilchen; wir stellen uns etwa Staubteilchen im Feld der Welle vor. Die Gleichungen (33.1)–(33.3) definieren das hier zu behandelnde Problem.

Aus

$$\Gamma^\sigma_{\mu\nu} = \frac{\eta^{\sigma\lambda}}{2} \left(\frac{\partial h_{\nu\lambda}}{\partial x^\mu} + \frac{\partial h_{\mu\lambda}}{\partial x^\nu} - \frac{\partial h_{\mu\nu}}{\partial x^\lambda} \right) + \mathcal{O}(h^2) \qquad (33.4)$$

und (33.1) folgt

$$\Gamma^i_{00} = -\frac{1}{2} \left(\frac{\partial h_{0i}}{\partial x^0} + \frac{\partial h_{0i}}{\partial x^0} - \frac{\partial h_{00}}{\partial x^i} \right) = 0 \qquad (33.5)$$

Als Anfangsbedingung wählen wir $\dot{x}^i(0) = (dx^i/d\tau)_{\tau=0} = 0$. Daraus folgt

$$\left(\frac{d^2 x^i}{d\tau^2} \right)_{\tau=0} = -\Gamma^i_{\mu\nu} \, \dot{x}^\mu(0) \, \dot{x}^\nu(0) = -\Gamma^i_{00} \, \dot{x}^0(0) \, \dot{x}^0(0) \overset{(33.5)}{=} 0 \qquad (33.6)$$

Da die Beschleunigung in den verwendeten Koordinaten verschwindet, ist die Geschwindigkeit auch im nächsten Augenblick gleich null. Damit ist

$$\frac{dx^i}{d\tau} = 0, \quad \text{also} \quad x^i(\tau) = \text{const.} \qquad (33.7)$$

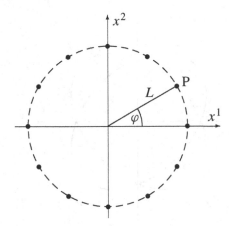

Abbildung 33.1 Freie Massenpunkte befinden sich auf dem Kreis $(x^1)^2 + (x^2)^2 = L^2$. Auf diese Anordnung fällt nun eine Gravitationswelle in x^3-Richtung ein. Die spezielle Wahl der Koordinaten bedingt, dass ein Teilchen P im Feld der Welle konstante Koordinatenwerte x_P^1 und x_P^2 hat. Der physikalische Abstand des Teilchens vom Zentrum oszilliert jedoch (Abbildung 33.2).

eine Lösung von (33.3). In den benutzten Koordinaten können Teilchen im Feld der Welle also durch *konstante räumliche Koordinaten* beschrieben werden. Dies bedeutet aber nicht, dass diese Teilchen ruhen. Vielmehr ändern sich ihre Relativabstände aufgrund der Zeitabhängigkeit des metrischen Tensors in (33.2).

Wir betrachten Teilchen, die auf einem Kreis in der x^1-x^2-Ebene angeordnet sind, Abbildung 33.1. Wir schreiben (33.2) in der Form $ds^2 = c^2 dt^2 - dl^2 - (dx^3)^2$ mit dem Wegelement

$$dl^2 = \left[\delta_{mn} - h_{mn}(t) \right] dx^m dx^n \qquad (m, n = 1, 2) \qquad (33.8)$$

der x^1-x^2-Ebene. Hierbei ist $h_{mn}(t) = h_{mn}(x^3 = 0, t)$, also

$$\left(h_{mn}(t) \right) = \begin{pmatrix} e_{11} & e_{12} \\ e_{12} & -e_{11} \end{pmatrix} \exp(-i\omega t) + \text{c.c.} \qquad (33.9)$$

Mit (33.8) berechnen wir den physikalischen Abstand ρ eines herausgegriffenen Teilchens P vom Zentrum. Die Koordinatenwerte x_P^1 und x_P^2 des Teilchens sind nach (33.7) konstant. In (33.8) können wir anstelle von dx^m unmittelbar die endlichen Koordinaten x_P^m von P einsetzen, weil die metrischen Koeffizienten $h_{\mu\nu}$ nicht von diesen Koordinaten x^1 und x^2 abhängen:

$$\rho^2 = \left[\delta_{mn} - h_{mn}(t) \right] x_P^m x_P^n \qquad (m, n = 1, 2) \qquad (33.10)$$

Die Position eines Teilchens P kann durch den Winkel φ (Abbildung 33.1) festgelegt werden,

$$x_P^1 = L \cos\varphi, \qquad x_P^2 = L \sin\varphi \qquad (33.11)$$

Wir werten (33.10) mit (33.9) und (33.11) aus:

$$\rho^2 = L^2 \cdot \begin{cases} \left[1 - 2h \cos(2\varphi) \cos(\omega t) \right] & (e_{11} = h, \ e_{12} = 0) \\ \left[1 - 2h \sin(2\varphi) \cos(\omega t) \right] & (e_{12} = h, \ e_{11} = 0) \end{cases} \qquad (33.12)$$

Hierbei haben wir nach den beiden möglichen linearen Polarisationen unterschieden und die Amplitude der Welle mit h bezeichnet. Die physikalischen Auslenkungen

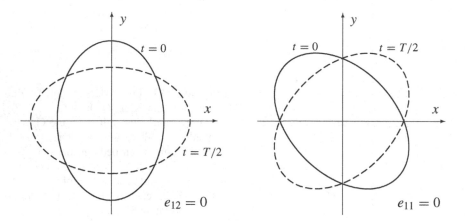

Abbildung 33.2 Auslenkung von Teilchen auf einem Kreis (Abbildung 33.1) im Feld einer linear polarisierten, ebenen Gravitationswelle. Im Gegensatz zu den konstanten Koordinatenwerten x^1 und x^2 bezeichnen x und y die physikalische Lage relativ zum Zentrum. Realistische Auslenkungen sind sehr klein, zum Beispiel $|\rho - L|/L \sim 10^{-20}$ für die Strahlung des Doppelsternsystems i Boo, (37.3). Insofern ist die Darstellung *sehr* schematisch.

sind in Abbildung 33.2 skizziert. Dabei wurden die Projektionen des physikalischen Abstands ρ mit x und y bezeichnet. Der herausgegriffene Punkt P hat die x-y-Koordinaten

$$x_\mathrm{P} = \rho \cos\varphi\,, \qquad y_\mathrm{P} = \rho \sin\varphi \tag{33.13}$$

Die physikalische Auslenkung der Probeteilchen ergibt eine Ellipse mit sehr kleiner Exzentrizität. An der Winkelabhängigkeit der Auslenkung kann die Polarisation der Welle abgelesen werden. Die zwei unabhängigen Polarisationsrichtungen bilden miteinander einen Winkel von $\pi/4$; für elektromagnetische Wellen ist dieser Winkel $\pi/2$. Ebenso wie in der Elektrodynamik lassen sich zirkular (oder elliptisch) polarisierte Wellen bilden, bei denen sich die Achsen der Deformationsellipse mit der Zeit drehen. Eine zirkular polarisierte Gravitationswelle ergibt sich für die Amplituden $e_{11} = -e_{22} = h$ und $e_{12} = e_{21} = \pm\mathrm{i}h$.

Die in Abbildung 33.2 gezeigten Auslenkungen bedeuten ein oszillierendes Quadrupolmoment der Massenverteilung; die Gravitationswelle regt also Quadrupolschwingungen an. Umgekehrt sollten dann Massenverteilungen mit oszillierendem Quadrupolmoment (zum Beispiel ein Wasserstoffatom im 1d-Zustand oder ein Doppelsternsystem) Gravitationswellen ausstrahlen.

Aufgaben

33.1 Elliptische Auslenkung im Feld der Welle

Eine Gravitationswelle mit der Polarisation $e_{11} = h$ und $e_{12} = 0$ verschiebt freie Massen auf einem Kreis (Abstand L vom Zentrum) zum Abstand ρ,

$$\rho^2 = L^2 \left[\, 1 - 2\, h\, \cos(2\varphi)\, \cos(\omega t) \,\right]$$

Zeigen Sie, dass die Kurve $\rho = \rho(\varphi)$ für $h \ll 1$ eine Ellipse darstellt. Wie lautet der Zusammenhang zwischen der Exzentrizität ϵ der Ellipse und der Wellenamplitude h?

34 Energie und Impuls der Welle

Wir bestimmen den Energie-Impuls-Tensor einer Gravitationswelle. Für das Verständnis der weiteren Kapitel ist die folgende Kurzfassung ausreichend, bei der Faktoren der Ordnung 1 vernachlässigt werden.

Kurzfassung

Die Feldgleichungen lauten

$$R_{\mu\nu} - \frac{R}{2}\, g_{\mu\nu} = -\frac{8\pi G}{c^4}\, T_{\mu\nu} \tag{34.1}$$

Der Krümmungstensor $R_{\mu\nu}$ enthält zweite Ableitungen $\partial^2 g_{..}/\partial x^{\cdot}\,\partial x^{\cdot}$ und Quadrate $(\partial g_{..}/\partial x^{\cdot})(\partial g_{..}/\partial x^{\cdot})$ der ersten Ableitung des metrischen Tensors. Für schwache Felder kann die linke Seite von (34.1) nach Potenzen von $h_{\mu\nu}$ entwickelt werden (Kapitel 22),

$$\underbrace{R_{\mu\nu} - \frac{R}{2}\, g_{\mu\nu} = \frac{1}{2}\,\Box h_{\mu\nu} + (\text{lineare Terme in } h)}_{= R_{\mu\nu}^{(1)} - R^{(1)}\,\eta_{\mu\nu}/2} + \frac{\partial h_{..}}{\partial x^{\cdot}}\frac{\partial h_{..}}{\partial x^{\cdot}} + \dots \tag{34.2}$$

Bei Vernachlässigung der Terme $\mathcal{O}(h^2)$ führt dies (nach spezieller Koordinatenwahl) zu den linearisierten Feldgleichungen (32.1). Die hier untersuchten ebenen Wellen sind homogene Lösungen dieser Gleichungen. Wir nehmen jetzt die quadratischen Terme $\mathcal{O}(h^2)$ mit und bringen sie in (34.1) auf die rechte Seite:

$$R_{\mu\nu}^{(1)} - \frac{R^{(1)}}{2}\,\eta_{\mu\nu} = -\frac{8\pi G}{c^4}\Big(T_{\mu\nu} + \underbrace{\frac{c^4}{8\pi G}\frac{\partial h_{..}}{\partial x^{\cdot}}\frac{\partial h_{..}}{\partial x^{\cdot}}}_{= t_{\mu\nu}^{\text{grav}}} \Big) \tag{34.3}$$

Die Größe $t_{\mu\nu}$ ist quadratisch in den Gravitationsfeldern und tritt additiv zum Energie-Impuls-Tensor $T_{\mu\nu}$ hinzu, der alle nichtgravitativen Anteile enthält. Daher ist $t_{\mu\nu}^{\text{grav}}$ der Energie-Impuls-Tensor des Gravitationsfelds.

Für eine ebene Welle der Form (33.1) gilt

$$\frac{\partial h_{..}}{\partial x^{\lambda}} \propto h\, k_{\lambda} \tag{34.4}$$

wobei h die Amplitude der Welle ist (etwa $e_{11} = h$ und $e_{12} = 0$). Aus (34.3) und (34.4) folgt (bis auf einen numerischen Faktor)

$$t_{\mu\nu}^{\text{grav}} = \frac{c^4}{8\pi G}\, k_\mu k_\nu\, h^2 \tag{34.5}$$

Für eine linear polarisierte Welle ist dieses Ergebnis exakt.

Für einen allgemeinen Energie-Impuls-Tensor $T_{\mu\nu}$ lautet die Energieerhaltung $\partial^\mu T_{0\mu} = 0$. In Fast-Minkowskikoordinaten wird dies zu $\partial_t T_{00} + \operatorname{div}(c\, T_{0i}\, e^i) = 0$. Diese Kontinuitätsgleichung bedeutet, dass T_{00} die Energiedichte und $c\, T_{0i}$ die Energiestromdichte ist. Als Beispiel sei an den elektromagnetischen Fall mit der Energiedichte $T_{00}^{\text{em}} = (\boldsymbol{E}^2 + \boldsymbol{B}^2)/8\pi$ und Energiestromdichte (Poynting-Vektor) $\boldsymbol{S} = c\, T_{0i}^{\text{em}}\, e^i = c\, \boldsymbol{E} \times \boldsymbol{B}/4\pi$ erinnert.

Eine Welle in x^3-Richtung hat den Wellenvektor $(k^\mu) = (\omega/c, 0, 0, \omega/c)$. Die Energiestromdichte $\Phi_{\text{GW}} = c\, t_{03}^{\text{grav}} = (c^5/8\pi G)\, k_0 k_3\, h^2$ dieser Gravitationswelle (GW) ist dann

$$\Phi_{\text{GW}} = \frac{\text{Energie}}{\text{Zeit} \cdot \text{Fläche}} = \frac{c^3}{8\pi G}\, \omega^2 h^2 \tag{34.6}$$

Dies ist die Energie, die pro Zeit und Fläche in Richtung des Wellenvektors $\boldsymbol{k}$ transportiert wird.

Vollständige Ableitung

Wir berücksichtigen nun alle numerischen Faktoren. In

$$g_{\mu\nu} = \eta_{\mu\nu} + h_{\mu\nu} \qquad (|h_{\mu\nu}| \ll 1) \tag{34.7}$$

sei $h_{\mu\nu}$ die Wellenlösung

$$h_{\mu\nu} = e_{\mu\nu} \exp(-i k_\lambda x^\lambda) + \text{c.c.} \tag{34.8}$$

Diese Welle ist Lösung der freien Feldgleichungen in 1. Ordnung in h, also

$$R_{\mu\nu}^{(1)} = 0 \tag{34.9}$$

Die Terme 2. Ordnung in der Feldgleichung werden zu den Quelltermen auf die rechte Seite gebracht. Dort können sie als Energie-Impuls-Tensor (22.17) des Gravitationsfelds identifiziert werden:

$$t_{\mu\nu}^{\text{grav}} = \frac{c^4}{8\pi G}\left[R_{\mu\nu}^{(2)} - \left(\frac{g_{\mu\nu} R}{2}\right)^{(2)} \right] \tag{34.10}$$

Mit (34.7), $R_{\mu\nu}^{(0)} = 0$, $R_{\mu\nu}^{(1)} = 0$ folgt für $R = g^{\rho\sigma} R_{\rho\sigma}$ auch $R^{(0)} = 0$, $R^{(1)} = 0$ sowie $R^{(2)} = \eta^{\rho\sigma} R_{\rho\sigma}^{(2)}$. Damit wird (34.10) zu

$$t_{\mu\nu}^{\text{grav}} = \frac{c^4}{16\pi G}\left[2 R_{\mu\nu}^{(2)} - \eta_{\mu\nu} R^{(2)} \right] \tag{34.11}$$

Die kontravariante Form des metrischen Tensors

$$g^{\mu\nu} = \eta^{\mu\nu} - h^{\mu\nu} \tag{34.12}$$

folgt aus $g^{\mu\nu} g_{\nu\kappa} = \delta^{\mu}_{\kappa}$. Dies verwenden wir im Ricci-Tensor

$$R^{(2)}_{\mu\kappa} = \left(g^{\lambda\nu} R_{\lambda\mu\nu\kappa} \right)^{(2)} = \eta^{\lambda\nu} R^{(2)}_{\lambda\mu\nu\kappa} - h^{\lambda\nu} R^{(1)}_{\lambda\mu\nu\kappa} \tag{34.13}$$

Hierfür benötigen wir nun den Krümmungstensor (18.11)

$$R_{\lambda\mu\nu\kappa} = \frac{1}{2} \left(\frac{\partial^2 g_{\lambda\nu}}{\partial x^\mu \, \partial x^\kappa} + \frac{\partial^2 g_{\mu\kappa}}{\partial x^\lambda \, \partial x^\nu} - \frac{\partial^2 g_{\mu\nu}}{\partial x^\lambda \, \partial x^\kappa} - \frac{\partial^2 g_{\lambda\kappa}}{\partial x^\mu \, \partial x^\nu} \right)$$
$$+ g_{\eta\sigma} \left(\Gamma^{\eta}_{\nu\lambda} \Gamma^{\sigma}_{\mu\kappa} - \Gamma^{\eta}_{\kappa\lambda} \Gamma^{\sigma}_{\mu\nu} \right) \tag{34.14}$$

Die erste Zeile ergibt mit $g_{..} = \eta_{..} + h_{..}$ nur Beiträge zu $R^{(1)}_{....}$. Die zweite Zeile ergibt dagegen Beiträge zu $R^{(2)}_{....}$ und zu höherer Ordnung. Für $R^{(2)}_{....}$ genügt es, die Christoffelsymbole in 1. Ordnung zu berechnen:

$$\Gamma^{\sigma \, (1)}_{\mu\nu} = \frac{1}{2} \left[\frac{\partial h^{\sigma}_{\ \mu}}{\partial x^\nu} + \frac{\partial h^{\sigma}_{\ \nu}}{\partial x^\mu} - \frac{\partial h_{\mu\nu}}{\partial x_\sigma} \right] \tag{34.15}$$

Damit erhalten wir für (34.13):

$$R^{(2)}_{\mu\kappa} = -\frac{h^{\lambda\nu}}{2} \left(\frac{\partial^2 h_{\lambda\nu}}{\partial x^\mu \, \partial x^\kappa} + \frac{\partial^2 h_{\mu\kappa}}{\partial x^\lambda \, \partial x^\nu} - \frac{\partial^2 h_{\mu\nu}}{\partial x^\lambda \, \partial x^\kappa} - \frac{\partial^2 h_{\lambda\kappa}}{\partial x^\mu \, \partial x^\nu} \right)$$
$$+ \frac{1}{4} \left[\frac{\partial h^{\nu}_{\ \sigma}}{\partial x^\nu} + \frac{\partial h^{\nu}_{\ \sigma}}{\partial x^\nu} - \frac{\partial h^{\nu}_{\ \nu}}{\partial x^\sigma} \right] \left[\frac{\partial h^{\sigma}_{\ \mu}}{\partial x^\kappa} + \frac{\partial h^{\sigma}_{\ \kappa}}{\partial x^\mu} - \frac{\partial h_{\mu\kappa}}{\partial x_\sigma} \right]$$
$$- \frac{1}{4} \left[\frac{\partial h_{\sigma\kappa}}{\partial x^\lambda} + \frac{\partial h_{\sigma\lambda}}{\partial x^\kappa} - \frac{\partial h_{\lambda\kappa}}{\partial x^\sigma} \right] \left[\frac{\partial h^{\sigma}_{\ \mu}}{\partial x_\lambda} + \frac{\partial h^{\sigma\lambda}}{\partial x^\mu} - \frac{\partial h^{\lambda}_{\ \mu}}{\partial x_\sigma} \right] \tag{34.16}$$

Wegen der Eichbedingung (32.16), $2h^{\nu}_{\ \sigma|\nu} = h^{\nu}_{\ \nu|\sigma}$, verschwindet die erste Klammer in der zweiten Zeile. Die anderen Terme sind quadratisch in h und von der Form

$$\left[e_{..} \exp(-\mathrm{i}k_\lambda x^\lambda) + \text{c.c.} \right] \left[e_{..} \exp(-\mathrm{i}k_\lambda x^\lambda) + \text{c.c.} \right]$$

Dabei treten oszillierende Terme mit $\exp(\pm 2\mathrm{i}k_\lambda x^\lambda)$ auf, aber auch koordinatenunabhängige Terme. Die oszillierenden Terme fallen bei einer zeitlichen Mittelung weg, so dass

$$\left\langle \left(e_{..} \exp(-\mathrm{i}k_\lambda x^\lambda) + \text{c.c.} \right) \left(e_{..} \exp(-\mathrm{i}k_\lambda x^\lambda) + \text{c.c.} \right) \right\rangle = 2\,\mathrm{Re}\left\{ e^*_{..}\, e_{..} \right\} \tag{34.17}$$

Die eckigen Klammern kennzeichnen die Zeitmittelung, und „Re" steht für die Realteilbildung. Für die Welle (34.8) ergeben die Ableitungen

$$\frac{\partial}{\partial x^\lambda} (\dots) = -\mathrm{i}k_\lambda (\dots) \tag{34.18}$$

Damit wird (34.16) zu

$$\left\langle R_{\mu\kappa}^{(2)} \right\rangle = \operatorname{Re}\left\{ e^{\lambda\nu*} \left[k_\mu k_\kappa \, e_{\lambda\nu} + k_\lambda k_\nu \, e_{\mu\kappa} - k_\lambda k_\kappa \, e_{\mu\nu} - k_\mu k_\nu \, e_{\lambda\kappa} \right] \right\} \tag{34.19}$$

$$- \operatorname{Re}\left\{ \frac{1}{2} \left[k_\lambda \, e_{\sigma\kappa} + k_\kappa \, e_{\sigma\lambda} - k_\sigma \, e_{\lambda\kappa} \right]^* \left[k^\lambda \, e^\sigma{}_\mu + k_\mu \, e^{\sigma\lambda} - k^\sigma \, e^\lambda{}_\mu \right] \right\}$$

Dies lässt sich mit (32.20),

$$2\, k_\mu \, e^{\mu\nu} = k^\nu \, e^\lambda{}_\lambda \tag{34.20}$$

weiter vereinfachen. So ist beispielsweise

$$e^{\lambda\nu*} \, k_\kappa k_\lambda \, e_{\mu\nu} = \frac{1}{2} \, k^\nu \left(e^\lambda{}_\lambda\right)^* k_\kappa \, e_{\mu\nu} = \frac{1}{4} \, k_\mu k_\kappa \left| e^\lambda{}_\lambda \right|^2 \tag{34.21}$$

Unter Beachtung von $k^\lambda k_\lambda = 0$ wird (34.19) dann zu

$$\left\langle R_{\mu\kappa}^{(2)} \right\rangle = \frac{k_\mu k_\kappa}{2} \left(e^{\lambda\nu*} \, e_{\lambda\nu} - \frac{1}{2} \left| e^\lambda{}_\lambda \right|^2 \right) \tag{34.22}$$

und $\left\langle R^{(2)} \right\rangle = 0$. Damit lautet das Endresultat für den Energie-Impuls-Tensor (34.11):

$$t_{\mu\nu}^{\mathrm{grav}} = \frac{c^4}{16\,\pi\,G} \, k_\mu k_\nu \left(e^{\lambda\kappa*} \, e_{\lambda\kappa} - \frac{1}{2} \left| e^\lambda{}_\lambda \right|^2 \right) \tag{34.23}$$

Für die Welle (32.39) gilt $e^\lambda{}_\lambda = 0$ und

$$t_{\mu\nu}^{\mathrm{grav}} = \frac{c^4}{8\,\pi\,G} \, k_\mu k_\nu \left(\left| e_{11} \right|^2 + \left| e_{12} \right|^2 \right) \tag{34.24}$$

Für eine linear polarisierte Welle (zum Beispiel $e_{11} = h$ und $e_{12} = 0$) erhält man hieraus (34.5).

35 Quadrupolstrahlung

*So wie eine oszillierende Ladungsverteilung elektromagnetische Wellen aussendet,
so strahlt eine oszillierende Massenverteilung Gravitationswellen ab. Wir berechnen
die Leistung, die eine oszillierende Massenverteilung abstrahlt.*

Kurzfassung

Wir bestimmen die abgestrahlte Leistung über die Analogie zur Elektrodynamik,
wobei wir Faktoren der Ordnung 1 vernachlässigen. Für eine erste Orientierung
reicht diese Kurzfassung aus.

Eine oszillierende Ladungsverteilung (Frequenz ω) mit einem nichtverschwindenden Dipolmoment p strahlt die Leistung ($=$ Energie/Zeit)

$$P = \frac{\omega^4}{3\,c^3}\,p^2 \tag{35.1}$$

ab. Das Dipolmoment ist von der Größe $p \sim q\,\ell$, wobei q und ℓ die charakteristische Ladung und Ausdehnung der oszillierenden Verteilung angeben. Für eine
elektrische Quadrupolstrahlung muss der Faktor $\exp(\mathrm{i}kr) = 1 + \mathrm{i}kr \pm ...$ im retardierten Potenzial um eine Potenz von $kr = \omega r/c$ weiterentwickelt werden. Dies
führt zur Ersetzung $p \to Q_{\mathrm{e}} \sim q\,\ell^2$ und zu einem Faktor ω/c. Die Strahlungsleistung eines elektrischen Quadrupols Q_{e} ist daher

$$P = \mathcal{O}(1)\,\frac{\omega^6}{c^5}\,Q_{\mathrm{e}}^{\,2} \tag{35.2}$$

Für eine Massenverteilung gibt es im Schwerpunktsystem nur ein Quadrupolmoment $Q \sim M\ell^2$ und kein Dipolmoment. Im gewählten Maßsystem entsprechen
sich q^2 und GM^2. Daher wird (35.2) für eine oszillierende Massenverteilung zu

$$P = \mathcal{O}(1)\,\frac{\omega^6}{c^5}\,G\,Q^2 \tag{35.3}$$

Der exakte Ausdruck lautet:

$$\boxed{\;P = \frac{2\,G\,\omega^6}{5\,c^5}\left(\sum_{i,\,j=1}^{3}\left|\,Q^{ij}\,\right|^2 - \frac{1}{3}\left|\sum_{i=1}^{3}Q^{ii}\,\right|^2\right)\quad \begin{array}{l}\text{Strahlungsleistung}\\ \text{einer oszillierenden}\\ \text{Massenverteilung}\end{array}\;} \tag{35.4}$$

Dabei ist $Q^{ij} = \int d^3r\,x^i\,x^j\,\varrho$ das Quadrupolmoment der Massenverteilung in kartesischen Koordinaten. Im Folgenden wird das Resultat (35.4) und die Winkelverteilung $dP/d\Omega$ der Strahlung abgeleitet.

Elektromagnetische Strahlung

Wir erinnern zunächst an die Ableitung der Dipolstrahlung in der Elektrodynamik. Die Stromdichte einer periodischen, räumlich begrenzten Ladungsverteilung

$$j_\alpha(\boldsymbol{r}, t) = j_\alpha(\boldsymbol{r}) \, \exp(-\mathrm{i}\omega t) + \text{c.c.} \begin{cases} \neq 0 & (r \leq r_0) \\ = 0 & (r > r_0) \end{cases} \tag{35.5}$$

wird in das Integral für die retardierten Potenziale eingesetzt:

$$\begin{aligned} A_\alpha(\boldsymbol{r}, t) &= \frac{1}{c} \int d^3 r' \, \frac{j_\alpha(\boldsymbol{r}', t - |\boldsymbol{r} - \boldsymbol{r}'|/c)}{|\boldsymbol{r} - \boldsymbol{r}'|} \\ &= \frac{1}{c} \exp(-\mathrm{i}\omega t) \int d^3 r' \, j_\alpha(\boldsymbol{r}') \, \frac{\exp(\mathrm{i}k|\boldsymbol{r} - \boldsymbol{r}'|)}{|\boldsymbol{r} - \boldsymbol{r}'|} + \text{c.c.} \\ &= A_\alpha(\boldsymbol{r}) \, \exp(-\mathrm{i}\omega t) + \text{c.c.} \end{aligned} \tag{35.6}$$

Die Frequenz ω der Ladungsverteilung ist auch die Frequenz der Potenziale und der elektromagnetischen Felder. Für ω/c wurde die Wellenzahl

$$k = \frac{\omega}{c} = \frac{2\pi}{\lambda} \tag{35.7}$$

eingeführt. Die Wellenlänge λ der emittierten Strahlung wird ebenfalls durch die Frequenz ω festgelegt.

Für das Feld in großem Abstand ($r \gg r_0$) entwickeln wir:

$$|\boldsymbol{r} - \boldsymbol{r}'| = r - \frac{\boldsymbol{r} \cdot \boldsymbol{r}'}{r} \pm \ldots = r \left(1 + \mathcal{O}(r'/r)\right) \tag{35.8}$$

$$\exp(\mathrm{i}k|\boldsymbol{r} - \boldsymbol{r}'|) = \exp(\mathrm{i}kr) \, \exp(-\mathrm{i}\boldsymbol{k} \cdot \boldsymbol{r}') \left(1 + \mathcal{O}(r'/r)\right) \tag{35.9}$$

Dabei wurde der Vektor

$$\boldsymbol{k} = k \, \frac{\boldsymbol{r}}{r} = k \, \boldsymbol{e}_r \tag{35.10}$$

eingeführt. Mit dieser Entwicklung wird $A_\alpha(\boldsymbol{r})$ in (35.6) zu

$$A_\alpha(\boldsymbol{r}) \approx \frac{\exp(\mathrm{i}kr)}{cr} \int d^3 r' \, j_\alpha(\boldsymbol{r}') \, \exp(-\mathrm{i}\boldsymbol{k} \cdot \boldsymbol{r}') \qquad (r \gg r_0) \tag{35.11}$$

Für viele Systeme (zum Beispiel für Atome) ist die Wellenlänge viel größer als die Ausdehnung der oszillierenden Ladungsverteilung (35.5):

$$\lambda \gg r_0 \quad \text{oder} \quad v \ll c \tag{35.12}$$

Diese Bedingung ist gleichbedeutend damit, dass die in der Ladungsverteilung auftretenden maximalen Geschwindigkeiten $v \sim \omega r_0$ nichtrelativistisch sind. Sie erlaubt folgende *Langwellennäherung* in den räumlichen Komponenten A_n des Vektorpotenzials:

$$A_n(\boldsymbol{r}) \approx \frac{\exp(\mathrm{i}kr)}{cr} \int d^3 r' \, j_n(\boldsymbol{r}') \, \exp(-\mathrm{i}\boldsymbol{k} \cdot \boldsymbol{r}') \tag{35.13}$$

$$= \frac{\exp(\mathrm{i}kr)}{cr} \int d^3 r' \, j_n(\boldsymbol{r}') \left(1 - \mathrm{i}\boldsymbol{k} \cdot \boldsymbol{r}' + \ldots\right) \approx \frac{\exp(\mathrm{i}kr)}{cr} \int d^3 r' \, j_n(\boldsymbol{r}')$$

Das verbleibende Integral wird durch das Dipolmoment p der Ladungsverteilung ausgedrückt:

$$\int d^3r \; j_n(r) = - \int d^3r \; x_n \; \mathrm{div}\, j = -\mathrm{i}\,\omega \int d^3r \; x_n \; \varrho_e(r) = -\mathrm{i}\,\omega\, p_n \qquad (35.14)$$

Dabei haben wir $\mathrm{div}\, j(r) = \mathrm{i}\,\omega\varrho_e(r)$ benutzt, was aus der Kontinuitätsgleichung für die oszillierenden Größen (35.5) folgt.

Wenn man in der Entwicklung in (35.13) den nächsten Term proportional zu $k \cdot r' \sim (\omega/c)\, r'$ mitnimmt, so erhält man anstelle des Dipolmoments ($\sim q\,\ell$) das Quadrupolmoment ($\sim q\,\ell^2$) begleitet von einem Faktor ω/c. Dies führt zu (35.2) anstelle von (35.1).

Aus den A_n können die Felder E und B berechnet werden:

$$B = \mathrm{rot}\, A \quad \text{und} \quad E = (\mathrm{i}/k)\, \mathrm{rot}\, B \qquad (r > r_0) \qquad (35.15)$$

Die zweite Gleichung folgt aus den Maxwellgleichungen für periodische Felder im quellfreien Raum. Die Felder bestimmen den Energiestrom (Energie pro Zeit) durch das Flächenelement $r^2 d\Omega$,

$$dP = c\, T_{0i}^{\mathrm{em}}\, df^i = c\, T_{0i}^{\mathrm{em}}\, \frac{x^i}{r}\, r^2\, d\Omega = \frac{c}{4\pi}\, r^2\, d\Omega \; e_r \cdot \left[E \times B \right] \qquad (35.16)$$

Die Ableitungen in (35.15) wirken auf $r^{-1} \exp(\mathrm{i}kr)$. Die Differenziation der Exponentialfunktion ergibt einen zusätzlichen Faktor k, die des Vorfaktors ergibt dagegen den Zusatzfaktor $1/r$. Unter der Annahme eines hinreichend weit entfernten Beobachtungspunkts,

$$r \gg \lambda \qquad (35.17)$$

können die auf den Vorfaktor $1/r$ wirkenden Ableitungen weggelassen werden. Beide Felder, E und B, sind dann proportional zu $p\,(\omega^2/c^2)/r$. Wenn alle Komponenten von p dieselbe Phase haben, erhält man aus (35.16) das bekannte Ergebnis[1]

$$\frac{dP}{d\Omega} = \frac{\omega^4}{2\pi c^3}\, |p|^2\, \sin^2\theta \qquad (35.18)$$

Dabei ist θ der Winkel zwischen dem Dipolmoment p der Ladungsverteilung und der Beobachtungsrichtung k. Die gesamte abgestrahlte Leistung beträgt

$$P = \frac{4\omega^4}{3\, c^3}\, |p|^2 \qquad (35.19)$$

---

[1]Der auch übliche Ansatz $j_\alpha(r, t) = \mathrm{Re}\left(j_\alpha(r)\, \exp[-\mathrm{i}\omega t]\right)$ unterscheidet sich von (35.5) durch einen Faktor 2 in den Amplituden. Für diesen Ansatz sind die rechten Seiten von (35.18) und (35.19) durch 4 zu teilen. Damit wird (35.19) zu (35.1).

Gravitationsstrahlung

Die Berechnung der Gravitationsstrahlung erfolgt analog zur Elektrodynamik. Sie ist aber insgesamt aufwändiger, weil die Quellterme $T_{\mu\nu}$ Tensoren zweiter Stufe sind. Wir gliedern die Berechnung in folgende Schritte:

1. Asymptotische Felder aus gegebenen $T_{\mu\nu}$.

2. Reduktion auf die räumlichen Komponenten T_{ij}.

3. Langwellennäherung.

Im Gegensatz zur Elektrodynamik gibt es keine Dipolstrahlung. Für eine oszillierende Massenverteilung $\varrho(\mathbf{r}, t) = \varrho(\mathbf{r})\,\exp(-i\omega t) + \text{c.c.}$ ist das Dipolmoment

$$p = \int d^3r \; \mathbf{r}\, \varrho(\mathbf{r}) = M\, \mathbf{R}_{\text{c.m.}} \tag{35.20}$$

gleich der Masse M mal der Schwerpunktkoordinate $\mathbf{R}_{\text{c.m.}}$ der Verteilung. Als IS kann man das Schwerpunktsystem mit $\mathbf{R}_{\text{c.m.}} = 0$ wählen; denn das abgeschlossene System bewegt sich gleichförmig. (Falls das System nicht abgeschlossen ist, gibt es weitere oszillierende Massen, die für die Abstrahlung zu berücksichtigen sind). Im Schwerpunktsystem gibt es dann wegen $p = 0$ keine Strahlung.

In der Elektrodynamik kann das Dipolmoment p im Allgemeinen nicht durch die Wahl des Bezugssystems zum Verschwinden gebracht werden. Dies liegt daran, dass ϱ_e positiv und negativ sein kann. Speziell für zwei Punktladungen $+q$ und $-q$ ist $p = q\,\mathbf{r}_{12}$, wobei $\mathbf{r}_{12}$ der Verbindungsvektor ist. Dieses Dipolmoment ist unabhängig vom gewählten Inertialsystem.

Asymptotische Felder

Wir übernehmen, soweit möglich, die Bezeichnungen der Elektrodynamik. Wir gehen von einer periodischen, räumlich begrenzten Massenverteilung aus:

$$T_{\mu\nu}(\mathbf{r}, t) = T_{\mu\nu}(\mathbf{r})\,\exp(-i\omega t) + \text{c.c.} \begin{cases} \neq 0 & (r \leq r_0) \\ = 0 & (r > r_0) \end{cases} \tag{35.21}$$

Die retardierten Potenziale sind durch (22.28) gegeben,

$$h_{\mu\nu}(\mathbf{r}, t) = -\frac{4G}{c^4}\,\exp(-i\omega t) \int d^3r'\, S_{\mu\nu}(\mathbf{r}')\,\frac{\exp(ik|\mathbf{r} - \mathbf{r}'|)}{|\mathbf{r} - \mathbf{r}'|} + \text{c.c.} \tag{35.22}$$

wobei $S_{\mu\nu} = T_{\mu\nu} - \eta_{\mu\nu}\,T/2$. Unter der Annahme

$$r_0 \ll \lambda \ll r \tag{35.23}$$

berechnen wir hieraus die Leistung der Gravitationsstrahlung.

Für große Abstände entwickeln wir wie in (35.8) – (35.11) und erhalten

$$h_{\mu\nu}(\boldsymbol{r}, t) \approx -\frac{4G}{c^4} \frac{\exp[\mathrm{i}(kr - \omega t)]}{r} \int d^3r' \, S_{\mu\nu}(\boldsymbol{r}') \, \exp(-\mathrm{i}\boldsymbol{k} \cdot \boldsymbol{r}') + \mathrm{c.c.}$$

$$= -\frac{4G}{c^4} \frac{\exp(-\mathrm{i}k_\lambda x^\lambda)}{r} \, S_{\mu\nu}(\boldsymbol{k}) + \mathrm{c.c.}$$

$$= e_{\mu\nu}(\boldsymbol{r}, \omega) \, \exp(-\mathrm{i}k_\lambda x^\lambda) + \mathrm{c.c.} \qquad (r \gg r_0) \qquad (35.24)$$

Die Exponentialfunktion $\exp[\mathrm{i}(kr - \omega t)]$ wurde als $\exp(-\mathrm{i}k_\lambda x^\lambda)$ geschrieben, wobei

$$\left(k^\lambda\right) = \left(\frac{\omega}{c}, \boldsymbol{k}\right), \qquad \boldsymbol{k} = k\,\frac{\boldsymbol{r}}{r} = k\,\boldsymbol{e}_r \qquad (35.25)$$

Das Integral in (35.24) ist die Fouriertransformierte von $S_{\mu\nu}$,

$$S_{\mu\nu}(\boldsymbol{k}) = \int d^3r \, S_{\mu\nu}(\boldsymbol{r}) \, \exp(-\mathrm{i}\boldsymbol{k} \cdot \boldsymbol{r}) \qquad (35.26)$$

Damit sind die in (35.24) eingeführten Amplituden $e_{\mu\nu}$ der Welle durch

$$e_{\mu\nu}(\boldsymbol{r}, \omega) = -\frac{4G}{c^4 r} \, S_{\mu\nu}(\boldsymbol{k}) = -\frac{4G}{c^4 r} \left(T_{\mu\nu}(\boldsymbol{k}) - \frac{T(\boldsymbol{k})}{2}\,\eta_{\mu\nu}\right) \qquad (35.27)$$

gegeben. Diese Amplituden sind proportional zu $1/r$ und hängen über $\boldsymbol{k} = k\boldsymbol{r}/r$ von $\boldsymbol{r}$ und von $k = \omega/c$ ab. Die Abkürzung $S_{\mu\nu}$ für $T_{\mu\nu} - \eta_{\mu\nu} T/2$ werden wir im Folgenden nicht mehr verwenden.

Analog zu (35.16) ist der durch das Flächenelement $r^2 \, d\Omega$ gehende Energiestrom dP gleich

$$dP = c\,t_{0i}^{\mathrm{grav}}\,df^i = c\,t_{0i}^{\mathrm{grav}}\,\frac{x^i}{r}\,r^2\,d\Omega \qquad (35.28)$$

Mit dem Energie-Impuls-Tensor (34.23) des Gravitationsfelds wird dies zu

$$\frac{dP}{d\Omega} = c\,\frac{c^4}{16\pi G}\,k_0\,\frac{k_i x^i}{r}\,r^2\left(e^{\lambda\nu*}e_{\lambda\nu} - \frac{1}{2}\left|e^\lambda{}_\lambda\right|^2\right) \qquad (35.29)$$

In Kapitel 34 waren die Amplituden $e_{\mu\nu}$ Konstanten, während hier $e_{\mu\nu}(\boldsymbol{r}, \omega) \propto 1/r$ gilt. Der Energie-Impuls-Tensor (34.3) enthält partielle Ableitungen der $h_{\mu\nu}$. Für konstante Amplituden ergeben diese Ableitungen jeweils Faktoren $k_\mu \sim 1/\lambda$. Für $e_{\mu\nu} \propto 1/r$ ergeben sie weitere Terme mit einem Faktor $1/r$. Für einen weit entfernten Beobachtungspunkt, $r \gg \lambda$, können wir die zusätzlichen Terme vernachlässigen.

In (35.29) setzen wir $k_0 = \omega/c$, $k_i x^i/r = \boldsymbol{k} \cdot \boldsymbol{r}/r = \omega/c$ und (35.27) ein. Dies ergibt

$$\frac{dP}{d\Omega} = \frac{G\,\omega^2}{\pi c^5}\left(T^{\mu\nu}(\boldsymbol{k})^* \, T_{\mu\nu}(\boldsymbol{k}) - \frac{1}{2}\left|T(\boldsymbol{k})\right|^2\right) \qquad (35.30)$$

Damit ist die Leistung der Gravitationsstrahlung durch die Fouriertransformierten $T_{\mu\nu}(\boldsymbol{k})$ der Quellverteilung ausgedrückt.

Reduktion auf die räumlichen Komponenten

Mit Hilfe der Kontinuitätsgleichung drücken wir $dP/d\Omega$ allein durch die räumlichen Komponenten T^{ij} aus.

Die Quellverteilung (35.21) kann in der Form

$$T^{\mu\nu}(r,t) = \frac{1}{(2\pi)^3} \int d^3k \, T^{\mu\nu}(k) \, \exp[i(k \cdot r - \omega t)] + \text{c.c.}$$

$$= \frac{1}{(2\pi)^3} \int d^3k \, T^{\mu\nu}(k) \, \exp(-ik_\lambda x^\lambda) + \text{c.c.} \tag{35.31}$$

geschrieben werden. Der Erhaltungssatz $T^{\mu\nu}{}_{||\nu} = 0$ wird für schwache Felder zu $T^{\mu\nu}{}_{|\nu} = 0$. Für (35.31) bedeutet dies

$$k_\nu \, T^{\mu\nu}(k) = 0 \tag{35.32}$$

und speziell für $\mu = 0$ und $\mu = i$,

$$k_0 \, T^{00}(k) = -k_j \, T^{0j}(k) \quad \text{und} \quad k_0 \, T^{i0}(k) = -k_j \, T^{ij}(k) \tag{35.33}$$

Durch

$$\hat{k}_i = \frac{k_i}{k_0} \tag{35.34}$$

sind die Komponenten eines Einheitsvektors im dreidimensionalen Raum gegeben. Damit schreiben wir (35.33) als

$$T^{i0} = T^{0i} = -\hat{k}_j \, T^{ij} \quad \text{und} \quad T^{00} = \hat{k}_i \, \hat{k}_j \, T^{ij} \tag{35.35}$$

Hiermit können wir alle nicht rein räumlichen Komponenten in (35.30) eliminieren. Im Einzelnen erhalten wir

$$T^{\mu\nu*} \, T_{\mu\nu} = \eta_{\mu\rho} \, \eta_{\nu\sigma} \, T^{\mu\nu*} \, T^{\rho\sigma} = T^{00*} \, T^{00} - 2 \sum_i T^{0i*} \, T^{0i} + \sum_{i,j} T^{ij*} \, T^{ij}$$

$$= \hat{k}_i \hat{k}_j \hat{k}_l \hat{k}_m \, T^{ij*} \, T^{lm} - 2 \hat{k}_j \hat{k}_m \, \delta_{il} \, T^{ij*} \, T^{lm} + \delta_{il} \, \delta_{jm} \, T^{ij*} \, T^{lm} \tag{35.36}$$

$$T^\lambda{}_\lambda = \eta_{\lambda\rho} \, T^{\rho\lambda} = T^{00} - \sum_i T^{ii} = \hat{k}_i \hat{k}_j \, T^{ij} - \delta_{ij} \, T^{ij} \tag{35.37}$$

$$\left| T^\lambda{}_\lambda \right|^2 = \hat{k}_i \hat{k}_j \hat{k}_l \hat{k}_m \, T^{ij*} \, T^{lm} - \delta_{ij} \, \hat{k}_l \hat{k}_m \, T^{ij*} \, T^{lm} - \delta_{lm} \, \hat{k}_i \hat{k}_j \, T^{ij*} \, T^{lm}$$

$$+ \, \delta_{ij} \, \delta_{lm} \, T^{ij*} \, T^{lm} \tag{35.38}$$

Wir setzen diese Ausdrücke in (35.30) ein:

$$\frac{dP}{d\Omega} = \frac{G\omega^2}{\pi c^5} \, \Lambda_{ij,lm} \, T^{ij*}(k) \, T^{lm}(k) \tag{35.39}$$

Dabei ist

$$\Lambda_{ij,lm}(\theta,\phi) \;=\; \delta_{il}\,\delta_{jm} - \frac{1}{2}\,\delta_{ij}\,\delta_{lm} - 2\,\delta_{il}\,\hat{k}_j\,\hat{k}_m + \frac{1}{2}\,\delta_{ij}\,\hat{k}_l\,\hat{k}_m$$

$$+ \frac{1}{2}\,\delta_{lm}\,\hat{k}_i\,\hat{k}_j + \frac{1}{2}\,\hat{k}_i\,\hat{k}_j\,\hat{k}_l\,\hat{k}_m \tag{35.40}$$

eine Funktion der Winkel θ und ϕ des Vektors $\hat{k} = k/k$.

Langwellennäherung

Wegen $\lambda \gg r_0$ können wir schreiben:

$$T^{ij}(k) \;=\; \int d^3r\, T^{ij}(r)\, \exp(-i k \cdot r) = \int d^3r\, T^{ij}(r)\left(1 - i k \cdot r + \dots\right)$$

$$\approx \int d^3r\, T^{ij}(r) = -\frac{\omega^2}{2}\, Q^{ij} \tag{35.41}$$

Hierbei ist Q^{ij} zunächst nur eine Abkürzung für das Integral. Aus der Energie-erhaltung $T^{\mu\nu}{}_{|\nu} = 0$ folgt für $\mu = i$ und $\mu = 0$:

$$\partial_j\, T^{ij}(r,t) = -\partial_0\, T^{i0}(r,t) \quad \text{und} \quad \partial_i\, T^{0i}(r,t) = -\partial_0\, T^{00}(r,t) \tag{35.42}$$

Daraus ergibt sich

$$\partial_i\, \partial_j\, T^{ij}(r,t) = \partial_0^2\, T^{00}(r,t) = -\frac{\omega^2}{c^2}\, T^{00}(r,t) \tag{35.43}$$

In dieser Relation kürzen wir den Faktor $\exp(-i\omega t)$:

$$\partial_i\, \partial_j\, T^{ij}(r) = -\frac{\omega^2}{c^2}\, T^{00}(r) \tag{35.44}$$

Wir verwenden dies in (35.41):

$$Q^{ij} \;=\; -\frac{2}{\omega^2}\int d^3r\, T^{ij}(r) = -\frac{1}{\omega^2}\int d^3r\, x^i x^j \left(\partial_k\, \partial_l\, T^{lk}(r)\right)$$

$$= \frac{1}{c^2}\int d^3r\, x^i x^j\, T^{00}(r) = \int d^3r\, x^i x^j\, \varrho(r) \tag{35.45}$$

Nach Voraussetzung gilt $\lambda \gg r_0$ (oder $v \ll c$) und damit $T^{00} \approx \varrho\, c^2$; dies wurde im letzten Schritt verwendet. Die Größe Q^{ij} ist der *Quadrupoltensor* des räumlichen Anteils der Massenverteilung. Aus (35.39) mit (35.41) folgt

$$\boxed{\;\frac{dP}{d\Omega} = \frac{G\omega^6}{4\pi c^5}\, \Lambda_{ij,lm}\, Q^{ij*}\, Q^{lm}\;} \tag{35.46}$$

Typisch für die Quadrupolstrahlung ist die ω^6-Abhängigkeit im Gegensatz zur ω^4-Abhängigkeit der Dipolstrahlung. In der Auswertung können die Abweichungen von der euklidischen Metrik vernachlässigt werden. Dann entfällt auch die Unterscheidung zwischen ko- und kontravarianten Komponenten, es gilt zum Beispiel $Q^{ij} = Q_{ij}$.

Die Winkelabhängigkeit der Abstrahlung ist in den $\Lambda_{ij,lm}(\theta, \phi)$ enthalten. Nach (35.40) sind diese Größen durch den Einheitsvektor $\hat{k}$ bestimmt, der von der Massenverteilung zum Beobachtungspunkt zeigt. Die Richtung des Einheitsvektors $\hat{k}$ kann durch die Winkel ausgedrückt werden, die er mit kartesischen Koordinatenachsen bildet:

$$(\hat{k}^i) = (\hat{k}_x, \hat{k}_y, \hat{k}_z) = (\sin\theta \cos\phi, \sin\theta \sin\phi, \cos\theta) \qquad (35.47)$$

Als Beispiel betrachten wir eine zylindersymmetrische Quadrupolverteilung im Hauptachsensystem, $(Q_{ij}) = \text{diag}(Q_1, Q_1, Q_3)$. Hierfür hängt die Abstrahlung nicht von ϕ ab; denn in (35.46) treten nur Kombinationen wie $\hat{k}_x^2 + \hat{k}_y^2$ oder $\hat{k}_z^2$ auf. In (35.40) kommt maximal die vierte Potenz von Komponenten von $\hat{k}_i$ vor. Dies entspricht der für Quadrupolstrahlung typischen Winkelabhängigkeit

$$\frac{dP}{d\Omega} = a_1 \cos^4\theta + a_2 \cos^2\theta + a_3 \qquad (35.48)$$

Die Koeffizienten a_i sind proportional zu ω^6 und zu Quadraten der Q_{ii}.

Um die gesamte abgestrahlte Leistung zu erhalten, müssen wir (35.46) über alle Winkel integrieren. Mit (35.47) erhalten wir

$$\int d\Omega \; \hat{k}_i \hat{k}_j = \frac{4\pi}{3} \delta_{ij} \qquad (35.49)$$

$$\int d\Omega \; \hat{k}_i \hat{k}_j \hat{k}_l \hat{k}_m = \frac{4\pi}{15} \left(\delta_{ij} \delta_{lm} + \delta_{il} \delta_{jm} + \delta_{im} \delta_{jl} \right) \qquad (35.50)$$

Die Integration über (35.40) ergibt

$$\int d\Omega \; \Lambda_{ij,lm} = \frac{2\pi}{15} \left(11 \delta_{il} \delta_{jm} - 4 \delta_{ij} \delta_{lm} + \delta_{im}\delta_{jl} \right) \qquad (35.51)$$

Hiermit können wir (35.46) über die Winkel integrieren:

$$P = \int d\Omega \; \frac{dP}{d\Omega} = \frac{2G\omega^6}{5c^5} \left(\sum_{i,j=1}^{3} |Q^{ij}|^2 - \frac{1}{3} \left| \sum_{i=1}^{3} Q^{ii} \right|^2 \right) \qquad (35.52)$$

Dies ist die gesamte abgestrahlte Leistung. Wie in der einleitenden Kurzfassung dargestellt, ist die Form dieses Ergebnisses in Analogie zur Elektrodynamik leicht zu verstehen.

36 Quellen der Gravitationsstrahlung

Als mögliche Quellen von Gravitationsstrahlung untersuchen wir folgende Syste-
me: Wasserstoffatom, allgemeiner Rotator, rotierender Balken im Labor, Doppel-
sternsystem, Pulsar und Supernova[1].

Wasserstoffatom

In einem halbklassischen Bild des Wasserstoffatoms umkreist ein Elektron (Masse m_e, Ladung $-e$) das Proton (Masse $m_p \gg m_e$, Ladung $+e$). Das Kräftegleichgewicht $m_e v^2/a_B = e^2/a_B^2$ und die Drehimpulsbedingung $\hbar = m_e v a_B$ legen den Bohrschen Radius $a_B = \hbar^2/m_e e^2$ und die Geschwindigkeit $v = e^2/\hbar$ fest. Wir führen noch die atomare Frequenz $\omega_{at} = v/a_B$ und die atomare Energieeinheit

$$E_{at} = \hbar\,\omega_{at} = \frac{e^2}{a_B} = \alpha^2 m_e c^2 \tag{36.1}$$

ein. Hierbei ist $\alpha = e^2/\hbar c \approx 1/137$ die Feinstrukturkonstante. Die Energieabstände der Zustände sind von der Größenordnung E_{at}. Mit P_{em} aus (35.1) und dem Dipolmoment $p \sim e\,a_B$ schätzen wir die Zeit τ_{em} ab, nach der durch elektrische Dipolstrahlung der Übergang zu einem niedrigeren Niveau (etwa zum Grundzustand) erfolgt:

$$\tau_{em} \sim \frac{E_{at}}{P_{em}} \sim \frac{e^2}{a_B}\,\frac{c^3}{\omega_{at}^4\,e^2\,a_B^2} = \frac{\alpha^{-3}}{\omega_{at}} \sim 10^{-10}\,\text{s} \tag{36.2}$$

Diese klassische Abschätzung für die Lebensdauer von angeregten Atomzuständen ergibt bis auf numerische Faktoren das richtige Ergebnis. (Im sichtbaren Bereich ist $\hbar\omega \sim E_{at}/10$; zusammen mit anderen numerischen Faktoren führt dies zu $\tau_{em} \sim 10^{-8}$ s). Verglichen mit der Umlaufzeit $2\pi/\omega_{at} \sim 10^{-16}$ s erfolgt die Abstrahlung langsam, und zwar innerhalb von etwa $\alpha^{-3} \approx 10^6$ Umläufen.

Wir führen die analoge Abschätzung für den Zerfall von angeregten Atomzuständen durch Gravitationsstrahlung durch. Mit P_{GW} aus (35.3) und mit dem Quadrupolmoment $Q \sim m_e a^2$ erhalten wir als Lebensdauer

$$\tau_{grav} \sim \frac{E_{at}}{P_{GW}} \sim \frac{e^2}{a_B}\,\frac{c^5}{\omega_{at}^6\,G\,m_e^2\,a_B^4} = \frac{e^2}{G\,m_e^2}\,\frac{\alpha^{-5}}{\omega_{at}} = 10^{34}\,\text{s} \tag{36.3}$$

---

[1] Für einen weiterführenden Übersichtsartikel sei auf J. A. Lobo, *Sources of Gravitational Waves*, Seite 203–222 in [8], verwiesen.

Hierbei ist $G m_e^2/e^2 \sim 10^{-39}$ das Stärkeverhältnis zwischen der Gravitationswechselwirkung und der elektromagnetischen Wechselwirkung. Unsere grobe Abschätzung ergibt

$$\boxed{\frac{\tau_{\text{grav}}}{\tau_{\text{em}}} \sim \frac{1}{\alpha^2}\,\frac{e^2}{G\,m_e^2} \sim 10^{44} \qquad \begin{array}{l} \text{Verzweigungsverhältnis} \\ \text{Photon zu Graviton} \end{array}} \qquad (36.4)$$

Dies bedeutet, dass auf 10^{44} ausgesandte Photonen nur ein einziges Graviton kommt. Daher ist ein Nachweis eines Zerfalls durch Emission eines Gravitons praktisch ausgeschlossen.

Die (nichtrelativistische) quantenmechanische Beschreibung des Elektrons erfolgt durch die Schrödingersche Wellenfunktion ψ. Im elektromagnetischen Fall ist dann das Dipolmoment in (35.1) durch die entsprechenden Matrixelemente zu ersetzen, etwa durch

$$p_i = -e \int d^3r \, \psi_{1s}^* \, x_i \, \psi_{2p} \qquad (36.5)$$

für den Übergang vom 2p- zum 1s-Zustand. Für einen Zerfall durch Emission eines Gravitons muss das Matrixelement des Quadrupoloperators ungleich null sein, dies ist etwa für den Übergang 3d $\to$ 1s der Fall. In der Abstrahlungsformel ist dann das Matrixelement

$$Q_{ij} = m_e \int d^3r \, \psi_{1s}^* \, x_i \, x_j \, \psi_{3d} \qquad (36.6)$$

einzusetzen. Abgesehen von numerischen Faktoren führt auch dies zu (36.3).

Rotator

Wir berechnen die Gravitationsstrahlung eines rotierenden starren Körpers. Dazu betrachten wir zunächst ein körperfestes Koordinatensystem KS$'$ mit den Koordinaten x_n'. In KS$'$ ist die Massendichte $\varrho'(\boldsymbol{r}')$ zeitunabhängig. Wir wählen KS$'$ so, dass der (nicht spurfreie) Quadrupoltensor Θ_{ij}' diagonal ist:

$$\Theta' = \left(\Theta_{ij}'\right) = \left(\int d^3r' \, x_i' \, x_j' \, \varrho'(\boldsymbol{r}')\right) = \begin{pmatrix} I_1 & 0 & 0 \\ 0 & I_2 & 0 \\ 0 & 0 & I_3 \end{pmatrix} \qquad (36.7)$$

Der Körper rotiere mit der Winkelgeschwindigkeit Ω um die raumfeste x_3'-Achse. Die orthogonale Transformation zu einem Inertialsystem (IS) mit den Koordinaten x_n kann in der Form

$$x_n = \alpha_n^m(t) \, x_m' \qquad (36.8)$$

mit

$$\alpha(t) = \left(\alpha_n^m\right) = \begin{pmatrix} \cos\Omega t & -\sin\Omega t & 0 \\ \sin\Omega t & \cos\Omega t & 0 \\ 0 & 0 & 1 \end{pmatrix} \qquad (36.9)$$

geschrieben werden; die x_3- und x_3'-Achse fallen zusammen. Wir bestimmen den Quadrupoltensor Θ_{ij} in IS:

$$\Theta_{ij}(t) \; = \; \int d^3r\; x_i\, x_j\, \varrho(\mathbf{r},t) = \int d^3r' \left(\alpha_i^n\, x_n'\right)\left(\alpha_i^m\, x_m'\right)\varrho'(\mathbf{r}')$$

$$= \; \left(\alpha(t)\, \Theta'\, \alpha(t)^{\mathrm{T}}\right)_{ij} \tag{36.10}$$

Bei der Transformation verhalten sich das Volumenelement und die Massendichte wie Skalare, also $d^3r = d^3r'$ und $\varrho(\mathbf{r},t) = \varrho'(\mathbf{r}')$. Mit (36.7) und (36.9) werten wir (36.10) komponentenweise aus:

$$\Theta_{11}(t) \; = \; \frac{I_1 + I_2}{2} + \frac{I_1 - I_2}{2}\,\cos(2\,\Omega\, t) \tag{36.11}$$

$$\Theta_{12}(t) \; = \; \frac{I_1 - I_2}{2}\,\sin(2\,\Omega\, t) \tag{36.12}$$

$$\Theta_{22}(t) \; = \; \frac{I_1 + I_2}{2} - \frac{I_1 - I_2}{2}\,\cos(2\,\Omega\, t) \tag{36.13}$$

$$\Theta_{33}(t) \; = \; I_3, \qquad \Theta_{13}(t) = \Theta_{23}(t) = 0 \tag{36.14}$$

Dies ist von der Form

$$\Theta_{ij}(t) = \text{const.} + \left[\, Q_{ij}\,\exp(-2\,\mathrm{i}\,\Omega\, t) + \text{c.c.}\,\right] \tag{36.15}$$

mit

$$\left(Q_{ij}\right) = \frac{I_1 - I_2}{4} \begin{pmatrix} 1 & \mathrm{i} & 0 \\ \mathrm{i} & -1 & 0 \\ 0 & 0 & 0 \end{pmatrix} \tag{36.16}$$

Der konstante Anteil in (36.15) trägt nicht zur Abstrahlung bei und kann daher hier ignoriert werden. Die Q_{ij} sind die Amplituden einer oszillierenden Quadrupolverteilung, die durch die Rotation entsteht; damit sind die Q_{ij} die in (35.52) zu verwendenden Quadrupolmomente. Die Frequenz der oszillierenden Massenverteilung ist $\omega = 2\,\Omega$; der Faktor 2 kommt daher, dass die Ausgangssituation bereits nach einer halben Umdrehung wieder erreicht wird.

In der weiteren Behandlung verwenden wir das Trägheitsmoment I bezüglich der Drehachse und die Elliptizität ϵ des Körpers:

$$I = I_1 + I_2\,, \qquad \epsilon = \frac{I_1 - I_2}{I_1 + I_2} \tag{36.17}$$

Damit ist der Vorfaktor in (36.16) gleich $I\,\epsilon/4$. Wir setzen (36.16) und $\omega = 2\,\Omega$ in (35.4) ein:

$$\boxed{\; P = \frac{32\,G\,\Omega^6}{5\,c^5}\,\epsilon^2\, I^2 \qquad \begin{array}{l}\text{Strahlungsleistung einer} \\ \text{rotierenden Massenverteilung}\end{array}\;} \tag{36.18}$$

Rotierender Balken

Zur Erzeugung von Gravitationsstrahlung im Labor betrachten wir einen rotierenden Balken mit der Masse M und der Länge L. Der Balken rotiere mit der Drehfrequenz Ω um eine Achse, die durch den Mittelpunkt des Balkens geht und senkrecht
zu ihm steht. Ein Versuchsaufbau wäre etwa für

$$M = 5 \cdot 10^5 \,\text{kg} = 500 \,\text{t}, \qquad L = 20\,\text{m}, \qquad \Omega = 30\,\text{s}^{-1} \tag{36.19}$$

möglich. Die Grenzen für Ω sind durch die Zerreißfestigkeit des Materials gegeben.
Für einen Balken gilt

$$I \approx I_1 = \frac{ML^2}{12}, \qquad I_2 \approx 0, \qquad \epsilon \approx 1 \tag{36.20}$$

Dies setzen wir in (36.18) ein und erhalten

$$P \approx 2.4 \cdot 10^{-29} \,\text{W} \tag{36.21}$$

In der Energiebilanz des rotierenden Balkens ist dieser Strahlungsverlust offensichtlich nicht zu messen. Die neben dem Balken auftretende Energiestromdichte

$$\Phi_{\text{GW}} \sim \frac{P}{L^2} \approx 6 \cdot 10^{-32} \,\frac{\text{W}}{\text{m}^2} \qquad \text{(Balken)} \tag{36.22}$$

liegt weit unterhalb jeder Nachweisgrenze (Kapitel 37).

Doppelsternsystem

In einem Doppelsternsystem bewegen sich zwei Sterne (mit den Massen M_1 und
M_2) auf Keplerellipsen. Als Spezialfall sind Kreisbahnen möglich. Hierfür ist der
Abstand r zwischen den beiden Sternen konstant und das System kann als starrer
Rotator mit

$$I \approx I_1 = \frac{M_1 M_2 \, r^2}{M_1 + M_2}, \qquad I_2 \approx 0, \qquad \epsilon \approx 1 \tag{36.23}$$

behandelt werden. Die Kreisbahn ist durch das Gleichgewicht von Gravitations- und
Zentrifugalkraft bestimmt:

$$\frac{M_1 M_2}{M_1 + M_2} \, \Omega^2 \, r = G \, \frac{M_1 M_2}{r^2}, \qquad \text{also} \quad \Omega^2 = G \, \frac{M_1 + M_2}{r^3} \tag{36.24}$$

Wir setzen diese Bahnfrequenz Ω und (36.23) in (36.18) ein:

$$P = \frac{32 \, G^4}{5 \, c^5} \, \frac{M_1^2 M_2^2 \, (M_1 + M_2)}{r^5} \tag{36.25}$$

Diese Abstrahlung bedeutet einen Energieverlust. Dadurch verringert sich der Abstand r laufend, bis die Sterne nach der *Spiralzeit* t_{spir} ineinanderstürzen. Wir berechnen die Zeit t_{spir}. Im Keplerproblem ist die Gesamtenergie E des Systems gleich der halben potenziellen Energie, also

$$E = -G\,\frac{M_1 M_2}{2\,r} \tag{36.26}$$

Durch die Abstrahlung (36.25) wird diese Energie langsam kleiner, $dE = -P\,dt$. Daraus erhalten wir

$$P = -\frac{dE}{dt} = -\frac{G M_1 M_2}{2\,r^2}\,\frac{dr}{dt} = \frac{32\,G^4}{5\,c^5}\,\frac{M_1^2 M_2^2\,(M_1 + M_2)}{r^5} \tag{36.27}$$

Wir substituieren $x(t) = (r(t)/r(0))^4$ und erhalten die Differenzialgleichung

$$\frac{dx}{dt} = -\frac{256\,G^3}{5\,c^5}\,\frac{M_1 M_2\,(M_1 + M_2)}{r(0)^4} = -\frac{1}{t_{\text{spir}}} \tag{36.28}$$

Die Lösung ist $x = 1 - t/t_{\text{spir}}$ oder

$$r(t) = r(0)\left(1 - \frac{t}{t_{\text{spir}}}\right)^{1/4} \tag{36.29}$$

Für zwei Sterne mit gleicher Masse ($M_1 = M_2 = M$) ist die Spiralzeit gleich

$$t_{\text{spir}} = \frac{5}{512}\left(\frac{c^2 r(0)}{GM}\right)^3 \frac{r(0)}{c} \tag{36.30}$$

Als Beispiel setzen wir $M = M_\odot$ und $r(0) = 10\,R_\odot$ ein. Mit den bekannten Werten für die Stärke des Gravitationspotenzials an der Sonnenoberfläche ($GM_\odot/c^2 R_\odot \approx 2 \cdot 10^{-6}$) und dem Sonnenradius ($R_\odot/c \approx 2.3\,\text{s}$) erhalten wir dann $t_{\text{spir}} \sim 10^{12}\,\text{a}$, also ein Vielfaches des Weltalters.

PSR 1913+16

Das Doppelsternsystem PSR 1913+16 ist etwa 21 000 Lichtjahre von uns entfernt und besteht aus einem Pulsar (Masse M_1) und einem nicht sichtbaren Begleiter (M_2), der ebenfalls ein Neutronenstern sein dürfte. Die Signale des beteiligten Pulsars wurden über viele Jahre hinweg aufgezeichnet und genau untersucht[2]. Aus der Beobachtung der Phasenverschiebung der sehr regelmäßigen Signale des Pulsars

---

[2]J. H. Taylor and J. M. Weisberg, Astrophysical J. 345 (1989) 434 und viele weitere Arbeiten dieser Autoren. Für die Entdeckung (1974) und nachfolgende Analyse dieses Doppelsternsystems erhielten R. A. Hulse und J. H. Taylor 1993 den Nobelpreis. Dieser *Hulse-Taylor-Pulsar* wird in neuerer Nomenklatur auch mit PSR B1913+1916 bezeichnet.

(mit der Periode $\tau \approx 0.06\,\text{s}$) lassen sich die Bahndaten ableiten [9], insbesondere die Bahnperiode $T = 2\pi/\Omega$ und die Massen,

$$\text{PSR 1913+16:} \quad \begin{aligned} T &\approx 7.75\,\text{h} \\ M_1 &\approx 1.44\,M_\odot \\ M_2 &\approx 1.39\,M_\odot \end{aligned} \tag{36.31}$$

Die Bahn von PSR 1913+16 ist stark elliptisch. Da wir eine Kreisbahn angenommen haben, können wir hier nur Größenordnungen abschätzen. Aus (36.31) und (36.24) folgt der heutige Abstand r der beiden Sterne. Wir setzen diesen Abstand als $r(0)$ in (36.30) ein und erhalten

$$t_{\text{spir}} \sim 10^9\,\text{a} \tag{36.32}$$

Das Kepler-Gesetz $T^2 \propto r^3$ impliziert $2\,dT/T = 3\,dr/r$. Aus (36.29) folgt $(dr/dt)_0 = -(1/4)\,r(0)/t_{\text{spir}}$. Damit erhalten wir

$$\frac{dT}{dt} = \frac{3}{2}\frac{T}{r}\frac{dr}{dt} = -\frac{3}{8}\frac{T}{t_{\text{spir}}} \approx -10^{-12} \tag{36.33}$$

Über die Phasenverschiebung der Pulse kann diese Änderung der Bahnperiode experimentell bestimmt werden. Die Messungen [9] ergeben folgende Verringerung der Bahnperiode:

$$\frac{dT}{dt} = -(2.423 \pm 0.001) \cdot 10^{-12} \quad \text{(PSR 1913+16)} \tag{36.34}$$

Unsere Abschätzung (36.33) erklärt die Größenordnung des Effekts. Die sorgfältige Analyse der experimentellen Befunde ergibt, dass die beobachtete Abnahme mit einer relativen Genauigkeit von $0.2\,\%$ mit der theoretisch berechneten übereinstimmt [9]. Die Diskussion anderer denkbarer Effekte führt zu dem Schluss, dass Gravitationsstrahlung die einzige plausible Erklärung für die Abnahme der Bahnperiode ist. Diese Experimente werden daher als indirekter Nachweis von Gravitationsstrahlung angesehen.

i Boo

Für das Doppelsternsystem i Boo sind der Abstand[3] D, die Periode T und die Massen M_1 und M_2 bekannt:

$$\text{i Boo:} \quad D = 12\,\text{pc}, \quad T = 0.268\,\text{d}, \quad \begin{aligned} M_1 &= 1.35\,M_\odot \\ M_2 &= 0.68\,M_\odot \end{aligned} \tag{36.35}$$

Dieses System ist günstig, da es relativ nah ist und eine kleine Bahnperiode hat. Aus (36.25) und (36.35) folgt die von i Boo emittierte Strahlungsleistung,

$$P \approx 3.2 \cdot 10^{23}\,\text{W} \tag{36.36}$$

---

[3]Astronomische Entfernungen werden in Lichtjahren (Lj) oder Parsec (pc) angegeben. Es gilt $1\,\text{pc} \approx 3.26\,\text{Lj}$.

Für einen direkten Nachweis von Gravitationswellen kommt es auf die bei uns einfallende Energiestromdichte Φ_{GW} an:

$$\Phi_{GW} = \frac{P}{4\pi D^2} \approx 1.8 \cdot 10^{-13} \, \frac{W}{m^2} \qquad \text{(i Boo)} \qquad (36.37)$$

Kollabierender Doppelstern

Nach (36.25) ist $P \propto 1/r^5$. Besonders hohe Strahlungsleistung erhalten wir daher von einem Doppelstern mit kleinem r. Der kleinstmögliche Bahnabstand ist $r = R_1 + R_2$, wobei R_1 und R_2 die Sternradien sind. Folgende Parameter

$$M_1 = M_2 = M_\odot, \quad r = 30\,\text{km}, \quad D = 10^3\,\text{pc} \qquad (36.38)$$

mögen für ein System aus zwei Neutronensternen (mit Radien R_1, R_2 von etwa 5 bis 10 km) stehen. Der angenommene Abstand D ist klein gegenüber dem Durchmesser $3 \cdot 10^4$ pc der Milchstraße; das Doppelsternsystem müsste sich in der Nachbarschaft unseres Sonnensystems befinden.

Aus (36.24) folgt die Bahnperiode und aus (36.30) die Spiralzeit:

$$T \approx 2\,\text{ms}, \qquad t_{\text{spir}} \approx 8\,\text{ms} \qquad (36.39)$$

Im Gegensatz zu PSR 1913+16 oder i Boo ist die Spiralzeit hier kaum größer als die Bahnperiode T. Damit ist die Quelle allenfalls quasiperiodisch, das Sternsystem steht am Beginn des Kollapses. Die Bewegung ist bereits relativistisch und die auftretenden Gravitationsfelder sind stark. Damit sind eine Reihe von Annahmen, die in unsere Rechnungen eingingen (periodische nichtrelativistische Bewegung im Newtonschen Feld, Quadrupolformel für die Abstrahlung) nicht gerechtfertigt. Das Ergebnis kann also nur als Abschätzung der Größenordnung gelten.

Wir werten (36.25) für (36.38) aus:

$$P \approx 10^{47}\,\text{W} \qquad (36.40)$$

Die Energiestromdichte, die auf der Erde ankommt, ist

$$\Phi_{GW} = \frac{P}{4\pi D^2} \approx 10^7 \, \frac{W}{m^2} \qquad \begin{array}{l}\text{(kollabierender}\\ \text{Doppelstern)}\end{array} \qquad (36.41)$$

Diese hohe Energiestromdichte (man vergleiche sie etwa mit den 10^3 W/m² der Sonneneinstrahlung) besteht allerdings nur für kurze Zeit.

Der Kollaps zweier massiver Schwarzer Löcher kann zu noch stärkerer Strahlung führen. Für ein solches Ereignis (zwei Schwarze Löcher mit Massen von jeweils etwa 30 Sonnenmassen verschmelzen) wurde 2015 mit dem LIGO Detektor die Gravitationsstrahlung auf der Erde nachgewiesen (Kapitel 37). In diesem Fall hatte das Hauptsignal eine Dauer von etwa 0.1 Sekunden. Unsere Behandlung der Gravitationswellen geht von schwachen Feldern aus und kann daher für diesem Fall nur ein grober Anhaltspunkt sein.

Pulsar

Bei den 1967 entdeckten Pulsaren kann die Verlangsamung ihrer Eigendrehung genau gemessen werden. Pulsare sind Neutronensterne (Kapitel 43) mit einer Masse $M \sim M_\odot$ und einem Radius von etwa 5 bis 10 km. Wir untersuchen, ob die beobachtete Abbremsung der Eigenrotation mit Energieverlusten durch Gravitationsstrahlung erklärt werden kann.

Im Zentrum des Krebsnebels liegt der Pulsar NPO 0532, der sehr genau untersucht wurde. Seine Periode ist

$$\tau = \frac{2\pi}{\Omega} = 0.033 \text{ s} \qquad (\text{NPO 0532}) \tag{36.42}$$

Abgesehen von gelegentlichen diskontinuierlichen Änderungen infolge von Sternbeben vergrößert sich diese Periode stetig mit

$$\dot{\tau} = \frac{d\tau}{dt} = -\frac{2\pi\,\dot{\Omega}}{\Omega^2} = 4.2 \cdot 10^{-13} \qquad (\text{NPO 0532}) \tag{36.43}$$

Der Neutronenstern NPO 0532 hat eine Masse $M \sim 1.4\,M_\odot$ und einen berechneten Radius von etwa 10 km. Der genaue Radius und die Dichteverteilung hängen von der angenommenen Zustandsgleichung ab. Modellrechnungen ergeben Werte für das Trägheitsmoment I im Bereich

$$3 \cdot 10^{37} \text{ kg m}^2 \leq I \leq 3 \cdot 10^{38} \text{ kg m}^2 \tag{36.44}$$

Wir versuchen nun, den Verlust an Rotationsenergie durch die abgestrahlte Gravitationsenergie zu erklären:

$$\frac{d}{dt}\,E_{\text{rot}} = \frac{d}{dt}\left(\frac{I\,\Omega^2}{2}\right) = I\,\Omega\,\dot{\Omega} \stackrel{?}{=} -P(36.18) = -\frac{32\,G\,\Omega^6}{5\,c^5}\,\epsilon^2 I^2 \tag{36.45}$$

Für einen mittleren Wert für I aus (36.44), Ω aus (36.42) und $\dot{\Omega}$ aus (36.43) erhalten wir hieraus

$$\epsilon \approx 6 \cdot 10^{-4} \tag{36.46}$$

Es ist eher unwahrscheinlich, dass das extrem starke Gravitationsfeld eine Elliptizität dieser Größe zulässt. Im Anfangsstadium eines Neutronensterns (etwa im ersten Jahr nach seiner Bildung) sind dagegen größere Deformationen und eine entsprechende Abstrahlung von Gravitationswellen wahrscheinlich.

Eine alternative Erklärung für den Energieverlust ist die magnetische Dipolstrahlung,

$$\frac{d}{dt}\,E_{\text{rot}} = I\,\Omega\,\dot{\Omega} \stackrel{?}{=} -P_{\text{em}} = -\frac{2\,\mu^2}{3\,c^3}\,\Omega^4 \tag{36.47}$$

Dabei ist μ das magnetische Dipolmoment senkrecht zur Rotationsachse. Damit sich hieraus die beobachtete Abbremsung (36.43) ergibt, müsste das magnetische Moment gleich

$$\mu = 2.5 \cdot 10^{24} \text{ Gauß m}^3 \tag{36.48}$$

sein. Andere Beobachtungen (Elektronenübergänge zwischen Landauniveaus) lassen auf Magnetfelder der Stärke $B \sim 10^{12}$ Gauß schließen. Mit dem Sternradius $R \approx 10^4$ m ergeben sich für $\mu \sim B R^3$ Werte der Größe (36.48).

Ein Weg zur Unterscheidung dieser beiden Möglichkeiten wäre die Messung von $\ddot{\tau}$. Für (36.45) und (36.47) gilt

$$\Omega \, \dot{\Omega} = \text{const.} \cdot \Omega^n \quad \text{mit } n = \begin{cases} 6 & \text{Gravitationsstrahlung} \\ 4 & \text{magnet. Dipolstrahlung} \end{cases} \tag{36.49}$$

Wenn wir dies nach der Zeit ableiten, erhalten wir

$$\Omega \, \ddot{\Omega} + \dot{\Omega}^2 = \text{const.} \cdot n \, \Omega^{n-1} \, \dot{\Omega} = n \, \dot{\Omega}^2 \tag{36.50}$$

oder

$$\frac{\Omega \, \ddot{\Omega}}{\dot{\Omega}^2} = n - 1 = 2 - \frac{\tau \, \ddot{\tau}}{\dot{\tau}^2} \tag{36.51}$$

Daraus folgt

$$\frac{\tau \, \ddot{\tau}}{\dot{\tau}^2} = \begin{cases} -3 & \text{Gravitationsstrahlung} \\ -1 & \text{magnet. Dipolstrahlung} \end{cases} \tag{36.52}$$

Wenn man die Änderung $\ddot{\tau}$ der Verlangsamung $\dot{\tau}$ misst, kann man zwischen den beiden Abbremsungsmechanismen unterscheiden. Zur Zeit reichen die Daten jedoch nicht aus, um $\ddot{\tau}$ zuverlässig genug zu bestimmen.

Falls die Abbremsung dieses Pulsars im Wesentlichen durch Gravitationsstrahlung verursacht wird (eher unwahrscheinlich), ergibt sich bei der Entfernung

$$D = 2000 \, \text{pc} \tag{36.53}$$

die Energiestromdichte

$$\Phi_{\text{GW}} = \frac{P}{4 \pi D^2} \approx 4 \cdot 10^{-10} \, \frac{\text{W}}{\text{m}^2} \qquad \text{(NPO 0532)} \tag{36.54}$$

Supernova

Eine Supernova wird durch den Gravitationskollaps eines Sterns eingeleitet (Kapitel 47). Der Krebsnebel mit dem Pulsar NPO 0532 im Zentrum ist das Überbleibsel der berühmten Supernovaexplosion aus dem Jahre 1054.

Über die Vorgänge, die bei und nach einer Supernovaexplosion ablaufen, gibt es nur Modellvorstellungen: Nach dem sehr schnellen Kollaps (Zeitdauer etwa $2 \cdot 10^{-3}$ s) könnte sich ein zunächst stark deformierter Neutronenstern bilden. Dieser vibriert und rotiert während einer Abklingzeit von 0.1 s mit einer Periode von $\tau \sim 10^{-3}$ s. Insgesamt rechnet man mit einem Gravitationsstrahlungspuls der Dauer $\Delta t \sim 0.1$ s. Für den Mittelwert $\bar{\nu}$ und die Breite $\Delta \nu$ der Frequenzverteilung dieses Strahlungspulses sollte dann

$$\bar{\nu} \sim \Delta \nu \sim 10^3 \, \text{Hz} \tag{36.55}$$

gelten. Die in Form von Gravitationswellen frei werdende Energie ΔE_{GW} dürfte maximal bei einigen Prozent Sonnenmasse liegen; Modellabschätzungen liegen in einem weiten Bereich:

$$\Delta E_{GW} \sim 10^{-6} \ldots 10^{-2} \, M_\odot c^2 \qquad (36.56)$$

Innerhalb unserer Galaxie, der Milchstraße, rechnet man lediglich mit etwa einer Supernova in 20 Jahren. Eine brauchbare Beobachtungsrate erhält man dagegen für den nahe gelegenen Virgo-Galaxienhaufen mit 2500 Galaxien. Die Abstände sind

$$D = \begin{cases} 2 \cdot 10^7 \, \text{pc} & \text{(Virgohaufen)} \\ 2 \cdot 10^4 \, \text{pc} & \text{(Zentrum der Milchstraße)} \end{cases} \qquad (36.57)$$

Geht man von der optimistischen oberen Grenze $\Delta E_{GW} = 10^{-2} \, M_\odot c^2$ aus, so ergibt sich während der kurzen Zeitspanne $\Delta t \sim 0.1 \, \text{s}$ bei uns der einfallende Fluss

$$\Phi_{GW} \sim \frac{\Delta E_{GW}}{4\pi \, D^2 \, \Delta t} \sim \begin{cases} 4 \cdot 10^{-3} \, \dfrac{\text{W}}{\text{m}^2} & \begin{array}{l}\text{(Supernova im} \\ \text{Virgohaufen)}\end{array} \\[2ex] 4 \cdot 10^3 \, \dfrac{\text{W}}{\text{m}^2} & \begin{array}{l}\text{(Supernova in} \\ \text{der Milchstraße)}\end{array} \end{cases} \qquad (36.58)$$

Aufgaben

36.1 Änderung der Bahn eines Doppelsterns durch Abstrahlung

Zwei Massen ($M_1 \approx M_2 \approx M$) umrunden sich unter Einfluss ihrer gegenseitigen Gravitation auf einer Kreisbahn. Berechnen Sie den relativen Energieverlust $\Delta E/|E|$ pro Umlauf, und zwar als Funktion

- des Abstands r.
- der Bahngeschwindigkeit v

36.2 Bahngeschwindigkeit von PSR 1913 + 16

Eine Voraussetzung der Quadrupol-Abstrahlungsformel ist $v \ll c$ für die Geschwindigkeiten der beteiligten Massen. Ist diese Voraussetzung für das Doppelsternsystem PSR 1913 + 16 erfüllt?

36.3 Gravitationsabstrahlung der Erde

Die Bahnbewegung der Erde um die Sonne führt zur Abstrahlung von Gravitationswellen. Geben Sie die Strahlungsleistung P in Watt an.

Abstand Sonne–Erde: $r = 8$ Lichtminuten
Umlauffrequenz: $\Omega = 2\pi/(365\,\text{Tage})$
Masse der Erde: $M_E \approx 6 \cdot 10^{24}$ kg.

36.4 Amplitude der Gravitationswelle eines Doppelsterns

Zwei Sterne (mit den Massen $M_1 = M_2 = M$) umkreisen sich im Relativabstand $r = $ const.. Der Doppelstern hat die Entfernung D von der Erde. Zeigen Sie, dass die auf der Erde einfallende Welle die Amplitude

$$h = \frac{1}{\sqrt{5}} \frac{r_S^2}{D\,r} \tag{36.59}$$

hat. Dabei ist $r_S = 2\,GM/c^2$.

37 Nachweis von Gravitationsstrahlung

Wir diskutieren zwei Detektortypen zum Nachweis von Gravitationsstrahlung[1]:

1. *Interferometrischer Detektor: Freie Teilchen erfahren im Feld einer Gravitationswelle Abstandsänderungen, die proportional zur Amplitude der Welle sind. Wir diskutieren die Möglichkeit, diese Längenänderungen mit einem Laser-Interferometer zu messen.*

2. *Resonanter Detektor: Die Kräfte einer Gravitationswelle bewirken oszillierende, quadrupolförmige Auslenkungen. In einem Festkörper sollte eine Gravitationswelle daher Quadrupolschwingungen anregen. Im Resonanzfall könnten bereits sehr kleine Kräfte nachweisbare Schwingungen anregen.*

Im Jahr 2015 wurden mit einem interferometrischen Detektor (Advanced LIGO) erstmalig Gravitationswellen nachgewiesen.

Längenänderung

Zwei frei fallende Teilchen ändern im Feld einer Gravitationswelle mit der Amplitude h ihren physikalischen Abstand L um ΔL,

$$\frac{\Delta L}{L} = h\,\cos(\omega t) \tag{37.1}$$

Dies folgt aus (33.12) mit $\Delta L = \rho - L$, $e_{11} = h$, $e_{12} = 0$ und $\varphi = \pi/2$. Durch (37.1) ist die messbare relative Längenänderung $\Delta L/L$ mit der Amplitude h der Gravitationswelle verknüpft. Die Längenänderung erfolgt senkrecht zur Einfallsrichtung der Welle.

Die Aussage (37.1) gilt für freie Teilchen, wie etwa die frei aufgehängten Spiegel eines interferometrischen Detektors. Die Auslenkung gebundener Teilchen ist ebenfalls proportional zur Amplitude h der Welle. Es tritt aber ein zusätzlicher Faktor auf, der für einen resonanten Detektor zu einer wesentlichen Verstärkung des Signals führen kann.

---

[1]Für Übersichtsartikel sei auf N. A. Robertson, *Detection of Gravitational Waves*, Seite 223–238 in [8], und auf F. Ricci and A. Brillet, *A Review of Gravitational Wave Detectors*, Annu. Rev. Nucl. Part. Sci. 47 (1997) 111, verwiesen.

Wir lösen die Beziehung (34.6) für die Energiestromdichte Φ_{GW} nach der Wellenamplitude h auf:

$$h = \sqrt{\frac{8\pi G\, \Phi_{GW}}{c^3 \omega^2}} = 1.4 \cdot 10^{-18} \left(\frac{\Phi_{GW}}{\mathrm{W/m^2}}\right)^{1/2} \frac{T}{\mathrm{s}} \qquad (37.2)$$

Hierbei wurden $\omega = 2\pi/T$ und die numerischen Werte für G und c eingesetzt. Für die im letzten Kapitel angegebenen Energiestromdichten Φ_{GW} und Schwingungsperioden T erhalten wir:

$$h \approx \begin{cases} 10^{-34} & \text{Balken (36.22)} \\ 10^{-20} & \text{Doppelstern i Boo (36.37)} \\ 10^{-17} & \text{Kollabierender Doppelstern (36.41)} \\ 10^{-21} & \text{GW150914: Kollaps zweier SL} \\ 10^{-24} & \text{Pulsar NPO 0532 (36.54)} \\ 10^{-22} & \text{Supernova/Virgohaufen (36.58)} \\ 10^{-19} & \text{Supernova/Milchstraße (36.58)} \end{cases} \qquad (37.3)$$

Trotz teilweise beträchtlicher Energiestromdichten (wie $10^7 \,\mathrm{W/m^2}$ für den kollabierenden Doppelstern) sind die durch Gravitationswellen verursachten Längenänderungen extrem klein. Der Eintrag für den Kollaps zweier Schwarzer Löcher bezieht sich nicht auf die numerischen Abschätzungen des letzten Kapitels, sondern auf die 2015 erstmalig auf der Erde nachgewiesene Gravitationsstrahlung.

Den letzten drei Zeilen (37.3) liegt eine optimistische Abschätzung der Energiestromdichte zugrunde; die Werte für die Amplituden könnten auch ein oder zwei Zehnerpotenzen kleiner sein. Bei einem kollabierenden Doppelstern wird die angegebene Energiestromdichte nur während einer kurzen Zeitspanne von etwa $0.1\,\mathrm{s}$ erreicht; dies gilt auch für die Supernova. Der Doppelstern i Boo ist dagegen eine kontinuierliche Quelle mit bekannten Parametern; die Amplitude und Frequenz der Gravitationsstrahlung können hier zuverlässig angegeben werden.

Interferometrischer Detektor

Mehrere Arbeitsgruppen wollen Gravitationswellen über die *Interferenz von Laserlicht* nachweisen: Zwei massive Körper mit Spiegeln werden im Abstand L als Pendel aufgehängt. Die Masse der Körper sei so groß (zum Beispiel $1000\,\mathrm{kg}$), dass die Pendelfrequenz ω_0 viel kleiner ist als die Frequenz ω der Gravitationswelle; daher bewegen sich die beiden Körper wie freie Teilchen. Eine senkrecht zu L einfallende Gravitationswelle induziert dann die physikalische Abstandsänderung ΔL aus (37.1). Dies führt zur Phasenverschiebung $\Delta\phi = 2\pi\,\Delta L/\lambda_\gamma$ für Laserlicht, das die Strecke zwischen den Spiegeln zurücklegt; hierbei ist λ_γ die Wellenlänge des Laserlichts[2].

---

[2]Nach Kapitel 12 ändert sich die Frequenz von Licht, wenn sich g_{00} ändert. Für die Welle (33.1) gilt $h_{00} = g_{00} - 1 \equiv 0$. Daher werden die Frequenz und damit die Wellenlänge des Lichts von der Gravitationswelle nicht beeinflusst.

Um die Phasenverschiebung zu messen, benutzt man zwei zueinander senkrechte Lichtstrecken. Der Lichtstrahl wird durch halbdurchlässige Spiegel aufgeteilt, so dass zwei Teilstrahlen diese Strecken durchlaufen. Danach kann die Phasenverschiebung über die Interferenz der beiden Teilstrahlen bestimmt werden. Abhängig von der Polarisation der Welle könnte die eine Lichtstrecke durch die Gravitationswelle vergrößert und die andere verkleinert werden, siehe Abbildung (33.2).

Die Phasenverschiebung $\Delta\phi = 2\pi\,\Delta L/\lambda_\gamma$ kann durch N-faches Durchlaufen der Strecke L vervielfacht werden. Die Zeit zwischen minimaler und maximaler Auslenkung ΔL aus (37.1) ist $\delta t = \pi/\omega$. Während dieser Zeitspanne durchquere das Licht N-mal die Strecke zwischen den Spiegeln; ein längerer Lichtweg ist nicht sinnvoll, da die zu messende Auslenkung dann wieder kleiner wird. Daher ist

$$NL = c\,\delta t = \pi\,\frac{c}{\omega} \qquad \text{(maximaler Lichtweg)} \tag{37.4}$$

die maximal sinnvolle Lichtlaufstrecke. Die Strecke NL ändert sich unter dem Einfluss einer Gravitationswelle um $N\Delta L$. Dies entspricht einer Phasendifferenz

$$\Delta\phi_{\mathrm{GW}} = 2\pi\,\frac{N\Delta L}{\lambda_\gamma} = \pi\,\frac{\omega_\gamma}{\omega}\,h \qquad \begin{array}{l}\text{(Phasendifferenz durch}\\ \text{die Gravitationswelle)}\end{array} \tag{37.5}$$

Die Phase ϕ und die Anzahl N_γ der Photonen im Laserpuls sind komplementäre quantenmechanische Variable; es gilt $\Delta\phi_{\mathrm{qm}}\,\Delta N_\gamma \geq 1/2$. Für einen kohärenten Zustand gelten $\Delta\phi_{\mathrm{qm}}\,\Delta N_\gamma = 1/2$ und $\Delta N_\gamma \approx \langle N_\gamma\rangle^{1/2}$, also

$$\Delta\phi_{\mathrm{qm}} = \frac{1}{2\,\Delta N_\gamma} \approx \frac{1}{2\,\sqrt{\langle N_\gamma\rangle}} \qquad \begin{array}{l}\text{(quantenmechanische}\\ \text{Phasenunschärfe)}\end{array} \tag{37.6}$$

Während der maximalen Lichtlaufzeit $\delta t = \pi/\omega$ produziert der Laser (Leistung P_γ) Licht mit der Gesamtenergie $P_\gamma\,\delta t$. Die relevante Anzahl der Photonen (mit der Energie $\hbar\omega_\gamma$) ist daher

$$\langle N_\gamma\rangle \approx \frac{\pi P_\gamma}{\omega}\,\frac{1}{\hbar\omega_\gamma} \tag{37.7}$$

Für einen experimentellen Nachweis muss das Signal größer als die Unschärfe sein,

$$\Delta\phi_{\mathrm{GW}} \geq \Delta\phi_{\mathrm{qm}} \tag{37.8}$$

Hierin setzen wir (37.5)–(37.7) ein und lösen nach h auf:

$$\boxed{h \geq \sqrt{\frac{1}{4\pi^3}\,\frac{\hbar\omega}{P_\gamma/\omega}\,\frac{\omega}{\omega_\gamma}} = h_{\min}} \qquad \begin{array}{l}\text{Nachweisgrenze eines}\\ \text{Laser-Interferometers}\end{array} \tag{37.9}$$

Als Beispiel setzen wir $P_\gamma = 10\,\mathrm{W}$, $\hbar\omega_\gamma = 3\,\mathrm{eV}$ und $\omega/2\pi = 10^3/\mathrm{s}$ ein und erhalten

$$h_{\min} \approx 2\cdot 10^{-21} \qquad \text{für (37.9)} \tag{37.10}$$

Der Advanced LIGO Detektor (USA) erreicht seit 2015 Werte

$$h_{min} \approx 10^{-23} \ldots 10^{-22} \qquad \text{Advanced LIGO} \qquad (37.11)$$

für Frequenzen im Bereich von etwa 10^2 bis 10^3 Hertz. Für die besonderen Methoden, mit denen das möglich wurde, sei auf LIGOs Homepage verwiesen.

Bei einer Armlänge von $4\,\text{km}$ (LIGO) bedeutet ein Signal mit $h = 3 \cdot 10^{-23}$ eine Auslenkung der Laserspiegel um $10^{-19}\,\text{m}$. Diese Auslenkung entspricht dem 10^{-4}-ten Teil eines Protondurchmessers!

Direkter Nachweis von Gravitationswellen

In der Nähe von Hannover steht der interferometrische Detektor GEO 600 mit 600 m langen Armen. Zwei Detektoren mit 4 km langen Armen (LIGO) stehen in den USA; weitere Projekte sind Virgo (Italien) und KAGRA (Japan). GEO 600 und LIGO arbeiten in der LIGO Kollaboration zusammen. Viele der bei LIGO verwendeten Methoden wurde am GEO 600 in Deutschland entwickelt.

Am 14.9.2015 hat LIGO nun erstmalig direkt Gravitationsstrahlung nachgewiesen. Sie stammt von der Verschmelzung zweier Schwarzer Löcher (Kapitel 48) vor etwa 1.3 Milliarden Jahren (das ist ungefähr ein Zehntel des Weltalters; das Ereignis war also „relativ" nah). Das Ergebnis der Analyse zeigt[3], dass das Signal bei einer Verschmelzung zweier Schwarzer Löcher mit Massen von etwa 36 und 29 Sonnenmassen ausgesandt wurde. Hierbei entstand ein neues Schwarzes Loch mit einer Masse von ungefähr 62 Sonnenmassen. Die Differenz von drei Sonnenmassen wurde als Energie in Form von Gravitationswellen abgestrahlt. Diese Aussage ergibt sich aus dem Vergleich des aufgezeichneten Signals mit entsprechenden numerischen Simulationen. Das Hauptsignal erstreckt sich über einen Zeitraum von etwa 0.1 Sekunden, hatte eine Amplitude von $h \approx 10^{-21}$ und Frequenzen im Bereich von $100\,\text{Hz}$. Das Signal wurde nach dem Datum mit GW150914 benannt.

Im Dezember 2015 wurde ein weiteres Signal GW151226 empfangen, das ebenfalls von der Verschmelzung zweier Schwarzer Löcher stammt (mit etwa 8 und 14 Sonnenmassen). Mit weiter gesteigerter Empfindlichkeit von LIGO kann zukünftig mit einigen Signalen pro Jahr gerechnet werden.

Resonanter Detektor

Etwa ab 1960 hat Weber eine sehr empfindliche Apparatur zum Nachweis von Gravitationswellen aufgebaut; seit 1970 wurden hiermit Messungen vorgenommen. Der eigentliche Detektor war ein Aluminiumzylinder der Größe L (Länge, Durchmesser), der Masse m, der Eigenfrequenz ω_0 (Grundschwingung) und der Dämpfung γ, der bei Zimmertemperatur T betrieben wurde:

$$L \approx 1\,\text{m}, \quad m \approx 10^3\,\text{kg}, \quad \omega_0 \approx 10^4\,\text{s}^{-1}, \quad \gamma \approx 0.15\,\text{s}^{-1}, \quad T \approx 300\,\text{K} \quad (37.12)$$

---

[3]W. Baumgarte, *Gravitationswellen gefasst!*, Physik Journal 15 (2016), Nr. 4, Seite 16

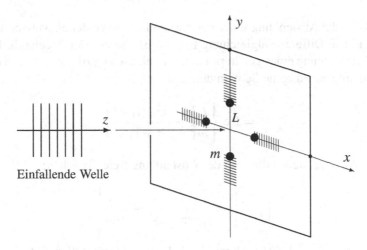

Abbildung 37.1 Als Antenne für Gravitationsstrahlung werden vier harmonisch gebundene Massen m in der x-y-Ebene betrachtet. Ihr Gleichgewichtsabstand vom Zentrum sei L.
Eine in z-Richtung einfallende Gravitationswelle regt erzwungene Schwingungen an.

Eine einfallende Gravitationswelle kann Eigenschwingungen des Zylinders anregen. Diese Schwingungen werden in Wechselstrom umgewandelt, verstärkt und registriert. Wir wollen abschätzen, welche einfallenden Energiestromdichten ein solcher Weber-Detektor im Resonanzfall nachweisen kann. Als Modell betrachten wir
vier harmonisch gebundene Massen (Abbildung 37.1), die durch eine einfallende
Gravitationswelle zu Schwingungen angeregt werden.

Für eine Welle mit der Polarisation $e_{11} = h$, $e_{12} = 0$ gibt (33.12) den physikalischen Abstand ρ freier Teilchen zum Zentrum an:

$$\rho = L\left(1 - h\,\cos(2\varphi)\,\cos(\omega t)\right) \tag{37.13}$$

Die physikalische Auslenkung ξ_{frei} einer Masse bei $(x, y) = (L, 0)$ ist dann

$$\xi_{\text{frei}} = \rho - L = -L\,h\,\cos(\omega t) = \text{Re}\left\{-L\,h\,\exp(\mathrm{i}\omega t)\right\} \tag{37.14}$$

Die anderen Massen in Abbildung 37.1 werden um den gleichen Betrag und mit
der aus (37.13) folgenden Phase ausgelenkt. Die Auslenkung entspricht einer Kraft
F_{GW}, die die Welle auf das Teilchen ausübt:

$$F_{\text{GW}} = m\,\ddot{\xi}_{\text{frei}} = \text{Re}\left\{m\,L\,h\,\omega^2\,\exp(\mathrm{i}\omega t)\right\} \tag{37.15}$$

Die Kraft F_{GW} ist durch die Eigenschaften der Welle (also die Metrik) und die Masse m des Teilchens festgelegt. Sie hängt nicht davon ab, ob das Teilchen frei oder
gebunden ist. Daher können wir F_{GW} in die Bewegungsgleichung für die elastisch
gebundene Masse einsetzen:

$$m\left(\ddot{\xi} + \gamma\,\dot{\xi} + \omega_0^2\,\xi\right) = F_{\text{GW}} \tag{37.16}$$

Hierbei ist ξ die Auslenkung einer der harmonisch gebundenen Massen in Abbildung 37.1. Die Differenzialgleichung (37.16) ist die aus der Mechanik bekannte Bewegungsgleichung eines gedämpften, harmonischen Oszillators. Durch die Kraft F_{GW} wird eine erzwungene Schwingung mit

$$\xi = \mathrm{Re}\left\{ \frac{L\,h\,\omega^2\,\exp(\mathrm{i}\,\omega\,t)}{\omega_0^2 - \omega^2 + \mathrm{i}\,\gamma\,\omega} \right\} \tag{37.17}$$

angeregt. Wir vergleichen dies mit der Auslenkung freier Teilchen:

$$\left| \frac{\xi}{\xi_{\mathrm{frei}}} \right| \approx \left| \frac{\omega^2}{\omega_0^2 - \omega^2 + \mathrm{i}\,\gamma\,\omega} \right| \tag{37.18}$$

Für $\omega_0 = \gamma = 0$ ist das Verhältnis gleich 1; dieser Grenzfall ergibt sich auch für hinreichend hohe Frequenzen ($\omega \gg \omega_0$). Für $\omega \ll \omega_0$ ist die Auslenkung kleiner als für freie Teilchen, $|\xi| \ll |\xi_{\mathrm{frei}}|$. Dagegen ergibt sich im Resonanzfall $\omega = \omega_0$ ein Verstärkungsfaktor ω_0/γ:

$$\left| \xi(\omega_0) \right| \approx \frac{\omega_0}{\gamma}\left| \xi_{\mathrm{frei}} \right| \gg \left| \xi_{\mathrm{frei}} \right| \tag{37.19}$$

Für (37.12) beträgt der Verstärkungsfaktor etwa fünf Größenordnungen. Hierzu muss die Antenne aber auf einen Sender mit fester Frequenz (etwa einen Pulsar) abgestimmt sein. Der Detektor ist dann nur in dem schmalen Frequenzbereich $\omega = \omega_0 \pm \gamma$ sensitiv.

Damit eine erzwungene Schwingung des Zylinders nachgewiesen werden kann, muss sie stärker als das thermische Rauschen sein. Die Grundschwingung des Zylinders ist schwach an die sehr vielen (etwa 10^{29}) anderen Moden gekoppelt. Dies führt zu einer Brownschen Bewegung der Amplitude ξ. Wir bezeichnen diesen fluktuierenden Anteil mit ξ_{flukt}. Das Vorzeichen dieser Fluktuationen ist zufällig; im Mittel gilt $\langle \xi_{\mathrm{flukt}} \rangle = 0$. Für den Zeitraum $\delta t = \pi/(2\omega_0)$ einer erzwungenen Auslenkung von $\xi = 0$ nach $\xi = \xi_{\mathrm{max}}$ können wir die Fluktuationen durch eine Diffusionsgleichung beschreiben. Für die Breite $\Delta\xi$ der Fluktuationen gilt dann $(\Delta\xi)^2 = 2D\,\delta t$. Die Diffusionskonstante D kann über die Einsteinrelation $\gamma D = k_B T/m$ durch die Dämpfungskonstante γ ausgedrückt werden:

$$\left(\Delta\xi \right)^2 = 2D\,\delta t = \frac{\pi\,k_B T}{m\,\gamma\,\omega_0} \tag{37.20}$$

Für $T = 0$ würden die Fluktuationen verschwinden. Während einer Messzeit τ gibt es $n_{\mathrm{osz}} = \omega_0\tau/2\pi$ Oszillationen. Nach dem Gesetz der großen Zahl gilt für die Breite $\langle \xi_{\mathrm{flukt}}^2 \rangle$ der Fluktuationen nach n_{osz} Oszillationen:

$$\left\langle \xi_{\mathrm{flukt}}^2 \right\rangle \approx \frac{(\Delta\xi)^2}{n_{\mathrm{osz}}} = \frac{\pi\,k_B T}{m\,\gamma\,\omega_0}\,\frac{2\pi}{\omega_0\,\tau} \tag{37.21}$$

Für einen Nachweis muss das Signal größer als die Fluktuation sein:

$$\left| \xi(\omega_0) \right|^2 \geq \left\langle \xi^2_{\text{flukt}} \right\rangle \tag{37.22}$$

Aus (37.14) und (37.19) folgt $\xi(\omega_0) = (\omega_0/\gamma)\, L\, h$. Wir setzen dies und (37.21) in (37.22) ein:

$$\boxed{\; h \geq \sqrt{\frac{\pi k_B T}{m\, \omega_0^2\, L^2}}\; \frac{\gamma}{\omega_0}\; \frac{2\pi}{\omega_0 \tau} = h_{\min}(\tau) \qquad \begin{array}{l} \text{Nachweisgrenze eines} \\ \text{resonanten Detektors} \end{array} \;} \tag{37.23}$$

Für (37.12) und eine Messzeit von einem Tag erhalten wir

$$h_{\min} \approx 10^{-20} \qquad (\tau = 1\,\text{d}) \tag{37.24}$$

Dies ist die optimistische Nachweisgrenze eines idealen Detektors für eine monochromatische Quelle, deren Frequenz gleich der Eigenfrequenz des Detektors ist.

Detektoren der hier diskutierten Art reagieren auch auf nichtmonochromatische Quellen. In diesem Fall ist $h_{\min}$ aber größer, weil das thermische Rauschen nicht durch eine lange Beobachtungszeit τ unterdrückt werden kann. Starke Signale wie etwa die Verschmelzung zweier Schwarzer Löcher haben ja nur eine kurze Dauer (etwa 0.1 s für GW150914).

Gegenüber (37.24) sind noch deutliche Verbesserungen möglich: Längere Messzeiten ($\tau \sim 10^2\,\text{d}$, aber nur für eine monochromatische Quelle) oder die Verwendung eines tiefgekühlten (zum Beispiel $T = 3\,\text{mK}$) Resonators aus Quarz ($\gamma \approx 10^{-6}\,\text{s}^{-1}$).

Für die angestrebten Empfindlichkeiten müssen die Zylinderschwingungen quantenmechanisch behandelt werden (im Gegensatz zu unserer klassischen Behandlung). Wir berechnen die Amplitude h_{qm}, für die die induzierte Schwingungsenergie $m\,\omega_0^2\, L^2\, h^2$ mit dem Energiequant $\hbar \omega_0$ vergleichbar ist:

$$h_{\text{qm}} \approx \sqrt{\frac{\hbar \omega_0}{m\, \omega_0^2\, L^2}} \approx 3 \cdot 10^{-21} \tag{37.25}$$

Der numerische Wert gilt für (37.12). Er ist unabhängig von den Größen T und γ, die nach (37.23) für die Empfindlichkeit entscheidend sind.

Als bekannte Strahlungsquelle mit der fester Frequenz kommt praktisch nur ein Pulsar in Frage. (Das Doppelsternsystem i Boo, (36.35), hat eine zu kleine Frequenz für einen Resonanzdetektor). Die für einen Pulsar erwarteten Amplituden h sind um viele Größenordnungen kleiner als die Nachweisgrenze $h_{\text{Weber}} = 10^{-15}$ des ursprünglichen Weber-Detektors. Weber registrierte 1975 zwar Signale; andere Arbeitsgruppen konnten seine Ergebnisse aber nicht bestätigen.

Eine moderne Variante des Resonanzdetektors ist MiniGRAIL an der Universität Leiden. Dieser Detektor ist kugelförmig (Masse 1300 kg) und wird bei einer

Temperatur von 50 mK betrieben (angestrebt werden 20 mK). Er erreicht Empfindlichkeiten der Größe

$$h_{\min} \approx 10^{-21} \qquad \text{MiniGRAIL (Leiden)} \qquad (37.26)$$

allerdings nur in einem engen Bereich um die Eigenfrequenz $\nu_0 = 2900\,\text{Hz}$ herum.
Die meisten Arbeitsgruppen verwenden mittlerweile interferometrische Detektoren,
weil hier derzeit höhere Empfindlichkeiten zu erreichen sind, und weil sie einen
wesentlich größeren Frequenzbereich abdecken. Resonanzdetektoren könnten aber
bei speziellen Quellen mit fester Frequenz im Vorteil sein.

Aufgaben

37.1 Abstandsänderung Erde–Mond durch Gravitationswelle

Um welche Länge ändert sich der Abstand Mond–Erde unter dem Einfluss der Gravitationsstrahlung des Doppelsternsystems i Boo? Wie groß ist die Wellenlänge der
Gravitationsstrahlung im Vergleich zum Abstand Mond–Erde?

37.2 Wirkungsquerschnitt eines Gravitationswellendetektors

Es wird der Gravitationswellendetektor von Abbildung 37.1 betrachtet. Berechnen
Sie die von dieser Anordnung absorbierte zeitgemittelte Leistung $P_{\text{absorb}}(h, \omega)$ für
eine Gravitationswelle mit der Amplitude h und der Frequenz ω. Bestimmen Sie
daraus den *Wirkungsquerschnitt* σ eines solchen Weber-Detektors,

$$\sigma(\omega) = \frac{P_{\text{absorb}}(h, \omega)}{\Phi_{\text{GW}}(h, \omega)} \qquad (37.27)$$

Vergleichen Sie den Resonanzwirkungsquerschnitt $\sigma(\omega_0)$ mit dem geometrischen
Wirkungsquerschnitt σ_{geom}.

VIII Statische Sternmodelle

Vorbemerkung zu Teil VIII – X

Die Gravitation ist die zentrale Wechselwirkung für die Statik und Dynamik der Sterne und des Kosmos. Für die Allgemeine Relativitätstheorie sind bestimmte Sterntypen mit starkem Gravitationsfeld und der Kosmos insgesamt von besonderem Interesse. Die Teile VIII – X geben eine Einführung in diesen Anwendungsbereich der Gravitationstheorie.

Astrophysik und Kosmologie haben durch drei herausragende Entdeckungen in den 1960er Jahren starken Auftrieb erhalten:

1. *Quasare*: Diesen quasistellaren Radioquellen konnten zu Beginn der sechziger Jahre optisch sichtbaren Objekten zugeordnet werden. 1963 erklärte Maarten Schmidt ihre Emissionslinien durch eine große kosmologische Rotverschiebung. Die daraus abgeleiteten Entfernungen dieser Objekte implizieren sehr große Strahlungsleistungen. Ein mögliches Modell für Quasare sind große Schwarze Löcher (Kapitel 48) im Zentrum von Galaxien.

2. *Kosmische Hintergrundstrahlung*: Diese Strahlung wurde 1965 von Penzias und Wilson entdeckt. Diese theoretisch vorhergesagte Hintergrundstrahlung stammt aus der Frühzeit unseres Universums (Kapitel 55). Es handelt sich um eine Plancksche Strahlungsverteilung mit der Temperatur $T \approx 2.7\,\mathrm{K}$.

3. *Pulsare*: Diese Sterne wurden 1967 von Hewish und Burnell entdeckt. Ihre Interpretation als Neutronensterne (Kapitel 43), die bereits in den dreißiger Jahren konzipiert wurden, gilt als gesichert. Damit sind es Sterne mit einem Radius von nur etwa drei Schwarzschildradien.

Die zweite Entdeckung befreite die Kosmologie von ihrem Ruf einer rein spekulativen Disziplin. Das durch diese Entdeckungen verstärkte Interesse an Astrophysik und Kosmologie trug zu weiteren experimentellen und theoretischen Fortschritten bei. Darüberhinaus ermöglichen Pulsare, Quasare und Schwarze Löcher viele neue Beobachtungen. In diesem Zusammenhang haben wir bereits die Gravitationslinse (Quasarzwillinge, Kapitel 26), die Abbremsung des Doppelsternsystems PSR

1913+16 durch Gravitationsstrahlung (Kapitel 36) und das Gravitationswellen-signal GW150914 von der Verschmelzung zweier Schwarzer Löcher (Kapitel 37) kennengelernt.

Theoretisch wichtige Erkenntnisse betreffen insbesondere Schwarze Löcher und die Frühzeit des Universums. Viele der aktuellen theoretischen Entwicklungen ge-hen über den hier gesetzten Rahmen hinaus, teilweise liegen sie auch außerhalb der Allgemeinen Relativitätstheorie als klassischer Feldtheorie (wie etwa Quantenef-fekte). Die Teile VIII, IX und X konzentrieren sich auf die klassischen Ergebnis-se, zu denen die ART für Sterne und für den Kosmos führt. Für Sterne sind dies insbesondere die relativistische Gleichung für den Gravitationsdruck und die Be-schreibung des Kollapses zu einem Schwarzen Loch. Für den Kosmos sind es die Weltmodelle und das kosmologische Standardmodell.

In den 1990er Jahren führten neue Experimente zu wesentlichen Fortschritten in unserer Kenntnis über den Kosmos:

1. Die Analyse von Supernovae vom Typ Ia mit neuen großen Teleskopen, insbesondere dem *Hubble-Space-Teleskop*, legt die kosmischen Entfernun-gen zuverlässiger fest, als dies zuvor möglich war. Diese Ergebnisse lassen darauf schließen, dass die Expansionsgeschwindigkeit des heutigen Univer-sums zunimmt. Für diese Entdeckung erhielten S. Perlmutter, B. P. Schmidt und A. G. Riess 2011 den Nobelpreis.

2. Die Ballon-Experimente *Boomerang* und *Maxima-1* können die Anisotropi-en der kosmischen Hintergrundstrahlung sehr genau bestimmen. Die Analyse dieser Daten lässt auf eine verschwindende oder sehr kleine Krümmung des kosmischen Raums schließen. Für ihre Forschungen auf diesem Gebiet er-hielten J. C. Mather und G. F. Smoot 2006 den Nobelpreis.

Im Teil X wird die großräumige Bewegung der Massen des Universums auf der Grundlage von Einsteins Feldgleichungen diskutiert. Die angeführten Experimente präzisieren unser Bild vom heutigen Zustand des Universums (Kapitel 54).

Der jetzt folgende Teil VIII über statische Sternmodelle setzt Kenntnisse über Thermodynamik und Quantenmechanik voraus. Die Kapitel 41–43, die Sterne mit nichtrelativistischem Gravitationsfeld eingehender behandeln, können auch über-sprungen werden; der Überblick von Kapitel 38 genügt für die späteren Kapitel. In diesem Fall sollte aber der kurze Abschnitt über Pulsare am Ende von Kapitel 43 gelesen werden.

38 Sterngleichgewicht

Unter einem Stern verstehen wir eine große Ansammlung von Materie, die durch ihre eigene Gravitation zusammengehalten wird. Die Gravitation tendiert dazu, den Stern immer weiter zu komprimieren. Ein Gleichgewicht ergibt sich, wenn der Druck der Materie dem Gravitationsdruck die Waage hält:

$$P_{\mathrm{grav}} = P_{\mathrm{mat}} \qquad \textit{Sterngleichgewicht} \qquad (38.1)$$

Wir bestimmen den Gravitationsdruck einer gegebenen Massenverteilung und geben den Materiedruck für einige gängige Sterntypen (Sonne, Weißer Zwerg, Neutronenstern) an. Wir schätzen die Größe dieser Sterne ab und geben die Grenzmasse für den Weißen Zwerg an.

Als erste Anwendung von (38.1) betrachten wir die Situation an der Erdoberfläche: Die Gravitation führt hier zu einem Druck $P_{\mathrm{grav}} \approx 1$ bar, der durch das Gewicht der Luft über uns verursacht wird. Dieser Druck komprimiert die Luft soweit, dass der Gasdruck $P_{\mathrm{mat}} \approx \varrho\, k_{\mathrm{B}} T / m$ gleich P_{grav} ist. Für den Gasdruck haben wir hier das ideale Gasgesetz verwendet.

Die Bedingung (38.1) gilt für alle Objekte, die durch ihre eigene Gravitation zusammengehalten werden, also auch für Planeten. Sterne im engeren Sinn sind Objekte, die mindestens etwa Sonnenmasse haben, $M \gtrsim M_\odot$. Eine solche Masse ist erforderlich, damit es im Laufe der Entwicklung des Sterns zum nuklearen Brennen kommt.

Die im Folgenden betrachteten *Sterngleichgewichte* können qualitativ als längerwährende Phasen oder Endstadien einer *Sternentwicklung* verstanden werden: Ein Stern kann aus einer Gaswolke aus Wasserstoffatomen entstehen, die sich unter dem Einfluss der Gravitation zusammenzieht. Beim Zusammenziehen wird Gravitationsenergie frei, so dass der Stern sich aufheizt. Wenn die Masse hinreichend groß ist, steigen im Inneren des Sterns der Druck und Temperatur so hoch, dass die Kernfusion zündet. Dabei entsteht ein Sterngleichgewicht wie das der Sonne, in dem der Materiedruck der kinetische Gasdruck des heißen Plasmas ist. Die Fusion führt zu Helium und eventuell über weitere Fusionszyklen zu schwereren Kernen. Ein möglicher Gleichgewichtszustand nach der Phase des nuklearen Brennens ist der eines Weißen Zwergs, in dem P_{mat} der Fermidruck der Elektronen ist. Eine andere Möglichkeit ist ein Neutronenstern, in dem der Fermidruck der Neutronen dem Gravitationsdruck die Waage hält.

In diesem Kapitel behandeln wir die Sterngleichgewichte der Sonne, des Weißen Zwergs und des Neutronensterns nichtrelativistisch und vernachlässigen dabei

Faktoren der Größe 1. Die Größe der relativistischen Korrekturen wird jeweils abgeschätzt. Eine genauere Behandlung der Weißen Zwerge und Neutronensterne erfolgt in den Kapiteln 42 und 43.

Druckverteilung

Wir bezeichnen den Druck, der im Sterngleichgewicht gilt, durchweg mit P,

$$P = P_{\text{grav}} = P_{\text{mat}} \tag{38.2}$$

Im Allgemeinen hängt dieser Druck $P(r, t)$ vom Ort und von der Zeit ab. Wir berechnen die Druckverteilung $P(r)$ für eine *statische* und *sphärische* Massenverteilung im nichtrelativistischen Fall.

Wir gehen von der Eulergleichung (7.2) aus. Im statischen Fall verschwindet das Geschwindigkeitsfeld, $v(r, t) \equiv 0$. Damit wird (7.2) zu $\nabla P = f_0$. Die Gravitationskraft auf ein Massenelement dm ist $dF = -dm\, \nabla\Phi$, wobei Φ das Newtonsche Gravitationspotenzial ist. Mit $\varrho = dm/dV$ erhalten wir dann die Kraftdichte $f_0 = dF/dV = -\varrho\,\nabla\Phi$, also

$$\nabla P(r) = -\varrho\,\nabla\Phi(r) \tag{38.3}$$

Wegen der Kugelsymmetrie gilt $P = P(r)$ und $\Phi = \Phi(r)$, so dass

$$\frac{dP}{dr} = -\varrho\,\frac{d\Phi}{dr} \tag{38.4}$$

Wenn wir die Newtonsche Feldgleichung

$$\Delta\Phi = \frac{1}{r^2}\frac{d}{dr}r^2\frac{d\Phi}{dr} = 4\pi G\varrho \tag{38.5}$$

einmal integrieren, erhalten wir

$$\frac{d\Phi}{dr} = \frac{4\pi G}{r^2}\int_0^r dr'\, r'^2\varrho(r') = \frac{G\,\mathcal{M}(r)}{r^2} \tag{38.6}$$

Damit wird (38.4) zu

$$\boxed{\frac{dP}{dr} = -\frac{G\,\mathcal{M}(r)}{r^2}\,\varrho(r)} \tag{38.7}$$

Dabei bezeichnet

$$\mathcal{M}(r) = 4\pi\int_0^r dr'\, r'^2\varrho(r') \tag{38.8}$$

die Masse, die sich im Bereich $r' \leq r$ befindet. In Abbildung 38.1 ist eine etwas andere Ableitung der Relation (38.7) skizziert.

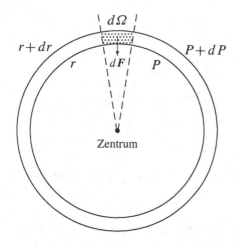

Abbildung 38.1 Auf das schattierte Massenelement $dm = \varrho\, r^2\, dr\, d\Omega$ wirkt zum einen die Gravitationskraft $dF = -(G\mathcal{M}/r^2)\, dm\, e_r$. Zum anderen führt der Druckgradient zu der Kraft $dF' = -dP\, r^2\, d\Omega\, e_r$. Für ein Gleichgewicht muss $dF + dF' = 0$ sein. Hieraus folgt (38.7).

Gleichung (38.7) bestimmt den Druck, der bei gegebener Massenverteilung aufgrund der Gravitationskraft herrscht (also P_{grav}). Um zu einem bestimmten Sternmodell zu kommen, müssen wir noch eine Annahme über die *Zustandsgleichung* $P = P(\varrho)$ machen, zum Beispiel $P = $ const. oder $P = \varrho\, k_B T/m$; dies wäre dann P_{mat}. Wegen (38.2) verwenden wir sowohl in (38.7) wie in der Zustandsglcichung das Symbol P für den Druck.

Für eine erste Auswertung von (38.7) nehmen wir inkompressible Materie an, also

$$\varrho(r) = \varrho_0 = \text{const.} \qquad (r \le R) \tag{38.9}$$

Dabei bezeichnet R den Sternrand[1]. Aus (38.7) mit (38.9) folgt

$$\frac{dP}{dr} = -\frac{4\pi}{3}\, G\varrho_0^2\, r \tag{38.10}$$

$$P(r) = P_0 - \frac{2\pi}{3}\, G\varrho_0^2\, r^2 \tag{38.11}$$

Dabei ist $P_0 = P(0)$ der Druck im Zentrum des Sterns. Am Sternrand verschwindet der Gravitationsdruck, $P(R) = 0$, weil sich im Bereich $r > R$ keine Materie befindet. Aus $P(R) = 0$ folgt

$$P_0 = \frac{2\pi}{3}\, G\varrho_0^2\, R^2 = \varrho_0\, c^2\, \frac{r_S}{4R} \tag{38.12}$$

wobei $r_S = 2GM/c^2$ der Schwarzschildradius ist. Diese Ergebnis ist in Abbildung 38.2 skizziert.

Zur Abschätzung von Größenordnungen verwenden wir (38.12) auch für nichtkonstante Dichten:

$$\frac{r_S}{4R} \sim \frac{P}{\varrho c^2} \qquad \text{(Sterngleichgewicht)} \tag{38.13}$$

---

[1]In den Teilen VIII und IX steht das Symbol R immer für den Radius eines Sterns und nicht für den Krümmungsskalar.

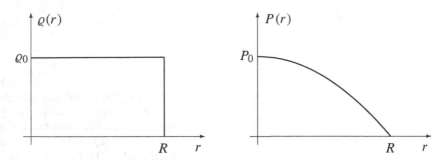

Abbildung 38.2   Eine konstante Massendichte $\varrho(r) = \varrho_0$ (links) ergibt die rechts gezeigte Druckverteilung.

Dabei ist ϱ eine mittlere Dichte und P ein mittlerer Druck. Auf der rechten Seite können wir je nach Sterntyp eine Zustandsgleichung $P = P(\varrho)$ einsetzen. Dann erhalten wir den Zusammenhang zwischen der Masse und dem Radius des Sterns. Das Verhältnis r_S/R ist auch das Maß für die Stärke der relativistischen Effekte.

Sonne

Wir betrachten die Sonne als Beispiel für „normale" Sterne. In einem solchen Stern hält der kinetische Druck der Temperaturbewegung der Gravitation die Waage. Diesen Druck setzen wir in der Form des idealen Gasgesetzes an,

$$P = \frac{\varrho \, k_B T}{m} \tag{38.14}$$

Hierbei ist T die Temperatur, k_B die Boltzmannkonstante und m die Masse der Gasteilchen. Aus (38.13) mit (38.14) folgt

$$\frac{r_S}{4R} \sim \frac{P}{\varrho \, c^2} = \frac{k_B T}{m c^2} \tag{38.15}$$

Die Sonne besteht vorwiegend aus Wasserstoff mit Atomkernmassen

$$m c^2 \approx 1 \, \text{GeV} \tag{38.16}$$

Die Temperatur im Inneren der Sonne ist durch die ablaufenden Kernreaktionen bestimmt:

$$k_B T \sim \text{keV} \tag{38.17}$$

Bei dieser Temperatur sind die Wasserstoffatome weitgehend ionisiert. Nach dem idealen Gasgesetz liefern dann die Elektronen und Protonen den gleichen Beitrag zum Druck $P = N k_B T/V$, denn die Teilchendichte N/V ist für beide gleich. Dagegen ist der Beitrag der Elektronen zur Massendichte ϱ zu vernachlässigen, so dass in (38.15) die Protonmasse einzusetzen ist. Aus (38.15)–(38.17) erhalten wir dann

$$\frac{r_S}{4R} \sim \frac{k_B T}{m c^2} \sim 10^{-6} \qquad \text{(normale Sterne)} \tag{38.18}$$

Dies gibt die absolute Stärke des Gravitationsfelds an der Oberfläche des Sterns an. Für $M = M_\odot$ ist $r_{s,\odot} = 3\,\text{km}$. Dann folgt aus (38.18) der Sternradius,

$$R \approx 2.5 \cdot 10^5 \, r_S = 750\,000\,\text{km} \qquad (38.19)$$

Dies ist etwa gleich dem tatsächlichen Radius $R_\odot \approx 700\,000\,\text{km}$ der Sonne. Wegen $r_S \ll R$ sind relativistische Effekte der Gravitation für die Entwicklung eines Sterns in diesem Stadium nicht wichtig.

Weißer Zwerg

In einem Stern vom Typ Sonne wird zunächst Wasserstoff zu Helium verbrannt. Wenn Druck und Temperatur im Sterninneren es zulassen (dies hängt von der Sternmasse ab), können sich weitere Fusionszyklen anschließen, etwa von Helium zu Kohlenstoff. (Darüberhinausgehende Fusionszyklen treten nur in deutlich größeren Sternen auf, die dann aber nicht als Weiße Zwerge enden). Nach Beendigung der Fusionsprozesse kühlt sich der Stern durch Abstrahlung ab. Bei niedrigen Temperaturen (im Folgenden betrachten wir der Einfachheit halber $T \approx 0$) könnte man neutrale Atome (zum Beispiel Helium- oder Kohlenstoffatome) erwarten. Tatsächlich halten die Atomhüllen aber der Gravitation nicht stand (wie dies etwa bei der Erde der Fall ist); sie werden vielmehr durch den Gravitationsdruck zerquetscht. Es entsteht ein Elektronengas, dessen *Fermidruck* der Gravitation entgegenwirkt. Dabei bilden die Atomkerne eine positive Hintergrundladung, so dass elektrische Kräfte keine wesentliche Rolle spielen. Der Sterntyp, bei dem dieser Elektronendruck dem Gravitationsdruck die Waage hält, heißt *Weißer Zwerg*. Wir diskutieren dieses Gleichgewicht für einen Stern aus Helium hier in sehr elementarer Weise; eine genauere Behandlung erfolgt in Kapitel 42.

Elektronen sind Fermiteilchen (halbzahliger Spin) und unterliegen daher dem *Pauliprinzip*: Ein bestimmter Zustand kann maximal durch ein Elektron besetzt werden. Für einen Stern mit dem Volumen V und N Elektronen bedeutet dies, dass jedem Elektron effektiv nur ein Volumen V/N zur Verfügung steht. Die Begrenzung auf ein solches Volumen führt nach der Unschärferelation zu dem mittleren Elektronenimpuls

$$p \sim \frac{\hbar}{(V/N)^{1/3}} \qquad (38.20)$$

Diese Impulse ergeben einen kinetischen Druck, so wie die Temperaturbewegung zum Druck (38.14) führt. Der kinetische Druck aufgrund von (38.20) besteht aber auch bei $T \approx 0$; er beruht darauf, dass wir Fermiteilchen betrachten. Es ist dieser Fermidruck, der in einem Weißen Zwerg der Gravitation die Waage hält.

Wir bestimmen das Sterngleichgewicht aus der Bedingung minimaler Energie; dies ist äquivalent zum Druckgleichgewicht (38.1). Die Energie eines Elektrons mit dem Impuls p ist $\varepsilon = (m_e^2 c^4 + c^2 p^2)^{1/2}$. Wir unterscheiden zwischen dem relativistischen und dem nichtrelativistischen Fall:

$$
\varepsilon \approx \begin{cases} m_e c^2 + \dfrac{p^2}{2 m_e} + \dots & (p \ll m_e c) \\[2mm] c\,p + \dots & (p \gg m_e c) \end{cases} \tag{38.21}
$$

Die Ruhenergie $m_e c^2$ hängt nicht vom Sternradius ab und spielt daher im Folgenden keine Rolle. Die kinetische Energie der Fermibewegung der N Elektronen ist dann:

$$
E_{\text{mat}} \approx \begin{cases} N\,\dfrac{p^2}{2 m_e} \sim \dfrac{N^{5/3}\,\hbar^2/m_e}{R^2} & (p \ll m_e c) \\[3mm] N c\,p \sim \dfrac{N^{4/3}\,\hbar c}{R} & (p \gg m_e c) \end{cases} \tag{38.22}
$$

Dabei haben wir (38.20) benutzt, den Sternradius $R = (3V/4\pi)^{1/3}$ eingeführt und numerische Faktoren weggelassen. Wir bezeichnen diese Energie mit dem Index „mat", weil sie für den Materiedruck P_{mat} verantwortlich ist.

Nach (38.22) wächst die kinetische Energie E_{mat} der Elektronen mit abnehmendem Radius; sie wirkt daher einer Kontraktion des Sterns entgegen. Die potenzielle Gravitationsenergie E_{grav} ist bis auf einen Faktor der Ordnung 1 durch

$$
E_{\text{grav}} \approx -\frac{GM^2}{R} \tag{38.23}
$$

gegeben. Die Gravitation versucht, den Stern zu kontrahieren.

Auf jedes der N Elektronen kommen etwa zwei Nukleonen mit der Masse m_n. Daher ist die Masse M des Sterns

$$
M \approx 2 N m_n \tag{38.24}
$$

Eine notwendige Bedingung für ein stabiles Sterngleichgewicht ist, dass die Energie $E(R)$ des Sterns als Funktion des Radius R ein Minimum hat:

$$
E(R) = E_{\text{grav}}(R) + E_{\text{mat}}(R) = \text{minimal} \tag{38.25}
$$

Zur Diskussion dieser Bedingung unterscheiden wir zwischen nichtrelativistischem und relativistischem Grenzfall für die Elektronenbewegung:

1. Die Elektronenimpulse seien nichtrelativistisch. Dann ergeben das attraktive $E_{\text{grav}} \propto -1/R$ und das repulsive $E_{\text{mat}} \propto +1/R^2$ ein Minimum, wie in Abbildung 38.3 dargestellt. Das resultierende Gleichgewicht ist dasjenige eines *Weißen Zwergs*.

2. Mit zunehmender Masse M verschiebt sich das Minimum in Abbildung 38.3 zu kleineren Sternradien R; für hinreichend massive Sterne werden daher die Elektronenimpulse (38.20) zwangsläufig relativistisch. (Umgekehrt gilt, dass

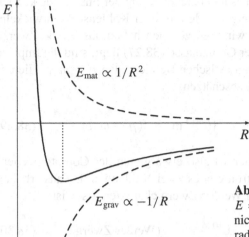

Abbildung 38.3 Abhängigkeit der Energie $E = E_{\text{mat}} + E_{\text{grav}}$ eines Weißen Zwergs mit nichtrelativistischen Elektronen vom Sternradius R.

für kleinere Massen die nichtrelativistische Näherung gerechtfertigt ist). Für $p \gg m_e c$ steht dem attraktiven $E_{\text{grav}} \approx -GM^2/R$ nur noch das repulsive $E_{\text{mat}} \approx N^{4/3} \hbar c / R$ gegenüber. Damit es nicht zu einem Kollaps kommt, muss die Repulsion überwiegen, also

$$N^{4/3} \hbar c > GM^2 \quad \text{oder} \quad M < m_{\text{n}} \left(\frac{\hbar c}{G\, m_{\text{n}}^2} \right)^{3/2} \tag{38.26}$$

Zur Auswertung haben wir N mit Hilfe von (38.24) eliminiert und wieder numerische Faktoren vernachlässigt. Das Ergebnis bedeutet, dass ein Sterngleichgewicht für einen Weißen Zwerg nur unterhalb der Grenzmasse

$$\boxed{M_{\text{C}} = m_{\text{n}} \left(\frac{\hbar c}{G\, m_{\text{n}}^2} \right)^{3/2} \approx 1.8 \, M_\odot \quad \begin{array}{l} \text{Chandrasekhar-} \\ \text{Grenzmasse} \end{array}} \tag{38.27}$$

möglich ist; andernfalls kann der Fermidruck die Kontraktion nicht aufhalten. Die Masse M_{C} ist die berühmte *Chandrasekhar-Grenzmasse*[2]. Dabei ist $\hbar c / G m_{\text{n}}^2 \sim 10^{40}$ das Verhältnis zwischen der Stärke der starken Wechselwirkung und der Gravitationswechselwirkung. Es ist bemerkenswert, dass die Sternmasse M_{C} durch Naturkonstanten der Mikrophysik ($\hbar$, m_{n}) und die Gravitationskonstante G bestimmt wird. Wenn man alle numerischen Faktoren berücksichtigt, erhält man $M_{\text{C}} \approx 1.2 \ldots 1.3 \, M_\odot$ (Kapitel 42).

Weiße Zwerge haben eine Masse von der Größe der Sonnenmasse,

$$M \sim M_\odot \quad \text{(Weißer Zwerg)} \tag{38.28}$$

---

[2]S. Chandrasekhar präsentierte diese Anwendung der Quantenstatistik und der Speziellen Relativitätstheorie im Jahr 1930. Es dauerte aber mehr als zwei Jahrzehnte, bis sich seine Erkenntnis durchsetzte. 1983 erhielt er (im Alter von 73 Jahren) den Nobelpreis für diese Arbeit.

In Sternen mit kleinerer Masse kommt es nicht zur Zündung der Fusion; sie können sich daher nicht zu einem Weißen Zwerg aus Helium oder Kohlenstoff entwickeln. Sterne mit größerer Masse sind, wie wir eben gesehen haben, als Weiße Zwerge nicht stabil. Da (38.28) in der Nähe der Grenzmasse (38.27) liegt, sind die Impulse der Elektronen an der Grenze zum relativistischen Bereich, also $p \sim m_e c$. Hieraus können wir das Volumen pro Elektron abschätzen,

$$\left(\frac{V}{N}\right)^{1/3} \overset{(38.20)}{\sim} \frac{\hbar}{p} \sim \frac{\hbar}{m_e c} = 4 \cdot 10^{-13} \, \text{m} \qquad (p \sim m_e c) \qquad (38.29)$$

Der mittlere Abstand zweier Elektronen ist also etwa gleich der Comptonwellenlänge $\hbar/m_e c$ des Elektrons. Pro Elektron gibt es zwei Nukleonen. Daraus erhalten wir die Massendichte ϱ_c, die für einen Weißen Zwerg charakteristisch ist:

$$\varrho_c \approx 2 m_n \frac{N}{V} \sim \frac{m_n}{(\hbar/m_e c)^3} = 3 \cdot 10^{10} \, \frac{\text{kg}}{\text{m}^3} \qquad \text{(Weißer Zwerg)} \qquad (38.30)$$

Die Berücksichtigung numerischer Faktoren ergibt den niedrigeren Wert $\varrho_c \approx 2 \cdot 10^9 \, \text{kg/m}^3$ (Kapitel 42). Die Dichte in einem Weißen Zwerg ist damit von der Größe einer Tonne pro Kubikzentimeter.

Wir schätzen noch die Stärke der relativistischen Effekte ab. Nach (38.13) benötigen wir hierzu das Verhältnis $P/\varrho c^2$. Für den Druck gilt $P \sim E_\text{mat}/V$. Die Elektronenimpulse liegen im relativistischen Bereich, also $p \sim m_e c$ und $E_\text{mat} \sim N m_e c^2$. Mit $\varrho \sim \varrho_c \sim (N/V) m_n$ erhalten wir

$$\frac{r_S}{R} \sim \frac{P}{\varrho c^2} \sim \frac{m_e}{m_n} \approx \frac{1}{2\,000} \qquad \text{(Weißer Zwerg)} \qquad (38.31)$$

Die absolute Stärke des Gravitationsfelds ist damit klein gegenüber 1. Unbeschadet von der möglicherweise schon relativistischen Fermibewegung der Elektronen kann daher das Gravitationsfeld in guter Näherung nichtrelativistisch behandelt werden. Ein Weißer Zwerg mit Sonnenmasse hat dann den (Zwerg-) Radius

$$R \sim 2\,000 \, r_S = 6\,000 \, \text{km} \approx 10^{-2} \, R_\odot \qquad (38.32)$$

Weiße Zwerge können eine ähnliche Temperatur wie die der Sonnenoberfläche haben und damit „weiß" erscheinen. Wegen $R \approx 10^{-2} \, R_\odot$ strahlen sie dann aber nur 10^{-4}-mal soviel Licht wie die Sonne ab.

Neutronenstern

Wir betrachten einen Stern mit $M > M_C$, zum Beispiel $M \sim 10 \, M_\odot$, in dem am Ende des Fusionsbrennens der thermische Druck absinkt. Dann kommt es durch Kontraktion zu relativistischen Elektronenimpulsen. Übersteigt die kinetische Energie $(m_e^2 c^4 + c^2 p^2)^{1/2} - m_e c^2$ der Elektronen einen Wert von etwa $1.5 \, m_e c^2$, so ist die Reaktion

$$p + e^- \rightarrow n + \nu_e \qquad (38.33)$$

energetisch begünstigt. Da es gleich viele Elektronen und Protonen gibt, ist eine vollständige Umwandlung in Neutronen möglich. Wir betrachten daher den Gleichgewichtszustand eines Sterns aus Neutronen.

In einfachster Näherung behandeln wir die Neutronen als ideales Fermigas, so wie wir es für die Elektronen im Weißen Zwerg getan haben. Das Sterngleichgewicht ergibt sich jetzt aus der Balance zwischen dem Fermidruck der Neutronen und dem Gravitationsdruck. Die Ergebnisse sind von der gleichen Form wie für den Weißen Zwerg, lediglich die Elektronmasse m_e ist überall durch die Nukleon- oder Neutronmasse m_n zu ersetzen. Damit wird die charakteristische Dichte (38.30) zu

$$\varrho_c \sim \frac{m_n}{(\hbar/m_n c)^3} \sim 10^{20} \, \frac{\text{kg}}{\text{m}^3} \qquad \text{(Neutronenstern)} \qquad (38.34)$$

Unter Berücksichtigung der numerischen Faktoren ergibt sich der niedrigere Wert $\varrho_c \approx 6 \cdot 10^{18} \, \text{kg/m}^3$ (Kapitel 43). Diese Dichte entspricht derjenigen von Atomkernen. Wir können uns den Neutronenstern als einen großen, elektrisch neutralen Atomkern vorstellen.

Aus denselben Gründen wie beim Weißen Zwerg ergibt sich wieder eine Grenzmasse M_C. Diese *Oppenheimer-Volkoff-Grenzmasse* ist von der gleichen Größenordnung wie die Chandrasekhar-Grenzmasse, weil (38.27) nicht von der Elektronmasse abhängt. Wir sind von einem massiven Stern, etwa mit $M \sim 10 \, M_\odot$, ausgegangen. Der Zusammenbruch des Fermidrucks durch (38.33) führt dann zu einem dramatischen Gravitationskollaps, bei dem schließlich große Massenanteile explosionsartig abgestoßen werden (Supernova, Kapitel 47). Dabei kann ein Neutronenstern mit $M < M_C$ im Zentrum des Kollapses zurückbleiben. Im Zentrum der berühmten Supernova aus dem Jahr 1054 wird ein solcher Neutronenstern beobachtet.

Die zu (38.31) analoge Abschätzung ergibt

$$\frac{r_S}{R} \sim \frac{P}{\varrho c^2} \sim 1 \qquad \text{(Neutronenstern)} \qquad (38.35)$$

Ein Neutronenstern mit $M \sim M_\odot$ hat tatsächlich einen Radius von etwa 10 km, so dass $r_S/R \approx 0.3$ gilt. Neutronensterne werden als *Pulsare* beobachtet. Sie werden in Kapitel 43 eingehender behandelt.

Quarkstern

Ein Weißer Zwerg entsteht, wenn aufgrund des hohen Drucks die Atome eines Sterns zerquetscht werden (zu einer Suppe aus Elektronen und Atomkernen). Analog dazu könnten die Neutronen eines Neutronensterns zu einer „Quarksuppe" (Quark-Gluonen-Plasma) zerquetscht werden. Der resultierende *Quarkstern* wäre dann etwas kompakter als ein Neutronenstern, er hätte einen Durchmesser von vielleicht 8 anstelle von 12 Kilometern.

In einer vereinfachten Beschreibung wird man wieder davon ausgehen, dass der Fermidruck der Quarks dem Gravitationsdruck die Waage hält. Zwei Neutronen können nicht denselben Platz einnehmen, wenn sie denselben Spin (etwa spin up) haben; dieses Pauliprinzip führt zum Fermidruck. Zwei Quarks können nicht denselben Platz einnehmen, wenn sie in Spin, Art (up, down, strange, ...) und Farbe übereinstimmen. Die Farbe ist ein zusätzlicher Freiheitsgrad, der drei Werte annehmen kann, die man (willkürlich) als rot, grün und blau bezeichnet. Die zusätzlichen Freiheitsgrade (Art und Farbe) können zu einer dichteren Packung führen.

Einen Quarkstern könnte man in einem Doppelpulsar nachweisen, und zwar als einen Partner, dessen Masse über der Grenzmasse für Neutronensternen liegt. Die zu beobachtenden Eigenschaften des potenziellen Quarksterns ähneln aber denen eines Neutronensterns, so dass ein überzeugender Nachweis schwierig ist.

Zusammenfassung

Für die näher diskutierten Sterne (Sonne, Weißer Zwerg, Neutronenstern) haben wir jeweils ein *ideales Gasmodell* verwendet. Dies war zunächst das ideale Gas aus Atomen oder Ionen und dann das ideale Fermigas für Elektronen oder Neutronen. Dabei bedeutet *ideal* die Nichtberücksichtigung der Wechselwirkung zwischen den Teilchen. Dies erlaubt eine erste, besonders einfache Beschreibung der Sterngleichgewichte.

Wir haben hier lediglich *Gleichgewichte* betrachtet. Diese können nur Anhaltspunkte für die zeitabhängige Sternentwicklung geben. Wir fassen die gängigen Vorstellungen zur Sterndynamik kurz zusammen: Ein Stern mit $M \lesssim 0.1\,M_\odot$ kommt nicht zum nuklearen Brennen. Sterne mit $M \sim 0.1\,M_\odot$ erwärmen sich aufgrund der Kontraktion und leuchten schwach; der Planet Jupiter gehört in diese Kategorie der *Braunen Zwerge*. Sterne mit $M \gtrsim M_\odot$ durchlaufen einen oder mehr Fusionszyklen. Sterne mit $M \sim M_\odot$ enden danach als Weiße Zwerge. Sterne mit deutlich größerer Masse erleiden am Ende des Fusionsbrennens einen Gravitationskollaps. Für $M \gtrsim 10\,M_\odot$ erwartet man einen im Zentrum zurückbleibenden Neutronenstern, für $M \gtrsim 40\,M_\odot$ und mehr ein Schwarzes Loch (Kapitel 48).

Wir werden in den folgenden Kapiteln die Einsteinschen Feldgleichungen für eine isotrope, statische Massenverteilung lösen. Dies ergibt die innere Schwarzschildmetrik und die relativistische Verallgemeinerung der Gleichung (38.7). Danach berechnen wir die hier nur größenordnungsmäßig abgeschätzten Sterngleichgewichte genauer. In Teil IX behandeln wir dann unter vereinfachenden Annahmen den Gravitationskollaps von Sternen.

Aufgaben

38.1   Druck im Zentrum der Erde

Berechnen Sie das Druckprofil $P(r)$ im Inneren der Erde. Betrachten Sie dazu die Erde als inkompressible Flüssigkeit mit der Dichte ϱ_0. Geben Sie den Druck P_0 im Zentrum der Erde an.

Mittlere Dichte der Erde: $\varrho_0 \approx 5.5 \cdot 10^3 \, \text{kg/m}^3$, Radius $R_E \approx 6.4 \cdot 10^3 \, \text{km}$.
Erdbeschleunigung $g = G M_E / R_E^2 \approx 10 \, \text{m/s}^2$.

39 Innere Schwarzschildmetrik

Wir bestimmen die Lösung der Einsteinschen Feldgleichungen im Inneren eines sphärischen, statischen Sterns.

In Kapitel 23 wurde gezeigt, dass

$$ds^2 = B(r)\, c^2 dt^2 - A(r)\, dr^2 - r^2 \left(d\theta^2 + \sin^2\theta\, d\phi^2\right) \tag{39.1}$$

ein möglicher Ansatz für die Metrik im statischen, sphärischen Fall ist. In Kapitel 24 haben wir mit diesem Ansatz die freien Feldgleichungen $R_{\mu\nu} = 0$ gelöst; dies führte zur Schwarzschildmetrik. In diesem Kapitel lösen wir mit demselben Ansatz die Feldgleichungen

$$R_{\mu\nu} = -\frac{8\pi G}{c^4}\left(T_{\mu\nu} - \frac{T}{2}\, g_{\mu\nu}\right) \tag{39.2}$$

Dabei sollen die $T_{\mu\nu}$ die Massenverteilung eines sphärischen und statischen Sterns beschreiben. Die Lösung heißt *innere Schwarzschildmetrik*.

Als Materie des Sterns betrachten wir eine ideale Flüssigkeit, die durch den Druck P, die Massendichte ϱ und das Geschwindigkeitsfeld $u_\mu(x)$ beschrieben wird. Der Energie-Impuls-Tensor ist durch (20.29) gegeben,

$$T_{\mu\nu} = \left(\varrho + P/c^2\right) u_\mu u_\nu - P\, g_{\mu\nu} \tag{39.3}$$

Die Feldgleichungen (39.2) implizieren

$$T^{\mu\nu}{}_{\|\nu} = 0 \tag{39.4}$$

Dies sind die relativistische Euler- und Kontinuitätsgleichung für eine Flüssigkeit in einem Gravitationsfeld. Ob wir diese Gleichungen neben (39.2) zur Lösung verwenden, ist eine Frage der Zweckmäßigkeit.

Es sei angemerkt, dass die Eulergleichung zwar in den Feldgleichungen der ART, nicht aber in Newtons Feldgleichung

$$\Delta\Phi = 4\pi G\varrho \tag{39.5}$$

enthalten ist. Im Newtonschen Grenzfall ist daher die Eulergleichung hinzuzufügen. Für ein statisches und sphärisches Problem gilt $v = 0$ und die Eulergleichung (7.2) wird zu

$$\nabla P(r) = -\varrho\,\nabla\Phi \tag{39.6}$$

Aus (39.5) und (39.6) folgt der Zusammenhang (38.7) zwischen der Dichte und dem Druck.

Wir verwenden jetzt die Voraussetzungen *statisch* und *sphärisch* für den Energie-Impuls-Tensor (39.3). Im sphärischen System können $P(r)$ und $\varrho(r)$ nur von der Radialkoordinate r abhängen. Im statischen Zustand müssen die räumlichen Komponenten der Geschwindigkeit verschwinden:

$$u^i(x) = 0 \tag{39.7}$$

Aus (20.6) folgt dann

$$c^2 = g_{\mu\nu}\, u^\mu u^\nu = g_{00}\left(u^0\right)^2 \tag{39.8}$$

also

$$u^0 = \frac{c}{\sqrt{B}} \quad \text{und} \quad u_0 = c\,\sqrt{B} \tag{39.9}$$

Mit (39.7) und (39.9) können wir (39.3) auswerten:

$$\left(T_{\mu\nu}\right) = \operatorname{diag}\left(\varrho c^2 B,\ P A,\ P r^2,\ P r^2 \sin^2\theta\right) \tag{39.10}$$

Aus (39.1) folgt

$$\left(g^{\mu\nu}\right) = \operatorname{diag}\left(\frac{1}{B},\ -\frac{1}{A},\ -\frac{1}{r^2},\ -\frac{1}{r^2 \sin^2\theta}\right) \tag{39.11}$$

Damit wird die Spur des Energie-Impuls-Tensors zu

$$T = T^\lambda{}_\lambda = g^{\mu\nu} T_{\mu\nu} = \varrho c^2 - 3P \tag{39.12}$$

Auf der rechten Seite der Feldgleichungen setzen wir jetzt (39.10) und (39.12) ein. Die $R_{\mu\nu}$ der linken Seite haben wir bereits in (23.14)–(23.18) berechnet. Danach sind die Feldgleichungen für $\mu \neq \nu$ trivial erfüllt; ferner unterscheiden sich die Gleichungen für $(\mu,\nu) = (3,3)$ und $(\mu,\nu) = (2,2)$ nur durch einen Faktor. Damit sind die folgenden drei Gleichungen zu lösen:

$$R_{00} = -\frac{B''}{2A} + \frac{B'}{4A}\left(\frac{A'}{A} + \frac{B'}{B}\right) - \frac{B'}{rA} = -\frac{4\pi G}{c^4}\left(\varrho c^2 + 3P\right) B \tag{39.13}$$

$$R_{11} = \frac{B''}{2B} - \frac{B'}{4B}\left(\frac{A'}{A} + \frac{B'}{B}\right) - \frac{A'}{rA} = -\frac{4\pi G}{c^4}\left(\varrho c^2 - P\right) A \tag{39.14}$$

$$R_{22} = -1 - \frac{r}{2A}\left(\frac{A'}{A} - \frac{B'}{B}\right) + \frac{1}{A} = -\frac{4\pi G}{c^4}\left(\varrho c^2 - P\right) r^2 \tag{39.15}$$

Hieraus erhalten wir

$$\frac{R_{00}}{2B} + \frac{R_{11}}{2A} + \frac{R_{22}}{r^2} = -\frac{A'}{rA^2} - \frac{1}{r^2} + \frac{1}{r^2 A} = -\frac{8\pi G}{c^2}\varrho \tag{39.16}$$

Eine Multiplikation mit r^2 führt zu

$$\frac{d}{dr}\frac{r}{A(r)} = 1 - \frac{8\pi G}{c^2}\varrho r^2 \tag{39.17}$$

Diesen Ausdruck integrieren wir von null bis r. Dabei verwenden wir $(r/A)_{r=0} = 0$, denn A aus (39.1) muss für eine kontinuierliche Massenverteilung bei $r = 0$ endlich sein. Das Ergebnis lautet

$$A(r) = \left[1 - \frac{2G\mathcal{M}(r)}{c^2 r} \right]^{-1} \tag{39.18}$$

wobei

$$\mathcal{M}(r) = 4\pi \int_0^r dr' \, r'^2 \varrho(r') \tag{39.19}$$

Die Feldgleichungen implizieren $T^{\mu\nu}{}_{||\nu} = 0$. Mit Hilfe von (17.5) schreiben wir

$$T^{\mu\nu}{}_{||\nu} = T^{\mu\nu}{}_{|\nu} + \Gamma^{\nu}_{\nu\lambda} T^{\lambda\mu} + \Gamma^{\mu}_{\nu\lambda} T^{\lambda\nu} = \frac{1}{\sqrt{|g|}} \frac{\partial}{\partial x^\nu} (\sqrt{|g|}\, T^{\mu\nu}) + \Gamma^{\mu}_{\nu\lambda} T^{\lambda\nu} = 0 \tag{39.20}$$

Wir setzen $\mu = 1$ und $T^{\mu\nu}$ aus (39.3) ein:

$$T^{1\nu}{}_{||\nu} = \frac{1}{\sqrt{|g|}} \left(\sqrt{|g|}\, (\varrho + P/c^2) u^1 u^\nu \right)_{|\nu} + \Gamma^1_{\nu\lambda} (\varrho + P/c^2) u^\nu u^\lambda - \left(P g^{1\nu} \right)_{||\nu}$$

$$= \Gamma^1_{00} \left(\varrho + \frac{P}{c^2} \right) u^0 u^0 - P_{|\nu} g^{1\nu} = \frac{B'}{2A} \left(\varrho + \frac{P}{c^2} \right) \frac{c^2}{B} + \frac{P'}{A} = 0 \tag{39.21}$$

Für den Term $P g^{\mu\nu}$ in $T^{\mu\nu}$ haben wir die kovariante Ableitung direkt angeschrieben (ohne (30.20) zu benutzen); dies ergibt den letzten Term in der ersten Zeile. Für die zweite Zeile haben wir zunächst $(u^\mu) = (u^0, 0, 0, 0)$, $P_{||\nu} = P_{|\nu}$ und $g^{1\nu}{}_{||\nu} = 0$ verwendet. Im letzten Schritt wurden dann noch (39.9) und

$$\Gamma^1_{00} = -\frac{g^{11}}{2} \frac{\partial g_{00}}{\partial x^1} = \frac{B'}{2A} \tag{39.22}$$

eingesetzt. Damit wird (39.21) zu

$$\frac{B'}{B} = -\frac{2P'}{\varrho c^2 + P} \tag{39.23}$$

Für $B \approx 1 + 2\Phi/c^2$ und $P \ll \varrho c^2$ reduziert sich dies auf (39.6).

Aus (39.16) und (39.18) erhalten wir

$$-\frac{A'}{A^2} = \frac{2G\mathcal{M}}{c^2 r^2} - \frac{8\pi G \varrho r}{c^2} \tag{39.24}$$

Wir setzen dies, (39.23) und (39.18) in (39.15) ein und erhalten

---

Oppenheimer-Volkoff-Gleichung:

$$\frac{dP}{dr} = -\frac{G\mathcal{M}\varrho}{r^2} \left[1 + \frac{P}{\varrho c^2} \right] \left[1 + \frac{4\pi r^3 P}{\mathcal{M} c^2} \right] \left[1 - \frac{2G\mathcal{M}}{c^2 r} \right]^{-1} \tag{39.25}$$

Diese Gleichung wurde in den dreißiger Jahren von Tolman, Oppenheimer und Volkoff aufgestellt und untersucht; sie wird auch Tolman-Oppenheimer-Volkoff-Gleichung genannt. Im nichtrelativistischen Fall gilt $P/\varrho c^2 \ll 1$, $G\mathcal{M}/r c^2 \ll 1$ und $r_S/R \ll 1$; dann fallen die eckigen Klammern weg und wir erhalten wieder (38.7). Die Oppenheimer-Volkoff-Gleichung ist die relativistische Gleichung für den Gravitationsdruck.

Wir bestimmen die Funktion $B(r)$, indem wir (39.25) in (39.23) einsetzen:

$$
\frac{B'}{B} = \frac{2G}{c^2 r^2}\left[\mathcal{M} + \frac{4\pi r^3 P}{c^2}\right]\left[1 - \frac{2G\mathcal{M}}{c^2 r}\right]^{-1}
\tag{39.26}
$$

Dann ist $\ln B(r)$ gleich dem Integral über die rechte Seite. Als Integralgrenzen nehmen wir r und ∞. Mit $B(\infty) = 1$ folgt

$$
B(r) = \exp\left\{-\frac{2G}{c^2}\int_r^\infty \frac{dr'}{r'^2}\,\frac{\mathcal{M}(r') + 4\pi r'^3 P(r')/c^2}{1 - 2G\mathcal{M}(r')/(c^2 r')}\right\}
\tag{39.27}
$$

Wir überprüfen noch, dass diese Lösung außerhalb der Massenverteilung in die bekannte (äußere) Schwarzschildlösung übergeht. Die Massenverteilung sei auf einen Bereich innerhalb von R beschränkt, so dass

$$
r > R:\qquad \varrho = P = 0 \quad \text{und} \quad \mathcal{M}(r) = \mathcal{M}(R) = M
\tag{39.28}
$$

Damit wird (39.27) zu

$$
B(r) = \exp\left\{-\frac{2G}{c^2}\int_r^\infty \frac{dr'}{r'^2}\,M\left[1 - \frac{2GM}{c^2 r'}\right]^{-1}\right\}\qquad (r > R)
\tag{39.29}
$$

Die Substitution $x = 1 - 2GM/c^2 r$ ergibt

$$
B(r) = \exp\left\{\int_1^x \frac{dx'}{x'}\right\} = 1 - \frac{2GM}{c^2 r}\qquad (r > R)
\tag{39.30}
$$

Für $A(r)$ folgt aus (39.18)

$$
A(r) = \left[1 - \frac{2GM}{c^2 r}\right]^{-1}\qquad (r > R)
\tag{39.31}
$$

Für $r \geq R$ reduziert sich die Lösung (39.18), (39.27) also auf die äußere Schwarzschildmetrik. Bei der Ableitung in Kapitel 24 war M eine unbekannte Integrationskonstante, deren physikalische Bedeutung sich aus dem Vergleich mit dem Newtonschen Grenzfall ergab. Hier ist M dagegen als Integral über die Massendichte ϱ definiert, (39.19).

Sterngleichgewicht

Die Oppenheimer-Volkoff-Gleichung ist als Differenzialgleichung für den relativistischen Gravitationsdruck von der Form

$$P'(r) = P'\big(P(r),\, \varrho(r),\, \mathcal{M}(r)\big) \qquad \text{(Gravitationsdruck)} \qquad (39.32)$$

Dabei ist nach (39.19)

$$\mathcal{M}'(r) = 4\pi\, r^2 \varrho(r) \qquad \text{(Definition von } \mathcal{M}) \qquad (39.33)$$

Mit (39.32) und (39.33) haben wir zwei Differenzialgleichungen für die drei Felder P, ϱ und $\mathcal{M}$. Zur Bestimmung aller Felder benötigen wir daher noch eine weitere Beziehung. Dies ist die *Zustandsgleichung*, die den inneren Druck der Materie als Funktion der Massendichte angibt,

$$P(r) = P\big(\varrho(r)\big) \qquad \text{(Materiedruck)} \qquad (39.34)$$

Nun bilden (39.32)–(39.34) ein System von drei Gleichungen für die drei unbekannten Felder P, ϱ und $\mathcal{M}$. Indem wir den Gravitationsdruck P_{grav}, (39.32), und den inneren Druck P_{mat} der Materie, (39.34), beide mit P bezeichnen, setzen wir implizit das Gleichgewicht $P = P_{\text{grav}} = P_{\text{mat}}$ voraus.

Im Folgenden benutzen wir nur Zustandsgleichungen der einfachen Form

$$P = K \varrho^\gamma \qquad \text{(Polytrope Zustandsgleichung)} \qquad (39.35)$$

Dabei sind K und γ Konstanten. Beispiele für eine solche Abhängigkeit sind der Fermidruck eines entarteten Fermigases im nichtrelativistischen oder im relativistischen Fall.

Im Allgemeinen kann die Temperatur T eines Sterns nicht vernachlässigt werden. Dann hängt die (thermische) Zustandsgleichung $P(r) = P(\varrho(r),\, T(r))$ vom Temperaturfeld $T(r)$ ab, und wir benötigen eine weitere Beziehung zwischen den Feldern. Dies kann die kalorische Zustandsgleichung $E = E(\varrho(r),\, T(r))$ sein, die die Energie E mit der Massendichte und der Temperatur verbindet.

Das Gleichungssystem (39.32)–(39.34) bestimmt in der betrachteten Vereinfachung das Sterngleichgewicht in der relativistischen Theorie. Hieraus lassen sich $\varrho(r)$ und $P(r)$, und mit (39.18) und (39.27) auch $A(r)$ und $B(r)$ berechnen. Die Metrik (39.1) mit diesem A und B ist die *innere Schwarzschildmetrik*.

Aufgaben

39.1   Verhältnis Umfang zu Radius für Erdbahn

Die Bahn der Erde um die Sonne sei eine Kreisbahn mit dem Radius r. Das Gravitationsfeld der Sonne (Radius $R_\odot$, Schwarzschildradius r_S) werde durch die innere und äußere Schwarzschildmetrik beschrieben; die Dichte der Sonne sei homogen. Berechnen Sie das Verhältnis von Umfang zu Durchmesser der Erdbahn.

40 Relativistische Sterne

Unter relativistischen Sternen verstehen wir Sterne, deren Gravitationsfeld so stark ist, dass die relativistischen Effekte wichtig sind. Für den Fall inkompressibler Materie lösen wir die Oppenheimer-Volkoff-Gleichung und bestimmen die Koeffizienten der inneren Schwarzschildmetrik. Wir untersuchen die Stabilität gegenüber einem Gravitationskollaps, die Rotverschiebung und den Massendefekt von relativistischen Sternen.

Wir betrachten einen sphärischen Stern mit der homogenen Massendichte ϱ_0,

$$\varrho(r) = \begin{cases} \varrho_0 & (r \le R) \\ 0 & (r > R) \end{cases} \tag{40.1}$$

Diese Annahme bedeutet, dass die Dichte unabhängig vom Druck ist, also dass die Materie inkompressibel ist. Dies entspricht dem Grenzfall $\gamma \to \infty$ in der polytropen Zustandsgleichung (39.35).

Wir berechnen $\mathcal{M}$ aus (39.19):

$$\mathcal{M}(r) = \begin{cases} \dfrac{4\pi}{3} \varrho_0 r^3 = M \dfrac{r^3}{R^3} & (r \le R) \\[2ex] \dfrac{4\pi}{3} \varrho_0 R^3 = M & (r \ge R) \end{cases} \tag{40.2}$$

Die Masse M legt die Metrik und das Gravitationsfeld asymptotisch fest; daher wird M auch als *gravitierende Masse* oder einfach als Masse des Sterns bezeichnet.

Wir setzen (40.1) und (40.2) in die Oppenheimer-Volkoff-Gleichung ein. Im Bereich $r \le R$ erhalten wir

$$\frac{P'}{(P + \varrho_0 c^2)(P + \varrho_0 c^2/3)} = -\frac{4\pi G r}{c^4} \left[1 - \frac{8\pi G \varrho_0 r^2}{3c^2} \right]^{-1} \tag{40.3}$$

Wir führen den dimensionslosen Radius $x = \sqrt{8\pi G \varrho_0 / 3c^2}\, r$ ein:

$$\frac{-2\varrho_0 c^2\, dP}{(P + \varrho_0 c^2)(3P + \varrho_0 c^2)} = \frac{x\, dx}{1 - x^2} \tag{40.4}$$

Die Integration dieser Gleichung ergibt

$$\ln\left(\frac{P + \varrho_0 c^2}{3P + \varrho_0 c^2} \right) = -\frac{1}{2} \ln\left(1 - x^2\right) + \text{const.} \tag{40.5}$$

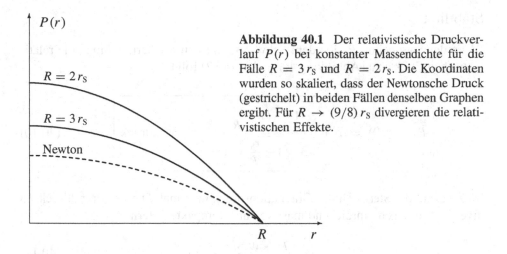

Abbildung 40.1 Der relativistische Druckverlauf $P(r)$ bei konstanter Massendichte für die Fälle $R = 3\,r_S$ und $R = 2\,r_S$. Die Koordinaten wurden so skaliert, dass der Newtonsche Druck (gestrichelt) in beiden Fällen denselben Graphen ergibt. Für $R \rightarrow (9/8)\,r_S$ divergieren die relativistischen Effekte.

Als Integrationsgrenzen setzen wir r und den Sternrand R mit $P(R) = 0$ ein,

$$\frac{P(r) + \varrho_0 c^2}{3P(r) + \varrho_0 c^2} = \left[\frac{1 - 8\pi G \varrho_0 R^2/3c^2}{1 - 8\pi G \varrho_0 r^2/3c^2}\right]^{1/2} \qquad (r \leq R) \qquad (40.6)$$

Mit $4\pi G \varrho_0 R^3/3c^2 = GM/c^2 = r_S/2$ führen wir den Schwarzschildradius ein und lösen nach $P(r)$ auf:

$$P(r) = \varrho_0 c^2 \frac{\sqrt{1 - \dfrac{r_S r^2}{R^3}} - \sqrt{1 - \dfrac{r_S}{R}}}{3\sqrt{1 - \dfrac{r_S}{R}} - \sqrt{1 - \dfrac{r_S r^2}{R^3}}} \qquad (r \leq R) \qquad (40.7)$$

Für $r \geq R$ gilt $P(r) = 0$. Der Druck $P(r)$ ist in Abbildung 40.1 für $R = 3\,r_S$ und $R = 2\,r_S$ gezeigt und mit dem nichtrelativistischen Grenzfall verglichen.

Wir geben noch $A(r)$ und $B(r)$ an. Aus (39.18) und (40.2) folgt

$$A(r) = \begin{cases} \left[1 - \dfrac{r_S r^2}{R^3}\right]^{-1} & (r \leq R) \\[3mm] \left[1 - \dfrac{r_S}{r}\right]^{-1} & (r \geq R) \end{cases} \qquad (40.8)$$

Aus (39.27), (40.2) und (40.7) folgt

$$B(r) = \begin{cases} \dfrac{1}{4}\left[3\sqrt{1 - \dfrac{r_S}{R}} - \sqrt{1 - \dfrac{r_S r^2}{R^3}}\right]^2 & (r \leq R) \\[3mm] 1 - \dfrac{r_S}{r} & (r \geq R) \end{cases} \qquad (40.9)$$

Stabilität

Wenn der Sternradius R sich dem Schwarzschildradius nähert, nehmen die relativistischen Effekte zu (Abbildung 40.1). Aus (40.7) folgt

$$P_0 = P(0) = \varrho_0 c^2 \, \frac{1 - \sqrt{1 - \dfrac{r_{\mathrm{S}}}{R}}}{3\sqrt{1 - \dfrac{r_{\mathrm{S}}}{R}} - 1} \qquad \text{Zentraldruck} \qquad (40.10)$$

Im Zentrum des Sterns ist der Gravitationsdruck maximal. Dieser Zentraldruck P_0 divergiert für einen hinreichend massiven und kompakten Stern:

$$P_0 \xrightarrow{\; R \,\to\, (9/8)\, r_{\mathrm{S}} \;} \infty \qquad (40.11)$$

Wenn der Gravitationsdruck im Zentrum divergiert, dann ist hier kein Gleichgewicht möglich. Dann gilt für jede reale Materie $P_0 = P_{\mathrm{grav}}(0) > P_{\mathrm{mat}}$, und der Stern kollabiert. Ein Sterngleichgewicht ist daher nur für

$$R > \frac{9}{8}\, r_{\mathrm{S}} \qquad \text{Stabilitätsbedingung} \qquad (40.12)$$

möglich. Diese Stabilitätsbedingung bedeutet bei gegebenem Sternradius R eine Massenobergrenze, oder bei gegebener Masse M eine untere Grenze für den Radius. Man kann zeigen (Kapitel 11.6 in [1]), dass der numerische Faktor in (40.12) nicht von der speziellen Zustandsgleichung abhängt. Sofern (40.12) erfüllt ist, sind die metrischen Koeffizienten (40.8) und (40.9) nirgends singulär.

Im nichtrelativistischen Fall und für inkompressible Materie ist der maximale Druck P_0 immer endlich, (38.12). Eine Instabilität kann sich aber auch hier ergeben, und zwar durch eine zu große Kompressibilität der Materie. Dies führt zum Beispiel für Weiße Zwerge zu einer Massenobergrenze.

Die Instabilität für $R \to (9/8)\, r_{\mathrm{S}}$ ist dagegen von grundsätzlicher Natur. Sie wird nicht durch eine zu hohe Kompressibilität der Materie verursacht, sondern durch die relativistischen Effekte in der Oppenheimer-Volkoff-Gleichung. Für hohe Drücke ($P \geq \varrho c^2$) führt (39.25) zu $dP/dr \propto -P^2$ und damit zu einem selbstverstärkenden Anstieg des Drucks zum Zentrum hin. Die resultierende Divergenz (40.11) ist unabhängig von der Art der Materie, aus der der Stern gebildet wird.

Die Feldgleichungen der ART haben damit zu dem Ergebnis geführt, dass für $R \to (9/8)\, r_{\mathrm{S}}$ der zentrale Gravitationsdruck eines Sterns divergiert. Die Folge ist, dass ein solcher Stern einen *Gravitationskollaps* erleidet. Der Kollaps selbst ist ein dynamischer Vorgang und erfordert daher eine zeitabhängige Metrik. In Kapitel 47 werden wir einen Kollaps unter sehr vereinfachten Bedingungen untersuchen.

Rotverschiebung

Wir bestimmen die Rotverschiebung für Licht, das von der Oberfläche des Sterns ausgesandt wird. Nach (12.9) ist die Rotverschiebung gleich

$$z = \frac{\nu_A}{\nu_B} - 1 = \sqrt{\frac{g_{00}(r_B)}{g_{00}(r_A)}} - 1 \qquad (40.13)$$

Dabei ist A der Ort der Emission, also die Sternoberfläche $r = R$. Dort gilt nach (40.9) $g_{00}(r_A) = B(R) = 1 - r_S/R$. Das Licht werde an einer Stelle B mit $g_{00}(r_B) = 1$ empfangen; dies gilt in unendlicher Entfernung vom Stern oder auch näherungsweise auf der Erde. Damit ist die Rotverschiebung des Sternlichts gleich

$$\boxed{z = \frac{1}{\sqrt{1 - r_S/R}} - 1 \qquad \begin{array}{c} \text{Rotverschiebung} \\ \text{von Sternlicht} \end{array}} \qquad (40.14)$$

Wegen (40.12) ist der Wert der Rotverschiebung auf

$$z < 2 \qquad \text{(Sternlicht)} \qquad (40.15)$$

beschränkt. Größere Rotverschiebungen könnten für Strahlung aus dem Inneren eines hinreichend transparenten Sterns auftreten, oder für die Strahlung aus dem Bereich $r \gtrsim r_S$ eines kollabierten Sterns (also eines Schwarzen Lochs). Die größten beobachteten Rotverschiebungen (bis $z \lesssim 5$) stammen von Quasaren; sie beruhen jedoch auf der kosmologische Rotverschiebung (Kapitel 51) und nicht wie hier auf der Gravitationsrotverschiebung.

Massendefekt

Die nach außen wirksame, gravitierende Masse M ist durch (40.2) gegeben,

$$M = 4\pi \int_0^\infty dr' \, r'^2 \varrho(r') \overset{(40.1)}{=} \frac{4\pi}{3} R^3 \varrho_0 \qquad (40.16)$$

Wir wollen dies mit der Summe der einzelnen Massenbestandteile, der konstituierenden Masse M_k, vergleichen:

$$M_k = \sum_i \Delta m_i = \int dV \, \varrho \overset{(40.1)}{=} V \varrho_0 \qquad (40.17)$$

In der Metrik (39.1) ist $V \neq (4\pi/3) R^3$, so dass $M_k \neq M$. Außer der Gravitation gebe es keine langreichweitigen Wechselwirkungen. In Δm_i und damit in M_k sind dann die Energiebeiträge aller Wechselwirkungen außer der Gravitation enthalten. In der gravitierenden (physikalischen) Masse muss zusätzlich der Energiebeitrag

$-E_{\text{grav}}$ der Gravitation enthalten sein. Damit ist $M_{\text{k}} - M$ der Massendefekt der Sterns aufgrund der Gravitation:

$$\Delta M = M_{\text{k}} - M = -E_{\text{grav}}/c^2 > 0 \qquad (40.18)$$

Wir berechnen das Volumen V des Sterns in der Schwarzschildmetrik mit (40.8):

$$V = \int_{r \leq R} dV = \int_0^R dr \int_0^\pi d\theta \int_0^{2\pi} d\phi \sqrt{|g_{11}\,g_{22}\,g_{33}|} =$$

$$= 4\pi \int_0^R \frac{r^2\,dr}{\sqrt{1 - r^2\,r_{\text{S}}/R^3}} = 4\pi R_{\text{S}}^3 \int_0^X \frac{dx\,x^2}{\sqrt{1 - x^2}} \qquad (40.19)$$

Hier haben wir den Radius

$$R_{\text{S}} = R\sqrt{\frac{R}{r_{\text{S}}}} \qquad (40.20)$$

und die dimensionslosen Größen

$$x = \frac{r}{R_{\text{S}}} = \sqrt{\frac{r^2\,r_{\text{S}}}{R^3}} \quad \text{und} \quad X = \frac{R}{R_{\text{S}}} = \sqrt{\frac{r_{\text{S}}}{R}} \qquad (40.21)$$

eingeführt. Damit wird das Volumen V zu

$$V = 2\pi R_{\text{S}}^3 \left(\arcsin X - X\sqrt{1 - X^2}\right) = \frac{4\pi}{3} R^3 F(X) \qquad (40.22)$$

Wir geben die Funktion $F(X)$ speziell für kleine X und an der Stabilitätsgrenze $X = \sqrt{8/9}$ an:

$$F(X) = \frac{3\left(\arcsin X - X\sqrt{1 - X^2}\right)}{2X^3} = \begin{cases} 1 + \dfrac{3}{10}\left(\dfrac{R}{R_{\text{S}}}\right)^2 & (X \ll 1) \\[2ex] 1.64 & (X = \sqrt{8/9}) \end{cases} \qquad (40.23)$$

Der Massendefekt (40.18) ist nun

$$\Delta M = M_{\text{k}} - M = \varrho_0 \left(V - \frac{4\pi R^3}{3}\right) = M\left[F(X) - 1\right] \qquad (40.24)$$

Im Newtonschen Grenzfall ($X \ll 1$) wird dies zu

$$\Delta M\,c^2 = Mc^2\,\frac{3}{10}\left(\frac{R}{R_{\text{S}}}\right)^2 = \frac{3}{5}\frac{GM^2}{R} = -E_{\text{grav}} \qquad (40.25)$$

Eine analoge Form erhält man in der Elektrostatik für eine homogen geladene Kugel. An der Stabilitätsgrenze ist der Massendefekt mit der Masse selbst vergleichbar:

$$\frac{\Delta M}{M} = 0.64 \quad \text{für} \quad R = \frac{9}{8} r_{\text{S}} \qquad (40.26)$$

41 Newtonsche Sterne

Newtonsche Sterne sind Sterne, deren Gravitationsfeld so schwach ist, dass sie durch den Newtonschen Grenzfall beschrieben werden können. Wir diskutieren die Lösungen dieses Grenzfalls für eine polytrope Zustandsgleichung. Die Ergebnisse werden in den Kapiteln 42 und 43 auf Weiße Zwerge und Neutronensterne angewendet.

Die Bedingungen für den nichtrelativistischen Grenzfall der Oppenheimer-Volkoff-Gleichung sind:

$$\frac{P}{\varrho c^2} \ll 1, \qquad \frac{4\pi r^3 P}{\mathcal{M} c^2} \ll 1, \qquad \frac{2G\mathcal{M}}{c^2 r} \ll 1 \tag{41.1}$$

Unter diesen Bedingungen reduziert sich (39.25) auf (38.7). Wir lösen (38.7) nach $\mathcal{M}$ auf und differenzieren nach r. Mit $\mathcal{M}' = 4\pi r^2 \varrho$ erhalten wir

$$\frac{d}{dr}\left(\frac{r^2}{\varrho}\frac{dP}{dr}\right) = -4\pi G \varrho r^2 \tag{41.2}$$

Hierin setzen wir die polytrope Zustandsgleichung

$$P = K\varrho^\gamma \tag{41.3}$$

ein:

$$\gamma K \frac{d}{dr}\left(r^2 \varrho^{\gamma-2}\frac{d\varrho}{dr}\right) = -4\pi G \varrho r^2 \tag{41.4}$$

Wir suchen Lösungen dieser Differenzialgleichung, die bei $r = 0$ endlich sind:

$$\varrho(0) = \varrho_0 < \infty \tag{41.5}$$

Aus (41.4) folgt dann für $r \to 0$

$$\frac{d}{dr}\left(r^2 \frac{d\varrho}{dr}\right) \propto r^2 \quad \text{und} \quad \varrho'(r) \propto r \tag{41.6}$$

Somit ist

$$\varrho'(0) = 0 \tag{41.7}$$

Wir führen den dimensionslosen Radius x,

$$x = \left[\frac{4\pi G(\gamma-1)}{K\gamma}\right]^{1/2} \varrho_0^{1-\gamma/2}\, r \tag{41.8}$$

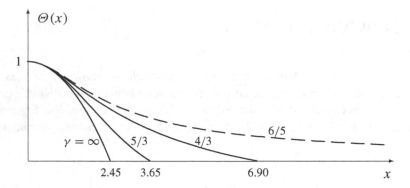

Abbildung 41.1 Die Lane-Emden-Funktion $\Theta(x)$ zum Index $n = 1/(\gamma - 1)$ bestimmt die Abhängigkeit der Dichte $\varrho \propto \Theta^n$ vom Radius $r \propto x$. Die erste Nullstelle (Schnittpunkt des Graphen mit der x-Achse) ergibt den Sternradius R. Gezeigt sind die Fälle $\gamma = \infty$ (inkompressibler Stern), $\gamma = 5/3$ (kleiner Weißer Zwerg), $\gamma = 4/3$ (großer Weißer Zwerg, Grenze zur Instabilität) und $\gamma = 6/5$ (Grenzfall ohne Nullstelle, gestrichelt eingezeichnet).

und die dimensionslose Funktion $\Theta(x)$,

$$\Theta(x) = \left(\frac{\varrho}{\varrho_0}\right)^{\gamma - 1} \tag{41.9}$$

ein. Damit wird (41.4) zu

$$\frac{1}{x^2}\frac{d}{dx}\left(x^2 \frac{d\Theta}{dx}\right) + \Theta^n = 0, \qquad n = \frac{1}{\gamma - 1} \tag{41.10}$$

Die Randbedingungen

$$\Theta(0) = 1, \qquad \Theta'(0) = 0 \tag{41.11}$$

legen die Lösung dieser Differenzialgleichung eindeutig fest. Die Lösungsfunktion $\Theta(x)$ ist die sogenannte *Lane-Emden-Funktion* zum Index n. Für $x \ll 1$ lautet die Entwicklung der Lane-Emden-Funktion

$$\Theta(x) = 1 - \frac{1}{6}x^2 + \frac{n}{120}x^4 - \frac{8n^2 - 5n}{15\,120}x^6 \pm \ldots \tag{41.12}$$

Es gibt die folgenden analytischen Lösungen:

$$\begin{aligned}
\Theta &= 1 - x^2/6 && \text{für } n = 0, \ \gamma = \infty \\
\Theta &= \sin(x)/x && \text{für } n = 1, \ \gamma = 2 \\
\Theta &= 1/\sqrt{1 + x^2/3} && \text{für } n = 5, \ \gamma = 6/5
\end{aligned} \tag{41.13}$$

In Abbildung 41.1 sind die Lane-Emden-Funktionen für den ersten und den letzten Fall und für die dazwischen liegenden Werte $\gamma = 5/3$ und $\gamma = 4/3$ dargestellt.

Für $n < 5$ oder $\gamma > 6/5$ hat die Lane-Emden-Funktion eine oder mehrere Nullstellen. An der ersten Nullstelle, $\Theta(x_1) = 0$, wird die Dichte null. Diese Stelle definiert den Sternradius:

$$R = \left[\frac{K\gamma}{4\pi G(\gamma - 1)} \right]^{1/2} \varrho_0^{\gamma/2-1} x_1 \qquad (41.14)$$

Die Masse (40.16) des Sterns ergibt sich zu

$$M = 4\pi \varrho_0^{(3\gamma-4)/2} \left[\frac{K\gamma}{4\pi G(\gamma - 1)} \right]^{3/2} \int_0^{x_1} dx \, x^2 \, \Theta^n \qquad (41.15)$$

Mit Hilfe der Differenzialgleichung (41.10) können wir den Integranden als $(x^2 \Theta')'$ schreiben und damit die Integration ausführen:

$$M = 4\pi \int_0^R dr \, r^2 \varrho(r) = 4\pi \varrho_0^{(3\gamma-4)/2} \left[\frac{K\gamma}{4\pi G(\gamma - 1)} \right]^{3/2} x_1^2 \, |\Theta'(x_1)| \qquad (41.16)$$

Für eine bestimmte Zustandsgleichung haben K und γ (und damit auch x_1 und $\Theta'(x_1)$) feste Werte. Daher sind der Radius R und die Masse M eindeutige Funktionen der zentralen Dichte ϱ_0:

$$M = \text{const.} \cdot \varrho_0^{(3\gamma-4)/2} \qquad (41.17)$$

$$R = \text{const.} \cdot \varrho_0^{\gamma/2-1} \qquad (41.18)$$

Für Weiße Zwerge und Neutronensterne werden wir die Exponenten $\gamma = 5/3$ und $\gamma = 4/3$ erhalten; ein Stern aus inkompressibler Materie wird durch $\gamma = \infty$ beschrieben. Für diese Fälle sind die Funktionen $\Theta(x)$ in Abbildung 41.1 gezeigt. Bis auf die Skalierung ist $\Theta(x)$ gleich der Massendichte $\varrho(r)$.

Stabilität

Wir haben bisher nicht untersucht, ob die hier gefundenen Gleichgewichtslösungen stabil oder instabil sind. Im Prinzip müsste man dazu alle möglichen Auslenkungen von einer Gleichgewichtslösung weg betrachten und nachweisen, dass es für jede Auslenkung eine Rückstellkraft gibt. Wir geben hier ein sehr vereinfachtes Argument dafür, dass der Wert $\gamma = 4/3$ die Grenze zwischen Stabilität und Instabilität darstellt.

Die diskutierten Lösungen lassen sich durch einen Längenparameter charakterisieren; hierfür bietet sich der Sternradius R an. Eine der möglichen Auslenkungen aus der Gleichgewichtslösung besteht in der Skalierung aller Längen um den gleichen Faktor. Für die betrachtete Lösung bedeutet das die Variation $\delta R = R - R_0$ des Sternradius; dabei ist R_0 der Gleichgewichtswert. Wir bestimmen die Abhängigkeit der Gravitationsenergie E_{grav} und der inneren Energie E_{mat} von R. Bis auf Faktoren der Ordnung 1 gilt

$$E_{\text{grav}} \approx -\frac{GM^2}{R} \quad \text{und} \quad E_{\text{mat}} \approx PV = K\varrho^{\gamma} V \propto \frac{1}{R^{3(\gamma-1)}} \qquad (41.19)$$

Daraus folgt die Form

$$E(R) = E_{\text{grav}} + E_{\text{mat}} = -\frac{C_1}{R} + \frac{C_2}{R^{3(\gamma-1)}} \qquad (41.20)$$

für die Gesamtenergie E mit den positiven Konstanten C_1 und C_2. Die Energie E besteht also aus einem attraktiven $1/R$- und einem repulsiven $1/R^{3(\gamma-1)}$-Anteil. Diese Funktion von R lässt sich leicht diskutieren, ähnlich wie in Abbildung 38.3. Offensichtlich existiert ein Minimum nur für $\gamma > 4/3$. Für den Grenzwert $\gamma = 4/3$ selbst ist eine detaillierte Untersuchung nötig. Daher erhalten wir als notwendige Bedingung für Stabilität:

$$\gamma \geq \frac{4}{3} \qquad \text{(Stabilitätsbedingung)} \qquad (41.21)$$

Diese Bedingung ist aber nicht hinreichend, da wir nur *eine* mögliche Auslenkung aus der Gleichgewichtslage betrachtet haben.

Beim Weißen Zwerg und beim Neutronenstern ergibt sich für nichtrelativistische Teilchen $\gamma = 5/3$, im relativistischen Grenzfall dagegen $\gamma = 4/3$. Für $\gamma = 4/3$ muss der repulsive Anteil größer als der attraktive sein, also $C_2 > C_1$ in (41.20). Diese Bedingung führt zu einer Massenobergrenze.

42 Weißer Zwerg

Das ideale Fermigas aus Elektronen führt zu einem Modell des Sterngleichgewichts „Weißer Zwerg". Hierbei hält der kinetische Druck des entarteten Fermigases dem Gravitationsdruck die Waage.

Hat ein Stern den für die Kernfusion zur Verfügung stehenden Brennstoff verbraucht, so kühlt er durch Abstrahlung ab. Dann kann der thermische Druck den Gravitationskräften nicht mehr die Waage halten. Die einsetzende Kontraktion führt bei hinreichend massiven Sternen zur Zerquetschung der Atomhüllen. (Bei kleineren Objekten, wie etwa Planeten, können die Atomhüllen dem Gravitationsdruck standhalten). Es entsteht eine „Suppe" aus Elektronen und Atomkernen, die im Mittel (über einige Teilchenabstände gemittelt) elektrisch neutral ist; die elektromagnetischen Kräfte spielen daher keine Rolle für das Sterngleichgewicht. Die Elektronen können dann in erster Näherung als *ideales Fermigas* behandelt werden, also unter Vernachlässigung der Wechselwirkungen. Den Elektronen steht das Sternvolumen V zur Verfügung, in dem sie die niedrigsten Niveaus besetzen. Der kinetische Druck dieser Elektronen wächst mit abnehmendem Volumen. Dadurch kann sich ein neues Gleichgewicht ergeben. Dieses Gleichgewicht ist das Modell für Sterne vom Typ *Weißer Zwerg*.

Wir betrachten ein Fermigas aus Elektronen bei $T = 0$; dies wird *entartetes* Fermigas genannt. Das Volumen V und die Anzahl N der Elektronen seien gegeben. In dem Phasenraum mit dem Volumenelement $d^3r\, d^3p$ gibt es genau einen Ortszustand pro Volumen $(2\pi\hbar)^3$. Dieser Zustand kann mit 2 Elektronen (spin up und down) besetzt werden. Für $T = 0$ besetzen die Elektronen die untersten Zustände, also alle Zustände mit $|\boldsymbol{p}| \leq p_F$. Wir berechnen die Anzahl der Zustände unterhalb des *Fermiimpulses* p_F:

$$N = \frac{1}{(2\pi\hbar)^3} \int_V d^3r \int_{p \leq p_F} d^3p \sum_{\text{spin}} 1 = \frac{2V}{(2\pi\hbar)^3} \frac{4\pi}{3} p_F^3 \qquad (42.1)$$

Dies muss gleich der Anzahl N der vorhandenen Elektronen sein. Daraus ergibt sich der Zusammenhang zwischen dem Fermiimpuls p_F und der Teilchendichte $n_e = N/V$ der Elektronen:

$$p_F = \hbar \left(3\pi^2 n_e\right)^{1/3} \qquad (42.2)$$

Die Einteilchenzustände mit dem Impuls $\boldsymbol{p}$ haben die Energie

$$\varepsilon(\boldsymbol{p}) = \sqrt{m_e^2 c^4 + p^2 c^2} \qquad (42.3)$$

251

Dabei ist $p = |\boldsymbol{p}|$ und m_e ist die Elektronmasse. Die Energie des Elektronengases ist

$$E_{\text{mat}} = 2 \sum_{p \le p_F} \varepsilon(\boldsymbol{p}) = \frac{2V}{(2\pi\hbar)^3} \int_0^{p_F} dp \, 4\pi p^2 \sqrt{m_e^2 c^4 + p^2 c^2}$$

$$= \frac{m_e^4 c^5}{\pi^2 \hbar^3} V \int_0^{x_F} dx \, x^2 \sqrt{1 + x^2} = \frac{m_e^4 c^5}{\pi^2 \hbar^3} V f(x_F) \tag{42.4}$$

Im letzten Ausdruck haben wir die dimensionslosen Impulse

$$x = \frac{p}{m_e c}, \qquad x_F = \frac{p_F}{m_e c} \tag{42.5}$$

und die Funktion

$$f(x_F) = \int_0^{x_F} dx \, x^2 \sqrt{1 + x^2} = \begin{cases} \dfrac{1}{3} x_F^3 \left(1 + \dfrac{3}{10} x_F^2 + \dots\right) & (x_F \ll 1) \\[2ex] \dfrac{1}{4} x_F^4 \left(1 + \dfrac{1}{x_F^2} + \dots\right) & (x_F \gg 1) \end{cases} \tag{42.6}$$

eingeführt. Der Druck P folgt aus der thermodynamischen Relation $dE = T\,dS - P\,dV$. Für das entartete ideale Fermigas gilt $T = 0$ und $E = E_{\text{mat}}$, so dass

$$P = P_{\text{mat}} = -\frac{\partial E_{\text{mat}}}{\partial V} = \frac{m_e^4 c^5}{\pi^2 \hbar^3} \left(\frac{x_F^3}{3} \sqrt{1 + x_F^2} - f(x_F)\right) \tag{42.7}$$

Im letzten Schritt wurde

$$\frac{dx_F}{dV} = -\frac{x_F}{3V} \tag{42.8}$$

verwendet, was aus (42.2) in der Form $x_F \propto V^{-1/3}$ folgt. Der resultierende Druck (42.7) ist der Fermidruck des entarteten Fermigases.

Über (42.7) und (42.2) ist P mit der Elektronendichte n_e verknüpft. Wir stellen noch die Verbindung mit der Massendichte

$$\varrho = \sigma \, n_e \, m_n \tag{42.9}$$

her. Hier ist m_n die Nukleonmasse und σ die mittlere Zahl der Nukleonen pro Elektron; der Beitrag der Elektronen zur Massendichte kann vernachlässigt werden. Für einen Weißen Zwerg aus Helium oder Kohlenstoff gilt

$$\sigma = \frac{A}{Z} = 2 \qquad \text{(Helium, Kohlenstoff)} \tag{42.10}$$

Energetisch sind Fusionszyklen bis ^{56}Fe (mit $\sigma \approx 2.15$) möglich, denn dies ist der Kern mit der größten Bindungsenergie ist. Tatsächlich treten solche weitergehenden Fusionen nur in wesentlich größeren Sternen auf, die dann aber nicht als Weiße

Zwerge enden (wegen der unten zu diskutierenden Massenobergrenze). Typischerweise bestehen Weiße Zwerge im Endstadium aus Helium und/oder Kohlenstoff. Wenn es zum Heliumbrennen gekommen ist, dann könnte der entstehende Weiße Zwerg aus einem Kohlenstoffkern (eventuell mit Sauerstoffbeimengungen) und aus einer Heliumhülle (mit Wasserstoffresten) bestehen.

Aus (42.2), (42.5) und (42.9) folgt

$$x_F = \frac{p_F}{m_e c} = \frac{\hbar}{m_e c} \left(\frac{3\pi^2 \varrho}{\sigma m_n} \right)^{1/3} \tag{42.11}$$

Typische Werte für Weiße Zwerge liegen bei $x_F \sim 1$; dies wird unten noch begründet. Für $x_F = 1$ erhalten wir die charakteristische Dichte ϱ_c,

$$\varrho_c = \frac{\sigma m_n}{3\pi^2 \hbar^3} (m_e c)^3 \tag{42.12}$$

Wegen $x_F \propto \varrho^{1/3}$ gilt $\varrho \ll \varrho_c$ für $x_F \ll 1$, und $\varrho \gg \varrho_c$ für $x_F \gg 1$. Aus (42.7), (42.6) und (42.11) erhalten wir

$$P = \frac{m_e^4 c^5}{\pi^2 \hbar^3} \left\{ \begin{matrix} \frac{1}{15} x_F^5 \\ \frac{1}{12} x_F^4 \end{matrix} \right\} = \left\{ \begin{matrix} K_1 \varrho^{5/3} & (\varrho \ll \varrho_c) \\ K_2 \varrho^{4/3} & (\varrho \gg \varrho_c) \end{matrix} \right. \tag{42.13}$$

wobei

$$K_1 = \frac{\hbar^2}{15\pi^2 m_e} \left(\frac{3\pi^2}{\sigma m_n} \right)^{5/3} \quad \text{und} \quad K_2 = \frac{\hbar c}{12\pi^2} \left(\frac{3\pi^2}{\sigma m_n} \right)^{4/3} \tag{42.14}$$

Jeder der beiden Grenzfälle führt also zu einer polytropen Zustandsgleichung. Wir verwenden (41.14) und (41.16) und setzen für das jeweilige γ die bekannten numerischen Werte für x_1 und $\Theta'(x_1)$ ein. Damit erhalten wir die Abhängigkeit der Masse und des Radius von der zentralen Dichte ϱ_0:

$$M = \left\{ \begin{matrix} \dfrac{2.79}{\sigma^2} \left(\dfrac{\varrho_0}{\varrho_c} \right)^{1/2} M_\odot & (\varrho_0 \ll \varrho_c) \\[2ex] \dfrac{5.87}{\sigma^2} M_\odot = M_C & (\varrho_0 \gg \varrho_c) \end{matrix} \right. \tag{42.15}$$

und

$$R = \left\{ \begin{matrix} \dfrac{2.00}{\sigma} \left(\dfrac{\varrho_c}{\varrho_0} \right)^{1/6} 10^4 \, \text{km} & (\varrho_0 \ll \varrho_c) \\[2ex] \dfrac{5.33}{\sigma} \left(\dfrac{\varrho_c}{\varrho_0} \right)^{1/3} 10^4 \, \text{km} & (\varrho_0 \gg \varrho_c) \end{matrix} \right. \tag{42.16}$$

Als Funktion von ϱ_0 erfolgt der Übergang zwischen den beiden Grenzfällen monoton, Abbildung 42.1.

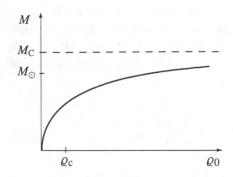

Abbildung 42.1 Masse M eines Weißen Zwergs als Funktion der zentralen Dichte ϱ_0.

Die Massenobergrenze M_C für Weiße Zwerge wurde 1930 von Stoner und unabhängig davon von dem 19-jährigen Chandrasekhar abgeleitet; sie wird heute als *Chandrasekhar-Grenzmasse* bezeichnet. Für einen Weißen Zwerg aus Helium oder Kohlenstoff erhalten wir aus (42.19) und (42.15)

$$M_C = 1.47\, M_\odot \tag{42.17}$$

Für $M \to M_C$ geht $\varrho_0 \to \infty$ und damit auch $P_0 \to \infty$; dies führt schließlich zur Instabilität. Tatsächlich setzt bereits vor Erreichen der Grenzmasse M_C die Reaktion $p + e^- \to n + \nu_e$ ein. Damit ist der Zusammenbruch des Fermidrucks der Elektronen verbunden; der Stern kollabiert. In einem Doppelsternsystem könnte ein Weißer Zwerg Masse ansaugen und sich so M_C nähern. Der Kollaps des Sterns kann dann als Supernova beobachtet werden.

Die Grenzmasse M_C in (42.17) wurde unter Annahme der Zustandsgleichung $P \propto \varrho^{4/3}$ für hohe Dichten abgeleitet. Für einen realen Stern dürfte dies im Inneren eine gute Näherung sein, während im Außenbereich eher der nichtrelativistische Fall mit $P \propto \varrho^{5/3}$ vorliegt. Insofern ist (42.17) als einfache Näherung anzusehen.

Eine Masse $M \sim M_\odot$ ist charakteristisch für einen Weißen Zwerg, denn bei deutlich kleinerer Masse kommt der Stern nicht zum Fusionsbrennen, und deutlich höhere Massen sind durch die berechnete Obergrenze ausgeschlossen. Daher ist ϱ_c – wie oben behauptet – die *charakteristische* Dichte für einen Weißen Zwerg. Sie beträgt etwa zwei Tonnen pro Kubikzentimeter,

$$\boxed{\varrho_c = \frac{\sigma\, m_n}{3\pi^2 \hbar^3}\, (m_e c)^3 \approx 2 \cdot 10^9\, \frac{\text{kg}}{\text{m}^3} \qquad \begin{array}{l}\text{Massendichte} \\ \text{Weißer Zwerg}\end{array}} \tag{42.18}$$

Der Weiße Zwerg mit $M \sim M_\odot$ hat nach (42.16) einen Radius $R \approx 10^4$ km. Die absolute Stärke der relativistischen Effekte ist daher gleich

$$\boxed{\frac{2\,|\Phi|}{c^2} = \frac{2\,G M_\odot}{R c^2} = \frac{r_{s,\odot}}{R} \approx 3 \cdot 10^{-4} \qquad \begin{array}{l}\text{Gravitationsfeld} \\ \text{Weißer Zwerg}\end{array}} \tag{42.19}$$

Dies rechtfertigt die Anwendung des nichtrelativistischen Grenzfalls der Oppenheimer-Volkoff-Gleichung.

Empirisch sind Weiße Zwerge seit langem bekannt. Mit Hilfe des Planckschen Strahlungsgesetzes kann man von der spektralen Verteilung des Lichts auf die Oberflächentemperatur des beobachteten Sterns schließen. Das Spektrum von Weißen Zwergen kann als weiß oder blauweiß charakterisiert werden. Damit ist seine Oberflächentemperatur vergleichbar mit der der Sonne ($T_\odot \approx 6000\,K$) oder höher[1]. Weiße Zwerge haben nun trotz etwa gleicher Oberflächentemperatur nur einen kleinen Bruchteil der absoluten Helligkeit der Sonne. Nach dem Stefan-Boltzmann-Gesetz ist die absolute Strahlungsleistung (Luminosität) L proportional zur abstrahlenden Fläche und zur vierten Potenz der Temperatur,

$$L = \text{const.} \cdot R^2\, T^4 \tag{42.20}$$

Wir lösen diese Beziehung nach R auf und beziehen alle Größen auf diejenigen der Sonne,

$$R = \left(\frac{T_\odot}{T}\right)^2 \left(\frac{L}{L_\odot}\right)^{1/2} R_\odot \tag{42.21}$$

Der Radius R eines Sterns kann also über die Messung der absoluten Luminosität L und der Temperatur T (aus der Frequenzverteilung) bestimmt werden. Für einen bestimmten Weißen Zwerg könnte man zum Beispiel $L = 10^{-4} L_\odot$ und $T = T_\odot$ messen; daraus folgt dann $R = 10^{-2} R_\odot \approx 10^4$ km. Das hier vorgestellte Modell kann solche Radien erklären. Die Bezeichnung „weiß" entspricht der Frequenzverteilung des Sternlichts, die Bezeichnung „Zwerg" der Größe.

Für das untersuchte Sterngleichgewicht ist die endliche Temperatur ohne Bedeutung; denn ihr Beitrag zum Druck ist vernachlässigbar klein. Ohne Einfluss von außen (zum Beispiel Materieeinfang) wird sich ein Weißer Zwerg durch elektromagnetische Abstrahlung immer weiter abkühlen und so schließlich zu einem Schwarzen (also nichtsichtbaren) Zwerg.

Der Weiße (oder Schwarze) Zwerg ist ein mögliches Endstadium unserer Sonne. Die Entwicklung eines Sterns (wie der Sonne) zum Weißen Zwerg ist aber nicht so einfach, wie man nach dem ersten Absatz dieses Kapitels vermuten könnte. Die von Astrophysikern angegebene Entwicklung sei kurz skizziert: Nach Beendigung des Wasserstoffbrennens im Zentralbereich des Sterns setzt sich das Wasserstoffbrennen zunächst in einer Hülle um diesen Bereich fort. Dies führt zu einer Erhitzung und einer Expansion der im Wesentlichen aus Wasserstoff bestehenden Hülle. Hierdurch entsteht ein *Roter Riese*; der zentrale Bereich ist dann von außen nicht sichtbar. Die Hülle ist schließlich soweit vom Kern entfernt, dass sie nach außen wegwandert und der Kern (nun wieder sichtbar) übrig bleibt. Die Abstoßung der Hülle geschieht in einem relativ kurzen Zeitraum von etwa $2 \cdot 10^4$ Jahren. (Die Phase des Wasserstoffbrennens dauert dagegen je nach Sternmasse 10^6 bis 10^{11} Jahre.) Der verbleibende Kern bildet den Weißen Zwerg; er besteht meist vorwiegend aus Sauerstoff und Kohlenstoff.

---

[1]Dies steht nicht im Widerspruch zur oben gemachten Annahme $T \approx 0$ für das entartete Elektronengas. Für das Fermigas bedeutet diese Annahme $k_B T \ll \varepsilon_F$. Für $\varrho \sim \varrho_c$ Dichte gilt $\varepsilon_F \sim m_e c^2$, also $\varepsilon_F \sim 0.5\,\text{MeV}$ gegenüber $k_B T \sim \text{eV}$.

43 Neutronenstern. Pulsar

Für Sterne mit $M \geq M_C$ kann die nach Ablauf der Fusionsvorgänge einsetzende Gravitationskontraktion nicht durch den Fermidruck der Elektronen aufgehalten werden. In diesem Fall kommt es zu einem Gravitationskollaps, in dessen Zentrum möglicherweise ein Neutronenstern übrig bleibt. Wir betrachten den Gleichgewichtszustand eines solchen Neutronensterns. Neutronensterne werden als Pulsare beobachtet.

Die Möglichkeit eines Sterns aus Neutronen wurde von Landau unmittelbar nach der Entdeckung des Neutrons (1932) gesehen. Die quantitative Behandlung geht auf Oppenheimer und Volkoff (1939) zurück, die auch die Massenobergrenze berechneten.

Beim β-Zerfall, $n \rightarrow p + e^- + \bar{\nu}_e$, wird die Energie $\Delta E = (m_n - m_p - m_e) c^2$ frei. Übersteigt nun in hochkomprimierter Materie die Fermienergie der Elektronen den Wert $\Delta E \approx 1.5 \, m_e c^2$, so ist für die Teilchen an der Fermikante die umgekehrte Reaktion

$$p + e^- \rightarrow n + \nu_e \tag{43.1}$$

energetisch begünstigt. Die Fermienergie der Elektronen steigt mit der Dichte an, (42.2). Wegen der elektrischen Neutralität des Sterns gibt es jeweils ein Elektron pro Proton. Bei hinreichend hoher Dichte führt der Prozess (43.1) daher zur Umwandlung der Protonen in Neutronen. Dadurch kann ein Stern entstehen, der im Wesentlichen aus Neutronen besteht, eben ein *Neutronenstern.*

Die Entstehung eines solchen Neutronensterns stellt man sich etwa so vor: In einem massereichen Stern ($M \gg M_\odot$) gehe das Fusionsbrennen zu Ende (weil der Brennstoff aufgebraucht ist). Mit dem Ende der Energieproduktion sinkt die Temperatur und damit der thermische Druck. Dann ist der Fermidruck der Elektronen (der auch bei $T = 0$ besteht) der dominierende Anteil in P_{mat}. Wegen der großen Masse kann der Fermidruck aber dem Gravitationsdruck nicht standhalten; der Stern wird zunehmend komprimiert. Bei ansteigender Dichte setzt schließlich im Sterninneren die Reaktion (43.1) ein. Dadurch bricht der Fermidruck zusammen und der Stern kollabiert. Der Gravitationskollaps ist ein dramatischer, dynamischer Vorgang, dessen Modellierung kompliziert ist. Für einen Stern mit $M \gtrsim 10 \, M_\odot$ erwartet man, dass im Zentrum des Kollapses ein Neutronenstern übrig bleibt. Wir beschränken uns auf die Berechnung des Gleichgewichtszustands dieses Neutronensterns in einem einfachen Modell.

Im Neutronenstern kann ein Gleichgewicht dadurch erreicht werden, dass der Fermidruck der Neutronen der Gravitation die Waage hält. Vernachlässigen wir in sehr grober Näherung die starke Wechselwirkung zwischen den Neutronen, so können wir ein zum Weißen Zwerg analoges Sternmodell aufstellen. Dabei gibt es folgende Unterschiede zum Modell des Weißen Zwergs:

1. Die Massendichte ϱ ist diejenige des betrachteten Fermigases selbst (und nicht nur proportional dazu).

2. Wenn das Fermigas relativistisch ist, dann gilt das auch für das Gravitationsfeld.

Für den Neutronenstern ist in den Formeln des vorigen Kapitels die Elektronmasse m_e durch die Neutronmasse m_n zu ersetzen; außerdem gilt $\sigma = 1$ anstelle von (42.10). Damit wird die charakteristische Dichte ϱ_c aus (42.12) zu

$$\varrho_c = \frac{m_n^4 c^3}{3\pi^2 \hbar^3} \tag{43.2}$$

Der Zusammenhang (42.1) zwischen Teilchenzahl N und Fermiimpuls ist unverändert. Dic Energie des Neutronengases ergibt sich analog zu (42.4):

$$E_{\text{mat}} = \frac{2V}{(2\pi\hbar)^3} \int_0^{p_{\text{F}}} dp\, 4\pi p^2 \sqrt{m_n^2 c^4 + p^2 c^2} = \frac{m_n^4 c^5}{\pi^2 \hbar^3} V f(x_{\text{F}}) \tag{43.3}$$

Dabei ist $x_{\text{F}} = p_{\text{F}}/m_n c$ und $f(x)$ die in (42.6) definierte Funktion. Die Massendichte des Sterns ergibt sich aus der Energiedichte der Neutronen:

$$\varrho = \frac{E_{\text{mat}}}{c^2 V} = 3\varrho_c\, f(x_{\text{F}}) \tag{43.4}$$

Für die Grenzfälle $x_{\text{F}} \ll 1$ und $x_{\text{F}} \gg 1$ erhalten wir wie im vorigen Kapitel eine polytrope Zustandsgleichung $P = -dE_{\text{mat}}/dV = K\varrho^\gamma$ mit $\gamma = 5/3$ oder $\gamma = 4/3$. Die Übernahme der Ergebnisse aus Kapitel 41 für nichtrelativistische Sterne ist für Neutronensterne aber nur für $\varrho_0 \ll \varrho_c$ gerechtfertigt; andernfalls sind die relativistischen Effekte nicht klein. Für $\varrho_0 \ll \varrho_c$ hat die polytrope Zustandsgleichung die Koeffizienten

$$\gamma = \frac{5}{3}, \qquad K = \frac{\hbar^2}{15\pi^2 m_n} \left(\frac{3\pi^2}{m_n}\right)^{5/3} \tag{43.5}$$

Mit diesem γ und K folgt aus (41.16) und (41.14):

$$M = 2.7 \left(\frac{\varrho_0}{\varrho_c}\right)^{1/2} M_\odot \qquad (\varrho_0 \ll \varrho_c) \tag{43.6}$$

$$R = 11 \left(\frac{\varrho_c}{\varrho_0}\right)^{1/6} \text{km} \qquad (\varrho_0 \ll \varrho_c) \tag{43.7}$$

Für $\varrho_0 \gg \varrho_c$ ergibt sich wie beim Weißen Zwerg eine Massenobergrenze M_C, die *Oppenheimer-Volkoff-Grenzmasse* genannt wird. Die Größenordnung dieser Grenzmasse ergibt sich aus (43.6) mit $\varrho_0 \sim \varrho_c$. In einer genaueren Berechnung von M_C sind folgende Aspekte zu berücksichtigen:

1. Die relativistischen Korrekturen der Oppenheimer-Volkoff-Gleichung. Nach Kapitel 40 tendieren die relativistischen Effekte dazu, den Druckanstieg zum Zentrum hin zu verstärken. Sie machen den Stern also instabiler und erniedrigen daher M_C.

2. Die starke Wechselwirkung mit ihrem abstoßenden hard-core zwischen den Neutronen. Aufgrund der starken Wechselwirkung ist die Kompressibilität von Kernmaterie etwa zehnmal kleiner als die des idealen Fermigases. Dieser Effekt tendiert dazu, die Grenzmasse M_C zu erhöhen.

Verschiedene Modellrechnungen ergeben Grenzmassen im Bereich

$$1.5\,M_\odot \leq M_C \leq 3\,M_\odot \tag{43.8}$$

Wir werten die charakteristische Dichte (43.2) numerisch aus:

$$\varrho_c = \frac{m_n^4 c^3}{3\pi^2 \hbar^3} \approx 6 \cdot 10^{18}\,\frac{\text{kg}}{\text{m}^3} \qquad \begin{array}{l}\text{Massendichte}\\ \text{Neutronenstern}\end{array} \tag{43.9}$$

Dies entspricht der Dichte von Atomkernen.

Aus (43.7) und $\varrho \sim \varrho_c$ erhalten wir $R \sim 10\,\text{km}$ für den Radius eines Neutronensterns. Die relativistischen Effekte sind für einen Neutronenstern mit $M = M_\odot$ und $R \sim 10\,\text{km}$ von der Größe

$$\frac{2GM}{R\,c^2} \approx \frac{r_{s,\odot}}{R} \sim 0.3 \qquad \begin{array}{l}\text{Gravitationsfeld}\\ \text{Neutronenstern}\end{array} \tag{43.10}$$

Pulsare

1967 wurden Radioquellen entdeckt[1], die Strahlung periodisch in Form von Pulsen aussenden und daher den Namen *Pulsar* erhielten. Die sehr konstanten Frequenzen werden als Rotationsfrequenzen von Sternen gedeutet, die durch die Drehimpulserhaltung bei der Kontraktion so hoch wurden. Die beobachteten Frequenzen ($\sim 1\,\text{s}^{-1} \ldots 10^{-2}\,\text{s}^{-1}$) passen zu Sternradien $R \sim 10\,\text{km}$. In Doppelsternsystemen kann ferner die Masse eines Pulsars bestimmt werden; dabei wurden Massen im Bereich $M \approx 1.3 \ldots 1.5\,M_\odot$ gefunden. Bei solchen Massen und solchen Radien erscheint die Interpretation als Neutronenstern zwingend. Diese Deutung erlaubt

---

[1] A. Hewish et al., *Observation of a Rapidly Pulsating Radio Source*, Nature 217 (1968) 709. Hewish erhielt 1974 für diese Entdeckung den Nobelpreis.

auch eine zwanglose Erklärung weiterer Beobachtungen. Es besteht daher heute unter den Experten kaum Zweifel, dass es sich bei den Pulsaren um Neutronensterne handelt.

Die Häufigkeit der Hauptreihensterne nimmt mit der Masse ab (etwa proportional zu $M^{-2.35}$). Daher würde man eigentlich erwarten, dass es vor allem Neutronensterne mit kleinerer Masse gibt; denn im oben vorgestellten statischen Modell sind alle Massen unterhalb M_C gleichberechtigt. Experimentell findet man aber nur Neutronensterne im Bereich $M \approx 1.3\ldots1.5\,M_\odot$. Ein Erklärungsversuch dafür, dass kleinere Massen offenbar nicht vorkommen, muss daher in der dynamischen Entwicklung[2] des Sterns gesucht werden.

Die pulsförmige Strahlung wird mit einem starken Magnetfeld erklärt, dessen Hauptachse nicht mit der Drehimpulsachse des Sterns zusammenfällt. Geladene Teilchen bewegen sich bevorzugt entlang der magnetischen Feldlinien. Dabei werden sie durch das starke Gravitationsfeld beschleunigt. Sie treffen dann mit hoher Geschwindigkeit am magnetischen Pol auf und werden abgebremst. Dadurch entsteht elektromagnetische Strahlung, die bevorzugt in einen Kegel um die Magnetfeldachse herum abgestrahlt wird. Dieser Strahlungskegel dreht sich mit der Rotationsfrequenz des Sterns um die Drehachse und führt zu den beobachteten Pulsen.

Das skizzierte Modell ist konsistent mit den Beobachtungen. Insbesondere kann das starke Magnetfeld an den Polen durch Elektronenübergänge zwischen Landau-Niveaus nachgewiesen und in seiner Stärke bestimmt werden. Landau-Niveaus sind die quantisierten Elektronenzustände in einem starken Magnetfeld.

Nicht jeder Neutronenstern muss als Pulsar in Erscheinung treten oder überhaupt ein Pulsar sein: Zum einen könnte der Strahlungskegel die Erde nicht überstreichen; zum anderen mag es Neutronensterne ohne (oder mit einem schwachen) Magnetfeld geben.

Folgende Effekte können zu einer Änderung der an sich relativ konstanten Pulsfrequenz führen:

1. Kleine diskontinuierliche Änderungen werden beobachtet und durch Sternbeben erklärt. Ein Sternbeben kann eine (kleine) Änderung des Trägheitsmoments des Pulsars verursachen und damit einen entsprechenden Sprung in der Drehfrequenz.

2. Die mit der Drehachse nicht zusammenfallende Magnetfeldachse führt zur Abstrahlung elektromagnetischer Wellen, eine eventuelle Verletzung der Rotationssymmetrie der Massenverteilung zur Abstrahlung von Gravitationswellen (siehe auch Kapitel 36). Diese Effekte verursachen eine kontinuierliche, allmähliche Abbremsung der Drehung. Dadurch sollten ältere Pulsare langsamer werden.

3. In einem Doppelsternsystem könnte das Gravitationsfeld des Neutronensterns Materie vom Partner absaugen. Dann sammelt sich abgesaugtes Plasma in einer Akkretionsscheibe (in der Bahnebene des Doppelsternsystems) mit einer

---

[2]G. E. Brown, Phys. Blätter 53 (1997) 671

bevorzugten Rotationsrichtung an. Beim endgültigen Einfang überträgt das Plasma seinen Drehimpuls auf den Neutronenstern und kann so sukzessive die Drehfrequenz des Pulsars erhöhen. Dies ist eine Erklärung für extrem schnelle Pulsare; es wurden Pulsare mit Perioden bis herunter zu etwa 10^{-3} s beobachtet.

Pulsare mit ihrer eingebauten präzisen Uhr sind ein wichtiges Hilfsmittel der Astronomie und Astrophysik. So lässt sich etwa für ein Doppelsternsystem aus der Variation und Stärke der Dopplerverschiebung recht direkt und sehr genau die Bahnperiode und die Bahngeschwindigkeit erschließen. (Das gleiche Prinzip gilt natürlich auch für die Dopplerverschiebung bekannter Spektrallinien im Licht eines sichtbaren Sterns). Hierzu sei an das in Kapitel 36 betrachtete System PSR 1913+16 erinnert, dessen Bahndaten mit erstaunlicher Genauigkeit bestimmt werden können.

An der Stelle einer im Jahr 1054 von chinesischen Astronomen registrierten Supernova befindet sich heute der Crab-Nebel. Der im Zentrum des Crab-Nebels beobachtete Pulsar stützt den vermuteten Zusammenhang zwischen einer Supernova und der Entstehung eines Neutronensterns.

IX Dynamische Sternmodelle

44 Isotrope zeitabhängige Metrik und Birkhoff-Theorem

Die innere und äußere Schwarzschildmetrik aus Kapitel 39 gilt für den isotropen und statischen Fall. Im Gegensatz dazu lassen wir jetzt eine Zeitabhängigkeit zu. Die Lösung hierfür wird zunächst für den quellfreien Raum angegeben, in Kapitel 47 dann auch im Bereich einer homogenen Dichteverteilung.

Die Verallgemeinerung der Standardform (23.3) auf den zeitabhängigen Fall ergibt

$$ds^2 = B(r, t) \, c^2 \, dt^2 - A(r, t) \, dr^2 - r^2 \left(d\theta^2 + \sin^2\theta \, d\phi^2 \right) \qquad (44.1)$$

Die Argumente, die zur Standardform (23.3) führen, lassen sich auf den zeitabhängigen Fall übertragen: Die Isotropie verbietet Terme, die linear in $d\theta$ oder $d\phi$ sind. Ein Term mit $dr \, dt$ kann durch Einführung einer neuen Zeitkoordinate eliminiert werden. Der Koeffizient r^2 bei den Winkeldifferenzialen entspricht einer bestimmten Wahl der Radiuskoordinate. Die Zeitabhängigkeit führt also lediglich dazu, dass t als Argument in den metrischen Koeffizienten A und B auftritt.

Für (44.1) ist der metrische Tensor diagonal:

$$(g_{\mu\nu}) = \mathrm{diag} \left(B(r, t), \ -A(r, t), \ -r^2, \ -r^2 \sin^2\theta \right) \qquad (44.2)$$

Die kontravarianten Komponenten sind $g^{\mu\nu} = (g_{\mu\nu})^{-1}$. Wir bestimmen zunächst die Christoffelsymbole

$$\Gamma^{\sigma}_{\lambda\mu} = \frac{g^{\sigma\nu}}{2} \left(\frac{\partial g_{\mu\nu}}{\partial x^\lambda} + \frac{\partial g_{\lambda\nu}}{\partial x^\mu} - \frac{\partial g_{\mu\lambda}}{\partial x^\nu} \right) \qquad (44.3)$$

Gegenüber Kapitel 23 treten dabei jetzt zusätzliche Zeitableitungen auf. Die nicht

261

verschwindenden Komponenten sind:

$$\Gamma^0_{00} = \frac{\dot B}{2B}, \qquad\qquad \Gamma^0_{01} = \Gamma^0_{10} = \frac{B'}{2B}, \qquad\qquad \Gamma^1_{00} = \frac{B'}{2A}$$

$$\Gamma^1_{01} = \Gamma^1_{10} = \frac{\dot A}{2A}, \qquad \Gamma^0_{11} = \frac{\dot A}{2B}, \qquad\qquad \Gamma^1_{11} = \frac{A'}{2A}$$

$$\Gamma^2_{12} = \Gamma^2_{21} = \frac{1}{r}, \qquad\qquad \Gamma^1_{22} = -\frac{r}{A}, \qquad\qquad \Gamma^3_{13} = \Gamma^3_{31} = \frac{1}{r} \tag{44.4}$$

$$\Gamma^1_{33} = -\frac{r\,\sin^2\theta}{A}, \qquad \Gamma^3_{23} = \Gamma^3_{32} = \cot\theta, \qquad \Gamma^2_{33} = -\sin\theta\,\cos\theta$$

Dabei bezeichnet ein Punkt die Zeitableitung $\partial/\partial(ct)$. Für den Ricci-Tensor

$$R_{\mu\nu} = \frac{\partial \Gamma^\rho_{\mu\rho}}{\partial x^\nu} - \frac{\partial \Gamma^\rho_{\mu\nu}}{\partial x^\rho} + \Gamma^\sigma_{\mu\rho}\Gamma^\rho_{\sigma\nu} - \Gamma^\sigma_{\mu\nu}\Gamma^\rho_{\sigma\rho} \tag{44.5}$$

erhalten wir:

$$R_{00} = \frac{\ddot A}{2A} - \frac{\dot A}{4A}\left(\frac{\dot A}{A} + \frac{\dot B}{B}\right) - \frac{B''}{2A} + \frac{B'}{4A}\left(\frac{A'}{A} + \frac{B'}{B}\right) - \frac{B'}{rA} \tag{44.6}$$

$$R_{11} = -\frac{\ddot A}{2B} + \frac{\dot A}{4B}\left(\frac{\dot A}{A} + \frac{\dot B}{B}\right) + \frac{B''}{2B} - \frac{B'}{4B}\left(\frac{A'}{A} + \frac{B'}{B}\right) - \frac{A'}{rA} \tag{44.7}$$

$$R_{22} = -1 - \frac{r}{2A}\left(\frac{A'}{A} - \frac{B'}{B}\right) + \frac{1}{A} \tag{44.8}$$

$$R_{33} = R_{22}\,\sin^2\theta \tag{44.9}$$

$$R_{01} = R_{10} = -\frac{\dot A}{Ar} \tag{44.10}$$

$$R_{\mu\nu} = 0 \qquad \text{für alle anderen Komponenten} \tag{44.11}$$

Wir setzen den Ricci-Tensor in die *freien* Feldgleichungen

$$R_{\mu\nu} = 0 \tag{44.12}$$

ein. Aus $R_{10} = -\dot A/(A\,r) = 0$ folgt

$$\frac{\partial A(r,t)}{\partial t} = 0, \quad \text{also} \quad A(r,t) = A(r) \tag{44.13}$$

Aus $R_{00}/B + R_{11}/A = 0$ folgt wie in $(24.7)-(24.9)$ $AB = 1$, also $B(r,t) = 1/A(r)$. Damit fallen *alle* Zeitableitungen in den $R_{\mu\nu}$ weg und wir erhalten die bekannte Schwarzschildlösung

$$A(r) = \frac{1}{1 - r_\mathrm{S}/r} \quad \text{und} \quad B(r) = 1 - \frac{r_\mathrm{S}}{r} \tag{44.14}$$

Der Vergleich mit dem Newtonschen Grenzfall bestimmt die Integrationskonstante
zu

$$r_{\rm S} = 2a = \frac{2\,GM}{c^2} \tag{44.15}$$

Dabei ist M die Gesamtmasse der kugelsymmetrischen Quellverteilung. Die Lösung (44.14) gilt wegen (44.12) nur außerhalb dieser Verteilung.

Die hier gefundene Lösung bedeutet, dass im Außenraum bereits aus der Isotropie die Zeitunabhängigkeit des Gravitationsfelds folgt. Diese Aussage wird als *Birkhoff-Theorem* bezeichnet:

BIRKHOFF-THEOREM:
Ein sphärisches Gravitationsfeld im leeren Raum ist statisch.

Die entsprechende Aussage der Elektrodynamik ist wohlbekannt: Eine sphärische Ladungsverteilung erscheint nach außen wie eine Punktladung bei $r = 0$. Dies, folgt am einfachsten aus dem Gaußschen Gesetz. Die sphärische Ladungsverteilung selbst darf zeitabhängig sein; es könnte sich zum Beispiel um einen Atomkern handeln, der Monopolschwingungen ausführt. Höhere Multipolschwingungen würden dagegen die Isotropie verletzen und sind daher nicht zugelassen; nur solche Schwingungen führen zur Abstrahlung von Wellen. Die zugelassenen radialen Ströme müssen die Kontinuitätsgleichung erfüllen, die ja in den Feldgleichungen enthalten ist. Dies bedeutet, dass $Q = $ const. für die Gesamtladung gilt.

Analog hierzu könnte die Massenverteilung, die zu (44.14) führt, radiale Bewegungen (etwa Monopolschwingungen oder einen radialen Kollaps) ausführen. Dabei ist die Gesamtmasse M konstant.

Machsches Prinzip

Wir haben das Ergebnis (44.14) hier zunächst auf das Feld *außerhalb* einer Massenverteilung bezogen. Wir können es aber auch anwenden auf den *leeren Raum innerhalb einer sphärischen Massenverteilung*; denn für (44.14) müssen wir ja nur Isotropie und $R_{\mu\nu} = 0$ voraussetzen. In diesem Fall ist in der Lösung $r_{\rm S} = 0$ zu setzen, da es keine Masse im Zentrum gibt. Dann erhalten wir die Minkowskimetrik in Kugelkoordinaten, oder nach einer trivialen Koordinatentransformation:

$$ds^2 = \eta_{\mu\nu}\,dx^\mu dx^\nu \qquad \begin{array}{l}\text{Metrik im leeren Raum innerhalb}\\ \text{einer sphärischen Massenverteilung}\end{array} \tag{44.16}$$

In dieser scheinbar trivialen Form hat das Birkhoff-Theorem folgende wichtige Anwendung: Von uns aus gesehen (wie auch von anderen typischen Fixsternen aus) erscheint die Massen- und Geschwindigkeitsverteilung im Universum im Mittel isotrop (Teil X, Kosmologie). Wir vernachlässigen nun zunächst die Massen in unserer Umgebung. In dieser leeren Umgebung gilt dann (44.16), das heißt $g_{\mu\nu} = \eta_{\mu\nu}$ ist eine Lösung der Feldgleichungen. Diese Lösung ist nicht trivial, weil entfernte, bewegte Massen zugelassen sind, insbesondere die Massen des expandierenden

Kosmos. Mit dieser Lösung haben wir ein Inertialsystem gefunden. Relativ zu diesem IS mit konstanter Geschwindigkeit bewegte Systeme sind ebenfalls IS; relativ dazu rotierende oder sonstwie beschleunigte Systeme sind dagegen keine IS, weil die Transformation zu ihnen die Form des Wegelements ändert. Das so erhaltene IS ist ein lokales Bezugsystem, für das die Massen in einer begrenzten Umgebung (in einer ersten Annäherung) vernachlässigt wurden. Die Metrik des Kosmos (Teil X) erlaubt in der Tat auch nur Lokale IS.

In dem hier zunächst betrachteten leeren Raum mit dem IS lassen wir nun lokale Massen zu (Sonne mit Planeten, Milchstraße). Ausgehend von $g_{\mu\nu} = \eta_{\mu\nu}$ können diese Massen störungstheoretisch berücksichtigt werden; über die linearisierten Feldgleichungen führen sie zu kleinen Abweichungen von der Minkowskimetrik. Diese Überlegungen stellen auch eine nachträgliche Rechtfertigung unserer Rechnungen im Sonnensystem dar. Hierbei haben wir die Massen des Universums ignoriert und sind einfach davon ausgegangen, dass die Metrik asymptotisch zur Minkowskimetrik wird.

Zusammenfassend stellen wir fest:

- *Ein Inertialsystem ist durch ein Bezugsystem gegeben, von dem aus die Massenverteilung des Universums im Großen und im Mittel isotrop erscheint.*

Entscheidende Voraussetzung ist dabei die Isotropie; dies schließt insbesondere relativ zum Fixsternhimmel rotierende Bezugsysteme aus.

Unter Machprinzip wird verstanden, dass die Massen im Universum die Inertialsysteme festlegen. Die jetzt gefundene Aussage kann als Bestätigung des Machprinzips betrachtet werden.

Mach (1838–1916) selbst würde sich durch den hier gefundenen Zusammenhang zwischen Massen des Kosmos und den Inertialsystemen vermutlich nicht bestätigt sehen; er akzeptierte nicht einmal die Spezielle Relativitätstheorie.

Der Terminus *Machsches Prinzip* wurde 1918 von Einstein geprägt. Er verstand darunter, dass eine gegebene Quellverteilung über die Feldgleichungen die Metrik (und damit die Lokalen IS) festlegt. Ein solcher Zusammenhang kann allerdings nicht eindeutig hergestellt werden. So gibt es im leeren Raum neben $g_{\mu\nu} = \eta_{\mu\nu}$ noch physikalisch andere Lösungen, zum Beispiel Wellenlösungen. Diese Mehrdeutigkeit existiert auch in der Elektrodynamik; in der ART kommen noch die Probleme durch die Nichtlinearität der Feldgleichungen hinzu. Mach starb 1916; insofern ist offen, ob er mit diesem *Machschen Prinzip* einverstanden gewesen wäre.

Angesichts der Entstehungsgeschichte des Begriffs „Machsches Prinzip" ist es nicht verwunderlich, dass es in der Literatur unterschiedliche Formulierungen gibt[1]. Die hier diskutierte Beziehung zwischen den Massen des Kosmos und den (Lokalen) Inertialsystemen unterscheidet insbesondere zwischen rotierenden und nichtrotierenden Bezugsystemen. Daher sei an Machs Bemerkung zu Newtons Eimerversuch (Abschnitt *Inertialsysteme* in Kapitel 9) und den Thirring-Lense-Effekt (Kapitel 30) erinnert.

---

[1]H. Bondi and J. Samuel listen in *The Thirring-Lense-Effect and Mach's Principle*, E-Print gr-qc/9607009 im Archiv www.arxiv.org, zehn verschiedene Versionen des Machschen Prinzips auf.

45 Schwarzschildradius

Wir diskutieren die physikalische Bedeutung der Fläche $r = r_S$ in der Schwarz-schildmetrik

$$ds^2 = \left(1 - \frac{r_S}{r}\right) c^2 dt^2 - \frac{dr^2}{1 - r_S/r} - r^2 \left(d\theta^2 + \sin^2\theta\, d\phi^2\right) \qquad (45.1)$$

Damit bereiten wir die Einführung von Koordinaten vor, die für die Beschreibung des Bereichs innerhalb des Schwarzschildradius r_S geeignet sind (Kapitel 46). Der Kollaps zu einem Stern mit einem Radius $R \le r_S$ und das entstehende Schwarze Loch werden in den Kapiteln 47 bis 49 behandelt. Die Diskussion der Bedeutung des Schwarzschildradius wird dort fortgesetzt.

Mit den Pulsaren existieren Sterne, deren Radius R mit dem Schwarzschildradius r_S vergleichbar ist ($R \sim 3\,r_S$ für $M \sim M_\odot$). Es gibt keinen Mechanismus, der für $M \gg M_\odot$ die Kontraktion zu kleineren Radien verhindert; denn nach (40.11) divergiert der Gravitationsdruck für $R \to (9/8)\,r_S$, so dass der Stern kollabieren muss. Im zentralsymmetrischen Fall gilt nach dem Birkhoff-Theorem außerhalb des kollabierenden Sterns die Schwarzschildmetrik. Im Gegensatz zu normalen Sternen mit $R \gg r_S$ stellt sich daher jetzt die Frage der Bedeutung des Schwarzschildradius in der Metrik (45.1).

Der metrische Tensor hängt von der Wahl der Koordinaten ab. Eine bestimmte Wahl verändert nicht die Struktur des Raums (wie etwa die Krümmung), kann aber sehr wohl zu singulären metrischen Koeffizienten führen. Als Beispiel für „pathologische" Koordinaten betrachten wir das zweidimensionale Wegelement

$$ds^2 = \frac{1}{X^3}\, dX^2 + Y\, dY^2 \qquad (45.2)$$

Hier könnte man ein singuläres Verhalten der Raumeigenschaften bei $X = Y = 0$ vermuten. Tatsächlich haben wir in (45.1) aber nur „pathologische" Koordinaten gewählt. Die Transformation $X = 4/x^2$ und $Y = (3\,y/2)^{2/3}$ führt nämlich zu

$$ds^2 = dx^2 + dy^2 \qquad (45.3)$$

Daher ist (45.2) die Metrik eines zweidimensionalen euklidischen Raums.

Ein weiteres Beispiel sind die Koordinaten $x^1 = \theta$ und $x^2 = \phi$ für die Kugeloberfläche. Hier wird der metrische Koeffizient $g^{22} = 1/\sin^2\theta$ an den Polen singulär.

Auch dies ist eine reine Koordinatensingularität; denn die Raumstruktur an den Polen ist mit der an allen anderen Punkten auf der Kugeloberfläche identisch.

Wir betrachten nun die Schwarzschildmetrik (SM) mit dem Wegelement (45.1). Die Determinante des metrischen Tensors ist

$$g = \det(g_{\mu\nu}) = -r^4 \sin^2\theta \tag{45.4}$$

Aus den Komponenten des Krümmungstensors $R_{\mu\nu\kappa\lambda}$ kann man folgende skalare Größe bilden:

$$R_{\mu\nu\kappa\lambda}\, R^{\mu\nu\kappa\lambda} = 12\,\frac{r_{\mathrm{S}}^2}{r^6} \tag{45.5}$$

Der Krümmungsskalar ist für diese Betrachtung nicht geeignet, weil die SM die freien Feldgleichungen $R_{\mu\nu} = 0$ löst und weil daher $R^\nu{}_\nu = 0$ gilt. Die Ergebnisse (45.4) und (45.5) bedeuten, dass die Raumeigenschaften bei $r = 0$, nicht aber beim Schwarzschildradius singulär sind.

Für $r \to 0$ divergiert die skalare Größe (45.5). Diese Singularität kann nicht durch eine Koordinatentransformation beseitigt werden, denn $R_{\mu\nu\kappa\lambda}\, R^{\mu\nu\kappa\lambda}$ ist ein Riemannskalar. Der Raum ist daher bei $r = 0$ singulär. Diese Singularität wird durch eine Punktmasse bei $r = 0$ hervorgerufen, die wir allerdings nicht explizit als Quellterm angeschrieben haben. Tatsächlich lösen die metrischen Koeffizienten aus (45.1) die Feldgleichungen $R_{\mu\nu} = 0$ nur für $r \neq 0$. Verlangt man dagegen $R_{\mu\nu} = 0$ auch bei $r = 0$, so folgt $r_{\mathrm{S}} = 0$. Diese Situation ist ähnlich wie in der Elektrodynamik: Die Lösung der Laplacegleichung $\Delta\Phi_{\mathrm{e}} = 0$ in Kugelkoordinaten führt zum Potenzial $\Phi_{\mathrm{e}} = C_1/r + C_2$ mit zwei Konstanten C_1 und C_2. Tatsächlich löst dieses Φ_{e} mit $C_1 \neq 0$ die Laplacegleichung nur für $r \neq 0$. Im Folgenden betrachten wir die Singularität bei $r = 0$ nicht mehr.

Die Ergebnisse (45.4) und (45.5) bedeuten, dass der Raum bei $r = r_{\mathrm{S}}$ nicht singulär ist. Um dies explizit zu zeigen, führt man andere Koordinaten ein, die den Bereich $r \sim r_{\mathrm{S}}$ überdecken und nichtsinguläre metrische Koeffizienten ergeben (Kapitel 46). Dies kann mit der Situation am Nordpol verglichen werden: In einer Umgebung von $\theta = 0$ kann man ein lokales kartesisches KS einführen und damit zeigen, dass die Singularität des metrischen Koeffizienten $g^{22} = 1/\sin^2\theta$ nur auf der Wahl der Koordinaten θ und ϕ beruht.

So wie im Beispiel des Nordpols beruht die Singularität bei $r = r_{\mathrm{S}}$ auf der speziellen Wahl der Koordinaten; es handelt sich um eine Koordinatensingularität. Die Situation für $r \sim r_{\mathrm{S}}$ ist aber in einem wesentlichen Punkt anders als im Beispiel der Kugeloberfläche: Während der Nordpol dieselben Eigenschaften wie jeder andere Punkt der Kugeloberfläche hat, ist die Fläche $r = r_{\mathrm{S}}$ *physikalisch* ausgezeichnet. Diese physikalische Bedeutung des Schwarzschildradius wird im Folgenden untersucht.

Wir betrachten die Bewegungsgleichung eines Teilchens im Gravitationsfeld (45.1). Die radiale Geschwindigkeit $\dot{r} = dr/d\tau$ eines frei fallenden Massenpunkts (Ruhmasse m) genügt dem Energiesatz

$$\dot{r}^2/2 + V_{\mathrm{eff}}(r) = C \tag{45.6}$$

mit $C = $ const. (Kapitel 25). Wir betrachten ein Teilchen, das von r_0 radial zum Zentrum fällt. Dann verschwindet sein Drehimpuls ℓ, und das effektive Potenzial (25.27) wird zu $V_{\text{eff}} = -GM/r$. Wir berechnen die Eigenzeit τ_1, in der das frei fallende Teilchen von $r(0) = r_0$ bis r_S kommt,

$$\tau_1 = \int_{r_0}^{r_S} dr \, \frac{d\tau}{dr} = -\int_{r_0}^{r_S} \frac{dr}{\sqrt{2\,(C + GM/r)}} \tag{45.7}$$

Dabei ist $C \geq -GM/r_0$; wenn das Teilchen bei r_0 ruht, gilt $C = -GM/r_0$. In Aufgabe 25.3 wurden die Rechnungen speziell für $r_0 = 3\,r_S$ durchgeführt. Wir berechnen noch die Eigenzeit τ_2, die ein frei fallendes Teilchen von $r(0) = r_0$ bis zum Zentrum braucht,

$$\tau_2 = \int_{r_0}^{0} dr \, \frac{d\tau}{dr} = -\int_{r_0}^{0} \frac{dr}{\sqrt{2\,(C + GM/r)}} \tag{45.8}$$

Beide Integrale sind endlich; das Teilchen erreicht sowohl den Schwarzschildradius wie das Zentrum in endlicher Eigenzeit. Auf dem Weg von r_0 bis zum Zentrum tritt der Schwarzschildradius nicht besonders in Erscheinung. In Kapitel 48 diskutieren wir die Frage, ob Astronauten in einem Raumschiff die Fläche $r = r_S$ unbeschadet durchqueren können.

Aus (25.13) mit $\lambda = \tau$ und $B = 1 - r_S/r$ folgt

$$\frac{c\,dt}{d\tau} = \frac{F}{1 - r_S/r} \tag{45.9}$$

Die Integrationskonstante F hängt von den Anfangsbedingungen ab. Gemessen in der SM-Zeit t braucht das Teilchen unendlich lange, um bis zum Schwarzschildradius zu kommen:

$$t_1 = \int_{r_0}^{r_S} dt = -\int_{r_0}^{r_S} \frac{F\,dr}{c\,\sqrt{2\,(C + GM/r)}\,(1 - r_S/r)} = \infty \tag{45.10}$$

Die SM-Zeit t ist die Uhrzeit eines in großer Entfernung ruhenden Beobachters. Für ihn erfolgt die Annäherung $r \to r_S$ in unendlich langer Zeit; für den mitfallenden Beobachter passiert dies dagegen in der endlichen Zeit τ_1.

Das fallende Teilchen möge Signale an den weit entfernten Beobachter senden. Die Signale erreichen den Beobachter mit der Rotverschiebung

$$z = \frac{1}{\sqrt{1 - r_S/r}} - 1 \overset{r \to r_S}{\longrightarrow} \infty \tag{45.11}$$

Dadurch wird das Teilchen für den Beobachter nach sehr kurzer Zeit unbeobachtbar (wie wir in Kapitel 48 noch näher diskutieren werden). Der unendlichen Rotverschiebung entspricht eine unendliche SM-Zeit Δt, die ein Photon ($ds = 0$) benötigt, um von r_S nach r_0 zu kommen:

$$\Delta t = \int_{r_S}^{r_0} dt = \int_{r_S}^{r_0} dr \left(\frac{dt}{dr}\right)_{ds=0} = \frac{1}{c} \int_{r_S}^{r_0} \frac{dr}{1 - r_S/r} = \infty \tag{45.12}$$

Die Ergebnisse (45.10)–(45.12) bedeuten, dass die Koordinate t offenbar nicht geeignet ist, Ereignisse im Bereich $r \leq r_S$ zu bezeichnen (dies liegt an $g_{00} < 0$). Da der frei fallende Beobachter in endlicher Eigenzeit das Zentrum erreicht, gibt es aber Ereignisse im Bereich $r \leq r_S$.

Wir fassen zusammen:

1. Die Fläche $r = r_S$ ist physikalisch ausgezeichnet. Für den außenstehenden Beobachter nähert sich ein frei fallendes Teilchen asymptotisch ($t \to \infty$) dem Radius r_S. Außerdem kann dieser Beobachter keine Information aus dem Bereich $r \leq r_S$ erhalten. Für ihn ist die Fläche $r = r_S$ ein Horizont, über den er nicht hinaussehen kann.

2. Für den mitbewegten Beobachter zeigt die Stelle r_S keine Besonderheit; die Raumstruktur ist dort nicht singulär. Der mitbewegte Beobachter erlebt Ereignisse im Bereich $r \leq r_S$; es gibt also solche Ereignisse.

3. Die Koordinaten der SM sind nicht geeignet, Ereignisse im Bereich $r \leq r_S$ zu benennen. Da diese Ereignisse für den außenstehenden Physiker nicht beobachtbar sind, könnte man auch auf ihre Betrachtung verzichten.

Die Regularität des Raums bei r_S impliziert, dass dort Lokale IS möglich sind. Die physikalische Auszeichnung von r_S zeigt sich dann bei der Verbindung der Lokalen IS: Ein Lokales IS innerhalb von r_S kann kausal nicht mit dem asymptotischen IS verbunden werden. Eine vergleichbare Situation wird uns noch einmal bei der Raumstruktur des Universums begegnen; dort kann das Lokale IS unserer Milchstraße nicht mit dem Lokalen IS von Galaxien jenseits des Welthorizonts verbunden werden.

Die vorgeführten Rechnungen implizieren, dass die *mitbewegten Koordinaten* eines frei fallenden Beobachters zur Beschreibung des Bereichs $r \leq r_S$ geeignet sind. Solche Koordinaten führen wir im nächsten Kapitel ein. Außerhalb des Sternradius werden wir wie bisher die SM verwenden. Der Kollaps des Sterns wird dann mit Hilfe dieser beiden Metriken beschrieben, die am Sternrand miteinander verknüpft werden. Es ist auch möglich, Koordinaten einzuführen, die den gesamten Raum überdecken. Solche Koordinaten wurden 1960 von Kruskal eingeführt (*Kruskal-Metrik*).

Aufgaben

45.1 Zentraler Fall in Schwarzschildmetrik

Sollten Sie Aufgabe 25.3 noch nicht gelöst haben, dann tun Sie das bitte jetzt.

46 Isotrope zeitabhängige Metrik in Gaußkoordinaten

Für den isotropen und zeitabhängigen Fall führen wir sogenannte Gaußkoordinaten ein, mit denen auch Ereignisse innerhalb des Schwarzschildradius bezeichnet werden können. Aus dem metrischen Tensor berechnen wir die Christoffelsymbole und den Ricci-Tensor. Die Gaußkoordinaten sind geeignet, den zentralen Gravitationskollaps eines Sterns zu beschreiben (Kapitel 47).

Wir gehen von der Form (23.2) aus, wobei wir eine Zeitabhängigkeit der metrischen Koeffizienten zulassen:

$$ds^2 = B(r,t)\,c^2 dt^2 - A(r,t)\,dr^2 - C(r,t)\,r^2\left(d\theta^2 + \sin^2\theta\,d\phi^2\right) \tag{46.1}$$

Die Winkelkoordinaten haben ihre übliche Bedeutung. Wegen der Isotropie kann es keine Terme geben, die linear in $d\theta$ oder $d\phi$ sind. Die noch möglichen Koordinatentransformationen ($t = f_1(r',t')$ und $r = f_2(r',t')$) enthalten zwei nicht festgelegte Funktionen. Eine dieser freien Funktionen dient dazu, einen möglichen Term mit $dr\,dt$ zu eliminieren; einen solchen Term haben wir von vornherein nicht mit angeschrieben. Die andere Funktion kann so gewählt werden, dass der Koeffizient g_{00} zu 1 wird. Nach einer Umbenennung der Koeffizienten (und ohne die neuen Koordinaten mit einem Strich zu kennzeichnen) erhalten wir so

---

Isotrope Metrik in Gaußkoordinaten:

$$ds^2 = c^2 dt^2 - U(r,t)\,dr^2 - V(r,t)\left(d\theta^2 + \sin^2\theta\,d\phi^2\right) \tag{46.2}$$

Man kann die Freiheit in der Koordinatenwahl auch dazu benutzen, um in (46.1) $C(r,t) = 1$ zu erreichen. Insofern ist (46.2) eine Alternative zu (44.1), wobei die Koordinaten (außer den Winkelkoordinaten) natürlich unterschiedliche Bedeutungen haben. Die Koordinaten $x^\mu = (ct, r, \theta, \phi)$ in (46.2) heißen *Gaußsche Normalkoordinaten*.

Der metrische Tensor

$$\left(g_{\mu\nu}\right) = \text{diag}\left(1, -U(r,t), -V(r,t), -V(r,t)\sin^2\theta\right) \tag{46.3}$$

ist diagonal. Daher gilt $g^{\mu\nu} = 1/g_{\mu\nu}$. Wir berechnen

$$\Gamma^\lambda_{00} = \frac{g^{\lambda\rho}}{2}\left(\frac{\partial g_{\rho 0}}{\partial x^0} + \frac{\partial g_{0\rho}}{\partial x^0} - \frac{\partial g_{00}}{\partial x^\rho}\right) = g^{\lambda\rho}\frac{\partial g_{\rho 0}}{\partial x^0} = 0 \tag{46.4}$$

Wegen $\Gamma^\lambda_{00} = 0$ ist $(u^\mu) = (c, 0, 0, 0)$ eine Lösung der Bewegungsgleichungen:

$$(u^\mu) = (c, 0, 0, 0) \quad \text{löst} \quad \frac{du^\lambda}{d\tau} = -\Gamma^\lambda_{\mu\nu} u^\mu u^\nu \tag{46.5}$$

Aus $u^i = dx^i/d\tau = 0$ folgt $x^i = $ const. Damit ist $x^i = $ const. die Bahn eines frei fallenden Teilchens. Wegen

$$d\tau = \left(\frac{ds}{c}\right)_{x^i = \text{const.}} = dt \tag{46.6}$$

ist t die Eigenzeit einer Uhr mit den Koordinaten $x^i = $ const.

Die Gaußkoordinaten können als *mitbewegte Koordinaten* bezeichnet werden. Dazu stellen wir uns einen isotropen Stern aus N Steinen oder Staubkörnern vor, die wir mit $\nu = 1, 2, ..., N$ durchzählen. Der Stern stelle eine lose Anhäufung dieser Steine dar, so dass die einzelnen Steine frei fallen können. Wir ordnen den Steinen bestimmte Koordinaten $(x^i_\nu) = (r_\nu, \theta_\nu, \phi_\nu)$ zu; die r-Werte sollen mit dem Abstand vom Zentrum anwachsen, sie können aber später noch skaliert werden. Mit jedem Stein sei eine Uhr verbunden. Anfangs mögen alle Steine ruhen und die Uhren seien auf $t = 0$ gestellt. Nunmehr (für $t > 0$) beginnen die Steine im Gravitationsfeld zu fallen. Die Bahnen der einzelnen Steine sind dann $x^i_\nu = $ const. (denn dies erfüllt die Anfangsbedingungen und die Bewegungsgleichung), und die zugehörigen Uhren zeigen die Zeit t_ν an. Ein Ereignis im Bereich des Sterns erhält nun die Koordinaten $t = t_\mu$ und $x^i = x^i_\mu$, wobei μ den Stein bezeichnet, der zur Zeit des Ereignisses am Ort des Ereignisses ist. Dazu wird vorausgesetzt, dass der Raum hinreichend dicht mit hinreichend kleinen Steinen belegt ist.

Aus der Diskussion des vorigen Kapitels wissen wir, dass ein Stein in endlicher Eigenzeit von $r > r_S$ bis zum Zentrum $r = 0$ kommt. Damit ist klar, dass wir mit den jetzt gewählten mitbewegten Koordinaten auch und gerade den Bereich innerhalb des Schwarzschildradius beschreiben können.

Nicht jedes frei fallende Teilchen hat eine Bahn der Form $x^i = $ const. So gibt es im isotropen Gravitationsfeld natürlich auch frei fallende Teilchen mit nichtradialer Bewegung; ein Teilchen könnte zum Beispiel eine ellipsenartige Bahn durchlaufen. Durch $x^i_\nu = $ const. sind dagegen ganz spezielle Bahnen gegeben. Diese speziellen Bahnen sind zum einen radial (wegen $\theta_\nu = $ const. und $\phi_\nu = $ const.), und zum anderen ergibt sich die radiale Geschwindigkeit allein aus der Zeitabhängigkeit der metrischen Koeffizienten $U(r, t)$ und $V(r, t)$. Diese Zeitabhängigkeit wird im nächsten Kapitel spezifiziert.

Auch in der Kosmologie werden wir eine Metrik der Form (46.2) verwenden. Die Massenelemente mit $x^i_\nu = $ const. sind dann frei fallende Galaxien. Ein Stern innerhalb einer Galaxie fällt ebenfalls frei im Gravitationsfeld. Die Bahn des Sterns ist aber wegen seiner Eigenbewegung relativ zur Galaxie nicht von der Form $x^i = $ const. Diese Eigenbewegung ist durch die Anfangsbedingung und durch das lokale Gravitationsfeld der Galaxie gegeben; beide Effekte sind in der Metrik (46.2) nicht enthalten.

Abschließend berechnen wir die nichtverschwindenden Christoffelsymbole für die Metrik (46.3),

$$\Gamma^1_{01} = \Gamma^1_{10} = \frac{\dot{U}}{2U}, \qquad \Gamma^2_{02} = \Gamma^2_{20} = \Gamma^3_{03} = \Gamma^3_{30} = \frac{\dot{V}}{2V}$$

$$\Gamma^0_{11} = \frac{\dot{U}}{2}, \qquad \Gamma^0_{22} = \frac{\dot{V}}{2}, \qquad \Gamma^0_{33} = \frac{\dot{V}\sin^2\theta}{2}$$

$$\Gamma^1_{11} = \frac{U'}{2U}, \qquad \Gamma^1_{22} = -\frac{V'}{2U}, \qquad \Gamma^1_{33} = -\frac{V'\sin^2\theta}{2U} \qquad (46.7)$$

$$\Gamma^2_{12} = \Gamma^2_{21} = \Gamma^3_{13} = \Gamma^3_{31} = \frac{V'}{2V}$$

$$\Gamma^2_{33} = -\sin\theta\cos\theta, \qquad \Gamma^3_{23} = \Gamma^3_{32} = \cot\theta$$

Die nichtverschwindenden Komponenten des Ricci-Tensors lauten:

$$R_{00} = \frac{\ddot{U}}{2U} + \frac{\ddot{V}}{V} - \frac{\dot{U}^2}{4U^2} - \frac{\dot{V}^2}{2V^2} \qquad (46.8)$$

$$R_{11} = -\frac{\ddot{U}}{2} + \frac{\dot{U}^2}{4U} - \frac{\dot{U}\dot{V}}{2V} + \frac{V''}{V} - \frac{V'^2}{2V^2} - \frac{U'V'}{2UV} \qquad (46.9)$$

$$R_{22} = -1 - \frac{\ddot{V}}{2} - \frac{\dot{U}\dot{V}}{4U} + \frac{V''}{2U} - \frac{V'U'}{4U^2} \qquad (46.10)$$

$$R_{01} = R_{10} = \frac{\dot{V}'}{V} - \frac{\dot{V}V'}{2V^2} - \frac{\dot{U}V'}{2UV} \qquad (46.11)$$

Hierbei ist $\dot{X} = \partial X/\partial(ct)$. Nicht mit angeschrieben wurde $R_{33} = R_{22}\sin^2\theta$; alle weiteren $R_{\mu\nu}$ sind null. Die Einsteinschen Feldgleichungen ergeben gekoppelte Differenzialgleichungen für die unbekannten Funktionen $U(r,t)$ und $V(r,t)$.

47 Gravitationskollaps. Supernova

Wir untersuchen den zentralen Kollaps von Materie unter ihrer eigenen Gravitation. Der Kollaps eines Sterns kann als Supernova beobachtet werden.

Wir untersuchen den Kollaps unter sehr vereinfachenden Bedingungen:

1. Der Kollaps sei bezüglich eines Zentrums (des Sternmittelpunkts) isotrop. Damit sind nur radiale Geschwindigkeiten zugelassen; wir betrachten also einen zentralen Kollaps. Wegen der sphärischen Symmetrie können wir die Metrik (46.2) mit

$$g_{\mu\nu} = \text{diag}\left(1,\ -U(r,t),\ -V(r,t),\ -V(r,t)\sin^2\theta\right) \tag{47.1}$$

und den Gaußkoordinaten $(x^\mu) = (ct, r, \theta, \phi)$ verwenden.

2. Wir vernachlässigen den Druck der Materie, der dem Kollaps entgegenwirken könnte,

$$P = 0 \tag{47.2}$$

Hierzu stellen wir uns eine *lose Anhäufung von Teilchen* (Staubkörner, Steine) vor, mit den Bahnen $x^i = \text{const.}$ und den Geschwindigkeiten

$$\left(u^\mu\right) = \left(dx^\mu/d\tau\right) = (c,\ 0,\ 0,\ 0) \tag{47.3}$$

Die physikalische Bewegung dieser Teilchen ergibt sich allein aus der Zeitabhängigkeit der metrischen Koeffizienten $U(r,t)$ und $V(r,t)$.

3. Die Massendichte des Sterns sei homogen,

$$\varrho(r,t) = \begin{cases} \varrho(t) & (r \leq r_0) \\ 0 & (r > r_0) \end{cases} \tag{47.4}$$

Da die Koordinaten aller Teilchen während des Kollapses konstant sind, bleibt eine anfangs homogene Dichte auch während des Kollapses homogen.

Dieses Modell können wir auf ganz verschiedene Objekte anwenden:

- Kosmos mit den Galaxien als Teilchen

- Galaxie mit Sternen als Teilchen

- Stern aus Teilchen

- Stern, für den der Gravitationsdruck gegen unendlich geht.

Dabei sind jeweils nur zentrale Geschwindigkeiten zugelassen; damit kann etwa die Expansion des heutigen Kosmos oder ein zentraler Sternkollaps beschrieben werden. Ein Stern besteht im Allgemeinen nicht aus einer losen Anhäufung von Teilchen; trotzdem können die Annahmen (47.2)–(47.3) sinnvoll sein: Mit $P = 0$ vernachlässigen wir den Druck im materiellen Energie-Impuls-Tensor (im Quellterm der Feldgleichungen). Dies ist der innere Druck P_{mat} der Materie, zum Beispiel $P_{\text{mat}} = \varrho k_{\text{B}} T / m$ für ein heißes Plasma. Demgegenüber gibt (40.7) den durch die Gravitation verursachten Druck P_{grav} an. Für die in Teil VIII betrachteten Sterngleichgewichte gilt $P = P_{\text{grav}} = P_{\text{mat}}$; daher konnten dort die Indizes letztlich weggelassen werden. Wenn aber für $R \to (9/8)\, r_{\text{S}}$ der Druck P_{grav} divergiert (40.11), so führt dies zwangsläufig zu einem Nichtgleichgewichtszustand mit

$$P_{\text{grav}} \gg P_{\text{mat}} \tag{47.5}$$

Dann ist die Näherung $P_{\text{mat}} \approx 0$ im Quellterm der Feldgleichungen möglich.

Wir beschreiben den Gravitationskollaps als Lösung der Feldgleichungen

$$R_{\mu\nu} = -\frac{8\pi G}{c^4}\left(T_{\mu\nu} - \frac{T}{2}\, g_{\mu\nu} \right) \tag{47.6}$$

Außerhalb des Sterns ($r > r_0$) verschwindet die rechte Seite; in diesem Fall können wir die Schwarzschildmetrik verwenden. Wir lösen hier (47.6) im Inneren des Sterns, also im Bereich $r \leq r_0$.

Aus (47.2)–(47.4) erhalten wir den Energie-Impuls-Tensor:

$$T_{\mu\nu} = \left(\varrho + P/c^2 \right) u_\mu u_\nu - P\, g_{\mu\nu} = \varrho(t)\, c^2\, \delta_\mu^0\, \delta_\nu^0 \tag{47.7}$$

Damit lautet der Quellterm der Feldgleichungen

$$\left(T_{\mu\nu} - \frac{1}{2}\, g_{\mu\nu}\, T \right) = \frac{1}{2}\, \text{diag} \left(\varrho c^2,\ U \varrho c^2,\ V \varrho c^2,\ V \varrho c^2 \sin^2\theta \right) \tag{47.8}$$

Mit (46.8)–(46.11) werden die Feldgleichungen zu

$$\frac{\ddot{U}}{2U} + \frac{\ddot{V}}{V} - \frac{\dot{U}^2}{4U^2} - \frac{\dot{V}^2}{2V^2} = -\frac{4\pi G}{c^2}\, \varrho \tag{47.9}$$

$$-\frac{\ddot{U}}{2} + \frac{\dot{U}^2}{4U} - \frac{\dot{U}\dot{V}}{2V} + \frac{V''}{V} - \frac{V'^2}{2V^2} - \frac{U'V'}{2UV} = -\frac{4\pi G}{c^2}\, \varrho\, U \tag{47.10}$$

$$-1 - \frac{\ddot{V}}{2} - \frac{\dot{U}\dot{V}}{4U} + \frac{V''}{2U} - \frac{V'U'}{4U^2} = -\frac{4\pi G}{c^2}\, \varrho\, V \tag{47.11}$$

$$\frac{\dot{V}'}{V} - \frac{\dot{V}V'}{2V^2} - \frac{\dot{U}V'}{2UV} = 0 \tag{47.12}$$

Die ersten drei Gleichungen enthalten Summen von Orts- und Zeitableitungen. Dies
legt einen Separationsansatz nahe:

$$U(r, t) = R(t)^2 f(r), \qquad V(r, t) = S(t)^2 g(r) \qquad (47.13)$$

Der Separationsansatz schränkt die Lösungsvielfalt ein. Es genügt uns aber, wenn
wir *eine* Lösung finden, denn die physikalische Lösung ist aufgrund der Problem-
stellung eindeutig. Eventuelle andere Lösungen würden dann nur andere Koordinaten bedeuten. Mit (47.13) wird (47.12) zu

$$\frac{\dot{S}}{S} = \frac{\dot{R}}{R}, \quad \text{also} \quad S(t) = \text{const.} \cdot R(t) \qquad (47.14)$$

Da die Funktionen $f(r)$ und $g(r)$ noch unbestimmt sind, können wir die Konstante
gleich 1 setzen. Die Form der Metrik (47.1) ist mit einer Skalierung der Radialkoordinate $(r \to r' = \varphi(r))$ verträglich, so dass wir eine der beiden Funktionen,
$f(r)$ oder $g(r)$, frei wählen können:

$$U(r, t) = R(t)^2 f(r), \qquad V(r, t) = R(t)^2 r^2 \qquad (47.15)$$

Wir setzen dies in die Feldgleichungen (47.10) und (47.11) ein:

$$-\frac{f'}{r f^2} = \ddot{R}R + 2\dot{R}^2 - \frac{4\pi G}{c^2} \varrho(t) R^2 \qquad (47.16)$$

$$-\frac{1}{r^2} + \frac{1}{r^2 f} - \frac{f'}{2 r f^2} = \ddot{R}R + 2\dot{R}^2 - \frac{4\pi G}{c^2} \varrho(t) R^2 \qquad (47.17)$$

Die linken Seiten hängen nur von r ab, die rechten dagegen nur von t. Jede Seite
muss daher gleich einer Separationskonstanten sein. Da die rechten Seiten gleich
sind, haben beide Gleichungen dieselbe Separationskonstante:

$$-2k = -\frac{f'}{r f^2}, \qquad -2k = -\frac{1}{r^2} + \frac{1}{r^2 f} - \frac{f'}{2 r f^2} \qquad (47.18)$$

Die Elimination des (f'/f^2)-Terms ergibt

$$f(r) = \frac{1}{1 - k r^2} \qquad (47.19)$$

Dies löst beide Gleichungen in (47.18). Damit nimmt das Linienelement im Inneren
der Dichteverteilung $(r \le r_0)$ folgende Form an:

$$\boxed{ds^2 = c^2 dt^2 - R(t)^2 \left(\frac{dr^2}{1 - k r^2} + r^2 \left(d\theta^2 + \sin^2\theta \, d\phi^2 \right) \right)} \qquad (47.20)$$

Da alle Abstände zwischen den Teilchen, die den Stern bilden, mit $R = R(t)$ skalieren, kann R auch als der zeitabhängige Radius des kollabierenden Sterns aufgefasst

werden[1]. Wir vereinbaren, dass R die Dimension einer Länge hat; dann sind r und k dimensionslos.

Es steht uns frei, neben den Feldgleichungen auch noch die Energie-Impuls-Erhaltung,

$$T^{\mu\nu}{}_{||\nu} = T^{\mu\nu}{}_{|\nu} + \Gamma^{\nu}_{\nu\lambda} T^{\lambda\mu} + \Gamma^{\mu}_{\nu\lambda} T^{\lambda\nu} = \frac{1}{\sqrt{|g|}} \frac{\partial}{\partial x^{\nu}} \left(\sqrt{|g|}\, T^{\mu\nu} \right) + \Gamma^{\mu}_{\nu\lambda} T^{\lambda\nu} = 0$$

$$(47.21)$$

zu verwenden, da sie durch die Feldgleichungen impliziert wird. Wir schreiben diese Gleichung für $\mu = 0$ an. Da nur T^{00} ungleich null ist (47.7) und da $\Gamma^{0}_{00} = 0$, verschwindet der zweite Term auf der rechten Seite. Damit gilt

$$\frac{\partial}{\partial x^0} \left(\sqrt{|g|}\, T^{00} \right) = 0 \qquad (47.22)$$

Die Zeitabhängigkeit von $g = \det(g_{\mu\nu})$ folgt aus (47.20) zu $|g| \propto R(t)^6$. Zusammen mit $T^{00} = \varrho(t)\, c^2$ erhalten wir also $\varrho R^3 = \text{const.}$ oder

$$\boxed{M_0 = \frac{4\pi}{3} \varrho(t)\, R(t)^3 = \text{const.} \qquad \text{Massenerhaltung}} \qquad (47.23)$$

Dieses Resultat kann als Massenerhaltung interpretiert werden. Mit (47.15) wird die letzte Feldgleichung (47.9) zu

$$R\ddot{R} = -\frac{4\pi G}{3 c^2} \varrho R^2 \qquad (47.24)$$

Wir setzen dies und die Separationskonstanten k in (47.16) ein:

$$-2k = -\frac{4\pi G}{3 c^2} \varrho R^2 + 2\dot{R}^2 - \frac{4\pi G}{c^2} \varrho R^2 \qquad (47.25)$$

Mit (47.23) drücken wir ϱ durch M_0 aus und erhalten

$$\boxed{\dot{R}^2 - \frac{2 G M_0}{c^2} \frac{1}{R} = -k \qquad \text{Energiesatz}} \qquad (47.26)$$

In dieser Gleichung sind alle Terme dimensionslos; R und $G M_0 / c^2$ haben die Dimension einer Länge, die Zeitableitung $d/d(ct)$ die einer inversen Länge. Eine Multiplikation mit $M_0/2$ ergibt

$$\frac{M_0}{2} \left(\frac{dR}{dt} \right)^2 - \frac{G M_0^2}{R} = \text{const.} \qquad (47.27)$$

Der erste Term kann als kinetische Energie der Massenverteilung, der zweite als potenzielle Energie interpretiert werden. Daher beschreibt (47.26) die Energieerhaltung.

---

[1] In den Teilen IX und X bezeichnet das Symbol R immer den Skalierungsfaktor der Metrik und nicht den Krümmungsskalar.

Wir haben nun folgendes erreicht: Die spezielle Wahl der mitbewegten Koordinaten und die Annahme der Kugelsymmetrie führte zur Metrik (47.1). Mit Hilfe der Feldgleichungen ergab sich hieraus (47.20). An dieser Stelle sind noch zwei Funktionen offen, $\varrho(t)$ und $R(t)$. Für sie liefern die Feldgleichungen die Massenerhaltung (47.23) und die Energieerhaltung (47.26). Diese Gleichungen sind vom Standpunkt einer nichtrelativistischen Theorie unmittelbar einleuchtend. Die Ergebnisse unterscheiden sich aber von der Newtonschen Theorie, denn t ist die Zeit einer mitbewegten Uhr und die Metrik ist nicht die eines flachen Raums.

Wir diskutieren die Zeitabhängigkeit der Lösung von (47.26). Die Funktion $R(t)$ legt die Bewegung der Teilchen fest, denn deren Koordinatenwerte sind ja konstant. Zur Zeit $t = 0$ mögen alle Teilchen ruhen:

$$\dot{R}(0) = 0 \qquad (47.28)$$

Aus (47.26) folgt dann

$$k = \frac{2\,G M_0}{c^2}\,\frac{1}{R(0)} \qquad (47.29)$$

und

$$\dot{R}^2 = k\,\frac{R(0) - R(t)}{R(t)} \qquad (47.30)$$

Die Lösung dieser Differenzialgleichung ist eine *Zykloide* mit der Parameterdarstellung

$$c\,t \;=\; \frac{R(0)}{2\sqrt{k}}\left(\psi + \sin\psi\right) \qquad (47.31)$$

$$R \;=\; \frac{R(0)}{2}\left(1 + \cos\psi\right) \qquad (47.32)$$

Diese Zykloide ist in Abbildung 47.1 dargestellt. Der gewählten Anfangsbedingung $\dot{R}(0) = 0$ entspricht eine zur Zeit $t = 0$ ruhende Ansammlung aus Teilchen. Die Gravitationskräfte beschleunigen die Teilchen zum Zentrum hin. Aus dem Koordinatenwert $r_0 = $ const. des Sternrands und aus (47.20) folgt für den Inhalt F der Sternoberfläche

$$F = 4\pi\,r_0^2\,R(t)^2 \qquad (47.33)$$

Bei $\psi = \pi$ wird $R = 0$ und damit wird der Stern zu einer punktförmigen Singularität. Diese Singularität wird nach der Zeit

$$T = t_{\psi = \pi} = \frac{R(0)\,\pi}{2\,c\sqrt{k}} = \frac{\pi}{2}\,\frac{R(0)}{c}\,\sqrt{\frac{c^2\,R(0)}{2\,G M_0}} \qquad (47.34)$$

erreicht (dieses Ergebnis wurde auf direkterem Weg bereits in Aufgabe 25.3 erzielt). Mathematisch lässt sich die Lösung wie in Abbildung 47.1 gezeigt fortsetzen. Im nächsten Kapitel setzen wir die Diskussion des Kollapses fort. Dabei untersuchen wir die Verbindung der Metrik (47.20) mit der Schwarzschildmetrik des Außenraums $r > r_0$.

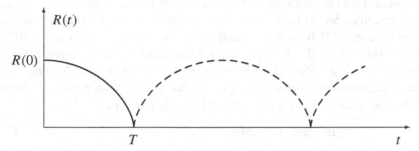

Abbildung 47.1 Längenparameter $R(t)$ der Metrik (47.20). Da alle Abstände zwischen den Teilchen, die den Stern bilden, mit $R(t)$ skalieren, kann $R(t)$ als Radius des kollabierenden Sterns aufgefasst werden. Die physikalische Lösung endet in der Singularität $R = 0$ bei $t = T$. Die mathematische Lösung (47.31, 47.32) setzt sich periodisch fort.

Supernova

Mit Nova bezeichnet man einen Stern, der seine Helligkeit innerhalb von einigen Stunden auf das 10^2 bis 10^4-fache steigert; er erscheint dann als neuer (nova) Stern. Eine *Supernova* ist ein Stern, dessen Helligkeitssteigerung die einer gewöhnlichen Nova um mehrere Größenordnungen übertrifft. Die Steigerung kann mehr als das 10^8-fache betragen. Beobachtete absolute Helligkeiten $L > 10^9\, L_\odot$ sind dann vergleichbar mit denen der gesamten umgebenden Galaxie. So war die berühmte Supernova im Jahr 1054 tagsüber mit bloßem Auge sichtbar. Die optische Intensitätssteigerung einer Supernova klingt innerhalb von Monaten wieder ab. Neben dem Aufleuchten wird beobachtet, dass eine Gashülle explosionsartig (mit Geschwindigkeiten der Größe 10^4 km/s) nach außen abgestoßen wird.

Phänomenologisch unterscheidet man Supernovae vom Typ I (mit einer optischen Ausbruchsenergie von $10^{-5}\ldots 10^{-4} M_\odot c^2$ und einer abgestoßenen Masse von $0.1\ldots 1\, M_\odot$) und vom Typ II (optische Ausbruchsenergie $10^{-6}\ldots 10^{-5} M_\odot c^2$, abgestoßene Masse $1\ldots 10\, M_\odot$). Die Einteilung in diese beiden Typen erfolgt anhand von Unterschieden im frühen Spektrum; Typ II enthält hier Wasserstofflinien, Typ I dagegen nicht. Die aufgezählten Eigenschaften sind mittlere Angaben, einzelne Ereignisse können davon stark abweichen.

Die spektakuläre Intensitätssteigerung verlangt nach einer entsprechend dramatischen Erklärung. Hierfür bietet sich der Kollaps eines Sterns an, bei dem Gravitationsenergie von bis zu einigen 10% der kollabierenden Massen frei werden kann (vergleiche (40.26)). Ein realistisches Supernovamodell muss dann beschreiben, wie die beim Kollaps freiwerdende Gravitationsenergie zu einem (kleinen) Teil in elektromagnetische Strahlung umgewandelt wird, die zur beobachteten Intensitätssteigerung führt. Außerdem ist zu erklären, wie die den Prozess einleitende Implosion (Kollaps) für einen Teil der Sternmasse zur beobachteten Explosion (Gashülle) führt.

Sterne mit wenigen Sonnenmassen enden meist als weiße Zwerge aus Kohlenstoff und Sauerstoff. Sterne mit mehr als einigen Sonnenmassen können dagegen alle Fusionszyklen bis zum stabilsten Element, dem Eisenisotop ^{56}Fe, durchlaufen. Die ausgebrannten Sterne haben dann einen Eisenkern mit einer sehr hohen Dichte (Größenordnung 4000 Tonnen/cm^3) und sehr hohen Temperaturen (etwa 10^{10} K). Mögliche Prozesse, die den Kollaps eines solchen Sterns einleiten können, sind der *inverse Betazerfall*, die *Photodisintegration von Eisen* und die *Paarbildung*.

Durch Kontraktion des Sterns kann die Dichte soweit steigen, dass die Impulse der Elektronen relativistisch werden. Dann führt die Reaktion

$$\text{Inverser Betazerfall:} \quad e^- + p \to n + \nu_e \qquad (47.35)$$

zum Zusammenbruch des Fermidrucks der Elektronen und damit zum Kollaps.

Durch Kontraktion des Sterns kann die Temperatur soweit steigen, dass es im hochenergetischen Teil der Planckverteilung einen relevanten Anteil von Photonen gibt, deren Energie die Bindungsenergie von Eisen oder die zweifache Ruhmasse des Elektrons übersteigt. Dann sind die Reaktionen

$$\text{Photodisintegration:} \quad \gamma + {}^{56}\text{Fe} \to 13\,{}^4\text{He} + 4\,\text{n} \qquad (47.36)$$

$$\text{Paarbildung:} \quad \gamma \to e^+ + e^- \qquad (47.37)$$

möglich. Hierdurch kann der thermische Druck schlagartig zusammenbrechen, so dass der Stern kollabiert. Nach Modellrechnungen sind folgenden Szenarien wahrscheinlich: Für Sterne im Massenbereich $8-13\,M_\odot$ leitet der inverse Betazerfall den Kollaps ein, im Massenbereich $13-100\,M_\odot$ ist es die Photodisintegration und für Sterne mit mehr als 100 Sonnenmassen die Paarbildung.

Der inverse Betazerfall spielt immer eine zentrale Rolle während des Kollapses. In Abhängigkeit von der Masse können aber andere Prozesse den Beginn des Kollapses einleiten.

In allen Szenarien bricht der Gegendruck (Fermidruck oder thermischer Druck) zusammen, der dem Gravitationsdruck zunächst die Waage hält. Der damit eingeleitete Gravitationskollaps des Eisenkerns ist eine dramatische Implosion, die sich auf einer Zeitskala von einigen Millisekunden abspielt.

Der Kollaps wird von einem explosionsartigen Ausstoß einer Materiewolke begleitet: Zunächst kollabiert der Eisenkern zu einem kompakten, neutronensternartigen Kern. Danach fallen die äußeren Schichten nahezu frei zum Zentrum. Am Kern werden sie abrupt abgebremst und erzeugen dadurch eine Schockwelle, die wieder nach außen läuft. Diese Schockwelle wird durch den extrem hohen Neutrinofluss der noch andauernden inversen Betazerfälle aufgeheizt. Dadurch kommt es zu einem explosionsartigen Ausstoß von Materie und Energie, den wir als Supernova beobachten. Im Zentrum der Supernova bleibt letztlich nur ein kleiner Teil (bis etwa 10 Prozent) des ursprünglichen Sterns übrig. Sofern ein kompakter Kern überlebt, könnte dies ein Neutronenstern (Pulsar) oder ein Schwarzes Loch sein.

Die nach außen laufende Materiewolke beginnt sich abzukühlen. Dann kann diese Materie Neutronen einfangen, die im Kern freigesetzt werden. Zusammen mit nachfolgenden β-Zerfällen können hierdurch schwere Elemente auch jenseits von Eisen entstehen.

Schließlich sei noch auf den Spezialfall einer Supernova vom Typ Ia hingewiesen. In einem Stern mit nur einigen Sonnenmassen können die Fusionszyklen
bei Kohlenstoff enden. Wenn der entstehende Weiße Zwerg in einem Doppelsternsystem Masse von seinem Partner ansaugt, dann kann er sich der Chandrasekhar-
Grenzmasse annähern und instabil werden. Der Stern kontrahiert und zündet dadurch doch noch das Kohlenstoffbrennen. In der entarteten Materie verbrennt der
Kohlenstoff explosionsartig. Die Supernova vom Typ Ia beginnt daher mit einer
Explosion (und nicht mit einen Kollaps).

Beobachtungen

Aus Beobachtungen von Supernovae in anderen Galaxien kann man ihre Häufigkeit
abschätzen; in unserer Galaxie erwartet man alle 10 bis 30 Jahre eine Supernova.
Wir diskutieren nun einige beobachtbare Aspekte von Supernovae.

Das Paradebeispiel ist die 1054 im Sternbild Taurus von chinesischen Astronomen registrierte Supernova. Der heute an dieser Stelle sichtbare Crab-Nebel wurde
von der ausgestoßenen Masse gebildet; der Nebel hat mittlerweile, nach nahezu
1000 Jahren, einen Durchmesser von etwa 7 bis 11 Lichtjahren. Im Zentrum beobachtet man einen Pulsar, also einen Neutronenstern. Der ursprüngliche Stern dürfte
eine Masse von etwa zehn Sonnenmassen gehabt haben. Für größere Ausgangsmas-
sen ($M \gtrsim 40 \, M_\odot$) könnte dagegen ein Schwarzes Loch im Zentrum übrig bleiben.

Beim inversen β-Zerfalls verlassen die entstehenden Neutrinos ohne Verzögerung den Kollapsbereich und stellen so ein signifikantes Signal des Gravitationskollaps dar; sie sollten etwa 10^2-mal mehr Energie abführen als die optische Strahlung.
Solche Neutrinos (19 Ereignisse) wurden erstmalig am 23.2.1987 für eine Supernova in der Großen Magellanschen Wolke nachgewiesen. Diese Supernova in unserer
nächsten Nachbargalaxie (Abstand 55 kpc) war vom Typ II und erhielt den Namen
SN 1987A.

Supernovae dürften auch die Ursache[2] der *gamma-ray bursts*[3] sein. Ungefähr
einmal pro Tag blitzt am Himmel eine punktförmige γ-Quelle auf, deren Intensität vergleichbar oder größer ist als die aller anderen γ-Quellen zusammen. Im
sichtbaren Bereich des Universums kommt es etwa einmal pro Sekunde zu einer
Supernova. Damit führt nur ein kleiner Bruchteil aller Supernovae zu einem für
uns sichtbaren γ-ray burst; die Ausgangskonfiguration muss vermutlich eine große
Masse und eine hohe Rotation haben, und wir müssen im Strahlungskegel liegen.

---

[2] J. H. Reeves et al., *The signature of supernova ejecta in the X-ray afterglow of the γ-ray burst 011211*, Nature 416 (2002) 512, D. H. Hartmann, *Ausbruch nach Verschmelzen*, Physik Journal 4(2005)16

[3] Für eine Einführung siehe http://imagine.gsfc.nasa.gov/docs/science/know_l1/bursts.html oder http://de.wikipedia.wiki.com/Gamma_ray_burst. Solche γ-ray bursts werden seit 1967 beobachtet.

Aufgaben

47.1   Zykloidenlösung für Sternkollaps

Überprüfen Sie durch Einsetzen, dass die Zykloide

$$ct = \frac{R(0)}{2\sqrt{k}}\left(\psi + \sin\psi\right) \quad \text{und} \quad R = \frac{R(0)}{2}\left(1 + \cos\psi\right)$$

die Bewegungsgleichung

$$\left(\frac{dR}{d(ct)}\right)^2 = k\,\frac{R(0) - R(t)}{R(t)}$$

löst.

48 Schwarzes Loch. Quasar

Ein zentraler Gravitationskollaps führt zu einem Schwarzen Loch. Wir untersuchen die Beobachtbarkeit dieses Kollapses und des resultierenden Schwarzen Lochs. Wir diskutieren die Frage der Existenz Schwarzer Löcher[1]. Schwarze Löcher im Zentrum von Galaxien sind eine plausible Erklärung für die Quasare.

Einführung

Unter einem Schwarzen Loch verstehen wir eine Materieansammlung der Masse M in einem Bereich $r \leq r_S = 2GM/c^2$. Die Bezeichnung *schwarz* wird gewählt, weil von der Oberfläche des Sterns keine Strahlung nach außen dringt. Der außenstehende Beobachter erhält keinerlei Information aus dem Bereich $r \leq r_S$; insofern stellt dieser Bereich ein *Loch* des Raums dar.

Die Idee, dass ein Stern so massiv und kompakt sein kann, dass kein Licht von der Oberfläche nach außen dringt, wurde bereits von Laplace vor etwa 200 Jahren diskutiert: Die Fluchtgeschwindigkeit v_{fl} eines Teilchens der Masse m ergibt sich aus der Bedingung $E_{\text{kin}} + E_{\text{pot}} = m\,v_{\text{fl}}^2/2 - GMm/R = 0$ zu

$$v_{\text{fl}}^2 = \frac{2GM}{R} \xrightarrow{R \to r_S} c^2 \tag{48.1}$$

Wie Newton hatte Laplace die Vorstellung, dass Licht aus einzelnen Teilchen besteht. Die Masse dieser Teilchen war unbekannt; sie geht aber nicht in (48.1) ein. Aus der bekannten Lichtgeschwindigkeit c konnte Laplace so die richtige Bedingung $R = 2GM/c^2 = r_S$ ableiten.

Wir schätzen ab, welche kritische Dichte ϱ_{kr} eine Massenansammlung haben muss, damit sie zu einem Schwarzen Loch wird. Aus $R \approx r_S$, $r_S = 2GM/c^2$ und $M \approx (4\pi/3)\varrho\,R^3$ folgt durch Elimination von R und r_S:

$$\varrho_{\text{kr}} \approx \frac{3c^6}{32\,\pi\,G^3 M^2} \approx 2 \cdot 10^{19}\ \frac{\text{kg}}{\text{m}^3}\left(\frac{M_\odot}{M}\right)^2 \tag{48.2}$$

Die dichtesten Objekte, die wir bisher betrachtet haben, waren die Neutronensterne. Sie haben eine Masse von $M \sim M_\odot$ und eine Dichte von $\varrho \approx 6 \cdot 10^{18}\ \text{kg/m}^3$, (43.9).

Nach (48.2) können auch ganz gewöhnliche Dichten zu einem Schwarzen Loch führen, wenn nur die Massenansammlung hinreichend groß ist; zum Beispiel erhält

---

[1]Für einen Übersichtsartikel sei auf B. Carr, *Black Holes in Cosmology and Astrophysics*, Seite 143–202 in [8] verwiesen.

man $\varrho_{\mathrm{kr}} \sim 2\,\mathrm{g/cm}^3$ für $M \sim 10^8 M_\odot$. Solche Massenansammlungen sind nicht ungewöhnlich; im sichtbaren Kosmos finden wir etwa 10^{11} Galaxien jeweils mit einer Masse der Größe $M \sim 10^{10} M_\odot$. Man könnte zum Beispiel aus 10^{10} Sternen mit $M = M_\odot$ ein Sterncluster mit einem mittleren Sternabstand von $20\,R_\odot$ bilden. Dies wäre dann ein Objekt mit $R \approx r_{\mathrm{S}} = 1.5 \cdot 10^{10}\,\mathrm{km}$. Die Idee eines solchen *relativistischen Sternclusters* wurde 1965 von Zel'dovich und Podurets konzipiert.

Kollaps

Die phänomenologische Beschreibung einer Supernova in Kapitel 47 deutet an, dass eine realistische Beschreibung eines Gravitationskollapses schwierig ist. Wir untersuchen hier den Kollaps zu einem Schwarzen Loch unter den sehr vereinfachenden Annahmen (47.1)–(47.4): Der Stern sei isotrop und homogen, und der innere Druck sei vernachlässigbar.

Die in Kapitel 47 verwendete Metrik bezog sich auf den Bereich der homogenen Dichte (47.4), also auf das Sterninnere. Nach dem Birkhoff-Theorem können wir außerhalb des kollabierenden Sterns die Schwarzschildmetrik (SM) verwenden. Zur Beschreibung des gesamten Raums verwenden wir beide Metriken und verbinden sie beim Sternradius miteinander. Die Radial- und Zeitkoordinaten haben jeweils verschiedene Bedeutungen und müssen daher unterschiedlich gekennzeichnet werden. Für die Gaußkoordinaten verwenden wir τ und r',

$$ds^2 = c^2 d\tau^2 - R(\tau)^2 \left(\frac{dr'^2}{1 - k\,r'^2} + r'^2 \big(d\theta^2 + \sin^2\theta\,d\phi^2\big) \right) \qquad (r' \le r'_0) \quad (48.3)$$

Die SM-Koordinaten bezeichnen wir mit t und r:

$$ds^2 = \left(1 - \frac{r_{\mathrm{S}}}{r}\right) c^2 dt^2 - \left(1 - \frac{r_{\mathrm{S}}}{r}\right)^{-1} dr^2 - r^2\big(d\theta^2 + \sin^2\theta\,d\phi^2\big) \qquad (r \ge r_0) \quad (48.4)$$

Der Sternradius ist durch r'_0 und r_0 gegeben. Für (48.3) wurde eine homogene Sterndichte vorausgesetzt, also

$$\varrho(r', \tau) = \begin{cases} \varrho(\tau) & r' < r'_0 \\ 0 & r' > r'_0 \end{cases} \qquad (48.5)$$

Aus (48.3) folgt für die Oberfläche des Sterns $A = 4\pi r'^2_0 R^2$, und aus (48.4) folgt $A = 4\pi r_0^2$. Der (im Prinzip messbare) Flächeninhalt ist unabhängig von der verwendeten Metrik. Daher gilt

$$r_0(t) = r'_0\,R(\tau) \qquad (48.6)$$

Der Sternrand wird durch frei fallende Teilchen mit $r'_0 = $ const. realisiert. In (48.3) ist die Koordinatentransformation $r' \to$ const. $\cdot r'$ zulässig; dies führt lediglich zu $R \to R/$const. Daher können wir willkürlich $r'_0 = 1$ setzen; dann ist $R(\tau)$

gleich dem Sternradius $r_0(t)$. Zu Beginn des Kollapses sei der Sternradius gleich drei Schwarzschildradien und die Sternmaterie ruhe:

$$r_0(0) = r_0' R(0) = 3\,r_S \,, \qquad r_0' = 1\,, \qquad \dot{R}(0) = 0 \qquad (48.7)$$

Die Konstanten k in (48.3) und r_S in (48.4) sind durch die Anfangsbedingungen und durch die Masse des Sterns festgelegt:

$$r_S = \frac{2\,GM}{c^2}\,, \qquad k \overset{(47.29)}{=} \frac{2\,GM_0}{c^2} \frac{1}{R(0)} \qquad (48.8)$$

Dabei ist M die gravitierende Masse, die das asymptotische Gravitationsfeld bestimmt. Nach (47.23) ist $M_0 = 4\pi \varrho R^3/3$. Da R der Radius des Sterns ist, liegt es nahe, M_0 mit M zu identifizieren:

$$M_0 = M \qquad (48.9)$$

Tatsächlich könnte es hier einen abweichenden Faktor der Größe 1 geben, und zwar wegen der nichteuklidischen Metrik und wegen des Massendefekts (Kapitel 40). Eine solche Abweichung wäre ohne wesentlichen Einfluss auf die weiteren Ergebnisse. Wir verzichten daher auf eine nähere Begründung von (48.9).

Aus (48.8) und (48.9) folgt $k = r_S/R(0)$. Nach (48.7) gilt $R(0) > r_S$, also $k < 1$. Damit wird der Koeffizient $1/(1 - kr'^2)$ von dr'^2 in (48.3) nirgends singulär, denn zusammen mit $r' \le r_0' = 1$ gilt

$$k\,r'^2 \le k\,r_0'^2 = k = \frac{r_S}{R(0)} < 1 \qquad (48.10)$$

Die Lösung für $R(\tau)$ wurde in (47.31, 47.32) und Abbildung 47.1 angegeben. Der Sternradius $R(\tau)$ nimmt monoton ab. Die Singularität $R = 0$ wird nach der Zeit

$$T \overset{(47.34)}{=} \frac{\pi}{2} \frac{R(0)}{c} \sqrt{\frac{c^2 R(0)}{2\,GM_0}} = \frac{\pi}{2} \left(\frac{R(0)}{r_S} \right)^{3/2} \frac{r_S}{c} = 8.16\,\frac{r_S}{c} \qquad (48.11)$$

erreicht; der numerische Wert gilt für $R(0) = 3\,r_S$. Die Zeit T ist auch die Eigenzeit eines Teilchens auf dem Sternrand und somit die Zeit eines zusammen mit dem Teilchen frei fallenden Beobachters. Für $r \sim r_S$ ist die Kollapsgeschwindigkeit mit der Lichtgeschwindigkeit vergleichbar. Die Zeitskala des Kollapses ist daher

$$\boxed{\text{Zeitskala des Kollapses:} \quad \frac{r_S}{c} = \frac{M}{M_\odot}\,10^{-5}\,\text{s}} \qquad (48.12)$$

Der beobachtende Physiker wird den Kollaps lieber aus größerer Entfernung betrachten, also etwa mit einer Uhr, die die SM-Zeit t anzeigt (Eigenzeit einer im Unendlichen ruhenden Uhr). Für $r \ge r_0$ gilt die SM (48.4). Der Sternrand $r_0(t)$ ist zugleich die Bahn eines frei fallenden Teilchens. Ein solches Teilchen fällt in der

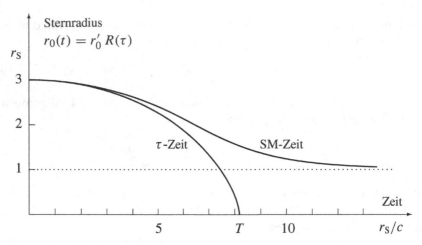

Abbildung 48.1 Kollaps einer anfangs ruhenden, homogenen Ansammlung aus Teilchen.
Die Zeitabhängigkeit des Sternradius ist einmal angegeben für die Zeit t einer in großem
Abstand ruhenden Uhr (SM-Zeit), und zum anderen für die Zeit τ einer auf dem Sternrand
mitbewegten Uhr. Für den mitbewegten Beobachter endet der Kollaps nach der Zeit T in einer Singularität. Für den außenstehenden Beobachter schrumpft der Stern auf der Zeitskala
r_S/c auf den Schwarzschildradius und erlischt dabei.

endlichen Eigenzeit τ_1, (45.7), von $r_0(0)$ bis r_S. Nach (45.10) ist die zugehörige
SM-Zeit t_1 unendlich. Damit wird (48.6) für $\tau = \tau_1$ zu

$$r_0(\infty) = r_0' \, R(\tau_1) = r_S \tag{48.13}$$

Wir untersuchen etwas genauer, wie sich der Sternrand $r_0(t)$ dem Wert r_S annähert.
Aus (45.10) lesen wir den Ausdruck für dr/dt ab und wenden dies auf ein Teilchen
auf dem Sternrand an:

$$\frac{dr_0}{dt} = -\frac{c\,\sqrt{2\,(C + GM/r_0)}\,(1 - r_S/r_0)}{F} \overset{r_0 \to r_S}{\sim} -\frac{c}{r_S}\,(r_0 - r_S) \tag{48.14}$$

Der im letzten Schritt vernachlässigte numerische Faktor ist von der Ordnung 1.
Wir integrieren (48.14) zu

$$\ln\,(r_0 - r_S) \sim -\frac{c\,t}{r_S} + \text{const.} \tag{48.15}$$

und erhalten

$$\frac{r_0}{r_S} \sim 1 + b\,\exp\,(-c\,t/r_S) \qquad (r_0 \sim r_S) \tag{48.16}$$

Dabei ist b eine Integrationskonstante; für eine genauere Rechnung sei auf Aufgabe
25.3 verwiesen. Von außen gesehen nähert sich der Sternradius r_0 also exponentiell
langsam dem Schwarzschildradius an, sobald $r_0 \sim r_S$. Der davorliegende Teil des
Kollapses von einigen r_S bis zu $r \sim r_S$ erfolgt dagegen auf der Zeitskala $t \sim r_S/c$.

Die hier gefundenen Resultate für den Sternkollaps sind in Abbildung 48.1 für einen Anfangsradius $r_0(0) = R(0) = 3\,r_S$ dargestellt.

Für $r_0 \to r_S$ geht die Rotverschiebung für Licht vom Sternrand gegen unendlich. Aus (12.9) und (48.4) erhalten wir

$$z = \frac{1}{\sqrt{1 - r_S/r_0}} - 1 \overset{r_0 \to r_S}{\sim} \exp\left(\frac{c\,t}{2\,r_S}\right) \qquad \begin{array}{l} \text{Rotverschiebung} \\ \text{beim Kollaps} \end{array} \qquad (48.17)$$

Die vom Sternrand ausgesandten Photonen verlieren also immer mehr Energie im Gravitationsfeld. Zugleich werden sie in immer größeren Zeitabständen empfangen, denn den Abständen $d\tau$ entsprechen die SM-Zeitabstände

$$dt = \frac{F\,d\tau}{c\,(1 - r_S/r_0)} \overset{r_0 \to r_S}{\sim} d\tau\, \exp\left(\frac{c\,t}{r_S}\right) \qquad (48.18)$$

Wir diskutieren noch, wie Photonen auf das Schwarze Loch fallen. Aus (25.24)–(25.27) folgt $\dot{r} = dr/d\lambda =$ const. und $dr/dt =$ const. $\cdot\,(c/F)(1 - r_S/r)$ und schließlich wieder (48.16) (siehe auch Aufgabe 25.3). Von außen beobachtet nähern sich Photonen also ebenso wie materielle Teilchen dem Schwarzschildradius nur asymptotisch. Eine Energiebilanz für Strahlung muss von der Energiedichte ausgehen. Da die physikalischen Weglängen $ds = dr/(1 - r_S/r)^{1/2}$ in r-Richtung ebenso divergieren wie die Frequenz, bleibt die Energiedichte eines Photonenstrahls endlich, auch wenn die Energie eines einzelnen Photons divergiert (für $r \to r_S$).

Insgesamt stellt sich der Kollaps für den außenstehenden Beobachter so dar: Die Kontraktion der Anfangskonfiguration mit $r_0 \gg r_S$ erfolgt zunächst nichtrelativistisch langsam mit einer Rotverschiebung $z \ll 1$. Sobald dann r_0 einige r_S erreicht, führt die Beschleunigung im Gravitationsfeld zu relativistischen Geschwindigkeiten. Auf der kurzen Zeitskala r_S/c erreicht der Sternradius r_0 Werte nahe bei r_S und der Stern erlischt. Trotz der exponentiell langsamen Annäherung des Sternradius an r_S, erscheint der Kollaps als ein plötzliches Ereignis (etwa mit einer Zeitdauer $T \sim 10^{-4}$ s für einen Stern mit der Masse $M \sim M_\odot$).

Diese Beschreibung eines Sternkollapses wurde 1939 von Oppenheimer und Snyder gegeben. Im Abstract ihrer Arbeit[2] heißt es: „When all the thermonuclear sources of energy are exhausted a sufficiently heavy star will collapse. Unless fission due to rotation, the radiation of mass, or the blowing off of mass by radiation, reduce the star's mass to the order of that of the sun, this contraction will continue indefinitely ... the radius of the star approaches asymptotically its gravitational radius; light from the star is progressively reddened ... the total time of collapse for an observer co-moving with the stellar matter is finite ... an external observer sees the star asymptotically shrinking to its gravitational radius."

---

[2] J. R. Oppenheimer und H. Snyder, *On Continued Gravitational Contraction*, Phys. Rev. 56 (1939) 455

Eigenschaften des Schwarzen Lochs

Beobachtbarkeit

Die durch (48.17) begründete Unbeobachtbarkeit bedeutet nicht, dass das so entstandene Schwarze Loch von der Bildfläche verschwindet. Vielmehr gilt ja im Bereich $r \geq r_S$ unabhängig von der Zeitabhängigkeit des Kollapses die Schwarzschildmetrik, das Schwarze Loch tritt also weiterhin durch sein Gravitationsfeld in
Erscheinung. Außerdem können sich beobachtbare Effekte ergeben, wenn Materie
auf das Schwarze Loch einfällt.

Das Schwarze Loch ist von der geschlossenen Oberfläche $r = r_S$ umgeben, die
einen *Ereignishorizont* darstellt. Der äußere Beobachter sieht nur Ereignisse dies-
seits ($r > r_S$) dieses Horizonts. Für ihn ist das Gebiet $r \leq r_S$ ausgespart; denn bei
Annäherung an r_S von außen geht die Rotverschiebung gegen unendlich. Die Fläche des Ereignishorizonts misst der Beobachter mit $4\pi r_S^2$, über den Durchmesser
oder den Inhalt des ausgesparten Raumgebiets kann er keine Aussagen machen. Die
Singularität bei $r = 0$ ist für den außenstehenden Beobachter prinzipiell unbeobachtbar; insofern ist diese Singularität eine eher akademische Angelegenheit.

Hawking-Effekt

Tatsächlich gibt auch ein isoliertes Schwarzes Loch aufgrund des *Hawking-Effekts*[3]
Strahlung ab. In dem starken Gravitationsfeld (kurz außerhalb des Schwarzschild-
radius) können virtuelle Teilchen-Loch-Paare dadurch reell werden, dass ein Teil-
chen in das Schwarze Loch fällt und das zugehörige Antiteilchen abgestrahlt wird.
Da das ausgehende Antiteilchen Energie wegtransportiert, muss das SL gleichzeitig
Energie (also Masse) verlieren.

Weitergehende Betrachtungen zeigen, dass die vom SL aufgrund dieses Effekts
abgegebenen Teilchen sich wie die Strahlung eines Schwarzen Körpers verhalten,
also wie die Strahlung eines Körpers mit einer Temperatur T. Das Schwarze Loch
emittiert also auch Photonen und Neutrinos, deren Energien einer Planckschen Verteilung mit dieser Temperatur folgen[4]. Aufgrund dieses Hawking-Effekts verliert
ein isoliertes Schwarzes Loch kontinuierlich Masse.

Für diese Temperatur eines SL der Masse M erhält man

$$k_B T = \frac{\hbar c^3}{8\pi G M} \tag{48.19}$$

Dies bedeutet $T \approx (M_\odot / M)\, 10^{-7}$ K. Die Strahlungsleistung P (Energie pro Zeit)

---

[3] S. W. Hawking, *Black hole explosions?*, Nature 248 (1974) 30

[4] In einer alternativen Betrachtung geht man von einem Beobachter aus, der kurz außerhalb des
Schwarzschildradius ruht. Um seine Position zu halten, muss dieser Beobachter fortwährend beschleunigt sein. Ein Beobachter, der sich beschleunigt im Vakuum bewegt, beobachtet eine thermische Strahlung. Für den außenstehenden Beobachter wird diese Strahlung vom SL abgegeben.

eines Körpers mit der Temperatur T folgt aus dem Stefan-Boltzmann-Gesetz

$$P(t) = \sigma\, T(t)^4\, F(t) = -\frac{dM(t)}{dt}\, c^2 \qquad (48.20)$$

Dabei ist $\sigma = \pi^2 k_B^4/(60\hbar^3 c^2)$ die Stefan-Boltzmann-Konstante und $F = 4\pi r_S^2$ ist die abstrahlende Fläche. Durch die Abstrahlung nimmt die Masse $M(t)$ im Laufe der Zeit t ab, und die zugehörige Temperatur $T(t)$ wächst; für $M \to 0$ gilt $T \to \infty$. Aus $\int_0^\tau dt\, P(t) = M(0)\, c^2$ erhält man die Lebensdauer τ des SL zu

$$\tau = \frac{5120\,\pi\, G^2 M^3}{\hbar c^4} \approx 10^{-16} \left(\frac{M}{1\,\mathrm{kg}}\right)^3 \mathrm{s} \qquad (48.21)$$

Hier ist $M = M(0)$ die anfängliche Masse des SL. Ein „kleines" SL von 1 Gramm oder 1 Kilogramm würde nahezu augenblicklich zerstrahlen. Da dabei die Energie Mc^2 freigesetzt wird, ist das Ende eines solchen SL ein explosives Ereignis.

Für ein SL mit $M \approx M_\odot$ ergibt sich $\tau \sim 10^{67}$ Jahre. In diesem Fall ist die Abstrahlung ein völlig zu vernachlässigender Effekt, auch auf der Skala des Weltalters ($t_0 \approx 10^{10}$ Jahre). Praktisch werden derartige SL eher an Masse zulegen, indem sie Materie aus der Umgebung ansaugen.

Eine Lebensdauer $\tau \sim t_0$ von der Größe des Weltalters erhält man für ein Schwarzes Loch der Masse $M \sim 10^{12}\,\mathrm{kg}$ und der Größe von $r_S = 2GM/c^2 \sim 10^{-15}\,\mathrm{m}$. Solche kleinen Schwarzen Löcher könnten beim Urknall (Kapitel 55) entstanden sein, und ihr explosives Ende könnte dann heute beobachtet werden.

Energieproduktion

Schickt man Materie in das Schwarze Loch, so nähert sie sich von außen gesehen asymptotisch dem Schwarzschildradius. Wir schätzen die Größe der dabei frei werdenden Energie ab:

$$\frac{|\text{Gravitationsenergie}|}{\text{Ruhenergie}} \approx \frac{GMm/r_S}{mc^2} = 0.5 \qquad (48.22)$$

Dies ist nur eine grobe Abschätzung, weil wir die Newtonsche Gravitationsenergie $m|\Phi| = GMm/r_S$ verwendet haben. Die nur asymptotische Annäherung an r_S spielt hierbei keine Rolle, weil die Gravitationsenergie bei r_S stetig ist.

Beim Fall ins Schwarze Loch wird die Gravitationsenergie zunächst als kinetische Energie frei. Nach (48.22) erreicht diese kinetischen Energie eine Größenordnung von 50% der Ruhenergie. Diese kinetische Energie wird im Allgemeinen teilweise in Strahlung umgewandelt, die dann nach außen sichtbar wird. Realistische Modellrechnungen ergeben Umwandlungsraten von bis zu 10% der Ruhmasse; diese Raten liegen weit über derjenigen der Kernfusion ($< 0.5\,\%$).

Das Hereinfallen geschieht auf der Zeitskala r_S/c. Danach ist die Materie (Strahlung) von der Bildfläche verschwunden; das heißt, sie ist im Bereich $r > r_S$ praktisch nicht mehr nachweisbar. Man kann daher auch sagen, die Materie (Strahlung) wird vom Schwarzen Loch verschluckt (auch wenn sie sich, von außen beobachtet, dem Schwarzschildradius nur asymptotisch nähert).

Raumschiff fällt in Schwarzes Loch

Wir betrachten ein Raumschiff, das zentral auf ein Schwarzes Loch zufällt. (Der zentrale Fall bedeutet, dass der Drehimpuls null ist. Bei Drehimpuls ungleich null sind sowohl eine hyperbelartige Bahn wie auch ein Fall ins Zentrum möglich, Kapitel 25). Wir wollen die Gefahren für die Astronauten während der Passage von $r = r_S$ untersuchen.

Im Schwerpunkt des Raumschiffs heben sich Gravitations- und Trägheitskräfte gerade auf. Es gibt aber Restkräfte, denen ein Astronaut aufgrund seiner endlichen Größe ausgesetzt ist: Die Mitte des Astronauten falle mit dem Schwerpunkt des Raumschiffs zusammen; hier wirkt keine resultierende Kraft. Die Änderung der Gravitationsbeschleunigung $a \sim GM/r^2$ auf der Länge $\Delta\ell \approx 1$ m des sitzenden Astronauten ist

$$\Delta a \approx \frac{2GM}{r^3}\,\Delta\ell = c^2\,\Delta\ell\,\frac{r_S}{r^3} \tag{48.23}$$

Damit erhalten wir bei $r = r_S$ folgende Restbeschleunigung:

$$\Delta a \approx \frac{c^2\Delta\ell}{r_S^2} \approx 10^{10}\,\frac{M_\odot^2}{M^2}\,\frac{\mathrm{m}}{\mathrm{s}^2} = \begin{cases} 10^{10}\,\mathrm{m/s^2} & (M = M_\odot) \\ 10^{-10}\,\mathrm{m/s^2} & (M = 10^{10}M_\odot) \end{cases} \tag{48.24}$$

Dabei würde $\Delta a = 10\,\mathrm{m/s^2}$ bedeuten, dass Kopf und Füße des Astronauten mit einer seinem Gewicht (auf der Erde) entsprechenden Kraft auseinandergezogen werden; dies wäre eine merkliche, aber erträgliche Belastung. Für $M \approx M_\odot$ sind die Zerreißkräfte $\Delta a \approx 10^{10}\,\mathrm{m/s^2}$ bei $r = r_S$ tödlich (sie sind bereits in größerer Entfernung fatal). Bei einem supermassiven Schwarzen Loch mit $M = 10^{10}\,M_\odot$ (etwa einem relativistischen Sterncluster) kann der Astronaut die Stelle $r = r_S$ dagegen unbeschadet passieren; allerdings ist auch dies eine Reise ohne Wiederkehr.

Die Länge $\Delta\ell$, auf der wir die Restkräfte vernachlässigen können, bestimmt die Größe des Lokalen IS. Bei einem supermassiven Schwarzen Loch können wir davon ausgehen, dass das gesamte Raumschiff ein solches Lokales IS darstellt. Bei einem Schwarzen Loch mit $M \approx M_\odot$ wäre die Ausdehnung des Lokalen IS dagegen viel kleiner. Formal ist die Ausdehnung des Lokalen IS der Bereich, in dem eine Entwicklung der Form (14.3) eine brauchbare Näherung ist.

Nehmen wir an, das Raumschiff falle auf ein supermassives Schwarzes Loch zu und sei daher ein Lokales IS. Dann laufen im Raumschiff alle Vorgänge so ab, wie ohne Gravitation. Insbesondere ist die Fläche $r = r_S$ (sie verlaufe quer durch das Raumschiff) für physikalische Vorgänge im Raumschiff in keiner Weise ausgezeichnet; alle Vorgänge laufen gemäß den Gesetzen der Speziellen Relativitätstheorie ab. Allerdings hat ein im Augenblick der Durchquerung abgesandtes Signal zur Erde nur dann ein theoretische Chance, wenn es im hinteren Teil ($r > r_S$) des Raumschiffs abgesandt wird (die praktische Chance ist auch hier wegen der großen Rotverschiebung gering). Die Auszeichnung von r_S besteht nur für den Kontakt (Austausch von Information) mit einem äußeren Beobachter.

No-Hair-Theorem

Unsere konkreten Rechnungen bezogen sich auf den Kollaps eines *sphärischen* Sterns. Nach dem Kollaps ist das Feld im zugänglichen Außenraum allein durch den einen Parameter M (Masse des Schwarzen Lochs) bestimmt; dies gilt auch, wenn die ursprüngliche radiale Dichteverteilung nicht homogen ist. Alle anderen Informationen (zum Beispiel über die materielle Zusammensetzung) sind verlorengegangen. 1965 äußerte Wheeler die Vermutung, dass Schwarze Löcher generell allein durch die Erhaltungsgrößen Masse M, Drehimpuls L und Ladung Q bestimmt sind; dieses sogenannte *no-hair-Theorem* wurde in den darauffolgenden Jahren für die verschiedenen Fälle bewiesen. Es bedeutet, dass alle möglichen Strukturen (Inhomogenitäten, Multipolmomente oder eben „Haare") durch den Kollaps gewissermaßen eingeebnet werden; konkret werden die höheren Multipolmomente der Massenverteilung durch Gravitationsstrahlung eliminiert. Der entstehende Zustand ist dann bis auf die Größen M, L und Q von der Vorgeschichte des Sterns völlig unabhängig. Die Größen M, L und Q bestimmen die Metrik im Außenraum.

Kerr-Metrik

Die Schwarzschildmetrik gilt für $M \neq 0$, $L = 0$ und $Q = 0$. Für $L \neq 0$ ist die axialsymmetrische *Kerr-Metrik* (1963) Lösung der Feldgleichungen, die wir hier ohne Ableitung angeben,

$$ds^2 = \frac{d^2}{\rho^2}\left(c\,dt - b\sin^2\theta\,d\phi\right)^2 - \frac{\rho^2}{d^2}\,dr^2 - \rho^2\,d\theta^2 - \frac{\sin^2\theta}{\rho^2}\left(\left(r^2+b^2\right)d\phi - b\,c\,dt\right)^2$$

$$(48.25)$$

mit $d^2 = r^2 - r\,r_S + b^2$, $\rho^2 = r^2 + b^2\cos^2\theta$ und $b = L/Mc$. Für $L \to 0$ (also $b \to 0$) reduziert sich die Kerr-Metrik auf die SM.

Für nicht zu großes L liefert die Kerr-Metrik ebenso wie die SM eine geschlossene Fläche als Ereignishorizont des Schwarzen Lochs. Dieser Horizont schirmt die nach den Feldgleichungen unvermeidliche Singularität (Singularitätstheorem von Penrose und Hawking 1965) nach außen ab. Insofern ist die Singularität akademisch und harmlos. Es gibt jedoch auch Lösungen mit einer nichtabgeschirmten (nackten) Singularität, deren Konsequenzen und Bewertung problematisch sind. Hierfür wurde ein „kosmischer Zensor" postuliert (Penrose 1969), der solche nackten Singularitäten verbietet. Möglicherweise führen tatsächlich auftretende Anfangsbedingungen für einen Gravitationskollaps nur zu abgeschirmten Singularitäten.

Gibt es Schwarze Löcher?

Die Frage „Gibt es Schwarze Löcher?" kann zweierlei bedeuten. Einmal: Endet der Stern, wie in der ART berechnet, in einer punktförmigen Singularität? Schon wegen der prinzipiellen Begrenzung durch die Plancksche Länge (22.31) wird man mit „nein" antworten. Vor allem aber ist die Frage weitgehend akademisch wegen der diskutierten Unbeobachtbarkeit der Region innerhalb des Ereignishorizonts. Zum anderen: Gibt es so kompakte Gebilde, dass kein Licht von ihrer Oberfläche nach außen dringt? Die Antwort ist „vermutlich ja". Im Folgenden betrachten wir die gestellte Frage unter diesem Gesichtspunkt. Hierzu diskutieren wir zunächst theoretische Überlegungen und dann empirische Hinweise.

Die theoretischen Überlegungen beruhen auf den möglichen Konfigurationen, die zu einem Schwarzen Loch führen können. Die Existenz von Sternen mit $R \sim 3\,r_S$ ist empirisch gut belegt (Pulsare), und wegen der Divergenz des Gravitationsdrucks für $R \to 9\,r_S/8$ gibt es keinen Mechanismus, der für massereichere Sterne einen Kollaps verhindern könnte. Es wird angenommen, dass beim Gravitationskollaps eines Sterns mit $M \gtrsim 40\,M_\odot$ ein Schwarzes Loch zurückbleibt.

Außerdem kann nach (48.2) eine hinreichend große Massenansammlung bei ganz gewöhnlichen Dichten einen Radius $R \sim r_S$ haben. Für solche relativistischen Sterncluster ist kein unvorhergesehener Effekt vorstellbar (wie vielleicht für Sterne mit extremer Dichte), der den Kollaps zu $R \leq r_S$ doch noch aufhalten könnte. Solche Objekte würden zu supermassiven Schwarzen Löchern führen. Der gleiche Endzustand könnte auch durch fortgesetzten Materieeinfang eines gewöhnlichen Schwarzen Lochs entstehen.

Eine andere Konfiguration, die zu einem Schwarzen Loch führen kann, ist ein Doppelpulsar. Aufgrund der Gravitationsabstrahlung fallen die beiden Neutronensterne nach endlicher Spiralzeit (Kapitel 36) ineinander. Die gemeinsame Masse liegt dann im Allgemeinen über der Massenobergrenze für einen Neutronenstern. Die Ausdehnung der entstehenden Konfiguration liegt bei wenigen Schwarzschildradien, so dass ein Kollaps zu einer Konfiguration mit $r \leq r_S$ wahrscheinlich erscheint.

Die Beobachtung eines Schwarzen Lochs ist im Prinzip ganz einfach: Man misst ein kugelsymmetrisches Gravitationsfeld mit verschwindender Massendichte im Bereich $r > r_S$. Praktisch ist ein solcher Nachweis aber nur indirekt möglich.

Ein guter Kandidat für ein Schwarzes Loch ist das Doppelsternsystem *Cygnus X-1*, das aus einem sichtbaren Stern ($M \approx 8\,M_\odot$) und einem unsichtbaren Partner ($M \sim 4\,M_\odot$) besteht. Der unsichtbare Partner macht sich durch die Dopplerverschiebung des Lichts vom sichtbaren Stern bemerkbar, die durch die Bewegung um den gemeinsamen Schwerpunkt hervorgerufen wird. Die von Cygnus X-1 ausgehende Röntgenstrahlung lässt sich sehr gut in einem Modell deuten, in dem ein Schwarzes Loch (der nichtsichtbare Stern) kontinuierlich Materie von dem sichtbaren Partner abzieht. Beim Sturz in das Schwarze Loch emittiert diese Materie Röntgenstrahlung.

Mittlerweile gibt es Dutzende von Kandidaten für stellare SL, die alle Partner in Doppelsternsystemen sind. Einen Überblick über diese Kandidaten und die Methoden zur Bestimmung ihrer Masse präsentiert J. Ziółkowski in *Masses of Black Holes in the Universe*, arXiv.0808.0435v1[astro-ph]. In diesem Artikel wird auch auf die supermassiven SL (mit Massen bei $10^{10}M_\odot$) eingegangen, zu denen wir im Abschnitt über Quasare kommen.

Verschmelzung zweier SL

Am 14.09.2015 hat der Detektor LIGO erstmals Gravitationswellen auf der Erde nachgewiesen; das Signal wurde nach dem Datum mit GW150914 benannt. Die einzig plausible Erklärung für das gemessene Signal ist die Verschmelzung zweier Schwarzer Löcher: Die Stärke des Signals auf der Erde lässt auf eine enorme Energie (etwa 3 Sonnenmassen) schließen, die bei diesem Ereignis frei wurden. Für einen solchen Energieausstoß bedarf es entsprechend schwerer Objekte (hier etwa 30 Sonnenmassen), die sich zudem vor der Verschmelzung sehr nah gekommen sind. Diese Objekte müssen daher so kompakt und massiv gewesen sein, dass andere Sterntypen ausgeschlossen sind. Insofern ist der Nachweis von Gravitationsstrahlung im Jahr 2015 zugleich ein relativ direkter Nachweis für die Existenz von Schwarzen Löchern.

Quasar

Große Schwarze Löcher im Zentrum von Galaxien sind ein plausibles Modell für die sogenannten *Quasare* (quasistellare Radioquellen).

Im Laufe der sechziger Jahre konnten bestimmten, schon lange bekannten Radioquellen erstmals sichtbare Objekte zugeordnet werden[5]. Das Licht dieser Objekte weist häufig große Rotverschiebungen auf (heute werden Quasare mit bis zu $z \approx 6$ beobachtet). Diese Rotverschiebung lässt auf eine große Entfernung (Kapitel 51) und eine entsprechend sehr große absolute Luminosität dieser Quasare schließen. Diese absolute Strahlungsleistung erfordert einen Mechanismus, der bis zu einigen Sonnenmassen pro Jahr mit 10% Effizienz in Energie umwandelt. Daher kommen nur sehr große und zugleich kompakte Massenansammlungen ($\sim 10^6 \ldots 10^{10} M_\odot$) für einen Quasar in Frage. Gewöhnliche Galaxien (etwa mit $10^{10} M_\odot$) haben weniger als 1% der erforderlichen Strahlungsleistung. Außerdem zeigt die Strahlung von Quasaren zeitliche Variationen mit $\Delta t \sim 1$ d; dies lässt nur Objekte der Größe kleiner als ein Lichttag zu. (Zum Vergleich: Der Durchmesser der Milchstraße beträgt 10^5 Lichtjahre). Optisch sind diese Objekte daher auch nicht aufzulösen, sie erscheinen punktförmig wie Sterne, also quasistellar.

Wegen der sehr hohen Energieumwandlung stellen große Schwarze Löcher mit Massen $M \sim 10^6 \ldots 10^{10} M_\odot$ im Zentrum von Galaxien ein plausibles Modell für Quasare dar. Das Schwarze Loch könnte Materie aus seiner Umgebung ansaugen, die sich in einer Akkretionsscheibe ansammelt und mehr oder weniger kontinuierlich zum Zentrum hin einfällt. Bei Annäherung an den Schwarzschildradius wird die Materie stark beschleunigt. Die beschleunigte und ionisierte Materie gibt elektromagnetische Strahlung ab. Die Energieproduktion des Quasars könnte so durch fortlaufenden Materieeinfang aus der umgebenden Galaxie aufrecht erhalten werden. Die freiwerdende Energie wurde in (48.22) abgeschätzt; die danach möglichen Energieumwandlungsraten liegen weit über denen der Kernfusion.

---

[5]C. Hazard et al., Nature 197 (1963) 1037, M. Schmidt, Nature 197 (1963) 1040

Schwarzes Loch im Zentrum der Milchstraße

Quasare könnten ein Phänomen sein, das häufig in jungen Galaxien auftritt. Ein solches Schwarzes Loch saugt Materie aus der Umgebung auf und wird so zum Quasar. Ältere Galaxien enthalten dann möglicherweise im Zentrum ein oder mehrere große Schwarze Löcher in einer relativ leeren Umgebung enthalten.

Die Massenverteilung in Galaxien kann aus den Geschwindigkeiten der Sterne bestimmt werden: Dazu nehmen wir der Einfachheit halber Kreisbahnen (Radius $d/2$, Geschwindigkeit v) für die Bewegung der Sterne in der Galaxie an. Aus dem Gleichgewicht von Gravitations- und Zentrifugalkraft folgt $GM = v^2 d/2$, wobei M die Masse innerhalb des Bereichs $r \leq d/2$ ist. Aus der Messung von d und v für einzelne Sterne erhält man so $M = M(d)$. Die Geschwindigkeiten parallel zur Beobachtungsrichtung können über den Dopplereffekt bestimmt werden.

Im Zentrum der Milchstraße gibt es eine Radioquelle mit dem Namen SgrA* (oder Sagittarius A*). Die Messung der Geschwindigkeiten unmittelbar benachbarter Sterne ergibt[6]

$$M_{\text{SgrA}*} \approx 4.3 \cdot 10^6 \, M_\odot \tag{48.26}$$

für die Masse des Objekts. Insbesondere gibt es einen Stern mit dem Namen S2 (mit $M_{\text{S2}} \sim 15 \, M_\odot$), der beim Umlauf bis auf 17 Lichtstunden an SgrA* herankommt. Im Rahmen der ART ist ein stabiles Objekt mit $M \approx 4.3 \cdot 10^6 \, M_\odot$ innerhalb eines so eingegrenzten Bereichs nur als Schwarzes Loch denkbar. Dieses SL hat dann einen Schwarzschildradius von $r_s \approx 10^7$ km.

---

[6]S. Gillessen et al., *The power of monitoring stellar orbits*, arXiv:1002.1224v1[astro-ph.GA]

49 Massenuntergrenze für Schwarze Löcher?

Es wird die Hypothese diskutiert, dass die minimale Masse eines Schwarzen Lochs von der Größe der Planckmasse ist. Dazu wird argumentiert, dass ein Teilchen nicht kleiner als seine Comptonwellenlänge sein kann. Dieses Argument wird am Beispiel des Elektrons näher beleuchtet. Am Ende des Kapitels wird diskutiert, ob an Beschleunigern kleine Schwarze Löcher erzeugt werden können. Der Inhalt dieses Kapitels gehört nicht zum Standardlehrstoff einer Einführung in die ART.

Einführung

Als klassische Lösungen der Einsteinschen Feldgleichungen kann es Schwarze Löcher (SL) mit beliebig kleiner Masse geben. Sie könnten im frühen Universum entstanden sein. SL sollten Strahlung abgeben (Hawkingstrahlung, Kapitel 48), dadurch (wenn sie isoliert sind) ihre Masse reduzieren und sich schließlich in einer Explosion auflösen.

Die Hawkingstrahlung berücksichtigt nur einen ausgewählten quantenfeldtheoretischen Aspekt. Quantenmechanische Effekte für das SL selbst werden dominant, wenn seine Comptonwellenlänge λ_C vergleichbar mit oder größer als sein Schwarzschildradius r_S ist. Dies ist soweit allgemein bekannt und akzeptiert (Diskussion am Ende von Kapitel 22). Im Folgenden wird dieser quantenmechanische Vorbehalt dahingehend konkretisiert, dass es für $\lambda_C \gtrsim r_S$ keine SL gibt. Wir diskutieren zunächst ganz allgemein, inwieweit lokalisierte (sehr kleine) Teilchen aus quantenmechanisch-relativistischer Sicht überhaupt möglich sind.

Wenn ein Teilchen die Größe (etwa Durchmesser) ℓ hat, dann kann es in einen Bereich der Größe $\Delta x > \ell$ eingeschlossen werden. Umgekehrt, um festzustellen, dass ein Teilchen nur die Größe ℓ hat, muss man es auch in einem Bereich der Größe Δx lokalisieren können (mit welchen experimentellen Methoden auch immer). Beim Einschluss in einen Bereich der Größe Δx hat das Teilchen zwangsläufig Impulse der Größe $\Delta p \gtrsim \hbar/\Delta x$. Damit sind Energien der Größe $\Delta E \approx \Delta p\, c$ verbunden (wir betrachten sehr kleine Δx und damit den relativistischen Grenzfall der Energie-Impuls-Beziehung). Wenn nun $\Delta E \gtrsim 2M c^2$ ist (wobei M die Ruhmasse des betrachteten Teilchens ist), dann kommt man in einen Bereich, in dem der Teilchenbegriff verschwimmt. Denn dann existieren im Bereich Δx nicht nur das eine betrachtete Teilchen, sondern zugleich weitere Teilchen-Antiteilchenpaare.

Von einem definierten Teilchen kann man daher nur sprechen, solange $\Delta E = \hbar c / \Delta x \leq 2 M c^2$. Von einem SL der Größe $\Delta x = 2 r_\mathrm{s}$ und der Masse M_{SL} kann man daher nur sprechen, solange

$$\frac{\hbar c}{2 r_\mathrm{s}} \leq 2 M_{\mathrm{SL}} c^2 \tag{49.1}$$

Setzen wir hierin $r_\mathrm{S} = 2 G M_{\mathrm{SL}} / c^2$ ein, so erhalten wir eine untere Grenze für die Masse eines SL:

$$\boxed{M_{\mathrm{SL}} \geq \frac{M_\mathrm{P}}{2\sqrt{2}} = \frac{1}{2}\sqrt{\frac{\hbar c}{2 G}}} \tag{49.2}$$

Diese Abschätzung kann die Grenzmasse natürlich nur bis auf einen Faktor der Größenordnung 1 angeben.

Die Vermutung einer solchen Untergrenze findet sich gelegentlich in der Literatur. Die Existenz einer solchen Untergrenze ist aber keine allgemein akzeptierte Hypothese. Ein Grund hierfür dürfte sein, dass ähnliche Überlegungen für bekannte Teilchen, insbesondere für das Elektron, zu abwegig erscheinenden Resultaten führen.

Wendet man die vorgestellten Überlegungen auf ein Elektron an, dann kann das Elektron (Masse m_e) nicht besser als in einem Bereich der Compton-Wellenlänge

$$\lambda_{\mathrm{C,e}} = \frac{\hbar}{m_\mathrm{e} c} \approx 4 \cdot 10^{-11}\,\mathrm{cm} \tag{49.3}$$

lokalisiert werden. Quantenmechanisch-relativistisch ist dies an sich trivial: Wenn man ein Elektron auf einen Bereich kleiner als $\lambda_{\mathrm{C,e}}$ begrenzt, dann entstehen zusätzlich Elektron-Positronpaare, so dass man nicht mehr von einem definierten Elektron sprechen kann. Insofern scheint auch der Nachweis eines Elektrons, das kleiner als λ_C ist, nicht möglich. Diese Aussage steht aber in Widerspruch zu Aussagen der Hochenergiephysik, wonach das Elektron sich im Experiment als punktförmiges Teilchen zeigt, oder jedenfalls als Teilchen, dessen Radius kleiner als 10^{-16} cm ist. Bevor wir mit der Diskussion der minimalen Masse eines SL fortfahren, klären wir diesen (scheinbaren) Widerspruch für das Elektron.

Punktförmiges Elektron?

Die Argumente der Einleitung sprechen dafür, dass das Elektron ein Teilchen mit einem Radius der Größe

$$R_\mathrm{C} \sim \lambda_{\mathrm{C,e}} = \frac{\hbar}{m_\mathrm{e} c} \tag{49.4}$$

sein könnte, also mit dem Comptonradius R_C. Üblicherweise wird aber gesagt, dass das Elektron ein (nahezu) punktförmiges Teilchen mit einem Radius $R_{\mathrm{exp}} < 10^{-16}$ cm ist. Diese Behauptung ist aber eine recht spezielle Weise, in der eine experimentelle Grenze für eine mögliche Abweichung von der Quantenelektrodynamik

(QED) angegeben wird. Die QED behandelt das Teilchen formal als Punktteilchen. Abweichungen hiervon könnten durch einen zusätzlichen Formfaktor $F(q)$ beschrieben werden, der im Wesentlichen die Fouriertransformierte einer inneren räumlichen Struktur des Elektrons ist ($F = 1$ für die räumliche Verteilung $\delta(r)$). Man findet nun eine Übereinstimmung zwischen der QED und dem Experiment bis hin zu den höchsten erreichbaren Impulsen q_{max}, also $F = 1$ für $q \leq q_{max}$. Diese Übereinstimmung wird dann formuliert als „das Elektron hat eine Ausdehnung von weniger als $\hbar/q_{max} = R_{exp}$".

Fragen wir uns einmal ganz naiv, wie man den Radius R einer ausgedehnten Ladungsverteilung messen könnte. Am einfachsten erscheint die Messung durch die Streuung von elektromagnetischen Wellen an der Ladungsverteilung, denn: Für Wellenlängen $\lambda \gg R$ wird die Ladung als ganzes im elektromagnetischen Feld der Welle beschleunigt; dies ergibt den Thomson-Streuquerschnitt. Für Wellenlängen $\lambda \ll R$ werden verschiedene Teile der Ladungsverteilung in verschiedene Richtungen beschleunigt. Daher muss der Streuquerschnitt für $\lambda \lesssim R$ abfallen; die Stelle des Abfalls bestimmt dann die Größe R der Ladungsverteilung. Der experimentelle Streuquerschnitt für e-γ–Streuung fällt nun tatsächlich für $\lambda \lesssim R_C$ deutlich ab. Auf diese Weise erhält man die experimentelle Größe $R \sim R_C$ für das Elektron.

Ein anderes Experiment für die Größe (oder Kleinheit) des Elektrons wäre die hochenergetische e-e–Streuung (Møller-Streuung). Betrachten wir dazu einen direkten (head-on) Zusammenstoß von zwei Elektronen, die beide den Impuls $|p| = \gamma m c$ mit $\gamma \gg 1$ haben. Im Schwerpunktsystem (zugleich dem Laborsystem im colliding beam Experiment) kann man damit Strukturen bis zu der Größe $\Delta x = \hbar/|p| = R_C/\gamma$ auflösen. Wegen $\Delta x \ll R_C$ könnte man schließen, dass die experimentelle Møller-Streuung innere Strukturen eines Elektrons der Größe (49.4) sehen müsste (und damit gegebenenfalls zu signifikanten Abweichungen von der QED führt). Aber: Im Schwerpunktsystem ist die Ausdehnung der beiden Elektronen zu R_C/γ lorentzverkürzt (in der relevanten Richtung). Eine mögliche innere Struktur im Bereich $r < R_C$ kann daher durch hochenergetische e-e–Streuung nicht aufgelöst werden. Die Verifikation der QED-Vorhersagen für hohe Energien ist zwar nicht trivial, sie kann aber ein gemäß (49.4) ausgedehntes Elektron nicht ausschließen; dies gilt für beliebig hohe Energien. Die Gründe hierfür liegen in den grundlegenden quantenmechanischen und relativistischen Gesetzen; sie sind daher prinzipieller Natur.

Als quantenmechanische *und* relativistische Gleichung berücksichtigt die Dirac-Gleichung in spezifischer Weise, dass ein Elektron nicht besser als R_C lokalisiert werden kann. So führt sie im Rahmen der QED zu einem Streuquerschnitt für γ-e-Streuung, der für $\lambda < \lambda_{C,e}$ abfällt. Im nichtrelativistischen Grenzfall reduziert sich die Dirac-Gleichung zur Schrödingergleichung mit drei relativistischen Korrekturtermen: die Spin-Bahn-Wechselwirkung, eine relativistische Korrektur zur kinetischen Energie und der sogenannte Darwin-Term. Der Effekt des Darwin-Terms kann als *Zitterbewegung* beschrieben werden. Dieser Term schmiert effektiv die Schrödingersche Wellenfunktion über einen Bereich der Größe R_C aus.

Wir fassen zusammen: Dass Elektronen punktförmige Teilchen oder jedenfalls kleiner als 10^{-16} cm sind, ist eine eher unglücklich formulierte Aussage. In dem zugrunde liegenden theoretischen Rahmen hat diese Aussage eine präzise Bedeutung, nämlich keine Abweichung zwischen Experiment und QED für $q < q_{max}$. Sie bedeutet jedoch nicht, dass Elektronen tatsächlich (nahezu) punktförmig sind (oder kleiner als $\hbar/q_{max}$). Vielmehr gibt es einen Spielraum für Modelle, in denen das Elektron die Ausdehnung (49.4) hat. Bisher hat sich allerdings noch kein solches Modell durchgesetzt. Für einen frühen Versuch sei auf Diracs[1] „extensible electron" verwiesen, für andere Versuche auf Mac Gregors[2] "enigmatic electron".

Schwarzes Loch im Bereich der Grenzmasse

Die Überlegungen des letzten Abschnitts bestärken uns darin, die in der Einleitung präsentierten grundlegenden quantenmechanisch-relativistischen Überlegungen zur Größe von Teilchen ernst zu nehmen. Danach haben wir bis auf Faktoren der Größe 1 die Untergrenze

$$M_{\mathrm{SL}} \geq M_{\mathrm{limit}} = \frac{1}{2} \sqrt{\frac{\hbar c}{2 G}} \approx 4 \cdot 10^{18} \frac{\mathrm{GeV}}{c^2} \qquad (49.5)$$

für die Masse von SL erhalten. Es sei noch einmal darauf hingewiesen, dass dies keine allgemein akzeptierte Aussage ist. In Lehrbüchern wird meist davon ausgegangen, dass es SL mit beliebig kleiner Masse geben kann. Auch die folgenden Überlegungen über die Annäherung an die Grenzmasse sind spekulativ.

Betrachten wir nun zunächst ein klassisches SL mit einer Masse, die deutlich über der Grenzmasse M_{limit} liegt. Ein solches SL wird nach den Überlegungen von Hawking strahlen und damit (wenn es isoliert ist) allmählich Masse verlieren. Eventuell in der Frühzeit des Universums entstandene SL könnten sich dadurch der Grenzmasse M_{limit} von oben nähern. Was passiert dann für $M_{\mathrm{SL}} \to M_{\mathrm{limit}}$?

Sobald die Comptonwellenlänge λ_{C} des SL mit dem Schwarzschildradius r_{S} vergleichbar wird, zum Beispiel für $\lambda_{\mathrm{C}} \sim r_{\mathrm{S}}/3$, werden Quantenfluktuationen wichtig. Dann wird der Schwarzschildhorizont nicht mehr eine statische Kugeloberfläche sein, sondern die Oberfläche wird auf der Skala λ_{C} fluktuieren oder wabern. Bei Annäherung an die Grenzmasse erscheinen zwei Szenarien naheliegend:

1. Für $\lambda_{\mathrm{C}} \to r_{\mathrm{S}}$ werden die Fluktuationen so stark, dass der geschlossene Schwarzschildhorizont sich auflöst und das SL instabil wird. Das SL könnte dann in einer Explosion enden. Die Signatur dieser Explosion wäre ein Energieausstoß der Größe $M_{\mathrm{limit}} c^2$.

2. Für $\lambda_{\mathrm{C}} \sim r_{\mathrm{S}}$ könnte es einen stabilen quantenmechanischen Grundzustand eines SL geben. Dieser würde dann nicht mehr strahlen.

[1] P. A. M. Dirac, *An extensible model of the electron*, Proc. R. Soc. London **A 268**, 57 (1962)
[2] M. H. Mac Gregor, *The Enigmatic Electron*, Kluwer Academic Publishers, Dordrecht 1992

Als Analogon betrachte man ein Teilchen in einem Kastenpotenzial. Solange die Comptonwellenlänge $\lambda_{C,T}$ des Teilchens klein gegenüber dem Radius R_K des Kastenpotenzials ist, kann das Teilchen klassisch behandelt werden. Da es sich im Potenzial beschleunigt bewegt, strahlt es und verliert Energie. Damit wächst $\lambda_{C,T}$ allmählich an. Für $\lambda_{C,T} \sim R_K$ stehen dann nur die quantenmechanischen Eigenzustände im Kasten zur Verfügung. Das Teilchen endet schließlich im Grundzustand, in dem es nicht mehr abstrahlt (davor kann es noch mehr oder weniger lange in einem der angeregten Zustände verweilen). In analoger Weise könnte sich die klassische Lösung des SL dem quantenmechanischen SL-Grundzustand nähern. (Während sich die Abstrahlung des klassischen Teilchens in der Anfangsphase klassisch beschreiben lässt, muss die Hawking-Strahlung von vornherein quantenfeldtheoretisch begründet werden.)

Natürlich sind ein SL und ein Teilchen im Potenzial *sehr* verschiedene Systeme. Die Analogie beruht darauf, dass in beiden Systemen die quantenmechanische Wellenlänge sich durch Abstrahlung der charakteristischen Länge des Systems annähert.

Um die angesprochenen Möglichkeiten näher zu untersuchen, benötigt man eine Quantenfeldtheorie der Gravitation.

Erzeugung Schwarzer Löcher in Beschleunigern

Vor der Inbetriebnahme des LHC (Large Hadron Collider) am CERN (kontinuierlicher Betrieb seit November 2009) wurde vereinzelt die Befürchtung geäußert, dass bei den dort erzeugten hohen Energien kleine SL entstehen könnten, die schließlich durch Massenakkretion die ganze Erde verschlingen würden.

Nun sind die Energien am LHC (Hadronen mit Energien der Größe TeV $= 10^3$ GeV) viel niedriger als die, die in der kosmischen Strahlung (Teilchen mit Energien bis etwa 10^{14} GeV) vorkommen; insofern kann nichts erzeugt werden, was nicht ohnehin auch in der Erdatmosphäre erzeugt wird. Ein durch kosmische Strahlung erzeugtes SL hätte aber eine hohe Geschwindigkeit im Gegensatz zu einem im LHC in einer head on Kollision erzeugten. Das SL der kosmischen Strahlung würde dann die Erde ohne nennenswerten Massenzuwachs durchfliegen, weil seine Wechselwirkung (Gravitation) mit der Materie extrem klein ist. Im Unterschied dazu könnte ein im LHC erzeugtes SL im Gravitationsfeld der Erde gefangen sein, und hätte damit vielleicht genug Zeit, die Erde „aufzufressen".

Wir diskutieren die Möglichkeit, kleine SL am LHC zu erzeugen. Für die folgende Abschätzung setzen wir den Wert

$$E_C = 2\,\text{TeV} = 2 \cdot 10^3\,\text{GeV} \tag{49.6}$$

für die Energie der Teilchen am Collider (C) an. Wenn zwei Nukleonen mit der Energie E_C zusammenstoßen, dann beträgt die Masse eventuell entstehender Teilchen maximal $2E_C/c^2$ (Energieerhaltung). Nach (49.5) liegt die minimale Masse

M_{limit} eines SL aber um viele Größenordnungen darüber:

$$M_{\text{SL}} \geq M_{\text{limit}} \approx 4 \cdot 10^{18} \, \frac{\text{GeV}}{c^2} \approx 10^{15} \, \frac{2E_{\text{C}}}{c^2} \tag{49.7}$$

Nun war (49.5) durch eine halbklassische Abschätzung begründet. In der ART als *klassischer* (nichtquantenmechanischer) Theorie kann es dagegen SL mit beliebig kleiner Masse geben. In diesem Fall ist es nicht die fehlende Energie, sondern die fehlende *Energiedichte*, die die Erzeugung von SL ausschließt. Die Collider-Energie (49.6) ist auf den Bereich der Comptonwellenlänge der beteiligten Hadronen verteilt, also auf der Länge

$$L_{\text{C}} = \frac{\hbar c}{E_{\text{C}}} \approx 10^{-19} \, \text{m} \tag{49.8}$$

Nun hat ein SL der Masse M_{SL} die Größe

$$r_{\text{S}} = \frac{2GM_{\text{SL}}}{c^2} = 2L_{\text{P}} \, \frac{M_{\text{SL}}}{M_{\text{P}}} \approx 3 \cdot 10^{-35} \, \text{m} \, \frac{M_{\text{SL}}}{M_{\text{P}}} \tag{49.9}$$

Wir verwenden hier Plancksche Masse $M_{\text{P}} = \sqrt{\hbar c / G} \approx 1.2 \cdot 10^{19} \, \text{GeV}/c^2$ und die Plancksche Länge $L_{\text{P}} = \sqrt{\hbar G/c^3} \approx 1.6 \cdot 10^{-35}$ m aus (22.30) und (22.31). Damit ein SL im Wechselwirkungsbereich der beiden Hadronen entstehen kann, muss es auf diesen Bereich beschränkt sein:

$$r_{\text{S}} \lesssim L_{\text{C}} \quad \Longrightarrow \quad M_{\text{SL}} \gtrsim 3 \cdot 10^{15} \, M_{\text{P}} \approx 10^{31} \, (2E_{\text{C}}/c^2) \tag{49.10}$$

Anders ausgedrückt: Damit die Energiedichte ausreicht, müsste die Energie um 31 Größenordnungen über der des LHC liegen. Zwar sind im Rahmen der klassischen ART Schwarze Löcher mit beliebig kleiner Masse denkbar, ihre Energiedichte ist aber *extrem* hoch.

Für eine weitergehende Diskussion sei auf die entsprechende CERN-Studie[3] verwiesen. Neben dem Argument der fehlenden Energiedichte wird hierin noch ein anderer Grund für die Harmlosigkeit kleiner SL angeführt. Für ein kleines SL gibt es zwei konkurrierende Effekte: Zum einen nimmt seine Masse aufgrund der Hawking-Strahlung ab, zum anderen kann seine Masse durch Akkretion von Masse aus der Umgebung (während seiner Bewegung in der Erde) wachsen. Die Abschätzung[3] ergibt, dass der erste Effekt für $M < 10^{23} \, M_{\text{P}} \approx 10^{39} \, (2E_{\text{C}}/c^2)$ überwiegt; der zweite Effekt wird durch die sehr kleine Gravitationswechselwirkung verursacht. Eventuelle SL mit $M < 10^{23} \, M_{\text{P}}$ würden also von selbst zerstrahlen und schließlich im Inneren der Erde harmlos verpuffen. Erst ein schon recht gigantisches SL mit einer Masse von $10^{23} \, M_{\text{P}}$ oder mehr hätte dagegen die Chance, die Erde „aufzufressen".

---

[3]J.-P. Blaizet, J. Iliopoulos, J. Madsen, G. G. Ross, P. Sonderegger, H.-J. Specht, *Study of potentially dangerous events during heavy-ion collisions at the LHC: Report of the LHC study group*, Genf 2003, http://doc.cern.ch/yellowrep/2003/2003-001/p1.pdf, ein update aus dem Jahr 2008 findet man in http://lsag.web.cern.ch/lsag/LSAG-Report.pdf

Die bisher angeführten Argumente bewegen sich im Rahmen der ART mit ihrer raumzeitlichen Metrik (3 + 1 Dimensionen). (Sowohl die Abschätzung (49.5) wie auch die Hawking-Strahlung machen darüberhinaus Anleihen bei der Quantenmechanik.) Im Rahmen der Theoretischen Physik werden aber auch exotischere Theorien (etwa in $d = 10$ Dimensionen) diskutiert. Dabei gibt es Theorien, in denen das Argument der fehlenden Energiedichte nicht gilt. Laut CERN-Studie[3] gilt aber weiterhin das Argument, dass eventuell erzeugte SL praktisch augenblicklich zerstrahlen würden.

Zusammenfassend stellen wir fest: Unsere Überlegungen ergeben eine Untergrenze $M_{\text{limit}} \sim M_P$ für die Masse eines SL, was die Erzeugung eines SL am LHC aus Energiegründen ausschließt. Die Ausschließungskriterien der CERN-Studie[3] für die Erzeugung eines SL (mangelnde Energiekonzentrationen am LHC) und für die mögliche Gefährdung durch ein SL (Massenzuwachs nur für $M > 10^{23} M_P$) sind noch um Größenordnungen stärker. Zudem beruhen diese Ausschließungskriterien auf allgemein anerkannten Argumenten.

X Kosmologie

50 Kosmologisches Prinzip und Robertson-Walker-Metrik

Die Dynamik des Kosmos ist großräumig durch diejenige des Gravitationsfelds und seiner Quellen gegeben. Wir diskutieren die Robertson-Walker-Metrik, die ein einfaches Modell für den Kosmos darstellt. Diese Metrik beruht auf der Annahme, dass die Massenverteilung im Universum im Mittel homogen und isotrop ist.

Wir verwenden die Begriffe Kosmos, Universum und Weltall synonym. Dabei beziehen wir diese Begriffe meist auf den für uns heute sichtbaren Bereich; direkte experimentelle Informationen können wir nur aus diesem Bereich erhalten. Aussagen über den darüber hinausgehenden Bereich des Kosmos sind als möglicherweise plausible, aber spekulative Extrapolationen zu betrachten.

Zur ersten Orientierung seien einige Zahlen und Begriffe angeführt: Der für uns sichtbare Bereich des Universums hat einen Radius von etwa $5 \cdot 10^{10}$ Lichtjahren (Lj). In ihm gibt es ungefähr 10^{11} Galaxien (Sternsysteme). Viele Galaxien haben Massen im Bereich von 10^9 bis 10^{12} $M_\odot$. Unsere eigene Galaxie, die Milchstraße, hat eine Masse von etwa 10^{12} Sonnenmassen und einen Durchmesser von etwa 10^5 Lj (in der galaktischen Ebene). Galaxien treten in Haufen oder Clustern auf, die etwa 200 Galaxien umfassen und 10^7 Lj groß sind. Unsere Milchstraße ist Teil eines kleinen Haufens, der Lokalen Gruppe, mit nur etwa 20 Galaxien.

Modelle des Kosmos (Weltmodelle) sollen die zeitliche Entwicklung und Struktur des Universums auf einer großen Längenskala beschreiben. Das heißt, dass wir uns nicht für Details innerhalb einer bestimmten Längenskala (zum Beispiel 10^8 Lj) interessieren. Dieses grobe Raster eliminiert alle für uns wirklich relevanten Probleme. Insofern sind die Bezeichnungen „Weltmodell" und „Weltzustand" etwas anmaßend.

Nach unseren Beobachtungen ist das Universum im Mittel isotrop und homogen. Im Mittel bedeutet, dass über große räumliche Bereiche (die viele Galaxien enthalten) gemittelt wird; danach ist insbesondere die Dichte ϱ (näherungsweise) homogen. Die Isotropie impliziert, dass die gemittelten Geschwindigkeiten bezüglich jedes Beobachtungspunkts zentrale Richtung haben. Unsere Beobachtungen sind begrenzt und mit Unsicherheiten behaftet; sie beziehen sich zudem nur auf den für uns sichtbaren Bereich des Kosmos. Die Verallgemeinerung der angeführten Beobachtungen führt zu folgender *Annahme*:

KOSMOLOGISCHES PRINZIP:
Im Universum sind alle Positionen und Richtungen gleichwertig.

Diese Annahme stellt eine starke Einschränkung an die Raumstruktur des Kosmos, also an die gesuchte Metrik dar. Die Metrik, die der Homogenitäts- und der Isotropieanforderung des kosmologischen Prinzips genügt, ist die *Robertson-Walker-Metrik*:

Robertson-Walker-Metrik:

$$ds^2 = c^2 dt^2 - R(t)^2 \left(\frac{dr^2}{1 - k\,r^2} + r^2 \big(d\theta^2 + \sin^2\theta\, d\phi^2\big) \right) \qquad (50.1)$$

Wir übernehmen diese Form der Metrik aus (47.20). Dort wurde sie für eine isotrope und homogene Dichteverteilung eines Sterns abgeleitet; sie galt daher nur im Inneren des Sterns. Wenn sich die homogene Dichteverteilung auf den ganzen Raum erstreckt, dann gilt diese Metrik ohne diese Einschränkung und wird Robertson-Walker-Metrik (RWM) genannt. Der Wegfall der Einschränkung führt zu einer viel stärkeren Symmetrie; während der Stern nur bezüglich des Zentrums isotrop ist, gilt die Isotropie nun für jeden Punkt.

Der Standardweg zur direkten Ableitung von (50.1) aus dem kosmologischen Prinzip ist folgender: Wegen der räumlichen Homogenität und Isotropie muss die dreidimensionale Krümmung räumlich konstant sein. Gesucht wird also eine Metrik, die eine räumlich konstante Krümmung im dreidimensionalen Unterraum beschreibt; ein solcher Unterraum heißt maximal symmetrisch. Betrachten wir zur Veranschaulichung eine Raumdimension weniger, so wären die maximal symmetrischen Flächen gesucht. Es gibt drei solche Flächen, nämlich diejenige mit konstanter positiver, verschwindender oder negativer Krümmung; dies sind die Kugeloberfläche, die Ebene und die Pseudosphäre. Jeder Punkt auf einer solchen Fläche ist gleichwertig zu jedem anderen. Analog hierzu gibt es drei dreidimensionale Räume mit maximaler Symmetrie. Sie werden durch den räumlichen Teil der Metrik (50.1) mit $k > 0$, $k = 0$ und $k < 0$ beschrieben.

Die Bedeutung der Koordinaten in (50.1) wurde eingehend in Kapitel 46 diskutiert. Dort wurde ein Stern aus einer losen Anhäufung von Teilchen (Steine, Staubkörner) betrachtet. Die radialen Bahnen der frei fallenden Teilchen werden durch die Bahnen $x_\nu^i = $ const. beschrieben, wobei ν die Teilchen nummeriert. Die mit einem Teilchen verbundene Uhr zeigt die Zeit t_ν an. Diese Überlegungen übertragen wir jetzt auf den Kosmos, wobei die Teilchen durch Galaxien ersetzt werden und die Beschränkung durch $r \leq r_0$ entfällt. Die Bahnen $x_\nu^i = $ const. sind spezielle Lösungen der Bewegungsgleichungen. Diese Bahnen verlaufen nur in radialer Richtung (wegen $\theta_\nu = $ const. und $\phi_\nu = $ const.), und die radiale Geschwindigkeit folgt allein aus der Zeitabhängigkeit von $R(t)$.

Koordinaten dienen dazu, Ereignisse zu benennen. Angenommen, es gibt in einem bestimmten Gebiet N Galaxien mit den Bahnen $x_\nu^i = $ const. und der jeweiligen Galaxiezeit t_ν (mit $\nu = 1, 2..., N$). Ein bestimmtes Ereignis hat dann die Koordinaten $t = t_\mu$ und $x^i = x_\mu^i$, wobei μ gerade die Galaxie ist, die zur Zeit des Ereignisses am Ort des Ereignisses ist. Für ein dichteres Koordinatennetz können wir uns die Galaxien durch Steine ergänzt denken, die in gleicher Weise wie die Galaxien im kosmischen Gravitationsfeld fallen.

Zur Bedeutung der Koordinaten der RWM halten wir fest:

$$\text{Typische Galaxie: Bahn: } x^i = \text{const.,   Zeit: } t \qquad (50.2)$$

Mit „typischer" Galaxie ist gemeint, dass die Galaxie keine besondere Eigenbewegung ausführt; die Bewegung der Galaxie soll vielmehr allein durch $R(t)$ bestimmt sein. Eine Abweichung von der Bahn $x^i = $ const. könnte sich zum Beispiel daraus ergeben, dass die Galaxie einen Galaxienhaufen umkreist; auch dies ist ein freier Fall im Gravitationsfeld. Das lokale Gravitationsfeld des Galaxienhaufens, das für diese zusätzliche Bewegung verantwortlich ist, wird aber nicht durch die Metrik (50.1) beschrieben. (Ähnliches gilt für Sterne innerhalb von Galaxien; auch ihr freier Fall wird nicht durch Bahnen der Form $x^i = $ const. beschrieben.) Das kosmologische Prinzip impliziert aber, dass sich die über $x^i = $ const. hinausgehenden Eigenbewegungen im Mittel aufheben.

In (50.1) soll $R(t)$ die Dimension einer Länge haben; dann sind r und k dimensionslos. Durch Skalierung von r können wir den Parameter k auf

$$k = 0, \ +1 \text{ oder } -1 \qquad (50.3)$$

beschränken. Im dreidimensionalen Unterraum ($i = 1, 2, 3$) berechnen wir aus den g_{ij} den Krümmungsskalar $R^{(3)}$:

$$R^{(3)} = R_i{}^i = \frac{6k}{R(t)^2} \qquad (50.4)$$

Diese Krümmung hängt nicht vom Ort ab. Für $k = \pm 1$ hat der Faktor $R(t)$ die Bedeutung des Krümmungsradius des dreidimensionalen Raums. Im ebenen Raum erfordert $k = 0$ keine Skalierung der Koordinate r; die Bedeutung des Faktors $R(t)$ hängt hier von der Festlegung für r ab. Im ebenen Raum könnten wir zum Beispiel dem Zentrum der Milchstraße den Koordinatenwert $r = 0$ und dem Zentrum des Virgohaufens den Wert $r = 1$ (und bestimmte θ- und ϕ-Werte) zuordnen; dann ist R gleich der physikalischen Entfernung zwischen diesen Positionen (zur Zeit etwa $6 \cdot 10^7$ Lj).

Alle räumlichen Abstände zwischen zwei Punkten mit festen Koordinatenwerten sind proportional zu $R(t)$. Dies gilt insbesondere für den Abstand zwischen zwei typischen Galaxien. Die Größe $R(t)$ wird daher *kosmischer Skalenfaktor* genannt. Für $k = \pm 1$ ist $R(t)$, wie bereits gesagt, auch der Krümmungsradius des Kosmos; für $k = 1$ ist $R(t)$ auch der Radius des (in diesem Fall endlichen) Universums.

Diskussion der RWM

Zur Diskussion der RWM betrachten wir die Metrik der maximal symmetrischen Flächen, also Flächen mit konstanter Krümmung. Der Einfachheit halber beginnen wir mit dem Fall konstanter positiver Krümmung, also mit der Oberfläche einer Kugel mit dem Radius $R(t)$. Das Wegelement ds der Kugeloberfläche lautet:

$$ds^2 = R(t)^2 \left(d\theta^2 + \sin^2\theta\, d\phi^2 \right) = R(t)^2 \left(\frac{dr^2}{1-r^2} + r^2 d\phi^2 \right) \qquad (50.5)$$

Der zweite Ausdruck ergibt sich, wenn wir die dimensionslose Koordinate

$$r = \sin\theta \qquad (50.6)$$

anstelle von θ einführen. Die θ-Werte gehen von 0 bis π, die r-Werte durchlaufen zweimal den Bereich

$$0 \leq r \leq 1 \qquad (50.7)$$

Für $r = 1$ wird der metrische Koeffizient g_{11} singulär. Der Raum hat an dieser Stelle aber die gleichen Eigenschaften wie an jeder anderen Stelle ($r = 1$ ist der Äquator, wenn $r = 0$ der Nordpol ist). Es handelt sich daher lediglich um eine Koordinatensingularität.

Das Wegelement $d\sigma$ des räumlichen Teils der RWM lautet

$$d\sigma^2 = R(t)^2 \left(\frac{dr^2}{1-kr^2} + r^2\left(d\theta^2 + \sin^2\theta\, d\phi^2 \right) \right) \qquad (50.8)$$

Für $k = 1$ ist die Analogie zur Kugeloberfläche (50.5) offensichtlich. Wir verallgemeinern nun das Wegelement (50.5), indem wir ebenso wie in der RWM einen Koeffizienten k zulassen:

$$ds^2 = R(t)^2 \left(\frac{dr^2}{1-kr^2} + r^2 d\phi^2 \right) = R(t)^2 \left(d\chi^2 + f(\chi)^2 d\phi^2 \right) \qquad (50.9)$$

Die beiden angegebenen Formen sind durch die Transformation

$$r = f(\chi) = \begin{cases} \sin\chi & (k = 1) \\ \chi & (k = 0) \\ \sinh\chi & (k = -1) \end{cases} \qquad (50.10)$$

miteinander verknüpft. Für $k = 0$ ist (50.9) die Metrik einer Ebene (mit den Polarkoordinaten $\rho = \chi$ und ϕ). Für $k = 1$ ist (50.9) die Metrik einer Kugeloberfläche (mit den Winkelkoordinaten $\theta = \chi$ und ϕ). Für $k = -1$ ist (50.9) die Metrik einer Pseudosphäre (mit der Abstandskoordinate χ und der Winkelkoordinate ϕ). Man überprüft leicht, dass die *Pseudosphäre* überall die konstante negative Krümmung $-1/R^2$ hat.

Wir setzen jetzt die Substitution (50.10) in das Wegelement der RWM ein:

$$ds^2 = c^2 dt^2 - R(t)^2 \left(\frac{dr^2}{1 - k r^2} + r^2 \left(d\theta^2 + \sin^2\theta \, d\phi^2 \right) \right)$$

$$= c^2 dt^2 - R(t)^2 \left(d\chi^2 + f(\chi)^2 \left(d\theta^2 + \sin^2\theta \, d\phi^2 \right) \right) \qquad (50.11)$$

In dieser Form ist die Analogie zwischen der RWM und der Metrik (50.9) der maximal symmetrischen Flächen offensichtlich. In beiden Fällen sind die möglichen Werte der χ-Koordinate:

$$0 \le \chi \le \pi \quad \text{für } k = 1, \qquad 0 \le \chi \le \infty \quad \text{für } k = 0, -1 \qquad (50.12)$$

Zur Bestimmung des Abstands zwischen zwei Punkten legen wir den ersten Punkt in den Koordinatenursprung $\chi = 0$; wegen der Homogenität des Raums ist dies keine Einschränkung der Allgemeinheit. Der Abstand D zu einem zweiten Punkt mit der Koordinate $\chi \ne 0$ ist dann

$$D = \int_0^\chi d\chi' \, \sqrt{g_{\chi\chi}} = R(t)\, \chi \qquad (50.13)$$

Für den betrachteten Weg gilt $d\phi = 0$ für (50.9), oder $d\theta = 0$ und $d\phi = 0$ für (50.11), da der Abstand längs eines kürzesten Weges gemessen wird. Damit können wir χ als Abstandskoordinate betrachten, während $R(t)$ die Rolle eines Skalenfaktors hat.

Effekte der Krümmung

Zur Diskussion der Krümmung betrachten wir den geometrischen Ort aller Punkte, die den gleichen Abstand D von einem gegebenen Punkt haben. Wir berechnen den Inhalt dieses geometrischen Orts und beziehen ihn auf den Abstand.

Wir beginnen zunächst mit der Fläche (50.9), die je nach dem Wert von k eine Kugeloberfläche, eine Ebene oder eine Pseudosphäre ist. Die Punkte, die von $\theta = 0$ den Abstand $D = R\theta$ haben, bilden eine kreisförmige Linie. Für den Umfang (Länge dieser Linie) gilt

$$\frac{\text{Umfang}}{D} = \frac{\int d\phi \, \sqrt{g_{\phi\phi}}}{D} = 2\pi \, \frac{f(\theta)}{\theta} = 2\pi \, \frac{f(D/R)}{D/R} \qquad (50.14)$$

Für die Ebene ($k = 0$) ergibt sich das für den Kreis bekannte Verhältnis 2π. Für die Kugeloberfläche ($k = 1$) ist der Wert kleiner als 2π. Die Pseudosphäre ($k = -1$) kann lokal durch ein Hyperboloid (mit dem Sattelpunkt am Koordinatenursprung) ersetzt werden; damit lässt sich anschaulich verstehen, dass das Verhältnis größer als 2π ist.

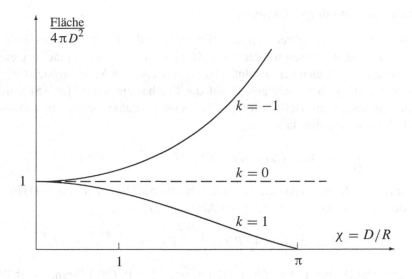

Abbildung 50.1 Im dreidimensionalen Unterraum der RWM ist der Ort aller Punkte, die den Abstand D von einem gegebenen Punkt haben, eine Fläche. Für kleine Abstände ist der Inhalt dieser Fläche gleich dem euklidischen Wert $4\pi D^2$. Die Abbildung zeigt die Abweichung von diesem Wert als Funktion des Abstands für die Krümmungen $+1/R^2$, $-1/R^2$ und null.

Auf der (glatten) Erdoberfläche kann man die Abweichung von 2π leicht messen: So ist zum Beispiel der Äquator der geometrische Ort aller Punkte mit dem Abstand $D = \pi R/2$ vom Nordpol. Der Umfang dieses „Kreises" ist mit $2\pi R = 4 D$ kleiner als der euklidische Wert $2\pi D \approx 6.3 D$. Das Verhältnis Umfang/Abstand könnte von Plattkäfern bestimmt werden, die auf einer Kugeloberfläche leben und deren physikalische Welt und deren Vorstellungsvermögen zweidimensional sind. Dies bedeutet, dass die Krümmung eine innere Eigenschaft der Fläche ist, die sich in Messungen innerhalb dieser Fläche bemerkbar macht. Bei der Bestimmung einer eventuellen Krümmung unseres dreidimensionalen Raums sind wir in einer ähnlichen Situation wie die Plattkäfer: Wir können die Krümmung (zumindest im Prinzip) messen, sie uns aber nicht durch Einbettung in einen vierdimensionalen Raum vorstellen.

Wir betrachten nun in der RWM (50.11) die Fläche, deren Punkte den Abstand $D = R\chi$ vom Punkt $\chi = 0$ haben; für $k = 0$ ist dies eine Kugeloberfläche. Für den Inhalt dieser Fläche gilt:

$$\frac{\text{Fläche}}{D^2} = \frac{\int\int dx^2\, dx^3\, \sqrt{|g_{22}\, g_{33}|}}{D^2} = 4\pi\,\frac{f(\chi)^2}{\chi^2} = 4\pi\left[\frac{f(D/R)}{D/R}\right]^2 \tag{50.15}$$

Die Abweichung vom euklidischen Wert 4π ist in Abbildung 50.1 skizziert. Für kleine Abstände $D \ll R$ sind die Abweichungen gering, denn für $x = D/R \to 0$ gilt $f(x)/x \to 1$.

Direkte Messung der Krümmung

Wir skizzieren ein Verfahren, mit dem (im Prinzip) die Krümmung des dreidimensionalen Raums gemessen werden kann. Dazu stellen wir uns zunächst gleichver-
teilte Galaxien mit gleicher absoluter Helligkeit vor. Die Strahlungsleistung einer
Galaxie verteilt sich im Abstand D auf die Fläche, die wir in (50.15) betrachtet
haben. Die scheinbare Helligkeit $\ell = \ell(D)$ einer Galaxie, deren Abstand von uns
gleich D ist, ergibt sich daher aus

$$\frac{1}{\ell(D)} \propto \text{Fläche}(D) = 4\pi R(t)^2\, f(D/R)^2 \overset{k=0}{=} 4\pi D^2 \tag{50.16}$$

Die Anzahl $N(D)$ der Galaxien mit einer scheinbaren Helligkeit $\ell > \ell(D)$ ist gleich
der Anzahl der Galaxien innerhalb des Abstands D:

$$N(D) \propto \text{Volumen}(D) = 4\pi R(t)^3 \int_0^{D/R} d\chi\, f(\chi)^2 \overset{k=0}{=} \frac{4\pi}{3}\, D^3 \tag{50.17}$$

Löst man (50.16) nach $D = D(\ell)$ auf und setzt dies in (50.17) ein, so erhält man
die Anzahl $N(\ell)$ aller Galaxien mit einer scheinbaren Helligkeit größer als ℓ. Die
Funktion $N(\ell)$ kann im Prinzip experimentell bestimmt werden. Eine Abweichung
von

$$N(l) \propto \ell^{-3/2} \quad \text{für} \quad k = 0 \tag{50.18}$$

ließe auf die Krümmung des dreidimensionalen Raums schließen.

Die hier gegebene Diskussion ist stark vereinfacht. Tatsächlich sind zahlreiche
Korrekturen anzubringen. So müssten die Verteilung der absoluten Helligkeiten von
Galaxien, die kosmologische Rotverschiebung und die Expansion des Kosmos berücksichtigt werden. Wegen der damit verbundenen Unsicherheiten war eine solche
relativ direkte Bestimmung der Krümmung des Universums bisher nicht möglich.

Endliches, unbegrenztes Universum

Für $k = 1$ ist der Rauminhalt *endlich*. Der maximale Abstand zwischen zwei Punkten des Raums ist gleich $\pi R(t)$. Wir berechnen zunächst den Inhalt $V^{(2)}$ des zweidimensionalen Raums mit der Metrik (50.9):

$$V^{(2)} = \int dx^1 \int dx^2 \sqrt{|g_{11}\, g_{22}|} = 2 \int_0^1 dr \int_0^{2\pi} d\phi\, \frac{R(t)^2\, r}{\sqrt{1-r^2}} = 4\pi R(t)^2 \tag{50.19}$$

Wegen $r = \sin\theta$ und $0 \le \theta \le \pi$ überstreicht r den Bereich von 0 bis 1 und dann
von 1 bis 0; dies führt zum Faktor 2. Die analoge Rechnung für den Inhalt $V^{(3)}$ des
dreidimensionalen Unterraums mit der RWM (50.11) ergibt

$$V^{(3)} = \int dx^1 \int dx^2 \int dx^3 \sqrt{|g_{11}\, g_{22}\, g_{33}|}$$

$$= 2 \int_0^1 dr \int_0^\pi d\theta \int_0^{2\pi} d\phi\, \frac{R(t)^3\, r^2 \sin\theta}{\sqrt{1-r^2}} = 2\pi^2 R(t)^3 \tag{50.20}$$

Die Kugeloberfläche hat einen endlichen Inhalt (50.19); sie ist aber nicht begrenzt. Analog dazu hat der dreidimensionale Raum mit positiver, konstanter Krümmung ein endliches Volumen, ohne begrenzt zu sein.

Die Möglichkeit eines zwar unbegrenzten, jedoch endlich ausgedehnten Weltalls war eine wichtige Erkenntnis der ART. Die Metrik dieses möglichen Kosmos mit $k = 1$ und $R(t)$ steht, wie wir gesehen haben, in enger Analogie zu derjenigen der Oberfläche einer Kugel mit dem Radius $R(t)$. Dem expandierenden Kosmos entspricht dann ein (kugelförmiger) Luftballon, der aufgeblasen wird. Typische Galaxien haben $x^i = $ const.; sie entsprechen daher Punkten, die auf den Luftballon aufgemalt sind. Das Aufblasen des Luftballons führt zu Relativgeschwindigkeiten zwischen den Punkten (Galaxien), die proportional zu R sind. Von einem Punkt der Oberfläche aus gesehen, entfernen sich die anderen Punkte in radialer Richtung; die Fluchtgeschwindigkeit nimmt mit dem Abstand zu.

51 Rotverschiebungs-Abstands-Relation

Die Zeitabhängigkeit des Skalenfaktors $R(t)$ der Robertson-Walker-Metrik (RWM) führt zur kosmologischen Rotverschiebung. Diese Rotverschiebung kann im Licht weit entfernter Galaxien beobachtet werden. Wir stellen den Zusammenhang zwischen dieser Rotverschiebung und dem Abstand der Quelle her.

Man stelle sich eine Kugeloberfläche mit dem Radius $R(t)$ vor, wobei $\dot{R} > 0$ sei; konkret etwa einen Luftballon, der aufgeblasen wird. Dann entfernen sich zwei beliebige Punkte mit bestimmten Koordinatenwerten (also zwei markierte Punkte auf dem Luftballon) mit einer zu R proportionalen Geschwindigkeit voneinander. Zwischen diesen Punkten ausgetauschte Signale erleiden eine Rotverschiebung, die als Dopplereffekt gedeutet werden kann. Dies gilt analog für die RWM mit $\dot{R} > 0$.

Die Erklärung der kosmologischen Rotverschiebung als Dopplereffekt ist üblich und ergibt für nicht zu große Abstände das richtige Ergebnis. Tatsächlich ist diese Erklärung aber nicht konsistent: Der Dopplereffekt wird in der Speziellen Relativitätstheorie berechnet und setzt ein Inertialsystem (IS) voraus, in dem die Quelle und der Empfänger bestimmte Positionen und Geschwindigkeiten haben. Die Voraussetzung eines solchen IS ist für kosmologische Entfernungen jedoch nicht gegeben. In der RWM gibt es nur Lokale IS (es sei denn $R(t) =$ const. und $k = 0$).

Die korrekte und zugleich einfache Behandlung der kosmologischen Rotverschiebung erfolgt über das Wegelement der RWM.

Wir betrachten zwei typische Galaxien, deren Bahn im kosmischen Gravitationsfeld (also in der RWM) durch $x^i =$ const. gegeben ist, (50.2). Die Bewegung dieser Galaxien ist dann durch die Zeitabhängigkeit von $R(t)$ bestimmt. Von einer solchen Galaxie werde zur Zeit t_1 Licht abgesandt, in einer anderen solchen Galaxie werde das Licht zur Zeit t_0 empfangen. Wegen der Homogenität und Isotropie können wir ohne Einschränkung der Allgemeinheit die Lichttrajektorie betrachten, die bei konstantem θ und ϕ von $\chi(t_1) = 0$ nach $\chi(t_0) = \chi$ führt. Für eine solche Lichtbahn gilt

$$ds^2 = c^2 dt^2 - R(t)^2 d\chi^2 = 0 \quad \text{oder} \quad d\chi = \frac{c\,dt}{R(t)} \tag{51.1}$$

Wir betrachten zwei aufeinanderfolgende Wellenberge. Beide müssen von der Quelle zum Empfänger denselben Weg χ zurücklegen:

$$\chi = \int_{t_1}^{t_0} \frac{c\,dt}{R(t)} = \int_{t_1+\delta t_1}^{t_0+\delta t_0} \frac{c\,dt}{R(t)} \tag{51.2}$$

Hieraus folgt

$$0 = \int_{t_0}^{t_0+\delta t_0} \frac{c\,dt}{R(t)} - \int_{t_1}^{t_1+\delta t_1} \frac{c\,dt}{R(t)} = \frac{c\,\delta t_0}{R(t_0)} - \frac{c\,\delta t_1}{R(t_1)} \qquad (51.3)$$

Die Zeitdifferenz δt zwischen zwei Wellenbergen ist gleich der inversen Frequenz des Lichts, $\delta t = 1/\nu$. Während der Zeitspanne δt ($\sim 10^{-14}$ s für sichtbares Licht) ist $R(t)$ praktisch konstant; daher kann $R(t)$ im Integrationsintervall durch eine Konstante ersetzt werden. Wir drücken das Ergebnis (51.3) durch die Frequenz ν des Lichts aus:

$$R(t_1)\,\nu_1 = R(t_0)\,\nu_0 \qquad (51.4)$$

Dabei ist ν_1 die ausgesandte und ν_0 die empfangene Frequenz. In der Form

$$R(t)\,\nu(t) = \text{const.} \qquad (51.5)$$

ist die Aussage unabhängig von konkreten Emissions- und Absorptionsereignissen. Sie gilt für jede elektromagnetische Welle, denn wir könnten sie ja zu beliebiger Zeit t beobachten. In einem expandierenden Kosmos vagabundierende Photonen erleiden daher eine fortgesetzte Rotverschiebung; dies gilt insbesondere für die kosmische Hintergrundstrahlung (Kapitel 55). Physikalisch kann dies so gedeutet werden, dass die Photonen gegen das schwächer werdende Gravitationsfeld anlaufen und dabei Energie verlieren (so wie ein Stein, der sich von einem Stern entfernt). Die Aussage (51.5) kann auch so formuliert werden, dass die Wellenlänge mit dem Faktor $R(t)$ skaliert.

Ersetzt man für Photonen die Frequenz ν durch den Impuls $p = h\nu/c$, so wird (51.5) zu

$$R(t)\,p(t) = \text{const.} \qquad (51.6)$$

Man kann zeigen (Aufgabe 51.1), dass diese Beziehung auch für den Impuls $p(t) = \gamma m v$ von frei fallenden, massiven Teilchen gilt.

Im Spektrum von Sternen oder Galaxien findet man Gruppen von Spektrallinien, die man bekannten Atomübergängen zuordnen kann. Dabei ist aber die gesamte Linienstruktur verschoben (gegenüber der auf der Erde gemessenen Linienstruktur). Die Frequenzänderung wird durch den Rotverschiebungsparameter ausgedrückt:

$$z = \frac{\lambda_{\text{Empfänger}}}{\lambda_{\text{Quelle}}} - 1 = \frac{\lambda_0}{\lambda_1} - 1 = \frac{\nu_1}{\nu_0} - 1 \qquad (51.7)$$

Für Licht, das zur Zeit t_1 von einer Galaxie ausgesandt wurde und das heute (t_0) bei uns empfangen wird, folgt aus (51.7) und (51.5)

$$\boxed{z_{\text{kosm}} = \frac{R(t_0)}{R(t_1)} - 1 \qquad \begin{array}{l} \text{Kosmologische} \\ \text{Rotverschiebung} \end{array}} \qquad (51.8)$$

Im expandierenden Kosmos, $R(t_0) > R(t_1)$, ergibt sich eine Rotverschiebung, also $z_{\text{kosm}} > 0$. Diese *kosmologische* Rotverschiebung wird durch die Änderung von $R(t)$ verursacht. Darüberhinaus können sich Frequenzverschiebungen auch aus anderen Gründen ergeben:

1. Gravitationsrotverschiebung aufgrund des Gravitationsfelds am Ort der Quelle oder des Empfängers.

2. Dopplerverschiebung aufgrund der Eigenbewegung der Quelle oder des Empfängers.

Zur Auswertung von (51.8) entwickeln wir $R(t)$ in eine Taylorreihe um t_0,

$$R(t) = R(t_0) \left[1 + H_0 (t - t_0) - \frac{1}{2} q_0 H_0^2 (t - t_0)^2 + \ldots \right] \tag{51.9}$$

Dabei haben wir die *Hubble-Konstante*

$$H_0 = \frac{c \dot{R}(t_0)}{R(t_0)} \tag{51.10}$$

und den dimensionslosen Verzögerungsparameter

$$q_0 = - \frac{\ddot{R}(t_0) \, R(t_0)}{\dot{R}(t_0)^2} \tag{51.11}$$

eingeführt. Wegen $\dot{R} = dR/d(ct)$ hat H_0^{-1} die Dimension einer Zeit. Wir setzen (51.9) mit $t = t_1$ in (51.8) ein:

$$z_{\text{kosm}} \approx H_0 (t_0 - t_1) + \left(1 + \frac{q_0}{2} \right) H_0^2 (t_0 - t_1)^2 \tag{51.12}$$

Inhaltlich beziehen wir dies auf Licht, das wir heute (t_0) empfangen und das vor langer Zeit (t_1) von einer entfernten Galaxie ausgesandt wurde. In dieser Beziehung wollen wir die Lichtlaufzeit $t_0 - t_1$ noch durch den Abstand zu dieser Galaxie ersetzen. Aus (51.1) erhalten wir

$$\chi = \int_{t_1}^{t_0} \frac{c \, dt}{R(t)} = \int_{t_1}^{t_0} \frac{c \, dt}{R(t_0)} \left[1 - H_0 (t - t_0) \pm \ldots \right]$$

$$\approx \frac{c (t_0 - t_1)}{R(t_0)} + \frac{H_0 c (t_0 - t_1)^2}{2 R(t_0)} \tag{51.13}$$

Hieraus folgt der (heutige) Abstand D zwischen Emissions- und Absorptionsort,

$$D = D(t_0) = R(t_0) \chi \approx c (t_0 - t_1) + \frac{H_0 c}{2} (t_0 - t_1)^2 \tag{51.14}$$

Hiermit eliminieren wir $t_0 - t_1$ in (51.12) und erhalten

Rotverschiebungs-Abstands-Relation

$$z_{\text{kosm}} \approx \frac{H_0}{c} D + \frac{(1 + q_0) H_0^2}{2 c^2} D^2 \tag{51.15}$$

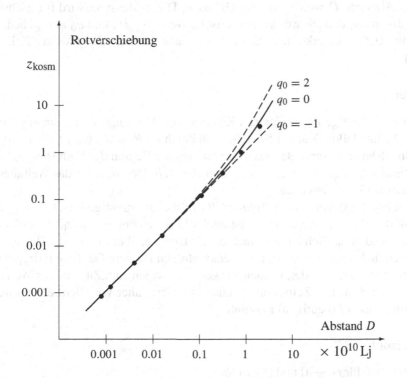

Abbildung 51.1 Das *Hubble-Diagramm* zeigt die kosmologische Rotverschiebung z_{kosm} als Funktion des Abstands D der Quelle, (51.15). Es wird eine doppelt-logarithmische Skala verwendet. Für nicht zu große Abstände gilt $z_{kosm} \approx H_0 D/c$. Die Abweichungen von diesem linearen Bereich hängen vom Verzögerungsparameter q_0 ab; die Relation (51.15) wurde für verschiedene Werte von q_0 eingezeichnet (durchgezogene und gestrichelte Linien). Durch Messungen (fette Punkte, schematisch) der Rotverschiebung und des Abstands verschiedener Galaxien (oder anderer Objekte, insbesondere Supernovae vom Typ Ia) können H_0 und q_0 bestimmt werden. In (51.17) wird der Abstand $\mathcal{D}_0$ angegeben, bei dem die Rotverschiebung divergiert. Für diesen Abstand werden wir später $\mathcal{D}_0 \approx 4.8 \cdot 10^{10}$ Lj, (54.18), erhalten. Bei Annäherung an $\mathcal{D}_0$ wird die Entwicklung (51.15) ungültig.

Diese Relation wird im *Hubble-Diagramm*, Abbildung 51.1, dargestellt. Sie gibt die Rotverschiebung z_{kosm} einer Galaxie im (heutigen) physikalischen Abstand D an. Als Entwicklung nach Potenzen von $H_0 D/c$ gilt die Relation unter der Einschränkung $H_0 D/c < 1$.

Die Auswertung der Rotverschiebungs-Abstands-Relation erfordert die Messung des Abstands D weit entfernter Galaxien. Diese Messung wird im nächsten Kapitel diskutiert; danach werden numerische Werte für H_0 und q_0 angegeben. Es sei bereits jetzt angemerkt, dass H_0 positiv ist, also dass der Kosmos zur Zeit expandiert.

Weltalter

Wenn man die heutige Expansion des Kosmos zurückverfolgt, kommt man (in den meisten Weltmodellen, Kapitel 53 – 55) schließlich zu $R = 0$, also zu einer Singularität. Im Rahmen unserer Beschreibung ist dies der Beginn der Welt ($t = 0$), und der heutige Zeitpunkt t_0 ist gleich dem *Alter der Welt*. Der Wert für das Weltalter t_0 wird später in (54.20) angegeben.

Wie schon die Bezeichnung *Weltmodell* (für die großräumige Beschreibung der Dynamik der Massenverteilung), so ist auch die Bezeichnung von t_0 als *Weltalter* eher anmaßend. Inhaltlich ist t_0 einfach die Zeitspanne, über die wir die Bewegung der Massen im Universum maximal zurückverfolgen können. Da diese Extrapolation in einer Singularität endet, können wir keine Aussagen zum Zustand der Welt zur Zeit $t < 0$ machen. Die Zeitspanne t_0 charakterisiert daher vor allem die zeitliche Begrenzung unserer (heutigen) Erkenntnis.

Welthorizont

Aus $R(t_1) \to 0$ für $t_1 \to 0$ und (51.8) folgt

$$z \xrightarrow{t_1 \to 0} \infty \tag{51.16}$$

Licht, das uns heute (t_0) erreicht, kann daher maximal während der Zeit von $t_1 = 0$ bis t_0 unterwegs gewesen sein. Damit gibt es auch eine maximale Entfernung $\mathcal{D}_0$ zur Quelle dieses Lichts. Wir können nur Objekte sehen, deren Abstand kleiner als $\mathcal{D}_0$ ist. Das heißt, dass es einen Horizont gibt, über den wir nicht hinaussehen können. Wir berechnen den Radius $\mathcal{D}_0$ dieses *Welthorizonts*[1].

Wir betrachten wieder dieselbe Lichttrajektorie wie in (51.1) und (51.2). Für Licht, das von $t_1 = 0$ bis t_0 unterwegs war, ergibt sich der (heutige) Abstand zwischen Quelle und Empfänger:

$$\mathcal{D}_0 = R_0 \int_0^{t_0} d\chi = R_0 \int_0^{t_0} \frac{c\,dt}{R(t)} \tag{51.17}$$

---

[1]Nach Rindler [4] unterscheidet man zwischen *Teilchenhorizont* und *Ereignishorizont*. Der *Teilchenhorizont* ist der hier betrachtete Horizont, während der *Ereignishorizont* den Bereich abgrenzt, der für uns auch in Zukunft nicht sichtbar wird. Wir vermeiden daher hier die naheliegende Bezeichnung „Ereignishorizont" für $\mathcal{D}_0$ und sprechen von Horizont oder Welthorizont.

In Kapitel 54 werden wir dieses Integral auswerten. Für $D \to \mathcal{D}_0$ geht $t_1 \to 0$. Für Licht aus der Nähe des Horizonts $\mathcal{D}_0$ geht die Rotverschiebung daher gegen unendlich:

$$z \to \infty \quad \text{für} \quad D \to \mathcal{D}_0 \tag{51.18}$$

Für Galaxien wurden Werte bis zu $z \approx 9.5$ beobachtet. Licht vom Horizont oder aus Bereichen jenseits des Horizonts kann uns nicht erreichen. Über diesen Teil des Kosmos können wir daher nur spekulieren.

Meist versteht man unter „Kosmos" nur den für uns sichtbaren Teil mit dem Radius $\mathcal{D}_0$. Wenn die Größe des Weltalls angegeben wird, dann handelt es sich um diese Größe.

Gelegentlich findet man folgende Begründung des Horizonts: „Die Geschwindigkeit von Galaxien relativ zu uns ist proportional zum Abstand. Daher gibt es einen Abstand, bei dem die Relativgeschwindigkeit gegen c und damit die Rotverschiebung z gegen unendlich geht." Der letzte Argumentationsschritt benutzt den Dopplereffekt. Die Formel für den relativistischen Dopplereffekt (mit $z \to \infty$ für $v \to c$) gilt aber nur in Inertialsystemen (oder Lokalen IS), also nicht für kosmische Entfernungen. Insofern ist diese Argumentation ungültig. Da sie aber bis auf Faktoren der Größe $\mathcal{O}(1)$ das richtige Ergebnis liefert, kann man sie als elementarisierte Darstellung zulassen.

Überlichtgeschwindigkeiten

In einem offenen Universum ($k = 0$ oder -1) ist die kosmische Fluchtgeschwindigkeit zweier frei fallender Galaxien nicht begrenzt:

$$v_{\text{kosm}} = \frac{d}{dt}\,(R\chi) = \frac{dR}{dt}\,\chi \stackrel{t\,=\,t_0}{=} H_0\,R_0\,\chi \stackrel{\chi\to\infty}{\longrightarrow} \infty \tag{51.19}$$

Zur Veranschaulichung betrachte man etwa eine Ebene, in der *alle* Abstände (zwischen Punkten mit bestimmten Koordinaten) linear mit $R(t)$ anwachsen. Die Metrik in dieser Ebene lautet $ds^2 = c^2 dt^2 - R(t)^2\,(dx^2 + dy^2)$; dies entspricht der Robertson-Walker-Metrik mit $k = 0$. Die mit dieser Metrik berechnete Relativgeschwindigkeit zweier fester Koordinatenpunkte ist offensichtlich unbegrenzt (für $\dot{R} \neq 0$). Insbesondere sind für diese Relativgeschwindigkeit Überlichtgeschwindigkeiten möglich, also $v_{\text{kosm}} > c$.

Wie sind solche Überlichtgeschwindigkeiten zu werten? Stehen sie nicht im Widerspruch zur SRT? In einer Reihe von Punkten stellen wir noch einmal die Grundlage der benutzten Metrik klar und erläutern (formal und physikalisch), warum sich kein Widerspruch zur SRT ergibt:

1. Die *beobachtete* kosmische Expansion bezieht sich auf Objekte, mit denen wir kausal verbunden sind, also auf eine raumzeitliche Umgebung unserer Position im Universum. Durch eine Homogenitäts- und Isotropieannahme (kosmologisches Prinzip) wird diese beobachtete Expansion auf den *ganzen* Raum übertragen. Das kosmologische Prinzip ist offensichtlich die einfachst

mögliche Annahme zur Festlegung der Metrik. Mit dieser Annahme geben wir auch die Metrik für Bereiche an, mit denen wir kausal nicht verbunden sind. Für diese Bereiche ist die kosmische Fluchtgeschwindigkeit (51.19) eine theoretische, in der RWM berechnete Größe.

Konkret: Zwei Galaxien ohne Eigenbewegung haben die Positionen χ_1 und χ_2. Ihre Relativgeschwindigkeit $v_{kosm} = H_0 R_0 |\chi_2 - \chi_1|$ kann zusammen mit dem Wert von $|\chi_2 - \chi_1|$ beliebig groß sein. Diese Relativgeschwindigkeit beruht darauf, dass die beiden Galaxien sich mit dem Raum bewegen; sie schwimmen im expandierenden Raum mit.

2. Die Spezielle Relativitätstheorie (SRT) gilt nur in Inertialsystemen. In der RWM gibt es nur Lokale Inertialsysteme; die RWM kann nur lokal durch $ds \approx \eta_{\alpha\beta} \, dx^\alpha dx^\beta$ angenähert werden. Nur in diesen Lokalen IS gelten die Gesetze der SRT. (Lediglich für $k = 0$ *und* $\dot{R} = 0$ gäbe es ein globales IS.) Ein Lokales IS ist zum Beispiel für den Bereich unserer Galaxie möglich. Nur in Lokalen IS ist die Lichtgeschwindigkeit gleich c (und zwar unabhängig von der Bewegung des IS); nur hier ist c eine Obergrenze für die Bewegung materieller Teilchen. Es gibt aber kein IS, in dem wir die Bewegung von sehr weit entfernten Galaxien beschreiben können. Dies gilt insbesondere für Galaxien in der Nähe oder jenseits des Welthorizonts.

3. Ein Lokales IS ist im Bereich unserer Milchstraße möglich, ein anderes Lokales IS ist im Bereich einer sehr weit entfernten Galaxie möglich. Da diese Lokalen IS keine (globalen) IS sind (Kapitel 10), können sie sich relativ zueinander auch mit Überlichtgeschwindigkeit bewegen.

Eine ausführliche Diskussion der Überlichtgeschwindigkeiten im Kosmos wird von T. M. Davis und C. H. Lineweaver in *Expanding confusion: common misconceptions of cosmological horizons and the superluminal expansion of the Universe*, ⟨www.arxiv.org⟩ astro-ph/0310808, gegeben.

Zusammenfassend sei noch einmal festgestellt: Die RWM ist ein Ansatz, mit dem wir die Beobachtungen in einem *endlichen* Gebiet auf den *gesamten* Raum übertragen. Die Übertragung auf den gesamten Raum ist die einfachst mögliche Annahme, dic zu einer bestimmten Metrik führt. Die Annahme ist aber nicht verifizierbar, da die Beobachtungen auf das endliche sichtbare Gebiet begrenzt sind.

Aufgabe

51.1   Impulse massiver Teilchen in RWM

Man zeige, dass die Impulse frei fallender, massiver Teilchen in der Robertson-Walker-Metrik sich gemäß

$$p(t) \, R(t) = \text{const.}$$

ändern. Es genügt dabei, die Metrik $ds^2 = c^2 dt^2 - R(t)^2 d\chi^2$ zu betrachten.

52 Kosmische Entfernungsleiter

Wir skizzieren die kosmische Entfernungsleiter, mit deren Hilfe die Abstände von Sternen und Galaxien gemessen werden. Aus der gleichzeitigen Messung von Abständen und Rotverschiebungen können die Hubble-Konstante H_0 und der Verzögerungsparameter q_0 bestimmt werden.

Zentraler Bestandteil jeder Entfernungsmessung ist der Vergleich der scheinbaren (ℓ) und der absoluten (L) Luminosität von Sternen oder Galaxien. Dabei ist ℓ die Energiestromdichte, die wir auf der Erde empfangen, und L ist die von der Quelle ausgesandte Leistung. Wenn die Leistung L isotrop abgegeben wird, dann verteilt sie sich gleichmäßig auf die Fläche F, die durch einen konstanten Abstand D gegeben ist, also $l = L/F$. Im euklidischen Raum ist $F = 4\pi D^2$, also $D = \sqrt{L/4\pi\,\ell}$. Wir definieren den *Luminositätsabstand*

$$D_L = \sqrt{\frac{L}{4\pi\,\ell}} \tag{52.1}$$

Im euklidischen Raum ist D_L gleich dem tatsächlichen Abstand D,

$$D = D_L \qquad \text{im euklidischen Raum} \tag{52.2}$$

In der Robertson-Walker-Metrik (RWM) weicht D_L von D ab; diese Abweichungen werden unten angegeben.

Um den Abstand D aus der messbaren Luminosität ℓ zu erhalten, muss man die absolute Helligkeit L des betrachteten Objekts kennen. Es gibt eine Reihe von Sterntypen, die durch bestimmte Charakteristika (etwa ihre Spektralverteilung) erkannt werden können, und deren Luminosität L nur in engen Grenzen variiert. Solche Sterne kommen auch in unserer näheren Umgebung vor, für die wir den Abstand direkt bestimmen können. Für diese Sterne können wir also ℓ und D unabhängig voneinander messen und daraus L bestimmen.

Der Abstand näher gelegener Sterne kann durch *Triangulation* gemessen werden (Abbildung 52.1). Hierzu verwenden wir den Durchmesser der Erdbahn als Basislänge $\Delta \sim 10^3$ Lichtsekunden; diese Größe selbst kann etwa durch Radarechomessungen im Sonnensystem bestimmt werden. Von zwei gegenüberliegenden Punkten der Erdbahn erscheinen nun Sterne unter etwas verschiedenem Winkel. Falls der Stern senkrecht zur Basislinie steht (wie in Abbildung 52.1), folgt aus der beobachteten Winkeldifferenz δ der Abstand

$$D = \frac{\Delta}{\delta} \tag{52.3}$$

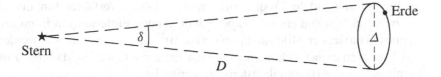

Abbildung 52.1 Von zwei entgegengesetzten Punkten der Erdbahn (Durchmesser Δ) erscheint ein Stern unter Winkeln, die sich um $\delta \approx \Delta/D$ unterscheiden. Für nicht zu weit entfernte Sterne ist diese Winkeldifferenz beobachtbar. Am Sternhimmel erscheint der Stern dann leicht verschoben gegenüber den meisten anderen Sternen, für die wegen ihrer großen Entfernung $\delta \approx 0$ gilt.

Messbar ist der Winkel δ aber nur für die Sterne, die innerhalb einer Entfernung von etwa 30 pc liegen[1]; dies sind einige tausend Sterne. Beobachtet wird δ dabei relativ zu weit entfernten Sternen mit $\delta \approx 0$. Man macht also etwa im Winter und im Sommer eine Aufnahme eines bestimmten Himmelsgebiets. Auf den beiden Fotos erscheinen dann einige Sterne verschoben (gegenüber den meisten anderen). Dies sind näher gelegene Sterne. Aus der Verschiebung eines solchen Sterns auf den Fotos folgen δ und damit der Abstand D. Aus dem Abstand D und der gemessenen Luminosität ℓ ergibt sich dann die absolute Helligkeit L des betrachteten Sterns.

Mit dieser Methode legt man nun eine Liste der absoluten Luminositäten L bestimmter Sterntypen an. Bei weiter entfernten Objekten mit bekanntem L ergibt dann die alleinige Messung von ℓ den Abstand. Dabei kann die Referenzliste für Sterntypen mit bekannten L sukzessive auf andere Objekte erweitert werden. Dieses Vorgehen beginnt mit der Triangulation und endet mit der Entfernungsbestimmung aus der Rotverschiebungs-Abstands-Relation. Da die einzelnen Schritte aufeinander aufbauen, heißt dieses Verfahren auch *kosmische Entfernungsleiter*. Dabei bedingen Unsicherheiten auf einzelnen Sprossen der Leiter zunehmende Fehlermöglichkeiten für die höheren Sprossen. Wir skizzieren hier einige mögliche Sterntypen, die auf dieser Leiter weiterführen:

1. Im Hertzsprung-Russell-Diagramm wird die absolute Helligkeit über dem Frequenzmaximum aufgetragen. Das Frequenzmaximum ist durch die Oberflächentemperatur T bestimmt (Plancksche Strahlungsverteilung). Für die sogenannten *Hauptreihensterne* steigt L mit T an. Zunächst wird die funktionale Abhängigkeit

$$L = L(T) \qquad \text{(Hauptreihensterne)}$$

für nähergelegene Hauptreihensterne bestimmt, deren Abstand D durch Triangulation gemessen wurde.

Mit der nunmehr bekannten Relation $L(T)$ können die Abstände weiter entfernter Hauptreihensterne bestimmt werden (aus der Messung der scheinba-

---

[1]Astronomische Entfernungen werden in Lichtjahren (Lj) oder Parsec (pc) angegeben. Es gilt 1 pc $\approx$ 3.26 Lj.

ren Luminosität und des Frequenzmaximums). Dieses Verfahren funktioniert bis zu Abständen von etwa $100\,\text{kpc}$. Somit können Entfernungen in unserer eigenen Galaxie, der Milchstraße mit etwa 10^{10} Sternen, vermessen werden. Das Verfahren eignet sich nicht für weiter entfernte Galaxien, da hierfür die Luminosität ℓ der Hauptreihensterne zu gering ist.

2. Es gibt Sterne, deren Helligkeit periodisch schwankt. Die absolute Luminosität L dieser sogenannten δ-Cepheiden ist eine Funktion der Periode τ der Schwankung:

$$L = L(\tau) \qquad (\delta\text{-Cepheiden})$$

   Im bekannten Entfernungsbereich (Punkt 1) wird zunächst diese Funktion bestimmt. Dann werden die scheinbare Luminosität ℓ und die Periode τ von weiter entfernten Cepheiden gemessen. Aus τ folgt dann L, und aus L und ℓ folgt der Abstand D. Hierdurch kann man Entfernungen bis zu etwa $20\,\text{Mpc}$ bestimmen. Damit kann neben der Lokalen Gruppe (umfasst etwa 20 Galaxien) auch der große Virgo-Galaxienhaufen vermessen werden.

3. Als Standardkerzen (Objekte mit bekannter absoluter Luminosität) eignen sich insbesondere Supernovae (Kapitel 47) vom Typ Ia. Dies sind Weiße Zwerge, deren Masse sich der Grenzmasse M_C (Kapitel 41) nähert. Diese Supernovae haben etwa die gleiche (zeitabhängige) absolute Luminosität. Mit Hilfe dieser Standardkerzen erreicht man Abstände bis etwa $10^{10}\,\text{pc}$, also Entfernungen in der Nähe des Welthorizonts.

4. Man kann annehmen, dass die hellsten Sterne in einer Galaxie etwa die gleiche absolute Helligkeit $L = L_\text{max}$ Die analoge Annahme kann man für die hellsten Galaxien in Galaxienhaufen machen. Diese weniger spezifische Methode kann die anderen ergänzen.

Insbesondere in den neunziger Jahren des letzten Jahrhunderts sind mit Hilfe großer Teleskope (wie dem Hubble-Space-Teleskop[2]) wesentliche Fortschritte in der Entfernungsbestimmung erzielt worden. Zunächst wurde mit der Methode 2 die lokale Abstandsskala ($\leq 20\,\text{Mpc}$) quantitativ abgesichert. Dann wurde in diesem Bereich die absolute Luminosität von Supernovae genau bestimmt. Danach wurden die Entfernungsmessungen nach der Methode 3 durchgeführt. Dabei wurden Supernovae mit Rotverschiebungen bis nahe $z = 2$ beobachtet. Diese Fortschritte führten zu relativ eindeutigen Werten für H_0 und q_0 (letzter Absatz dieses Kapitels).

Aus den so gewonnenen Abständen D und der zugleich gemessenen Rotverschiebung z stellt man fest, dass der systematische Zusammenhang (51.15) zwischen z und D tatsächlich gilt. Danach kann (51.15) selbst zur Entfernungsmessung benutzt werden. Man misst also die Rotverschiebung eines Objekts (etwa eines Quasars) und erhält dann aus (51.15) seine Entfernung. Damit endet die kosmische Entfernungsleiter, die hier nur grob skizziert wurde.

---

[2] http://hst.stsci.edu/

Die Abstandsbestimmung von Galaxien führt zu Aussagen über die räumliche Verteilung. Dabei stellt man Ungleichmäßigkeiten in der Verteilung der sichtbaren Materie fest; die Galaxien scheinen fadenähnliche Muster zu bilden. Solche Ungleichmäßigkeiten bedeuten Abweichungen von der im kosmologischen Prinzip angenommenen Symmetrie. Sie haben sich aus sehr kleinen Fluktuationen in dem frühen Kosmos entwickelt, die sich unter dem Einfluss der Gravitation verstärkt haben. Die relativ große Gleichmäßigkeit des frühen Universums ist aber heute noch in der kosmischen Hintergrundstrahlung (Kapitel 55) sichtbar.

Entfernungsmessung in der RWM

Bisher sind wir von einem euklidischen Raum ausgegangen, also von (52.2). Wir untersuchen jetzt die Modifikationen, die sich aus der Nicht-Euklidizität des Raums ergeben.

Wir betrachten zunächst wieder die Triangulation. Wir gehen vom Wegelement (50.11) der Robertson-Walker-Metrik (RWM) aus, legen den Abstand Erde-Stern in χ-Richtung ($D = R\,\chi$) und identifizieren den kleinen Öffnungswinkel δ mit $d\theta$. Dann folgt aus (50.11) für die Basislänge Δ,

$$\Delta = f(\chi)\,R\,\delta \tag{52.4}$$

Hierin setzen wir $R = D/\chi$ ein,

$$D = \frac{\Delta}{\delta}\,\frac{\chi}{f(\chi)} \tag{52.5}$$

Der Faktor $\chi/f(\chi)$ gibt den Effekt der Raumkrümmung an. Aus der Diskussion des Weltzustands in Kapitel 54 wird sich ergeben, dass ein möglicher Krümmungsradius R von der Größe des sichtbaren Universums (einige 10^{10} Lj) ist. Da die Triangulation auf Entfernungen $D \le 10^2$ Lj beschränkt ist, sind die Korrekturen gegenüber dem euklidischen Raum vernachlässigbar klein:

$$f(\chi)/\chi = 1 + \mathcal{O}(D/R) = 1 + \mathcal{O}(10^{-8}) \tag{52.6}$$

Alle Stufen der kosmischen Entfernungsleiter, die auf die Triangulation folgen, beruhen auf dem Vergleich von ℓ und L; sie ergeben also zunächst D_L. Hieraus ist dann D zu bestimmen. Wir leiten die Beziehung zwischen D_L und D ab.

Die von einem Objekt ausgesandten Photonen verteilen sich im Abstand $D = R\,\chi$ auf die Fläche

$$F = 4\pi\,f(\chi)^2\,R(t_0)^2 \tag{52.7}$$

Wir betrachten Photonen, die wir heute (t_0) auf dieser Fläche empfangen. Wegen $g_{00} = 1$ kommen die im Intervall Δt von der Quelle ausgesandten Photonen auch während des Intervalls Δt beim Empfänger an. Nach (51.1) verteilen sich diese Photonen aber auf unterschiedliche Strecken $\Delta\chi$ in Ausbreitungsrichtung:

$$\Delta\chi_1 = \frac{c\,\Delta t}{R(t_1)} \qquad \text{und} \qquad \Delta\chi_0 = \frac{c\,\Delta t}{R(t_0)} \tag{52.8}$$

Bei Expansion ($R(t_0) > R(t_1)$) werden die Photonen ausgedünnt; die ankommende Energiestromdichte ℓ erhält einen Reduktionsfaktor $R(t_1)/R(t_0)$. Einen weiteren, gleich großen Faktor ergibt die Frequenzänderung (und damit Energieänderung) der Photonen gemäß (51.5), $R(t)\,\nu(t) = \mathrm{const}$. Deshalb erhalten wir insgesamt für die scheinbare Luminosität

$$\ell = \frac{L}{4\pi\,f(\chi)^2\,R(t_0)^2}\,\frac{R(t_1)^2}{R(t_0)^2} \tag{52.9}$$

Hieraus und aus (52.1) ergibt sich

$$D_L = \frac{f(\chi)\,R(t_0)^2}{R(t_1)} = D\,(1+z)\,\frac{f(\chi)}{\chi} \qquad \text{(RWM)} \tag{52.10}$$

Im letzten Schritt wurden (51.8), $R(t_0)/R(t_1) = 1+z$ und $D = R(t_0)\,\chi$ verwendet. Damit haben wir den in der RWM gültigen Zusammenhang zwischen D und D_L hergestellt. Die Korrekturen zu $D \approx D_L$ hängen von der messbaren Rotverschiebung z und dem Faktor $f(\chi)/\chi$ ab, der durch die Raumkrümmung bestimmt ist. Zumindest der Korrekturfaktor $1+z$ muss bei großen Entfernungen berücksichtigt werden.

Bestimmung der Hubble-Konstanten und des Verzögerungsparameters

Für zahlreiche Objekte seien die Rotverschiebung z und der Abstand D bestimmt. Wie in Abbildung 51.1 trägt man $\ln z$ über $\ln D$ auf. Dabei stellt man fest, dass die lineare Näherung $z_{\mathrm{kosm}} \approx H_0 D/c$ über einen Bereich von mehreren Dekaden gut erfüllt ist. Für sehr entfernte Objekte ergeben sich Abweichungen zu höherem z. Aus diesen experimentellen Befunden erhält man:

1. Bestätigung der Annahme einer homogenen und isotropen Expansion des Weltalls, also des kosmologischen Prinzips mit $\dot{R} > 0$.

2. Bestimmung der Hubble-Konstanten H_0 und des Verzögerungsparameters q_0.

Hubble selbst erhielt 1929 den Wert $H_0 \approx 500\,\mathrm{km/s/Mpc}$. Bis etwa Mitte der 1990er Jahre gab es eine Jahrzehnte dauernde Kontroverse verschiedener Forschungsgruppen um den richtigen Wert; zur Diskussion standen Werte um 50 und um 100, mit sich gegenseitig ausschließenden Fehlergrenzen. Diese Kontroverse spiegelt die Schwierigkeiten der Entfernungsbestimmung wider. Mittlerweile besteht weitgehend Einigkeit über einen Wert um 70 herum. Neuere Auswertungen [11] der kosmischen Hintergrundstrahlung (Kapitel 55) ergeben

$$H_0 = \left(67.8 \pm 0.9\right)\frac{\mathrm{km/s}}{\mathrm{Mpc}} \tag{52.11}$$

Die WMAP-Kollaboration [10] gibt $H_0 = (70.0 \pm 2.2)\,(\mathrm{km/s})/\mathrm{Mpc}$ an. Verschiedene große Teleskope beobachten die oben diskutierten Standardkerzen (wie Cepheiden oder bestimmte Supernovae). Diese Experimente ergaben Werte im Bereich von etwa 65 bis 80.

Der Wert von H_0 ist so zu interpretieren, dass sich zum Beispiel Galaxien im Abstand von 10^7 Lj mit einer Geschwindigkeit von etwa 200 km/s von uns weg bewegen, und die zehnmal weiter entfernten dann mit 2000 km/s.

Der Verzögerungsparameter wurde zu

$$q_0 \approx -0.54 \qquad (52.12)$$

bestimmt [11]. Der negative Wert von q_0 bedeutet, dass sich die Expansion des Weltalls *beschleunigt*. Die Beziehung von q_0 zu anderen kosmologischen Parametern wird in Kapitel 54 angegeben.

Die inverse Hubble-Konstante

$$\frac{1}{H_0} \approx 14 \cdot 10^9 \, \text{a} \qquad (52.13)$$

legt, wie wir noch im Einzelnen sehen werden, die Skala für das Weltalter fest.

Abschließend gehen wir noch auf einen Punkt ein, der bei dieser Auswertung der Rotverschiebungs-Abstands-Relation berücksichtigt werden muss: Die *Eigenbewegung* der Quelle und des Empfängers führt zu Rotverschiebungen, die der kosmologischen Rotverschiebung überlagert sind. Die Eigenbewegung unseres eigenen Standpunkts kann man durch den Dopplereffekt in der kosmischen Hintergrundstrahlung (Kapitel 55) bestimmen. Die wichtigsten Ergebnisse sind:

1. Die Eigenbewegung unseres Beobachtungspunkts (etwa 400 km/s) ergibt sich aus der Bewegung der Erde um die Sonne (30 km/s), der Bewegung unserer Sonne innerhalb der Milchstraße (230 km/s) und aus der Bewegung der Milchstraße (etwa 500 bis 600 km/s).

2. Die Milchstraße gehört zum Virgo-Galaxienhaufen. Die Milchstraße bewegt sich (zusammen mit der Lokalen Gruppe) mit etwa 200 km/s auf das Zentrum dieses Galaxienhaufens zu. Der Virgo-Galaxienhaufen selbst bewegt sich mit etwa 400 km/s in Richtung auf den Galaxienhaufen Hydra-Centaurus. Um diese Bewegung zu erklären, benötigt man große Massen, die über lange Zeit gravitativ gewirkt haben. Dies führte Mitte der 1980er Jahre zu der Vermutung, dass es hinter dem Galaxiencluster Hydra-Centaurus einen für uns nicht sichtbaren Galaxiensuperhaufen gibt. Dieser Galaxiensuperhaufen wird Großer Attraktor genannt. Er sollte etwa die Masse $5 \cdot 10^{16} M_\odot$ und den Abstand 50 Mpc haben.

Die Eigenbewegung der Erde hat damit insgesamt eine Geschwindigkeit, die etwa gleich der kosmologischen Geschwindigkeit im Abstand $D = 3 \cdot 10^7$ Lj ist. Bei der Auswertung der Rotverschiebungs-Abstands-Relation kann die Eigenbewegung daher nur für sehr große Entfernungen (etwa für $D > 3 \cdot 10^9$ Lj) vernachlässigt werden.

53 Weltmodelle

Wir wenden die Einsteinschen Feldgleichungen auf das Universum insgesamt an. Unter vereinfachenden Annahmen erhalten wir Weltmodelle, die die zeitliche Entwicklung der Materieverteilung und des Gravitationsfelds des Kosmos beschreiben.

Für die Massenverteilung gehen wir vom kosmologischen Prinzip aus. Dann kann die Dynamik des Raums durch die Robertson-Walker-Metrik (RWM) beschrieben werden. Der metrische Tensor der RWM lautet

$$(g_{\mu\nu}) = \mathrm{diag}\left(1, \ -\frac{R(t)^2}{1 - kr^2}, \ -R(t)^2\, r^2, \ -R(t)^2\, r^2 \sin^2\theta \right) \tag{53.1}$$

Dieser metrische Tensor ist der Lösungsansatz für die Einsteinschen Feldgleichungen (21.30) mit der kosmologischen Konstanten,

$$R_{\mu\nu} - \Lambda\, g_{\mu\nu} = -\frac{8\pi G}{c^4}\left(T_{\mu\nu} - \frac{T}{2}\, g_{\mu\nu} \right) \tag{53.2}$$

Die kosmologische Konstante Λ ist für die Dynamik des Kosmos insgesamt von Bedeutung und wird daher jetzt berücksichtigt.

Die Materie des Universums betrachten wir im Großen und im Mittel als kontinuierliche, ideale Flüssigkeit mit dem Energie-Impuls-Tensor (20.29),

$$T_{\mu\nu} = \left(\varrho + P/c^2 \right) u_\mu u_\nu - g_{\mu\nu}\, P \tag{53.3}$$

Nach dem kosmologischen Prinzip sind die Massendichte ϱ und der Druck P räumlich homogen, also

$$\varrho(r, t) = \varrho(t), \qquad P(r, t) = P(t) \tag{53.4}$$

Die Galaxien, die (nach einer räumlichen Mittelung) die Massendichte $\varrho(t)$ bilden, haben Bahnen der Form $x^i = \mathrm{const.}$, (50.2). Aus $u^i = dx^i/d\tau = 0$, $g_{00} = 1$ und $g_{\mu\nu} u^\mu u^\nu = g^{\mu\nu} u_\mu u_\nu = c^2$ folgt dann

$$\left(u^\mu \right) = \left(u_\mu \right) = (c, 0, 0, 0) \tag{53.5}$$

Damit wird der Energie-Impuls-Tensor zu

$$(T_{\mu\nu}) = \mathrm{diag}\left(\varrho\, c^2, \ \frac{P R^2}{1 - kr^2}, \ P R^2 r^2, \ P R^2 r^2 \sin^2\theta \right) \tag{53.6}$$

Er hat die Spur

$$T = T^\lambda{}_\lambda = g^{\mu\nu} T_{\mu\nu} = \varrho c^2 - 3P \tag{53.7}$$

In die Ausdrücke (46.8)–(46.11) für den Ricci-Tensor setzen wir $V = R^2 r^2$ und $U = R^2/(1 - kr^2)$ ein. Dies ergibt

$$R_{00} = \frac{3\ddot{R}}{R} \tag{53.8}$$

$$R_{11} = -\frac{1}{1 - kr^2}\left(R\ddot{R} + 2\dot{R}^2 + 2k\right) \tag{53.9}$$

$$R_{22} = -r^2\left(R\ddot{R} + 2\dot{R}^2 + 2k\right) \tag{53.10}$$

und $R_{33} = R_{22}\sin^2\theta$; alle anderen $R_{\mu\nu}$ verschwinden. Die 00-Komponente der Feldgleichungen (53.2) liefert

$$3\ddot{R} - \Lambda R = -\frac{4\pi G}{c^4}\left(\varrho c^2 + 3P\right)R \tag{53.11}$$

Die räumlichen Komponenten ergeben alle dieselbe Gleichung

$$R\ddot{R} + 2\dot{R}^2 + 2k - \Lambda R^2 = \frac{4\pi G}{c^4}\left(\varrho c^2 - P\right)R^2 \tag{53.12}$$

Damit haben wir aus den Feldgleichungen zwei Differenzialgleichungen für die drei Funktionen $R(t)$, $\varrho(t)$ und $P(t)$ erhalten. Zur Lösung benötigen wir als dritte Beziehung noch eine Zustandsgleichung $P = P(\varrho)$. Hierfür betrachten wir zwei Grenzfälle:

$$P = 0 \qquad \text{(Inkohärente Materie)} \tag{53.13}$$

$$P = \frac{\varrho c^2}{3} \qquad \text{(Strahlungsdominanz)} \tag{53.14}$$

Die erste Gleichung setzt nichtrelativistische Teilchen und $P \ll \varrho c^2$ voraus. Hierzu stellen wir uns das Universum als inkohärente Ansammlung von Teilchen mit nichtrelativistischen Geschwindigkeiten vor. Die Massendichte ist dann durch die Ruhmassen der Teilchen dominiert. Dies ist eine brauchbare Näherung für unser heutiges Universum (mit Galaxien als Teilchen und $dx^i/dt = 0$ für typische Galaxien). Die zweite Zustandsgleichung gilt exakt für elektromagnetische Strahlung und näherungsweise für hoch relativistische Teilchen. Diese Näherung ist für das sehr frühe Universum (Kapitel 55) angemessen.

Wir lösen (53.11) nach $\ddot{R}$ auf und setzen dies in (53.12) ein:

$$\dot{R}^2 + k - \frac{1}{3}\Lambda R^2 = \frac{8\pi G}{3c^2}\varrho R^2 \tag{53.15}$$

Wir differenzieren dies

$$2\dot{R}\ddot{R} - \frac{2}{3}\Lambda R\dot{R} = \frac{8\pi G}{3c^2}\left(2R\dot{R}\varrho + R^2\dot{\varrho}\right) \tag{53.16}$$

und ziehen hiervon die mit $2\dot{R}/3$ multiplizierte Gleichung (53.11) ab:

$$\dot{\varrho} = -\frac{3\dot{R}}{R}\left(\varrho + \frac{P}{c^2}\right) \tag{53.17}$$

Für (53.13) erhalten wir hieraus die Massenerhaltung,

$$\varrho_{\mathrm{mat}}(t)\,R(t)^3 = \text{const.} \qquad (P = 0,\ \varrho = \varrho_{\mathrm{mat}}) \tag{53.18}$$

Wir bezeichnen eine materiedominierte Massendichte mit ϱ_{mat}, eine strahlungsdominierte dagegen mit ϱ_{str}. Für (53.14) folgt aus (53.17):

$$\varrho_{\mathrm{str}}(t)\,R(t)^4 = \text{const.} \qquad (P = \varrho c^2/3,\ \varrho = \varrho_{\mathrm{str}}) \tag{53.19}$$

Für eine gemeinsame Diskussion dieser beiden Fälle setzen wir $\varrho = \varrho_{\mathrm{mat}} + \varrho_{\mathrm{str}}$ und nehmen an, dass (53.18) und (53.19) separat gelten. Dies ist dann zulässig, wenn Strahlung und Materie nicht miteinander wechselwirken, oder wenn einer der beiden Terme die Dichte ϱ dominiert, so dass der andere vernachlässigt werden kann. Wir verwenden die Abkürzungen

$$K_{\mathrm{m}} = \frac{8\pi G}{3c^2}\,\varrho_{\mathrm{mat}}\,R^3 = \text{const.}, \qquad K_{\mathrm{s}} = \frac{8\pi G}{3c^2}\,\varrho_{\mathrm{str}}\,R^4 = \text{const.} \tag{53.20}$$

und setzen $\varrho = \varrho_{\mathrm{str}} + \varrho_{\mathrm{mat}}$ auf der rechten Seite von (53.15) ein. Die resultierende Bewegungsgleichung für den Skalenfaktor $R(t)$ lautet dann

$$\boxed{\dot{R}^2 - \frac{K_{\mathrm{s}}}{R^2} - \frac{K_{\mathrm{m}}}{R} - \frac{1}{3}\Lambda R^2 = -k \qquad \text{Friedmannmodell}} \tag{53.21}$$

Diese Gleichung kann in der Form $\dot{R}^2 + V(R) = -k$ mit dem effektiven Potenzial

$$V(R) = -\frac{K_{\mathrm{s}}}{R^2} - \frac{K_{\mathrm{m}}}{R} - \frac{1}{3}\Lambda R^2 \tag{53.22}$$

geschrieben werden. Dieses Potenzial ist in Abbildung 53.1 skizziert. Die Größen $V(R)$, $\dot{R} = dR/d(ct)$ und k sind dimensionslos. Die Bewegungsgleichung (53.21) für $R(t)$ ist das zentrale Ergebnis dieses Kapitels.

Der kosmische Skalenfaktor $R(t)$ bestimmt die Dynamik der mittleren Massenverteilung im Kosmos, und damit das Gravitationsfeld und die Metrik. Daher sind durch (53.21) Modelle für den Kosmos insgesamt gegeben; sie heißen *Weltmodelle* oder *Friedmannmodelle*. Verschiedene konkrete Modelle werden durch die Wahl der Konstanten k, Λ, K_{m} und K_{s} definiert; die tatsächliche Lösung $R(t)$ hängt außerdem noch von den Anfangsbedingungen $R(0)$ und $\dot{R}(0)$ ab.

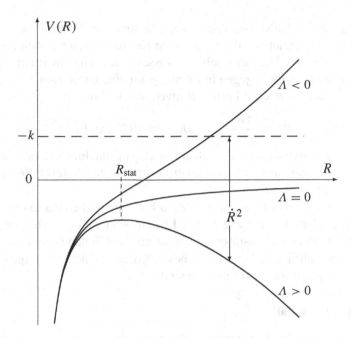

Abbildung 53.1 Das effektive Potenzial $V(R)$ für die kosmologische Bewegungsgleichung $\dot{R}^2 + V(R) = -k$. Der Abstand zwischen der Horizontalen bei $-k$ (in der Abbildung wurde $k < 0$ angenommen) und $V(R)$ ergibt $\dot{R}^2$. Die möglichen Lösungen für den kosmischen Skalenfaktor $R(t)$ hängen vom Vorzeichen der kosmologischen Konstanten Λ ab. Für $\Lambda > 0$ ist eine statische (aber instabile) Lösung $R(t) = R_{\text{stat}} = \text{const.}$ am Maximum des Potenzials möglich.

Allgemeine Diskussion

Zur Diskussion der Lösungen ist das effektive Potenzial $V(R)$ in Abbildung 53.1 skizziert. Hierfür wurde $K_s = 0$ angenommen; denn die Terme K_s/R^2 und K_m/R verhalten sich im Maßstab von Abbildung 53.1 ähnlich.

In Abbildung 53.1 ist der Abstand zwischen $V(R)$ und der Horizontalen $-k$ gleich $\dot{R}^2$. Wenn man nun noch einen Anfangswert für $R(t)$ und das Vorzeichen von $\dot{R}$ vorgibt, dann kann man die Lösung graphisch konstruieren.

Für $R \to 0$ dominieren die Terme proportional zu $-1/R$ oder $-1/R^2$,

$$R \to 0: \qquad \dot{R}^2 \approx \begin{cases} K_s/R^2 \\ K_m/R \end{cases} \longrightarrow R(t) \propto \begin{cases} t^{1/2} \\ t^{2/3} \end{cases} \tag{53.23}$$

In realistischen Modellen gilt $K_s \neq 0$. Die Strahlungsdominanz (ausgedrückt durch $K_s/R^2 > K_m/R$) besteht aber nur während eines sehr kurzen Zeitraums (etwa von $t = 0$ bis $t = 10^{-6} t_0$, wobei t_0 das Weltalter ist). In den folgenden graphischen Darstellungen kommt daher nur das Verhalten $R(t) \propto t^{1/2}$ zum Ausdruck.

Nach (21.32) entspricht die kosmologische Konstante der Energiedichte $\varrho_\Lambda c^2 = (c^4/8\pi G)\Lambda$. Daher wird man erwarten, dass Λ positiv ist. In diesem Fall wirkt der

Term mit Λ antigravitativ: Die Terme $-K_{\mathrm{m}}/R$ und $-\Lambda R^2/3$ haben im Potenzial (53.22) dasselbe Vorzeichen; die zugehörigen Kräfte $-dV/dR$ haben dagegen verschiedene Vorzeichen. Die gewöhnliche Massendichte wirkt in Richtung auf eine Kontraktion, der Λ-Term dagegen in Richtung auf eine Expansion.

Für $\Lambda > 0$ und hinreichend große R divergiert die Lösung

$$R \to \infty : \qquad \dot{R}^2 \approx \frac{\Lambda R^2}{3} , \qquad R(t) \approx R(0) \, \exp\left(\sqrt{\Lambda/3} \; ct\right) \qquad (53.24)$$

Dies bedeutet eine exponentiell beschleunigte Expansion. Eine solche beschleunigte Expansion erhält man auch, wenn Λ so groß ist, dass der Λ-Term die Bewegungsgleichung (53.21) dominiert.

Seit den 1990er Jahren sind die Werte der kosmologischen Parameter relativ gut bekannt; diese Werte und die zugehörige Lösung $R(t)$ werden in Kapitel 54 untersucht. Früher wurden die Lösungsformen für alle möglichen (unbekannten) Werte von k und Λ ausführlich diskutiert. Wir beschränken uns hier auf einige Grenzfälle, die teilweise von historischem Interesse sind.

Newtonscher Grenzfall

Ohne die kosmologische Konstante und für ein materiedominiertes Universum (also $K_{\mathrm{s}} = 0$) können wir (53.21) in der Form

$$\frac{M}{2}\left(\frac{dR}{dt}\right)^2 - \frac{GM^2}{R} = \mathrm{const.} \qquad (53.25)$$

schreiben; dabei ist $M = (4\pi/3)\,\varrho_{\mathrm{mat}}\,R^3$ nach (53.18) konstant. Diese Gleichung kann als Energiesatz interpretiert werden: „Kinetische + potenzielle Energie = konstant". Das Vorzeichen der Gesamtenergie (const. $= -kMc^2/2$ auf der rechten Seite) wird von k bestimmt. Im analogen Zweikörperproblem (mit der Radialgleichung $m\,\dot{r}^2/2 + V_{\mathrm{eff}}(r) = \mathrm{const.}$) entspricht $k = 1$ einer gebundenen Bewegung (Ellipse) und $k = -1$ einer ungebundenen (Hyperbel); $k = 0$ ist der dazwischen liegende Grenzfall (Parabel). Auf das Universum angewandt bedeutet dies: Für $k = -1$ überwiegt die kinetische Energie, und die jetzige Expansion des Weltalls wird immer weitergehen. Für $k = 1$ ist dagegen $E_{\mathrm{kin}} + E_{\mathrm{pot}} < 0$; dann ist das System gebunden, und die heutige Expansion wird schließlich aufhören und in eine Kontraktion übergehen. Diese Lösungsformen sind in Abbildung (53.2) skizziert.

Einstein-de Sitter-Universum

Wir betrachten nun den Wert $\Lambda = 0$ im Friedmannmodell (53.21). Auch in diesem Fall werden die Lösungen durch Abbildung 53.2 dargestellt; denn die Unterschiede zum Newtonschen Grenzfall sind kleiner als die Zeichengenauigkeit.

Für $k = 1$ erhalten wir eine gebundene Bewegung. Für $k = 0$ geht die Geschwindigkeit der Expansion langsam gegen null (wegen $\dot{R}^2 \propto 1/R$), für $k = -1$ gegen eine Konstante. Das Weltmodell mit $\Lambda = 0$ und $k = 0$ heißt *Einstein-de Sitter-Universum*.

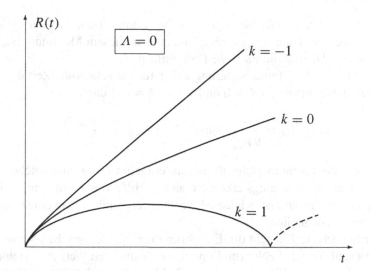

Abbildung 53.2 Zeitabhängigkeit des kosmischen Skalenfaktors $R(t)$ im Newtonschen Grenzfall. Die Fälle $k = 1$, $k = 0$ und $k = -1$ entsprechen im analogen Zweikörperproblem der Ellipsen-, der Parabel- und der Hyperbelbahn. Die Form der Lösungen gilt auch für das Friedmannmodell mit $\Lambda = 0$. Das Weltmodell mit $\Lambda = 0$ und $k = 0$ heißt Einstein-de Sitter-Universum.

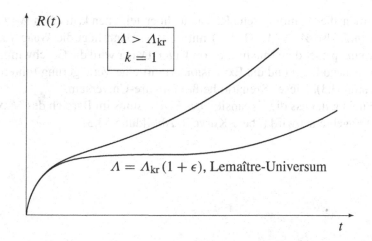

Abbildung 53.3 Zeitabhängigkeit des kosmischen Skalenfaktors $R(t)$ für $\Lambda > \Lambda_{kr}$ und $k = 1$. Falls Λ sehr nahe bei Λ_{kr} liegt, gibt es eine längerdauernde, annähernd stationäre Phase (Lemaître-Universum). Die obere Kurve gibt auch den qualitativen Verlauf für $\Lambda > 0$ und $k = 0, -1$ wieder.

Statisches Weltall

In Abbildung 53.1 hat $V(R)$ für $\Lambda > 0$ ein Maximum. Dann ist es möglich, dass die Horizontale $k = 1$ die waagerechte Tangente an diesem Maximum ist. Hierfür gilt dann $\dot{R} = 0$. Dies ist die *statische* Einsteinlösung.

Speziell für $K_s \approx 0$ (gute Näherung außer für die sehr frühe Zeit des Universums) erhalten wir aus $dV/dR = 0$ und $V = -k = -1$ dann

$$\Lambda = \Lambda_{\text{kr}} = \frac{4}{9\,K_{\text{m}}^2} \quad \text{und} \quad R = R_{\text{stat}} = \frac{3\,K_{\text{m}}}{2} \tag{53.26}$$

Einstein hatte die kosmologische Konstante eingeführt, um eine solche statische Lösung zu erhalten. Allerdings erkennt man mit Hilfe von Abbildung 53.1 sofort, dass diese Lösung instabil ist. Kleine Abweichungen genügen, um eine Kontraktion oder Expansion einzuleiten.

Später betrachtete Einstein die Einführung der kosmologischen Konstanten in den Feldgleichungen als Fehler (und favorisierte damit den Wert $\Lambda = 0$ und insbesondere das Einstein-de Sitter Universum). Fehlerhaft war aber nur die Begründung des Terms (Ermöglichung einer statischen Lösung). Ansonsten ist dieser zusätzliche Term in den Feldgleichungen aus heutiger Sicht theoretisch nahezu zwangsläufig, weil er mit den grundlegenden Symmetrieforderungen kompatibel ist. Praktisch ist er notwendig, um das heutige Universum im Rahmen eines Friedmannmodells zu beschreiben (Kapitel 54).

Lemaître-Universum

Angenommen, die kosmologische Konstante übersteigt den kritischen Wert (53.26) nur ein wenig, also $\Lambda = \Lambda_{\text{kr}}(1 + \epsilon)$ mit $\epsilon \ll 1$. Dann liegt die Waagerechte für $k = 1$ nur knapp über dem Maximum von $V(R)$. Daher wird die Geschwindigkeit $\dot{R}$ dort entsprechend klein und die Expansion erfährt eine Verzögerung (untere Kurve in Abbildung 53.3). Dieses Szenario heißt Lemaître-Universum.

Allgemein gilt, dass die Expansion des Universums im Bereich des Maximums von $V(R)$ abgebremst wird (obere Kurve in Abbildung 53.3).

54 Weltzustand

Wir wenden das Friedmannmodell auf unseren heutigen Kosmos an. Die Parameter dieses Modells können durch Beobachtungen festgelegt werden. Der kosmologische Term (dunkle Energie) und die Materiedichte (vor allem dunkle Materie) dominieren die großräumige Bewegung des Universums. Dieses Universum ist nicht gekrümmt und seine Expansion beschleunigt sich. Wir diskutieren die Bedeutung des kosmologischen Terms. Zum Abschluss gehen wir noch auf das Olberssche Paradoxon ein.

Die globale Bewegung des Universums wird durch (53.21) beschrieben. Im heutigen Universum ist der Beitrag der Strahlungsdichte sehr klein. Mit $K_s \approx 0$ erhalten wir:

$$\dot{R}^2 - \frac{K_m}{R} - \frac{1}{3}\Lambda R^2 = -k \qquad (54.1)$$

Hierin ist $\dot{R} = dR/d(ct)$. Wir werten (54.1) für den heutigen Zeitpunkt $t = t_0$ aus. Dabei verwenden wir die Bezeichnungen

$$R_0 = R(t_0)\,, \qquad \frac{H_0}{c} = \frac{\dot{R}(t_0)}{R_0}\,, \qquad q_0 = -\frac{\ddot{R}(t_0)\,R_0}{\dot{R}(t_0)^2} \qquad (54.2)$$

für den kosmischen Skalenfaktor, die Hubble-Konstante und den Verzögerungsparameter. Außerdem führen wir die dimensionslosen Variablen

$$x(\tau) = \frac{R(t)}{R_0} \quad \text{und} \quad \tau = H_0\,t \qquad (54.3)$$

ein. Wir multiplizieren (54.1) mit c^2/H_0^2 und mit $1/R_0^2$ und erhalten nach einfacher Rechnung

$$\boxed{\left(\frac{dx}{d\tau}\right)^2 - \frac{\Omega_m}{x} - \Omega_\Lambda x^2 = \Omega_k} \qquad (54.4)$$

Dabei haben wir die Abkürzungen

$$\Omega_m = \frac{\varrho_{mat}(t_0)}{\varrho_{kr}(t_0)}\,, \qquad \Omega_\Lambda = \frac{1}{3}\frac{\Lambda c^2}{H_0^2}\,, \qquad \Omega_k = -\frac{kc^2}{R_0^2 H_0^2} \qquad (54.5)$$

eingeführt, wobei

$$\varrho_{kr}(t_0) = \frac{3H_0^2}{8\pi G} \approx 0.93 \cdot 10^{-26}\,\frac{\text{kg}}{\text{m}^3} \qquad (54.6)$$

die sogenannte *kritische Massendichte* ist. Für den numerischen Wert wurde (52.11) verwendet.

Heute, also für $t = t_0$ gilt

$$x(t = t_0) = 1, \qquad \left.\frac{dx}{d\tau}\right|_{t=t_0} = 1 \tag{54.7}$$

Wir setzen dies in (54.4) ein und erhalten

$$\boxed{\Omega_m + \Omega_\Lambda + \Omega_k = 1} \tag{54.8}$$

Die dimensionslosen Größen Ω_m, Ω_Λ und Ω_k charakterisieren die Massendichte, die kosmologische Konstante und die Krümmung des heutigen Universums. Die Zahlen Ω_m, Ω_Λ und Ω_k sind jeweils das Maß dafür, wie stark der Einfluss der zugehörigen Größen (Massendichte, kosmologische Konstante, Krümmung) in der Bewegungsgleichung (54.4) zum heutigen Zeitpunkt ist.

Wir leiten eine ähnlich einfache Beziehung für den Verzögerungsparameter q_0 ab. Dazu differenzieren wir (54.1) nach der Zeit,

$$2\dot{R}\ddot{R} + \frac{K_m \dot{R}}{R^2} - \frac{2}{3}\Lambda R \dot{R} = 0 \tag{54.9}$$

Wir multiplizieren dies mit $R/\dot{R}^3$ und setzen wieder $t = t_0$. Mit den Bezeichnungen aus (54.2) und (54.5) erhalten wir

$$\boxed{q_0 = \frac{\Omega_m}{2} - \Omega_\Lambda} \tag{54.10}$$

Im diskutierten Modell wird der heutige Weltzustand durch die fünf *kosmologische Parameter*

$$\text{Weltzustand} := \left(\Omega_m,\ \Omega_\Lambda,\ \Omega_k,\ H_0,\ q_0\right) \tag{54.11}$$

beschrieben. Wegen (54.8) und (54.10) sind nur drei dieser Größen voneinander unabhängig. Die unabhängigen Größen können aus verschiedenen Beobachtungsgrößen bestimmt werden. Wir führen exemplarisch einige mögliche Bestimmungen an:

1. Die Analyse von Supernovae vom Typ Ia mit neuen großen Teleskopen, insbesondere dem Hubble-Space-Teleskop führt zu Werten für H_0 und q_0 (Kapitel 52).

2. Als dritte unabhängige Größe könnte man die Materiedichte Ω_m wählen und so bestimmen: Die Bewegung der äußeren Galaxien eines Galaxienhaufens lässt auf die Masse des Galaxienhaufens schließen (siehe hierzu die Diskussion vor (48.24)). Die Wichtung mit der Anzahl der Galaxienhaufen pro Volumen führt dann zu $\Omega_m \approx 0.3 \pm 0.1$.

3. Die genauesten Ergebnisse für die kosmologischen Parameter ergeben sich aus der Untersuchung [10,11] der Anisotropie der kosmischen Hintergrundstrahlung. Die kosmische Hintergrundstrahlung (Kapitel 55) stammt aus der Frühzeit des Universums, als Strahlung und (ionisierte) Materie im Gleichgewicht waren. Die Entwicklung der Anisotropie hängt vor allem von der räumlichen Krümmung des Kosmos ab.

Lambda – Dark Matter – Modell

Die Analysen [10,11] der kosmischen Hintergrundstrahlung führen zu einer relativ genauen Bestimmung der kosmologischen Parameter. Diese Analysen erfolgen im Rahmen des Lambda-Cold Dark Matter-Modell, das neben den Parametern (54.11) noch weitere Parameter enthält (die etwa die Anisotropie der Hintergrundstrahlung beschreiben). Unser einfaches Friedmannmodell (54.4) enthält nur drei Parameter. Als unabhängige Parameter aus (54.11) wählen wir Ω_m, Ω_Λ und H_0. Hierfür verwenden wir die Werte der Planck-Kollaboration ([11], Tabelle 4, Spalte 2).

Die Massendichte

$$\Omega_m = \Omega_b + \Omega_{dm} = 0.308 \pm 0.012 \tag{54.12}$$

besteht zum einen aus sichtbarer baryonischer Materie (Index b). Hinzu kommt die unsichtbare dunkle Materie (Index dm), deren Ursprung nicht bekannt ist, und die nur gravitativ wirkt (Details im Abschnitt *Dunkle Materie* unten). Für den Beitrag der kosmologischen Konstanten gilt

$$\Omega_\Lambda = 0.692 \pm 0.012 \tag{54.13}$$

Aus (54.8) und (54.10) folgen dann als abhängige kosmologische Parameter

$$\Omega_k \approx 0 \quad \text{und} \quad q_0 \approx -0.54 \tag{54.14}$$

jeweils mit Fehlern ähnlicher Größe. Der dritte verbleibende unabhängige kosmologische Parameter ist die Hubblekonstante:

$$H_0 = (67.8 \pm 0.9)\, \frac{km/s}{Mpc} \tag{54.15}$$

Als Merkhilfe und für die folgenden Abschätzungen verwenden wir die auf eine relevante Dezimale gerundeten Werte:

Heutiger Kosmos:

$$(\Omega_m,\ \Omega_\Lambda,\ \Omega_k) \approx (0.3,\ 0.7,\ 0),\qquad H_0 \approx 70\, \frac{km/s}{Mpc} \tag{54.16}$$

Die führenden Anteile in der zentralen Bewegungsgleichung (54.4) sind damit Ω_Λ und Ω_m. Der Hauptanteil zu Ω_m kommt von der dunklen Materie. Insofern betrachten wir die zeitliche Entwicklung des Kosmos in einem Lambda-Dark Matter-Modell.

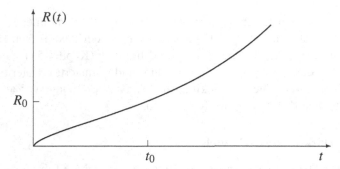

Abbildung 54.1 Kosmischer Skalenfaktor $R(t)$ als Funktion der Zeit. Die gezeigte Kurve ist die Lösung von (54.4) mit den kosmologischen Parametern (54.16). Zum heutigen Zeitpunkt gilt $R(t_0) = R_0$. Früher ($t \ll t_0$) dominierte der Term Ω_m/x in (54.4) die Kurve (negative Krümmung). Die heutige Dominanz des Terms $\Omega_\Lambda x^2$ in (54.4) führt jetzt und in der Zukunft zu einer beschleunigten Expansion (positive Krümmung der Kurve).

Voraussetzung für die experimentelle Bestimmung der kosmologischen Parameterwerte ist, dass unser Kosmos tatsächlich im Rahmen von Friedmannmodellen beschrieben werden kann. Es sei betont, dass dies eine *sehr starke Annahme* ist. Dazu gehören zum einen das Kosmologische Prinzip, also eine weitreichende Homogenitäts- und Isotropieannahme, die nur nach einer sehr großzügigen Mittelung über die Materie in unserem Kosmos zu rechtfertigen ist. Zum anderen gehört zu den zugrunde liegenden Annahmen die Beschränkung auf die einfachste relativistische Gravitationstheorie (ART mit kosmologischem Term). Vor dem Hintergrund dieser extrem vereinfachenden Annahmen ist etwa die Interpretation von Λ als Vakuumenergiedichte nicht zwingend. Phänomenologisch beschreibt Λ einfach die Beschleunigung der beobachteten Expansion.

Zeitliche Entwicklung

Der zeitliche Verlauf des Skalenparameters $x(\tau)$ oder, äquivalent, $R(t)$ folgt aus der Integration der Bewegungsgleichung (54.4):

$$\tau = H_0\, t = \int_0^x \frac{dx'}{\sqrt{\Omega_\mathrm{m}/x' + \Omega_\Lambda\, x'^2 + \Omega_k}} \tag{54.17}$$

Die sich hieraus ergebende Kurve $R(t)$ für unser Universum (54.15) ist in Abbildung 54.1 dargestellt. Die Bewegung wird heute durch den Term $\Omega_\Lambda x^2$ mit der kosmologischen Konstanten dominiert; für $x = 1$ ist dieser Term in (54.4) etwa doppelt so groß wie der Materieterm Ω_m/x. Dies führt zu der leicht positive Krümmung der Kurve in Abbildung 54.1 zum heutigen Zeitpunkt.

Die Rückverfolgung der jetzigen Expansion führt schließlich zum Wert null für den kosmischen Skalenparameter. Bei der Annäherung an diesen Wert werden viele physikalische Größen singulär; im betrachteten Modell sind daher keine Aussagen mehr möglich. Der Zeitpunkt, an dem $R(t) = 0$ ist, wird willkürlich gleich null gesetzt (dies wurde in (54.17) verwendet) und als „Beginn der Welt" betrachtet; Vorbehalte gegenüber diesen Bezeichnungen wurden im Abschnitt *Weltalter* in Kapitel 51 diskutiert. Die physikalische Entwicklung vom Beginn der Welt bis heute wird im Einzelnen noch im nächsten Kapitel diskutiert.

Zum heutigen Zeitpunkt t_0 ist $x = 1$. Das Alter der Welt folgt im unserem Modell daher aus

$$T_{\text{Welt}} = t_0 = \frac{1}{H_0} \int_0^1 \frac{dx}{\sqrt{\Omega_{\text{m}}/x + \Omega_\Lambda x^2 + \Omega_k}} \tag{54.18}$$

Für $\Omega_k = 0$ kann das Integral durch die Substitution $y^2 = (\Omega_\Lambda/\Omega_{\text{m}}) \, x^3$ gelöst werden:

$$\boxed{T_{\text{Welt}} = \frac{1}{H_0} \int_0^1 \frac{dx}{\sqrt{\Omega_{\text{m}}/x + \Omega_\Lambda x^2}} = \frac{2}{3 \, H_0 \, \sqrt{\Omega_\Lambda}} \operatorname{arsinh} \sqrt{\frac{\Omega_\Lambda}{\Omega_{\text{m}}}} \approx 13.5 \cdot 10^9 \, \text{a}}$$

$$\tag{54.19}$$

Bereits $T_{\text{Welt}} \approx 1/H_0 = (1/70) \cdot 10^6 \cdot 3.26 \, (c/(\text{km/s})) \, \text{a} \approx 14 \cdot 10^9 \, \text{a}$ ist eine sehr brauchbare Abschätzung (es wurde pc $= 3.26 \, c\,$a eingesetzt). Die genauere Auswertung der Planck-Kollaboration ergibt

$$T_{\text{Welt}} \approx 13.8 \cdot 10^9 \, \text{a} \qquad \text{(Planck-Kollaboration)} \tag{54.20}$$

Ähnliche Werte für das Weltalter erhält man aus hiervon unabhängigen Abschätzungen für das Alter der Milchstraße oder für die Lebenszeit der ältesten Sterne. Eine solche Abschätzung sei hier skizziert: Die schweren Elemente (jenseits von Eisen) werden in Supernovae gebildet. Modellannahmen über die Bildung dieser Elemente (Neutroneneinfang) führen zu einer Abschätzung der Isotopenhäufigkeiten. So sollte das Verhältnis $^{235}\text{U}/\,^{238}\text{U}$ zum Zeitpunkt der Entstehung bei 1.65 gelegen haben. Da ^{235}U nun viel schneller zerfällt als ^{238}U, nimmt dieses Verhältnis kontinuierlich ab. Aus den bekannten Zerfallszeiten und dem heutigen Häufigkeitsverhältnis (etwa 0.007) erhält man so eine Abschätzung für das Mindestalter unserer Galaxie; denn eine Supernova setzt Sterne voraus.

Wir berechnen noch den Radius (51.17) des für uns heute sichtbaren Universums:

$$\mathcal{D}_0 = R_0 \int_0^{t_0} \frac{c \, dt}{R(t)} = \frac{c}{H_0} \int_0^{\tau_0} \frac{d\tau}{x(\tau)} = \frac{c}{H_0} \int_0^1 \frac{dx}{x \, (dx/d\tau)}$$

$$= \frac{c}{H_0} \int_0^1 \frac{dx}{\sqrt{\Omega_{\text{m}} x + \Omega_\Lambda x^4 + \Omega_k x^2}} \approx 48 \cdot 10^9 \, \text{Lj} \tag{54.21}$$

Für Licht von $D \to \mathcal{D}_0$ geht $z \to \infty$ (und $t_{\text{emission}} \to 0$). Das heißt, dass durch $\mathcal{D}_0$ ein Horizont, der *Welthorizont*, gegeben ist.

Das Verhältnis $\mathcal{D}_0/t_0$ übersteigt die Lichtgeschwindigkeit um mehr als das Dreifache. Das Licht, das aus der Nähe des Horizonts kommt, hat aber nicht wirklich einen Weg der Länge $\mathcal{D}_0$ zurückgelegt; denn während der Lichtlaufzeit war der Abstand zwischen den betrachteten Galaxien kleiner. Im Übrigen sei daran erinnert, dass es in der RWM nur Lokale Inertialsysteme gibt (in denen die Geschwindigkeit des Lichts dann immer gleich c ist). Wir geben noch die heutige Geschwindigkeit einer Galaxie im Abstand $\mathcal{D}_0$ an:

$$v(\mathcal{D}_0) = c\,\dot{R}_0\,\chi = c\,\dot{R}_0 \int_0^{t_0} \frac{c\,dt}{R(t)} = c \int_0^1 \frac{dx}{\sqrt{\Omega_m x + \Omega_\Lambda x^4 + \Omega_k x^2}} \approx 3.4\,c \tag{54.22}$$

Wie in Kapitel 51 diskutiert, ist eine solche Galaxie wegen $z \to \infty$ für $D \to \mathcal{D}_0$ für uns gerade nicht mehr sichtbar. Die numerischen Werte für $\mathcal{D}_0/(ct_0)$ und $v(\mathcal{D}_0)/c$ weisen noch einmal daraufhin, dass die Interpretation der kosmologischen Rotverschiebung als Dopplereffekt nicht konsistent ist. Zu den auftretenden Überlichtgeschwindigkeiten sei auf die Diskussion am Ende von Kapitel 51 verwiesen.

Dunkle Materie

Die Materiedichte Ω_m kann relativ direkt aus den Umlaufgeschwindigkeiten von Galaxien in Galaxienhaufen bestimmt werden, oder eben indirekt aus der Analyse [10,11] der kosmischen Hintergrundstrahlung. Die Materiedichte $\Omega_m = \Omega_b + \Omega_{dm}$ besteht zu einem Teil aus sichtbarer, baryonischer (Index b) Materie

$$\Omega_b \approx 0.048 \tag{54.23}$$

Hierzu gehören insbesondere Planeten, Sterne und Galaxien.

Der Rest ist die unsichtbare *dunkle Materie* unbekannter Natur mit

$$\Omega_{dm} \approx 0.26 \tag{54.24}$$

Die Existenz der dunklen Materie (Index dm) folgt aus ihrer gravitativen Wirkung. Andere Wechselwirkungen mit der Umgebung sind nicht bekannt; sie würden Rückschlüsse auf die Natur der dunklen Materie zulassen.

Als Kandidaten für dunkle Materie wurden diskutiert: abgekühlte Weiße Zwerge, Braune Zwerge, intergalaktisches Gas, Hintergrundstrahlung von Neutrinos mit endlicher Ruhmasse und, aktueller, WIMPs. Weakly Interacting Massive Particles (WIMP) sind hypothetische Teilchen mit Massen zwischen einigen zehn und etwa tausend GeV$/c^2$. Experimente können solche Teilchen jeweils nur insofern ausschließen, als sie eine obere Grenze für den (sehr kleinen) Wirkungsquerschnitt eventueller WIMPs in einem bestimmten Massenbereich angeben[1].

Im Lambda-Cold Dark Matter-Modell, das der Analyse [10,11] der Hintergrundstrahlung zugrunde liegt, ist die dunkle Materie *kalte* dunkle Materie. Kalte dunkle Materie war zum Zeitpunkt des Plasma-Strahlungs-Gleichgewichts (Abbildung 55.1) langsam relativ zu c (insofern also *kalt*), sie ist nicht-baryonisch, und sie wirkt gravitativ (und darüberhinaus vielleicht noch schwach).

---

[1]SuperCDMS Collaboration, *WIMP-Search Results from the Second CDMSlite Run*, arXiv: 1509.02448v2 [astro-ph.CO]

Strahlungsbeitrag

In (54.1) haben wir den Strahlungsbeitrag mit K_s in (53.21) weggelassen. Wenn wir diesen Beitrag berücksichtigen, erhalten wir einen zusätzlichen Term $-\Omega_s/x^2$ auf der linken Seite von (54.4), wobei $\Omega_s = \varrho_{str}/\varrho_{kr}(t_0)$. Außerdem wird (54.8) zu $\Omega_m + \Omega_s + \Omega_\Lambda + \Omega_k = 1$. Für das heutige Universum schätzt man ab, dass

$$\Omega_s(t_0) \approx 10^{-4} \tag{54.25}$$

Diese Strahlungsdichte $\Omega_s(t_0)$ besteht im Wesentlichen aus Neutrinos (mit der Ruhmasse null, oder zumindest mit $p \gg m_\nu c$). Der heutige Anteil der Photonen beträgt dagegen nur $\Omega_\gamma \approx 0.00005$.

Der eventuelle Zusatzterm $-\Omega_s/x^2$ in der Bewegungsgleichung (54.4) wäre heute ($x = 1$) sehr klein. Für $t \to 0$ und $x \to 0$ wird er jedoch dominierend. Der Einfluss dieses Terms wird im folgenden Kapitel näher untersucht.

Kosmologische Konstante

Vakuumenergiedichte

Die kosmologische Konstante kann als Energiedichte $\varrho_\Lambda c^2 = (c^4/8\pi G)\,\Lambda$ aufgefasst werden, (21.32). Mit (54.5) und (54.6) erhalten wir für diese Dichte

$$\varrho_\Lambda = \frac{c^2 \Lambda}{8\pi G} = \Omega_\Lambda\, \varrho_{kr}(t_0) \approx 6 \cdot 10^{-27}\, \frac{\text{kg}}{\text{m}^3} \tag{54.26}$$

Der numerische Wert folgt aus $\Omega_\Lambda \approx 0.7$ und (54.5).

Dieser Dichte stellen wir nun eine theoretische Abschätzung für die Vakuumenergie gegenüber. In der Quantenelektrodynamik führen die Nullpunktschwingungen des elektromagnetischen Felds zu einer Vakuumenergie der Form

$$E_0 = \sum_i \frac{\hbar \omega_i}{2} = \frac{V}{(2\pi)^3} \int d^3k\, \frac{\hbar \omega}{2} \sim V\, \hbar c\, k_{max}^4 \tag{54.27}$$

Ein analoger Ausdruck ergibt sich auch für andere Felder. In einer Quantenfeldtheorie, die die Gravitation berücksichtigt, ist der plausible Abschneideparameter k_{max} für die Wellenzahl durch die Plancksche Länge (22.31) gegeben, $k_{max} \sim 1/L_P = c^{3/2}/\hbar^{1/2}/G^{1/2}$. Daraus erhalten wir

$$\varrho_{vak} = \frac{E_0}{V c^2} \sim \frac{c^5}{\hbar G^2} = \frac{M_P}{L_P^3} \approx 5 \cdot 10^{96}\, \frac{\text{kg}}{\text{m}^3} \tag{54.28}$$

Dabei ist $M_P = \sqrt{\hbar c/G} = 2.2 \cdot 10^{-8}$ kg die Plancksche Masse. Das Ergebnis für ϱ_{vak} ist die zu erwartende Skala für eine Massendichte des Vakuums in einer Quantenfeldtheorie der Gravitation. Gemessen an dieser Skala ist die experimentelle Dichte ϱ_Λ extrem klein:

$$\frac{\varrho_\Lambda}{\varrho_{vak}} = \frac{\text{experimenteller Wert}}{\text{theoretischer Wert}} \approx 10^{-123} \tag{54.29}$$

Die große Diskrepanz zwischen dem experimentellen Wert und der theoretischen Erwartung stellt ein ungelöstes Problem der theoretischen Physik dar.

Dunkle Energie und negativer Druck

Nach der soeben gegebenen Abschätzung ist völlig unklar, woraus die Energiedichte ϱ_Λ tatsächlich besteht. In Analogie zur dunklen Materie (54.24) spricht man daher auch von *dunkler Energie*.

Die Materiedichte (die weitgehend dunkle Materiedichte ist), wirkt gravitativ *anziehend*. Ein positiver Wert von Λ oder ϱ_Λ wirkt dagegen *abstoßend*. Wenn wir (54.4) in der Form $(dx/d\tau)^2 + V_{\text{eff}}(x) = $ const. schreiben, haben die Terme in $V_{\text{eff}} = -\Omega_{\text{m}}/x - \Omega_\Lambda x^2$ dasselbe Vorzeichen. Die zugehörigen Kräfte $-dV_{\text{eff}}/dx$ haben aber entgegengesetztes Vorzeichen. Die gewöhnliche Materiedichte ϱ wirkt in Richtung auf eine Kompression, die Dichte ϱ_Λ in Richtung auf eine Expansion. Im heutigen Universum dominiert der Term mit der Dichte ϱ_Λ. Dies bedeutet, dass die Expansion des Weltalls beschleunigt ist.

Wir bezeichnen den zur Dichte ϱ_Λ gehörigen Druck mit P_Λ. Wenn das Volumen (des Weltraums oder eines Galaxienhaufens) sich aufgrund der Expansion um ΔV ändert, dann bedeutet die Energieerhaltung $\Delta E = 0 = (\varrho_\Lambda c^2 + P_\Lambda)\,\Delta V$, also

$$P_\Lambda = -\varrho_\Lambda c^2 < 0 \tag{54.30}$$

also ein *negativer* Wert für den Druck P, der in (53.17) oder im Energie-Impuls-Tensor auftritt.

Wir fassen zusammen: Der Ursprung der Energiedichte ϱ_Λ ist rätselhaft[2], also „dunkel". Der antigravitative Effekt ist formal zwar leicht verständlich, physikalisch aber einigermaßen überraschend.

Olberssches Paradoxon

In der nichtrelativistischen Kosmologie führt das kosmologische Prinzip zu einem von Olbers (1758 – 1840) formulierten Paradoxon. Im euklidischen Raum bedeutet die Homogenität, dass ein unendlicher Raum existiert und im Mittel überall die gleiche Sterndichte hat. Dies hätte zur Konsequenz, dass der Nachthimmel überall hell ist. Dieser Widerspruch zum tatsächlich beobachteten dunklen Sternhimmel heißt Olberssches Paradoxon.

Wir erläutern zunächst, warum der Nachthimmel hell sein sollte. Dazu betrachten wir eine Folge von Kugelschalen mit der Erde im Zentrum. Die Kugelschalen können durch $V_i = \{\varrho : i \cdot \Delta\rho \leq \rho \leq (i+1) \cdot \Delta\rho\}$ definiert werden. Wegen der Homogenität wächst die Anzahl der Sterne in jeder Kugelschale mit ρ^2. Die scheinbare Helligkeit, die ein Stern im Zentrum hervorruft, nimmt mit ρ^{-2} ab. Nach dieser

---

[2]D. Giulini und N. Straumann, *Das Rätsel der kosmischen Vakuumenergiedichte und die beschleunigte Expansion des Universums*, ⟨www.arxiv.org⟩ astro-ph/0009368, für alternative Erklärungsversuche siehe C. Wetterich, *Quintessenz – die fünfte Kraft*, Physik Journal 3 (2004) 43

Überlegung würde uns aus jeder Kugelschale die gleiche Energieflussdichte erreichen. Da das Licht weiter entfernter Sterne durch näher gelegene abgedeckt wird,
ist der resultierende Energiefluss aber nicht unendlich. Vielmehr sollten wir in jeder
Richtung genau auf einen Stern sehen.

Eine alternative Betrachtungsweise ist: Wir schauen in einen Raumwinkel $\delta\omega$,
der so klein ist, dass der Blickkegel schließlich auf der Oberfläche eines einzigen
Sterns endet. Wenn der Stern von uns den Abstand ρ hat, dann erreicht uns das Licht
von einem Stück der Sternoberfläche von der Größe $\rho^2 \, \delta\omega$ (Basisfläche des Blick-
kegels). Wir schieben den Stern jetzt fiktiv zu uns hin, machen also den Abstand
ρ kleiner. Dann bleibt der Lichtfluss (Energie/Zeit) im Blickkegel ($\delta\omega$ = const.)
gleich; denn die beitragende Sternoberfläche sinkt proportional zu ρ^2, der Lichtfluss
von jedem Quadratmeter Sternoberfläche wächst aber proportional zu $1/\rho^2$ wegen
des geringeren Abstands. Wir sehen daher in beliebiger Richtung soviel Licht, als
ob dort ein nahegelegener, durchschnittlicher Stern wäre. Etwas salopp formuliert
heißt das, der Nachthimmel müsste überall so hell wie unsere Sonne sein.

Die mögliche Absorption von Licht durch interstellares Gas löst das Paradoxon
nicht auf. Denn dieses Gas würde sich so lange aufheizen, bis es ebensoviel abstrahlt
wie absorbiert.

Im nichtrelativistischen Weltall führt das kosmologische Prinzip also zu einem
Widerspruch. Inwieweit wird dieser Widerspruch nun in den relativistischen Weltmodellen vermieden?

Wir betrachten zunächst ein endliches (also $k = 1$) und statisches Weltall. Man
könnte ja vermuten, dass diese Endlichkeit (die erst in der relativistischen Theorie mit dem kosmologischen Prinzip vereinbar ist) dazu führt, dass wir eben nicht
mehr in jedem Raumwinkelelement schließlich auf eine Sternoberfläche blicken.
Im *statischen* Fall wird das Paradoxon aber tatsächlich nicht vermieden. Aus der
Eigenschaft „statisch" folgt nämlich, dass es in jeder früheren Zeitspanne die gleiche endliche Anzahl von Sternen gab wie heute (deren Lebensdauer im Einzelnen
durchaus endlich sein mag). Einmal emittiertes Licht breitet sich fortwährend im
endlichen Weltraum aus; es „läuft vielfach im Universum herum". Eine unendliche
Vergangenheit führt daher zu unendlicher Helligkeit.

Das Olberssche Paradoxon löst sich aber auf, wenn der Kosmos ein endliches
Alter hat. Im Rahmen der diskutierten Weltmodelle ist ein endliches Weltalter die
Regel. Endliches Alter bedeutet, dass die Rückverfolgung der jetzigen Expansion
zum Skalenfaktor $R = 0$ führt; der zugehörige Zeitpunkt wird gleich null gesetzt.
Die kosmologische Rotverschiebung für Licht, das während der Zeit $t_0 - t_1$ unterwegs war, geht dann für $t_1 \to 0$ gegen unendlich, (51.16)–(51.18). Damit gibt es
einen Horizont $\mathcal{D}_0$, jenseits dessen wir wegen

$$z \to \infty \quad \text{für} \quad D \to \mathcal{D}_0 \tag{54.31}$$

nichts sehen. Auch in einem unendlich ausgedehnten Universum erreicht uns daher nur das Licht von den endlich vielen Objekten innerhalb dieses Horizonts. Der
dunkle Sternhimmel kann als direktes Indiz für die kosmische Expansion angesehen
werden.

55 Kosmologisches Standardmodell

Die Rückverfolgung der jetzigen Expansion führt in den meisten Weltmodellen zu

$$R(t) \xrightarrow{t \to 0} 0 \qquad (55.1)$$

für den kosmischen Skalenfaktor $R(t)$ der Robertson-Walker-Metrik. Die Vorstellung, dass die Welt aus einer solchen Singularität entstanden ist, wird als Big Bang- oder Urknall-Modell bezeichnet. Zusammen mit der zugehörigen Bewegungsgleichung für $R(t)$ stellt dieses Modell das kosmologische Standardmodell dar.

Die Hypothese, dass das Weltall expandiert, wurde 1927 von Lemaître aufgestellt. Da die Hubble-Konstante positiv ist, muss die Dichte im Universum früher viel größer gewesen sein. Wie wir im Folgenden sehen werden, gibt es auch experimentelle Belege für ein frühes, sehr konzentriertes Universum. Bei Annäherung an die Singularität ($R = 0$) wird das kosmologische Standardmodell aber zunehmend spekulativ.

Zur Singularität selbst, ihrer Ursache oder zum Zustand der Welt zur Zeit $t < 0$ werden keine Aussagen gemacht. Tiefergehende Fragen nach dem Ursprung der Welt bleiben also unbeantwortet.

Szenario

Mit $R \to 0$ geht die potenzielle Gravitationsenergie E_{pot} gegen minus unendlich. Die Masse ϱR^3 und die Energie $E_{\text{kin}} + E_{\text{pot}}$ sind nach (53.20) und (53.23) konstant. Für $R \to 0$ gehen daher die Dichte ϱ und die kinetische Energie E_{kin} gegen unendlich. In dichter Materie kommt es zu Wechselwirkungen (etwa zu Stößen), so dass die kinetische Energie E_{kin} auf alle zur Verfügung stehenden Freiheitsgrade verteilt wird. Das bedeutet, dass für $R \to 0$ die Temperatur divergiert, $T \to \infty$.

Mit abnehmendem R ändert sich die Temperatur T um viele Größenordnungen. Dabei treten ganz unterschiedliche physikalische Vorgänge und Effekte auf. Abbildung 55.1 skizziert das Szenario dieser Vorgänge. Wir stellen zunächst im Überblick die jeweils relevanten physikalischen Prozesse zusammen. Dabei beginnen wir mit dem heutigen Zustand und betrachten danach weiter zurückliegende Abschnitte:

1. Heute ($t = t_0 \approx 14 \cdot 10^9$ a) ist der Weltraum erfüllt von

    (a) Strahlung (Photonengas), die die Temperatur T des Kosmos definiert. Diese *kosmische Hintergrundstrahlung* wird unten in einem eigenen Abschnitt ausführlich diskutiert.

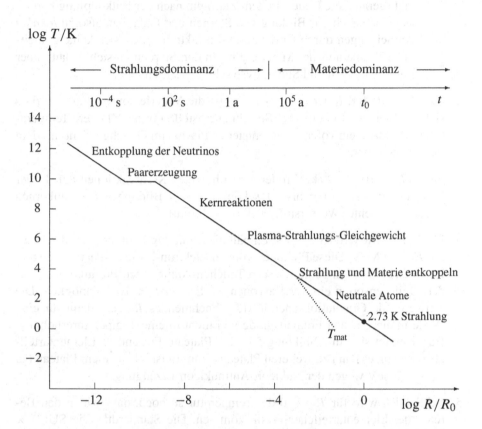

Abbildung 55.1 Temperatur T des Kosmos in Abhängigkeit von seiner relativen Größe R/R_0. Dabei ist R der Skalenfaktor der Robertson-Walker-Metrik, und R_0 ist der heutige Wert. Da die Abstände zwischen typischen Galaxien mit $R(t)$ skalieren, könnten wir R/R_0 auf der Abszisse auch als die relative Größe des Bereichs auffassen, der für uns heute sichtbar ist. Die gezeigte Abhängigkeit ist im Wesentlichen durch $T \propto 1/R$ und den heutigen Wert $T_0 = 2.725$ K bestimmt. Die relevanten physikalischen Prozesse sind schlagwortartig gekennzeichnet. Am oberen Rand ist die zugehörige Zeitskala für $R = R(t)$ eingezeichnet.

(b) Materie, etwa in Form von Galaxien und intergalaktischem Gas. Für
$R > 10^{-3} R_0$ ist diese Materie im Wesentlichen von der Strahlung
entkoppelt. Betrachtet man ein Gas aus materiellen Teilchen, das seine Temperatur nur unter dem Einfluss der Expansion des Kosmos ändert, so erhält man den durch T_{mat} in Abbildung 55.1 gezeigten Verlauf (gepunktete Linie). In dem Zeitraum nach der Entkopplung kommt
es jedoch auch zur Bildung von Sternen und Galaxien, also zu *lokalen*
Aufheizungen durch Gravitationskontraktion, so dass es keine einheit-
liche Temperatur der Materie gibt. In den Sternen entstehen dann über
Fusionsbrennen und Supernovae schwerere Elemente.

2. Für $T > 3000\,\mathrm{K}$ (oder $t < 4 \cdot 10^5$ a) ist die Materie soweit ionisiert, dass
sich ein Gleichgewicht mit der Strahlung einstellt. Für noch höhere Temperaturen liegt dann ein vollständig ionisiertes Plasma im Gleichgewicht mit dem
Photonengas vor.

3. Für $k_B T \sim 10\ldots100\,\mathrm{keV}$ (oder $t \sim 1\,\mathrm{h}$) treten Kernreaktionen auf. In der
Zeit von etwa $t \sim 10^2$ bis 10^4 s kommt es zur Bildung von Atomkernen
leichter Elemente (Wasserstoff, Helium, Lithium).

4. Für $k_B T \sim \mathrm{MeV}$ (oder $t \sim 2$ s) enthält die Strahlung Photonen mit der Energie $E_\gamma > 1\,\mathrm{MeV}$. Diese Photonen können Elektron-Positron-Paare erzeugen.
Für noch höhere Temperaturen setzt Teilchen-Antiteilchen-Produktion für andere Teilchensorten ein, für Baryonen ist dies für $t < 10^{-4}$ s möglich. Die
freiwerdende Gravitationsenergie (für abnehmendes R) geht dann für eine
Weile in diese neuen Freiheitsgrade und nicht in eine Temperaturerhöhung.
Daher ergibt sich in Abbildung 55.1 ein Plateau. Für andere Elementarteilchen kommt es dann zu weiteren Plateaus, zum Beispiel zu einem Plateau bei
$k_B T \sim 2\,\mathrm{GeV}$ wegen der Nukleon-Antinukleon-Erzeugung.

5. Schließlich wird für $R \to 0$ die Temperatur so hoch, dass wir in den Bereich der Elementarteilchenphysik kommen. Die Standardtheorie SU(3) $\times$
SU(2) $\times$ U(1) der Elementarteilchenphysik ist im Bereich bis etwa 100 GeV
(oder $T = 10^{15}$ K) experimentell verifiziert. Die Fortsetzung von Abbildung
55.1 in diesen Bereich beruht daher noch auf bekannten physikalischen Vor-
gängen; weitere Extrapolationen sind zunehmend spekulativ. Die sogenannten Grand Unified Theories (GUT) vereinigen die starke, schwache und elektromagnetische Wechselwirkung und führen zu Vorhersagen im Energiebe-
reich $k_B T = 10^{14}$ GeV. Für solche Energien ist das extrem frühe Universum
($t < 10^{-35}$ s) möglicherweise das einzige in Frage kommende Laboratorium!
Schließlich dürften für $t \leq L_P/c = (G\hbar/c^5)^{1/2} \approx 5 \cdot 10^{-44}$ s Quanteneffekte
der Gravitation selbst wichtig werden.

6. In der klassischen ART kommt es unvermeidlich zu einer Singularität bei
$R = 0$ (mit $T = \infty$). Das Entstehen unserer Welt aus dieser Singularität wird
Big Bang oder *Urknall* genannt.

Das durch die Abbildung 55.1 charakterisierte Modell wird als (*kosmologisches*) *Standardmodell* oder auch Big Bang-Modell bezeichnet. Dabei bleibt offen, bis zu welchen Zeiten (in der Nähe von null) das Modell ernst genommen wird; wie bereits gesagt, wird die Extrapolation schließlich sehr spekulativ.

Temperaturskala

Wir bestimmen den Zusammenhang zwischen der Temperatur T und dem kosmischen Skalenfaktor $R(t)$.

Das Weltall ist mit Strahlung (Photonen) erfüllt, die eine Plancksche Gleichgewichtsverteilung mit der Temperatur T hat; diese Aussage wird im nächsten Abschnitt noch näher begründet. Wir betrachten dieses T als Temperatur des Kosmos. Vor der Entkopplung (für $R < 10^{-3} R_0$) war dies auch die Gleichgewichtstemperatur der Materie des Kosmos. Nach der Entkopplung ist es die einzige weltweit wohldefinierte Temperatur.

Die Energiedichte $\varrho_{str} c^2$ der Strahlung ist durch das Stefan-Boltzmann-Gesetz

$$\varrho_{str}\, c^2 = a\, T^4\,, \qquad a = \frac{\pi^2 k_B^4}{15\, \hbar^3 c^3} \tag{55.2}$$

gegeben. Nach (53.20) gilt

$$\varrho_{str} = \frac{3\,c^2}{8\,\pi\,G}\,\frac{K_s}{R^4} = \frac{\text{const.}}{R^4} \tag{55.3}$$

Aus den letzten beiden Gleichungen folgt

$$T \propto \frac{1}{R} \tag{55.4}$$

In einem logarithmischen Plot ist dies eine Gerade mit der Steigung -1. Hierdurch und durch den heutigen Wert der Temperatur ist der in Abbildung 55.1 gezeigte Zusammenhang zwischen T und R weitgehend festgelegt.

Wenn Materie von der Strahlung entkoppelt ist, kann sie eine andere Temperatur haben. Dazu betrachten wir nichtrelativistische Teilchen (etwa neutrale Atome) der Masse m mit dem mittleren Impuls p. Sofern diese Teilchen thermisch im Gleichgewicht sind, kann ihnen eine Temperatur T_{mat} zugeordnet werden:

$$k_B\, T_{mat} \approx \frac{p^2}{2m} \overset{(51.6)}{\propto} \frac{1}{R^2} \tag{55.5}$$

Dies ergibt eine Gerade mit der Steigung -2 in Abbildung 55.1. Im betrachteten Bereich ($R > 10^{-3} R_0$) gibt es aber keine weltweit wohldefinierte Temperatur der Materie (siehe Punkt 1b oben).

In Abbildung 55.1 haben wir durchweg (55.4) verwendet (bis auf das Plateau, das auf das Einsetzen der Paarerzeugung zurückzuführen ist). Der dazu vorausgesetzte Erhaltungssatz $\varrho_{str} R^4 = $ const., (55.3), gilt allerdings nur im Fall der Entkopplung (für $R > 10^{-3} R_0$) oder im Fall der Strahlungsdominanz (für $R < 3 \cdot 10^{-4} R_0$). Im Zwischenbereich $3 \cdot 10^{-4} \lesssim R/R_0 \lesssim 10^{-3}$ könnte es Abweichungen von $T \propto 1/R$ geben; dies spielt aber für das qualitative Gesamtbild keine Rolle. Die angegebenen Zeiten für Strahlungsdominanz und Entkopplung werden im Abschnitt „Zeitskala" berechnet.

Kosmische Hintergrundstrahlung

Für geladene Teilchen (Elementarteilchen oder Ionen und Elektronen) führt die elektromagnetische Wechselwirkung zu einem thermodynamischen Gleichgewicht der Teilchen und der Photonen. Wenn die Temperatur einen Wert von etwa 3 000 K unterschreitet, bilden sich bevorzugt neutrale Atome. Die Dichte der geladenen Teilchen ist dann so klein, dass die Strahlung und Materie praktisch *entkoppeln*. Zum Zeitpunkt der Entkopplung liegt eine Gleichgewichtsverteilung der Materie und der Strahlung vor, und zwar mit einer gemeinsamen Temperatur. Für die materiellen Teilchen ist dies eine Boltzmannverteilung, für die Photonen eine Plancksche Strahlungsverteilung. Nach der Entkopplung entwickeln sich die beiden Verteilungen unabhängig voneinander.

Wir untersuchen jetzt die Entwicklung der Planckschen Strahlungsverteilung nach der Entkopplung. In dieser Phase spielen Absorptions- oder Emissionsprozesse oder die Photon-Photon-Streuung keine wesentliche Rolle. Wir zeigen, dass bei der Expansion des Kosmos die Form der Planckschen Verteilung erhalten bleibt. Die Expansion führt lediglich dazu, dass die Temperatur dieser Verteilung im Laufe der Zeit niedriger wird.

Der Zeitpunkt der Entkopplung sei t_e. Die Dichte der Photonen (Anzahl pro Volumen) mit einer Frequenz zwischen ω' und $\omega + d\omega'$ ist

$$n'(\omega', t_e)\, d\omega' = \frac{1}{\pi^2 c^3} \frac{\omega'^2\, d\omega'}{\exp(\hbar\omega'/k_B T_e) - 1} \tag{55.6}$$

Dabei ist $T_e = T(t_e) \approx 3\,000$ K. Wir berechnen nun die Änderung dieser Verteilung aufgrund der Expansion des Kosmos.

Die Änderung der Frequenz eines Photons ist durch (51.5) gegeben. Wir betrachten die Frequenz ω' eines herausgegriffenen Photons zur Zeit t_e und geben die Frequenz ω dieses Photons zur Zeit t an:

$$\omega = \omega' \frac{R(t_e)}{R(t)} \tag{55.7}$$

Dies beschreibt die kosmologische Rotverschiebung.

Die Dichte $n(\omega, t)\, d\omega$ der Photonen ist eine Anzahl pro Volumen und verhält sich daher gemäß $n \propto 1/R^3$. Hieraus folgt

$$n(\omega, t)\, d\omega = \left[\frac{R(t_e)}{R(t)}\right]^3 n'(\omega', t_e)\, d\omega' \tag{55.8}$$

Hierin setzen wir $n'\,d\omega'$ aus (55.6) ein, und eliminieren ω' gemäß (55.7) zugunsten von ω. Das Ergebnis ist

$$n(\omega, t)\,d\omega = \frac{1}{\pi^2 c^3}\,\frac{\omega^2\,d\omega}{\exp(\hbar\omega/k_B T) - 1} \tag{55.9}$$

mit

$$\boxed{\;T = T(t) = T_e\,\frac{R(t_e)}{R(t)}\qquad \begin{array}{l}\text{Temperatur der kosmischen}\\ \text{Hintergrundstrahlung}\end{array}\;} \tag{55.10}$$

Also transformiert die Expansion des Kosmos eine Plancksche Verteilung wieder in eine Plancksche Verteilung, ohne dass dazu Wechselwirkungsprozesse nötig wären. Die Expansion führt dabei zu einer zeitabhängigen Strahlungstemperatur

$$T(t) \propto \frac{1}{R(t)} \tag{55.11}$$

Die Entkopplung von Materie und Strahlung erfolgte zu einem relativ frühen Zeitpunkt t_e; im nächsten Abschnitt werden wir $t_e \approx 4\cdot 10^{-5}\,t_0$ ableiten. Die Plancksche Strahlungsverteilung aus dieser Frühzeit des Universums sollte heute mit entsprechend niedrigerer Temperatur $T(t_0)$ immer noch vorhanden sein. Eine solche Hintergrundstrahlung wurde Ende der vierziger Jahre vorhergesagt. Alpher und Herman[1] schätzten 1949 die Temperatur $T(t_0)$ auf 5 K; die theoretischen Grundlagen dazu beruhen auf Arbeiten von Gamov. Penzias und Wilson[2] entdeckten 1965 eine solche *kosmische Hintergrundstrahlung* mit einer Temperatur von etwa 3 K. Dabei wurde zunächst nur Strahlung einer Wellenlänge ($\lambda = 7.35$ cm) nachgewiesen. Der gemessenen Intensität kann dann nach (55.9) eine Temperatur zugeordnet. Zahlreiche weitere Messungen der Frequenzabhängigkeit bestätigten, dass es sich tatsächlich um eine Plancksche Verteilung handelt, und zwar mit der Temperatur[3]

$$\boxed{\;T_0 = T(t_0) = 2.725 \pm 0.002\,\text{K}\qquad \begin{array}{l}\text{Heutige Temperatur der kosmi-}\\ \text{schen Hintergrundstrahlung}\end{array}\;} \tag{55.12}$$

Wir bestimmen die heutige Massendichte $\varrho_{str}(t_0)$ der Hintergrundstrahlung. Sie ergibt sich aus der Planckschen Verteilung (55.9) oder aus dem Stefan-Boltzmann-Gesetz (55.2):

$$\varrho_{str}(t_0) = \frac{1}{c^2}\int_0^\infty d\omega\,\hbar\omega\,n(\omega, t_0) = \frac{\pi^2 k_B^4}{15\,\hbar^3 c^5}\,T_0^4 = 4.7\cdot 10^{-31}\,\frac{\text{kg}}{\text{m}^3} \tag{55.13}$$

Nach dem Abzug eines Dopplereffekts aufgrund der Eigenbewegung unserer Galaxie zeigt die Hintergrundstrahlung eine weitgehende Isotropie. Ordnet man der

---

[1] R. A. Alpher und R. C. Herman, Phys. Rev. 75 (1949) 1089

[2] A. A. Penzias and R. W. Wilson, Astrophys. J. 142 (1965) 419. Penzias und Wilson erhielten 1978 für ihre Entdeckung den Nobelpreis.

[3] J. C. Mather et al., Astrophys. J. **512** (1999) 511 und neuere Analysen.

Strahlung aus verschiedenen Richtungen jeweils die Temperatur $T(\theta, \phi)$ zu, so erhält man über Winkelbereiche von etwa einem Grad Schwankungen der Größe

$$\frac{\Delta T}{T_0} \sim 10^{-5} \tag{55.14}$$

Die Abweichungen von der perfekten Isotropie sind von besonderem Interesse: Wäre der Kosmos zum Zeitpunkt der Entkopplung völlig isotrop gewesen, dann würde dies auch für die jetzige Hintergrundstrahlung gelten. Tatsächlich gab es damals aber kleine Dichtefluktuationen, die sich im weiteren Verlauf unter dem Einfluss der Gravitation verstärkten und zur Bildung von Galaxien und Galaxienhaufen führten. Die damaligen Fluktuationen waren gleichermaßen in der Materie- wie in der Strahlungsdichte vorhanden. Nach der Entkopplung ist die Entwicklung der Strahlung nur noch von den globalen kosmologischen Parametern bestimmt. Die genauere Untersuchung zeigt, dass diese Entwicklung im Wesentlichen lediglich von der Krümmung abhängt. Dabei wirkt eine positive Krümmung fokussierend (zwei Lichtstrahlen (Großkreise) auf einer Kugel nähern sich schließlich wieder an), eine negative Krümmung dagegen defokussierend. Dementsprechend erhöht (erniedrigt) sich der Abstand benachbarter Maxima in der Winkelverteilung. Wie in Kapitel 54 diskutiert, führt die Analyse der Experimente (Boomerang und Maxima-1) zu der Aussage, dass die Krümmung des Raums null oder jedenfalls klein ist ($\Omega_k \approx 0$).

Die heutige geringe Winkelabhängigkeit von $T(\theta, \phi)$ bedeutet, dass zum Zeitpunkt t_e der Entkopplung der Kosmos *sehr homogen und isotrop* gewesen sein muss. Die heute beobachtete, weitgehend homogene und isotrope Hintergrundstrahlung ist damit auch eine Rechtfertigung des kosmologischen Prinzips. Die Tatsache der Existenz von Galaxien impliziert Abweichungen von der Homogenität und der Isotropie. Unsere kosmologischen Modelle enthalten diese (natürlich wichtigen) Abweichungen nicht; denn sie sollten nach einer Mittelung über hinreichend große Längenskalen klein sein.

Der Dopplereffekt aufgrund der Eigenbewegung unseres Beobachtungspunkts führt zu einer scheinbaren Anisotropie der Temperatur $T(\theta, \phi)$. Aus dieser Anisotropie können wir unsere Eigenbewegung (siehe letzter Abschnitt in Kapitel 52) bestimmen. Damit stellt die kosmische Hintergrundstrahlung so etwas wie einen „absoluten Bezugsrahmen" dar, relativ zu dem wir unsere Geschwindigkeit definieren können. Dies ist aber in Übereinstimmung mit dem Machprinzip eine Bewegung relativ zu anderen Objekten (Hintergrundstrahlung, und letztlich Gesamtheit der Galaxien) und nicht relativ zu einem abstrakten absoluten Raum. Allerdings ist die Metrik des Raums (also die RWM) eng verknüpft mit der vorhandenen Materie und in besonders einfacher Weise mit der Hintergrundstrahlung.

Sofern wir die Spezielle Relativitätstheorie anwenden können, verletzt die Auszeichnung des Bezugssystems „ruhend relativ zur Hintergrundstrahlung" nicht das Relativitätsprinzip. Die Gleichwertigkeit relativ zueinander bewegter Inertialsysteme gilt nur für grundlegende physikalische Gesetze, nicht aber in Bezug auf tatsächlich vorhandene Objekte (wie Massen oder Strahlung).

Eine kosmische Hintergrundstrahlung erwartet man auch für Neutrinos, die bei $T \sim 10^{11}$ K aus dem thermischen Gleichgewicht mit Materie entkoppeln. Sie sollten heute eine Verteilung haben, die durch die Temperatur $T \approx 1.9$ K charakterisiert ist. Daneben dürfte es auch eine Hintergrundstrahlung aus Gravitonen geben.

Zeitskala

Die zeitliche Entwicklung unseres Universums ist durch die Bewegungsgleichung (53.21) oder (54.4) gegeben. Die Lösung (54.17) dieser Bewegungsgleichung wird nicht komplizierter, wenn wir im Nenner den Term Ω_s/x'^2 hinzufügen. Dieser Strahlungsterm wird $x \ll 1$, also in der Frühzeit des Universums wichtig. Anstelle dieser numerischen Lösung wollen wir im Folgenden einfache analytische Näherungen betrachten. Mit diesen Näherungen schätzen wir einige Zeiten ab, die in dem in Abbildung 55.1 vorgestellten Szenario auftreten.

Die Krümmung des Universums ist so klein, dass sie in der Bewegungsgleichung für den kosmischen Skalenfaktor $R(t)$ keine Rolle spielt. Wir gehen daher von (53.21) mit $k = 0$ aus:

$$\dot{R}^2 = \frac{K_s}{R^2} + \frac{K_m}{R} + \frac{1}{3}\,\Lambda R^2 \tag{55.15}$$

An den R-Potenzen der einzelnen Terme sieht man, dass der Strahlungsterm für frühe Zeiten oder kleine R dominiert, der Λ-Term dagegen für große Zeiten und große R. Dazwischen ist der Materieterm der wichtigste. Wenn wir jeweils nur den dominanten Term berücksichtigen, erhalten wir folgende Bewegungsgleichungen und Lösungstypen:

$$\dot{R}^2 \sim \begin{cases} K_s/R^2 \\ K_m/R \quad, \\ \Lambda R^2/3 \end{cases} \qquad R(t) \propto \begin{cases} t^{1/2} & (0 < t < t_1) \\ t^{2/3} & (t_1 < t < t_2) \\ \exp\left(\sqrt{\Lambda/3}\,ct\right) & (t_2 < t) \end{cases} \tag{55.16}$$

Im Folgenden schätzen wir die Übergangszeiten t_1 (Strahlungs- zu Materiedominanz) und t_2 (Übergang zur Dominanz des Λ-Terms) ab. Dazu berechnen wir zunächst das heutige Verhältnis der Kräfte, die den einzelnen Termen auf der rechten Seite von (55.15) entsprechen:

$$\left.\frac{2K_s/R^3}{K_m/R^2}\right|_{t_0} = \frac{2\varrho_{str}(t_0)}{\varrho_{mat}(t_0)} \approx 3 \cdot 10^{-4} \tag{55.17}$$

$$\left.\frac{\Omega_m/x^2}{2\Omega_\Lambda x}\right|_{t_0} = \frac{\Omega_m}{2\Omega_\Lambda} \approx 0.2 \tag{55.18}$$

Die Faktoren 2 kommen daher, dass die Kräfte die Ableitung der jeweiligen Terme nach R oder x sind. Die Strahlungsdichte $\varrho_{str}(t_0) \approx 4.8 \cdot 10^{-31}$ kg/m^3 wurde in (55.13) angegeben. Die Materiedichte $\varrho_{mat}(t_0) = \Omega_m \varrho_{kr}(t_0) \approx 3.1 \cdot 10^{-27}$ kg/m^3

folgt aus (54.5), (54.6) und (54.16). In (55.18) haben wir die Bezeichnungen von (54.4) zusammen mit $x(t_0) = 1$ und den Werten aus (54.16) verwendet.

Die Übergangszeiten t_1 und t_2 ergeben sich aus:

$$\frac{2\,K_s/R(t_1)^3}{K_m/R(t_1)^2} \overset{!}{=} 1 \quad \longrightarrow \quad R(t_1) \approx 3 \cdot 10^{-4}\,R_0 \tag{55.19}$$

$$\frac{\Omega_m/x(t_2)^2}{2\,\Omega_\Lambda x(t_2)} \overset{!}{=} 1 \quad \longrightarrow \quad R(t_2) \approx (0.2)^{1/3}\,R_0 \approx 0.6\,R_0 \tag{55.20}$$

Aus den Bedingungen auf der linken Seite und den Werten (55.17) und (55.18) können die angegebenen Verhältnisse R/R_0 abgelesen werden.

Der Übergang von der Strahlungsdominanz zur Materiedominanz erfolgte sehr früh ($R(t_1) \ll R_0$), der weitere Übergang zur Dominanz des Λ-Terms dagegen erst spät ($R(t_2) \sim R_0$). Die heutige Dominanz des Λ-Terms ist daher noch nicht stark ausgeprägt.

Strahlung und Materie entkoppelten, als die globale Temperatur etwa 3000 K betrug. Mit $T(t) \propto 1/R(t)$, (55.11), und mit dem heutigen Wert der Strahlungstemperatur erhalten wir

$$\left.\begin{array}{rcl} T(t_0) & \approx & 3\,\mathrm{K} \\ T(t_e) & \approx & 3000\,\mathrm{K} \end{array}\right\} \longrightarrow R(t_e) = \frac{T(t_0)}{T(t_e)}\,R_0 \approx 10^{-3}\,R_0 \tag{55.21}$$

Damit haben wir die Radien $R(t_1)$, $R(t_2)$ und $R(t_e)$ zu den diskutierten Übergangszeiten bestimmt. Wir kommen nun zu den Zeiten selbst.

Die Lösung der ersten Zeile in (55.16), $dR^2/d(ct)^2 = K_s/R^2$, ist

$$R(t) \approx \left(4K_s c^2\right)^{1/4}\sqrt{t} \approx R_0\sqrt{\frac{t}{10^{12}\,\mathrm{a}}} \tag{55.22}$$

Für den letzten Schritt haben wir K_s aus (53.20) mit $\varrho_{str}(t_0)$ aus (55.13) verwendet. Mit (55.22) bestimmen wir t_1:

$$t_1 = \left(\frac{R(t_1)}{R_0}\right)^2 10^{12}\,\mathrm{a} \overset{(55.19)}{=} (3\cdot 10^{-4})^2\,10^{12}\,\mathrm{a} \approx 10^5\,\mathrm{a} \tag{55.23}$$

Die Lösung der zweiten Zeile in (55.16), $dR^2/d(ct)^2 = K_m/R$, ist $R(t) = \mathrm{const.} \cdot t^{2/3}$. Wir fassen zusammen:

$$R(t) \approx R_0 \cdot \begin{cases} \sqrt{\dfrac{t}{10^{12}\,\mathrm{a}}} & (0 \leq t < 10^5\,\mathrm{a}) \\[3ex] \left(\dfrac{t}{15\cdot 10^9\,\mathrm{a}}\right)^{2/3} & (10^5\,\mathrm{a} < t \leq t_0/2) \end{cases} \tag{55.24}$$

Dies sind einfache Näherungen, die in den Übergangsbereichen auch ungenau sein können. Zu Abschätzung des Faktors C in $R(t) = C\,t^{2/3}$ gibt es zwei Möglichkeiten: (i) Der stetige Anschluss an die Lösung der ersten Zeile zur Zeit $t_1 = 10^5\,\mathrm{a}$

ergäbe $C = R_0/(18 \cdot 10^9 \, \mathrm{a})^{2/3}$. (ii) Die Fortsetzung der Lösung $R(t) = C \, t^{2/3}$ bis t_0 ergäbe $C = R_0/(t_0)^{2/3} = R_0/(13 \cdot 10^9 \, \mathrm{a})^{2/3}$. Wir haben in der zweiten Zeile von (55.24) einen mittleren Wert angesetzt. Die obere Grenze t_2 für die Lösung $R(t) = C \, t^{2/3}$ ergibt sich aus (55.20).

Die exakte Lösung für $R(t)$ können wir aus (54.17) erhalten, wenn wir dort noch den Strahlungsterm einfügen. Die Abweichung durch den Strahlungsterm Ω_s/x'^2 wäre in der Abbildung 54.1 aber gar nicht sichtbar, denn sie bezieht sich auf einem Bereich von etwa 0.001 mm neben dem Nullpunkt (wegen $t_1/t_0 < 10^{-5}$). In diesem Bereich wäre die Lösung $R \propto t^{2/3}$ durch $R \propto t^{1/2}$ zu ersetzen (beide Funktionen starten mit einer senkrechten Tangente). Der Strahlungsbeitrag würde auch unser Ergebnis (54.18) für das Weltalter nicht ändern.

Um den Zeitpunkt t_e der Entkopplung zu bestimmen, verwenden wir die Lösung $R(t) \propto t^{2/3}$; angesichts von insgesamt zu überbrückenden fünf Größenordnungen spielt die nicht gerechtfertigte Ausdehnung auf das Intervall $(t_0/2, t_0)$ keine wesentliche Rolle. Aus $t \propto R^{3/2}$ folgt

$$
t_e = \left(\frac{R(t_e)}{R_0} \right)^{3/2} t_0 \overset{(55.21)}{\approx} 10^{-3 \cdot (3/2)} \, 13 \cdot 10^9 \, \mathrm{a} \approx 4 \cdot 10^5 \, \mathrm{a} \tag{55.25}
$$

Die Entkopplung von Strahlung und Materie erfolgte damit etwas später als der Übergang vom strahlungs- zum materiedominierten Universum.

Probleme des kosmologischen Standardmodells

Das hier vorgestellte kosmologische Standardmodell ist teilweise experimentell belegt und teilweise spekulativ. Darüberhinaus führt es zu neuen, offenen Fragen.

Das kosmologische Standardmodell beruht auf den Bewegungsgleichungen für $R(t)$ und auf der heute gemessenen Expansionsrate $H_0 = c \, \dot{R}(t_0)/R(t_0) > 0$. Durch die Hintergrundstrahlung ist die Existenz eines Strahlungsgleichgewichts und damit eine Vorhersage des Modells aus der Zeit $t \leq t_e \approx 4 \cdot 10^5 \, \mathrm{a}$ experimentell belegt; gemessen an der jetzigen Zeit t_0 ist dies bereits eine sehr frühe Zeit, $t_e \approx 3 \cdot 10^{-5} \, t_0$. Hier nicht diskutierte Erklärungen der Elementverteilung im Kosmos können als weitere Bestätigung des Modells für den Bereich $t > 1\,\mathrm{s}$ gelten. Die Extrapolation in den davorliegenden Bereich ist dann zunehmend spekulativ. Das Standardmodell führt aber auch im nichtspekulativen Bereich zu Problemen, von denen wir hier zwei vorstellen.

Flachheitsproblem

Zur der Diskussion des heutigen Weltzustands haben wir in (54.4) die Hubble-Konstante und andere Größen (etwa ϱ_{kr}) speziell auf den heutigen Zeitpunkt t_0 bezogen. Anstelle von t_0 greifen wir nun einen beliebigen früheren Zeitpunkt t heraus und wiederholen die für (54.4) gegebene Diskussion teilweise.

Zunächst einmal betrachten wir die Hubble-Konstante $H(t)$ und die kritische Dichte $\varrho_{kr}(t)$ zum Zeitpunkt t:

$$\frac{H(t)}{c} = \frac{\dot{R}(t)}{R(t)}, \qquad \varrho_{kr}(t) = \frac{3H(t)^2}{8\pi G} \tag{55.26}$$

Für frühere Zeiten müssen wir in der Dichte $\varrho(t) = \varrho_{mat}(t) + \varrho_{str}(t)$ den damals größeren Beitrag der Strahlungsdichte berücksichtigen; daher ersetzen wir Ω_m durch $\Omega = \Omega_m + \Omega_s$. Die Definitionen (54.5) werden damit zu

$$\Omega(t) = \frac{\varrho(t)}{\varrho_{kr}(t)}, \qquad \Omega_\Lambda = \frac{1}{3}\frac{\Lambda c^2}{H(t)^2}, \qquad \Omega_k = -\frac{kc^2}{R(t)^2 H(t)^2} \tag{55.27}$$

Für die Variable $x(t') = R(t')/R(t)$ können wir nun wieder eine Gleichung der Form (54.4) aufstellen. Für $t' = t$ gilt dann wieder $x = 1$ und $dx/d\tau = 1$. Wir erhalten daher die zu (54.8) analoge Relation

$$\boxed{\Omega(t) + \Omega_\Lambda(t) + \Omega_k(t) = 1} \tag{55.28}$$

Für die Frühzeit des Universums, also für $t \to 0$, lesen wir aus Abbildung 54.1 ab:

$$R(t) \xrightarrow{t\to 0} 0, \quad \dot{R}(t) \xrightarrow{t\to 0} \infty, \quad H(t) \xrightarrow{t\to 0} \infty, \quad H(t)R(t) = c\dot{R}(t) \xrightarrow{t\to 0} \infty \tag{55.29}$$

Diese Aussagen gelten auch für $k \neq 0$. Aus ihnen folgt nun

$$\Omega_\Lambda(t) \xrightarrow{t\to 0} 0, \quad \Omega_k(t) \xrightarrow{t\to 0} 0, \quad \Omega(t) \xrightarrow{t\to 0} 1 \tag{55.30}$$

Die ersten beiden Aussagen folgen aus (55.29), die letzte dann aus (55.28).

Für frühe Zeiten ergibt sich eine extreme Annäherung an die Grenzwerte. Nach (54.13) ist $\Omega_\Lambda(t_0) \approx 0.7$. Für $R(t) \propto t^\nu$ (vergleiche (55.24)), ist $1/H(t) \propto t$, also $\Omega_\Lambda(t) \propto t^2$. Damit gilt

$$\Omega_\Lambda(t) \approx \Omega_\Lambda(t_0)\left(\frac{t}{t_0}\right)^2 \lesssim 10^{-35} \quad \text{für } t = 1\,\text{s} \tag{55.31}$$

Ähnliche Resultate erhält man für $\Omega_k(t)$; denn $1/(R^2 H^2)$ skaliert für $R \propto t^{2/3}$ mit $t^{2/3}$, und für $R \propto t^{1/2}$ mit t. Dabei schließen wir $\Omega_k(t_0) \neq 0$ nicht von vornherein aus; nach (54.12) ist $\Omega_k(t_0)$ ja nur ungefähr gleich null. Als Konsequenz von (55.28) erhalten wir dann entsprechend extrem kleine Werte für $|\Omega(t) - 1|$.

Unabhängig von den genauen heutigen Werten der kosmologischen Parameter war das Universum in der Frühzeit daher extrem flach, die Massendichte war fast exakt gleich der kritischen Massendichte, und Ω_Λ war fast exakt gleich null. Das kosmologische Standardmodell liefert aber keine Erklärung dafür, dass die Größen Ω_Λ, Ω_k und $|\Omega - 1|$ fast exakt gleich null waren.

Man kann zeitlich auch umgekehrt argumentieren: Kleine Abweichungen der Größen Ω_Λ, Ω_k und $|\Omega - 1|$ von null in der Frühzeit des Universums hätten heute große Werte dieser Parameter zur Folge. Von daher gesehen ist die heutige Kleinheit der kosmologischen Parameter Ω_Λ, Ω_k und $|\Omega - 1|$ (alle kleiner als 1) des Universums ein Rätsel. Das Fehlen einer Erklärung hierfür wird (bezogen auf die Krümmung) als „Flachheitsproblem" bezeichnet.

Ein verwandtes Problem ist das Dichtefluktuationsproblem: Anfangs sehr kleine Dichteschwankungen verstärken sich unter dem Einfluss der Gravitation. Die heutige relative Homogenität der Materieverteilung im Großen, insbesondere aber die Isotropie der Hintergrundstrahlung erfordert im Standardmodell ein unwahrscheinlich homogenes Universum in der Frühzeit. Im hier vorgestellten Standardmodell gibt es aber keinen „glättenden" Mechanismus, der diese Homogenität (oder Flachheit) erklären könnte.

Horizontproblem

Der für uns heute sichtbare Bereich des Kosmos hat den Radius $\mathcal{D}_0$. Früher hatte dieser Bereich dann den Radius

$$\mathcal{D}(t) = \mathcal{D}_0 \, \frac{R(t)}{R_0} \overset{(51.17)}{=} R(t) \int_0^{t_0} \frac{c\,dt}{R(t)} \tag{55.32}$$

Mit $\mathcal{D}_{\text{kaus}}(t)$ bezeichnen wir den Radius des Gebiets, mit dem unser Standpunkt zur Zeit t kausal verknüpft war. Diese Größe ergibt sich aus der Entfernung, die Licht in der Zeit von 0 bis t zurückgelegt hat:

$$\mathcal{D}_{\text{kaus}}(t) = R(t) \int_0^{t} \frac{c\,dt'}{R(t')} \tag{55.33}$$

Der Vergleich der beiden Ausdrücke zeigt, dass

$$\mathcal{D}_{\text{kaus}}(t) < \mathcal{D}(t) \quad \text{(für } t < t_0) \tag{55.34}$$

Dies bedeutet, dass früher nur Teile des heute für uns sichtbaren Bereichs miteinander kausal verbunden waren. Für eine grobe Abschätzung verwenden wir $R(t) = \text{const.} \cdot t^{2/3}$ für die Zeit nach der Entkopplung. Damit erhalten wir

$$\frac{\mathcal{D}_{\text{kaus}}(t)}{\mathcal{D}(t)} = \left(\frac{t}{t_0}\right)^{1/3} \ll 1 \quad \text{(für } t \ll t_0) \tag{55.35}$$

Speziell zum Zeitpunkt $t = t_e \approx 4 \cdot 10^5$ a der Entkopplung gilt $\mathcal{D}^3 \approx 3 \cdot 10^4 \, \mathcal{D}_{\text{kaus}}^3$. Also bestand der heute für uns sichtbare Bereich damals aus etwa $3 \cdot 10^4$ kausal voneinander unabhängigen Volumina.

Dies führt zu folgendem Problem: Wegen des fehlenden kausalen Zusammenhangs ist es nicht verständlich, dass die kosmische Hintergrundstrahlung weitgehend isotrop ist (55.14). Diese Strahlung kommt aus dem für uns heute sichtbaren

Bereich. Für diese Isotropie, also für die gleiche Temperatur T der Strahlung in dem für uns sichtbaren Gebiet, müsste ein früheres Gleichgewicht in eben diesem Gebiet verantwortlich sein. Ein statistisches Gleichgewicht setzt aber eine kausale Verknüpfung voraus.

Das kosmologische Standardmodell steht nicht im Widerspruch zu der beschriebenen Flachheit, Isotropie und Homogenität des Universums. Das Problem liegt vielmehr darin, dass das Modell diese wesentlichen Eigenschaften nicht erklärt.

Ein Vorschlag zur Lösung dieser Probleme ist das Modell des inflationären Kosmos. In der extremen Frühzeit ($t < 10^{-30}$ s) können die Grand Unified Theories (GUT) zu einer großen Vakuumenergiedichte führen, so dass ΛR^2 der dominierende Term in (53.21) ist. Dies bedingt dann eine exponentielle Expansion (Inflation) wie in (53.24) angegeben. Dadurch kann aus einem kleinen, homogenen (kausal verbundenen) Gebiet in sehr kurzer Zeit ein um viele Zehnerpotenzen größeres Gebiet entstehen, das ebenfalls homogen, aber kausal nicht verbunden ist. Dieses Gebiet wäre dann der extrem flache und homogene Anfangszustand (etwa bei $t = 10^{-30}$ s) für den Teil des Kosmos, der sich mittlerweile auf den heute sichtbaren Bereich ausgedehnt hat.

Lösungen der Aufgaben

Die Nummerierung der Aufgaben erfolgt nach den Kapiteln, in denen sie gestellt wurden; der Aufgabentext wird hier nicht wiederholt. Die Nummerierung der Formeln in den Lösungen erfolgt fortlaufend mit dem vorgestellten Buchstaben A.

4.1 Zeitdilatation bei Raumfahrt

Als Bezugs- und Bewegungsrichtung wählen wir die x-Achse, als Anfangsbedingungen $x(0) = 0$ und $v(0) = 0$; dabei ist $v(t) = dx/dt$.

Bei einer konstanten Beschleunigung wirkt die Newtonsche Kraft $F_N^1 = M\,g$ auf den Raumfahrer. Nach (4.7) ist daher $F^1 = \gamma\,M\,g$ auf der rechten Seite von (4.4) einzusetzen. Auf der linken Seite setzen wir $d/d\tau = \gamma\,d/dt$ und $u^1 = \gamma\,v$ ein. Ein γ-Faktor und die Masse kürzen sich, und wir erhalten:

$$\frac{d}{dt} \frac{v(t)}{\sqrt{1 - v(t)^2/c^2}} = g$$

Die Integration ergibt

$$v(t) = \frac{g\,t}{\sqrt{1 + g^2\,t^2/c^2}} \quad \text{und} \quad x(t) = \frac{c^2}{g}\left(\sqrt{1 + \frac{g^2\,t^2}{c^2}} - 1\right) \tag{A.1}$$

Im x-t-Diagramm ist dies eine *Hyperbel* im Gegensatz zur nichtrelativistischen Parabel $x = g\,t^2/2$. Man spricht daher auch von „hyperbolischer Bewegung". Während die Geschwindigkeit sich asymptotisch c nähert, steigt die Energie immer weiter an:

$$E = \frac{m\,c^2}{\sqrt{1 - v^2/c^2}} = m\,c^2 \sqrt{1 + \frac{g^2\,t^2}{c^2}}$$

Hiermit können wir den zeitlichen Verzögerungsfaktor bestimmen:

$$d\tau = dt \sqrt{1 - \frac{v(t)^2}{c^2}} = \frac{dt}{\sqrt{1 + g^2\,t^2/c^2}}$$

Dies wird integriert:

$$\tau = \frac{c}{g} \operatorname{arsinh} \frac{g\,t}{c} \quad \text{oder} \quad t = \frac{c}{g} \sinh \frac{g\,\tau}{c}$$

Für $g = 9.81\,\mathrm{m/s^2}$ gilt $c/g \approx 0.97\,\mathrm{a}$. Damit erhalten wir $t \approx 84\,\mathrm{a}$ für $\tau = 5\,\mathrm{a}$. Während der vier Abschnitte der Reise durchläuft der Verzerrungsfaktor $(1 - v(t)^2/c^2)^{1/2}$ zwischen dt und $d\tau$ die gleichen Werte in gleichen Zeitabschnitten. Daher gilt bei der Rückkehr

$$t \approx 336\,\mathrm{a} \quad \text{und} \quad \tau = 20\,\mathrm{a}$$

351

Der Zwilling auf der Erde ist also um etwa 316 Jahre älter als der zurückkehrende Astronaut. Aus (A.1) ergibt sich die Entfernung des Raumschiffs nach der ersten Etappe zu $x(\tau = 5\,\mathrm{a}) \approx 83\,\mathrm{Lj}$. Die maximale Entfernung von der Erde beträgt somit etwa 166 Lichtjahre (Lj). Aufgrund der Beschleunigung wird nach etwa einem Jahr eine Geschwindigkeit $v \approx c$ erreicht. Die fortwährende Beschleunigung kann diese Geschwindigkeit und damit die schließlich erreichte Distanz nicht wesentlich erhöhen; sie vergrößert jedoch das Verhältnis t/τ.

Das Ergebnis wird auch als Zwillingsparadoxon bezeichnet. Diese Bezeichnung *Paradoxon* erklärt sich aus folgender Fragestellung: Vom Astronauten aus gesehen bewegt sich die Erde mit $-v(t)$. Damit durchläuft $v(t)^2$ vom Astronauten aus gesehen die gleichen Werte wie oben. Müssten dann nicht die Uhren auf der Erde gegenüber denen im Raumschiff nachgehen?

Dies ist nicht so, weil das Raumschiff kein Inertialsystem (IS) darstellt. Dagegen ist die Erde (näherungsweise) ein IS, so dass wir im Bezugssystem der Erde die Gesetze der SRT (insbesondere $d\tau = (1 - v^2/c^2)^{1/2}\, dt$) verwenden können.

5.1 Lorentztensor zweiter Stufe

Laut Voraussetzung gilt $V^\alpha = T^{\alpha\beta}\, W_\beta$ in jedem Inertialsystem, also auch in IS': $V'^\alpha = T'^{\alpha\beta}\, W'_\beta$. Hierin setzen wir die bekannten Transformationen

$$V'^\alpha = \Lambda^\alpha_\gamma\, V^\gamma , \qquad W'_\beta = \bar\Lambda^\delta_\beta\, W_\delta$$

der Lorentzvektoren ein:

$$\Lambda^\alpha_\gamma\, V^\gamma = T'^{\alpha\beta}\, \bar\Lambda^\delta_\beta\, W_\delta$$

Beide Seiten der Gleichung werden mit $\bar\Lambda^\mu_\alpha$ multipliziert und $\bar\Lambda^\mu_\alpha\, \Lambda^\alpha_\gamma = \delta^\mu_\gamma$ ausgenützt

$$V^\mu = \bar\Lambda^\mu_\alpha\, T'^{\alpha\beta}\, \bar\Lambda^\delta_\beta\, W_\delta = T^{\mu\delta}\, W_\delta$$

Es folgt $\bar\Lambda^\mu_\alpha\, T'^{\alpha\beta}\, \bar\Lambda^\delta_\beta = T^{\mu\delta}$, oder nach Kontraktion mit Λ^ν_μ und Λ^γ_δ

$$T'^{\nu\gamma} = \Lambda^\nu_\mu\, \Lambda^\gamma_\delta\, T^{\mu\delta}$$

Also transformiert sich $T^{\alpha\beta}$ wie ein Lorentztensor 2-ter Stufe.

5.2 Levi-Cività-Tensor im Minkowskiraum

Die Definition der Determinante lautet

$$(\det\Lambda) = \Lambda^0_\alpha\, \Lambda^1_\beta\, \Lambda^2_\gamma\, \Lambda^3_\delta\, \epsilon^{\alpha\beta\gamma\delta}$$

Damit werten wir (5.31) aus:

$$\epsilon'^{\alpha\beta\gamma\delta} = (\det\Lambda)\, \Lambda^\alpha_{\alpha'}\, \Lambda^\beta_{\beta'}\, \Lambda^\gamma_{\gamma'}\, \Lambda^\delta_{\delta'}\, \epsilon^{\alpha'\beta'\gamma'\delta'} = (\det\Lambda) \begin{vmatrix} \Lambda^\alpha_0 & \Lambda^\alpha_1 & \Lambda^\alpha_2 & \Lambda^\alpha_3 \\ \Lambda^\beta_0 & \Lambda^\beta_1 & \Lambda^\beta_2 & \Lambda^\beta_3 \\ \Lambda^\gamma_0 & \Lambda^\gamma_1 & \Lambda^\gamma_2 & \Lambda^\gamma_3 \\ \Lambda^\delta_0 & \Lambda^\delta_1 & \Lambda^\delta_2 & \Lambda^\delta_3 \end{vmatrix}$$

$$= (\det\Lambda)^2\, \epsilon^{\alpha\beta\gamma\delta} = \epsilon^{\alpha\beta\gamma\delta}$$

Die Lorentztransformation genügt der Bedingung $\Lambda^\mathrm{T} \eta\, \Lambda = \eta$. Wenn man hiervon die Determinante nimmt, erhält man $\det\Lambda = \pm 1$. Dies wurde im letzten Schritt verwendet.

Die Größe $\epsilon^{\alpha\beta\gamma\delta}$ wird zunächst unabhängig von einem Bezugssystem durch konkrete Zahlenzuweisungen definiert. Bei einer Transformation als Pseudotensor erhält man ein damit konsistentes Ergebnis. Daher kann $\epsilon^{\alpha\beta\gamma\delta}$ auch als Pseudotensor aufgefasst werden.

5.3 Ladung als Lorentzskalar

Aus der Definition von da^α folgt

$$(da_\alpha) = \left(dx^1 dx^2 dx^3, dx^0 dx^2 dx^3, dx^0 dx^1 dx^3, dx^0 dx^1 dx^2\right)$$

Für den Rand $x^0 = $ const. wird dieses „Flächenelement" zu $(da^\alpha) = (dx^1 dx^2 dx^3, 0, 0, 0)$. Damit wird (13.36) zu $q = \int d^3r\, j^0/c$. Wir werten nun die Differenz $q' - q$ aus:

$$c\,(q' - q) = \int_{x'^0 = \text{const.}} da_\alpha\, j^\alpha - \int_{x^0 = \text{const.}} da_\alpha\, j^\alpha = \oint da_\alpha\, j^\alpha = \int d^4x\, \partial_\alpha j^\alpha = 0$$

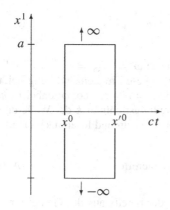

Im ersten Integral wurde der Lorentzskalar $da'_\alpha\, j'^\alpha$ durch $da_\alpha\, j^\alpha$ ersetzt. Danach besteht der Unterschied der beiden Integrale nur noch in den „Flächen" $x^0 = $ const. und $x'^0 = $ const., über die sie laufen.

Im nebenstehenden x-t- oder x^0-x^1-Diagramm sind diese (dreidimensionalen) „Flächen" als vertikale Linien dargestellt. Sie können durch die horizontalen Linien (bei $x^1 = \pm a$) zu einer geschlossenen Fläche gemacht werden. Die hinzugefügten Ränder geben für $a \to \infty$ keine Beiträge, weil die Stromverteilung begrenzt ist (und damit im Unendlichen verschwinden muss).

Das nunmehr geschlossene (dreidimensionale) "Flächenintegral" wird dann mit dem Gaußschen Satz im Minkowskiraum in ein vierdimensionales Integral umgewandelt. Im letzten Schritt wird schließlich die Voraussetzung $\partial_\alpha j^\alpha = 0$ benutzt.

Das Ergebnis bedeutet insbesondere, dass die Ladung eine Eigenschaft ist, die von der Geschwindigkeit unabhängig ist. Experimentell wird dies etwa durch die Neutralität des Wasserstoffatoms nachgewiesen.

6.1 Relativistische Bewegungsgleichung

Wir werten die kovariante Form $m\, du^\alpha/d\tau = (q/c)\, F^{\alpha\beta} u_\beta$ für $\alpha = 1$ aus. Die linke Seite ist

$$m\, \frac{du^1}{d\tau} = m\,\gamma\, \frac{du^1}{dt} = m\,\gamma\, \frac{d}{dt} \frac{v_x}{\sqrt{1 - v^2/c^2}}$$

Die rechte Seite ist

$$\frac{q}{c}\, F^{1\beta} u_\beta = \frac{q}{c}\, \left(F^{10} u_0 + F^{12} u_2 + F^{13} u_3\right) = \frac{q}{c}\, \gamma \left(E_x c + B_z v_y - B_y v_z\right)$$

Wir setzen beide Seiten gleich, kürzen einen Faktor γ und schreiben das Ergebnis in der Form

$$\frac{d}{dt} \frac{m\, v_x}{\sqrt{1 - v^2/c^2}} = q\left(E + \frac{v}{c} \times B\right) \cdot e_x$$

Mit den entsprechenden Gleichungen für $\alpha = 2$ und 3 erhalten wir dann gewünschte Ergebnis.

6.2 Dopplereffekt

Eine Quelle sende eine endliche Anzahl von Wellenbergen aus; diese Anzahl ist gleich der Phasendifferenz zwischen dem Anfang und dem Ende der Welle geteilt durch 2π. Durch die Lorentztransformation kann diese diskrete Zahl nicht geändert werden; denn jeder Knoten der Welle (mit $E = B = 0$) bleibt bei der Lorentztransformation erhalten. Daher muss die Phase $k^\alpha x_\alpha$ ein Lorentzskalar sein. Da x_α ein Lorentzvektor ist, muss dies auch für k^α gelten, also

$$k'^\alpha = \Lambda^\alpha_\beta \, k^\beta$$

Wir schreiben dies für die spezielle Lorentztransformation und für die 0-Komponente an:

$$k'^0 = \frac{k^0 - v\,k^1/c}{\sqrt{1 - v^2/c^2}} \quad \text{oder} \quad \omega_{\text{RS}} = \gamma\,(\omega - v\,k^1) \tag{A.2}$$

Eine Quelle im Ruhsystem RS $=$ IS$'$ sendet mit der Frequenz $\omega' = \omega_{\text{RS}} = c\,k'^0$. Ein in IS ruhender Beobachter misst dagegen die Frequenz $\omega = c\,k^0$. Diese Frequenzänderung heißt *Dopplereffekt*. Wegen $v = v\,e_x$ gilt $v\,k^1 = v \cdot k = v\,k\cos\phi = v\,(\omega/c)\cos\phi$; dabei ist ϕ der Winkel, den der Beobachter in IS zwischen der Ausbreitungsrichtung k der Welle und der Geschwindigkeit v der Quelle sieht. Wir setzen dies in (A.2) ein und lösen nach ω auf:

$$\omega = \omega_{\text{RS}}\,\frac{\sqrt{1 - v^2/c^2}}{1 - (v/c)\cos\phi} \qquad \text{(Dopplereffekt)} \tag{A.3}$$

Der Faktor $1 - (v/c)\cos\phi$ ist ein kinematischer Effekt, der bereits aus der Galileitransformation folgt. Der Faktor $(1 - v^2/c^2)^{1/2}$ ist dagegen ein relativistischer Effekt, der der Zeitdilatation entspricht.

Für $v \parallel k$ ist der Effekt von der Ordnung v/c (linearer Dopplereffekt). Für $v \perp k$ ist der Effekt von der Ordnung v^2/c^2 (quadratischer Dopplereffekt).

6.3 Hamiltonsches Prinzip

Wir werten das Hamiltonsche Prinzip für eine beliebige Lagrangefunktion $\mathcal{L}(x, u)$ aus:

$$\delta \int d\tau\,\mathcal{L} = \int d\tau\,\left(\frac{\partial\mathcal{L}}{\partial x^\alpha}\,\delta x^\alpha + \frac{\partial\mathcal{L}}{\partial u^\alpha}\,\delta u^\alpha\right) = \int d\tau\,\left(\frac{\partial\mathcal{L}}{\partial x^\alpha} - \frac{d}{d\tau}\frac{\partial\mathcal{L}}{\partial u^\alpha}\right)\delta x^\alpha = 0$$

Dabei haben wir $\delta u^\alpha = (d/d\tau)\,\delta x^\alpha$ eingesetzt und partiell integriert. Aus der Beliebigkeit der Variation δx^α folgen die Euler-Lagrange-Gleichungen:

$$\frac{d}{d\tau}\frac{\partial\mathcal{L}}{\partial u^\beta} = \frac{\partial\mathcal{L}}{\partial x^\beta} \tag{A.4}$$

Die Lagrangefunktion ist gegeben:

$$\mathcal{L}(u, x) = -mc\,\sqrt{u^\gamma u_\gamma} - \frac{q}{c}\,A^\beta u_\beta \tag{A.5}$$

Im Argument von $\mathcal{L}$ kommen die Potenziale nicht vor, da die $A_\alpha(x)$ äußere, gegebene Felder sind (und keine Größen, die zu variieren wären). Über das Argument $x = (x^\alpha)$ von

$A_\alpha(x)$ hängt $\mathcal{L}$ aber explizit vom Ort und von der Zeit ab. Wir berechnen die beiden Seiten der Euler-Lagrange-Gleichungen (A.4) für die Lagrangefunktion (A.5):

$$\frac{d}{d\tau}\frac{\partial \mathcal{L}}{\partial u^\alpha} = \frac{d}{d\tau}\left(\frac{-m\,c\,u_\alpha}{\sqrt{u^\gamma u_\gamma}} - \frac{q}{c}\,A_\alpha(x)\right) = -m\,\frac{du_\alpha}{d\tau} - \frac{q}{c}\,\frac{\partial A_\alpha}{\partial x^\beta}\,u^\beta$$

$$\frac{\partial \mathcal{L}}{\partial x^\alpha} = -\frac{q}{c}\,\frac{\partial A_\beta}{\partial x^\alpha}\,u^\beta$$

In die Bewegungsgleichung (nicht aber in die Lagrangefunktion!) darf dabei $u^\gamma u_\gamma = c^2$ eingesetzt werden. Die Ableitungen des Potenzials werden in $F_{\alpha\beta} = \partial_\alpha A_\beta - \partial_\beta A_\alpha$ zusammengefasst. Damit erhalten wir die Euler-Lagrange-Gleichung

$$m\,\frac{du_\alpha}{d\tau} = \frac{q}{c}\,F_{\alpha\beta}\,u^\beta \tag{A.6}$$

7.1 Drucktensor aus Lorentztransformation

Wir gehen von der Matrixform (3.18) der speziellen Lorentztransformation aus. Da wir vom Ruhsystem IS′ zu IS transformieren wollen, ersetzen wir hier v durch $-v$,

$$\Lambda = \begin{pmatrix} \gamma & \gamma\,v/c \\ \gamma\,v/c & \gamma \end{pmatrix}$$

Transformiert werden soll der durch (7.16) gegebene Drucktensor. Im relevanten Unterraum fassen wir die Komponenten des Drucktensors zu einer Matrix Π zusammen:

$$\Pi = \begin{pmatrix} P^{00} & P^{01} \\ P^{10} & P^{11} \end{pmatrix}$$

Wie in (3.16) schreiben wir die Transformation dann in Matrixform an:

$$\Pi = \Lambda^{\mathrm{T}}\Pi'\Lambda = \begin{pmatrix} \gamma & \gamma\,v/c \\ \gamma\,v/c & \gamma \end{pmatrix}\begin{pmatrix} 0 & 0 \\ 0 & P \end{pmatrix}\begin{pmatrix} \gamma & \gamma\,v/c \\ \gamma\,v/c & \gamma \end{pmatrix} = P\,\gamma^2\begin{pmatrix} v^2/c^2 & v/c \\ v/c & 1 \end{pmatrix}$$

Wir gehen nun von der kovarianten Form aus und setzen $(u^\alpha) = \gamma\,(c, v)$ ein:

$$\Pi = \left(P\,\frac{u^\alpha u^\beta}{c^2} - P\,\eta^{\alpha\beta}\right) = P\,\gamma^2\begin{pmatrix} 1 & v/c \\ v/c & v^2/c^2 \end{pmatrix} - P\begin{pmatrix} 1 & 0 \\ 0 & -1 \end{pmatrix}$$

$$= P\,\gamma^2\begin{pmatrix} 1 - 1/\gamma^2 & v/c \\ v/c & v^2/c^2 + 1/\gamma^2 \end{pmatrix} = P\,\gamma^2\begin{pmatrix} v^2/c^2 & v/c \\ v/c & 1 \end{pmatrix}$$

Beide Ergebnisse stimmen überein.

9.1 Uhrzeit in beschleunigtem System

Die Zeit einer Uhr ist allgemein durch $d\tau = ds_{\mathrm{Uhr}}/c$ gegeben. Dieser Ausdruck ist zunächst im IS und dann in KS′ auszuwerten.

Rechnung in IS: In IS folgt aus $d\tau = ds_{\mathrm{Uhr}}/c$ die Uhranzeige

$$\tau = \int_0^{t_0} dt\,\sqrt{1 - v_{\mathrm{Uhr}}^2/c^2}$$

Für die IS-Uhr gilt $v = 0$, also

$$\Delta t = \int_0^{t_0} dt = t_0 = \frac{\pi}{\omega}$$

Für die KS'-Uhr gilt $v = a\,\omega\,\cos(\omega t)$, also

$$\Delta t' = \int_0^{t_0} dt\, \sqrt{1 - \frac{a^2\omega^2}{c^2}\,\cos^2(\omega t)} \approx \left(1 - \frac{a^2\omega^2}{4\,c^2}\right)\frac{\pi}{\omega}$$

Bei der Auswertung des Integrals wurde $a\omega \ll c$ verwendet.

Rechnung in KS': Um $d\tau = ds_{\text{Uhr}}/c$ auszuwerten, muss zunächst das Wegelement in KS' bestimmt werden. Wir bezeichnen die Koordinaten in KS' mit t', x', y', z'. Eine mögliche Transformation zwischen IS und KS' ist

$$t = t', \quad x = x' + a\,\sin(\omega t'), \quad y = y', \quad z = z'$$

Damit erhalten wir für das Wegelement (ohne die dy^2- und dz^2-Terme):

$$ds^2 = c^2\,dt^2 - dx^2 = \left(1 - \frac{a^2\omega^2}{c^2}\,\cos^2(\omega t')\right)c^2\,dt'^2 - dx'^2 - 2a\omega\,\cos(\omega t')\,dx'\,dt'$$
$$\text{(A.7)}$$

Die KS'-Uhr ruht in KS', also $dx' = 0$ und

$$\Delta t' = \frac{1}{c}\int_0^{t_0} dt'\, \sqrt{g_{00}(r_{\text{Uhr}})} = \int_0^{t_0} dt'\, \sqrt{1 - \frac{a^2\omega^2}{c^2}\,\cos^2(\omega t')} \approx \left(1 - \frac{a^2\omega^2}{4\,c^2}\right)\frac{\pi}{\omega}$$

Für die IS-Uhr gilt $dx' = -a\omega\,\cos(\omega t')\,dt'$ (folgt aus $dx = 0$). Dies ist in (A.7) einzusetzen und liefert $ds^2 = c^2\,dt'^2$, also

$$\Delta t = \int_0^{t_0} dt' = t_0 = \frac{\pi}{\omega}$$

Die richtig berechneten Uhrzeiten hängen nicht davon ab, in welchem Bezugssystem sie berechnet wurden.

11.1 Christoffelsymbole

R^3 *mit Kugelkoordinaten*: Die Koordinaten sind $(x^1, x^2, x^3) = (r, \theta, \phi)$. Aus dem Wegelement $ds^2 = dr^2 + r^2(d\theta^2 + \sin^2\theta\,d\phi^2)$ folgt der metrische Tensor:

$$(g_{\mu\nu}) = \begin{pmatrix} 1 & 0 & 0 \\ 0 & r^2 & 0 \\ 0 & 0 & r^2\sin^2\theta \end{pmatrix}, \quad (g^{\mu\nu}) = \begin{pmatrix} 1 & 0 & 0 \\ 0 & 1/r^2 & 0 \\ 0 & 0 & 1/(r^2\sin^2\theta) \end{pmatrix} \quad \text{(A.8)}$$

Nur die Ableitungen $\partial g_{22}/\partial x^1$, $\partial g_{33}/\partial x^1$ und $\partial g_{22}/\partial x^2$ sind ungleich null. Da der metrische Tensor zudem diagonal ist, sind nur die Christoffelsymbole mit den Indizes $(2, 2, 1)$, $(3, 3, 1)$ oder $(3, 3, 2)$ ungleich null:

$$\Gamma_{12}^2 = \Gamma_{21}^2 = \frac{1}{r}, \quad \Gamma_{22}^1 = -r, \quad \Gamma_{13}^3 = \Gamma_{31}^3 = \frac{1}{r}$$
$$\Gamma_{33}^1 = -r\,\sin^2\theta, \quad \Gamma_{23}^3 = \Gamma_{32}^3 = \cot\theta, \quad \Gamma_{33}^2 = -\sin\theta\,\cos\theta$$
$$\text{(A.9)}$$

$\mathbb{R}^3$ *mit Zylinderkoordinaten*: Die Koordinaten sind $(x^1, x^2, x^3) = (\rho, \varphi, z)$. Aus dem Wegelement $ds^2 = d\rho^2 + \rho^2\, d\varphi^2 + dz^2$ folgt der metrische Tensor:

$$(g_{\mu\nu}) = \begin{pmatrix} 1 & 0 & 0 \\ 0 & \rho^2 & 0 \\ 0 & 0 & 1 \end{pmatrix}, \qquad (g^{\mu\nu}) = \begin{pmatrix} 1 & 0 & 0 \\ 0 & 1/\rho^2 & 0 \\ 0 & 0 & 1 \end{pmatrix}$$

Nur die Ableitung $\partial g_{22}/\partial x^1$ ist ungleich null. Da der metrische Tensor zudem diagonal ist, sind nur die Christoffelsymbole mit den Indizes $(2, 2, 1)$ ungleich null:

$$\Gamma^1_{22} = -\frac{g^{11}}{2}\frac{\partial g_{22}}{\partial x^1} = -\rho, \qquad \Gamma^2_{21} = \Gamma^2_{12} = \frac{g^{22}}{2}\frac{\partial g_{22}}{\partial x^1} = \frac{1}{\rho} \tag{A.10}$$

Kugeloberfläche: Die Koordinaten sind $(x^1, x^2) = (\theta, \phi)$. Aus dem Wegelement $ds^2 = a^2\,(d\theta^2 + \sin^2\theta\, d\phi^2)$ folgt der metrische Tensor:

$$(g_{ik}) = a^2 \begin{pmatrix} 1 & 0 \\ 0 & \sin^2\theta \end{pmatrix}, \qquad (g^{ik}) = \frac{1}{a^2}\begin{pmatrix} 1 & 0 \\ 0 & 1/\sin^2\theta \end{pmatrix} \tag{A.11}$$

Die einzige nichtverschwindende Ableitung ist $\partial g_{22}/\partial x^1 = 2a^2 \sin\theta\cos\theta$. Damit sind nur die Christoffelsymbole mit den Indizes $(2, 2, 1)$ ungleich null:

$$\Gamma^1_{22} = -\frac{g^{11}}{2}\frac{\partial g_{22}}{\partial x^1} = -\sin\theta\cos\theta, \qquad \Gamma^2_{21} = \Gamma^2_{12} = \frac{g^{22}}{2}\frac{\partial g_{22}}{\partial x^1} = \cot\theta \tag{A.12}$$

11.2 Beschleunigungskräfte aus metrischem Tensor

Aus dem Wegelement (9.2) können wir den metrischen Tensor ablesen:

$$G = (g_{\mu\nu}) = \begin{pmatrix} 1 - \omega^2(x^2 + y^2)/c^2 & \omega y/c & -\omega x/c & 0 \\ \omega y/c & -1 & 0 & 0 \\ -\omega x/c & 0 & -1 & 0 \\ 0 & 0 & 0 & -1 \end{pmatrix} \tag{A.13}$$

Zur Berechnung der Christoffelsymbole benötigen wir die inverse Matrix:

$$G^{-1} = (g^{\mu\nu}) = \begin{pmatrix} 1 & \omega y/c & -\omega x/c & 0 \\ \omega y/c & -1 + \omega^2 y^2/c^2 & -\omega^2 x y/c^2 & 0 \\ -\omega x/c & -\omega^2 x y/c^2 & -1 + \omega^2 x^2/c^2 & 0 \\ 0 & 0 & 0 & -1 \end{pmatrix} \tag{A.14}$$

Das Standardverfahren zur Bestimmung der inversen Matrix ist die Gauß-Elimination. Mit diesem Verfahren werden die Lösungsvektoren $y^{(k)}$ des linearen Gleichungssystems $G\, y^{(k)} = e^{(k)}$ mit $e^{(1)\,\mathrm{T}} = (1, 0, 0, 0), \ldots, e^{(4)\,\mathrm{T}} = (0, 0, 0, 1)$ bestimmt. In der gesuchten inversen Matrix sind die $y^{(k)}$ dann die Spaltenvektoren:

$$G\, y^{(k)} = e^{(k)} \qquad \Longrightarrow \qquad G^{-1} = \left(y^{(1)}, y^{(2)}, y^{(3)}, y^{(4)} \right)$$

Im vorliegenden Fall ist nur die 3×3-Matrix des (x^0, x^1, x^2)–Unterraums zu invertieren. Man könnte auch zunächst zu Zylinderkoordinaten übergehen; dann ist nur eine 2×2-Matrix (im Unterraum der Koordinaten x^0 und ϕ) zu invertieren. Durch Multiplikation der Matrizen (A.13) und (A.14) überprüft man das Ergebnis.

Folgende Ableitungen der $g_{\mu\nu}$ aus (A.13) sind ungleich null:

$$\frac{\partial g_{00}}{\partial x} = -\frac{2\,\omega^2}{c^2}\,x\,, \qquad \frac{\partial g_{00}}{\partial y} = -\frac{2\,\omega^2}{c^2}\,y\,, \qquad \frac{\partial g_{01}}{\partial y} = \frac{\omega}{c}\,, \qquad \frac{\partial g_{02}}{\partial x} = -\frac{\omega}{c}$$

Dazu kommen noch $\partial g_{10}/\partial y = \partial g_{01}/\partial y$ und $\partial g_{20}/\partial x = \partial g_{02}/\partial x$. Damit berechnen wir exemplarisch einige der Christoffelsymbole (11.18):

$$\Gamma_{00}^1 = -\frac{g^{11}}{2}\frac{\partial g_{00}}{\partial x} - \frac{g^{12}}{2}\frac{\partial g_{00}}{\partial y} = -\frac{1 - \omega^2 y^2/c^2}{2}\frac{2\omega^2 x}{c^2} - \frac{\omega^2 x y}{c^2}\frac{2\omega^2 y}{c^2} = -\frac{\omega^2}{c^2}\,x$$

Ein anderes Beispiel ist

$$\Gamma_{12}^0 = \frac{g^{00}}{2}\left(\frac{\partial g_{01}}{\partial y} + \frac{\partial g_{02}}{\partial x}\right) + \frac{g^{01}}{2}\frac{\partial g_{11}}{\partial y} + \ldots = 0$$

Im ersten Term auf der rechten Seite addieren sich die beiden partiellen Ableitungen zu null; in den weiteren Termen verschwinden die partiellen Ableitungen direkt. Insgesamt erhalten wir folgende nichtverschwindende Christoffelsymbole:

$$\Gamma_{00}^1 = -\frac{\omega^2 x}{c^2}\,, \qquad \Gamma_{00}^2 = -\frac{\omega^2 y}{c^2}\,, \qquad \Gamma_{01}^2 = \Gamma_{10}^2 = \frac{\omega}{c}\,, \qquad \Gamma_{02}^1 = \Gamma_{20}^1 = -\frac{\omega}{c}$$

Hiermit sind die Bewegungsgleichungen $d^2 x^\kappa/d\tau^2 = -\Gamma_{\mu\nu}^\kappa\,(dx^\mu/d\tau)\,(dx^\nu/d\tau)$ auszuwerten. Wir schreiben zunächst die x- und y-Komponente dieser Gleichungen an:

$$\frac{d^2 x}{d\tau^2} = \frac{\omega^2 x}{c^2}\left(\frac{dx^0}{d\tau}\right)^2 + \frac{2\omega}{c}\frac{dx^0}{d\tau}\frac{dy}{d\tau}\,, \qquad \frac{d^2 y}{d\tau^2} = \frac{\omega^2 y}{c^2}\left(\frac{dx^0}{d\tau}\right)^2 - \frac{2\omega}{c}\frac{dx^0}{d\tau}\frac{dx}{d\tau}$$

Die z-Komponente ist $d^2 z/d\tau^2 = 0$ ist ohne besonderes Interesse. Die 0-Komponente ergibt $d^2 x^0/d\tau^2 = 0$ oder $d\tau = \text{const.} \cdot dt$. Mit $x^0 = ct$ und $d\tau = \text{const.} \cdot dt$ werden die Bewegungsgleichungen zu

$$\frac{d^2 x}{dt^2} = \omega^2 x + 2\omega\,\frac{dy}{dt}\,, \qquad \frac{d^2 y}{dt^2} = \omega^2 y - 2\omega\,\frac{dx}{dt}$$

Der erste Term auf der rechten Seite ist jeweils die Zentrifugalkraft, der zweite die Corioliskraft.

12.1 Zeitverschiebung für Satelliten

Das Produkt $G M_E$ aus der Gravitationskonstanten und der Masse der Erde kann durch die Erdbeschleunigung $g \approx 9.81\,\mathrm{m/s^2}$ und den Erdradius $R \approx 6370\,\mathrm{km}$ ausgedrückt werden. Diesen Zusammenhang erhält man, wenn man das Gewicht mg eines Körpers durch das Gravitationsgesetz ausdrückt, $mg = G m M_E/R^2$. Dies ergibt $G M_E = g R^2$ oder $\Phi(r_0) = -g R^2/r_0$.

Die Zeitdilatation für die bewegte Satellitenuhrzeit ist

$$\frac{t_S}{t_\infty} = \sqrt{1 - \frac{v^2}{c^2}} \approx 1 - \frac{1}{2}\frac{v^2}{c^2} = 1 + \frac{\Phi(r_0)}{2c^2} \quad\Longrightarrow\quad \delta = \frac{\Phi(r_0)}{2c^2}$$

Für die Kreisbahn wurde $v^2 = GM_E/r_0 = -\Phi(r_0)$ verwendet. Mit dem Einfluss des Gravitationsfelds wird dies zu

$$\frac{t_S}{t_\infty} = 1 + \frac{\Phi(r_0)}{2c^2} + \frac{\Phi(r_0)}{c^2} = 1 + \frac{3\,\Phi(r_0)}{2c^2} = 1 - \frac{3\,g\,R^2}{2\,r_0\,c^2}$$

Für die Erdlaborzeit gilt

$$\frac{t_L}{t_\infty} = 1 + \frac{\Phi(R)}{c^2} = 1 - \frac{g\,R}{c^2}$$

Die Geschwindigkeit der Erdrotation ($u_{rot} \approx 460\,\text{m/s}$) wird vernachlässigt, denn die Satellitengeschwindigkeit ist mehr als zehnmal so groß. Die relative Zeitverschiebung zwischen Labor und Satellit ist somit

$$\frac{t_L - t_S}{t_L} = 1 - \frac{t_S}{t_L} = \frac{g\,R}{c^2}\left(\frac{3R}{2\,r_0} - 1\right)$$

Die Skala des Effekts ist durch $g\,R/c^2 \approx 7 \cdot 10^{-10}$ gegeben. Für den erdnahen Satelliten ist $r_0 \approx R$ und $t_S < t_L$; die Uhr des erdnahen Satelliten geht also langsamer. Für den geostationären Satelliten gilt $r_0 \approx 6.6\,R$. Dann ist $t_S > t_L$; die Uhr des geostationären Satelliten geht schneller. Die Satellitennavigation (GPS, global positioning system) kann nur funktionieren, wenn diese Effekte berücksichtigt werden.

13.1 Euler-Lagrange-Gleichung für geodätische Linien

Das Variationsprinzip ergibt

$$\delta \int d\tau\, \mathcal{L} = \int d\tau \left(\frac{\partial \mathcal{L}}{\partial x^\kappa}\,\delta x^\kappa + \frac{\partial \mathcal{L}}{\partial \dot{x}^\kappa}\,\delta \dot{x}^\kappa\right) = \int d\tau \left(\frac{\partial \mathcal{L}}{\partial x^\kappa} - \frac{d}{d\tau}\frac{\partial \mathcal{L}}{\partial \dot{x}^\kappa}\right)\delta x^\kappa = 0$$

Es wurde einmal partiell integriert. Aus der Beliebigkeit der Variation δx^κ folgen die Euler-Lagrange-Gleichungen:

$$\frac{d}{d\tau}\frac{\partial \mathcal{L}}{\partial \dot{x}^\kappa} = \frac{\partial \mathcal{L}}{\partial x^\kappa}$$

Wir werten dies für die gegebene Lagrangefunktion aus:

$$\frac{d}{d\tau}\frac{g_{\kappa\nu}(x)\,\dot{x}^\nu}{\sqrt{g_{\lambda\sigma}\,\dot{x}^\lambda\,\dot{x}^\sigma}} = \frac{1}{2}\frac{(\partial g_{\mu\nu}/\partial x^\kappa)\,\dot{x}^\mu\,\dot{x}^\nu}{\sqrt{g_{\lambda\sigma}\,\dot{x}^\lambda\,\dot{x}^\sigma}}$$

Hierin kann nun $c^2 = g_{\lambda\sigma}(x)\,\dot{x}^\lambda\,\dot{x}^\sigma$ eingesetzt werden; dies folgt aus $ds^2 = c^2 d\tau^2 = g_{\lambda\sigma}(x)\,dx^\lambda\,dx^\sigma$ und $\dot{x}^\sigma = dx^\sigma/d\tau$. Auf der linken Seite wirkt die Ableitung nach τ dann auf $\dot{x}^\nu$ und auf das Argument von $g_{\kappa\nu}(x)$. Damit erhalten wir

$$g_{\kappa\nu}\,\ddot{x}^\nu = -\frac{\partial g_{\kappa\nu}}{\partial x^\mu}\,\dot{x}^\mu\,\dot{x}^\nu + \frac{1}{2}\frac{\partial g_{\mu\nu}}{\partial x^\kappa}\,\dot{x}^\mu\,\dot{x}^\nu$$

Wir schreiben den ersten Term auf der rechten Seite zweimal jeweils mit einem Faktor 1/2 an und vertauschen in einem der Terme die Indizes $\mu \leftrightarrow \nu$. Dann multiplizieren wir beide Seiten mit $g^{\sigma\kappa}$ und verwenden (11.17). Zusammen mit der Symmetrie $g_{\kappa\nu} = g_{\nu\kappa}$ ergibt dies

$$\frac{d^2 x^\sigma}{d\tau^2} = -\frac{g^{\sigma\kappa}}{2}\left(\frac{\partial g_{\mu\kappa}}{\partial x^\nu} + \frac{\partial g_{\kappa\nu}}{\partial x^\mu} - \frac{\partial g_{\mu\nu}}{\partial x^\kappa}\right)\frac{dx^\mu}{d\tau}\frac{dx^\nu}{d\tau} = -\Gamma^\sigma_{\mu\nu}\frac{dx^\mu}{d\tau}\frac{dx^\nu}{d\tau} \qquad (A.15)$$

Im letzten Schritt wurde die Definition (11.18) der Christoffelsymbole verwendet. Das Ergebnis sind die gesuchten Euler-Lagrange-Gleichungen.

13.2 Geodätische Linien

R^3 *mit Kugelkoordinaten*: Die Koordinaten sind $(x^1, x^2, x^3) = (r, \theta, \phi)$. Mit den Christoffelsymbolen (A.9) werden die Euler-Lagrange-Gleichungen (A.15) zu

$$\frac{d^2 r}{d\tau^2} = -\Gamma_{ik}^1 \frac{dx^i}{d\tau} \frac{dx^k}{d\tau} = r \left(\frac{d\theta}{d\tau}\right)^2 + r \sin^2 \theta \left(\frac{d\phi}{d\tau}\right)^2$$

$$\frac{d^2 \theta}{d\tau^2} = -\Gamma_{ik}^2 \frac{dx^i}{d\tau} \frac{dx^k}{d\tau} = -\frac{2}{r} \frac{dr}{d\tau} \frac{d\theta}{d\tau} + \sin\theta \, \cos\theta \left(\frac{d\phi}{d\tau}\right)^2 \qquad (A.16)$$

$$\frac{d^2 \phi}{d\tau^2} = -\Gamma_{ik}^3 \frac{dx^i}{d\tau} \frac{dx^k}{d\tau} = -\frac{2}{r} \frac{dr}{d\tau} \frac{d\phi}{d\tau} - 2 \cot\theta \, \frac{d\theta}{d\tau} \frac{d\phi}{d\tau}$$

Für konstantes θ und ϕ sind die zweite und dritte Gleichung erfüllt, und die erste wird zu $d^2 r/d\tau^2 = 0$. Hieraus folgt $r = c_1 \tau + c_2$, also eine radiale Gerade. Natürlich ist jede andere Gerade ebenfalls Lösung.

R^3 *mit Zylinderkoordinaten*: Die Koordinaten sind $(x^1, x^2, x^3) = (\rho, \varphi, z)$. Mit den Christoffelsymbolen (A.10) werden die Euler-Lagrange-Gleichungen (A.15) zu

$$\frac{d^2 \rho}{d\tau^2} = -\Gamma_{22}^1 \left(\frac{d\varphi}{d\tau}\right)^2 = \rho \left(\frac{d\varphi}{d\tau}\right)^2$$

$$\frac{d^2 \varphi}{d\tau^2} = -2\Gamma_{21}^2 \frac{d\rho}{d\tau} \frac{d\varphi}{d\tau} = -\frac{2}{\rho} \frac{d\rho}{d\tau} \frac{d\varphi}{d\tau}$$

$$\frac{d^2 z}{d\tau^2} = -\Gamma_{ik}^3 \frac{dx^i}{d\tau} \frac{dx^k}{d\tau} = 0$$

Für konstantes ρ und φ sind die erste und zweite Gleichung erfüllt, und die dritte wird zu $d^2 z/d\tau^2 = 0$. Hieraus folgt $z = c_1 \tau + c_2$, also eine vertikale Gerade. Für konstantes z und φ sind die zweite und dritte Gleichung erfüllt, und die erste wird zu $d^2 \rho/d\tau^2 = 0$. Hieraus folgt $\rho = c_1 \tau + c_2$, also eine radiale Gerade.

Kugeloberfläche: Die Koordinaten sind $(x^1, x^2) = (\theta, \phi)$. Mit den Christoffelsymbolen (A.12) werden die Euler-Lagrange-Gleichungen (A.15) zu

$$\frac{d^2 \theta}{d\tau^2} = \sin\theta \, \cos\theta \left(\frac{d\phi}{d\tau}\right)^2, \qquad \frac{d^2 \phi}{d\tau^2} = -2 \cot\theta \, \frac{d\theta}{d\tau} \frac{d\phi}{d\tau}$$

Diese Gleichungen erhält man auch aus den Euler-Lagrange-Gleichungen (A.15), wenn man dort $r = a = \text{const.}$ setzt. Für $\theta = \pi/2$ ist die erste Gleichung erfüllt, und die zweite wird zu $d^2\phi/d\tau^2 = 0$. Hieraus folgt $\phi = c_1 \tau + c_2$, also der Großkreis des Äquators. Natürlich ist jeder andere Großkreis ebenfalls Lösung.

13.3 Krümmung einer Geodäte

Für eine Kurve $y = y(x)$ ist der Krümmungsradius durch

$$\frac{1}{R} = \frac{|y''|}{(1 + y'^2)^{3/2}} \overset{y'=0}{=} |y''(x)|$$

definiert; am betrachteten Scheitelpunkt haben die Kurven eine waagerechte Tangente. Wir berechnen:

$$\frac{1}{R_1} = \left|\frac{d^2x^3}{d(x^0)^2}\right| = \frac{g}{c^2} \quad \text{und} \quad \frac{1}{R_2} = \left|\frac{d^2x^3}{d(x^1)^2}\right| = \frac{g}{v^2}$$

R_2 ist der Krümmungsradius der sichtbaren Wurfparabel, etwa $R \approx 10\,\mathrm{m}$ für $v = 10\,\mathrm{m/s}$. R_1 bezieht sich dagegen auf den vierdimensionalen Minkowskiraum. Damit ist $1/R_1$ ein Krümmungsmaß im Riemannschen Raums, in dem die Bahnkurve eine Geodäte ist. Die Krümmung $1/R_1$ ist sehr klein, $R_1 = c^2/g \approx 9 \cdot 10^{12}$ km, also etwa 10^9 Erdradien.

16.1 Basisvektoren auf Kugeloberfläche

Der Radius der Kugel sei R. Aus dem Wegelement

$$d\boldsymbol{r} = R\,\boldsymbol{e}_\theta\,d\theta + R\,\sin\theta\,\boldsymbol{e}_\phi\,d\phi = \boldsymbol{e}_i\,dx^i = \boldsymbol{e}^i\,dx_i$$

lesen wir ab:

$$\boldsymbol{e}_1 = R\,\boldsymbol{e}_\theta, \quad \boldsymbol{e}^1 = \frac{\boldsymbol{e}_\theta}{R}, \quad \boldsymbol{e}_2 = R\,\sin\theta\,\boldsymbol{e}_\phi, \quad \boldsymbol{e}^2 = \frac{\boldsymbol{e}_\phi}{R\,\sin\theta}$$

Es gelten $\boldsymbol{e}_i \cdot \boldsymbol{e}_k = g_{ik}$, $\boldsymbol{e}^i \cdot \boldsymbol{e}^k = g^{ik}$ und $\boldsymbol{e}_i \cdot \boldsymbol{e}^k = g_i{}^k = \delta_i^k$. Die metrischen Koeffizienten sind in (A.11) mit $a = R$ gegeben.

16.2 Parallelverschiebung auf Kugeloberfläche

Die Parallelverschiebungen sind aus (16.4) mit den aus (A.12) bekannten Christoffelsymbolen zu berechnen, also

$$\delta A^i = -\Gamma^i_{kp}\,A^k\,dx^p \quad \text{mit} \quad \Gamma^1_{22} = -\sin\theta\cos\theta, \quad \Gamma^2_{21} = \Gamma^2_{12} = \cot\theta$$

oder

$$\delta A^1 = \sin\theta\cos\theta\,A^2\,d\phi \quad \text{und} \quad \delta A^2 = -\cot\theta\left(A^1\,d\phi + A^2\,d\theta\right) \tag{A.17}$$

Für die Einheitskugel ist der Startvektor

$$A = \boldsymbol{e}_\phi := \begin{pmatrix} 0 \\ 1 \end{pmatrix} \qquad \text{Startvektor}$$

Wir beginnen mit dem Weg 1. Längs $(\theta, \phi) = (\pi/2, 0) \to (\epsilon, 0)$ gilt $d\phi = 0$ und (A.17) wird zu

$$\delta A^1 = 0 \quad \text{und} \quad \delta A^2 = -\cot\theta\,A^2\,d\theta \qquad \text{(Weg 1)} \tag{A.18}$$

Um hieraus $A^2(\theta)$ längs des betrachteten Wegs zu berechnen, kann δA^2 wie ein gewöhnliches Differenzial behandelt werden. Die Lösung der zweiten Gleichung ist dann $A^2(\theta) = a/\sin\theta$. Aus der Anfangsbedingung $A^2(\pi/2) = 1$ folgt $a = 1$. Damit ist $A^2(\epsilon) = 1/\sin\epsilon$, also

$$A = \boldsymbol{e}_\phi := \begin{pmatrix} 0 \\ 1 \end{pmatrix} \overset{1}{\to} \begin{pmatrix} 0 \\ 1/\sin\epsilon \end{pmatrix}$$

Auf dem Weg 2, also für $(\theta, \phi) = (\epsilon, 0) \to (\epsilon, \pi/2)$ gilt $d\theta = 0$ und (A.17) wird zu

$$\delta A^1 = \sin\epsilon\,A^2\,d\phi \quad \text{und} \quad \delta A^2 = -\frac{1}{\sin\epsilon}\,A^1\,d\phi \qquad \text{(Weg 2)}$$

Der Faktor $\cos \epsilon$ wurde gleich 1 gesetzt. Hieraus folgen $\delta^2 A^2(\phi)/d\phi^2 = -A^2$ und $A^2(\phi) = a \cos(\phi + \phi_0)$. Aus der zweiten Gleichung folgt dann $A^1(\phi) = (\sin \epsilon)\, a \sin(\phi + \phi_0)$. Die Anfangsbedingungen $A^1(0) = 0$ und $A^2(0) = 1/\sin \epsilon$ legen die Integrationskonstanten fest, so dass

$$A^1(\phi) = \sin \phi \quad \text{und} \quad A^2(\phi) = \frac{\cos \phi}{\sin \epsilon} \qquad \text{(Weg 2)}$$

Damit können wir die Änderungen auf dem Weg 2 angeben:

$$A = e_\phi := \begin{pmatrix} 0 \\ 1 \end{pmatrix} \xrightarrow{1} \begin{pmatrix} 0 \\ 1/\sin \epsilon \end{pmatrix} \xrightarrow{2} \begin{pmatrix} 1 \\ 0 \end{pmatrix}$$

Auf dem Weg 3, $(\theta, \phi) = (\epsilon, \pi/2) \to (\pi/2, \pi/2)$ ist $d\phi = 0$ und (A.17) wird wieder zu (A.18). Hieraus folgt wieder $A^2(\theta) = a/\sin \theta$. Wegen der Anfangsbedingung $A^2(\epsilon) = 0$ ist diesmal aber $a = 0$, also

$$\delta A^1 = 0 \quad \text{und} \quad \delta A^2 = 0 \qquad \text{(Weg 3)}$$

Auf dem Weg 4, $(\theta, \phi) = (\pi/2, \pi/2) \to (\pi/2, 0)$ ist $\cos \theta = 0$ und (A.17) wird damit zu

$$\delta A^1 = 0 \quad \text{und} \quad \delta A^2 = 0 \qquad \text{(Weg 4)}$$

Damit gilt insgesamt

$$A = e_\phi := \begin{pmatrix} 0 \\ 1 \end{pmatrix} \xrightarrow{1} \begin{pmatrix} 0 \\ 1/\sin \epsilon \end{pmatrix} \xrightarrow{2} \begin{pmatrix} 1 \\ 0 \end{pmatrix} \xrightarrow{3} \begin{pmatrix} 1 \\ 0 \end{pmatrix} \xrightarrow{4} \begin{pmatrix} 1 \\ 0 \end{pmatrix} =: e_\theta$$

Dieser Paralleltransport ist in Abbildung 16.1, rechts, für $\epsilon \to 0$ skizziert. In der Rechnung wurde $\epsilon \neq 0$ verwendet, um die Koordinatensingularität bei $\theta = 0$ zu umgehen. Es ist charakteristisch für den gekrümmten Raum, dass der Paralleltransport längs eines geschlossenen Wegs ungleich null ist.

17.1 Kovariante Maxwellgleichungen

Der Zusammenhang zwischen den ko- und kontravarianten Komponenten (Basisvektoren) und den üblichen Komponenten (Basisvektoren) ergibt sich aus dem Wegelement

$$dr = e_r\, dr + r\, e_\theta\, d\theta + r\, \sin \theta\, e_\phi\, d\phi = e_i\, dx^i = e^i\, dx_i$$

mit

$$(dx^i) = (dr, d\theta, d\phi) \quad \text{und} \quad (dx_i) = \left(dr, r^2\, d\theta\, , \ r^2 \sin^2 \theta\, d\phi \right)$$

Für die Komponenten des elektrischen Feldvektors (oder eines anderen Vektors) gilt damit

$$E^1 = E_1 = E_r\,, \quad E^2 = \frac{E_\theta}{r}\,, \quad E_2 = r\, E_\theta\,, \quad E^3 = \frac{E_\phi}{r \sin \theta}\,, \quad E_3 = r \sin \theta\, E_\phi$$

Aus den Christoffelsymbolen (A.9) erhalten wir

$$\Gamma^i_{i1} = \frac{2}{r}\,, \qquad \Gamma^i_{i2} = \cot \theta\,, \qquad \Gamma^i_{i3} = 0$$

werten wir die kovariante Ableitung aus:

$$E^i_{\,\|i} = E^i_{\,|i} + \Gamma^i_{ip} E^p = \frac{\partial E^1}{\partial r} + \frac{\partial E^2}{\partial \theta} + \frac{\partial E^3}{\partial \phi} + \Gamma^i_{i1} E^1 + \Gamma^i_{i2} E^2$$

$$= \frac{\partial E_r}{\partial r} + \frac{1}{r}\frac{\partial E_\theta}{\partial \theta} + \frac{1}{r \sin\theta}\frac{\partial E_\phi}{\partial \phi} + \frac{2}{r} E_r + \frac{\cot\theta}{r} E_\theta$$

Dies stimmt mit dem bekannten Ausdruck für div E in Kugelkoordinaten überein. Für die andere Maxwellgleichung beschränken wir uns auf die 1-Komponente. Dann steht auf der rechten Seite j_r und $\partial_t E_r$. Mit $g = r^4 \sin^2\theta$ wird die linke Seite zu

$$\frac{1}{\sqrt{g}}\,\epsilon^{1kl}\,B_{l|k} = \frac{1}{r^2 \sin\theta}\left(\frac{\partial B_3}{\partial x^2} - \frac{\partial B_2}{\partial x^3}\right) = \frac{1}{r^2 \sin\theta}\left(\frac{\partial (r \sin\theta\, B_\phi)}{\partial \theta} - \frac{\partial (r B_\theta)}{\partial \phi}\right)$$

Ein Faktor r kann jeweils gekürzt werden. Damit erhält man die bekannte r-Komponente von rot B.

18.1 Umformung des Krümmungstensors

In die rechte Seite von (18.30) setzen wir die Definition (15.1) der Christoffelsymbole ein und berücksichtigen $g_{ks}\, g^{kr} = \delta^r_s$:

$$g_{ks}\Gamma^k_{pm} + g_{km}\Gamma^k_{ps} = g_{ks}\frac{g^{kr}}{2}\left(\frac{\partial g_{pr}}{\partial x^m} + \frac{\partial g_{rm}}{\partial x^p} - \frac{\partial g_{pm}}{\partial x^r}\right) + g_{km}\frac{g^{kr}}{2}\left(\frac{\partial g_{pr}}{\partial x^s} + \frac{\partial g_{rs}}{\partial x^p} - \frac{\partial g_{ps}}{\partial x^r}\right)$$

$$= \frac{1}{2}\left(\frac{\partial g_{ps}}{\partial x^m} + \frac{\partial g_{sm}}{\partial x^p} - \frac{\partial g_{pm}}{\partial x^s}\right) + \frac{1}{2}\left(\frac{\partial g_{pm}}{\partial x^s} + \frac{\partial g_{ms}}{\partial x^p} - \frac{\partial g_{ps}}{\partial x^m}\right)$$

Im letzten Ausdruck kürzen sich der 1. und 6. Term, und der 3. und 4. Die verbleibenden Ableitungen sind gleich und ergeben das erwartete Ergebnis. Die Relation (18.31) ergibt sich sofort, wenn man $g_{ms}\, g^{sr} = \delta^r_m$ nach x^p ableitet. Aus der Kombination der beiden Relationen erhalten wir

$$g_{ms}\frac{\partial g^{sr}}{\partial x^p} = -g^{sr}\frac{\partial g_{ms}}{\partial x^p} = -g^{sr}\left(g_{qs}\Gamma^q_{pm} + g_{qm}\Gamma^q_{ps}\right) \tag{A.19}$$

Wir schreiben nun $R_{mikp} = g_{ms}\, R^s_{\,ikp}$ mit $R^s_{\,ikp}$ aus (18.8) an, wobei wir die Christoffelsymbole in den ersten beiden Termen ausschreiben:

$$R_{mikp} = g_{ms}\frac{\partial}{\partial x^p}\frac{g^{sr}}{2}\left(\frac{\partial g_{ri}}{\partial x^k} + \frac{\partial g_{rk}}{\partial x^i} - \frac{\partial g_{ik}}{\partial x^r}\right) - g_{ms}\frac{\partial}{\partial x^k}\frac{g^{sr}}{2}\left(\frac{\partial g_{ri}}{\partial x^p} + \frac{\partial g_{rp}}{\partial x^i} - \frac{\partial g_{ip}}{\partial x^r}\right)$$

$$+ g_{ms}\left(\Gamma^r_{ik}\Gamma^s_{rp} - \Gamma^r_{ip}\Gamma^s_{rk}\right)$$

Die Ableitungen ∂_p und ∂_k vor den großen Klammern wirken zum einen auf die Klammern und geben 6 zweite Ableitungen des metrischen Tensors, von denen sich zwei aufheben. Die Ableitungen wirken zum anderen auf den unmittelbar dahinter stehenden metrischen Tensor. Für diesen Anteil verwenden wir (A.19) und fassen den Klammerinhalt wieder zu Christoffelsymbolen zusammen:

$$R_{mikp} = \frac{1}{2}\left(\frac{\partial^2 g_{mk}}{\partial x^i\,\partial x^p} + \frac{\partial^2 g_{ip}}{\partial x^m\,\partial x^k} - \frac{\partial^2 g_{ik}}{\partial x^m\,\partial x^p} - \frac{\partial^2 g_{mp}}{\partial x^i\,\partial x^k}\right)$$

$$- \left(g_{rs}\Gamma^r_{pm} + g_{rm}\Gamma^r_{ps}\right)\Gamma^s_{ik} + \left(g_{rs}\Gamma^r_{km} + g_{rm}\Gamma^r_{ks}\right)\Gamma^s_{pi}$$

$$+ g_{mr}\left(\Gamma^s_{ik}\Gamma^r_{sp} - \Gamma^s_{ip}\Gamma^r_{sk}\right)$$

Die erste Zeile ist gleich der ersten Zeile von (18.11). Der erste und dritte Term in der zweiten Zeile ergeben die zweite Zeile von (18.11); dabei ist jeweils die Vertauschungssymmetrie der unteren Indizes der Christoffelsymbole zu beachten. Die dritte Zeile haben wir aus der vorhergehenden Formel übernommen, jedoch mit vertauschten Summationsindizes r und s. Danach sieht man sofort, dass sich die dritte Zeile und der zweite und vierte Term in der zweiten Zeile aufheben. Insgesamt haben wir damit das gewünschte Ergebnis (18.11) abgeleitet.

18.2 Gaußsche Krümmung

Die Abstände sind durch $ds^2 = dx^2 + dy^2 + dz^2$ bestimmt, wobei $dz = x\,dx/\rho_1 + y\,dy/\rho_2$ einzusetzen ist:

$$ds^2 = dx^2 + dy^2 + dz^2 = \left(1 + \frac{x^2}{\rho_1^2}\right)dx^2 + \left(1 + \frac{y^2}{\rho_2^2}\right)dy^2 + \frac{2x y}{\rho_1 \rho_2}\,dx\,dy$$

Hieraus kann der metrische Tensor abgelesen werden:

$$(g_{ik}) = \begin{pmatrix} 1 + x^2/\rho_1^2 & x y/(\rho_1\rho_2) \\ x y/(\rho_1\rho_2) & 1 + y^2/\rho_2^2 \end{pmatrix} \overset{(x,y)=(0,0)}{=} \begin{pmatrix} 1 & 0 \\ 0 & 1 \end{pmatrix}$$

Damit gelten $g(0,0) = 1$ und $g^{ik}(0,0) = \delta^{ik}$. Die einzige nichtverschwindenden Ableitungen sind

$$\frac{\partial g_{11}}{\partial x} = \frac{2x}{\rho_1^2}, \qquad \frac{\partial g_{22}}{\partial y} = \frac{2y}{\rho_2^2}, \qquad \frac{\partial g_{12}}{\partial x} = \frac{y}{\rho_1 \rho_2}, \qquad \frac{\partial g_{12}}{\partial y} = \frac{x}{\rho_1 \rho_2}$$

Bei $(x,y) = (0,0)$ verschwinden alle Ableitungen und damit auch alle Christoffelsymbole,

$$\Gamma_{kl}^i = 0 \quad \text{für } (x,y) = (0,0)$$

Daher tragen in R_{1212} nur die zweiten Ableitungen der metrischen Koeffizienten bei:

$$R_{1212} = \frac{1}{2}\left(\frac{\partial^2 g_{11}}{\partial y^2} + \frac{\partial^2 g_{22}}{\partial x^2} - \frac{\partial^2 g_{21}}{\partial x\,\partial y} - \frac{\partial^2 g_{12}}{\partial x\,\partial y}\right) = -\frac{1}{\rho_1 \rho_2}$$

Aus (18.23) mit $g = 1$ folgt der Krümmungsskalar

$$R = \frac{2R_{1212}}{g} = -\frac{2}{\rho_1 \rho_2} = -2K$$

Dies ist der gesuchte Zusammenhang zwischen R und K.

20.1 Konstanten der Bewegung

Entscheidend sind die unterschiedlichen Vorzeichen in den Bewegungsgleichungen

$$\frac{du_\mu}{d\tau} = \Gamma_{\mu\lambda}^\nu u_\nu u^\lambda \quad \text{und} \quad \frac{du^\mu}{d\tau} = -\Gamma_{\nu\lambda}^\mu u^\nu u^\lambda$$

Dies folgt zum Beispiel aus dem Vergleich von (15.11) mit (15.13)). Es gilt entsprechend für $ds_\mu/d\tau$ und $ds_\mu/d\tau$.

Hiermit berechnen wir

$$\frac{d}{d\tau}\left(u^\mu u_\mu\right) = u^\mu \frac{du_\mu}{d\tau} + u_\mu \frac{du^\mu}{d\tau} = u^\mu \Gamma^\nu_{\mu\lambda} u_\nu u^\lambda - u_\mu \Gamma^\mu_{\nu\lambda} u^\nu u^\lambda = 0$$

Nach geeigneter Umbenennung der Summationindizes sieht man, dass beide Terme gleich sind und sich aufheben. Analog gilt für den Spin

$$\frac{d}{d\tau}\left(s^\mu s_\mu\right) = s^\mu \Gamma^\nu_{\mu\lambda} s_\nu u^\lambda - s_\mu \Gamma^\mu_{\nu\lambda} s^\nu u^\lambda = 0$$

Alternative Lösung: Die Bewegungsgleichungen können auch in der Form $Du^\mu/d\tau = 0$ und $Ds^\mu/d\tau = 0$ mit dem kovarianten Differenzial geschrieben werden. Nun ist die kovariante Ableitung eines Skalars gleich der gewöhnlichen Ableitung:

$$\frac{d}{d\tau}\left(u^\mu u_\mu\right) = \frac{D}{d\tau}\left(u^\mu u_\mu\right) = u^\mu \frac{Du_\mu}{d\tau} + u_\mu \frac{Du^\mu}{d\tau} = 0$$

Damit gilt $A^\mu A_\mu = \text{const.}$ für jeden Vektor A^μ, für den $DA^\mu = 0$ ist.

20.2 Thomas-Präzession

Die zu lösenden Bewegungsgleichungen (20.18) lauten

$$\frac{ds^\alpha}{d\tau} = -\frac{1}{c^2}\frac{du_\beta}{d\tau} s^\beta u^\alpha \tag{A.20}$$

Aus der gegebenen Bahn $x^\alpha(t)$ und $d\tau = dt/\gamma$ folgen

$$(u^\alpha) = \left(\frac{dx^\alpha}{d\tau}\right) = \gamma\left(c, -R\omega\sin(\omega t), R\omega\cos(\omega t), 0\right)$$

$$\left(\frac{du^\alpha}{d\tau}\right) = -\gamma^2\omega^2 R\left(0, \cos(\omega t), \sin(\omega t), 0\right)$$

$$\left(\frac{d^2u^\alpha}{d\tau^2}\right) = \gamma^3\omega^3 R\left(0, \sin(\omega t), -\cos(\omega t), 0\right)$$

$$\left(\frac{d^3u^\alpha}{d\tau^3}\right) = \gamma^4\omega^4 R\left(0, \cos(\omega t), \sin(\omega t), 0\right) = -\gamma^2\omega^2\left(\frac{du^\alpha}{d\tau}\right)$$

Wir betrachten nun die 0-Komponente der Bewegungsgleichung,

$$\frac{ds^0}{d\tau} = -\frac{1}{c^2}\frac{du^\beta}{d\tau} s_\beta u^0 = -\frac{\gamma}{c}\frac{du^\beta}{d\tau} s_\beta \tag{A.21}$$

$$\frac{d^2s^0}{d\tau^2} = -\frac{\gamma}{c}\frac{d^2u^\beta}{d\tau^2} s_\beta - \frac{\gamma}{c}\frac{du^\beta}{d\tau}\frac{ds_\beta}{d\tau} = -\frac{\gamma}{c}\frac{d^2u^\beta}{d\tau^2} s_\beta \tag{A.22}$$

Nach (20.16) ist $ds_\beta/d\tau$ proportional zu u_β. Wegen $u_\beta\left(du^\beta/d\tau\right) = 0$ fällt daher in der zweiten Gleichung ein Term weg. Wir bilden noch eine weitere Ableitung:

$$\frac{d^3s^0}{d\tau^3} = -\frac{\gamma}{c}\left(\frac{d^3u^\beta}{d\tau^3} - \frac{1}{c^2}\frac{d^2u^\alpha}{d\tau^2} u_\alpha \frac{du^\beta}{d\tau}\right) s_\beta$$

$$= -\frac{\gamma}{c}\left(-\gamma^2\omega^2 - \frac{\gamma^4}{c^2}\omega^4 R^2\right)\frac{du^\beta}{d\tau} s_\beta = \frac{\gamma^5\omega^2}{c}\frac{du^\beta}{d\tau} s_\beta = -\gamma^4\omega^2\frac{ds^0}{d\tau}$$

Für $u^\alpha(\tau)$ wurde die bekannte Bewegung eingesetzt. Mit $d\tau = dt/\gamma$ wird das letzte Ergebnis zu

$$\frac{d^3 s^0}{dt^3} = -\gamma^2 \omega^2 \frac{ds^0}{dt} \quad \text{und} \quad s^0(t) = A \sin(\gamma \omega t)$$

Als Anfangsbedingung wurde $s^0(0) = 0$ verwendet. Wir setzen die Lösung $s^0(t)$ und das bekannte $u^\alpha(\tau)$ in (A.21) und (A.22) ein:

$$\gamma^2 \omega A \cos(\gamma \omega t) = -\frac{\gamma^3 \omega^2 R}{c} \left(s^1 \cos(\omega t) + s^2 \sin(\omega t) \right)$$

$$-\gamma^4 \omega^2 A \sin(\gamma \omega t) = \frac{\gamma^4 \omega^3 R}{c} \left(s^1 \sin(\omega t) - s^2 \cos(\omega t) \right)$$

Hieraus erhalten wir

$$s^1 \cos(\omega t) + s^2 \sin(\omega t) = -\frac{A}{\gamma\, v/c} \cos(\gamma \omega t) \approx -\frac{A}{v/c} \cos(\gamma \omega t)$$

$$s^1 \sin(\omega t) - s^2 \cos(\omega t) = -\frac{A}{v/c} \sin(\gamma \omega t)$$

In der Amplitude wurden Terme der relativen Größe v^2/c^2 vernachlässigt. Wir lösen die letzten beiden Gleichungen nach $s^1(t)$ und $s^2(t)$ auf und erhalten (20.33) mit $\sigma = -Ac/v$ und $\omega_{\text{Th}} = \omega\,(\gamma - 1)$. Für die 3-Komponente folgt aus (A.20) $ds^3/d\tau = 0$ oder $s^3 = \text{const.}$ Für die Anfangsbedingung $s = \sigma\, e_x$ ist das Gesamtresultat dann

$$\left(s^\alpha(t) \right) = \left(-\sigma\,(v/c)\sin(\gamma \omega t),\ \sigma \cos\left[(\gamma - 1)\omega t \right],\ -\sigma \sin\left[(\gamma - 1)\omega t \right], 0 \right)$$

Obwohl kein Drehmoment wirkt, kehrt der Spin nach einem Umlauf ($\omega t = 2\pi$) auf der Kreisbahn nicht wieder in seine Ursprungsrichtung zurück. Er ist vielmehr um den Winkel $(\gamma - 1)\,2\pi \approx -\pi v^2/c^2$ verdreht. Im Atom muss diese Thomas-Präzession bei der Behandlung des Spin-Bahn-Terms berücksichtigt werden.

21.1 Umformung der Feldgleichungen

Wir multiplizieren

$$R_{\mu\nu} - \frac{R}{2}\, g_{\mu\nu} + \Lambda\, g_{\mu\nu} = -\frac{8\pi G}{c^4}\, T_{\mu\nu} \tag{A.23}$$

mit $g^{\mu\nu}$; dies schließt die Summation über μ und ν mit ein. Mit $g^{\mu\nu} g_{\mu\nu} = 4$, $g^{\mu\nu} R_{\mu\nu} = R$ und $g^{\mu\nu} T_{\mu\nu} = T$ erhalten wir dann

$$R - 2R + 4\Lambda = -\frac{8\pi G}{c^4}\, T$$

oder $R = 4\Lambda + 8\pi G T/c^4$. Wir setzen dieses R in (A.24) ein und erhalten

$$R_{\mu\nu} - \Lambda\, g_{\mu\nu} = -\frac{8\pi G}{c^4} \left(T_{\mu\nu} - \frac{T}{2}\, g_{\mu\nu} \right)$$

Man beachte den Vorzeichenwechsel des Terms $\Lambda\, g_{\mu\nu}$.

22.1 Eichbedingung für schwache Felder

Wenn man $S_{\mu\nu} = T_{\mu\nu} - T\eta_{\mu\nu}/2$ mit $\eta^{\mu\nu}$ multipliziert, erhält man $S = -T$ und

$$T_{\mu\nu} = S_{\mu\nu} - \frac{S}{2}\eta_{\mu\nu}$$

Damit wird die Energie-Impuls-Erhaltung $T_{\mu\nu}{}^{|\nu} = 0$ (für schwache Felder) zu

$$2S^{\mu}{}_{\nu|\mu} - S^{\mu}{}_{\mu|\nu} = 0 \qquad (A.24)$$

Die Eichbedingungen sind von derselben Form, $2h^{\mu}{}_{\nu|\mu} - h^{\mu}{}_{\mu|\nu} = 0$. Diese Bedingung soll für die retardierte Lösung

$$h_{\mu\nu}(\boldsymbol{r},\, t) = -\frac{4G}{c^4} \int d^3r' \, \frac{S_{\mu\nu}(\boldsymbol{r}',\, t - |\boldsymbol{r} - \boldsymbol{r}'|/c)}{|\boldsymbol{r} - \boldsymbol{r}'|} \qquad (A.25)$$

ausgewertet werden. Nun können hier im Integral alle Ableitungen von $h_{..}$ auf $S_{..}$ umgewälzt werden. Für die Zeitableitung geht dies unmittelbar. Für eine Ableitung nach $\boldsymbol{r}$ besteht das Umwälzen in zwei Schritten: Da die $\boldsymbol{r}$-Abhängigkeit nur in der Form $|\boldsymbol{r} - \boldsymbol{r}'|$ vorkommt, kann statt nach $\boldsymbol{r}$ auch nach $\boldsymbol{r}'$ abgeleitet werden. Im zweiten Schritt wird diese Ableitung durch partielle Integration auf das Ortsargument von $S_{\mu\nu}$ umgewälzt. Jeder dieser beiden Schritte ist von einem Minuszeichen begleitet. Damit ergibt $2h^{\mu}{}_{\nu|\mu} - h^{\mu}{}_{\mu|\nu}$ ein Integral mit $2S^{\mu}{}_{\nu|\mu} - S^{\mu}{}_{\mu|\nu}$ im Integranden. Da dieser Ausdruck verschwindet, sind die Eichbedingungen erfüllt.

22.2 Gravitationsfeld einer rotierenden Kugel

Im statischen Fall entfallen die Zeitargument in (A.25). In erster Ordnung in v/c oder $\omega R/c$ lautet das zu lösende Problem dann

$$h_{\mu\nu}(\boldsymbol{r}) = -\frac{4G}{c^4} \int d^3r' \, \frac{S_{\mu\nu}(\boldsymbol{r}')}{|\boldsymbol{r} - \boldsymbol{r}'|}$$

wobei $S_{\mu\nu} = T_{\mu\nu} - T\eta_{\mu\nu}/2$. In den Energie-Impuls-Tensor (20.29) setzen wir $P \approx 0$ und $(u_\mu) \approx (c, v_i)$ und die gegebene Dichte ein. Dann ist $S_{\mu\nu} = 0$ für $r > R$ und

$$\big(S_{\mu\nu}(\boldsymbol{r})\big) = \varrho\, c^2 \begin{pmatrix} 1/2 & v_1/c & v_2/c & v_3/c \\ v_1/c & 1/2 & 0 & 0 \\ v_2/c & 0 & 1/2 & 0 \\ v_3/c & 0 & 0 & 1/2 \end{pmatrix} \qquad (r \le R)$$

Hieraus ergeben sich die Diagonalelemente zu

$$h_{\mu\mu}(\boldsymbol{r}) = -\frac{2G}{c^2} \int_{r' \le R} d^3r' \, \frac{\varrho}{|\boldsymbol{r} - \boldsymbol{r}'|} = -\frac{2GM}{c^2 r} \qquad (r > R)$$

Dabei ist $M = 4\pi\varrho R^3/3$. Das Geschwindigkeitsfeld aufgrund der Rotation ist $\boldsymbol{v} = \boldsymbol{\omega} \times \boldsymbol{r}$ oder $v_i = \epsilon_{ikn}\omega^k x^n$. Damit erhalten wir

$$h_{0i}(\boldsymbol{r}) = -\frac{4G}{c^3}\epsilon_{ikn}\omega^k \int_{r' \le R} d^3r' \, \frac{\varrho\, x'^n}{|\boldsymbol{r} - \boldsymbol{r}'|} = -\frac{4GMR^2}{5c^3} \frac{\epsilon_{ikn}\omega^k x^n}{r^3} \qquad (r > R)$$

Die zugehörige Wegelement ist in (30.14) angegeben. In Kapitel 30 finden sich auch weitere Details der Rechnung und eine Diskussion des Ergebnisses. Zu den Details gehören insbesondere die Vorzeichen, zum Beispiel $v^1 = v_x = -v_1$, und $\epsilon^{123} = 1$, aber $\epsilon_{123} = -1$ im Minkowskiraum, siehe (17.15).

23.1 Isotrope Form der Metrik

Mit der angegebenen Ersetzung wird das Wegelement zu

$$ds^2 = B(r)\, c^2\, dt^2 - G(r)\, dr^2 - C(r)\left(dr^2 + r^2\left(d\theta^2 + \sin^2\theta\, d\phi^2\right)\right)$$

Die angegebene Beziehung zwischen ρ und r wird durch

$$\ln \rho(r) = \int^r \frac{dr'}{r'}\sqrt{1 + \frac{G(r')}{C(r')}}$$

gelöst; diese Beziehung wird für Lösung der Aufgabe nicht benötigt. Aus (23.19) folgt

$$(C + G)\, dr^2 = C\,\frac{r^2}{\rho^2}\, d\rho^2$$

Wir setzen dies in ds^2 ein:

$$\begin{aligned} ds^2 &= B(r)\, c^2\, dt^2 - C^2\,\frac{r^2}{\rho^2}\, dr^2 - C(r)\, r^2\left(d\theta^2 + \sin^2\theta\, d\phi^2\right)\\ &= H(\rho)\, c^2\, dt^2 - J(\rho)\left(d\rho^2 + \rho^2\, d\theta^2 + \rho^2 \sin^2\theta\, d\phi^2\right)\end{aligned}$$

Die zweite Zeile ergibt sich mit $H(\rho) = B(r)$ und $J(\rho) = r^2\, C(r)/\rho^2$, wobei für r jeweils $r(\rho)$ einzusetzen ist.

25.1 Satellitenuhr in Schwarzschildmetrik

Für den freien Fall des Satelliten im Zentralfeld gelten (25.24) und (25.25) mit $\varepsilon = c^2$ und $\lambda = \tau$ (massives Teilchen), und $\dot{r} = 0$ (Kreisbahn), also

$$c\,\frac{dt}{d\tau}\left(1 - \frac{2a}{r}\right) = F,\qquad -\frac{a\varepsilon}{r} + \frac{\ell^2}{2r^2} - \frac{a\ell^2}{r^3} = \frac{F^2 - c^2}{2}\qquad (A.26)$$

Wir lösen die zweite Gleichung nach $F^2 = (c^2 + \ell^2/r^2)(1 - 2a/r)$ auf und setzen dieses F in die erste Gleichung ein:

$$\frac{d\tau}{dt} = \sqrt{\frac{1 - 2a/r}{1 + \ell^2/(c^2 r^2)}}\qquad (A.27)$$

Wir drücken noch den Drehimpuls l durch den Radius r aus. Die Kreisbahn ergibt beim Minimum des effektiven Potenzials (25.27):

$$V_{\text{eff}}(r) = -\frac{ac^2}{r} + \frac{\ell^2}{2r^2}\left(1 - \frac{2a}{r}\right),\qquad \frac{dV_{\text{eff}}}{dr} = \frac{ac^2}{r^2} - \frac{\ell^2}{r^3}\left(1 - \frac{3a}{r}\right) = 0$$

Hieraus folgt

$$\frac{\ell^2}{c^2 r^2} = \frac{a/r}{1 - 3a/r}$$

Wir setzen dies in (A.27) ein:

$$\frac{d\tau}{dt} = \sqrt{1 - \frac{3a}{r}} \approx 1 - \frac{3a}{2r}\qquad (A.28)$$

In Aufgabe 12.1 hatten wir das genäherte Ergebnis aus $d\tau \approx \left(1 - v^2/(2c^2) + \Phi(r)/c^2\right) dt$ erhalten.

25.2 Einfang durch ein Schwarzes Loch

Das Gravitationsfeld des Schwarzen Lochs kann durch die Schwarzschildmetrik beschrieben werden. Wir gehen von der Bewegungsgleichung (25.26) aus:

$$\frac{\dot{r}^2}{2} + V_{\text{eff}}(r) = \text{const.} = \frac{c^2}{4}$$

Der Wert der Konstanten folgt aus $V_{\text{eff}}(\infty) = 0$ und $\dot{r}_\infty = v_\infty = c/\sqrt{2}$. Wenn das Maximum des effektiven Potenzials (Abbildung 25.1) kleiner als $c^2/4$ ist, fällt das Raumschiff ins Zentrum, andernfalls ergibt sich eine hyperbelartige Bahn, die wieder vom Schwarzen Loch wegführt. In das effektive Potenzial (25.27) setzen wir den Drehimpuls

$$\ell = v_\infty b = 4\sqrt{2}\,a\,c$$

ein:

$$\frac{V_{\text{eff}}(r)}{c^2} = -\frac{a}{r} + \frac{16\,a^2}{r^2}\left(1 - \frac{2a}{r}\right) \quad \text{und} \quad \frac{dV_{\text{eff}}/dr}{c^2} = \frac{a}{r^2}\left[1 - \frac{32\,a}{r}\left(1 - \frac{3a}{r}\right)\right] = 0$$

Aus der zweiten Gleichung folgt $r = \left(16 \pm 4\sqrt{10}\right)a$. Damit gilt für das Maximum

$$V_{\text{eff}}^{\max} = V_{\text{eff}}\big((16 - 4\sqrt{10})\,a\big) \approx V_{\text{eff}}(3.35\,a) \approx 0.276\,c^2$$

Da in $\dot{r}^2/2 + V_{\text{eff}}(r) = c^2/4$ nur die „Energie" $0.25\,c^2$ zu Verfügung steht, verhindert das Maximum bei $0.276\,c^2$ einen Fall ins Zentrum.

25.3 Zentraler Fall in Schwarzschildmetrik

Für den zentralen Fall eines massiven Teilchens im Zentralfeld gelten (25.24) und (25.25) mit $2a = r_\text{S}$ und

$$\varepsilon = c^2, \qquad \lambda = \tau, \qquad \ell = 0$$

Wir verwenden die Bewegungsgleichungen

$$\frac{dt}{d\tau}\left(1 - \frac{r_\text{S}}{r}\right) = \frac{F}{c} \quad \text{und} \quad \frac{1}{c^2}\left(\frac{dr}{d\tau}\right)^2 - \frac{r_\text{S}}{r} = \frac{F^2}{c^2} - 1$$

Wenn man die Anfangsbedingungen in die zweite Gleichung einsetzt, erhält man $F^2/c^2 = 2/3$. Damit werden die beiden Gleichungen zu

$$\frac{dt}{d\tau} = \frac{\sqrt{2/3}}{1 - r_\text{S}/r}, \qquad \frac{dr}{d\tau} = \pm\frac{c}{\sqrt{3}}\sqrt{\frac{3\,r_\text{S}}{r} - 1} \qquad \text{(A.29)}$$

Aufgrund der Anfangsbedingungen kommt in der zweiten Gleichung nur das Minuszeichen in Frage. Die Lösung $r(\tau)$ beginnt bei $r(0) = 3\,r_\text{S}$ mit einer waagerechten Tangente, wird dann kleiner und endet zur Zeit τ_0 im Zentrum. Diese Lösung $r(\tau)$ ist in Abbildung (48.1) skizziert. Mit der Substitution $y = 3\,r_\text{S}/r$ berechnen wir die Zeit τ_0,

$$\tau_0 = \int_{3r_\text{S}}^{0} dr\,\frac{d\tau}{dr} = \frac{-\sqrt{3}}{c}\int_{3r_\text{S}}^{0}\frac{dr}{\sqrt{3r_\text{S}/r - 1}} = \frac{-3\sqrt{3}\,r_\text{S}}{c}\int_{\infty}^{1}\frac{dy}{y^2\sqrt{y - 1}}$$

$$= \frac{3\sqrt{3}\,\pi}{2}\frac{r_\text{S}}{c} \approx 8.16\,\frac{r_\text{S}}{c}$$

Auf der Zeitskala r_S/c erlebt ein frei fallender Beobachter den Sturz ins Zentrum. Für einen entfernten Beobachter mit der Zeit t ist dagegen die Bahn $r(t)$ maßgebend. Hierfür erhalten wir aus (A.29)

$$\frac{dr}{dt} = \frac{dr}{d\tau}\frac{d\tau}{dt} = -\frac{c}{\sqrt{2}}\left(1-\frac{r_S}{r}\right)\sqrt{\frac{3\,r_S}{r}-1} \stackrel{r\to r_S}{\approx} -c\,\frac{r-r_S}{r_S}$$

Damit stellt der entfernte Beobachter eine asymptotische Annäherung an den Schwarzschildradius fest:

$$r(t) \approx r_S + b\,\exp\left(-\frac{c\,t}{r_S}\right) \qquad (m\neq 0)$$

Die bisherigen Betrachtungen gelten für ein massives Teilchen. Für ein Photon setzen wir $\varepsilon = 0$ und $\ell = 0$ in (25.25) ein:

$$\frac{dt}{d\lambda}\left(1-\frac{r_S}{r}\right) = \frac{F}{c} \qquad \text{und} \qquad \left(\frac{dr}{d\lambda}\right)^2 = F^2$$

Hieraus erhalten wir

$$\frac{dr}{dt} = \frac{dr}{d\lambda}\frac{d\lambda}{dt} = -c\left(1-\frac{r_S}{r}\right) \stackrel{r\to r_S}{\approx} -\frac{c}{r_S}\left(r-r_S\right)$$

und

$$r(t) \approx r_S + b\,\exp\left(-\frac{c\,t}{r_S}\right) \qquad (m=0)$$

Auch das Photon nähert sich – von außen gesehen – dem Schwarzschildradius nur asymptotisch an.

26.1 Bild einer relativistisch bewegten Kugel

Die Diskussion kann auf den Schnitt mit der Ebene $z = 0$ beschränkt werden (Abbildung), da in z-Richtung keine Längenkontraktion auftritt. Diese Ebene schneidet die Kugel im Äquator $x'^2 + y'^2 = D^2/4$. Durch Längenkontraktion in v-Richtung wird dieser Kreis in IS zu der Ellipse

$$\frac{x^2}{1-v^2/c^2} + \left(y-L\right)^2 = \frac{D^2}{4} \tag{A.30}$$

Diese Ellipse ist in der Abbildung gezeigt. Zur Berechnung der Koordinaten von A und B leiten wir die Ellipsengleichung nach x ab:

$$\frac{x}{1-v^2/c^2} + \frac{dy}{dx}\left(y-L\right) = \frac{x}{1-v^2/c^2} + \frac{y-L}{v/c} = 0$$

Dabei haben wir $dx/dy = (dx'/dy')/\gamma = v/c$ eingesetzt. Wir lösen nach y auf und verwenden die Ellipsengleichung:

$$x_{A,B} = \mp\left(1-\frac{v^2}{c^2}\right)\frac{D}{2}\,, \qquad\qquad y_{A,B} = L \pm \frac{v}{c}\frac{D}{2}$$

Das obere Vorzeichen gilt für A, mit dem unteren erhält man den entgegengesetzten Punkt B (siehe Abbildung). Beide Punkte markieren den Äquator, von dem gerade noch Licht in Richtung zum Beobachter gesandt werden kann.

Das von B abgesandte Licht hat gegenüber dem von A einen um $\Delta y = (v/c)\, D$ kürzeren Weg. Damit es gleichzeitig beim Beobachter ankommt, muss das Licht von B zu einer um $\Delta t = v\, D/c^2$ späteren Zeit abgesandt werden. Während dieser Zeit rückt B um $d = v\, \Delta t = (v^2/c^2)\, D$ nach $\overline{B}$, dies ergibt die rechte oben abgebildete Ellipse. Die auf dem Foto registrierte Objektausdehnung in x-Richtung ist demnach

$$\overline{D} = 2\,|x_{A,B}| + d = \left(1 - \frac{v^2}{c^2}\right) D + \frac{v^2}{c^2}\, D = D$$

In z-Richtung sieht der Beobachter ebenfalls die Ausdehnung D, da hier weder eine Längenkontraktion noch ein Laufzeitunterschied auftreten. Damit erscheint der sichtbare Rand der Kugel auf dem Foto als Kreis. In diesem Sinn kompensieren sich die Effekte von Längenkontraktion und Aberration, und die Kugel erscheint als Kugel. Der fotografierte Rand ist ein Großkreis der Kugel. Dieser Großkreis aber liegt so, dass der Beobachter einen Teil der Hinterseite der Kugel sieht (und einen Teil der Vorderseite nicht).

30.1 Gravitomagnetische Kräfte für Merkur

Für das Feld der Sonne ist $\Phi \approx -GM_\odot/r$. Für das Ω-Feld gehen wir von (30.22) aus, wobei wir Winkelfaktoren und Faktoren $\mathcal{O}(1)$ vernachlässigen:

$$\left|\,\mathrm{grad}\,\Phi\,\right| \approx \frac{GM_\odot}{r^2} \qquad \text{und} \qquad \left|\,\Omega \times v\,\right| \approx \frac{GM_\odot R_\odot^2}{c^2}\,\frac{\omega_\odot}{r^3}\,\omega r$$

Dabei haben wir ωr für die Geschwindigkeit des Merkur eingesetzt. Das gesuchte Verhältnis ist

$$\frac{\left|\,\Omega \times v\,\right|}{\left|\,\mathrm{grad}\,\Phi\,\right|} \approx \frac{\omega_\odot\,\omega\, R_\odot^2}{c^2} \approx 10^{-11}$$

Man kann die Größe des Effekts noch mit den Termen der Ordnung $v^2/c^2 = \omega^2 r^2/c^2$ vergleichen, die wir als relativistische Korrekturen zur Bahnbewegung betrachtet haben:

$$\frac{\left|\,\Omega \times v\,\right|}{\left|\,\mathrm{grad}\,\Phi\,\right|} \approx \frac{\omega^2 r^2}{c^2}\,\frac{\omega_\odot}{\omega}\,\frac{R_\odot^2}{r^2} \approx 5 \cdot 10^{-4}\,\frac{\omega^2 r^2}{c^2}$$

Eventuelle Korrekturen zu der Rechnung in Kapitel 27 sind daher kleiner als ein Promille.

33.1 Elliptische Auslenkung im Feld der Welle

Wir betrachten die erste Zeile von (33.12). Für $\cos(\omega t) = 0$ ergibt sich ein Kreis, für $\cos(\omega t) = \pm 1$ die volle Auslenkung. Ohne besondere Einschränkung der Allgemeinheit wählen wir $\cos(\omega t) = -1$. Die Exzentrizität hängt nicht von der absoluten Größe ab, so dass wir $L = 1$ setzen können:

$$\rho^2 = x^2 + y^2 = 1 + 2h\cos(2\varphi) = 1 + 2h\cos^2\varphi - 2h\sin^2\varphi = 1 + 2hx^2 - 2hy^2$$

Unter Vernachlässigung der Terme der Ordnung $\mathcal{O}(h^2)$ wird dies zu

$$\frac{x^2}{1 + 2h} + \frac{y^2}{1 - 2h} = 1$$

also einer Ellipse mit den Halbachsen $a = 1 + h$ und $b = 1 - h$. Hieraus folgt die Exzentrizität

$$\epsilon = \sqrt{1 - b^2/a^2} = 2\sqrt{h} + \mathcal{O}(h^2)$$

36.1 Änderung der Bahn eines Doppelsterns durch Abstrahlung

Aus (36.24) folgen für die Kreisbahn

$$\Omega^2 = \frac{2\,GM}{r^3} \qquad \text{und} \qquad \frac{v^2}{c^2} = \frac{1}{4}\frac{\Omega^2 r^2}{c^2} = \frac{1}{4}\frac{r_\mathrm{S}}{r}$$

mit $r_\mathrm{S} = 2GM/c^2$. Im Schwerpunktsystem hat jeder der beiden Sterne den Abstand $r/2$ vom Zentrum und daher die Geschwindigkeit $v = \Omega\,r/2$. Die abgestrahlte Leistung (36.25) und die Energie E sind:

$$P = \frac{64}{5}\frac{G^4 M^5}{c^5}\frac{1}{r^5}\,, \qquad E = -\frac{1}{2}\frac{GM^2}{r}$$

Die Energie ist gleich der halben potenziellen Energie. Die pro Umlauf abgestrahlte Energie ist P multipliziert mit einer Bahnperiode $T = 2\pi/\Omega$. Damit erhalten wir

$$\frac{\Delta E}{|E|} = \frac{2\pi}{\Omega}\frac{P}{|E|} = \frac{32\,\pi}{5}\left(\frac{r_\mathrm{S}}{r}\right)^{5/2} = \frac{1024\,\pi}{5}\left(\frac{v}{c}\right)^5$$

36.2 Bahngeschwindigkeit in PSR 1913 + 16

Für eine einfache Abschätzung gehen wir von einer Kreisbahn (Durchmesser r) aus. Mit $M_1 = M_2 = M$ erhalten wir aus (36.24)

$$r^3 = \frac{2GM}{\Omega^2} = \frac{r_\mathrm{S}\,c^2}{\Omega^2}$$

Die Geschwindigkeit v eines Sterns ist das Produkt aus dem Radius $r/2$ und der Winkelgeschwindigkeit:

$$\frac{v}{c} = \frac{r\,\Omega}{2c} = \frac{1}{2}\left(\frac{r_\mathrm{S}\,\Omega}{c}\right)^{1/3} \approx 10^{-3}$$

Damit ist die Voraussetzung $v \ll c$ für die Quadrupolstrahlungsformel erfüllt.

36.3 Gravitationsabstrahlung der Erde

Aus (36.24) folgt $\Omega^2 = G\,M_\odot/r^3$; es wurde $M_\mathrm{E} \ll M_\odot$ verwendet. Damit wird die Strahlungsleistung (36.25) zu

$$P = \frac{32\,G^4}{5\,c^5}\frac{M_\mathrm{E}^2\,M_\odot^3}{r^5} = \frac{32\,G}{5\,c^5}\,\Omega^6\,r^4\,M_\mathrm{E}^2 \approx 200\,\text{Watt}$$

Selbst bei einer sehr genauen Berechnung der Erdbahn spielt diese Abstrahlung nur eine zu vernachlässigende Rolle.

36.4 Amplitude der Gravitationswelle eines Doppelsterns

Die Energiestromdichte Φ_GW und die Strahlungsleistung P sind

$$\Phi_\mathrm{GW} \stackrel{(34.6)}{=} \frac{c^3}{8\pi G}\,\omega^2\,h^2 \qquad \text{und} \qquad P \stackrel{(36.25)}{=} \frac{64\,G^4}{5\,c^5}\frac{M^5}{r^5}$$

Die Frequenz ω folgt aus (36.24) mit $\omega = 2\,\Omega$. Wir gehen von einer isotrope Abstrahlung der Leistung P aus; dies entspricht einer Mittelung über alle möglichen Ausrichtungen der Bahnebene. Dann gilt

$$\left.\begin{array}{l} \Phi_{\mathrm{GW}} = P/\left(4\pi D^2\right) \\[2mm] \omega^2 = 8\,GM/r^3 \end{array}\right\} \implies \frac{c^3}{8\pi G}\,\frac{8\,GM}{r^3}\,h^2 = \frac{64\,G^4}{5\,c^5}\,\frac{M^5}{r^5}\,\frac{1}{4\pi D^2}$$

Wir lösen nach h auf und erhalten

$$h = \frac{1}{\sqrt{5}}\,\frac{r_{\mathrm{S}}^2}{D\,r} \tag{A.31}$$

37.1 Abstandsänderung Erde–Mond durch Gravitationswelle

Nach (37.3) ist die Amplitude der Gravitationswelle von i Boo gleich $h \approx 10^{-20}$; dies folgt aus (36.37) mit (34.6). Daraus ergibt sich die Änderung

$$\Delta L = L\,h \approx 3 \cdot 10^{-12}\,\mathrm{m}$$

des Abstands $L \approx 3 \cdot 10^8\,\mathrm{m}$ zwischen Erde und Mond. Eine solche Abstandsänderung könnte im Prinzip durch ein Laser-Interferenz-Experiment mit einem Spiegel auf dem Mond nachgewiesen werden (Kapitel 37). Mit der Bahnperiode $T = 0.268\,\mathrm{Tage}$ aus (36.35), $\Omega = 2\pi/T$ und $\omega = 2\Omega$ erhalten wir die Wellenlänge der Gravitationswelle

$$\lambda = \frac{2\pi c}{\omega} = \frac{cT}{2} \approx 3.5 \cdot 10^{12}\,\mathrm{m}$$

Damit gilt $L \ll \lambda$.

37.2 Wirkungsquerschnitt eines Gravitationswellendetektors

Mit der Auslenkung $\xi(t)$ aus (37.17) und der Kraft F_{GW} aus (37.15) erhalten wir die zeitgemittelte Leistung

$$P_{\mathrm{absorb}}(h, \omega) = 4\left\langle F_{\mathrm{GW}}\,\dot{\xi}\right\rangle = \frac{4}{T}\int_0^T dt\, F_{\mathrm{GW}}\,\dot{\xi} = \frac{2\,m\,L^2\,h^2\,\gamma\,\omega^6}{\left(\omega^2 - \omega_0^2\right)^2 + \gamma^2\,\omega^2}$$

Der Faktor 4 steht für die vier Massen in der Anordnung von Abbildung 37.1. Mit der Energiestromdichte (34.6) erhalten wir hieraus

$$\sigma(\omega) = \frac{P_{\mathrm{absorb}}}{\Phi_{\mathrm{GW}}} = \frac{8\pi G}{c^3}\,\frac{2\,m\,L^2\,\gamma\,\omega^4}{\left(\omega^2 - \omega_0^2\right)^2 + \gamma^2\,\omega^2}$$

Der Wirkungsquerschnitt ist die effektive Fläche, an der die einfallende Energiestromdichte Φ_{GW} absorbiert wird. An der Resonanz erhalten wir den maximalen Wirkungsquerschnitt

$$\sigma(\omega_0) = \frac{8\pi G}{c^3}\,\frac{2\,m\,L^2\,\omega_0^2}{\gamma} = \pi\,\sigma_{\mathrm{geom}}\,\frac{r_{\mathrm{S}}}{\lambda_0}\,\frac{\omega_0}{\gamma}$$

Dabei wurde $\omega_0 = 2\pi c/\lambda_0$ verwendet. Die Anordnung hat einen Durchmesser der Größe $2L$ und damit einen geometrischen Wirkungsquerschnitt $\sigma_{\mathrm{geom}} \approx 4\pi L^2$. Die Detektormasse $M = 4\,m$ wurde durch den zugehörigen Schwarzschildradius $r_{\mathrm{S}} = 2GM/c^2$ ausgedrückt. Wegen $r_{\mathrm{S}} \ll \lambda_0$ ist der $\sigma(\omega_0) \ll \sigma_{\mathrm{geom}}$. Der Resonanzfaktor ω_0/γ kann zwar groß gegenüber 1 sein (zum Beispiel 10^6); es bleibt aber in jedem Fall bei $\sigma(\omega_0) \ll \sigma_{\mathrm{geom}}$.

38.1 Druck im Zentrum der Erde

Nach (38.11) gilt

$$P = P_0 - \frac{2\pi}{3} G \varrho_0^2 r^2 = P_0 \left(1 - \frac{r^2}{R_E^2} \right) \tag{A.32}$$

An der Oberfläche ist $P(R_E) \approx 1\,\text{bar} = 10^5\,\text{Pa} \approx 0$. Hieraus folgt $P_0 = (2\pi/3)\, G \varrho_0^2 R_E^2$ und damit der letzte Ausdruck in (A.32). Wir werten den zentralen Druck P_0 numerisch aus:

$$P_0 = \frac{2\pi}{3} G \varrho_0^2 R_E^2 = \frac{\varrho_0\, g\, R_E}{2} \approx 3 \cdot 10^{11}\,\text{Pa}$$

Dabei haben wir zunächst $(4\pi/3)\, \varrho_0\, R_E^3 = M_E$ und $g = G M_E / R_E^2$ verwendet.

39.1 Verhältnis Umfang zu Radius für Erdbahn

In der Schwarzschildmetrik sind der Umfang U und der Durchmesser D durch

$$U = 2\pi r \qquad \text{und} \qquad D = 2 \int_0^r dr'\, \sqrt{A(r')}$$

gegeben. Dabei ist $A(r)$ durch

$$A(r) = \left[1 - \frac{2 G \mathcal{M}(r)}{c^2\, r} \right]^{-1}$$

gegeben mit $\mathcal{M} = (4\pi/3)\, \varrho_0\, r^3$ für $r \leq R_\odot$ und $\mathcal{M} = M_\odot$ für $r > R_\odot$. Damit und unter Berücksichtigung von $r_S / R_\odot \ll 1$ berechnen wir das Integral:

$$\begin{aligned}
\int_0^r dr'\, \sqrt{A(r')} &= \int_0^{R_\odot} dr' \left[1 - \frac{r_S}{R_\odot} \frac{r'^2}{R_\odot^2} \right]^{-1/2} + \int_{R_\odot}^r dr' \left[1 - \frac{r_S}{r'} \right]^{-1/2} \\
&= R_\odot \int_0^1 dx \left[1 - \frac{r_S}{R_\odot} x^2 \right]^{-1/2} + R_\odot \int_1^{r/R_\odot} dx \left[1 - \frac{r_S}{R_\odot} \frac{1}{x} \right]^{-1/2} \\
&= R_\odot \int_0^1 dx \left[1 + \frac{r_S}{2 R_\odot} x^2 \right] + R_\odot \int_1^{r/R_\odot} dx \left[1 + \frac{r_S}{2 R_\odot} \frac{1}{x} \right] \\
&= r + \frac{r_S}{2} \left[\frac{1}{3} + \ln \frac{r}{R_\odot} \right]
\end{aligned}$$

Hieraus erhalten wir für das gesuchte Verhältnis

$$\frac{\text{Umfang}}{\text{Durchmesser}} = \frac{U}{D} = \pi \left[1 - \frac{r_S}{2r} \left(\frac{1}{3} + \ln \frac{r}{R_\odot} \right) \right] \approx \pi \left(1 - 6 \cdot 10^{-8} \right) < \pi$$

Das Ergebnis $U/D < \pi$ bedeutet eine positive Raumkrümmung.

47.1 Zykloidenlösung für Sternkollaps

Es ist zu zeigen, dass $ct = R(0)(\psi + \sin\psi)/(2k^{1/2})$ und $R = R(0)(1+\cos\psi)/2$ die Differenzialgleichung

$$\dot{R}^2 = k\,\frac{R(0) - R(t)}{R(t)} \tag{A.33}$$

erfüllen. Dazu berechnen wir

$$\dot{R} = \frac{dR}{d(ct)} = \frac{dR}{d\psi}\frac{d\psi}{d(ct)} = \frac{R(0)}{2}(-\sin\psi)\frac{2\sqrt{k}}{R(0)}\frac{1}{1+\cos\psi}$$

Damit wird die linke Seite von (A.33) zu

$$\text{linke Seite} = \dot{R}^2 = k\,\frac{\sin^2\psi}{(1+\cos\psi)^2}$$

Wir berechnen nun die rechte Seite von (A.32):

$$\text{rechte Seite} = k\,\frac{R(0)-R(t)}{R(t)} = k\,\frac{1-\cos\psi}{1+\cos\psi} = k\,\frac{\sin^2\psi}{(1+\cos\psi)^2}$$

Für den letzten Schritt wurden Zähler und Nenner mit dem Faktor $(1+\cos\psi)$ multipliziert. Damit ist gezeigt, dass für die angegebenen Funktionen $R(\psi)$ und $t(\psi)$ die rechte und die linke Seite von (A.33) übereinstimmen. Diese Funktionen stellen daher eine Lösung dar.

51.1 Impulse massiver Teilchen in RWM

Wegen der Isotropie und Homogenität genügt es, die Metrik

$$ds^2 = c^2 d\tau^2 = c^2 dt^2 - R(t)^2 d\chi^2$$

mit den Koordinaten $x^0 = ct$ und $x^1 = \chi$ zu betrachten. Für den metrischen Tensor

$$(g_{\mu\nu}) = \begin{pmatrix} 1 & 0 \\ 0 & -R(t)^2 \end{pmatrix}, \qquad (g^{\mu\nu}) = \begin{pmatrix} 1 & 0 \\ 0 & -1/R(t)^2 \end{pmatrix}$$

gibt es nur die folgenden nichtverschwindenden Christoffelsymbole:

$$\Gamma^1_{01} = \Gamma^1_{10} = \frac{g^{11}}{2}\frac{\partial g_{11}}{\partial x^0} = \frac{\dot{R}(t)}{R(t)}$$

Die 1-Komponenten der Vierergeschwindigkeit und der „gewöhnliche" relativistische Impuls p sind:

$$u^1 = \frac{dx^1}{d\tau} = \frac{d\chi}{d\tau}, \qquad u_1 = \frac{dx_1}{d\tau} = -R(t)^2\frac{d\chi}{d\tau}, \qquad p = m\sqrt{-u^1 u_1} = m\,R(t)\frac{d\chi}{d\tau}$$

Wir benötigen noch die Bewegungsgleichung für $x^1(\tau)$,

$$\frac{d^2\chi}{d\tau^2} = \frac{d^2 x^1}{d\tau^2} = -2\Gamma^1_{10} u^1 u^0 = -\frac{2\dot{R}(t)}{R(t)}\frac{d\chi}{d\tau}\frac{d(ct)}{d\tau}$$

Damit berechnen wir

$$\frac{d}{d(ct)}\left[R(t)\,p(t)\right] = m\,\frac{d}{d(ct)}\left[R(t)^2\,\frac{d\chi}{d\tau}\right] = 2m\,R(t)\,\dot{R}(t)\,\frac{d\chi}{d\tau} + m\,R(t)^2\,\frac{d^2\chi}{d\tau^2}\,\frac{d\tau}{d(ct)}$$

$$= 2m\,R(t)\,\dot{R}(t)\,\frac{d\chi}{d\tau} - m\,R(t)^2\,\frac{2\,\dot{R}(t)}{R(t)}\,\frac{d\chi}{d\tau} = 0$$

Damit ist gezeigt, dass sich die Impulse frei fallender Teilchen gemäß $p(t) \propto 1/R(t)$ ändern. Im expandierenden Universum laufen die Teilchen gegen das schwächer werdende Gravitationsfeld an und verlieren dabei Energie. Ebenso wie die Wellenlänge von Licht skaliert auch die (quantenmechanische) Wellenlänge $\lambda = 2\pi\hbar/p$ mit dem Skalenfaktor $R(t)$.

Register

Abkürzungen

ART	Allgemeine Relativitätstheorie
ED	Elektrodynamik
IS	Inertialsystem
KS	Koordinatensystem
LT	Lorentztransformation
RWM	Robertson-Walker-Metrik
SL	Teil III: Satellitenlabor
	Teil IX: Schwarzes Loch
SM	Schwarzschildmetrik
SRT	Spezielle Relativitätstheorie

Einheiten

a   Jahr, $1\,a \approx 3.15 \cdot 10^7\,s$
d   Tag, $1\,d = 86400\,s$
Lj   Lichtjahr, $1\,Lj \approx 9.46 \cdot 10^{15}\,m$
pc   Parsec, $1\,pc \approx 3.26\,Lj$

Symbole

= const.	gleich einer konstanten Größe
$\equiv$	identisch gleich
	oder definiert durch
:=	dargestellt durch,
	z. B. $r := (x, y, z)$
$\overset{(3.12)}{=}$	ergibt mit Hilfe von
	Gleichung (3.12)
$\hat{=}$	entspricht
$\propto$	proportional zu
$\approx$	ungefähr gleich
$\sim$	von der Größenordnung
$= \mathcal{O}(...)$	von der (Größen-) Ordnung

A

Aberration, 151
absolute Raum-Zeit-Struktur, 41–42
Additionstheorem für Geschwindigkeiten, 12
Äquivalenz von Masse und Energie, 17
Äquivalenzprinzip, 49–53, 101, 106,
    176–177
    schwaches, starkes, 51
Äther, 8, 41
Attraktor, Großer, 321

B

Bahnkurve (im Zentralfeld), 140–146
beschleunigte Bezugssysteme, 43–47
Bewegungsgleichung
    einer Kreiselachse, 109–111, 162, 169
    eines Massenpunkts
        im elektromagnetischen Feld, 27, 113
        im Gravitationsfeld, 54–55, 105,
            108–109, 140–144
        Newtonsche, 2, 15
        relativistische, 15–16, 108–109,
            140–144
    eines Photons, 56, 140–144
Bezugssystem, 7–9, 41–47
Bianchi-Identitäten, 105–106
Big Bang, 338, 340
Birkhoff-Theorem, 261–264
Brans-Dicke-Theorie, 122

C

Chandrasekhar-Grenzmasse, 231, 253
Christoffelsymbole, 55–57, 133, 261, 271

D

De Sitter-Präzession, 165–166
Detektor für Gravitationswellen, 215–222
Dipolstrahlung (ED), 196–198
Divergenz, 94
Doppelsternsystem
    Gravitationsstrahlung, 207–208
Dopplereffekt, 29, 301, 306, 313, 334, 344
Drehung des Lokalen Inertialsystems,
    169–172
dunkle Energie, 335–336
dunkle Materie, 328

E

ebene Welle, 181–187, 190, 192–193
Eichtransformation
    ART, 128, 183, 185
    Elektrodynamik, 27, 125, 181

Eigenzeit, 13–14
Einstein
    de Sitter-Universum, 326, 327, 334
    Feldgleichungen, 116–122, 124–130
    Relativitätsprinzip, 7–9
    Universum, 321
Elektrodynamik, 26–29
    Dipolstrahlung, 196–198
    ebene Welle, 181–182
    im Gravitationsfeld, 112–113
Energie-Impuls-Beziehung, 17
Energie-Impuls-Erhaltung, 36–37
Energie-Impuls-Tensor, 36–40
    elektromagnetisches Feld, 28
    Gravitationsfeld, 113–114, 126–127
    Gravitationswelle, 192–195
    ideale Flüssigkeit, 33
Entfernungsmessung
    Kosmos, 308–313
    Robertson-Walker-Metrik, 319–320
Eötvös-Experiment, 49
Ereignis, 8
Ereignishorizont
    Kosmos, 312
    Schwarzes Loch, 286, 289
euklidischer Raum, 70, 89, 95
Eulergleichung (der Hydrodynamik), 30
experimentelle Tests der ART, 176–180, 209

F

Feldgleichung
    Elektrodynamik, 4, 26–27, 112
    Elektrostatik, 2
    Gravitation, 116–122, 124–130
        alternative, 121–122
        linearisierte F., 127–129
        Newtonsche F., 2, 116
    Hydrodynamik, 31, 113
Fermi-Transport, 111
Fermigas, 225, 229, 251–252, 256–257
Fermiimpuls, 251
Fernwirkungsgesetz, 4
Flachheitsproblem, 341
Friedmannmodelle, 324–326

G

Galaxie, 293
    typische, 295
Galilei
    Gruppe, 8

    Relativitätsprinzip, 7–8
    Transformation, 7–8
gamma-ray burst, 278
Gaußkoordinaten, 269–271
Gaußsche Krümmung, 99
Gaußscher Satz im Riemannschen Raum, 94
geodätische Linie, 72–73
geodätische Präzession, 162–166
Gravitationskollaps, 272–280, 282–285
Gravitationskonstante, 1
Gravitationskräfte, 1, 55, 57, 287
Gravitationslinse, 149–150
Gravitationspotenzial
    absolute Stärke, 59
    effektives Zentralpotenzial, 144–146
    relativistisches, 47, 53
    skalares, 2
Gravitationsrotverschiebung, 60–67, 177,
        245
Gravitationsstrahlung, 196–222
Gravitationswellen, 181–195
gravitomagnetische Kräfte, 172–174, 179
Graviton, 183, 187, 205
GW150914, 216, 218, 291
Gyroskop, 162, 169

H

Hawking-Effekt, 286
Helizität, 186–187
Hertzsprung-Russell-Diagramm, 317
Hintergrundstrahlung, kosmische, 342–345
Homogenität des Kosmos, 300–301, 344,
        349, 350
Horizont
    Kosmos, 312–313, 333–334, 350
    Schwarzes Loch, 268, 286, 289
Horizontproblem, 343
Hubble-Diagramm, 304, 305
Hubble-Konstante, 310, 320–321
Hydrodynamik, 30–34, 113

I

Inertialsystem, 7–8, 41–43
    Relation zur Massenverteilung im
        Kosmos, 263–264
Interferometrischer Detektor, 215–217
Invarianzprinzipien, 106–107
Isotropie des Kosmos, 300–301, 344
Isotropie des Raums, 101, 107

K

Kerr-Metrik, 288
Kontinuitätsgleichung
    Elektrodynamik, 26, 113
    Hydrodynamik, 30
Kontraktion (von Tensorindizes), 22, 79
kontravariante Komponenten, 20, 78
Koordinatensystem, 7, 41–47, 80, 96
Koordinatentransformation
    allgemeine, 51, 53, 76–80, 102
    Galileitransformation, 7–8
    Lorentztransformation, 7–14, 20–24,
        102, 106
    orthogonale, 8, 101
kosmischer Zensor, 289
kosmologische Konstante, 120–121, 322,
        326–328, 334–335
kosmologische Parameter, 330–331
kosmologisches Prinzip, 300–301, 344
Kosmos, 300
    Alter, 312, 332–333
    Entfernungsmessung, 316–321
    Frühzeit, 338–340, 343
    heutiger Zustand, 329–334, 338
    Hintergrundstrahlung, 338, 342–345
    Homogenität, 300–301, 344, 349, 350
    Horizont, 312–313, 333–334, 349
    Horizontproblem, 349
    inflationärer, 350
    Isotropie, 300–301, 344
    Krümmung, 302–307, 329–331
    Massendichte, 329–334, 343
    Metrik, 300–307
    Modelle, 300–307
    sichtbarer Bereich, 312–313, 333–334,
        349
    Skalenfaktor, 302, 308
    Standardmodell, 338–350
    Temperatur, 338–345
kontravariant, 20, 84
kontravariante Ableitung, 84
kovariant, 7, 20, 77, 78, 102
kovariante Ableitung, 81–84
kovariante Gleichung, 80, 105, 107
kovariante Komponenten, 20, 78
kovariantes Differenzial, 84
Kovarianzprinzip, 101–107
kritische Massendichte, 330
Krümmung, 68–71, 87, 89–90, 95–100,
        302–307
    äußere, innere, 70, 98
    Gaußsche, 99

Krümmungsskalar, 97
Krümmungstensor, 95–100
Kruskal-Metrik, 268

L

Lagrangedichte (ART), 121
Lagrangefunktion
    Teilchen im elektromagnetischen Feld,
        29
    Teilchen im Gravitationsfeld, 72–73
Längenänderung im Feld einer
        Gravitationswelle, 189–191,
        215–216
Lambda–Dark Matter–Model, 331
Laser-Interferometer, 216
Lemaître-Universum, 327, 328
Levi-Civita-Symbol, 23, 76
Levi-Civita-Tensor, 23
Lichtablenkung, 147–150, 178
Lichtgeschwindigkeit, 8, 306–307, 327
linearisierte Feldgleichungen, 127–129
Lokales Inertialsystem, 51–53, 102, 103
    Drehung, 169–172
Lorentzkraft, 28
Lorentztensor, -skalar, -vektor, 20–25
Lorentztransformation, 7–14, 20–24
Luminosität (Stern, Galaxie), 255, 316–318
Luminositätsabstand, 316

M

Machsches Prinzip, 42–43, 171, 263–264
Masse, träge und schwere, 2, 49–51, 176
Massendefekt (Stern) 245–246
Maxwellgleichungen, 26–27, 112
Merkur (Periheldrehung), 153, 155
Metrik
    Gaußkoordinaten, 269–271
    isotrope Form, 135
    isotrope statische, 131–132
    isotrope zeitabhängige, 261–263,
        269–271
    Kerr, 288
    Kruskal, 268
    Minkowski, 10, 77
    Robertson-Walker, 300–307
    Schwarzschild, 136–139, 262
        innere, 236–239
    Standardform, 131–134
metrischer Tensor, 44, 53, 91–93
Michelson-Morley-Experiment, 8, 41

Minkowski
    Kraft, 16
    Metrik, Raum, 10, 20–24, 77
    Tensor, 20–24
momentanes Ruhsystem, 15, 28, 32, 103,
        106, 109
Mößbauereffekt, 64

N

negativer Druck, 335–336
Neutronenstern, 232–233, 256–258
Newtonsche(r)
    Bewegungsgleichung, 2, 15
    Gravitationstheorie, 1–3
    Grenzfall, 57–59, 116
    Kraft, 15
    Sterne, 247–250
Nichtlinearität der Feldgleichungen, 6, 121,
        125, 155
No-hair-Theorem, 288
Nordtvedt-Effekt, 177

O

Olberssches Paradoxon, 336–337
Oppenheimer-Volkoff
    Gleichung, 239
    Grenzmasse, 233, 258

P

Parallelverschiebung, 85–90
Pauliprinzip, 229
Periheldrehung, 152–157, 178
Plancksche Länge, Masse, 130, 289,
        293–299, 335
Plancksche Strahlungsverteilung, 317,
        342–345
Poincaré-Gruppe, 11
Polarisation (Welle), 182, 183, 186, 189, 190
Post-Newtonsche Näherung, 125, 174, 179
Präzession von Kreiseln, 110–111,
        162–172, 179
Pseudosphäre, 70
PSR 1913+16, 208
Pulsar, 258–260
    Gravitationsstrahlung, 208–209

Q

Quadrupolstrahlung, 196–203

Quanteneffekte
    Gravitation, 129–130, 182, 205
    Hawking-Effekt, 286
    Schwarzes Loch, 293–297
    Weber-Detektor, 221
Quarkstern, 233–234
Quasar, 290–291, 306
Quellen der Gravitationsstrahlung, 204–214
Quintessenz, 336

R

Radarechoverzögerung, 158–161, 178
Rapidität, 12
Relativitätsprinzip, 7
    Einstein, 7–9, 41
    Galilei, 7–8
retardierte Potenziale, 128
Ricci-Tensor, 97, 118, 134, 262, 271
Riemannscher Raum, 52, 68, 72, 73, 75–80,
        91, 95
Riemanntensoren, 75–80, 103–104
Robertson-Entwicklung, 132–133, 139, 177
Robertson-Walker-Metrik, 300–307
Rotation, 93
Rotverschiebung
    Gravitation, 60–67, 177, 245
    kosmologische, 308–309
Rotverschiebungs-Abstands-Relation,
        308–314, 320
Ruhmasse, 15

S

Sagittarius A*, 292
Satellitenlabor (siehe auch Lokales
        Inertialsystem), 49, 51
schwache Gravitationsfelder, 57, 126
Schwarzes Loch, 139, 278–279, 281–297
Schwarzschild
    Metrik, 136–139, 236–239, 262
    Radius, 138–139, 265–268, 284, 285
Skalarprodukt, 80
Skalenfaktor (RWM, Kosmos), 302, 308
Sonne
    Quadrupolmoment, 156
    Sterngleichgewicht, 228
Spezielle Relativitätstheorie, 7–40
Spin (klassisch)
    Präzession, 110–111, 162–172, 179
    Vektor, 109

Spin (quantenmechanisch)
    Graviton, 183, 187
    Photon, 182–183
Standardform der Metrik, 131–134
Stefan-Boltzmann-Gesetz, 341
Sterne, 225–291
    Gleichgewicht, 225–260
    Kollaps, 272–280, 282–285
    Massendefekt, 245–246
    Newtonsche, 247–250
    Stabilität, 244, 249
    Zustandsgleichung, 227, 240
Strahlung
    elektromagnetische, 196–198
    Gravitation, 196–222
Summenkonvention, 8
Supernova, 277–279
Symmetrieprinzipien, 106–107

Wellen
    elektromagnetische, 181–182
    Gravitation, 181–195
Weltalter, 3012, 332–333
Welthorizont, 312–313, 333–334, 349
Weltmodell, 322–329
Weltzustand, 329–337
WIMP, 334

Z

Zeitdilatation, 14
Zentralfeld, Bewegung im, 132, 140–146
Zustandsgleichung, 31, 227, 240
Zwillingsparadoxon, 45
Zykloide, 276

T

Temperatur
    Kosmos, 338–345
    Schwarzes Loch, 286
    Sonne, 228
    Weißer Zwerg, 232
Tensor, Tensorfeld
    euklidischer Raum, 101
    Minkowskiraum, 20–24
    Riemannscher Raum, 75–80
Tests der ART, 176–180
Thirring-Lense-Effekt, 167–172, 179
Thomas-Präzession, 110–111
Triangulation, 316

U

Überlichtgeschwindigkeit, 313–314
Urknall Big Bang), 338, 340

V

Vakuumenergiedichte, 121, 328–329
Verzögerungsparameter, 303, 312–313
Vierergeschwindigkeit, 15
Viererimpuls, 17
Vierertensor (Lorentztensor), 20–24

W

Weber-Detektor, 218
Weißer Zwerg, 229–232, 251–255

Printed in the United States
By Bookmasters